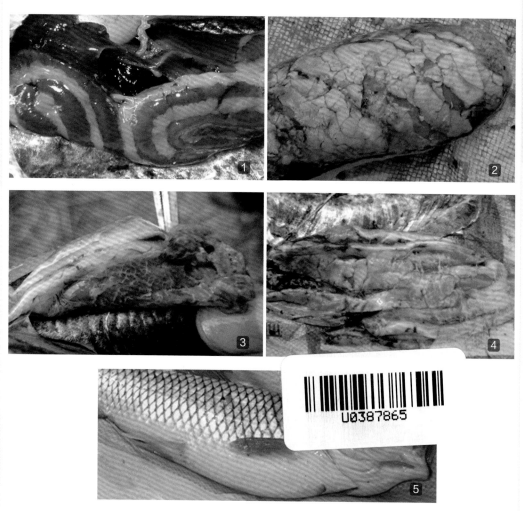

彩图 3-1 草鱼肝胰脏颜色、脂肪肝

1—正常肝胰脏；2—冬季油脂硬化的内脏团；3—出现纤维化的肝胰脏；
4—已经萎缩、硬化的肝胰脏；5—发黄的草鱼；6—发黄草鱼的肝胰脏；
7—体色变黄、血清胆红素为9.2mg/L的肝胰脏

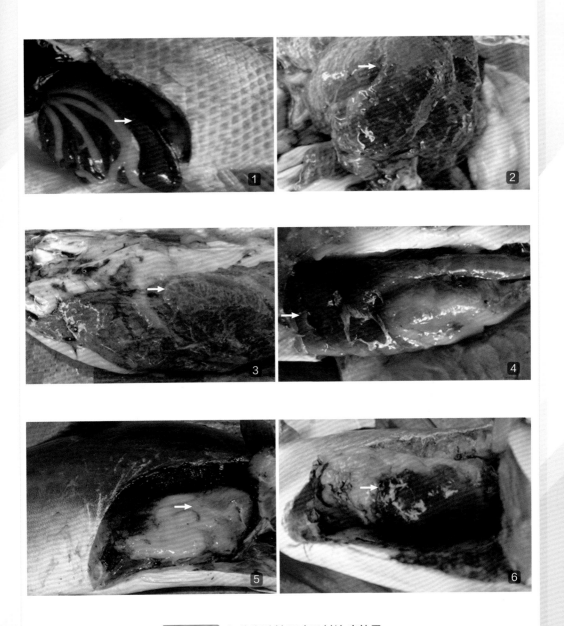

彩图 3-2 鱼体脂肪性肝病及其治疗效果

1—罗非鱼肝胰脏出血、水样化；2—鲤鱼肝胰脏脂肪颗粒化；3—鲤鱼肝胰脏纤维化；

4—鲤鱼绿色肝胰脏；5—金鲳鱼脂肪肝；6—用肉碱和胆汁酸治疗1个月后的金鲳鱼肝胰脏

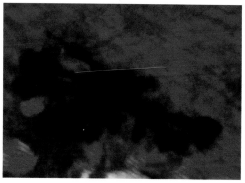

（a）武昌鱼黏膜下层黑色素细胞

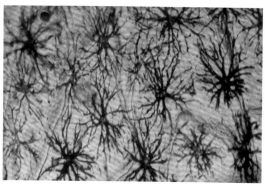

（b）武昌鱼鳞片黑色素细胞

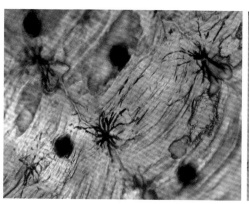

（c）武昌鱼鳞片黑色素、黄色素细胞

（d）罗非鱼鳞片黄色、黑色素细胞

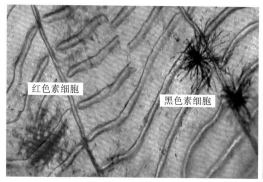

红色素细胞

黑色素细胞

（e）淡水白鲳鳞片红色、黑色素细胞

（f）鲫鱼鳞片黄色、黑色素细胞

彩图 5-1 　鱼类色素细胞的种类、增殖、分化

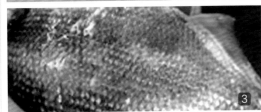

（a）武昌鱼的体色变化

1—体色变浅（发白）；

2—体色正常；

3—体色出现花斑

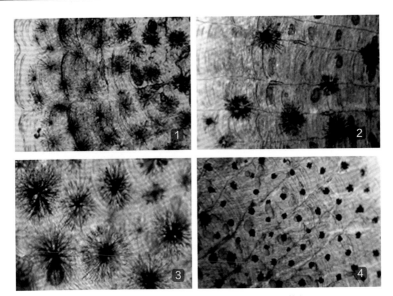

（b）鳞片黑色素细胞密度和形态差异（10×4倍）

1—正常体色，黑色素细胞密度高；2—体色变浅，黑色素细胞密度低；

3—正常体色，黑色素体在分支和细胞中央均有分布（10×10倍）；

4—体色变白，黑色素细胞死亡，黑色素体分布在细胞中央

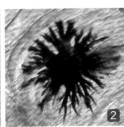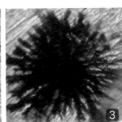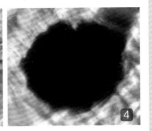

（c）黑色素细胞的生长状态（10×40倍）

1—未完全成熟的黑色素细胞；2—成熟的黑色素细胞；

3—黑色素体集中在细胞中央的黑色素细胞；4—开始死亡的黑色素细胞

彩图 5-2　养殖武昌鱼体色变化及其鳞片中色素细胞的变化

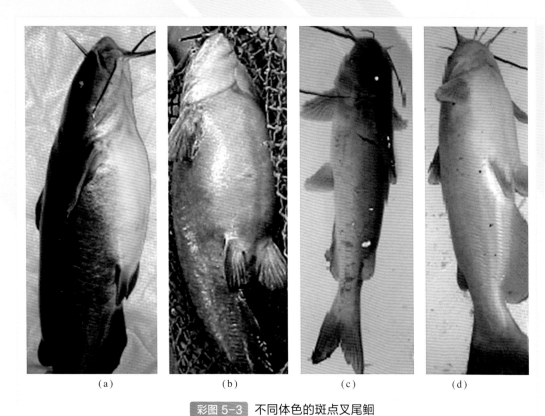

（a）　　　　　　　（b）　　　　　　　（c）　　　　　　　（d）

彩图 5-3　不同体色的斑点叉尾鮰

（a）正常体色；（b）正常体色（美国繁殖用亲鱼）；（c）黄色体色；（d）白色体色

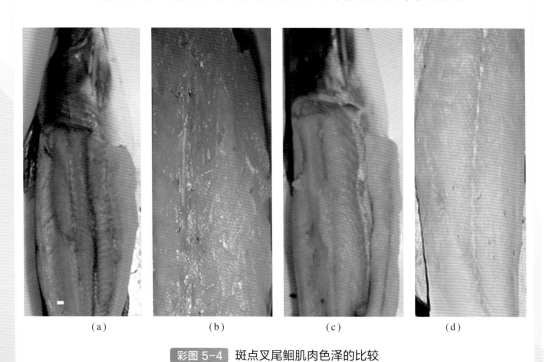

（a）　　　　　　　（b）　　　　　　　（c）　　　　　　　（d）

彩图 5-4　斑点叉尾鮰肌肉色泽的比较

（a）背部出现黄色肌肉；（b）背部黄色肌肉放大；（c）正常色泽肌肉；（d）正常色泽肌肉放大

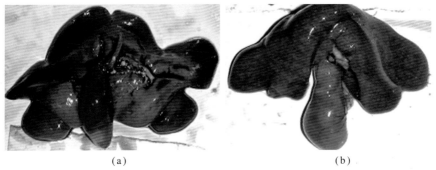

（a）

（b）

彩图 5-5 黄色和正常体色斑点叉尾鮰肝胰脏色泽的比较

（a）正常体色的肝胰脏；（b）黄色体色的肝胰脏

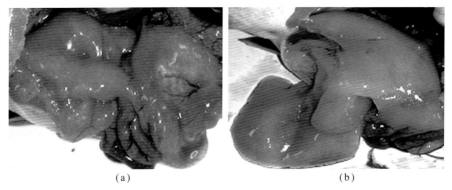

（a）

（b）

彩图 5-6 黄色和正常体色斑点叉尾鮰腹部脂肪量和色泽的比较

（a）正常体色的腹部脂肪；（b）黄色体色的腹部脂肪

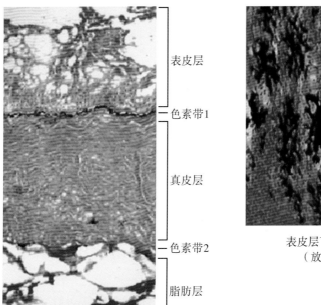

表皮层

色素带1

真皮层

色素带2

脂肪层

表皮层下黑色素细胞

（放大100倍）

彩图 5-7 斑点叉尾鮰皮肤纵切面（显示皮肤的基本结构）和表皮层基部的黑色素细胞

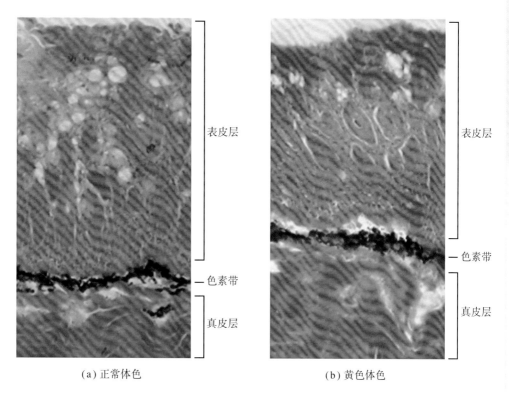

（a）正常体色　　　　　　　　　　　　（b）黄色体色

彩图 5-8　黄色和正常体色鱼体表皮层及其基部黑色素细胞的比较（×40）

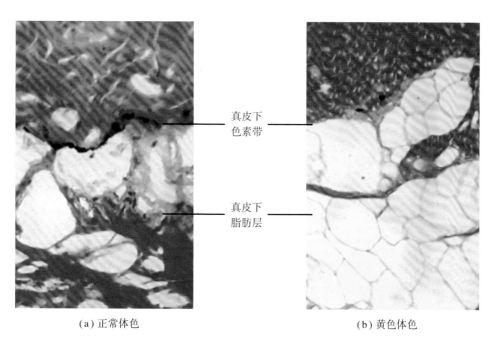

（a）正常体色　　　　　　　　　　　　（b）黄色体色

彩图 5-9　黄色体色和正常体色斑点叉尾鲴真皮层下脂肪层比较（×40）

(a) 叉尾黄颡鱼

(b) 黄颡鱼

(c) 光泽黄颡鱼

(d) 江尾黄颡鱼

彩图 5-10　黄颡鱼属 4 种鱼类的原色图片（资料来源：中国淡水鱼类原色图集）

彩图 5-11　湖泊放养的黄颡鱼（体色较为鲜艳，可以作为自然体色）

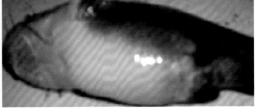

彩图 5-12　黑色体色、黑斑正常，缺少黄色素的黄颡鱼

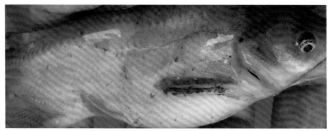

（a）黑色素基本消失，鱼体体色黄色

（b）黄色素和黑色素不足，体色严重退化

彩图 5-13 黑色素细胞不正常出现的黄色体色黄颡鱼

（a）膨化饲料养殖鱼体

（b）挑选出的体色正常鱼体

（c）挑选出的黄色鱼体

彩图 5-14 膨化饲料养殖的黄颡鱼（出现10%～20%的黄色体色黄颡鱼）

（a）饲料养殖体色较为理想的鱼体（使用万寿菊色素增色）

（b）饲料养殖的体色正常的鱼体（使用叶黄素增色）

彩图 5-15　在饲料中使用叶黄素对黄颡鱼的增色效果

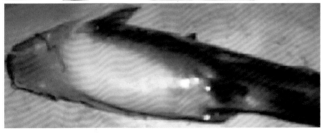

彩图 5-16
饲料养殖体色不佳的鱼体
（使用虾青素增色）

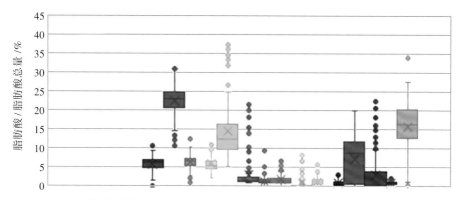

彩图 6-1　红鱼粉、白鱼粉、鱼排粉脂肪酸组成（归一法，n=228）

- ■ 肉豆蔻酸（14:0）
- ■ 棕榈酸（16:0）
- ■ 棕榈油酸（16:1ω7）
- ■ 硬脂酸（18:0）
- ■ 油酸（18:1ω9）
- ■ 亚油酸（18:2ω6）
- ■ α-亚麻酸（18:3ω3）
- ■ 11-二十碳烯酸（20:1ω9）
- ■ 11,14,17-二十碳三烯酸（20:3ω3）
- ■ 花生四烯酸（20:4ω6）
- ■ 芥酸（22:1ω9）
- ■ EPA（20:5ω3）
- ■ 木蜡酸（24:0）
- ■ 神经酸（24:1ω9）
- ■ DHA（22:6ω3）

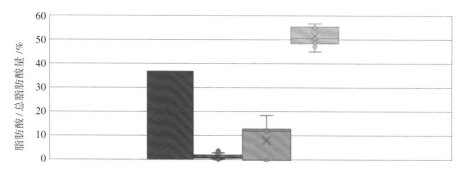

彩图 6-2　鱼排粉（海水与淡水）脂肪中双A（EPA+DHA）

和双油（油酸+亚油酸）含量比较（归一法）

- ■ 鱼排粉（海水）-双A
- ■ 鱼排粉（淡水）-双A
- ■ 鱼排粉（海水）-双油
- ■ 鱼排粉（淡水）-双油

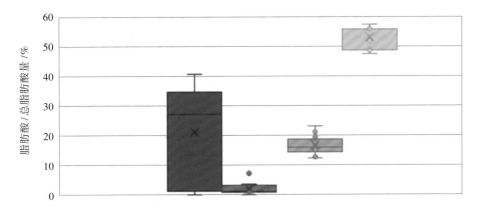

彩图 6-3 海水鱼鱼油与罗非鱼鱼油双A（EPA+DHA）和双油（油酸+亚油酸）含量比较（归一法）

- ■ 海水鱼鱼油–双A
- ■ 罗非鱼鱼油–双A
- ▨ 海水鱼鱼油–双油
- ▨ 罗非鱼鱼油–双油

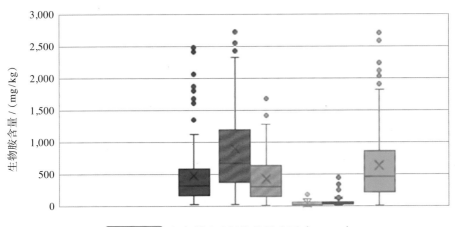

彩图 6-4 红鱼粉中6种生物胺含量（*n*=134）

- ■ 腐胺
- ■ 尸胺
- ▨ 酪胺
- ▨ 精胺
- ▨ 亚精胺
- ▨ 组胺

Fish Nutrition
and Formula Feed

鱼类营养
与饲料配制

（第二版）

叶元土　蔡春芳　吴　萍　等著

化学工业出版社

·北京·

内容简介

本书共分为十三章，具体内容为：中国水产养殖与水产饲料，鱼类摄食与饲料投喂，鱼类的肝（胰）脏健康与饲料的关系，鱼类的肠道健康与饲料的关系，鱼体健康、饲料与鱼类体色的关系，动物蛋白质原料，植物蛋白质原料，淀粉类原料，油脂类原料，矿物质和维生素，鱼类饲料配方，主要养殖鱼类的饲料，鱼类饲料技术与饲料产品的发展等。

本书内容涉及水产饲料应用基础研究和相关技术发展，主要读者群为水产养殖业、饲料与饲料添加剂企业技术人员、管理人员和营销人员，以及有关水产动物营养与饲料领域、水产养殖领域的研究人员和师生学者等。

图书在版编目(CIP)数据

鱼类营养与饲料配制／叶元土等著 . —2 版 . —北京：化学工业出版社，2023.2（2023.8重印）

ISBN 978-7-122-42374-0

Ⅰ.①鱼… Ⅱ.①叶… Ⅲ.①鱼类养殖-淡水养殖-配合饲料 Ⅳ.①S963

中国版本图书馆 CIP 数据核字（2022）第 195259 号

责任编辑：张林爽 　　　　　　　　　　文字编辑：张春娥
责任校对：刘曦阳 　　　　　　　　　　装帧设计：关　飞

出版发行：化学工业出版社
　　　　　（北京市东城区青年湖南街 13 号　邮政编码 100011）
印　　装：三河市延风印装有限公司
710mm×1000mm　1／16　印张 29¼　彩插 6　字数 553 千字　2023 年 8 月北京第 2 版第 2 次印刷

购书咨询：010-64518888 　　　　售后服务：010-64518899
网　　址：http://www.cip.com.cn
凡购买本书，如有缺损质量问题，本社销售中心负责调换。

定　　价：148.00 元

版权所有　违者必究

著者名单

叶元土 教授
(苏州大学基础医学与生物科学学院，江苏省水产动物营养重点实验室)

蔡春芳 教授
(苏州大学基础医学与生物科学学院，江苏省水产动物营养重点实验室)

吴　萍 副教授
(苏州大学基础医学与生物科学学院，江苏省水产动物营养重点实验室)

张宝彤 研究员
(北京桑普生物化学技术有限公司)

蒋　蓉 董事长
(无锡三智生物科技有限公司)

曹霞敏 副教授
(苏州大学基础医学与生物科学学院，江苏省水产动物营养重点实验室)

成中芹 副教授
(苏州大学基础医学与生物科学学院，江苏省水产动物营养重点实验室)

王永玲 高级实验师
(苏州大学基础医学与生物科学学院，江苏省水产动物营养重点实验室)

萧培珍 副研究员
(北京桑普生物化学技术有限公司，固安桑普生化技术有限公司)

张伟涛
(北京桑普生物化学技术有限公司，广东财兴桑普饲料有限公司)

伍代勇
(辽宁禾丰牧业股份有限公司)

前言

　　自 2013 年本书第一版出版以来已经有 9 年的时间，而这九年来，水产饲料产业和水产养殖业的发展以及数量增长的速度由快速发展渐趋减缓，尤其是水产养殖总量基本达到峰值，这种发展形势在一定程度上意味着我国的水产养殖业和水产饲料产业已经从数量增长时期逐渐转向质量增长时期、产业内部产品结构的调整时期。这期间最大的变化是水产品消费市场得到快速发展，并引导了水产品质量消费时代的到来。

　　也基于此，在第一版的基础上，进行了一些修订，具体是：对第一章和第二章进行了重新编写，第一章立足于对我国养殖水产种类结构的分析理清具体养殖种类的基本情况，并对相应养殖种类的饲料需求量做了推算性的分析，希望能够引导我国水产饲料种类的适应性调整；饲料投喂技术依然是饲料产品实现其价值的重要保障，依据研究进展和技术的发展，在第二章对此做了较为全面的总结和分析。在第六章中，对第一节和第二节的内容进行了重新编写，主要是新的鱼粉标准完成了修订工作，其中关于鱼粉的分类、质量判定等有了重大的技术进步，同时也引用了鱼粉标准修订的部分数据，旨在推动鱼粉质量控制技术进步和对鱼粉标准的推广应用。水产饲料质量对养殖水产品质量有很大的影响，水产品质量要求提高必然带动水产养殖技术和水产饲料技术的深刻变化，尤其是饲料营养质量、安全质量的显著变化，例如水产饲料质量要求从满足养殖动物快速生长的要求，发展到保障养殖动物生理健康的要求，以及对保障养殖水产品食用质量的要求阶段，在这个转变过程中，功能性的饲料原料开发等得到快速发展。因此，增加了第十三章，主要总结了水产饲料质量的发展趋势、饲料原料的发酵技术和酶解技术。其他部分章节依据产业和技术发展情况，也做了相应的内容调整。具体内容如下：第一章介绍了中国水产饲料总量与水产养殖总量的变化，中国水产养殖种类结构与饲料量预测，并分析了水产饲料产业的特点及其发展的关键性技术问题；第二章立足于鱼类摄食习性和消化生理特点，讨论了水产饲料的加工质量与饲料投喂的技术；第三、第四章重点分析了养殖鱼类整体健康、肝(胰)脏健康和肠道健康的科学性问题，及其与饲料之间的关系；第五章重点讨论了鱼体体色的生物学基础，以及体色变化与鱼体健康、体色变化与饲料之间的关系；第六章至第十章则分别介绍了动物蛋白质原料、植物蛋白质原料、淀粉类原料、油脂类原料、矿物质和维生素，重点在不同饲料原料的质量评估与质量变异，以及质量控制的技术方法，不同原料在水产饲料中的使用方法；第十一章重点介绍了鱼类饲料市场、质量和价格定位的原理与方法，鱼类饲料配方编制的原理与基本方法，鱼类饲料配方模式化和饲料原料模块化的技术方法；第十二章重点介绍了我国主要养殖鱼类的饲料配方差异和实例化的饲料配方；第十三章介绍了与水产饲料生产相关技术的发展趋势，发酵技术和酶解技术在饲料原料前处理中的应用，饲料质量对养殖渔产品食用质量的影响等。

本书是以淡水鱼类营养基础和饲料配制技术为主要内容的应用性技术书籍，既有我们自己的研究成果，也引用了部分同行的研究成果，衷心感谢相关水产动物营养研究与饲料技术应用的工作者们。本书知识体系的形成是我们整个研究团队的集体智慧和成果，是我们从事水产动物营养基础研究与饲料技术研究 30 多年的技术性总结，也是实验室全体老师和研究生工作的集成。除了本书的著者外，也真诚感谢这些年来的研究合作者如西南大学的罗莉副教授、林仕梅教授、向枭副教授，西北农林科技大学的吉红教授、周继术副教授，以及在原西南农业大学和苏州大学、江苏省水产动物营养重点实验室工作过的全体老师和研究生。

要在一本书里全面、系统地阐述淡水鱼类营养基础和饲料技术是难以做到的。同时，任何技术和知识都有时代发展的阶段性，我们的一些认知可能有偏颇，技术也可能有缺陷，因此，希望读者在阅读本书和参考本书提供的技术内容时，结合自身的环境和条件，取其所长，并且欢迎大家提出宝贵的意见和建议，以便再版时进行改进。

叶元土　蔡春芳　吴萍

2022 年 6 月

目录

第六章 动物蛋白质原料 124

第七章 植物蛋白质原料 166

第九章　油脂类原料　257

第十章　矿物质和维生素　306

第十一章　鱼类饲料配方　347

第十三章 鱼类饲料技术与饲料产品的发展 424

第一章
中国水产养殖与水产饲料

第一节　中国水产养殖与水产饲料的发展概况

中国水产品总量和水产养殖总量均已达到较高的水平，2019 年的水产品总量为 6480.4 万吨、水产养殖总量为 5079.1 万吨，均为世界第一；而水产饲料总量则维持在 2100 万吨左右，这表明有相当数量的水产品不是通过摄食饲料而获得营养。在水产养殖总量达到顶点之后出现了显著的变化：一是养殖种类结构会顺应市场的变化而调整，相应的饲料种类结构也应该随之调整，适合分割加工的和地方特殊的水产养殖种类会显著增加，其饲料量也会增加。二是养殖水产品从数量增长转向质量增长，而质量增长的主要方向是以鱼体健康与抗病力的维护为核心，以减少药物的使用并控制其在养殖渔产品中的残留量为目标，控制养殖渔产品的食用安全质量；相应的水产饲料质量提升方向则是控制饲料产品质量、提升饲料产品的生物学功能，体现以维护鱼体健康、维护鱼体免疫防御能力为核心的饲料安全质量和饲料功能，需要增强水产饲料在水产动物病害防控中的作用和责任。三是水产品加工和高品质水产品消费的需求快速增加，相应的水产饲料产品质量与养殖渔产品质量（食用质量、安全质量和食用分割加工要求的质量）的关系成为水产饲料质量提升的发展方向，通过饲料途径改善养殖渔产品的食用质量、加工质量是主要的技术对策。四是适应水域环境保护的要求，需要控制养殖尾水的氮、磷和有机物排放量，相应的水产饲料产品质量标准需要控制饲料中总氮、总磷的上限，并有效提高养殖动物对饲料的利用效率，饲料原料的发酵、酶解，对于新型饲料原料的开发是主要的发展方向。

以下就中国水产养殖业的数量增长和种类结构等进行简单的总结和分析。

一、水产品总量和养殖量的数量变化

水产饲料数量发展的市场空间依赖于水产养殖数量的增长。依据《中国渔业统计年鉴》，表1-1列出了我国2000年以来水产品总量和水产养殖数量的变化情况。

从表1-1可知，水产品总量从2000年的3706.2万吨增加到2019年的6480.4万吨，增长了74.9%。水产品总量的增长是养殖总量快速增长的结果，养殖总量从2000年的2236.9万吨增长到2019年的5079.1万吨，增长了127.1%；其中，海水养殖量从2000年的928.0万吨增加到2019年的2065.3万吨，增长了122.6%，淡水养殖总量从2000年的1308.9万吨增加到2019年的3013.7万吨，增长了130.3%。依据渔业年鉴的统计数据，中国水产品总量在2015年达到顶峰，2016年之后基本维持1.7%～2.4%的养殖总量年递增率。

表 1-1　全国水产品总量和水产养殖数量的变化分析

年份	水产品总量/万吨	水产养殖数量/万吨			养殖年递增量/万吨			养殖量递增率/%		
		海水养殖	淡水养殖	养殖总量	总增量	淡水	海水	总增量	海水	淡水
2000	3706.2	928.0	1308.9	2236.9	158.1	82.0	76.1	7.61	8.93	6.68
2001	3795.9	989.4	1376.2	2365.6	128.7	67.3	61.4	5.75	6.62	5.14
2002	3954.9	1060.5	1461.7	2522.2	156.6	85.5	71.1	6.62	7.19	6.21
2003	4077.0	1095.9	1530.9	2626.8	104.6	69.2	35.4	4.15	3.34	4.73
2004	4246.6	1151.3	1632.5	2783.8	157.0	101.6	55.4	5.98	5.06	6.64
2005	4419.9	1210.8	1733.0	2943.8	160.0	100.5	59.5	5.75	5.17	6.16
2006	4583.6	1264.2	1853.6	3117.8	174.0	120.6	53.4	5.91	4.41	6.96
2007	4747.5	1307.3	1971.0	3278.3	160.5	117.4	43.1	5.15	3.41	6.33
2008	4895.6	1340.3	2072.5	3412.8	134.5	101.5	33.0	4.10	2.53	5.15
2009	5116.4	1405.2	2216.5	3621.7	208.9	144.0	64.9	6.12	4.84	6.95
2010	5373.0	1482.1	2346.5	3828.8	207.2	130.1	77.1	5.7	5.5	5.9
2011	5603.2	1551.3	2471.9	4023.2	194.4	125.4	69.0	5.1	4.7	5.3
2012	5907.7	1643.8	2644.5	4288.3	265.1	172.6	92.5	6.6	6.0	7.0
2013	6172.0	1739.2	2802.4	4541.7	253.4	157.9	95.4	5.9	5.8	6.0
2014	6461.5	1812.6	2935.8	4748.4	206.7	133.4	73.4	4.6	4.2	4.8
2015[①]	6699.6	1875.6	3062.3	4937.9	189.5	126.5	63.0	4.0	3.5	4.3
2016	6379.4	1915.3	2877.9	4793.2	−144.7	−184.4	39.7	−2.9	2.1	−6.0
2017	6445.3	2000.7	2905.4	4906.0	112.8	27.4	85.4	2.4	4.5	1.0
2018	6457.6	2031.2	2959.8	4991.1	85.1	54.5	30.5	1.7	1.5	1.9
2019	6480.4	2065.3	3013.7	5079.1	88.0	53.9	34.1	1.8	1.7	1.8

① 2015年、2016年《中国渔业统计年鉴》的数据可能出现误差。

注：本表数据来源于《中国渔业统计年鉴》。

二、水产饲料的年度增长

参考中国饲料工业年鉴的统计数据，全国饲料总量和不同类别饲料量的年度变化见表1-2。全国的饲料总量从2010年的16202万吨增加到2020年的25276万吨，增长了56.0%；其中，水产饲料从2010年的1502万吨增长到2020年的2124万吨，增长了41.4%。从2010~2020年，水产饲料占全国饲料总量的8.4%~9.7%。

表1-2　全国2010~2020年饲料总量的统计　　　　　　　单位：万吨

年份	饲料总量	配合饲料	猪饲料	肉禽饲料	蛋禽饲料	水产饲料	反刍饲料	其他饲料	水产饲料比例/%
2010	16202	12974	5947	4735	3008	1502	728	222	9.3
2011	18063	14915	6830	5283	3173	1684	775	316	9.3
2012	19449	16363	7722	5514	3229	1892	775	317	9.7
2013	19340	16308	8411	4947	3035	1864	795	288	9.6
2014	19700	16900	8616	5033	2902	1903	876	397	9.7
2015	20009	17396	8344	5515	3020	1893	884	354	9.5
2016	20918	18395	8726	6011	3005	1930	880	366	9.2
2017	22161	19619	9810	6015	2931	2080	923	403	9.4
2018	22788	20529	9720	6509	2984	2211	1004	360	9.7
2019	22885	21014	7663	8465	3117	2203	1109	242	9.6
2020	25276	23071	8923	9176	3352	2124	1319	287	8.4

注：数据来源于《中国饲料工业统计年鉴》。

三、水产养殖种类结构与水产饲料

中国水产养殖数量增长基本达到顶点，但是养殖种类结构会发生相应调整，同时也会带动水产饲料的种类结构发生相应变化。参考中国渔业统计年鉴中不同养殖种类养殖数量的数据，归纳出摄食饲料养殖种类的养殖数量变化，并据此推算需要的水产饲料数量。

1. 海水养殖鱼类养殖量与饲料量测算

海水养殖鱼类基本都是摄食配合饲料，养殖量的变化情况见表1-3。

表1-3　2007~2019年海水养殖鱼类养殖量与饲料测算　　　　　单位：万吨

年份	鲈鱼	鲆鱼	大黄鱼	军曹鱼	狮鱼	鲷鱼	美国红鱼	河鲀	石斑鱼	鲽鱼	合计	饲料[①]
2007	10.1	6.7	6.2	2.6	1.2	5.5	4.9	1.5	4.3	0.5	43.4	56.4
2008	9.6	7.8	6.6	2.3	2.0	3.6	5.1	1.6	4.5	0.8	43.9	57.1
2009	10.2	8.7	6.6	2.9	1.9	4.0	4.9	1.9	4.4	1.2	46.7	60.7
2010	10.6	8.5	8.6	3.6	1.7	4.5	5.2	1.7	4.9	0.5	49.9	64.9
2011	12.3	11.2	8.0	3.7	1.3	5.6	6.5	1.2	6.0	0.8	56.6	73.6
2012	12.6	11.4	9.5	3.8	1.3	5.2	6.6	1.3	7.3	1.0	60.0	78.0

年份	鲈鱼	鲆鱼	大黄鱼	军曹鱼	狮鱼	鲷鱼	美国红鱼	河鲀	石斑鱼	鲽鱼	合计	饲料[①]
2013	12.8	12.3	10.2	4.0	3.6	5.7	5.9	1.4	8.2	0.6	64.7	84.1
2014	11.4	12.6	12.8	3.6	1.9	5.9	7.0	1.8	8.8	1.0	66.8	86.8
2015	12.3	13.2	14.9	3.7	2.0	7.0	7.2	2.3	10.0	0.9	73.4	95.4
2016	13.8	11.8	16.0	3.7	2.3	7.2	6.8	2.3	10.7	1.3	75.9	98.6
2017	15.7	10.6	17.8	4.4	2.6	8.1	6.9	2.4	13.2	1.4	82.9	107.8
2018	16.7	10.8	19.8	3.9	2.6	8.8	6.8	2.3	16.0	1.4	89.0	115.7
2019	18.0	11.6	22.5	4.2	3.0	10.1	7.0	1.7	18.3	1.2	97.8	127.2

① 饲料系数按照 1.3 测算。

注：数据来源于《中国渔业统计年鉴》。

以表 1-3 数据作图（见图 1-1），可以更宏观地了解不同种类鱼类养殖量的变化趋势。大黄鱼、石斑鱼、鲈鱼是 2015～2019 年养殖量增加较快的鱼类，也是海水养殖鱼类数量较大的鱼类；而鲆鱼、美国红鱼、河鲀的养殖量呈现下降趋势。

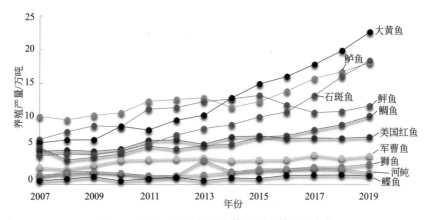

图 1-1　2007～2019 年海水养殖鱼类数量的变化

由表 1-3 可知，10 类海水养殖鱼类的养殖总量从 2007 年的 43.4 万吨增长到 2019 年的 97.8 万吨，增长了 125.3%，12 年的年均增长率为 10.4%。按照饲料系数 1.3 推算，2019 年海水养殖鱼类需要 127.2 万吨配合饲料。

2. 海水虾蟹养殖量与饲料测算

表 1-4 统计了海水养殖的虾蟹种类及其养殖数量的变化，以及测算的饲料需要量。

表 1-4　2007～2019 年海水养殖虾蟹种类数量与饲料测算　　单位：万吨

年份	南美白对虾	斑节对虾	中国对虾	日本对虾	合计（虾）	饲料（虾）	梭子蟹	青蟹	合计（蟹）	饲料（蟹）[①]
2007	51.0	6.2	4.2	5.0	66.4	79.68	9.1	10.2	19.3	23.16
2008	52.0	6.1	4.3	4.8	67.2	80.64	8.4	11.4	19.8	23.76
2009	58.1	6.0	4.4	5.0	73.5	88.20	9.6	11.6	21.2	25.44

年份	南美白对虾	斑节对虾	中国对虾	日本对虾	合计（虾）	饲料（虾）	梭子蟹	青蟹	合计（蟹）	饲料（蟹）[①]
2010	60.8	5.7	4.5	5.5	76.5	91.80	9.1	11.6	20.7	24.84
2011	66.6	6.1	4.2	5.1	82.0	98.40	9.3	12.1	21.4	25.68
2012	76.2	6.5	4.1	4.9	91.7	110.04	10.0	12.9	22.9	27.48
2013	81.3	7.2	4.2	4.6	97.3	116.76	11.0	13.8	24.8	29.76
2014	87.5	7.5	4.8	4.7	104.5	125.40	11.9	14.1	26.0	31.20
2015	89.3	7.6	4.5	4.6	106.0	127.20	11.8	14.1	25.9	31.08
2016	96.7	7.2	3.9	5.5	113.3	135.96	12.3	14.6	26.9	32.28
2017	108.1	7.5	3.7	5.2	124.5	149.40	12.0	15.2	27.2	32.64
2018	111.8	7.5	5.6	5.5	130.4	156.48	11.6	15.8	27.4	32.88
2019	114.4	8.4	3.9	5.1	131.8	158.16	11.4	16.1	27.5	33.00

① 饲料系数按照 1.2 测算。

注：数据来源于《中国渔业统计年鉴》。

由表 1-4 可知，海水养殖的虾种类主要为南美白对虾、中国对虾、斑节对虾和日本对虾，蟹类主要为梭子蟹和青蟹。海水养殖虾蟹总量从 2007 年的 85.7 万吨增长到 2019 年的 159.3 万吨，增长了 85.9%，年均增长率为 7.2%。按照饲料系数1.2 推算，需要的配合饲料在 2019 年为 191.16 万吨。

以表 1-4 数据作图（见图 1-2），南美白对虾是海水养殖量最大的虾种类，养殖量也是逐年增长，其他养殖的虾蟹种类数量相对较低，增长量也较低。

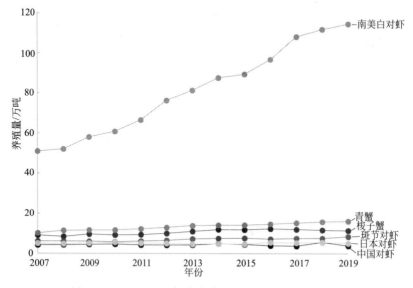

图 1-2 2007～2019 年海水养殖虾类、蟹类数量的变化

3. 淡水虾蟹和龟鳖蛙的养殖量与饲料测算

表 1-5 统计了 2007～2019 年淡水养殖的虾蟹和龟鳖蛙的养殖量与饲料测算量。

表 1-5　2007～2019 年淡水养殖虾蟹和龟鳖蛙的养殖数量与饲料测算　单位：万吨

年份	罗氏沼虾	青虾	克氏原螯虾	南美白对虾	合计(虾)	中华绒螯蟹	龟	鳖	蛙	饲料[①]
2007	12.5	19.2	26.5	55.6	113.8	49.5	1.7	19.0	7.7	254.6
2008	12.8	20.5	36.5	54.3	124.0	51.8	2.0	20.4	8.2	273.8
2009	14.4	20.9	47.9	53.7	137.1	57.4	2.2	23.0	9.2	303.6
2010	12.5	22.6	56.3	61.5	152.9	59.3	2.5	26.6	8.0	329.9
2011	12.3	23.0	48.6	66.0	149.9	64.9	2.8	28.6	7.8	336.7
2012	12.5	23.7	55.5	69.1	160.8	71.4	3.3	33.1	8.3	366.9
2013	11.7	25.1	60.4	61.7	158.9	73.0	3.8	34.4	8.7	369.3
2014	12.7	25.8	66.0	70.1	174.6	79.7	3.6	34.1	9.3	399.9
2015	12.9	26.5	72.3	73.1	184.9	82.3	4.3	34.2	8.7	417.5
2016	12.7	23.8	82.7	66.2	185.4	74.9	4.4	33.2	8.6	405.8
2017	13.7	24.1	113.0	59.1	209.9	75.1	4.6	32.2	9.2	437.9
2018	13.3	23.4	163.9	64.3	264.9	75.7	4.8	31.9	10.2	511.5
2019	14.0	22.5	209.0	67.1	312.6	77.9	4.6	32.5	10.7	577.8

① 饲料系数按照虾 1.3、蟹 1.5、龟 1.3、鳖 1.1、蛙 1.2 测算。

注：数据来源于《中国渔业统计年鉴》。

由表 1-5 可知，淡水养殖的虾主要为罗氏沼虾、青虾、克氏原螯虾、南美白对虾，其养殖总量从 2007 年的 113.8 万吨增长到 2019 年的 312.6 万吨，增长了174.7%，年均增长率为 14.6%。淡水养殖的蟹为中华绒螯蟹，从 2007 年的 49.5 万吨增长到 2019 年的 77.9 万吨，增长了 57.4%，年均增长率为 4.8%。

以表 1-5 数据作图得图 1-3，从中可见克氏原螯虾是 2015 年以来养殖量增长最快的淡水虾种类，淡水养殖的南美白对虾、罗氏沼虾和青虾的数量也有增长；中华绒螯蟹的养殖量较高，且表现出增长的态势。

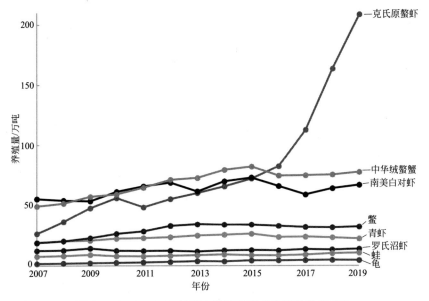

图 1-3　2007～2019 年淡水养殖虾蟹和龟鳖蛙数量变化

按照淡水养殖虾类的饲料系数 1.3、蟹的饲料系数 1.5、龟的饲料系数 1.3、鳖的饲料系数 1.1、蛙的饲料系数 1.2 测算，淡水养殖的虾蟹和龟鳖蛙的饲料量见表 1-5，在 2019 年为 577.8 万吨。

4. 淡水鱼类养殖量与饲料测算

淡水养殖鱼类种类较多，表 1-6 统计了 2007～2019 年淡水养殖鱼类的数量及其推算的饲料量。

表 1-6　2007～2019 年淡水养殖鱼类养殖量与饲料测算　　单位：万吨

年份	青鱼	草鱼	鲢鱼	鳙鱼	鲤鱼	鲫鱼	鳊鱼	泥鳅	鲶鱼	鮰鱼	黄颡鱼	鲑鱼	鳟鱼	河鲀
2007	33.1	355.6	307.6	213.5	222.9	193.7	57.6	13.1	31.5	20.5	11.4	0.3	1.4	0.1
2008	36.0	370.7	319.3	229.0	235.1	195.6	60.0	15.3	31.6	22.4	13.4	0.2	1.7	0.2
2009	38.8	408.2	348.4	243.5	246.6	205.5	62.6	17.6	32.5	22.3	16.4	0.1	1.6	0.2
2010	42.4	422.2	360.8	255.1	253.8	221.6	65.2	20.5	37.4	21.7	18.4	0.1	1.6	0.3
2011	46.8	444.2	371.4	266.8	271.8	229.7	67.8	23.2	39.2	20.5	21.7	0.2	2.0	0.4
2012	49.5	478.2	368.8	285.1	289.7	245.0	70.6	29.4	40.9	22.4	25.7	0.3	2.6	0.4
2013	52.5	507.0	385.1	301.5	302.2	259.4	73.1	32.1	43.4	24.7	29.6	0.3	2.9	0.5
2014	55.7	537.7	422.6	320.3	317.2	276.8	78.3	34.3	45.1	24.9	33.4	1.1	2.8	0.5
2015	59.6	567.6	435.5	335.9	335.5	291.5	79.7	36.6	45.0	26.5	35.6	1.4	2.7	0.5
2016	68.0	528.7	391.8	311.5	299.9	272.6	85.8	37.3	39.3	23.7	43.4	0.3	3.5	0.5
2017	68.5	534.6	385.3	309.8	300.4	281.8	83.3	39.5	35.2	22.7	48.0	0.3	4.1	0.6
2018	69.1	550.4	385.9	309.6	296.3	277.2	78.4	35.8	36.6	23.0	51.0	0.2	3.9	1.3
2019	68.0	553.3	381.0	310.2	288.5	275.6	76.3	35.7	35.5	29.8	53.7	0.2	3.9	1.0

年份	短盖巨脂鲤	长吻鮠	黄鳝	鳜鱼	池沼公鱼	银鱼	鲈鱼	乌鳢	罗非鱼	鲟鱼	鳗鲡	合计	摄饵鱼总量①	饲料②
2007	8.2	1.4	19.6	21.2	1.1	1.7	15.7	30.9	113.4	2.2	20.7	1698.5	1153.3	2075.9
2008	7.7	1.5	21.2	22.9	1.1	1.6	16.7	32.4	111.0	2.1	20.5	1769.4	1196.3	2153.3
2009	8.6	1.8	23.7	23.6	1.5	1.8	17.4	35.9	125.8	2.9	21.5	1908.3	1289.5	2321.1
2010	8.5	1.7	27.3	25.3	1.3	1.8	18.6	37.7	133.2	3.5	21.4	2001.5	1356.7	2442.1
2011	9.5	1.7	29.2	27.5	1.4	1.8	20.8	44.6	144.1	4.4	20.8	2111.7	1443.3	2597.9
2012	9.8	2.6	32.1	28.2	1.5	2.1	24.3	48.1	155.3	5.5	21.2	2239.1	1552.8	2795.0
2013	10.1	1.6	34.6	28.5	1.2	2.1	34.0	51.0	165.2	6.6	20.6	2371.1	1653.3	2975.9
2014	10.4	2.5	35.8	29.4	1.2	2.1	35.2	51.0	169.2	7.6	21.8	2517.4	1743.3	3137.9
2015	10.9	2.5	36.8	29.8	1.3	2.1	35.3	49.6	177.9	9.1	23.3	2632.3	1825.5	3285.9
2016	8.9	2.5	38.8	31.5	1.3	2.1	34.0	47.8	156.0	7.9	21.1	2459.0	1721.5	3098.4
2017	8.2	2.1	35.8	33.6	1.2	2.1	45.7	48.3	158.5	8.3	21.7	2482.7	1752.4	3154.3
2018	6.4	2.2	31.9	31.6	1.4	1.6	43.2	45.9	162.5	9.7	23.3	2478.5	1748.3	3146.9
2019	6.9	2.2	31.4	33.7	1.1	1.4	47.8	46.2	164.2	10.2	23.4	2481.0	1753.8	3156.8

① 摄饵鱼：除了银鱼、池沼公鱼、鲢、鳙、鳜鱼之外的总量；② 饲料系数按照 1.8 测算饲料量。

注：数据来源于《中国渔业统计年鉴》。

表 1-6 显示了不同淡水养殖种类养殖数量的年度变化，淡水养殖鱼类从 2007 年的 1698.5 万吨增长到 2019 年的 2481.0 万吨，增长了 46.1％，12 年的年均增长率为 3.8％。养殖量超过 100 万吨的淡水鱼类是草鱼、鲢鱼、鳙鱼、鲤鱼、鲫鱼和罗非鱼，其中草鱼的养殖量最高，近几年维持在 500 万吨左右。

在淡水养殖种类中，鳜鱼、鲢鱼、鳙鱼、银鱼、池沼公鱼目前还不能摄食配合饲料，其他种类则可以全程使用配合饲料进行养殖。依据摄食饲料的淡水养殖鱼类总量，按照饲料系数 1.8 测算的饲料需要量见表 1-6，在 2019 年淡水养殖鱼类需要的饲料量为 3114.5 万吨。

如果以 2007～2019 年的年均增长率为养殖种类数量增长的速度，它们分别为海水养殖鱼类 10.4％、海水养殖虾蟹 7.2％、淡水养殖虾类 14.6％、中华绒螯蟹 4.8％、淡水养殖鱼类 3.8％，海水养殖鱼类和淡水养殖虾类是增长速度最快的种类。

5. 水产饲料市场容量的测算

依据上述海水养殖鱼类、海水养殖虾蟹类和淡水养殖鱼类、淡水养殖虾蟹和龟鳖蛙养殖量测算的配合饲料量，以 2019 年的数据为依据，其饲料需要量为：海水养殖鱼类饲料 127.2 万吨、海水养殖虾蟹饲料 191.16 万吨，淡水养殖虾蟹和龟鳖蛙饲料量 577.8 万吨、淡水养殖鱼类中摄食饲料鱼类需要的饲料量 3156.8 万吨，几项合计饲料量为 4053.0 万吨。依据表 1-2 中数据，2019 年全国水产饲料量为 2203 万吨。因此还有部分种类不是使用配合饲料养殖获得的产量，也或许是还有部分水产饲料没有纳入中国饲料工业年鉴的统计之中，当然，测算的饲料量是依据养殖量和饲料系数得到的，其中饲料系数也是依据平均饲料系数的情况进行测算。按照中国饲料工业年鉴统计的水产饲料总量（2019 年的 2203 万吨）和上述测算的水产动物饲料量（2019 年的 4053.0 万吨），饲料使用率为 57.2％。

四、水产养殖动物种类结构

水产养殖种类庞大，依据中国鱼类资源调查数据，中国淡水鱼类资源种类达到 900 种以上、海水鱼类资源种类达到近 3000 种。

依据《中国渔业统计年鉴》中纳入养殖量统计的水产养殖动物种类作为代表种类，查阅相关的水产动物种类分类学资料，对养殖水产动物种类分类进行分析，主要统计分类层级的目、科和属，具体参见表 1-7～表 1-9。

统计表 1-7～表 1-9 中养殖种类的分类信息，结果见表 1-10，海水养殖的鱼、虾、蟹达到 4 个目、15 个科、18 个属，淡水养殖的鱼、虾、蟹、龟、鳖、蛙种类

表1-7 海水养殖鱼、虾、蟹的种类与分类信息

年鉴中名称	代表种	目	科	属
鲈鱼	海鲈	鲈形目	真鲈科	花鲈属
大黄鱼	大黄鱼	鲈形目	石首鱼科	黄鱼属
小黄鱼	小黄鱼	鲈形目	石首鱼科	黄鱼属
军曹鱼	军曹鱼	鲈形目	军曹鱼科	军曹鱼属
美国红鱼	美国红鱼	鲈形目	石首鱼科	
鲷鱼	黑棘鲷	鲈形目	鲷科	
鲷鱼	真鲷	鲈形目	鲷科	真鲷属
红鳍笛鲷	红鳍笛鲷	鲈形目	笛鲷科	笛鲷属
石斑鱼	龙胆石斑鱼	鲈形目	鮨科	石斑鱼属
石斑鱼	散带石斑鱼	鲈形目	鮨科	石斑鱼属
石斑鱼	赤点石斑鱼	鲈形目	鮨科	石斑鱼属
石斑鱼	斜带石斑鱼	鲈形目	鮨科	石斑鱼属
鲆鱼	大菱鲆	鲽形目	菱鲆科	
牙鲆	牙鲆	鲽形目	牙鲆科	牙鲆属
鲽	星斑川鲽	鲽形目	鲽科	川鲽属
鳎	半滑舌鳎	鲽形目	舌鳎科	舌鳎属
河鲀	红鳍东方鲀	鲀形目	鲀科	东方鲀属
河鲀	暗纹东方鲀	鲀形目	鲀科	东方鲀属
海水虾	南美白对虾	十足目	对虾科	对虾属
海水虾	中国对虾	十足目	对虾科	对虾属
海水虾	斑节对虾	十足目	对虾科	对虾属
海水虾	日本对虾	十足目	对虾科	对虾属
海水蟹	梭子蟹	十足目	梭子蟹科	梭子蟹属
海水蟹	青蟹	十足目	青蟹科	青蟹属

表1-8 淡水养殖虾、蟹和龟、鳖、蛙种及类信息

年鉴中名称	代表种	目	科	属
罗氏沼虾	罗氏沼虾	十足目	长臂虾科	沼虾属
青虾	青虾	十足目	长臂虾科	沼虾属
克氏原螯虾	克氏原螯虾	十足目	螯虾科	原螯虾属
克氏原螯虾	红螯螯虾	十足目	拟螯虾科	滑螯虾属
中华绒螯蟹	中华绒螯蟹	十足目	弓蟹科	绒螯蟹属
龟	乌龟	龟鳖目	龟科	
龟	三线闭壳龟	龟鳖目	闭壳龟科	
鳖	中华鳖	龟鳖目	鳖科	中华鳖属
鳖	山瑞鳖	龟鳖目	鳖科	山瑞鳖属
蛙	牛蛙	无尾目		
蛙	黑斑侧褶蛙	无尾目	蛙科	侧褶蛙属
蛙	林蛙	无尾目	蛙科	林蛙属

表1-9 淡水养殖鱼类种类和分类信息

年鉴中名称	代表种	目	科	属
青鱼	青鱼	鲤形目	鲤科	青鱼属
草鱼	草鱼	鲤形目	鲤科	草鱼属
鲢鱼	鲢鱼	鲤形目	鲤科	鲢属
鳙鱼	鳙鱼	鲤形目	鲤科	鳙属
鲑鱼	哲罗鲑	鲑形目	鲑科	鲑属
鲑鱼	虹鳟	鲑形目	鲑科	太平洋鲑属
银鱼	池沼公鱼	胡瓜鱼目	胡瓜鱼科	公鱼属
银鱼	银鱼	胡瓜鱼目	银鱼科	间银鱼属
鲤鱼	鲤鱼	鲤形目	鲤科	鲤属
鲫鱼	鲫鱼	鲤形目	鲤科	鲫属
鳊鱼	鳊鱼	鲤形目	鲤科	鳊属
鲂鱼	团头鲂	鲤形目	鲤科	鲂属
泥鳅	泥鳅	鲤形目	鳅科	泥鳅属
泥鳅	大鳞副泥鳅	鲤形目	鳅科	副泥鳅属
黄鳝	黄鳝	合鳃鱼目	合鳃科	黄鳝属
鲇	鲇	鲇形目	鲇科	鲇属
鲇	大口鲶	鲇形目	鲇科	鲇属
鲇	怀头鲶	鲇形目	鲇科	鲇属
胡子鲶	塘鲺	鲇形目	胡子鲶科	胡子鲶属
鮰鱼	斑点叉尾鮰	鲇形目	鮰科	
鮰鱼	云斑鮰	鲇形目	鮰科	
鲈鱼	大口黑鲈	鲈形目	真鲈科	黑鲈属
鲈鱼	松江鲈	鲈形目	真鲈科	松江鲈属
鳜	翘嘴鳜	鲈形目	鳜科	鳜属
罗非鱼	罗非鱼	鲈形目	丽鱼科	罗非鱼属
黄颡鱼	黄颡鱼	鲇形目	鲿科	黄颡鱼属
长吻鮠	长吻鮠	鲇形目	鲿科	鮠属
乌鳢	乌鳢	鳢形目	鳢科	鳢属

有 13 个目、28 个科、43 个属。海水和淡水养殖种类合计达到 17 个目、43 个科、61 个属。这还是不完全的统计结果，还未包括海水养殖的棘皮动物如海参，以及贝类、螺等种类。淡水养殖的水产动物还包括珍珠贝、螺等种类。有些地方种类如雅鱼、长薄鳅等也因为养殖量较小没有纳入渔业年鉴的统计中。

表 1-10　中国渔业统计年鉴中水产养殖种类的分类信息　　　单位：个

分类层级	目	科	属
海水养殖动物	4	15	18
淡水养殖动物	13	28	43
合计	17	43	61

因此，进行人工养殖的海水、淡水鱼类种类数可能会超过 100 种之多。例如，淡水鱼类的鲤鱼、鲫鱼，还有若干的品种，鲤鱼中包括黄河鲤、建鲤、荷包红鲤、福瑞鲤等品种，鲫鱼还包括彭泽鲫、银鲫、异育银鲫、红鲫、中科三号、中科五号、湘云鲫等品种，养殖的鲟鱼还有匙吻鲟、达氏鳇、欧洲鲟、小体鲟等种类。

从养殖的水产动物类群分析，属于水产养殖的动物包括鱼类、以虾蟹为主的甲壳类、以蛙和鳖为主的两栖类，还有属于棘皮动物类的海参等，从棘皮动物、软体动物、无脊椎动物到软骨鱼类、硬骨鱼类，再到两栖动物。从动物的适宜温度分析，中国养殖的水产动物包括热带鱼类（如罗非鱼）、温带鱼类（如四大家鱼、鲤鱼、鲫鱼等）和冷水性鱼类（如虹鳟、鲟鱼等）等。欧洲、美洲的水产养殖种类相对较少，主要为鲑鳟鱼类、鲈鱼、罗非鱼、斑点叉尾鮰等。

面对如此众多的水产养殖种类，要逐个研究其营养需要与饲料标准几乎是一件难以在短期内完成的艰巨任务。但是，水产养殖行业、水产饲料工业需要有配合饲料供给。一个养殖种类要实现产业化和规模化，有两个技术环节必须解决，那就是必须解决人工繁殖和苗种培育技术，以保障有大量的苗种满足市场的需要，其次就是必须提高人工配合饲料技术水平，以保障养殖动物获得足够的食物。

那么，在养殖种类饲料标准缺乏的情况下，如何进行饲料配方、如何推动饲料生产呢？

首先是加强共性营养学和通用型水产饲料的研究，即应该研究不同水产养殖动物在营养、饲料方面的共同特性，研究不同水产养殖动物在营养需要、营养生理、代谢机制、饲料配制、饲料加工等方面有哪些是共性的，这样就可以在营养需要和饲料配制、加工技术等方面按照共性进行处理。例如，在不同鱼类肌肉氨基酸尤其是必需氨基酸平衡模式方面，笔者分析了发表文献中 130 个鱼体肌肉的氨基酸组成，并进行了聚类分析，结果是依据 130 种鱼类肌肉氨基酸聚类为 30 组，发现绝大多数鱼类的必需氨基酸模式的相关系数在 0.95 以上，表明多数鱼类肌肉氨基酸组成模式没有显著差异，且同种鱼类在不同生长阶段的氨基酸平衡模式也没有显著性差异；养殖鱼类与野生鱼类氨基酸平衡模式也没有显著性差异（图1-4）。因此，在绝大多数鱼类饲料氨基酸平衡模式方面可以采用相同或非常接近的氨基酸平衡模式，不同种类只是在氨基酸数量上有差异。

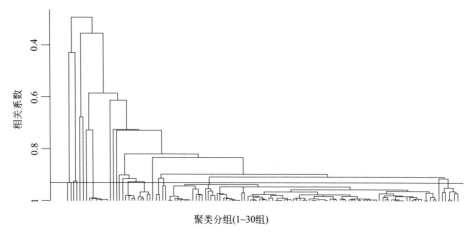

图1-4　130种鱼类肌肉氨基酸组成的聚类分析结果

（资料来源：发表文献中鱼体肌肉氨基酸分析数据）

其次是加强比较营养学研究，即研究不同水产养殖种类在营养与饲料方面的差异化和特殊性问题。在共性研究的基础上，研究不同种类的差异化，就可以有针对性地制定不同种类的营养需求标准并配制相应的饲料。例如草鱼、鳊鱼等草食性鱼类，除了在蛋白质、脂肪等营养素需要数量方面与其他鱼类有差异外，更突出的是需要较多的饲料纤维素、可以耐受更多的饲料碳水化合物；冷水性鱼类如虹鳟具有较强的脂质代谢能力，也为了适应冷水环境的需要，在饲料中需要较热水及温水鱼类更多的饲料脂肪、更多的长链高不饱和脂肪酸的供给；虾类、蟹类动物的生长方式是一种跳跃式的阶段性生长方式（脱一次壳其体重就增长一次），在一个生长发育周期内需要多次蜕壳，因此饲料中需要较多的矿物质和蜕壳素的供给；虾、蟹类不具备自身合成磷脂的能力，所以饲料中需要补充适量的磷脂；虾、蟹类的摄食方式是以抱食方式进行，所以其对饲料的耐水性要求显著高于鱼类饲料。

五、水产养殖动物是变温的水生动物

水产养殖动物全部为变温动物，且生活环境为水域环境。因此鱼体不需要消耗过多的能量用于保持体温，鱼体体温与水温的差异一般为0.1～1.0℃。温度对鱼体代谢有直接的影响，鱼体代谢强度受到环境水温变化的影响，水温的变化又依赖于气温的变化,所以养殖鱼类的生长代谢强度表现出较强的季节性差异。依据鱼类对水温的适应情况,将鱼类分为暖水性鱼类、温水性鱼类和冷水性鱼类三种。暖水性鱼类又称为热带鱼类,在 $30\sim35℃$ 也能正常生长,如罗非鱼;温水性鱼类能够生活在 $0.1\sim38℃$ 的水体中,如鲤鱼、鲫鱼、鲢鱼、鳙鱼、草鱼等;冷水性鱼类能够生活在 $0\sim20℃$ 以下的水体中,如大麻哈鱼、虹鳟、大西洋鲑、哲罗鲑、鲟鱼等。

变温动物的特点决定了水产养殖生产方式对自然环境条件的依赖性。水产养殖动物没有恒温机制,其体温、代谢强度等随着环境温度的变化而改变,相应的生长、发育也就显示出明显的季节性周期变化和地理环境差异。在编制鱼类饲料配方时,需要考虑鱼类营养需求的季节性变化;同时,即使是同一种类如草鱼,在全国不同地区的水温差异很大,其营养需求也有很大的差异。例如,在我国东北三省水温适合养殖鱼类生长期的时间一般在 150 天左右,而在我国南方如海南、广西、广东地区,全年 365 天的水温均适宜养殖鱼类的生长。水温低、生长期短的鱼类饲料需要较高的蛋白质和脂肪含量,而在水温高、生长期长的鱼类,可以使用较低蛋白质含量、较低脂肪含量的饲料。就草鱼而言,我国北方地区草鱼饲料蛋白质含量会超过30%、粗脂肪含量可以达到 7%,而在海南、广东等地区的草鱼饲料蛋白质含量可以低于28%、脂肪含量也低于6%。

六、水产动物营养需求与饲料的季节性变化

养殖水产动物是变温动物,其生长和生理代谢特征具有显著的季节性变化,所以其相应的营养需求和饲料质量也应有季节性的显著差异。在实际养殖过程和饲料生产中,对应一年四季的季节性变化,总结了相应的营养与饲料特征为:"春养""夏长""秋肥""冬保"。

在春季,水温一般低于15℃,鱼类摄食量很低,代谢也以脂肪作为能量消耗为主,而以氨基酸作为能量代谢的能力较差。重要的是,经历冬季停食之后,鱼体生理代谢活动逐渐增强,鱼体体质还处于逐渐恢复的时期。这个时期的饲料以易于消化利用的原料(如鱼粉、肉粉等动物蛋白质原料)为主,同时补充肝胰脏、胃肠道黏膜修复与保护的添加剂,以有利于鱼体健康恢复、体质增强为主要目标,而不是以提高生长速度为主要目标,即春季是以鱼体健康"保养、修复"为主要目标,也就是"春养"。如果春季鱼体健康恢复得好,体质显著增强,则有利于后期的快速生长和鱼体健康的维护,减少后期病害的发生。

在夏季,气温和水温都较高,鱼体代谢增强、摄食量增加,此时是鱼快速生长的时期,"夏季以长身体"为目标。这个时期以获得快速的生长速度、较高的单位

面积产量作为主要目标，即"夏长"。由于水温高、鱼体摄食量大、鱼体代谢旺盛，饲料营养水平不易过高，过高的营养水平易导致消化不良、营养浪费。同时，由于水温高，病原微生物的生长、繁殖力强，水质容易发生剧烈变化并对鱼体健康造成不利影响，鱼感染病原微生物的概率增加。因此，饲料需要增强鱼体免疫力、增强对鱼体肝胰脏和胃肠道黏膜健康的维护功能。尤其是水温由低温向 18℃ 以上温度过渡时期，也是鱼体容易感染病原微生物发病的时期，需要提前（如水温在 15℃ 时）做饲料的免疫增强、预防疾病发生的功能强化方案，适当添加功能性添加剂。

在秋季，气温和水温在经历夏季高温之后逐渐降低，尤其是水温低于 18℃ 之后，鱼体摄食量显著下降，鱼体的代谢则以存储能量以备越冬为显著特征。这个时期的饲料可以适当增加碳水化合物和油脂量，以供鱼体"育肥"之用，即"秋肥"。

在冬季，水温低于 10℃ 之后，多数鱼类基本停止摄食，依赖秋季"秋肥"的能量物质越冬。同时，鱼体代谢活动显著降低，也显著降低了对饲料物质的需求。这个时期可以投喂少量的饲料供鱼体"保膘"之用，即"冬保"。冬季少量的饲料投喂对于春季的鱼体健康及其生长是十分有利的。

第二节　水产饲料产业技术体系

产业发展的阶段性也是社会和经济发展进程的阶段性反映。中国水产饲料产业形势受经济和社会发展形势的影响，在不同层面发生着重大的变化，而作为产业技术层面如何理解其面临的一些重大挑战，技术体系如何发展也是值得思考的问题。对于企业的发展有"决定企业发展的关键点不仅仅是在起跑线，而更重要的是在企业与产业发展的拐点"。中国的水产饲料产业起步较晚，而在面临重大发展时期，产业及技术如何转型也非常关键。从技术层面而言，如何把具体的技术工作做得更加细化、如何把产业技术更加系统化则是一项非常重要的工作，也是影响未来水产饲料产业技术升级发展的关键点。

一、水产饲料产业结构立体化，影响因素复杂化

在饲料物质资源和经济价格两大因素的作用下，水产饲料产业内部、水产饲料产业与相关产业的交叉点增多，产业空间增大，与此同时，影响因素也显著增加。

笔者总结了与水产饲料产业具有重要关联度的相关产业结构，如图 1-5 所示，从大的产业格局看，水产饲料产业的上游为种植业和粮油加工业，为水产饲料产业

提供生产原料；其下游为水产养殖业，为其提供养殖水产品的物质基础——饲料产品。

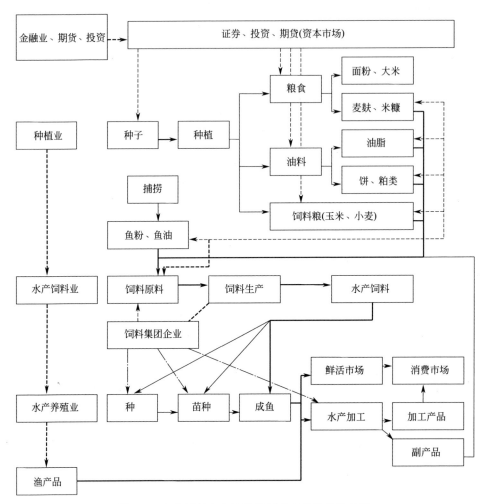

图 1-5　水产饲料产业链及其相关产业链结构示意

1. 水产饲料产业链的变化与相应对策

水产饲料产业是一个产业链范围有限的产业，也是一个典型的循环经济产业。利用种植业的直接产品（如玉米、小麦）和粮油加工副产品（如豆粕、菜粕、棉粕）等为主要的原料，经过配方限定后加工成饲料产品，投入到水产养殖产业中。简单看就是一个"两端在外"的加工产业，因此，其产业发展的局限性很大，而未来的发展也必须突破现有格局，向上游、下游延伸。

中国水产饲料产业是在 20 世纪 70 年代末期才开始发展，很长一段时间里水产饲料产业链就是从饲料原料→（配方）→生产→饲料→养鱼户，也就是饲料企业可以很容易地买到饲料原料，经过配方，加工成颗粒饲料，直接或通过饲料经销商卖给养鱼户。到后期，饲料企业在饲料销售环节提高了竞争力，也加强了水产养殖技术的推广和饲料产品的售后服务，使产业链延伸。

进入21世纪后，水产饲料企业之间的竞争逐渐加剧，除了在产业链内部提高配方技术、饲料生产技术，保障产品质量外，企业之间的竞争更多地集中在饲料产品的销售环节，显著的变化是逐渐深入到水产养殖产业领域里的关键环节，使水产饲料产业与水产养殖产业结合更为紧密。如有的饲料企业、饲料集团建立虾苗场、优质鱼类苗种场，为市场提供健康、优质的虾苗和鱼苗；介入到鱼、虾产品加工以及罗非鱼和斑点叉尾鮰鱼片加工，同时进入水产品加工领域和水产品流通领域。还有的企业也进一步介入水产养殖环节，建立大型养殖场或基地。在技术服务方面也是提高养殖技术，如推广饲料投料机、推广草鱼免疫疫苗的使用等。同时，也衍生出一个水产养殖调水产品如EM菌、芽孢菌和池塘底改产品等的产业分支，且目前这个产业分支主要还是饲料企业集团作为主体在发展中。

总体而言，目前的水产饲料产业链主要还是在下游终端市场，即向水产养殖产业领域延伸和发展，较好地解决了饲料产品的市场问题。但是，向饲料原料即饲料产业上游领域的发展不是很多，显示出在上游的饲料原料供给方面受到较大的限制。水产饲料产业如何向上游产业发展是一个值得考虑的问题，而发酵饲料原料、酶解饲料原料的技术研究和产品开发已经取得了一定的进展。

同时，水产饲料产业是典型的资源消耗产业，需要从世界各地寻找饲料资源，例如鱼粉、菜籽与菜粕资源以及大豆、玉米和小麦，甚至是棉粕资源都比较缺乏。因此，如果没有足够的饲料资源，就会导致被动地适应饲料原料市场价格的变动，将会给产业发展和生存带来极大的压力。饲料产业是一个依托资源的初级产业，饲料原料的资源量和价格成为主要的制约因素，而这又是饲料企业无法掌控的市场行为，作为大型饲料企业，一定要争取机会，参与其中，发展期货市场，进入相关资本市场等，力争对饲料原料的市场享有主动权。

2. 水产饲料产业与相关产业之间的物质属性

由图1-5可以看出，水产饲料产业从物质属性分析，处于种植业、粮油加工业与水产养殖业之间的夹层领域。

水产养殖业是水产饲料的下游产业，是水产饲料的终端市场，水产饲料与水产养殖业之间紧密联系、相互影响。水产饲料作为水产养殖的主要投入品，也是养殖水产品80%以上的成本构成部分，影响着养殖水产品的价格、质量与食用安全，也影响着养殖水域生态与水域环境安全；而养殖水产品的市场价格更影响着水产饲料的市场地位与发展空间，同时对水产饲料的价格形成了制约，逆向性地对水产饲料产业产生了重大影响。

水产饲料的物质结构主要包括饲料原料种类、不同饲料原料的质量状态，作为水产饲料产业上游，饲料原料的资源量、价格属性已经成为影响水产饲料产业的关键性因素。与前期的水产饲料相比较：①水产饲料的原料种类和使用量均发生了较大的变化，例如玉米、小麦、木薯、油菜籽、大豆等直接进入了水产饲料配方体系，豆粕的使用量在下降，而菜粕、棉粕的使用量在显著增加；②由于养殖业的快速发展，全国饲料总量、水产饲料总量显著增长，而粮食、油料作物种植业、加工业的种类结构、数量结构发生了较大的变化，出现供求关系中数量上的矛盾（种类结构上的矛盾还不是很显著），表现出较为严重的供不应求格局。

这种数量上供求关系的变化导致饲料产业在饲料原料供给方面的竞争加剧，也迫使水产饲料产业必须向上游发展，寻求稳定的饲料原料供给，同时在技术上也必须进行重大革新，需要调整饲料原料结构及其比例。

3. 水产饲料产业与相关产业之间的经济价格属性

产业的目标之一是获得经济效益，因此，产业链中价值利润的分配和收益决定产业自身的发展。对于早期的水产饲料产业，由于物质供给、价格相对稳定，同时产品市场也相对稳定，可以获得较好的、基本可以预见的产业效益。而目前或未来的一定时期内，由于饲料原料供给不足，更由于市场资本的强力介入，打破原有的产业链利润分配体系和收益率，导致产业价值的稳定体系被破坏，尤其是定价原则在一定时间段违背正常的物质供求关系定价规则，将严重干扰水产饲料产业经济价值的基本稳定性和基本的可预见性。

由于饲料原料与饲料产品的供求关系失调，再加上期货、金融资本、市场资本在种植业、粮油加工业等领域的介入，导致饲料原料的价格变化非常显著，主要表现为价格波动周期缩短、价格变动幅度显著增加、价格发生显著性变动的饲料原料种类在显著增加（例如以前主要是鱼粉、豆粕价格经常变动，而现在是几乎所有原料的价格都发生显著的、频繁的波动），最终导致饲料原料的价格违背正常的供求关系定价原则，饲料企业对饲料供求关系以及价格变动不可预见、不可控制，使水产饲料产业出现脱离饲料原料、饲料产品的物质属性、供求关系和技术属性的意外的、"没有理由"的涨价或跌价，这将对水产饲料产业产生巨大的影响，且这种形势可能会持续较长的时间。

4. 搅动水产饲料产业格局的动力因素

目前导致种植业、粮油加工业、水产饲料生产、水产养殖业格局发生变化的基本动力主要有两个：①实体物质（饲料原料、饲料产品）的供求关系本身发生了较大的变化，例如社会对水产品的需求拉动了水产养殖、水产饲料的需求增长；而由于种植业在自然灾害、农业发展速度等多种因素的影响下，其产量即使没有下降，但其发展速度减缓，导致水产饲料需求的饲料原料在数量上不能满足需要。②资本市场的介入既打破了原有的产业利润分配体系，又违背了实体物质基本供求关系决定价格的定价原则，使原有的定价体系和原则发生显著性变化，进一步促进产业利润分配的格局发生显著性变化。

（1）主要原料的供求量不足　饲料是典型的配方产品，例如 2020 年全国有 2.3 亿吨饲料就需要有 2.3 亿吨的饲料原料。饲料原料中，使用玉米、小麦等粮食性原料存在着与人争夺口粮的问题，且国内的产量也不能满足需求，需要较大数量的进口补充，而国家对粮食进口采用"配额"控制，所以能够获得的进口配额也有限。其他原料则主要是粮油加工副产物如麦麸、米糠、干酒糟及其可溶物（DDGS）、豆粕、菜粕等，它们在国内的生产量也有限，依然需要进口相当的数量。水产饲料相较于畜禽饲料，对动物蛋白质原料如鱼粉、肉粉的需求较大，且主要依赖于进口。例如，水产饲料中原料使用量最大的是菜粕和棉粕，几乎占淡水鱼类饲料配方的 40% 以上，部分种类如草鱼饲料达到 50%～60% 的使用量。就这两种粕类原料的供求数量关系进行简单分析，可以发现已经出现较大的需求缺口。根据国家粮油信息中心数据显示，我国油菜籽产量达到 1300 万吨左右，常年进口 200 万吨，合计 1500 万吨，按照含菜粕 64% 计算为 960 万吨菜粕。我国棉粕产量在 453.89～594.27 万吨。其他植物粕类，如亚麻饼年产总量约 30 万吨，蛋白质含量为 32%～35%；芝麻年产量为 70 万吨左右，榨油后大约可得到 52% 的芝麻饼和 47% 的芝麻油。

（2）饲料原料价格变化　由于在水产饲料中鱼粉的使用量较大，尤其是在海水鱼类饲料、肉食性鱼类饲料、虾饲料中鱼粉的使用量更大，平均达到 20% 以上。因此，鱼粉的价格波动成为影响水产饲料价格的关键性因素，只有在系统研究鱼粉替代方案并在饲料配方中进行系统的替代后，才可能减少鱼粉价格波动对水产饲料产业的影响程度。

豆粕的价格波动较为频繁且幅度也大，由于我国豆粕的产量难以满足饲料产业的需要，因此具有巨大的数量缺口。近年来，依赖技术进步，水产饲料在淡水鱼类中已经显著降低了豆粕的使用量，平均已经不到 10% 的配方比例。因此，国际市场上豆粕的价格成为影响其在水产饲料中使用量的主要因素，其价格变化对水产饲料尤其是淡水鱼类饲料产业的影响已经降到很低的程度。

水产饲料中的菜粕、棉粕由于使用量大、资源短缺，其价格波动对水产饲料，主要是淡水鱼类饲料价格的影响很大，至少在很长一段时期内会如此。

二、水产饲料产业技术体系建立是产业发展的重点

水产饲料产业技术应该包含水产饲料原料、水产动物营养需要与饲料配制、饲料制造、饲料投喂、饲料养殖效果评价、养殖渔产品食用质量控制等不同产业环节的技术内容，经过有机组合，形成的可以指导水产饲料产业的系统性技术。

如果仅涉及饲料配方技术、饲料原料质量控制技术、饲料加工技术和饲料投喂技术等，则较容易理解，这些技术的特征是在水产饲料产业链中的某一个产业环节的具体技术问题。水产饲料产业技术其基本含义应该是从水产饲料原料开始到养殖水产动物摄食并产生养殖效果、养殖渔产品食用质量控制为止的、贯穿水产饲料产业链的技术内容，其主要特征是能够反映饲料产业全程的技术内容，形成一个完整的技术体系，可以表现为与水产饲料产业链对应的、全过程的产业技术体系，是一个完整的技术系统。

主要从以下几方面来理解水产饲料产业技术发展的必要性和意义。

1. 是适应新时期水产饲料产业发展形势的技术发展方向

(1) 水产饲料产业链的延伸也需要饲料产业技术的延伸 当前水产饲料产业的重要发展方向之一就是产业链的延伸，在原有的水产动物营养研究与饲料配制、生产的基础上，逐渐向以饲料资源开发、饲料原料质量控制为重点的粮油、食品生产的水产饲料产业上游领域延伸，同时向以养殖的苗种生产、水质调控产品开发和水产品加工与食品安全控制等为重点的下游产业领域延伸。与之对应的技术体系、技术人员的专业素质也应该随着产业链的延伸而发生重要的变化，即在原有的水产动物营养基础理论、饲养标准、饲料配制、饲料制造等专业技术的基础上，需要发展上游产业领域贯穿于粮油加工、食品生产过程中的饲料原料质量控制技术、饲料原料质量标准、新的饲料原料的开发与应用等技术体系，同时，也需要向产业下游的水产养殖生产领域发展，研究饲料营养、质量与养殖水产动物生产性能、生理健康的关系，研究通过饲料对养殖水产品质量、食用安全、健康生长的控制技术，并且也需要发展饲料的科学投喂技术。而对于水产饲料技术人员的专业素质要求，也需要在现有的基础理论与技术素质的基础上，向上游的粮油加工、食品生产领域的专业技术发展，也需要向下游产业如饲料对水产动物生产性能控制、饲料对水产动物健康的调控、饲料对养殖水产品食用安全的控制等技术领域发展。这应该是水产饲料产业技术发展的一个重要方向。

(2) 产业利润的实现需要产业技术的系统化 无论水产饲料产业、水产养殖产业发生怎样的变化，其核心依然是产业链和不同产业环节的利润，以及产业利润在不同产业链环节中的分配比例。而要保障水产饲料产业的利润率，关键之一就是如

何有效控制整个产业链中不同环节的生产成本。这就需要我们把产业链以及产业链中不同产业环节的技术工作做得更细致，把零散的技术逐渐系统化，把不同产业环节的技术有效组合并衔接为系统的产业技术体系，以便实现产业技术的系统化和无缝隙连接。只有在产业技术系统化之后才能实现产业生产成本的最低化、才能有效控制无效生产成本的发生。例如，以棉籽粕为例，影响其在水产膨化饲料、虾饲料中应用的最大问题是棉籽粕中的棉花纤维问题，可能导致堵塞模孔、棉纤维切断膨化颗粒等问题，而如果在棉籽压片、浸出油脂的过程中通过过筛或其他方式，将其中的棉花纤维最大限度地清除掉，则可以扩大棉籽粕在水产饲料中的应用范围和数量，且成本相对于在饲料环节来清除棉花纤维更低。再如，在水产饲料销售环节目前的重大变化是产、销分离，即对于饲料企业集团，各饲料生产企业转变为饲料生产车间，组建专门的水产饲料销售公司，可以有效控制单个饲料生产车间饲料品种过多、部分饲料产品种类产能不足、生产设备配置困难、销售市场混乱等弊端，使得饲料生产成本和销售成本显著下降。同时，销售公司可以将技术服务团队资源有效组合与集中，深化技术服务工作。这一变化就会带来相应的技术体系的转变，如不同饲料生产车间关于饲料产品的质量定位与设计、饲料生产过程控制技术、产品包装等，以及如何将饲料产品技术服务工作细化、规范化等，相对于原有的技术内容发生了重大的转变，需要进行有效的优化与细化，有效控制生产过程成本和销售技术服务成本。

2. 是水产饲料产业升级、产业做强的技术基础

中国的水产配合饲料是在20世纪70年代末期、80年代初期开始产生的，历经30多年的发展，到2011年已经达到1540万吨的生产规模。但相较于其他产业，其尚处于饲料产业发展的初级阶段，虽然有一定的数量，但还不是强大的产业，主要是由于：①其在产业技术上尚未形成系统的产业技术体系，就以人们较为重视的、发展基础相对较好的饲料配方技术为例，仍未形成较为稳定的饲料配方技术方案，很大程度上依然是经验性的技术配方思路和配方方案。以草鱼为例，颗粒饲料与膨化饲料的配方差异化是否清晰？我国不同养殖地理区域如东北地区、华北地区、华中地区、西南西北地区、华东地区、华南地区由于年积温和水温的差异较大导致养殖周期差异也较大，在饲料配制技术上需要分区指导，而如何进行分区指导的技术细则还没有规范化；在不同养殖模式下的饲料定位与饲料配方方案也是经验性的；不同季节饲料配方的差异化基本上也还是经验性的。②水产动物营养学基础研究，尤其是营养需要的基础理论不完善，还不能满足水产饲料生产的实际需要。而变温的水产动物是否具有稳定的营养需要量还不是很清楚。③饲料原料质量变异与相应的质量技术要求、饲料原料数据库、营养需要与饲养标准、饲料配制技术、

饲料制造技术、饲料投喂技术等不同环节的技术还没有系统化，各环节之间在技术上还有脱节的现象，例如饲料配方中饲料原料的选择基本为被动式的，没有主动性地对饲料原料进行加工或提出技术要求，饲料原料营养与非营养指标的实时检测结果与饲料配方软件和配方编制的实时衔接、饲料制造与饲料投喂技术的衔接等方面也存在较大的问题。

因此，水产饲料产业要进行技术升级，必须形成对整体饲料产业具有指导作用的产业技术体系，这是产业发展的基础。中国水产饲料产业技术体系的形成，也是中国水产饲料产业成熟的标志。从目前来看，中国水产饲料产业的发展还有较长的路要走。

3. 是实现水产饲料生产过程控制的技术基础

一个产业要做强，需具备整个产业的技术程序化操作规程，并依据这个技术操作规程有效实施整个生产过程的技术控制，从而实现规范性的、程序化的过程控制，生产出稳定的产品。水产饲料产业也是如此，只有在从饲料原料开始到饲料养殖效果评价的整个产业链形成规范的技术标准，并进行程序化的质量控制与生产流程作业，生产出稳定的饲料产品，水产饲料产业才有可能做强。目前我国的水产饲料产业距上述要求还有一定的差距，在产业技术上还需要继续发展前进。

三、水产饲料原料技术体系

水产饲料产业技术体系的内容相当复杂，也需要相当长的发展过程。以下仅以饲料原料产业技术环节的技术体系作为示例进行分析。

水产动物由于其自身的消化生理条件以及在水体中摄食的条件所限，对饲料原料的质量要求相对较高，在水产饲料产业体系及其技术体系下，水产饲料原料的技术体系内容主要由以下部分组成。

1. 饲料原料质量技术体系

（1）主要任务与目标　了解和掌握可作为饲料原料的粮食作物、油料作物、糖类植物等的主要种类和品质差异；了解饲料原料的生产过程、工艺条件及其在生产工程中的质量变异；依据水产饲料的质量、性质等要求，提出对饲料原料产品质量的技术要求、质量要求与质量评价指标体系和评价方法，探讨在饲料原料生产过程中以改进生产方式或生产过程为主要技术手段，以主动维持饲料原料质量、适度提高原料性能、克服作为饲料原料的一些限制因素等为目标，从技术上确保饲料原料质量的可靠性与可控性，满足饲料原料的质量要求。

（2）主要技术内容

① 主要的动植物饲料原料来源的种类、质量差异　例如作为饲料原料的菜籽

饼粕来源于油菜籽的加工产物，油菜籽种类与品质特征、同种类的地理区域差异等导致菜籽饼粕的品质差异；类似地也有不同小麦种类及其品质差异、玉米种类及其品质差异以及豆类作物种类及其品质差异等，还有作为鱼粉来源的鱼类种类及其品质差异等。

② 主要的生产方式、加工工艺及其质量变异　即使是同一种原料，在不同的生产方式和不同的工艺条件下所得到的产品质量也是有较大的差异的。例如，油菜籽、大豆、棉籽等在压榨油脂、浸提油脂等不同的生产方式和不同的加工温度和湿度条件下，所得到的饼粕类质量有较大的差异，生产过程中"美拉德反应"的发生程度对饲料中有效赖氨酸的含量、蛋白质的可消化性有很大的影响，对饲料原料在加工过程中的制粒性能也有较大的影响。

作为饲料原料质量技术体系的主要部分，应该是建立同种原料在不同生产方式、不同加工条件下所得到的饲料原料的质量标准，可以将饲料原料数据库的内容向饲料原料来源、原料生产过程延伸，并适度提出技术要求。例如植物籽实类在油料加工中尽量采用低温压榨、低温浸出工艺，在加工过程中尽量减少非饲料原料组成部分如棉花纤维、种子壳等在产品中的残留，尽量控制生产过程中添加物的种类和加入量（如油脂浸提溶剂），防止对饲料原料产品质量造成影响。

③ 资源量与市场动态　近些年来，饲料原料频繁、大幅度、多种类的价格波动对水产饲料产业产生了巨大的影响，同样对水产饲料产业技术也造成了严重影响。因此需要在技术层面有相应的对策，以应对饲料原料的市场变化，改被动为主动。

分析饲料原料价格变化产生的基础，一是饲料原料的资源量，这是物质基础；二是饲料原料的市场运作方式与运作机制，是否进入期货交易就是重要的市场运作方式之一；三是饲料原料市场变化的驱动力或主要影响因素，资源量变化与市场需求变化应该是饲料原料价格变化的主要驱动力。

因此，作为饲料原料质量技术体系的主要内容之一，应该了解和掌握粮食、油料、糖类植物的资源分布、资源量年度变化、饲料原料需求量及其年度变化等内容，在了解饲料原料市场运作方式和市场运作机制后，有效预测饲料原料价格的年度变化，并研究相应的饲料原料替代技术方案。

④ 饲料原料的再加工技术　一些粮食加工、油料加工、食品加工、食品添加剂加工的副产物如果不能直接作为饲料原料，或直接作为饲料原料还存在较大的限制因素，则可以进行再加工后以满足饲料原料的质量与技术要求，而再加工技术也是水产饲料产业技术向上游延伸的主要内容之一。

例如由于脂肪酶的作用导致米糠中脂肪酸容易氧化酸败，是否可以在大米加工过程中增加米糠的膨化处理工艺，及时钝化脂肪酶的活性，可使米糠成为一种可以较长时期保存的优质饲料原料；各类糖蜜浆、渣是否可以经过简单发酵而作为饲料原料；茶籽粕是不能直接作为水产饲料原料的，但如果经过有效的脱毒工艺处理后是否可以作为水产饲料原料；一些植物籽实如苹果籽、石榴子、柑橘籽、葡萄籽、番茄籽等一般混在其渣中，如果能够有效分离出来，由于其含油量高、蛋白质含量高，就可以成为优质的饲料油脂原料或饲料蛋白质原料；虾蟹的壳、头等作为食品加工副产物其质量极为不稳定，也难以有效保存，如果经过再加工则可以成为满足诱食、免疫保护等需要的饲料原料。

2. 水产饲料原料质量技术体系

(1) 基本任务与目标 了解和掌握水产饲料原料种类、质量特征与质量变异，通过不同的评价方法和指标体系，系统、客观、实时地反映出饲料原料的真实质量状态，建立饲料原料质量数据库并与饲料配方系统实时对接，为饲料配方的编制奠定数据基础，为饲料产品质量奠定物质基础，为饲料产品的生产效益奠定经济价值基础。

(2) 主要技术内容

① 饲料原料质量内容 饲料原料的质量主要包括营养质量、非营养性质量如卫生安全质量和作为饲料制造的加工性能等。

a. 饲料原料的营养质量 饲料原料的营养质量是决定饲料质量的物质基础，不同的饲料原料种类、同种类原料不同品种或不同生产方式可能具有不同的营养物质浓度，这是影响饲料质量的主要部分。

b. 饲料原料的非营养物质 饲料原料中的抗营养因子、质量变异所产生的有毒有害物质等在饲料中可能不具有营养作用，但是它们的存在会影响饲料营养物质的营养作用，尤其是影响饲料的卫生与安全质量，这也是饲料原料质量的主要内容。例如饲料原料油脂中的不饱和脂肪酸在饲料原料生产过程和保存过程中可能发生氧化酸败，而脂肪酸氧化酸败的中间产物、终产物如一些过氧化物、丙二醛、游离脂肪酸、聚合物、低碳链的酮或醛等物质，对养殖水产动物的生理健康具有较大的毒害作用，可破坏养殖水产动物的正常健康维持系统、免疫防御系统，同样影响到水产饲料质量基础。由于对养殖动物健康的影响而影响其生长速度、饲料转化效率、病害发生概率等。重要的是，这些物质是伴随饲料原料而存在，会随着饲料原料在饲料中的使用而潜伏于饲料中。

因此，作为饲料原料质量主要内容之一，对于饲料原料中非营养物质的种类、含量需要进行定性与定量的评价，并依据这些物质的作用效果设定在饲料原料中的最大安全浓度，以此作为饲料原料是否进入饲料配方的关键性判定因素。

c. 饲料原料的加工性能 由于水产养殖动物在不同生长阶段摄食口径对饲料

颗粒的限制以及其消化生理特点对饲料粉碎细度的限制、在水体中摄食对饲料颗粒耐水性限制等因素，一些饲料的粉碎性能、对湿热（温度）的敏感性、对颗粒制造性能、对颗粒的粘接性能等也是饲料原料质量内容之一，可能会限制一些饲料原料在特定阶段、特定水产动物种类、特定饲料制造方式中的应用。不同饲料原料的粉碎性能、湿热敏感性（如微生物产品、酶制剂产品等）、制粒性能、粘接性能等参数也成为饲料原料质量鉴定、判别的技术内容。

② 饲料原料质量变异　从概念上讲，饲料原料的质量变异是指在其生产过程、运输过程以及存储过程中，由于其自身因素、外界物理和化学因素、微生物因素等导致的营养质量、卫生安全质量和原料性质的变化，这种变化是指与其本应该具有的质量和性质的差异性。而作为饲料原料质量评价的主要内容，就是要通过一定的技术方法检测、定量评价出其差异的物质种类和数量，并对饲料配方进行适当调整。

饲料原料在具备真实性条件下，引起饲料原料质量变异的因素主要包括生产饲料原料的动物、植物和微生物品种，加工方式和条件，地理区域条件，以及在种植、养殖过程中的自然变异（如霉菌毒素）和在存储过程中的自然变异（新鲜度）等。例如关于植物饼粕类原料，植物品种不同其营养和非营养物质的种类和含量也有差异，加工方式不同导致加工过程中的温度差异较大，而在较高温度下（如冷生榨菜籽饼的温度 80℃、菜籽粕的加工温度是 120℃）由于美拉德反应导致有效赖氨酸的含量有较大的差异（如冷生榨菜籽饼与菜籽粕有效赖氨酸含量可能差异在10％以上）。

然而，最难把握的是原料的混杂和人为因素的干扰导致的原料质量变异。例如菜籽粕、棉粕中混杂桐油籽粕、茶籽粕等。在动物蛋白质、植物蛋白质原料掺入非蛋白氮也是很大的问题之一。这不仅是降低了饲料原料的质量水平，更重要的是可能给养殖动物带来生理健康的严重损伤，或影响到人类食用养殖动物产品的安全性。

③ 饲料原料质量评价技术　饲料原料质量评价的目的是检测出饲料质量的真实状态。由于需要定性和定量评价的内容较多，更由于饲料原料质量的变异和人为掺假的问题，也由于技术发展的历史阶段性问题，对于饲料原料质量评价技术，需要在检测技术准确方面、评价技术系统方面，以及为了适应产业技术发展的需要在检测技术创新等方面不断地进步和发展。

a. 饲料原料质量的实时评价　饲料原料质量的实时评价是指饲料企业对每个批次的所有原料均要进行质量评价，包括营养质量、安全与卫生质量等方面的评价。这就需要建立切实可行的指标体系和快速、准确的检测设备和检测方法，具体检测指标包括水分、淀粉、脂肪、蛋白质、纤维素、氨基酸、钙、磷、盐分等的含量及质量。

近红外分析仪是利用不同元素和成分对应不同波段光的吸收原理建立的分析方法，可以实现快速、批量的检测。但是在检测准确度方面则需要建立相应的饲料原料数据库及其软件分析系统。

b. 饲料质量评价结果的实时利用　对饲料原料质量评价结果的利用不要仅仅停留在对饲料原料是否可用、是否值得使用层次上，更重要的是将检测结果实时地运用到饲料配方系统，对饲料配方进行及时的微调。因为能够减少饲料浪费也是对饲料企业经济效益的贡献。

c. 原料的评价指标和评价方法需要创新性发展　依据目前的技术方法分析，有些技术方法需要修改，也需要建立一些新的实验方法。例如，动物蛋白质原料和植物性蛋白质原料的养殖效果有多大差异；对于养殖水产动物而言，"吃肉"与"吃素"有多大的差异；植物性原料与动物性原料的差异在什么方面，是哪些物质导致了这些差异等。

每种原料的养殖效果是评价其价值的有效指标。现在一般是依据一种原料的消化率来进行可消化性的评价。是否可以建立每种原料、对特定的养殖对象的实际养殖效果的评价指标和评价方法？例如，以生长速度和饲料系数为基准，建立单位生长速度或单位饲料系数所消耗的饲料原料量，此称为饲料原料的养殖效价，可作为一种饲料原料对特定养殖对象的综合评价指标。在具体方法上，可以参照饲料消化率测定的"30＋70"的饲料配制方法，在70％的基础饲料中加入30％的待测饲料原料，进行养殖试验，测定其生长速度和饲料系数，计算单位生长速度（特定生长率 SGR）或单位饲料系数所消耗的饲料原料量，表示为"饲料原料量（kg）/生长速度或饲料系数"。在测定得到每种饲料原料的养殖效价的基础上，就可以计算出相应的经济效价、利用率效价等指标，并可将这些指标作为饲料配方编制的基础。

关于蛋白质真实性和有效性的评价方法也值得讨论。测定蛋白质消化率是有效的方法之一，但是费时、成本高；而真蛋白测定方法不可靠，蛋白质溶解度与蛋白质可消化性又不能等同。那么是否可以建立针对特定养殖对象的离体消化率的测定方法？利用养殖动物的消化酶（肠道或肝胰脏提取液）在离体条件下测定其蛋白质消化率，主要进行相对可消化性的评价。

④ 建立饲料原料质量数据库　建立水产饲料原料数据库，一方面是为了提高利用近红外分析仪测定的结果的准确度和提高对饲料原料质量评价的有效性，更重要的是有助于饲料企业对饲料原料进行科学的管理以及将检测结果实时地应用到饲料配方系统中。单纯依靠人工对饲料原料质量结果进行比对、评判已经难以满足需要，需要建立相应的软件系统进行管理、处理和利用。

数据库的内容应该包括同类原料不同品种、不同生产方式、不同产地、不同生产企业、不同供应商、不同季节（时间）、不同存储期等的评价结果，包含营养质量结果、安全与卫生质量结果、质量变异（尤其是人为因素导致质量变异的结果）等，除了数据结果外，显微镜分析的图片数据库也非常有用。

⑤ 需要建立饲料原料质量检测结果与配方系统实时对接的软件系统　人们可以得到较好的饲料配方软件，但是如何将不同批次饲料原料的质量检测结果实时地对接到配方系统中还需做进一步的研究。将饲料原料质量检测结果实时地与饲料配方软件系统连接，这也是实现饲料配方规范化以及饲料生产标准化和工业化的重要基础，其基本框架如图1-6所示。

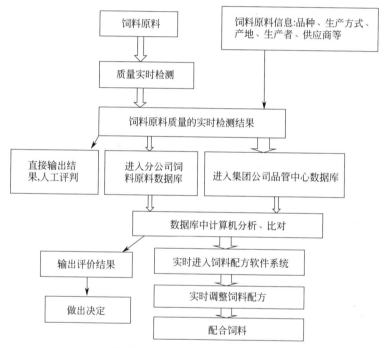

图 1-6　饲料原料质量实时检测与结果实时利用框架图

四、水产饲料加工技术的发展

水产配合饲料是一个典型的配方产品，其质量水平除了与配方技术控制有关外，在制造技术方面也有很大的影响。

1. 水产饲料的产品类型及其加工存在的主要问题

水产养殖动物种类很多，且从苗种阶段开始其摄食习性和摄食能力就有所不同，所以配合饲料的产品形态类型显示出多样化。

(1) 粉状饲料与微粒饲料 粉状饲料主要是针对养殖动物苗种而生产的。水产动物从受精卵开始发育，从卵黄的内源性营养转化为摄食外界食物的外源性营养过程中，当卵黄还没有完全消失并且在鱼苗的消化道发育形成（从口部到肛门完全贯通）之时就开始摄食外界的食物，它们在自然水域环境条件下主要摄食浮游动物和浮游植物，而在人工批量繁殖、规模化养殖条件下，则需要补充人工饲料作为食物来源。此时的饲料形态基本为粉状饲料或微粒饲料。

饲料颗粒大小与鱼苗摄食口径的适应性以及颗粒大小与配合饲料营养的全面性是这类饲料加工的主要技术难题。饲料微粒达到 $100\mu m$ 以下有利于鱼苗摄食，但是这样小的微粒难以保障含有全部的营养物质或营养成分。单一饲料原料经过超微粉碎可以达到鱼苗摄食的要求，而要将多种原料混合制成颗粒饲料且颗粒直径在 $100\mu m$ 左右技术难度则很大。这也是鱼苗饲料制造上的主要技术难题之一。

因为加工微粒饲料对设备的要求较高，并且效率也较低，所以很多养殖户在苗种饲料投喂、河鲀饲料投喂和鳙鱼饲料投喂时直接使用粉状饲料。粉状饲料在进入水体时，其中的水溶性营养物质很快就会溶失在水中，例如其中的维生素、游离氨基酸、磷酸二氢钙等，并且直接投喂粉状饲料对水体的污染也很大，所以粉状饲料直接投喂是一种不得已的饲料形态投喂方式。

(2) 粉状饲料与团块状软颗粒饲料 这类饲料主要适用于鳗鱼、中华鳖、河鲀、大口鲶等养殖种类。饲料原料经过超微粉碎、混合后，以完全粉状形态作为饲料产品进入市场。在养殖现场于其中加入油脂和水，经过调质制成不同规格的软颗粒饲料或团状饲料投喂。这类饲料在制造技术上的难点是原料的粉碎和原料的混合均匀度。超微粉碎对粉碎机的性能要求很高，同时要考虑的一个技术问题是，粉碎机内部温度对热敏感物质的损失问题，包括对蛋白质原料中的赖氨酸由于美拉德反应的损失以及维生素的损失等。因此应合理控制粉碎机内部的温度而不致影响粉碎效果。

在养殖现场将粉状饲料制造为软颗粒或团状饲料的机械设备也是值得关注的，现在还缺少这样的专业设备，养殖户一般是自己制作或购买面团（馒头）调质机生产，并且由于制造温度为常温，饲料的黏合主要依赖于面粉，所以这类饲料就需要大剂量（一般为 22％ 以上）的糊化或高筋度的面粉或淀粉。但由于鱼类对饲料糖的耐受能力有限，这样高剂量的淀粉对养殖动物的消化、生长可能会产生不利影响，这也是需要探讨的问题。

(3) 硬颗粒饲料 这是水产饲料的主要产品形态，除了在加工方面存在的包括粉碎细度、混合均匀度、调至效果和颗粒稳定性等问题外，更重要的是贯穿于整个生产过程的设备合理配置、加工过程管理等。未来需要解决的主要问题是，如何提高饲料的加工质量以更适合水产养殖动物消化、吸收和对营养物质的保留。例如提高饲料原料的粉碎细度对消化及其利用率提高的定量研究，要研究在低温条件下就能够提高饲料的调质效果和颗粒的粘接性能，以避免对饲料中热敏感物质的损失和降低能耗；如何将投料与精细计量结合、合理选择与配置粉碎机、粉碎机与粉碎工艺的合理设置、调制器的选择与饲料低温熟化效果、调制器与制粒机的合理配置、环模参数的合理设置、饲料制粒前的熟化与制粒后熟化工艺的配置等是关键性问题。

（4）挤压膨化饲料　挤压膨化饲料包括沉性和浮性两种。沉性膨化饲料的主要控制参数是饲料的密度，可以通过增加饲料粗灰分达到16％左右、控制饲料中淀粉的用量在8％～9％左右来实现目标。较低的淀粉用量制成的实际上就是一种半膨化饲料。

挤压膨化饲料存在的主要问题是生产设备的投入引起的折旧费用过高、高温引致热敏感营养物质的损失量过大、颗粒需要烘干使能耗增加、包装和运输费用较硬颗粒饲料高等。

从现有的研究结果和实际使用效果来分析，高温、高压挤压膨化工艺对饲料热敏感物质的破坏成为了主要的技术和工艺问题。这种生产方式如果不做较大的技术和工艺改进就很难成为未来水产饲料生产的主要方式。这也是需要讨论的主要问题。

2. 熟化硬颗粒饲料的发展

目前出现了一种介于常规硬颗粒饲料与挤压膨化饲料生产工艺之间的饲料生产方式，暂时称为熟化硬颗粒饲料。

这种饲料在生产设备和生产工艺配置上基本采用挤压膨化饲料的技术参数，但是不使用挤压膨化制粒设备，而是使用硬颗粒制粒设备。例如在原料的粉碎方面，采用大功率、双转子的粉碎机，粉碎后的饲料原料能够达到90％以上通过60目筛，通过提高原料的粉碎细度提高鱼体对饲料的消化利用率，同时对提高后段工序的颗粒制粒效果奠定基础。

这种生产方式在调质和制粒工艺上有了很大的改进，主要的改进就是在制粒前增加了熟化时程，在制粒后增加了后熟化工艺和设备。在常规的差速双轴调质器之后，再增加同样长度的一级或两级调质器。这种设备配置和工艺的实际效果是在调质温度如90～95℃下，增加了保温和调质的时间长度，即在常规工艺上增加了2倍、3倍的时间长度，可以使饲料熟化度显著提高，其结果是饲料物质的变性程度增加有利于养殖动物的消化和吸收、有利于后段制粒颗粒稳定性的提高，而又不至于温度过高造成对饲料热敏感物质的损失。同时也很好地解决了由调质器向制粒机送料的均匀度问题。制粒设备也是采用高性能的常规硬颗粒制粒机（多为进口设备），避免了挤压膨化制粒机在设备投入上以及能耗上的高成本，更重要的是避免了挤压膨化制粒工艺的高压和高温（132℃），有效控制了高压、高温、高湿对饲料物质造成的损失。制粒出来后，马上进入新型的后熟化罐，使调质和制粒的物料温度保持15～20min，颗粒的稳定性显著提高，形成外表粘接性高、内部容易分散的熟化颗粒饲料，其颗粒的稳定性与膨化饲料的粘接稳定性较为接近，而显著优于常规硬颗粒饲料。

采用上述工艺生产的饲料，饲料物质的熟化度得到显著改善，颗粒的稳定性得到显著提升，从而有效地避免了高温、高压对饲料营养物质的破坏，依据初步的养殖效果，整体较相同条件下的硬颗粒饲料提高10%以上。同时，整个工艺的设备配置成本显著低于挤压膨化饲料设备的资金投入，其饲料形态依然为硬颗粒状，在包装费用和运输费用的投入上也显著低于挤压膨化饲料。可以认为，采用这种生产工艺和设备配置，基本克服了常规硬颗粒饲料在调质效果、饲料物质熟化程度和颗粒稳定性等方面的不足，也有效克服了挤压膨化饲料生产工艺中高成本设备投入、高能耗投入和高包装费用、高运输费用的投入，使饲料的生产成本显著下降，同时也避免了挤压膨化饲料生产中的高压、高温对饲料物质的破坏造成的损失。可以预测，以现有的上述水产饲料生产工艺和设备配置进行进一步的优化和改进，可以成为未来水产饲料生产的主要方式。

五、水产动物营养与饲料的技术集成和创新

笔者所在团队对我国的水产动物营养与饲料研究和产业技术集成、创新提出了一些认知，如图1-7所示。

1. 低蛋白、高脂肪、高糖饲料的发展

蛋白质原料资源一是价格高，二是资源量有限，三是高蛋白质饲料可能造成对养殖水域环境的污染。因此，低蛋白、高脂肪、高糖饲料成为发展方向之一。

肉食性鱼类要实现高糖饲料难度较大，选育新品种是主要的技术基础，但育种时间较长。草食性、杂食性鱼类实现低蛋白、高脂肪、高糖饲料技术难度相对较低，需要研究饲料脂肪对蛋白质的节约作用以及研究鱼类对饲料高糖耐受性提高等问题。

2. 更多地利用组学技术研究鱼体代谢框架和节点

鱼类作为一个活体动物，研究其整体代谢规律是必要的，尤其是饲料蛋白质、脂肪、糖、矿物质组成比例发生改变的时候，同时饲料中也存在多种抗营养因子、油脂氧化产物或其他有害物质的时候，饲料营养对鱼类代谢、生长和健康的影响是

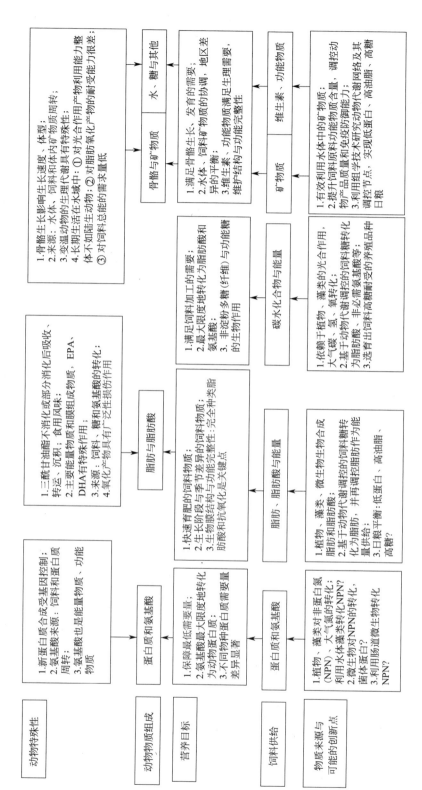

图 1-7 水产动物营养与饲料的特征框架图

综合性和整体性的。此时，充分利用转录组学、代谢组学、蛋白质组学等技术和方法进行研究，从更为宏观的层面对鱼类营养代谢进行研究，寻找到不同代谢途径的交叉点、关键节点，再筛选相应的饲料添加剂对代谢进行干预，这应该是人们需要重视的研究方法创新问题。

3. 饲料脂肪对养殖鱼类食用风味、食用价值的影响较大

鱼体蛋白质合成受基因表达调控，饲料蛋白质、氨基酸对鱼体游离氨基酸以及鱼体氨基酸池有较大影响，但是对鱼体蛋白质种类组成的影响程度较低。饲料脂肪酸组成对鱼体脂肪酸组成有很大的影响，主要是鱼体可以将饲料脂肪吸收后直接沉积在鱼体组织中。这就给饲料脂肪改变鱼体风味、改变鱼体肌肉组织结构等提供了基础。例如，饲料中添加一定量的中链脂肪酸如棕榈油，鱼体会沉积这些中链脂肪酸，而肌肉中含有一定量的中链脂肪酸在烧烤时会产生香味，所以如果将这类鱼用于烧烤，就可以呈现出更好的香味，即养殖出"烧烤"鱼。类似的原理还可以开发"酸菜鱼""鱼片"加工用鱼的专用饲料。这也是通过饲料途径对养殖渔产品质量产生影响的重要科研领域。

4. 饲料原料生产技术的创新发展

利用微生物的生长、繁殖优势，以一些低值碳源、氮源发展单细胞蛋白质原料，可补充饲料蛋白质资源的不足。例如，首钢郎泽公司利用钢厂的尾气作为碳源，用于乙醇梭菌的气体发酵生产工业用乙醇，年产乙醇 4.5 万吨；同时得到粗蛋白质含量超过 70% 的乙醇梭菌菌体蛋白质原料，年产菌体蛋白质原料 0.5 万吨。

利用城市厨余垃圾经过压榨分离出压榨液和固体物质，压榨液分离油脂作生物柴油、水用于沼气发酵，而压榨后固体用于昆虫如苍蝇蛆、黑水虻培养，可以获取昆虫蛋白质资源。

饲料原料的发酵和酶解技术应用提升了原料的饲用价值和效果，也可开发出一些新的功能性饲料原料，这是推动水产饲料产品质量和技术发展的活跃领域。

5. 矿物质营养的研究值得重视

饲料矿物质、水体矿物质对鱼体骨骼系统的发育有重大的影响，并影响到养殖鱼类的生长速度和形体。而人们对不同种类鱼类、不同地区鱼类矿物质需要量的研究以及矿物质在体内代谢尤其是矿物质代谢作用的研究还较少，对一些创新性的研究仍然缺乏，今后都要引起重视。

第二章

鱼类摄食与饲料投喂

如何依据养殖鱼类的摄食习性、生态习性、消化生理和代谢特点，做好相应的饲料原料粉碎、饲料生产过程中的调质与制粒以及应用适宜的饲料投喂方式和方法等值得关注。饲料投喂技术也在不断发展中，做好精准投喂也是控制养殖成本和提升饲料养殖效果的技术手段。

第一节　鱼类的摄食行为

在自然环境中，鱼类的摄食过程包括了对食物的搜寻、感知、辨认、摄取和吞食等。自然水域的食物丰度较低，鱼体必须花费较多的时间去搜寻食物。而在人工养殖条件下，食物的丰度较高，经过一定时期后鱼体可以形成条件反射，在固定的时间、地点，或受到简单的投饲信号刺激后就能够聚集到摄食区域进行摄食。因此，养殖环境中的饲料投喂关注的是训食方法和投喂方式，尤其是饲料投喂量的精准化。同时还要关注鱼类的食性是可以转化的，尤其是肉食性鱼类可以经训食后摄食配合饲料。

一、鱼类对食物的感觉认识

鱼类对食物的感觉认识包含对食物的认知、辨别等行为过程，鱼体将综合应用自身的视觉、嗅觉、听觉、味觉、皮肤感觉和侧线感觉器官的感觉功能。对食物而言，食物引起的水体波动（声波），食物的运动状态，食物中成味物质或其他化学物质，食物的大小、形状、颜色等将对鱼体引起感觉刺激，鱼经过感觉认识后作出摄食反应和摄食行为，这是训食的生物学基础。

1. 视觉

鱼类眼睛的视觉功能极度弱化。鱼没有泪腺，所以不会流泪；鱼也没有真正的眼睑，死亡之后也不会闭眼。鱼类两眼视角交叉覆盖区域是识别物体的有效区域，而两眼视角交叉区域位于正前方，因此鱼眼睛可以看见正前方的物体，但形成视觉的距离仅仅为10cm～20m；鱼眼对移动物体的识别能力较强，对于静止物体的识别则主要依赖于嗅觉、味觉和侧线感觉。

对于饲料而言，当饲料颗粒进入水体并在水体沉降过程中被鱼体认知，这是主要的辨识过程。当饲料颗粒沉入水底后，则主要通过化学感受来进行辨别和认知。水产饲料依据在水体中的沉降速度差异分为浮性饲料、沉性饲料和缓沉饲料。部分海水鱼类和淡水鱼类需要缓慢沉降的饲料，如鲆鲽类、鲟鱼等的饲料；口上位、口端位的鱼类可以摄食浮性饲料，口端位、口亚端位、口下位的鱼类主要摄食沉性饲料，经过驯化也可以摄食缓沉饲料和浮性饲料。

鱼类视觉对饲料的颜色有一定的感知能力，主要是依赖在水体中反差的大小来进行有效的识别。饲料颗粒的颜色与水体背景的反差越大，则越容易被识别。白色、黑色、红色在水体中可以形成较大的反差色调，容易被鱼体识别。因此，配合饲料的颜色确定一方面受到饲料原料的颜色、饲料加工温度等的影响，多数是黑色、褐色饲料；另一方面，过分强调浅色如白色、黄色饲料具有片面性，因为鱼类视觉功能相对较弱，主要还是依赖味觉、嗅觉、侧线感觉等功能寻找和辨别食物。

2. 味觉、嗅觉

鱼类的味觉器官是味蕾，味蕾是一椭球形的构造，它也是由感觉细胞和支持细胞组成。味蕾顶部以纤毛和微绒毛的形式存在，其内部以突触的形式与神经纤维相联系，味觉中枢在延脑。味蕾一般由50～150个味觉细胞构成，大约114天更换一次。鱼类味蕾的分布十分广泛，主要集中区域包括口咽腔、舌、唇、鳃弓、鳃耙、食管、体表皮肤、触须及鳍上。可以这样认为，凡是与水体接触、与食物可以接触的地方都有味蕾的分布。值得注意的是，食道甚至胃肠道中也有少量的味蕾分布，其作用是否会影响到吞食、吐食值得关注。

鱼类的嗅觉器官是嗅囊，由一些多褶的嗅觉上皮组成，它分化为嗅觉细胞和支持细胞。鱼类的嗅囊能感受由食物所产生的化学刺激，有感觉气味的能力。

味觉类型有酸、甜、苦、咸、鲜、辣、脂肪味、金属味等。赵红月（2007）以异育银鲫为研究对象，测定了氨基酸、有机酸、核苷等22种刺激物对嗅觉、味觉反应的阈值，结果显示，嗅觉反应阈值集中在10^{-6}g/L到10^{-5}g/L，味觉反应阈

值集中在 10^{-6} mol/L 到 10^{-5} mol/L，表明鱼类对呈味物质的感觉还是很敏感的。

鱼类对哪些味觉较为敏感？刘宁宁（2011）分别制作了含亚麻酸和亚油酸（脂肪酸味饲料）、氨基酸（鲜味饲料）和苦味剂-苯酸苄铵酰胺（苦味饲料）的三种饲料对斑马鱼进行测试，观察到喂养含苦味剂饲料的斑马鱼有明显的吞食后再吐出现象，而喂食亚麻酸和亚油酸或氨基酸饲料的斑马鱼吞食饲料后都没有再吐出现象，发现斑马鱼对不同饲料的喜好性为"脂肪酸＞氨基酸＞苦味剂"。这个试验表明，鱼类对脂肪味较为喜好，而对苦味是厌恶的，且可能导致吐食。水产饲料是高蛋白、高脂肪的饲料，饲料脂肪种类、氧化程度可能影响到饲料的诱食效果，这是值得关注的问题。同时，在实际饲料中，也要有针对性地选择一些促进摄食的物质，如乌贼膏、酶解鱼浆等。对于植物性的原料，花椒籽含有较多的亚麻酸，在水产饲料中加入花椒籽也有很好的诱食作用。脂肪酸轻度氧化也能增加摄食，但脂肪酸过度氧化的产物对水产动物是有害的。

3. 对水流与声音的感知

鱼类生活在水域环境中，对水体中声音的感知是非常敏感的。鱼类身体两侧大都有一条或数条从单独小窝演变成为一条管状的线，称为侧线，每片侧线鳞有侧线孔。侧线由听觉细胞组成，对低频率的音波极为敏感，能感受水的低频率振动，同时对水流压力、温度的变化也能敏感地感知。

侧线器官能够感受水流的刺激以及干扰水中平静的信息。利用条件反射证明，有些鱼类，在离其身躯及头部 10mm 处，可以鉴别直径 1/4mm 的纤维移动 2mm 距离所发生的信息，并能准确地鉴别干扰信息源。鱼类具有的这种水中定位的功能对于捕获食物具有重要意义。鱼类同样可以利用侧线器官感受水中细微水流，以及其他固体物移动时所造成的局部水流变化。侧线感受器官还可以感受低频的声音刺激，是听觉的辅助器官。同时，有些鱼类能感受 0.03～0.05℃ 的水温差。

水体的波动及声音在水体传播的范围较大，可以在较大范围内引起鱼类的生理刺激反应。因此，在饲料投喂之前，可以先敲击水中物体发出声音，之后再投喂饲料，经过训练可以形成鱼体摄食的条件反射。当长时间定时、定点投喂饲料后，鱼群也能形成条件反射，定时会聚集在投饲区域，等待鱼群集中之后再开始投喂饲料。

二、鱼类摄食行为

1. 摄食方式

鱼类的摄食方式和食性有密切的关系，而同一食性的鱼类摄食方式也不完全相同，还和鱼类所处的生态环境有关。鱼类主要的摄食方式有以下几种。

① 捕食鱼虾的凶猛鱼类，大多采取直接追捕吞食的方式，例如鳡能很快发现食物、追上食物，并且有紧紧咬住食物、防止食物逃脱的口部结构，如长有倒钩的唇齿可以防止捕食到的鱼类逃脱。有些凶猛鱼类则采取伏击的方式，例如鲶、乌鳢、狗鱼等。这类鱼体所摄取食物的大小与口裂大小、咽喉和食道的伸缩程度有关，一般可以摄取自身体长0.6倍左右大小的食物鱼。

② 大多数浮游生物食性的鱼类依靠鳃耙过滤进入鳃腔的水流取得食物，故称为滤食性鱼类。这类鱼主要依靠鳃耙结构的特点，被动地选择不同大小的食物，鲢、鳙属于此类。这类鱼体虽然口裂很大，但所摄取食物的大小受到鳃耙结构、鳃耙管大小的限制，即所摄取食物的大小与口裂大小无直接关系。

③ 摄食底栖生物的鱼类，如鲷类用锐利的角质口缘刮取附着的藻类、东方鲀则用板状齿咬下附着的贝类等。摄食底牺生物的鱼类，有的用挖掘的方式取食，如鲟鱼用吻部掘出底泥后吸取摇蚊幼虫等小型动物。

④ 草食性鱼类具有直接吞食水草或咬断水草的能力，例如草鱼随着生长，口唇的角质化程度加强，可用以咬断植物。

⑤ 以锐利的下唇刮食丛生植物或底栖硅藻，如鲴鱼、鲻、鲮鱼等。

2. 吞食与食物的消化

(1) 鱼类不具备磨碎食物的组织结构和能力　鱼类在摄取到适宜的食物后，这些食物如何进入食道？陆生动物，一般要经过龃嚼后再以吞咽方式进入消化道。那么鱼类是否具有龃嚼功能？根据对鱼类摄食器官、摄食行为的分析可以得知，鱼类没有真正的牙齿，鱼类不具备在口咽腔内龃嚼食物的功能，不能将所摄取的食物进行磨碎、搅拌等，即使如草鱼能够将所摄取的植物切断（依赖咽喉齿磨断水草），但也不能将植物磨碎。因此，进入鱼类口咽腔的食物就直接被送入了食道。

进入鱼类口咽腔的食物基本按照原样直接经过吞咽的方式进入食道，这是鱼类的主要吞食特点。这种方式对人工颗粒饲料而言，在鱼体摄取颗粒饲料后，将以整粒颗粒直接被吞食而进入食道。因此，饲料颗粒的直径、长度，颗粒的软硬程度，颗粒的黏合程度，以及饲料颗粒的味感等将直接对鱼类的摄食、吞食产生重大影响。从饲料颗粒的大小分析，既要适宜鱼体摄取，又要适宜鱼体能够将整粒饲料吞咽进入食道，颗粒过大或过小均不利于鱼体摄食和吞食。饲料颗粒的大小参数为：①直径：长度=1:1或1:2，即饲料颗粒的长度等于颗粒的直径或为直径的2倍；② 饲料颗粒的直径为鱼体口裂宽度的1/4。

饲料颗粒的软硬度、颗粒表面的整齐度等对摄食和吞食也将产生影响。如果颗粒表面不整齐或颗粒过硬，在进行吞食时可能对鱼体口咽腔产生刺激作用，鱼体将把饲料颗粒吐出来，经过水体浸泡使饲料颗粒表面软化后再进行摄食和吞食，这种情况下鱼类主要在水体的底层摄取饲料。

（2）大口鲶的摄食与消化特点 禽类可以依赖肌胃将食物磨碎，但是鱼类的胃不具备磨碎食物的能力。因此，食物经过食道进入胃后，鱼类对食物的消化主要从颗粒的表面开始逐渐溶解、消化。所以饲料颗粒粘接度、饲料原料颗粒大小将影响对饲料物质的消化率。下面以大口鲶的摄食习性、消化生理特点为例，说明饲料如何与养殖鱼类的摄食与消化生理相适应。

大口鲶胃肠道消化具有鲜明的特点，虽然有胃，但胃的生理功能特点与其他鱼类相比有较大的差异。在实际生产中发现大口鲶摄食其他鱼类或饲料后，如果受到惊吓或将鱼消化到一定程度后有吐食的习性。笔者观察了南方大口鲶在水族缸中吐出的鲤鱼、草鱼、泥鳅等的形态特征，见图2-1，主要结果为：①吐出的食物基本保持其活鱼原有体形，只是部分吐出物发生身体弯曲或卷曲。②吐出物从体表向内部有不同程度的被溶解状态，有的只是鳞片脱落，皮肤开始溶失；有的表层肌肉开始溶解或大部分溶解掉，但吐出的鱼体内脏保持原样。这显示了食物被消化的基本过程。③吐出物保持完整的头骨、脊椎骨的整体骨架，头骨与脊椎骨之间、脊椎骨之间未有脱离现象，鱼刺也几乎保持完整。在解剖南方大口鲶胃中残存食物时也有类似形态。

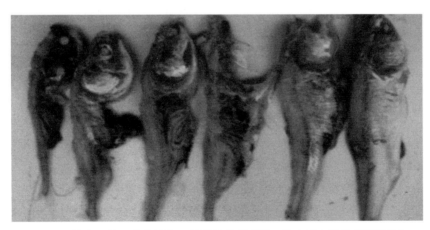

图2-1 被大口鲶吐出的鲢鱼（被消化程度不同，从右到左消化程度增加）

以上结果说明，南方大口鲶的胃不能磨碎食物或搅拌食物，也不能有效地消化骨质食物。否则，吐出的鱼不会保持其原有体形和完整的骨架系统。南方大口鲶的胃可能不具备磨碎和搅拌食物的功能，其理由有：①从解剖取出的或从吐出的食物观察结果看，均保持其原有体形，只是弯曲而已，并未成块或分散成糜烂状；②吐出食物能保持其整体骨架系统，骨关节处未断裂，鱼刺也保持原形。说明胃酸的分泌量可能有限，否则食物鱼的骨架系统会被软化、分散。因此，南方大口鲶胃对食物的消化作用主要依赖于以酶为主的化学性消化作用。发达的胃壁主要为加强其伸张、收缩作用，使胃部可一次性容纳所摄取的较大体积食物，起暂时贮藏食物并进行以化学消化为主的消化作用。

大口鲶的摄食方式为伏击性捕食方式。大口鲶是一种鱼食性、底层鱼类，其摄食方式为吞食；其口裂大小、胃部组织结构适宜一次性捕食较大体积的食物；大口鲶虽然是一种鱼食性鱼类，但只是在捕食时爆发、消耗较多的能量，而其他时间一般静卧在水底，静止代谢能量还低于杂食性、草食性和滤食性鱼类，显示出明显的间歇性摄食的特点，即大口鲶一次性摄食量较大，一旦吃饱后就静止、歇息，不像其他食性鱼类随时都在不间断地寻找食物、摄取食物。根据上述特点，大口鲶的人工饲料不宜制成常规的颗粒饲料，而采用鳗鱼的团块状软饲料的状态较为适宜。可以根据鱼体大小，将粉状饲料在投喂时加水搅拌，制成不同大小的团块状饲料（如馒头状）进行投喂，以满足大口鲶一次摄食量大、摄食的食物体积较大的特点，同时，投喂饲料的时间应该根据其胃排空时间进行确定，可以间隔 6～8h 投喂一次。

（3）适应摄食和消化的饲料对策　首先是饲料原料的粉碎细度对消化率影响很大，水产饲料要有效保障饲料原料的粉碎效果，饲料企业要重视饲料原料粉碎能力和粉碎工艺。饲料在进入消化道后，饲料原料颗粒不会再被磨碎，而是按照原样逐渐从饲料微粒的表面开始消化。因此，饲料原料微粒越小，表面积越大，与消化液和消化酶的接触面积就会显著增加，有利于消化。同时，饲料原料的粉碎细度对后段工序中饲料颗粒的制造、饲料颗粒的稳定性以及颗粒饲料的表面形态和色泽也是有影响的。那么，饲料原料的粉碎细度对饲料的养殖效果影响有多大？将豆粕、菜粕、棉粕等植物性原料经过粉碎后，分别过 60 目筛与 30 目筛进行比较，对鲤鱼、草鱼的饲料养殖效果进行比较，结果是摄食过 60 目筛饲料的试验鱼生长速度和饲料效率较过 30 目筛饲料提高 30%。因此，依据现有的饲料机械粉碎能力，饲料原料能够保持 90% 以上的原料通过 60 目筛成为鱼类饲料的基本要求。

其次，饲料颗粒质量成为影响摄食和消化的主要因素。先从摄食方面考虑，饲料颗粒的直径、长度要与养殖鱼类的摄食口径和吞食习性相适应；然后是颗粒表面的硬度要适应鱼类的吞食习性。大口鲶等鱼食性鱼类一次性摄食量大，一旦摄食后就很少活动，因此，颗粒较大的团块状饲料、软颗粒饲料更适合于鱼食性、肉食性鱼类的摄食。鳜鱼、加州鲈、乌鳢等肉食性鱼类从摄食冰鲜鱼转为摄食配合饲料，在训食和食性转化阶段，以软颗粒饲料进行驯化容易取得成功。

第三是饲料颗粒的粘接性能问题，从摄食、吞食和防止饲料在水体中的溶失等方面考虑，饲料颗粒需要具有很好的粘接性能和较高的在水体中的稳定性。然而，从消化生理特点分析，需要饲料颗粒在进入消化道后能够迅速分散开来，理想的状态是，当饲料颗粒进入消化道后能够很快"崩解"、将饲料原料微粒快速释放出来，从而有利于消化。这两者之间的矛盾如何解决？如果饲料颗粒粘接性能高，如在配方中增加淀粉比例、添加粘合剂或提高环模压缩比等方法可以显著提高饲料颗粒的粘接性能。但是，如果饲料颗粒粘得过于牢实、压缩得过于紧密，在进入消化道后难以分散开来，鱼类又缺少将饲料颗粒磨碎的能力，只能从颗粒表面逐渐消化，这对消化是不利的。膨化饲料颗粒是一种很好的适应方式，但也存在高温、高压、高湿对饲料热敏感物质的破坏损失，以及设备投资高等不利因素。较为适宜的饲料制粒方式应该是后熟化工艺，即在饲料颗粒制粒完成后进入制粒后的保质器内，依赖制粒后物料温度或适当加温，使保质器中温度维持在 80℃ 且持续 30min 左右，使颗粒表面的淀粉进一步熟化。之后饲料颗粒进入冷却器中降温，由于颗粒表面降温速度快，容易形成熟化淀粉产生的"壳"，这类"壳"进入鱼体消化道很容易破裂，饲料也就容易在消化道内"崩解"。后熟化可以使饲料颗粒表面的粘接性能提高，而饲料颗粒内部则变化不大，形成一种"外表粘接性能高、内部松软"的饲料颗粒。这类后熟化饲料既适用于虾蟹类抱食摄食的动物，也适合于吞食性的鱼类。

饲料颗粒在水中的溶散时间为多少较为适宜呢？在人工养殖条件下，一天可以投喂 3～4 次饲料，且在白天进行投喂（水体溶解氧高），如果按照白天 12h 内分 3 次投喂，则两次饲料投喂的间隔时间为 4h。因此，鱼体摄食颗粒饲料后需要在 4h 内大部分被消化、吸收。养殖的鲤科鱼类一般在摄食后 6h 形成排粪高峰期。那么，饲料颗粒在进入水体、被鱼体摄食进入消化道后需要快速分散，这个时间应该在 5min 以内较为适宜。

3. 摄食的时间和间隔

在摄食时间上，有些鱼类存在昼夜节律，有的在白昼摄食，有的则在夜间摄食，还有一些鱼类整天摄食。这和光照强度、水温、溶解氧以及饵料生物的昼夜活动有关。主要依靠视觉发现食物的鱼通常在白昼摄食。主要依靠味觉、嗅觉发现食物的，例如鲶常在夜间摄食。整天摄食的鱼没有昼夜的摄食节律，但水中的溶解氧与摄食有关，如果晚上溶解氧不足，它们就不会摄食。

影响鱼类摄食时间间隔的因素很多，除了环境因素和食物的质和量外，还和鱼类本身的形态及生理特点有关。通常有胃鱼类或凶猛性鱼类摄食的间隔较长，例如吞食大型猎物的凶猛鱼摄食的间隔时间要以天来计算。而无胃鱼类，特别是温和鱼类摄食间隔较短，例如金鱼在良好的环境下，一昼夜以投喂 12 次饲料生长最佳，间隔时间不足 2 h。

因此，饲料投喂的时间间隔应该与鱼类的摄食节律和鱼体的消化生理节律相适应，相邻两次饲料投喂的时间间隔最好保持在 4h 以上，以利于消化。

4. 吐食

在养殖过程中，偶有发现鱼类吐食的情况，主要在有胃鱼类较为多见。吐食是鱼类自我保护的一种生理反应。

有胃鱼类的吐食是鱼体胃部生理反应的结果。用氧化鱼油灌喂乌鳢、黄颡鱼，2~5min后鱼体就吐出灌喂的食物；而用正常的鱼油、豆油灌喂时，鱼体不出现吐食现象。这个试验表明，饲料氧化鱼油是造成吐食的主要原因。在以白鱼粉作为主要蛋白质原料的试验饲料中，加入103 mg/kg的组胺盐酸盐到饲料中，以黄颡鱼为试验对象，经过8周的养殖试验后，取黄颡鱼胃黏膜做扫描电镜观察，发现胃黏膜出现严重的损伤。因此，饲料中油脂氧化产物、蛋白质腐败产物如组胺可导致胃肠道黏膜严重损伤，且可能导致胃液分泌，尤其是胃酸的分泌出现紊乱，并引起吐食。

对于无胃鱼类，摄食饲料后吐食的情况较少，多数是因为饲料颗粒硬度过大或饲料油脂严重氧化等原因导致吐食。当然，水质恶化和疾病等原因也可以导致吐食。

三、鱼类摄食量及其影响因素

鱼类的摄食量通常包括两种含义，一是个体水平上的摄食量，如一定大小的某种鱼类对某种特定类型的食物的摄食量，与之相关的概念有日摄食量和摄食率等。摄食率指1天当中摄入的食物占鱼体重的百分比；二是种群水平上的摄食量，如具有一定年龄结构和生物量（B）种群的摄食量（Q），通常表示为一定时间范围（一般为1年）内单位生物量的摄食量（Q/B）。

而一般养殖过程中鱼类的摄食量是指养殖群体鱼类的摄食量，分为一次摄食量和日摄食量。一次摄食量是指鱼类一次所摄食的饲料量。而日摄食量是指鱼类24h所摄食的饲料量。

摄食量的多少是影响鱼的生长速度的关键因素，而鱼类摄食量也受诸如鱼体自身、水体环境、饲料和管理等因素的影响。

(1)鱼体自身因素

① 食性不同。不同种类的鱼食性不同，影响摄食量的多少，一般情况下对比鱼类的摄食率呈现：草食性的鱼＞杂食性的鱼＞肉食性的鱼，例如草鱼的投饲率可以在5%左右，而青鱼为3%左右。

② 胃及消化道容积。胃容积相对体重的比例变化很大，胃容积大则摄食量大，按摄食量大小排序一般为：成鱼＞鱼种＞幼鱼。对于无胃鱼类，所摄食的饲料依靠肠道来消化，草食性鱼类肠道很长，一般为鱼体长的6~7倍，而肉食性鱼类肠道较短，一般为鱼体长的1/3~3/4，杂食性的鱼类居中，按摄食量大小排序一般为：草食性鱼＞杂食性鱼＞肉食性鱼。另外空腹状态也与摄食量大小有关，有的鱼等到

胃几乎排空之后才重新开始摄食饵料，而大多数种类都在胃排空之前便开始摄食饲料，所以前者的摄食量大于后者。

③ 鱼类的生理状态。当鱼处于饥饿状态时摄食量开始增加，随后逐渐下降直至稳定，但长期饥饿会抑制食欲。繁殖期间摄食水平一般都会下降。当鱼处于应激状态下，也会降低摄食量，因此水质条件发生变化以及拉网锻炼捕捞时都会使鱼类处于应激状态而影响其摄食水平。

④ 鱼类适应能力。鱼类饲喂一定的饲料会产生一定的适应性反应，在其消化道内产生相应的优势菌群和消化内环境，从而影响摄食水平。长期生活在一定的水环境中产生的适应性也会影响鱼类的生理反应，进而影响鱼的摄食量。以消化道内消化酶活性作为指标，当草鱼、鲤鱼更换不同蛋白质含量的饲料后，需要 14 天左右其肠道内消化酶活性才能趋于稳定，并适应新的饲料。

⑤ 群体效应。在鱼群体中摄食活动存在强烈的模仿和竞争意识，群体摄食量强于单体摄食水平，但达到一定的群体水平时则降低摄食水平，所以在养殖时要有效地控制水体载鱼量达到最佳状态。单位水体中鱼群数量达到一定量后，其摄食量也基本趋于稳定，而养殖密度过低时鱼群的摄食量较低。

(2)环境因素

① 水温。水温在一定范围内与鱼类的饲料消耗呈正相关，水温升高，鱼体代谢率增加，饲料消耗时间缩短，摄食量增加。一般水温随季节而变化，则鱼的摄食量也相应随之变化。夏季摄食量最大，而冬季水温低于 10℃ 时鱼则停止摄食，春季水温在低于 10℃ 时也不摄食，当水温上升到 13℃ 时鱼体开始摄食，在 15℃ 以上时摄食量增加，到 18℃ 时摄食量显著增加。

② 溶解氧。在高溶解氧的水体中鱼类摄食旺盛，消化率高，生长快，饲料效率也高，因为鱼的摄食量随着溶解氧的升高而增加，所以要求水中溶解氧在 5mg/L 以上，若溶解氧在 4mg/L 则鱼的摄食量减少 12%、在 3mg/L 时减少 26%、在 2mg/L 时减少 51%，而在 1mg/L 时基本停止摄食。

③ 透明度。部分鱼类靠视觉来摄食，多数鱼类是靠嗅觉和味觉，水体中透明度的大小直接影响其摄食水平，一般透明度越大，养殖水体中光线越好，鱼的摄食量越多，相反则减少。

(3)饲料因素

① 饲料组成。饲料的质量与鱼类的摄食量有关，对摄食量影响较大的是饲料总能，鱼类饲料中脂肪含量对总能的贡献较大。鱼类与其他动物有类似生理适应性，即摄食高能量饲料时，其摄食量下降。能量饲料尤其是高脂肪的饲料，鱼对其的摄食量相对较低，反之则较高。另外，在某些鱼用饲料中加入一些诱食剂及一些着色剂可以提高鱼的嗅觉、味觉以及视觉的敏感性，相应地可提高鱼的摄食量。因

此，高蛋白、高脂肪含量的饲料应该适当降低投喂量。

② 饲料类型。颗粒饲料大小的不同直接影响鱼的摄食量大小。一般鱼配合饲料都要制成颗粒饲料（鳗鱼除外），颗粒饲料粒度的大小需根据鱼口径的大小而制成大小不一的颗粒。一般鱼苗阶段颗粒最小，鱼种居中，成鱼最大。另外根据鱼的食性的不同和生活水层的不同可制成不同性质的颗粒类型，如上层鱼可制成漂浮颗粒饲料、中层鱼为半浮性颗粒饲料、下层鱼为沉性颗粒饲料。挤压膨化饲料与硬颗粒饲料比较，在饲料营养水平相近的情况下，鱼类对膨化饲料的摄食量会大于对硬颗粒饲料的摄食量。

四、确定摄食量与饲料投喂量的基本方法

饲料投喂的基本原则是希望能以最小的饲料消耗获取最大限度的鱼产品。它即需要满足鱼类对于饲料的适宜摄食量，也要在以最少的饲料浪费和最小影响水质的情况下满足鱼类的最大生长性能。确定饲料的投喂量需要确定几个关键的参数，主要包括：饲料的投饲量（分为日投喂量和总投喂量）、饲料的投饲率、投喂时间和投喂次数等。在确定几个参数之前，需要了解它们与鱼类摄食和消化吸收之间的关系。

1. 投饲量与摄食量的关系

养殖鱼类每日的饲料摄入量，与其体重、环境水温等有关。生产中投饲量若大于鱼的摄食量，多余的饲料会溶失于水中或沉积于水底，既造成饲料浪费，增大养殖饲料成本，又会导致养殖水域环境的污染；投饲量若低于鱼的摄食量，鱼类快速生长对营养物的需求不能得到满足，则生长受阻，饲料的有效利用程度相应降低。最理想的状况是投饲量恰好与鱼的摄食量相等，然而生产条件下要做到这一点是十分困难的。

所谓合理的投饲量，即通过各种手段努力地接近这一目标。实践表明，制订合理的投饲计划和养殖者的经验相结合是确保投饲量较为适宜的有效手段。通过制订投饲计划，可以从总体上把握较大面积（整个养殖场或同类型、同批次的养殖对象群体）在一定阶段内（每旬或每月）的投饲总量，确保投饲实施过程不因人为因素的影响而出现大的偏差；而对每一个养殖单元（一个池塘或一个流水池等）每一天应投的饲料量，则应由生产者依据当日、当次的气候、水温等环境条件和鱼类抢食、游动等情况而灵活掌握，投饲量既可高于也可低于当日计划的投饲量。

2. 投饲量与鱼类生长

对确定的养殖对象而言，其不同生长阶段对饲料的营养要求及饲料的日摄入量有一定差异，同时随着鱼的生长其体重、生理条件及代谢率等也不断地变化。因

此，从理论上讲，饲料营养水平与投饲量等应保持连续、经常性的变化。实际生产中将其简化处理，以一定体长或体重将鱼的生长阶段的全过程划分为鱼苗（稚鱼期以前）、鱼种（稚鱼期以后至体重100g以下）及成鱼（或亲鱼）三个营养阶段。饲料配方设计以上述三个阶段的营养需求为依据而分别进行；饲料投喂量则以三个阶段为基础（相应的投饲率范围），考虑鱼体生长速度并根据水温等条件的变化按每周（或每旬、每半月）调整一次，以确保饲料营养水平及日投饲量能较好地适应养殖对象不同生长阶段的营养需要。

3. 投饲次数与鱼类对饲料的消化

鱼类对饲料的消化可分为物理性消化和化学性消化两种，前者包括饲料与消化液、消化酶的混合程度，饲料在消化道内移动的速度；后者主要依赖于消化道内酸碱度的大小和消化酶活力的强弱来进行。某一确定的养殖对象在一定的生长阶段内，其消化能力变化幅度较小，故对饲料的消化程度和速度是较为稳定的，这为投饲次数的合理确定提供了基础。投饲次数多少对鱼类消化利用饲料的最显著影响，是直接决定了饲料在鱼体消化道内移动的速度。投饲次数越多，饲料在消化道内移动的速度越快，如果这一速度超过了鱼类对消化道内饲料的消化吸收速度，则会导致鱼类对饲料利用率的降低。因此，过量、频繁的投喂不一定能有良好的生长效果。另一方面，投饲次数过少，则会使鱼类在相当长的时间内缺少饲料摄入，其所需要的营养物质难以适时地得以满足，生长必然受到阻碍。合理的投饲次数，对于提高鱼类对饲料的有效利用是较为重要的。

4. 投饲时间与鱼的摄食节律

鱼在自然状态下的摄食行为受光线强度、溶解氧含量、温度高低等影响较大，摄食行为多表现为昼夜节律性变化。据观察，鱼一般在黄昏和清晨摄食活动较强，在完全黑暗、低温或应激条件下摄食活动减弱。另一方面，鱼类的摄食行为是一种条件反射式的生理活动，通过人为驯化可以一定程度地得以改变。因此，在集约化健康养殖条件下确定投饲时间既应考虑鱼类原有的摄食节律，也可以通过一定时间和手段的驯化使鱼类的摄食更为合理、有效。然而，投饲时间一旦选定或经驯化后已经形成定时摄食行为，则不宜经常变动投饲时间，以免搅乱鱼类已经形成的摄食节律。

5. 投饲量与病害控制

当鱼体生病时，其摄食量会显著下降，此时应该降低饲料投喂量，甚至停止几天不摄食饲料。鱼体发病期，鱼体自身处于高度应激状态，对饲料的消化率也显著下降，如果投喂饲料或饲料投喂量过大，鱼体摄食过饱可能会加重病情。例如，在鲫鱼鳃出血病发病期间，控制鲫鱼死亡率较为有效的方法是"三不、一增强"的方案，即不投喂饲料、不用药、不换水，而加强水体增氧。鲫鱼鳃出血病的病原体为鲤疱疹Ⅱ型病毒，没有药物可以直接杀灭这个病毒，主要依赖鱼体自身的免疫力来控制病毒的增殖。因此，一旦发现鲫鱼患有此病，即停止换水、停止投喂饲料、停止用药，并加强增氧，等待鱼体自身免疫应答后控制病毒的繁殖、转移，从而控制病鱼的死亡率。等鱼的病情好转之后才投喂饲料，那么需要等多长时间呢？鱼体对病毒的防御主要依赖自身的免疫防御系统的作用，鱼体产生免疫反应的时间相对较长，一般需要 10 天左右的时间。

在水温由低温向高温发展或由高温向低温发展时，18℃水温时期是一个较为显著的温度界线。即当水温上升到 18℃时，鱼体感染病原体的概率增加，当水温降低到 18℃时也是如此。因此，在这个时期也要控制饲料的投喂量，应该较日常的饲料投喂量降低 50% 左右。例如，春夏之交或水温上升到 18℃时，草鱼、鲫鱼、鲤鱼的饲料投喂量应该控制在 2% 以下。

第二节　水产饲料投喂

一、水产饲料的投喂方式

水产饲料投喂一般采用机器投喂，而投饲机主要有离心式抛撒投喂和风力输送抛撒投喂两种类型。

离心抛撒投饲机一般由料箱、机架、抛料机构（主电机、抛料盘、罩壳等组成）、分料机构（分料电机、偏心连杆、送料振动盒等组成）等组成。投饲机工作时，料箱内的饲料通过振动分料机构将饲料均匀地落进抛料盘，抛料盘在主电机的离心作用下，把饲料快速均匀地抛向渔塘。

风力投饲机是依赖正压鼓风或负压吸引饲料，并依赖风力的作用将饲料抛撒在水体中。风力投饲机最大的好处是出料口可以通过风力管延伸到池塘中央水域，饲料抛撒的面积更大，可以 360°范围抛撒饲料，避免了鱼群过度集中在投饲区域抢食，相应地避免了因为摄食不均匀而导致的鱼体生长个体差异。

风力投送饲料较离心抛撒饲料具有更多的有点，水产养殖应该更多地采用风力投送饲料。其主要优势包括：①适合于散装饲料的投喂。在养殖场建设饲料仓，散装饲料由加工厂到养殖场的饲料仓临时存储。饲料仓底部安装鼓风机输送饲料，鼓风管道可以分枝出若干个鼓风管道分枝，每一个鼓风管道分枝将饲料投喂到一个池塘。这样的化，一个饲料仓可以承担几个池塘的饲料投喂。这是实现饲料机械化和自动化甚至智能化投喂的基础。②饲料投喂的出料口可以设置在池塘的中央水域，避免了离心抛撒饲料只能在池塘边上的弊端。饲料出料口可以在池塘中央 360° 范围内进行饲料抛撒，投饲区域更广、范围更大，避免了鱼群过度集中在投喂区域摄食，既可以避免鱼群集中导致缺氧，也减少了鱼群过度集中造成的拥挤效应以及减少了鱼体之间直接接触导致疾病的传播等。

　　风力投送饲料如图 2-2 所示。风力投饲机可以在池塘建设饲料仓，饲料仓底部安装鼓风机，通过鼓风管将饲料输送到池塘中央抛撒饲料；也可以将饲料仓设置在房间内（避免日晒雨淋），在池塘边设置吸引力风机，通过风力管道将饲料从饲料仓吸引并输送到池塘中央。因此，这种方式适合于散装饲料的运输和投喂。

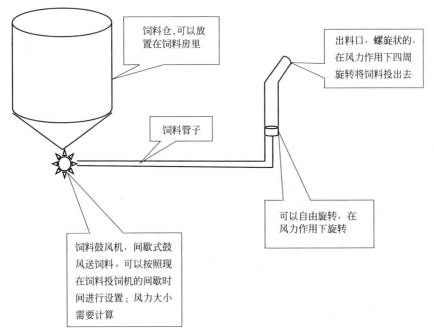

饲料仓,可以放置在饲料房里

出料口，螺旋状的，在风力作用下四周旋转将饲料投出去

饲料管子

可以自由旋转，在风力作用下旋转

饲料鼓风机，间歇式鼓风送饲料。可以按照现在饲料投饲机的间歇时间进行设置；风力大小需要计算

图 2-2　池塘风力自动投饲系统原理

二、饲料的"套餐"组合投喂

　　鱼类养殖有池塘养殖和网箱、水槽等设施养殖。池塘循环水水槽养鱼、网箱养鱼（淡水或海水）、集装箱养鱼等设施养殖方式，一般为单一种类的集约化养殖方式，可以投喂一个养殖种类的饲料即可。而对于池塘养鱼，一般的传统是"混养"，包括不同水产种类的混养（鲤鱼、草鱼、鲫鱼混养，鱼虾混养，鱼蟹混养，鱼鳖混养等）、同种类不同规格大小鱼体的混养等，这就造成了饲料产品设计和饲料投喂的技术难度。例如，不同种类水产动物的混养，饲料配方按照哪一个种类的营养需

要为主来设计饲料产品呢？鱼虾混养的饲料是按照虾饲料设计，还是按照鱼饲料设计饲料配方呢？水产饲料的生产方式也有膨化饲料、硬颗粒和熟化饲料等产品，也有粉状饲料、颗粒饲料等形态。那么，如何选择饲料类型呢？

1. 鱼-鱼种类混养的饲料和饲料投喂

这种模式主要是杂食性、草食性等鱼类混养，如鲤鱼、草鱼、鲫鱼、团头鲂等的混养。一般有一种是主养鱼类，其放养的数量密度高，其他为套养鱼类。几乎所有的池塘养鱼都套养鲢鳙鱼。

如果只是投喂一种饲料，这类主养-套养鱼类饲料的配方设计是以主要鱼类的营养需要为准，适当兼顾套养鱼类。饲料颗粒的规格则一般是以最小个体主要的摄食要求为依据进行选择。例如，草鱼与鲫鱼、团头鲂的混养模式下，草鱼的鱼体规格为50g/尾，那么相应的饲料颗粒大小以满足50g/尾的草鱼摄食的要求为准。

2. 鱼-鱼个体规格混养的饲料和饲料投喂

这类池塘混养情况较多，既包含不同种类的混养，也包含不同种类个体大小的混养，还包括同一种类不同个体大小的混养。

该模式下，饲料营养设计应该以主养鱼类的营养需要作为基准设计混养饲料，同时，可以采用不同饲料颗粒规格进行组合投喂的方法。如直径3mm的颗粒与2mm颗粒饲料混合投喂。

3. 鱼-虾混养饲料与饲料投喂

虾的市场价格高、养殖效益好，而精养虾时，虾的成活率不高、养殖成功率低。鱼虾混养条件下，死虾、病虾会被鱼摄食，及时清除了死虾、病虾，提高了虾的养殖成活率、成功率，虾和鱼的生长速度也都能得到保障。因此，鱼和虾这两种差异非常大的种类在同一池塘中进行混养，在全国的普及率很高，且取得了显著的经济效益。

那么，这种混养模式的饲料如何设计，饲料如何投喂呢？

鱼虾混养模式中，鱼类主要为草鱼、鲤鱼、鲫鱼、罗非鱼等，以杂食性、草食性鱼类为主；其中养殖的虾种类主要为罗氏沼虾、青虾、南美白对虾。从营养角度考虑，混养的鱼能够摄食鱼饲料、养殖的虾能够摄食虾饲料，这就涉及不同饲料组合投喂的问题。较为典型的操作方案如下：

① 池塘中设置拦网，可用网目为6目或8目的尼龙网、金属网，在池塘打桩、设置拦网，拦网将池塘水域面积分为3/10和7/10两个区域；②虾苗投喂在3/10池塘水域的养虾区域内，鱼投放在7/10水域的养鱼区域内，虾可以穿越拦网的网眼进入养鱼的区域，而鱼不能进入养虾的区域；③虾苗早期阶段（体长50mm左右）在养虾区域投喂虾饲料，而养鱼区域则按照鱼类饲料要求进行投喂；养殖后期，在虾育肥阶段，则停止投喂虾饲料，只投喂鱼饲料，即养殖后期虾是摄食鱼饲

料或鱼虾混养饲料养殖成商品虾，其饲料成本显著降低。鱼虾混养饲料配方的设计中，在混养鱼类饲料中保证有1%的磷脂油、3%左右的虾粉或鱿鱼膏就可以兼顾虾的营养需求。

鱼-蟹混养的饲料设计和饲料投喂可以参照上述方案进行。

4. 硬颗粒饲料-膨化饲料的组合投喂

一般的饲喂模式有三种：全程饲喂硬颗粒料、全程饲喂膨化饲料、硬颗粒料与膨化饲料搭配饲喂。在普通淡水鱼中，可以采用颗粒饲料与膨化饲料搭配使用的饲喂方式，能取得显著效果。硬颗粒料与膨化料的投喂比例一般在1:1～2:1之间。

混合投喂方式有5种：①春冬季（年头、年尾）投喂硬颗粒料、夏秋季投喂膨化料。夏秋水温高，鱼体生长旺盛，投喂膨化料效果明显；而春冬水温低，鱼一般在池底采食，硬颗粒饲料恰好满足鱼的采食习惯，因此使用该投喂方式饲养的鱼到年底上市时体形好，重量足，耐运输。②上午投喂硬颗粒饲料，下午投喂膨化料。③先喂硬颗粒饲料，再喂膨化料，此种养殖方式的好处是养殖户可以看到鱼吃食，从而合理控制鱼的采食量，减少饲料浪费。④先喂膨化料，后喂硬颗粒饲料，使用这种方式的原因是养殖户认为膨化料更香，适口性更好，鱼在吃了硬颗粒料六成饱后还会大量采食膨化料，但这将会导致鱼吃得过饱而影响消化，引发肠道疾病。⑤主要集中在中山市黄圃镇的草鱼鱼种养殖，由于养殖户考虑到高温季节，鱼类抢食凶猛，就采取硬颗粒料与膨化料混合好后再投喂的方式。在秋、冬季节水温低，鱼类采食慢，而小鱼阶段硬颗粒料耐水时间短（一般少于3min）、易溶化，此时养殖户投喂膨化料的比例高于硬颗粒料，这样可以减少饲料浪费，增加经济效益。

无论以哪种方式搭配，混合投喂都体现出它的优势：既可以较好地调节水质，不让水体过肥或过瘦，又能提高主养品种的生长速度并调整其体形和体质，同时提高套养品种的产量。

膨化饲料与颗粒饲料不同的搭配投喂方式需要满足以下的投喂原则：

① 根据养殖阶段的营养需求来给料，同时根据硬颗粒饲料和膨化饲料的营养指标和质量档次定位来判定。一般来说，苗种阶段对营养需求高，以投喂高档膨化料为主，而养殖成鱼后期，可以投喂颗粒饲料。这样既能保持较快的生长速度，又可以降低养殖成本。

② 根据出鱼和上市的需求来投喂。当水产品市场行情好时，使用高档膨化料快速催肥鱼体，可以尽早上市。上市出鱼之前可以选择优质的硬颗粒饲料，以满足鱼体在体质、出鱼方面的要求。

③ 根据放养模式中不同品种的搭配来选择硬颗粒饲料和膨化饲料。如草鲫鱼

混养模式下，可以使用颗粒粒径较大的膨化草鱼饲料搭配颗粒粒径较小的鲫鱼硬颗粒饲料，满足两种鱼类在营养、摄食、颗粒粒径方面的要求。

④ 根据池塘水质状况投喂。

三、饲料的精准投喂

饲料的精准投喂有多重含义：一是饲料投喂量的精准化，即依据摄饲鱼群数量和摄饲率来精确地计算投喂的饲料量；二是在混养条件下，对不同种类的鱼群投喂不同的饲料种类，例如在鱼虾混养模式下，鱼能够摄食鱼饲料、虾能够摄食虾饲料。再如小规格鱼种与成鱼混养的模式下，鱼种能够摄食到鱼种饲料，成鱼能够摄食到成鱼饲料。

1. 饲料投喂量的精准化

精准确定饲料投喂量的依据是摄饲鱼群精确重量，依据摄饲鱼群重量和摄饲率计算出投喂的饲料量进行投喂。

如何知道养殖池塘中摄饲鱼群的精准重量呢？一般是以投放鱼种的重量和数量为基础，投喂饲料养殖一段时间后，通过"打样"知道鱼体平均重量，再乘以投放鱼种的"尾数"而得知鱼群重量。如果"打样"不准确就会导致鱼群重量计算不准确，鱼群种类不准确导致投喂的饲料量不准确。此时，有经验的养殖户则是观察鱼群摄食状态，观察到大部分鱼群不再抢食时停止投喂饲料，这就是传统上养鱼的以"八成饱"确定饲料投喂量的方法，是经验式的饲料投喂方法。

如果能够准确、及时地得知鱼体平均重量就可以得知摄饲鱼群的重量。尝试在池塘水体安装摄像头、激光成像系统、声呐成像系统等设备，目标是通过鱼体图像识别并依据图像大小（参数）计算出摄饲鱼群的平均重量，也减轻了技术服务人员的"打样"之苦。但是，在混养模式下如何将不同鱼种的图像进行鉴别、识别还需要深入研究。而计算机依据图形计算鱼体重量时，需要依赖单尾鱼体的图形且是正好侧面的图形，也有很大的难度。

因此，在自动获取摄饲鱼群重量以及种类鉴别的目标难以实现的情况下，饲料量的精准投喂、自动化投喂、智能化投喂技术还需要再研究。

2. 池塘养殖管理和饲料投喂的自动化与池塘养殖系统的智能化管理

养殖管理过程自动化和智能化是现代养殖渔业发展技术进步的重要内容。

如图2-3所示，笔者所在团队设计了一种池塘养殖智能化系统。在这个系统中，重点在于：①养殖鱼群的观察与计量；②饲料投喂的机械化、自动化与智能化方案；③养殖池塘水体管理、增氧的自动化与智能化；④水产养殖物联网的构成与实施等。

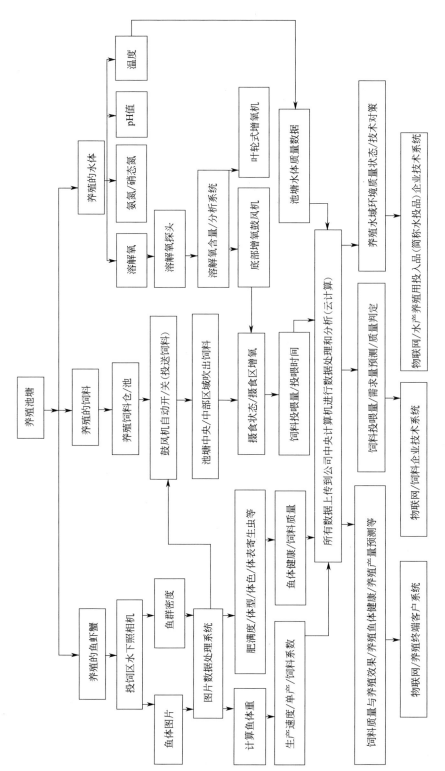

图 2-3　池塘养殖智能化系统设计示意

养殖过程的机械化和自动化是现代渔业发展的基本要求，在池塘养殖系统中的主体是养殖的鱼类，水体是鱼类的生活环境，水质控制的内容是对水体物理和化学因子如温度、溶解氧、pH 值等进行实时监控、记录，并将信息通过物联网传递到信息处理中心进行分析、决策，依据决策对水体质量进行人为干预，其目标是水体物理化学因子、藻类种类和数量比例，为养殖鱼类提供良好的水域生态环境。饲料是养殖鱼类的主要物质和能量来源，饲料投喂量决定的依据是鱼群的重量、摄饲率，通过对鱼体形态参数的监控计算出鱼群的群体重量和饲料需求量，再通过对饲料投喂机的自动化控制实现饲料的精准投喂。

上述系统自动化和智能化实现的难点在于对养殖鱼体重量的计算，以及通过鱼体体表特征如形体参数、色泽观察、鳞片完整度观察等对鱼体健康状态进行判定。在水质控制方面的难点在于对藻相的分类和数量统计。

第三章

鱼类的肝（胰）脏健康与饲料的关系

第一节　鱼类健康与饲料的关系

一、鱼类健康在现代饲料产业与养殖产业中的意义

1. 养殖鱼类健康成为饲料业、养殖业的关键性问题

水产动物营养与饲料科学研究和产业发展最基本的任务是在阐述并尊重营养学原理、营养机制的基础上，通过饲料技术和养殖过程控制技术，实现养殖动物对饲料物质最有效的转化和利用，在保护水域生态环境的条件下，最大限度地获得符合人类需要的（食用安全的）养殖水产品。

每种养殖动物都有其最大生长潜力，而养殖动物只有在健康状态（而不是亚健康或不健康状态）下才能实现对饲料物质最有效的转化和利用，才能实现最大的生长速度和生产潜力，在健康状态下依赖自身的免疫防御系统的作用抵抗疾病的发生，减少药物的使用，从而有效保障养殖水产品的食用安全；同时，在饲料利用效率提高、药物使用减少的条件下，实现对养殖水域环境的有效保护。饲料物质与养殖鱼类健康的关系、养殖鱼类健康的评价与维护成为饲料产业、水产养殖业、水产品安全、水域生态环境安全等重要问题的关键点，如图3-1所示。

因此，现代鱼类营养、饲料与养殖的概念应该是："饲料原料的安全性和配方技术的科学性、加工技术的合理性→保障配合饲料的营养质量、卫生和安全质量→保障鱼体健康→鱼体在健康状态下生长、减少养殖药物的使用、减少对水域环境的污染负荷→养殖鱼类获得合理的生产性能、养殖鱼产品的食用安全性、养殖水域生

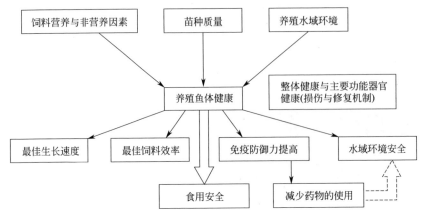

图 3-1　养殖鱼类健康与饲料、鱼种、水环境等的关系

态安全→养殖效益、生态效益、水产品安全效益"。养殖鱼类的健康状态就成为影响饲料产品养殖效果实现的关键性基础。

2. 饲料中非营养物质对鱼体健康有重要影响

人们一直很重视饲料原料、配合饲料中饲料物质的营养作用，但容易忽视饲料原料、配合饲料中非营养物质对饲料安全、对养殖鱼类生理和鱼体健康尤其是主要功能器官组织的损伤作用。养殖鱼类生长、代谢、生殖需要的营养与非营养物质主要来源于饲料，饲料品质、饲料安全性就成为关键性影响因素。

饲料物质与养殖鱼体健康的关系逐渐演化成为饲料与养殖鱼类疾病发生之间的关系。一个重要的问题是，如果饲料物质对鱼体健康、鱼体主要器官组织的结构与功能造成了损伤，将影响到养殖鱼体的免疫防御能力，使养殖鱼类感染病原微生物并发生疾病的概率大大增加，这样，饲料卫生与安全质量（主要是饲料中非营养物质如油脂氧化中间产物、终产物，饲料中的霉菌毒素等）就成为引发养殖鱼类病害的原发性因素。

这是现代水产动物营养概念的延伸，意义重大。关于养殖鱼类病害防治的理念是"防重于治"，而更进一步表述为"养更重于防"，"养"的含义应该是"以饲料质量与安全为基础、以养殖鱼类生理和身体健康为中心的综合养殖"。为什么这样讲呢？首先，鱼体的抗病、防病是靠鱼体自身的免疫防御能力而不完全是依赖药物的作用；其次，鱼体只有具备正常的、健康的生理条件和身体条件才可能具备正常的免疫、防御能力；第三，饲料是养殖鱼类的主要物质、能量来源，除了提供营养因子外，也同时提供了损害养殖鱼类健康的非营养因子，如抗营养因子、蛋白质腐败产物（如组胺）、脂肪酸氧化产物（如丙二醛）等，因此，饲料中非营养物质、有毒有害物质或营养不平衡的饲料可能会引起养殖鱼类的不健康，甚至还可能导致对鱼体主要功能器官组织如肠道、肝胰脏的器质性损伤、功能性损伤等；第四，依据饲料非营养物质对养殖鱼体健康、功能器官损伤作用原理，尽力避免对养殖鱼类生理、身体健康的不利影响，或尽力修复这些损伤作用就成为保障养殖健康的核心内容和关键性的技术对策。

3. 养殖目标的实现

养殖目标的实现是以养殖鱼类健康为基础，在现代养殖需求下，从养殖生产的目标最大化分析，除了将鱼体生产性能实现最大化、养殖效益实现最大化外，还要求实现养殖渔产品食用安全的最大化、对水域环境安全的最大化、生态效益的最大化。如何才能保障上述目标的实现？各目标之间有相互冲突的，又如何解决呢？图3-2 显示了养殖的鱼种、饲料、水体三大主要目标在养殖过程中对立的两个方面，而要实现其目标的最大化，只有有效控制不良作用的方面才能保障主要作用方面的最大化；同时，不能片面追求养殖目标的最大化。这在现代养殖业中需要特别关注。这其中最核心的问题应该是鱼体的健康状态。过分追求鱼体生长速度就意味着要摄食更多的饲料物质，既可能导致鱼体超常规的生长、发育，鱼体本身也会出现"富贵病"如脂肪肝、糖尿病、肥胖等；又会增加饲料物质的浪费，造成饲料物质对水域环境的污染量增加；还会增加养殖的饲料成本，如果在养殖渔产品市场价格不理想的情况下，增加的饲料成本值大于鱼体超速生长获得体重增加的产值时，养殖的经济效益反而会下降。如果鱼体的生理健康条件不能得到保障，既影响养殖鱼类的生长性能，又会增加病害的发生率，疾病种类和发病程度也会增加，其结果是

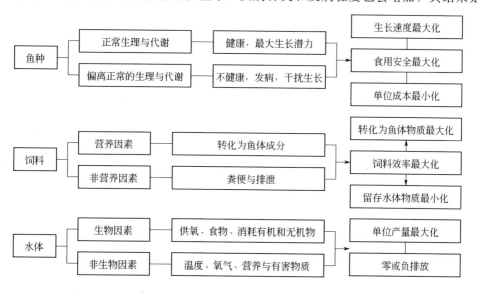

图 3-2　现代养殖鱼种、饲料、养殖水体的基本目标及其影响的两个方面

养殖生产中药物的使用种类、使用量显著增加，对养殖渔产品的食用安全性以及对水域生态环境的安全性构成较大的威胁。

饲料产品的重要目标是实现养殖单位水产品的成本最低化，如何才能实现养殖单位水产品的饲料成本最低化？这要求养殖水产品有良好的生长速度，更重要的是具有良好的饲料利用、转化效率，保障饲料物质最大限度地转化为养殖渔产品。这里实际上就隐含了一个最重要的技术内容：单方面追求生长速度、忽视养殖水产动物对饲料的转化利用效率并不能实现养殖单位水产品的饲料成本最低化。例如，饲料物质如油脂氧化产物如果导致肠道不健康或损伤将影响到鱼体对饲料的消化率，饲料物质如果导致鱼体不健康或主要器质性器官如肝胰脏的损伤，可能导致养殖鱼类的成活率下降，进而导致养殖鱼类群体产量、群体增重下降，即使鱼体的生长速度很好、养殖的渔产品个体规格很大，也会出现饲料系数增高、养殖单位渔产品的饲料成本显著增加的结果。再如，不含鱼粉的饲料养殖草食性的草鱼可以获得一定的生长速度，但鱼体健康、抗应激的能力则显著低于含鱼粉的草鱼饲料养殖的结果。这也是饲料质量与鱼体健康关系的实例。

因此，现代营养与饲料不仅要追求养殖动物的生长速度，还要追求饲料产品的安全质量、追求养殖鱼类的生理健康，以此保障养殖鱼类的群体产量、群体增重。同时还要追求养殖渔产品的食用质量和食用安全性。

4. 鱼体健康的维护具有系统性和整体性

按照系统的观点和内稳态的观点来认识动物各器官、组织之间在结构和生理功能之间的关系。在正常生理状态下，各器官、组织构成了不同的生理系统，各生理系统的结构与功能相互依存、相互联系构成了动物整体的生理结构和生理功能，一个动物就是一个生命体。当其中一个器官、组织发生病理变化时，在一定范围内动物（鱼体）可以通过自身的内稳态生理机制进行调节和控制，以保持内稳态的稳定。但是，超过一定范围后就会出现破坏性的生理状态，通过各器官、组织之间的关系可能进一步扩大影响的程度和影响范围，也必然会引起相关器官、组织结构和功能的变化。

因此，现代关于鱼体健康、鱼体不同器官和组织的健康就有了新的观点和认识。①以患病个体为研究对象，而不以单一器官或组织为研究对象。例如关于鱼体脂肪肝问题，不能仅仅就肝脏作为靶向器官，因为肝脏是鱼体代谢中心器官，脂肪肝的形成、发展必然涉及与肝脏紧密联系的肠道、胰脏、肾脏、脑等的生理功能。②一个器官或组织的病变可能影响到多个器官和系统，甚至是整体的病变。例如鱼体在发生脂肪肝后，将影响到肠道屏障和肠道功能的损伤，而肠道损伤也会进一步加重肝脏的损伤；肝脏结构和功能损伤后会导致全身性炎症、代谢综合征；肝功能衰竭将导致多器官功能衰竭，并导致个体死亡。③单一致病因素的效果、影响力具有进一步放大的机制。例如饲料中氧化油脂可以直接导致肠道屏障和肠道生理功能的损伤，使肠道通透性增加、破坏肠道免疫功能等，并引发肠道细菌和内毒素移位，将使循环系统、肝脏中的内毒素、自由基含量显著增加，而内毒素、自由基具有广泛性的毒理作用，将导致全身性的病理生理反应。④按照转化医学的思路，应该以疾病防治为中心，将生理基础研究、营养学、药物和防治技术手段等有机结合进行疾病发生原因、发生和发展机制、防治技术等的研究，最终形成有效的综合防治技术。⑤预防重于治疗，要考虑整体治疗效果。由于多器官、多系统是紧密联系的，同时单一致病因素可能被放大效能，因此，应该更加重视疾病的预防，预防的效果要好于发病后的治疗效果；同时，在已经发生的疾病的治疗措施中，应该结合多器官、多系统病理变化进行综合治疗才能取得很好的效果。

二、鱼类健康的评价方法

人生病后可以去医院做全面的体检，包括表面体征、血液指标、主要器官功能指标等一系列的检查。那么，对鱼类也可以进行体检吗？人们都在讲养殖的技术服务，技术服务其中重要的内容就是要对鱼体的健康状态进行有效的评价，以判断饲料产品质量和鱼体的健康与生长状态。如何进行呢？一般也是通过对鱼体外部形态特征如感官特征是否有明显的畸形、颜色是否正常、鳞片是否疏松、体表黏液数量与分布均匀程度、鳃的状态、肛门是否异常等进行常规检查和判断，其次是通过解剖查看肝胰脏的颜色、大小、质地，肠道是否红肿、出血，胆囊状态，肾脏状态等进行常规的检查。但是，目前还没有一套完整的、系统的判别指标体系，更重要的是不同指标应该达到的指标值是多少。这就是研究者应该去完成的工作。

鱼类健康评价可以从不同的角度建立不同的指标体系，笔者提出了如图3-3所示的饲料与鱼类健康关系的评价指标体系，但是，还无法提出适宜的评价指标值或指标值的正常范围。

按照A、B、C、D四个级别的指标体系，A级为宏观判别指标，主要为生产性能指标体系，包括生长速度（个体或群体的特定生长率）、群体增重效率（以亩❶增重量、群体增重倍数表示）、饲料效率（以饲料系数表示）、鱼体单位增重的饲料成本等，通过饲料的转化利用率以及鱼体的生长和生产性能指标来对饲料产品

---

❶　1亩＝666.67m²。

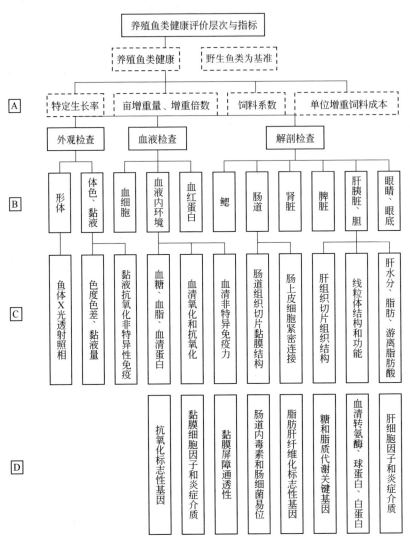

图 3-3　养殖鱼类健康评价的层次和指标体系

质量和鱼体健康状态进行宏观的评价；B 级指标包括鱼体外观检查指标（如形体、体色、体表黏液等）、血液检查指标（血细胞、血红蛋白和血液内环境等）、解剖检查指标（鳃、肠道、肝胰脏、肾脏、脾脏、眼底等）；C 级指标是在 B 级指标基础上，进一步细化；而 D 级指标则是在 C 级指标的基础上再细化，主要从一些标志性蛋白质的基因表达水平、细胞因子和炎症介质方面进行评价。

目前最为困难的是，上述指标值在多少范围是属于健康的？这需要从养殖池塘收集大量的鱼体样本，并对照野生环境健康鱼体的同类检查指标测定结果，经过统计分析后方能得到鱼体健康指标值的健康范围。这将是一项非常艰巨而又不得不做的基础性工作。

第二节　鱼类肝胰脏功能与胆汁酸循环

一、肝胰脏的生理功能

鱼类的肝胰脏与其他动物的肝脏一样，是动物的重要代谢器官，在动物整体健康、生长、发育、代谢活动中具有中心地位和作用。总体而言，鱼类肝胰脏的正常生理功能主要包括如下几项。

①是鱼体的能量代谢和物质代谢中心，其中包括了合成代谢、分解代谢、物质转化和能量代谢。②物质合成中心。肝内有丰富的血窦，肝动脉血以及由胃、肠、胰、脾的静脉汇合而成的门静脉血均输入肝血窦内。③分泌和排泄功能。肝细胞生成胆汁，由肝内和肝外胆管排泌并储存在胆囊，进食时胆囊会自动收缩，通过胆囊管和胆总管把胆汁排泄到小肠，以帮助食物消化吸收。如果肝内或肝外胆管发生堵塞，胆汁自然不能外排，并蓄积在血液里，于是出现黄疸或绿色肝胰脏。黄疸既可以是肝脏本身的病变，也可以是肝外病变，还可能由溶血导致。④解毒作用。有毒物质（包括药物）绝大部分在肝脏被处理后变得无毒或低毒。在患严重肝病时，如晚期肝硬化、重型肝炎，解毒功能减退，体内有毒物质就会蓄积，这不仅对其他器官有损害，还会进一步加重肝脏损害。由胃肠吸收的物质除脂质外全部经门静脉输入肝内，在肝细胞内进行合成、分解、转化、储存。因此，肝又是进行物质代谢的重要器官。此外，肝内还有大量巨噬细胞，它能清除从胃肠进入机体的微生物等有害物。⑤免疫功能，如库弗细胞对颗粒性的抗原物质经过吞噬、消化进行清除，或刺激其他免疫细胞进一步清除；肝脏里的淋巴细胞具有广泛的免疫作用。⑥造血、储血和调节循环血量的功能。⑦对于鱼类而言，多数鱼类没有独立的胰脏，其胰腺细胞分散在肝脏细胞之间（所以称为肝胰脏），所以鱼类的肝胰脏还具有胰腺的功能，分泌消化酶如蛋白质消化酶、淀粉消化酶等。

二、肝胰脏胆汁酸的分泌

鱼类胆汁在饲料营养和病害防治中的作用日益被发现，在饲料中使用胆汁酸类产品对于保护肝胰脏组织结构的完整性和功能完整性具有非常重要的作用，在实际生产中的使用效果也是显著的。

（一）胆汁酸的代谢与功能

胆汁酸盐（简称胆盐），主要指胆汁酸钠盐与钾盐，是胆汁的重要成分，它们在脂类消化吸收及调节胆固醇代谢方面起重要作用。目前，依据鱼类胆汁酸的作用及其对脂质代谢的影响，开发出了一系列的饲料添加剂，如以胆汁酸为主要成分的桑普可利康（15％胆汁酸、12％肉毒碱及其他微量成分），取得了很好的养殖效果。

1. 胆汁酸的种类

胆汁酸是动物体内胆固醇代谢过程中所产生的一系列固醇类物质，因为主要经由胆囊和胆汁一起排入肠道中，并具有酸性，因此统称为胆汁酸。胆汁酸按其生成部位及原料不同可分为初级胆汁酸和次级胆汁酸两大类。胆固醇在肝细胞内转化生成的胆汁酸为初级胆汁酸，后者分泌到肠道后受肠道细菌作用生成的产物为次级胆汁酸。

上述两类胆汁酸按其是否与甘氨酸和牛磺酸相结合，又可分为游离型胆汁酸和结合型胆汁酸。前者包括胆酸、脱氧胆酸、鹅脱氧胆酸、石胆酸；后者是游离型胆汁酸与甘氨酸或牛磺酸结合的产物，主要包括甘氨胆酸、甘氨鹅脱氧胆酸、牛磺胆酸及牛磺鹅脱氧胆酸等。结合型胆汁酸水溶性较游离型大，pK 值降低，这种结合使胆汁酸盐更稳定，在酸或 Ca^{2+} 存在时不易沉淀出来。胆酸和鹅脱氧胆酸是由肝细胞生成的初级游离胆汁酸，它们与甘氨酸或牛磺酸结合后生成甘氨胆酸、牛磺胆酸、甘氨鹅脱氧胆酸或牛磺鹅脱氧胆酸，少量的胆汁酸亦可与硫酸相结合。它们均为初级结合型胆汁酸，存在于胆汁中的胆汁酸以结合型为主。脱氧胆酸和石胆酸为肠中生成的次级游离型胆汁酸，甘氨脱氧胆酸、牛磺脱氧胆酸为主要的次级结合型胆汁酸，是脱氧胆酸被肠道重吸收入肝生成的。

胆汁酸种类繁多，现已从各种动物体内分离到的不同胆汁酸就有二十余种。动物胆汁酸种类如表 3-1 所示。

表 3-1　动物胆汁酸种类

石胆酸 （lithocholic acid, LCA）	ω-鼠胆酸 （ω-muricholic　acid）	熊脱氧胆酸 （ursodeoxycholic acid, UDCA）
猪脱氧胆酸 （hyodeoxycholic acid）	鼠脱氧胆酸 （murideoxycholic acid）	脱氧胆酸 （deoxycholic acid, DCA）
猪胆酸 （hyocholic acid）	鹅脱氧胆酸 （chenodeoxycholic acid, CDCA）	海豹胆酸 （phocacholic）
α-鼠胆酸 （α-muricholic acid）	熊胆酸 （ursocholic acid）	海豹脱氧胆酸 （phocadeoxycholic）
β-鼠胆酸 （β-muricholic acid）	胆酸 （cholic acid, CA）	牛磺石胆酸 （taurolithocholic acid, TLCA）
甘氨胆酸 （glycocholic acid, GCA）	甘氨鹅脱氧胆酸 （glycochenodeoxycholic acid, GCDCA）	甘氨脱氧胆酸 （glycodeoxycholic acid, GDCA）

甘氨熊脱氧胆酸 （glycoursodeoxycholic acid，GUDCA）	甘氨石胆酸 （glycolithocholic acid，GLCA）	牛磺胆酸 （taurocholic acid，TCA）
牛磺鹅脱氧胆酸 （taurochenodeoxycholic acid，TCDCA）	牛磺脱氧胆酸 （taurodeoxycholic acid，TDCA）	牛磺熊脱氧胆酸 （tauroursodeoxycholic acid，TUDCA）

不同动物的胆汁酸种类和数量都不相同，如表 3-2 所示，其有效成分也有较大差别。如人的胆汁酸以胆酸、鹅脱氧胆酸为主；而奶牛胆汁酸的主要成分为胆酸和脱氧胆酸；鸡体内脱氧胆酸含量很少，鹅脱氧胆酸的含量最高。虾、蟹等甲壳动物是没有胆囊的无脊椎动物，因此没有胆汁的分泌，也没有胆汁酸。由此可见，要有效地发挥胆汁酸的作用，必须根据动物种类选择适宜的胆汁酸产品。

表 3-2　人类和几种动物胆汁酸种类和含量（占总胆酸的）　　单位：%

胆汁酸种类	人类	奶牛	鸡
胆酸	40	67.1	7.4
脱氧胆酸	20	24.4	0.7
鹅脱氧胆酸	40	5.4	61.1
熊脱氧胆酸	微量	微量	—
其他	微量	微量	—

鱼胆汁成分主要包括胆酸、鹅脱氧胆酸、牛磺胆酸、牛磺鹅脱氧胆酸等，以及少量组胺类物质。

部分鱼类胆汁酸具有毒性，其主要毒性物质有水溶性 5α-鲤醇（cyprinol）硫酸酯钠、氢氰酸和组胺。由于鲤醇硫酸酯钠（图 3-4）具有对热稳定性，且不被乙醇所破坏，所以鱼胆生服、熟服或泡酒服均能引起人体中毒现象，即使外用也难避免。鲤醇硫酸酯钠经肾排泄时，直接被溶酶体所获取，当毒物浓度达到某一阈值时，溶酶体的完整性可能受到损害，致溶酶体破裂，线粒体肿胀，细胞能量代谢受阻，从而导致肾脏近曲小管上皮细胞坏死。

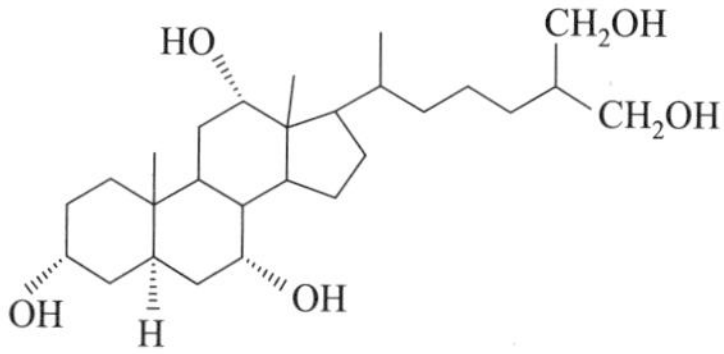

(a) 鲤醇结构式 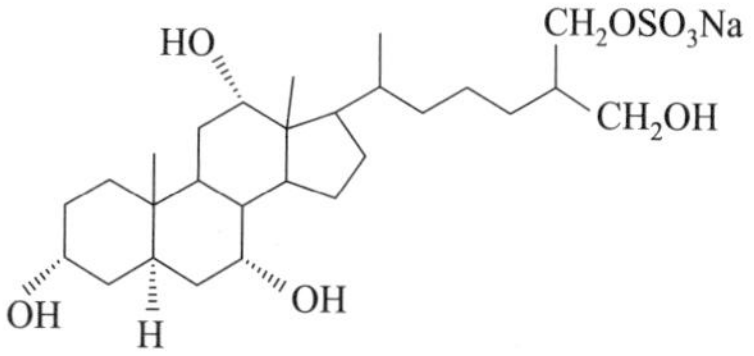　　　　　　　　　(b) 鲤醇硫酸酯钠结构式

图 3-4　鲤醇及其硫酸酯钠结构式

伍汉霖（2011）研究了21种鱼类的胆汁动物毒性，发现有的鱼类胆汁无毒，有的毒性很大。胆汁有毒的鱼类有草鱼、青鱼、鲢、鳙、鲤、鲫、团头鲂等11种鲤形目鲤科鱼类。其中以鲫鱼的胆汁毒性最强。胆汁毒性强弱依次为：鲫＞团头鲂＞青鱼＞鲮＞鲢＞鳙＞翘嘴红鲌＞鲤＞草鱼＞拟刺鳊＞赤眼鳟。

2. 胆汁酸的生成

（1）初级胆汁酸的生成　在肝细胞内由胆固醇转变为初级胆汁酸的过程很复杂，需经过羟化、加氢及侧链氧化断裂等多步酶促反应才能完成。正常人每日合成1～1.5g胆固醇，其中约2/5（0.4～0.6g）在肝脏中转变为胆汁酸。

胆固醇通过7α-羟化酶（微粒体及胞液）催化生成7α-羟胆固醇，7α-羟化酶是胆汁酸生成的限速酶，随后再进行3α（3β-羟基-3-酮-3α-羟基）及12α羟化、加氢还原，最后经侧链氧化断裂形成胆酰辅酶A，如果只是进行3α羟化则形成鹅脱氧胆酰辅酶A。再经脱水，辅酶A被水解下来则分别形成胆酸与鹅脱氧胆酸，这两种为初级游离型胆汁酸。胆酰辅酶A或鹅脱氧胆酰辅酶A如与甘氨酸或牛磺酸相结合则分别生成甘氨胆酸与牛磺胆酸、甘氨鹅脱氧胆酸与牛磺鹅脱氧胆酸这四种初级结合型胆汁酸。

（2）次级胆汁酸的生成　初级结合型胆汁酸随胆汁排入肠道，在小肠下端和大肠腔内经肠道细菌作用，使结合型胆汁酸水解脱去甘氨酸和牛磺酸而成为游离型胆汁酸，后者继续在肠道细菌作用下，7位脱羟基而转变成次级胆汁酸，其中胆酸转变成脱氧胆酸、鹅脱氧胆酸转变成石胆酸。脱氧胆酸和石胆酸即为次级游离型胆汁酸，这两种胆汁酸重吸收入肝后也可以与甘氨酸或牛磺酸结合而成次级结合型胆汁酸。

初级胆汁酸和次级胆汁酸简要生成过程如图3-5所示 。两者在结构上的差别主要是初级胆汁酸7位上均有羟基，而次级胆汁酸7位上均脱去羟基。

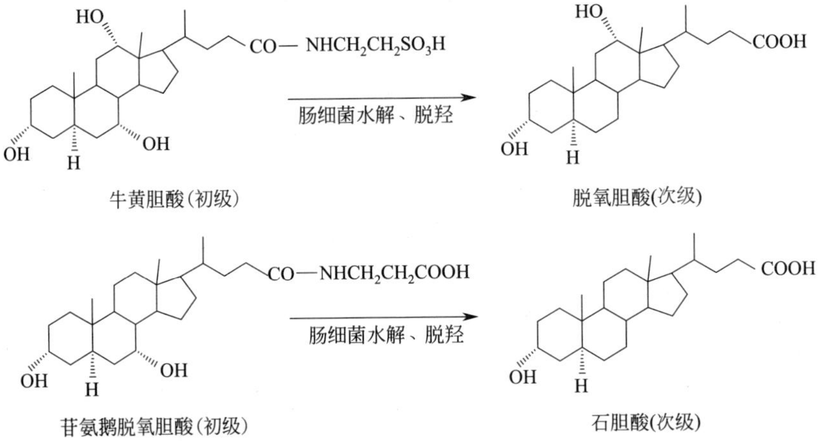

图3-5　初级胆汁酸与次级胆汁酸的简要生成过程

人体胆汁中的胆汁酸以结合型为主。而且甘氨胆汁酸与牛磺胆汁酸的数量之比为 3∶1，在胆汁中均以钠盐或钾盐形式存在。

肝内胆汁酸浓度过高将损害肝细胞。因此，肝细胞存在将胆汁酸不断排出的机制。但由于胆汁酸为水溶性，故不能以扩散方式通过细胞膜，这就需要存在相应的载体。同时，在实际生产中使用胆汁酸产品时，重要的一点就是不要超量使用，一定要按照产品说明书的剂量使用。

初级、次级、三级胆汁酸代谢示意如图 3-6 所示。

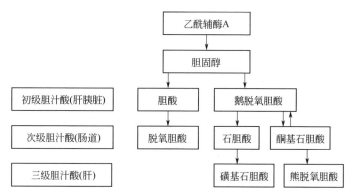

图 3-6　初级、次级、三级胆汁酸代谢示意

3. 胆汁酸的生理功能

胆汁酸分子表面既含有亲水的羟基、羧基或磺酸基，又含有疏水的甲基和烃核，而且主要的几种胆汁酸的羟基空间位置均属 α 型、甲基均为 β 型，所以，胆汁酸的立体构象具有亲水和疏水两个侧面。这就使胆汁酸分子具有较强的界面活性，能够降低油/水两相之间的界面张力。正是具有上述结构特征，胆汁酸盐才能将脂类等物质在水溶液中乳化成 3～10μm 的微团。胆汁酸盐在脂类的消化吸收和维持胆汁中胆固醇呈溶解状态方面起着十分重要的作用。因此，在动物体内胆汁酸最重要的功能是消化食物中的脂肪和脂溶性物质（脂溶性维生素和胆固醇等）。

在食物的消化过程中，胆汁酸不但起到辅助脂肪酶的作用，同时能够增强脂肪酶的活性。食物中的脂肪通过胆汁酸的作用而被乳化，之后被脂肪消化酶所消化。消化产物包含在胆汁酸的微粒中，并被小肠中的绒毛膜吸收。脂肪酶的活性在 pH 值为 8～9 时，其效果是最好的；而 pH 值为 6～7 时，脂肪酶基本不起作用。小肠前端 pH 值为 6～7，在那里脂肪酶实际上是不起作用的，但是当脂肪酶与胆汁酸形成一种复合物时，脂肪酶的性质发生了改变，它能在 pH 值 6～7 的小肠中起作用。并且在吸收过程中，脂肪酶不仅可以执行运输功能，同时，它还可以提高在小肠中绒毛膜表面的脂肪浓度，并促进吸收。

胆汁酸具有提高动物免疫力、减少动物体内细菌内毒素吸收量的功能。随着抗生素在养殖业中的大量使用，细菌的耐药性以及抗生素的二次污染等问题受到越来越多的关注。抗生素杀灭细菌后产生大量的内毒素称为抗生素的二次污染，内毒素严重影响动物体的健康，容易引起肝脏急性营养缺乏症，并且不容易防治。而胆汁酸的缺乏会加速小肠吸收内毒素和产生严重的胃肠部阻塞物。如果动物摄入适量的脱氧胆汁酸，就能有效分解内毒素，维护动物体的健康。

胆汁酸还是一种有效的杀菌剂。在动物的大肠中，胆汁酸能够抑制大肠杆菌、链球菌及其他有害细菌的增殖。胆汁酸还能防止食物在胃部腐烂与发酵。因此，胆汁酸还能够预防气胀与腹肿胀等疾病。刘玉芳等（1998）研究了草鱼胆汁酸对细菌生长的抑菌作用，发现草鱼结合型胆汁酸盐和游离型胆汁酸盐对三种革兰阳性菌，如金黄色葡萄球菌、藤黄八叠球菌和枯草芽孢杆菌有抑菌作用，能够明显地抑制革兰阳性菌的生长。草鱼结合型胆汁酸盐像乳糖培养基中的牛胆盐一样，能够抑制革兰阳性菌的生长，而有利于革兰阴性菌如大肠杆菌的生长。草鱼游离型胆汁酸盐像GN增菌液中的脱氧胆酸钠一样，能够抑制革兰阳性菌的生长，而对革兰阴性菌痢疾志贺菌的生长则无影响。

某些种类的胆汁酸如脱氧胆酸和熊脱氧胆酸还可促进肝细胞分泌大量稀薄的胆汁，增加胆汁容量，使胆道畅通，消除胆汁淤滞，起到利胆作用。它们对脂肪的消化和吸收也有一定的促进作用。

（二）胆汁酸的肠肝循环及其意义

肠中胆汁酸平均约有95%从肠道后部重吸收，其余的胆汁酸随粪便排出。胆汁酸重吸收主要有两种方式：①结合型胆汁酸在小肠后部主动重吸收；②游离型胆汁酸在小肠和大肠被动重吸收，以前者为主。肠道里石胆酸多以游离形式存在，溶解度小，故大部分不被重吸收而被排出。由肠道重吸收的胆汁酸，无论是初级胆汁酸或是次级胆汁酸，也不管是游离型或结合型，均由门静脉进入肝脏，在肝中游离型胆汁酸又转变成结合型胆汁酸，并同重吸收的以及新合成的结合型胆汁酸一起再排入肠道，此过程就是"胆汁酸的肠肝循环"。

胆汁酸肝肠循环的生理意义在于使有限的胆汁酸重复利用，促进脂类的消化与吸收。正常人体肝胆内胆汁酸代谢池3~5g，而维持脂类物质消化吸收需要16~32g胆汁酸，仅仅依靠肝脏每天的合成是不够的，胆汁酸的肠肝循环则可以弥补肝脏胆汁酸的合成不足。每次餐后可进行2~4次肠肝循环，使有限的胆汁酸池能够发挥最大限度的乳化作用，以维持脂类食物消化吸收的正常进行。

同时，由于胆汁酸的重吸收可促进胆汁分泌，并使胆汁中胆汁酸/胆固醇的比例恒定，不易形成胆固醇结石。若"肠肝循环"被破坏，如油脂氧化产物导致肠道黏膜损伤，则胆汁酸不能被重吸收。这样，流回肝脏的胆汁酸显著减少，肝脏合成虽然可以增加，但仍不能达到原有胆汁酸池的量。在这种情况下，胆汁中的胆固醇含量相对增高，处于饱和状态，极易形成胆固醇结石。由此可见，胆汁酸的"肠肝循环"具有重要的生理意义。

第三节　养殖鱼类脂肪肝及其与饲料的关系

一、养殖鱼类脂肪性肝病的主要特征

肝胰脏是鱼体的物质和能量代谢中心，肝胰脏的病变不仅是一个内脏器官组织的病理变化，还会通过内脏器官之间的相互联系、通过对物质与能量代谢的干扰，导致对其他器官组织（一般将本器官以外的其他器官称为远程器官或组织）以至鱼体整体的生理健康产生重要的影响。因此，鱼体肝胰脏健康在鱼体整体健康中具有关键性的作用和地位。

养殖鱼类肝胰脏脂肪性病变是肝胰脏疾病的主要表现形式，包括脂肪肝、脂肪性肝炎、脂肪性肝纤维化、肝硬化和肝功能衰竭等发展历程中的主要病变形式。当然，鱼类肝胰脏病变也还有其他的表现形式，有些病变肝胰脏并不出现脂肪性肝病特征，而是直接地表现为肝胰脏细胞和组织结构的器质性损伤（如饲料黄曲霉毒素、高剂量的 Cu^{2+} 等对肝胰脏是直接的损伤），肝胰脏脂肪含量并未显著增加，但是肝胰脏组织出现萎缩、肝细胞出现凋亡。所以，为了便于分析，可以将鱼类肝胰脏疾病分为脂肪性肝病和非脂肪性肝病两大类。

1. 养殖鱼类脂肪性肝病概述

如何判断鱼体的肝胰脏是否发生病变？较为传统的方法是通过解剖进行观察，主要观察肝胰脏的颜色、体积、重量、组织块的质地等，较为深入一些的是对肝胰脏进行组织切片观察。而更为准确的诊断方法还应该包括肝胰脏脂肪含量分析、组织切片的定量分析、血清标志性指标如转氨酶活性等的分析、标志性蛋白质及其基因表达活性分析等。

鱼类脂肪性肝病是指以脂肪肝、脂肪性肝炎、肝纤维化、肝硬化和肝功能衰竭等为主要形式的一类疾病。

（1）鱼类脂肪性肝病的解剖特征　如彩图 3-1 和彩图 3-2 所示，彩图 3-1 中 1 为正常草鱼的肝胰脏形态和颜色，彩图 3-1 中 2 为使用熔点低的猪油或棉籽油后，鱼体越冬期间肠道外部硬化的脂肪，肝胰脏脂肪也硬化。彩图 3-2 中 6 为脂肪性肝病经过治疗恢复正常的金鲳鱼肝胰脏颜色。肝胰脏脂肪性病变的变化主要表现如下：①肝脏表面有脂肪组织块积累，或肠管表面脂肪覆盖明显，如彩图 3-1 中 3 和彩图 3-2 中 3，鱼类肝（胰）脏脂肪含量显著增加，多数大于 10%，部分达到 30%以上，且肝胰脏的体积和重量显著增加，出现"肝大"现象，质地发脆。②由于脂肪积累量的增加，使肝胰脏的颜色由紫红色变为土黄色、黄色、灰白色等，如彩图 3-1 中 4、彩图 3-1 中 5、彩图 3-2 中 5。③由于脂肪性肝病引起肝细胞膜通透性增加或由于胆管堵塞（炎症或其他原因引起），导致肝细胞分泌的胆汁外溢并在肝胰脏组织浸润、淤积，从而出现绿色肝胰脏，以及绿色、黄色、白色混杂的花色肝；胆汁浸润或淤积患病鱼肝局部或全部呈深浅不一的绿色，甚至紧贴肝侧的体内壁都呈绿色，越靠近胆的部分颜色越深，不呈绿色的部分肝脏呈灰白色或土黄色，胆囊严重肿大，胆汁呈深墨绿色，严重者甚至破裂，肝组织脂肪变性，这类肝胰脏病变见彩图 3-1 中 2、4、5、7，以及彩图 3-2 中 4、5。④由于肝胰脏细胞、组织结构的损伤，导致肝出血、淤血等情况，进而导致肝胰脏出现红点或红斑、红色等颜色变化，如彩图 3-2 中 1 所示的罗非鱼肝胰脏出血性病变。⑤鱼体肝胰脏病变发展到后期，或发生非脂肪性肝病，鱼体肝胰脏出现组织萎缩、体积和重量显著降低、颜色有深色或褐色等现象，这一般是发展到肝胰脏衰竭阶段的主要表现形式。如彩图 3-1 中 3、4 和彩图 3-2 中 4。

(2) 脂肪性肝病的组织病理特征 ①脂肪肝的肝胰脏组织出现脂肪变性，肝细胞胞浆内呈现脂滴过多积累，或空泡变性，细胞核偏位，细胞体积增大。②脂肪性肝炎的组织出现肝细胞和组织的溶解坏死或凝固性坏死、肝组织淤血、炎症细胞浸润、肝细胞气球样变；肝细胞连接破坏、组织间有多量液体浸润、肝组织结构破坏；肝糖原减少。③脂肪性肝纤维化的病理出现肝细胞间结缔组织增生，大量成纤维细胞出现在肝组织内，无规则地划分肝组织，使肝的结构紊乱，有的区域完全被结缔组织取代呈现纤维化。④脂肪性肝功能衰竭的肝组织出现以中央静脉为中心呈局灶性病变，破裂性出血，肝组织发生局灶性坏死。⑤肝淤血与肝血肿病理变化，肝静脉扩张、静脉窦淤血、血液中的白细胞比例明显增高。由于血液在肝组织中大量潴留，肝小叶结构破坏，肝细胞索消失，肝静脉管壁破裂，血液流出，恶变为肝出血。⑥肝腹水和肝硬化症状与病理变化，鱼体体腔内有大量的腹水。肝体积变小，质地脆硬，颜色为褐色或灰白色。组织切片可见肝细胞坏死、纤维化、空泡化。肝功能指标明显异常，病鱼处于濒死状态。

2. 由肝胰脏病变引起的多器官病变

值得关注的是，在人体由于肝脏的严重病变会导致出现肠道-肝脏、肝脏-肾脏、肝脏-脑等关联器官的病变，更严重的会出现多器官病变与多器官功能障碍症。而在养殖鱼类同样有类似的情况，表明鱼类与人体和其他动物一样，具有由肝胰脏病变引起的多器官结构与功能的病变，称为多器官功能障碍症。

关于鱼类肝胰脏病变引起的多器官功能障碍，必须关注的是：①一个内脏器官的病变可以引发相关联的多器官病变；②在防治对策上，不要仅仅局限于一个器官损伤的预防与治疗，而应该联系多器官、鱼体整体损伤修复、治疗和防治；③饲料中非营养物质、有毒有害物质对鱼体内脏器官的损伤作用是多方面的，并可能通过一个主要的器官损伤将危害作用放大；而相应的饲料卫生与安全质量应该建立在对鱼体整体生理功能的维护方面，不要仅仅局限于某一个器官、某一个方面的维护。

在关于鱼类肝胰脏疾病引起的多器官功能障碍研究中，目前已经发现的有肝脏-肾脏、肝脏-脑等关联器官的病变情况。潘连德（1999）对施氏鲟肝性脑病的研究表明，病鱼体色、形态正常，初始阶段有跳跃、乱窜等极度兴奋行为，散游、独游，食量减少；后期处于昏迷、昏睡状态，停食，不久便死亡。在北京、山东、辽宁饲养的俄罗斯鲟、德国鲟也发生过同样的疾病。病鱼集中在体重15～25g、体长 15～20cm 的转食阶段的施氏鲟幼鱼。病理解剖症状表现为肝脏紫色或褐色或灰色，严重者肝糜烂，胆囊正常。肝病变较轻者（活力较好者）脑形状正常可辨，眼观无异常，解剖针可挑起脑；肝病变严重者（濒死、死亡者）脑糜烂、破碎，针拨动呈豆腐脑状，解剖针不能挑起脑，颜色呈乳白色。潘连德（1999）对大量的鲟鱼临床解剖和组织病理观察结果进行分析，鲟鱼的肝组织首先发生损伤、病变，表现出少量的组织淤血、血管中粒细胞数量增多，解剖见肝脏表面有红点或红斑，此时临床表现正常，同批的鲟鱼脑和肾组织正常；继续发展肝组织淤血严重或血肿，颜色为深红或紫色，有的肿大，有的体积正常，也有的肝脏呈灰色或淡色，有糜烂和坏死症状，此时，脑组织液化性坏死，肾组织局灶性坏死。因此，认为肝组织病变为原发性，脑组织病变为继发性并与肝病变有依赖性（即肝性脑病），肾组织病变亦为继发性，且与肝病变也有依赖性。导致这种病变的主要原因是毒物在致肝组织病变至坏死后，肝组织一方面本身受到严重伤害，另一方面毒物在肝功能不全时未被解毒，并同体内其他代谢物一道进入血液，运至脑组织使其中毒至液化性坏死。初期组织病变轻微，临床症状为兴奋反应，如表现为惊厥、乱窜、狂游、跳跃；而到后期病变严重，脑形态结构模糊、空泡化、脂滴多，直到液化性坏死，临床症状为抑制反应，如反应迟钝、缓游、沉底、昏迷，直至死亡。综合以上病理特征和临床症状基本符合动物肝性脑病的临床症状和病理变化。

二、鱼类脂肪性肝病的主要类型与判别标准

关于鱼类脂肪性肝病的判别标准和分类标准，目前还没有形成系统化的标准体系，这是学科与产业发展应该发展的方向。在鱼类自身的标准还没有建立之前，参考人体医学关于脂肪性肝病和脂肪性肝病类型的标准也是可行的，可以快速推动该项技术的进步与发展。

1. 脂肪肝

脂肪性肝病（fatty liver disease，FLD），简称脂肪肝（fatty liver），是由多种原因所致的病变集中在肝小叶，以肝细胞弥漫性脂肪变性为主的临床病理综合征，是一种"遗传-环境-代谢应激"相关性的疾病。根据起病方式及其病程，脂肪肝有急性和慢性之分，前者多为小泡性脂肪肝，后者则为大泡性或以大泡性为主的混合性脂肪肝。人体医学中关于脂肪肝和肝细胞脂肪变性程度判断标准见表3-3。笔者依据该标准对养殖的草鱼、团头鲂、鲫鱼、鲤鱼、罗非鱼等的脂肪肝进行了初步判定，发现有很大程度的相似性，表明该标准和方法在鱼类脂肪肝病判别上也是可行的。

表3-3 脂肪肝和肝细胞脂肪变性程度判断标准

结 果	肝脂肪含量（湿重）/%	肝小叶内含脂滴细胞数/总细胞数
-（正常）	3～5	0
+（轻度脂肪肝）	5～10（轻度）	<1/3
++（轻度脂肪肝）		1/3～2/3
+++（中度脂肪肝）	10～25（中度）	>2/3
++++（重度脂肪肝）	25～50 或以上（重度）	≈1

值得注意的是，对鱼类脂肪性肝病（也包括其他疾病）进行分级处理的方法是非常重要的。在实际工作中，一般只是判定养殖鱼体是否有脂肪肝，并未进行分级处理，这样处理的结果就是笼统的、定性的判别方法，而进行分级处理后，可以判定脂肪性肝病的发展程度、发生历程，并制定相应的饲料防治对策、药物防治对策，这样可以大大提高针对性和防治的有效性，这在制定饲料方案时尤为重要。

2. 脂肪性肝病鉴别指标

反映肝细胞损伤的项目包括血清酶学指标：①丙氨酸氨基转移酶（alanine a-mino transferase，ALT）（谷丙转氨酶GPT）、②天冬氨酸氨基转移酶（aspartate amino transferase，AST）（谷草转氨酶GOT）、③碱性磷酸酶（ALP）、④γ-谷氨

酰转肽酶（γ-GT 或 GGT）等。

应用血清酶学指标的基本判别标准如下。

（1）ALT 、AST 数量大小的应用　当 ALT＞正常值 10 倍，肯定有肝损害，胆道疾病时 ALT 、AST 升高，但是小于正常值 8 倍。

（2）AST/ALT 比值大小的应用

①估计肝脏损害程度，比值越大，损害越严重；②鉴别肝病，酒精肝时＞2，慢性乙肝时＞1，并可能有肝纤维化或肝硬化。

（3）碱性磷酸酶（ALP）　ALP＞正常 4 倍，胆汁淤积综合征；ALP＞正常2.5 倍，ALT 、AST＜正常 8 倍，可以有 90% 可信度判定为胆汁淤积；ALP＞正常 25 倍，ALT 、AST＞正常 8 倍时，可以有 90% 可信度判定为病毒肝炎。

在上述指标中，ALT 和 AST 能敏感地反映肝细胞损伤与否及损伤程度。各种急性病毒性肝炎、药物或酒精引起急性肝细胞损伤时，血清 ALT 最敏感。而在慢性肝炎和肝硬化时，AST 升高程度超过 ALT，因此 AST 主要反映的是肝脏损伤程度。

3. 脂肪性肝病的主要类型及其发展历程

关于脂肪性肝病的主要类型及其发展历程，在人体医学上的分类为"单纯性脂肪肝→脂肪性肝炎→脂肪性肝纤维化→肝硬化→肝功能衰竭"，这种方法和判别标准可以在鱼类脂肪性肝病分类与发展历程分析中参考。

（1）单纯性脂肪肝　肝脏的病变只表现为肝细胞的脂肪变性。根据肝细胞脂肪变性范围将脂肪肝分为弥漫性脂肪肝、局灶性脂肪肝，以及弥漫性脂肪肝伴正常肝脏。

（2）脂肪性肝炎　是指在肝细胞脂肪变性基础上发生的肝细胞炎症。在脂肪变性的基础上脂肪空泡将肝细胞核挤至细胞周边；腺泡区肝细胞气球样变性常有嗜碱性的细颗粒；炎症细胞以巨噬细胞和淋巴细胞为主，也有少量中性粒细胞；肝小叶内有散在的点灶状坏死，可伴有 Mallory 小体和纤维化。

（3）脂肪性肝纤维化　是指在肝细胞周围发生了纤维化改变，纤维化的程度与致病因素是否持续存在以及脂肪肝的严重程度有关。酒精性肝纤维化可发生在单纯性脂肪肝基础上，而非酒精性肝纤维化则是发生在脂肪性肝炎的基础上。肝纤维化继续发展则病变为脂肪性肝硬化。

正常肝内的结缔组织仅占肝体积的 4% 左右，主要分布在肝小叶之间，肝小叶则占肝体积的 96% 。肝细胞是构成肝小叶的主要成分，约占肝小叶体积的 75% 。最初胶原沉积部位集中于中央静脉周围的窦周隙内，非酒精性脂肪肝进行性的损伤可导致汇管区纤维化，进而形成中央静脉-汇管区（V-P）和汇管区-汇管区（P-P）纤维间隔，最终扩展至整个小叶和汇管区。

(4) 脂肪性肝硬化　脂肪性肝硬化是脂肪肝病情逐渐发展到晚期的结果。为继发于脂肪肝的肝小叶结构改建，假小叶及再生结节形成。

三、鱼类脂肪肝的发生机制

养殖鱼类的脂肪肝是如何形成的？脂肪肝的形成与饲料有何关系？这是值得研究的重大课题，目前还没有形成一套系统的基础理论来阐述鱼类脂肪肝发生的生理和病理机制，但是，借鉴人体医学中的一些研究成果和基础理论来认识鱼类脂肪肝的形成机制，能够给研究者带来很多认识上的变化，可以有效推动该类研究的进步。

1. 肝胰脏脂肪沉积量显著增加

脂肪肝一个重要的特征是肝胰脏脂肪含量显著增加，那么肝胰脏脂肪沉积是如何增加的？首先看肝胰脏脂肪的来源，主要来源于饲料吸收、转运来的脂肪，这与饲料脂肪含量有关，饲料脂肪含量越高，进入肝胰脏的脂肪越多；肝胰脏脂肪的另一个来源是饲料碳水化合物，饲料碳水化合物进入肝胰脏后可以以肝糖原的形式进行沉积，也可以转化为脂肪进行沉积。鱼类肝胰脏具有沉积大量肝糖原的能力，也具备将碳水化合物转化为脂肪进行沉积的能力。再看肝胰脏脂肪的去路，一是作为能量物质，通过肝细胞线粒体的代谢作用，在肝细胞质中将甘油三酯水解为甘油和脂肪酸，脂肪酸与乙酰辅酶 A 结合进入线粒体，经过脂肪酸的 β 氧化途径产生能量；二是转化为其他物质如非必需氨基酸等；三是肝胰脏的脂肪经过血液转运到其他器官组织。

因此，肝胰脏沉积脂肪数量的增加可以是多种途径和形式，例如，来源于饲料的脂肪数量过高、来自于饲料的碳水化合物过多、肝胰脏脂肪酸合成能力过高等，均可以导致肝胰脏脂肪的来源显著增加。同时，肝胰脏脂肪的去路受到显著性的抑制，例如，由于肝胰脏细胞线粒体的损伤导致线粒体能量代谢受阻，使肝内脂肪氧化产能的数量显著性减少；或由于肝胰脏合成的载脂蛋白数量有限，不能将肝胰脏内沉积的脂肪有效地通过血液系统转运到其他器官组织。上述可能的结果，就是肝胰脏脂肪来源显著增加，而脂肪的去路显著性减少，导致脂肪在肝胰脏内沉积，数量逐渐增加，并形成脂肪肝。

由此分析，饲料脂肪、饲料碳水化合物作为肝胰脏脂肪的来源就成为引发养殖鱼体出现脂肪肝的主要原因。同时，如果饲料中含有对肝胰脏有损伤的物质，如黄曲霉毒素、过量的 Cu^{2+} 或其他重金属、脂肪酸氧化酸败产物如过氧化物和丙二醛等，都可以导致肝细胞损伤，破坏肝细胞的结构，尤其是破坏肝细胞线粒体的结构和功能，导致肝细胞能量代谢和物质代谢的紊乱，显著抑制肝胰脏脂肪的去路，即使饲料中脂肪含量不高，同样可以导致养殖鱼体脂肪肝的形成。

2. 肝胰脏细胞、组织受到损伤

鱼体肝细胞、肝组织损伤既可能是导致脂肪肝形成的原发性因素，又可能是单纯性脂肪肝形成后的结果。

首先，肝细胞、肝组织损伤可能是引起脂肪肝的原发性因素。多种因素可以导致肝细胞、肝组织受到损伤，肝细胞、肝组织的损伤主要以细胞膜通透性的改变、线粒体的损伤为主要形式，尤其是线粒体损伤后，导致蛋白质合成、脂肪酸的能量代谢等显著被抑制，同时会导致线粒体内过氧化物、自由基等显著增加，还可能激活 Kupffer 细胞产生一些细胞因子和炎症介质如肿瘤坏死因子、白介素-1、白介素-6 等，这些细胞因子和炎症介质就成为一种破坏性因素通过血液对其他远程器官和组织造成损伤。因此，在肝细胞、肝组织受到损伤后，肝胰脏脂肪酸的去路显著减少，肝组织、血液中游离脂肪酸显著增加，肝胰脏沉积的脂肪显著增加，其结果就是无论饲料脂肪含量多少都可以形成脂肪肝。所以，肝细胞、肝组织的损伤可能是脂肪肝形成的原发性因素。

其次，肝细胞、肝组织损伤也可能是脂肪肝形成后的结果。如果仅仅是单纯性脂肪肝，即肝胰脏沉积的脂肪量显著增加，在短期内不会对肝细胞、肝组织产生不利影响。但是，有两种可能都会导致肝细胞、肝组织受到损伤，一是肝胰脏长期处于高脂肪积累的应激状态或肝胰脏沉积的脂肪数量达到一定限度后，肝细胞内脂肪滴、脂肪颗粒大量挤压其他细胞器，同样会干扰细胞的正常结构和生理功能，导致肝细胞、肝组织的损伤；二是随着肝脂肪沉积的不完全是纯粹的三酰甘油酯，一些脂溶性的物质如游离脂肪酸、固醇类物质等也会随着脂肪长期在肝细胞、肝组织沉积，并对肝细胞、肝组织造成损伤。

肝细胞、肝组织的损伤无论是脂肪肝形成的原发性因素，或是脂肪肝形成后的结果，同样都会导致肝胰脏细胞和组织的进一步损伤，导致在肝胰脏损伤后对其他远程器官形成生理性损伤打击的始发点，导致进一步形成脂肪性肝炎、脂肪性肝纤维化、脂肪性肝硬化和肝功能衰竭等脂肪性肝病的发展，严重的会导致形成肝、脑或肾、肠等多器官损伤。其结果就是鱼体整体生理健康、鱼体免疫防御能力受到损伤。

3. 脂肪肝产生机制的表述

参照人体医学中关于脂肪肝的产生机制，可以初步对鱼类脂肪肝形成机制进行简单表述，如图 3-7 所示。

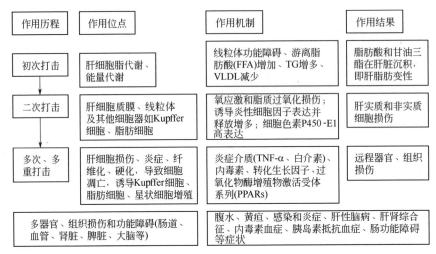

作用历程	作用位点	作用机制	作用结果
初次打击	肝细胞脂代谢、能量代谢	线粒体功能障碍、游离脂肪酸(FFA)增加、TG增多、VLDL减少	脂肪酸和甘油三酯在肝脏沉积，即肝脂肪变性
二次打击	肝细胞质膜、线粒体及其他细胞如Kupffer细胞、脂肪细胞	氧应激和脂质过氧化损伤；诱导炎性细胞因子表达并释放增多；细胞色素P450-E1高表达	肝实质和非实质细胞损伤
多次、多重打击	肝细胞损伤、炎症、纤维化、硬化、导致细胞凋亡，诱导Kupffer细胞、脂肪细胞、星状细胞增殖	炎症介质(TNF-α、白介素)、内毒素、转化生长子、过氧化物酶增殖物激活受体系列(PPARs)	远程器官、组织损伤
多器官、组织损伤和功能障碍(肠道、血管、肾脏、脾脏、大脑等)		腹水、黄疸、感染和炎症、肝性脑病、肝肾综合征、内毒素血症、胰岛素抵抗血症、肠功能障碍等症状	

图 3-7　脂肪肝发生的可能机制

脂肪肝是多种病因、多种饲料因素、多种环境因素引起肝脏脂质代谢紊乱，肝脏脂肪动态平衡失调，以致肝实质细胞内脂质蓄积过多、肝细胞脂肪变性的一种病理综合征。脂肪肝的量化指标是肝内脂肪含量超过湿重的 5% 或 1/3 以上的肝细胞有脂肪变性。脂肪肝发生的直接原因主要表现为：①游离脂肪酸（free fatty acid，FFA）运输至肝脏增多，这些脂肪酸可来自食物（饲料）或其他脂肪组织动员增加，过高的游离脂肪酸有毒性作用；②肝细胞线粒体功能障碍，游离脂肪酸在肝细胞线粒体内氧化磷酸化及 β 氧化的量减少，从而转化为甘油三酯的量增多；③肝细胞合成甘油三酯的能力增强或从糖类转化为甘油三酯增多；④极低密度脂蛋白（very low density lipoprotein，VLDL）合成或分泌减少，甘油三酯转运出肝产生障碍，引起肝细胞甘油三酯的合成与分泌之间失去平衡，其结果是导致肝脏存储的脂肪数量显著增加、肝细胞发生脂肪变性。

第四节　防治鱼类脂肪性肝病的饲料对策

在养殖条件下，饲料与鱼体肝胰脏健康、鱼体整体健康有紧密的联系，一方面，需要探讨是哪些饲料物质对鱼体的肝胰脏健康造成了不利影响；另一方面，需要探讨如何通过饲料产品的设计、饲料物质的使用来维护、修复鱼体肝胰脏的组织结构与功能的完整性，实现维护鱼体生理健康的目标。

一、饲料营养平衡对养殖鱼类肝胰脏的影响

平衡营养的基本理念是，通过饲料配方的设计，控制饲料中营养物质种类、数量及其比例关系，以满足养殖鱼类生长、发育、繁殖、抗应激等所需要的营养物质种类、数量及其比例关系。饲料中供给的营养物质种类、数量及其比例关系与养殖鱼类在特定生长阶段所需要的营养物质种类、数量及其比例关系的接近程度就是饲料营养的平衡性，如果两者能够实现完全一致则是最为理想的状态，可以视为实现了饲料营养的完全平衡。而实际生产中要实现饲料营养的完全平衡几乎是难以做到的，一是因为养殖鱼类属于变温动物，其体内的物质和能量代谢强度随着水温的变化而改变，以及由于不同生长、发育阶段和不同水域环境条件下、不同生理状态下，鱼体对营养物质种类、数量及其比例关系的需要量是动态变化的；二是饲料中营养物质的供给是通过不同的饲料原料中营养物质的种类来实现的，饲料原料如鱼粉是一类组成复杂的有机物，而不是单一的营养素。因此，饲料中营养平衡性也是相对的，只能在一定的实际条件下，最大限度地接近养殖鱼类的营养需要。

饲料中营养物质不平衡就会对养殖鱼类的肝胰脏组织结构和生理功能的完整性产生一定的影响，并导致鱼体肝胰脏代谢的异常或紊乱，进一步就会诱导肝胰脏组织结构和生理功能的异常。饲料营养的不平衡诱导养殖鱼类脂肪性肝病的发生就是典型的案例。

例如，饲料中过多的碳水化合物可能引起鱼体肝胰脏中肝糖原的过度沉积，肝胰脏中肝糖原的过度沉积是否会导致肝胰脏细胞、组织结构和功能的损伤值得研究。饲料中过高的碳水化合物将引起血糖的显著升高，肝胰脏细胞中糖原颗粒的过度沉积则完全是可能的，并由此引发鱼体肝胰脏的损伤也是可能的。然而，碳水化合物如小麦淀粉、玉米淀粉等是资源量大、价格也相对较低的饲料资源，也是硬颗粒饲料生产中起到黏合剂作用的主要物质，尤其是对于挤压膨化饲料的生产，保持20%左右的淀粉成为挤压膨化颗粒饲料生产的必要条件。此数量的碳水化合物对养殖鱼类的生理代谢、肝胰脏结构与功能等会产生怎样的影响目前还需要深入的研究。同时，饲料中过高的碳水化合物可以促进肝胰脏利用碳水化合物转化成脂肪酸、合成脂肪的能力增加，同样可以导致肝胰脏脂肪沉积量的显著增加，并导致脂肪肝的发生。饲料中过高的蛋白质水平、过高的脂肪（油脂）水平同样可以导致养殖鱼类发生脂肪性肝病。

因此，如何做好饲料中蛋白质、碳水化合物、脂肪三大能量物质的平衡，对于保护养殖鱼类正常生理健康、保护肝胰脏不发生脂肪性肝病就尤为重要。

二、饲料安全质量对养殖鱼类肝胰脏的影响

饲料安全质量包括卫生质量与非营养物质的安全质量。饲料卫生质量一般是按照 GB 13078《饲料卫生标准》的内容执行，这是强制性的标准，所有的饲料均必须符合此标准的要求。因为其中重金属、霉菌毒素等对养殖动物的健康具有直接的损伤作用。

在饲料卫生标准规定的内容之外，其实还有一些非营养物质对养殖鱼类的肝胰脏健康、整体生理健康具有重要的影响，主要包括饲料中油脂氧化酸败的中间产物、终产物，如过氧化物、游离脂肪酸、丙二醛、酮、聚合物等，还有如棉粕中的环丙烯脂肪酸、桐油籽粕中的桐油酸等。更难以把握的是人为地在一些蛋白质原料中的掺假物质如三聚氰胺及其加工副产物、叠氮化钙（钠）等。

水产饲料中必须要使用一定的油脂，饲料中油脂的来源包括饲料原料中的油脂如鱼粉、肉（骨）粉、米糠等，再就是直接在饲料中添加的油脂如豆油、鱼油、猪油等。而油脂的一个最大问题就是其中的不饱和脂肪酸在空气中容易发生氧化酸败。所以，水产饲料中始终会有一定量的油脂氧化酸败产物，不同产品质量的饲料中只是含有氧化酸败产物数量的多少问题。而油脂氧化酸败产物对鱼体肝胰脏、肠道黏膜等有损伤作用。

在上述诸多因素中，氧化油脂对水产养殖动物生长、生理和健康的影响是最难解决的科学问题，而从现有的资料和实际养殖结果分析，水产养殖动物对饲料氧化油脂非常敏感。不同油脂的氧化酸败产物具有不确定性，即使是同一种油脂，在不同的氧化条件下以及不同的氧化程度下的氧化中间产物和终产物是不同的，而不同种类、不同量的氧化产物对水产养殖动物的毒副作用路径、机制和效果是不同的；氧化油脂对水产养殖动物内脏器官组织具有强的损伤作用，尤其是对肠道、肝胰脏的损伤作用显示出具有显著的相关性。

三、脂肪性肝病的损伤修复作用

1. 通过饲料途径防治养殖鱼体脂肪性肝病的基本对策

按照现代营养与饲料学的理念，通过饲料途径防治养殖鱼体脂肪性肝病的发生与发展是最为有效的技术方案之一。其基本对策和思路是：①合理地、科学地定位饲料产品质量（包括饲料价格）；②优选优质、低毒副作用的饲料原料以保障饲料原料的安全质量和卫生质量；③以饲料原料质量保障饲料的营养、卫生与安全，并依据养殖鱼类的营养需要和平衡营养学原理科学编制饲料配方，保障饲料营养平衡，同时合理地、针对性地使用饲料添加剂；④采用合

理的饲料加工技术，做好饲料生产的过程管理，有效控制饲料在加工过程中的质量变异，以有效保障饲料加工质量；⑤依据养殖密度、水温变化与季节变化、水域环境条件，制定合理的饲料投喂方案，保障鱼体对饲料的有效摄食与合理的摄食量。

在上述技术对策中，饲料产品的合理定位、饲料原料的安全质量和科学的饲料配方是主动性的技术方案，而合理地、有针对性地选择饲料添加剂以减少饲料中有害物质的影响属于被动性的技术方案。对于饲料添加剂的选择，主要还是依据饲料配方和饲料原料的安全质量情况而定，如果饲料产品定位较为合理，选择的饲料原料质量较好，例如使用了较高比例的鱼粉，使用豆油或猪油等优质的油脂原料，米糠、鱼粉等原料的新鲜度很好，那么饲料的安全质量就较好。相反，如果使用的米糠、鱼粉、鱼油等原料的新鲜度难以得到有效的保障，就要适当选择一些保护肝胰脏、保护肠道健康的饲料添加剂，如肉碱、胆汁酸、牛磺酸、酵母培养物等产品。

2. 水产养殖动物的胆汁酸循环与饲料胆汁酸的作用

结合目前水产养殖品种的养殖状况，按照人体医学关于胆汁酸的肠肝循环模式，有很多原理可以借鉴到水产养殖动物中来。

鱼体的胆汁酸代谢也应遵循"肠肝循环"。当鱼体肝脏出现病变，那么肝脏分泌胆汁的功能受到影响，而胆汁中的胆盐（胆汁酸在胆汁中的主要存在形式，主要成分为甘氨胆酸钠和甘氨胆酸钾）与脂肪的消化吸收密切相关。因此，胆汁分泌不足，直接导致肠道对脂类物质的消化吸收障碍，引起食物的消化不良；反过来，如果肠道病变或肠道内胆汁酸含量不足，那么肠道则出现功能障碍或可重吸收的胆汁酸含量减少，这样就阻碍了胆汁酸"肠肝循环"的正常进行，而肝脏分泌胆汁酸的量有限，必须依赖"肠肝循环"弥补肝脏胆汁酸的合成不足，使有限的胆汁酸池能够发挥最大限度的乳化作用，以维持脂类食物消化吸收的正常进行。

熊脱氧胆酸有较强的利胆保肝作用，促进胆汁的分泌和排出，抑制胆固醇的合成，具有增强肝脏过氧化氢酶活性的作用，提高肝脏的抗毒解毒作用，并具有促进维生素吸收、预防酸败脂肪引起的肝病和防止脂肪肝的作用（陈新谦等，1997）。

集约化养殖，人为地缩短了养殖动物的生长周期，长期摄食高脂高蛋白的饲料后，养殖动物脏体器官负荷太大，尤其是肝脏，同时来自饲料原料中的霉菌毒素以及饲料中使用抗生素等药物后产生的细菌内毒素等都会对肝脏产生毒害作用，其分泌胆汁的代谢功能和解毒排毒功能退化，从而出现养殖动物摄食受阻、饲料消化率下降、生长缓慢、肝脏病变，处于亚健康状态的养殖动物，在应激条件下，疾病暴发的概率大大增加，后果极为严重。

因此，在饲料配方编制时，要结合养殖品种及其规格、气候、水质状况等诸多因素，设计合理的饲料配方，并进行科学的原料搭配，同时选择优质的饲料原料，要尽可能选择没有氧化的油脂原料进入配方，要避免使用已经氧化的、容易氧化的油脂和含油脂高的原料。同时，建议饲料配方中长期补充外源性胆汁酸，用以维持养殖动物正常的胆汁酸"肠肝循环"，保肝护胆，保障养殖动物的健康和维护正常的生理机能，进而促进养殖动物的健康生长。

第四章

鱼类的肠道健康与饲料的关系

　　养殖鱼类的生理健康已经成为影响养殖鱼类生长速度、群体产量、饲料利用效率和鱼产品食用安全的重要基础条件，而鱼体整体生理健康也是建立在主要内脏器官生理健康、组织结构和功能完整性基础上的。因此，有"养好鱼的肠道、维护好鱼体肝胰脏，就能养好一条鱼"的说法，这在很大程度上也反映了鱼体肠道健康和肝胰脏健康对于鱼体整体生理健康的重要性。

　　鱼体的肠道不仅仅是一个重要的消化和吸收器官，也是体内最大的免疫防御器官、内分泌器官和重要的代谢器官。肠道的损伤通常会引起鱼体肝胰脏和其他器官的损伤，肠道是引发多器官损伤和功能障碍的始发器官。

　　对于无胃鱼类，肠道是鱼体与饲料物质直接接触并发生影响的主要器官，饲料物质对鱼体的营养与非营养作用，首先也是主要作用于肠道组织，所以饲料对鱼体健康的影响，首先是对肠道健康的影响，通过肠道的作用使饲料的营养与非营养作用得到发挥。

第一节　鱼类肠道的屏障结构与生理功能

　　动物胃肠道作为动物机体与外界环境接触表面积最大的器官，具有非常重要的生理学意义：①是营养物质消化和吸收的主要场所，承担动物从外界获取物质、能量的重任；②是体内最大的、最复杂的分泌器官和组织，对动物整体的代谢、生理调控产生重要的作用；③肠黏膜屏障系统具有阻碍肠腔内细菌入侵和毒素吸收的功能，对动物具有重要的屏障保护作用；④对动物整体、胃肠道自身具有多种免疫保护作用，是重要的免疫器官；⑤一方面承担动物整体生理功能的重要任务，另一方面是自身代谢、保护、更新的需要，胃肠道黏膜是动物体内代谢最为活跃、机理最为复杂的代谢器官；⑥胃肠道也是体内微生物类型集中地，微生物在胃肠道生理和生物功能中具有非常重要的作用和意义。

从生理学、营养与饲料学角度分析，胃肠道黏膜的完整性、发育水平和再生能力是胃肠道发挥作用的基础，因此，必须了解：①胃肠道自身的组织结构，以及胃肠道在动物整体生物学功能、生理学活动中的主要作用和意义；②胃肠道，主要是胃肠道黏膜自身的生长、发育、代谢和调节控制、自我保护等基本状况；③如何保护胃肠道的正常组织结构、生理学功能，以胃肠道健康保障动物体整体健康，以动物整体健康获取良好的动物生产性能；④饲料中哪些物质会对胃肠道健康产生负面作用和影响，哪些物质能够促进胃肠道的生长、发育、代谢、修复与再生，实现通过饲料物质保障和促进胃肠道的正常生长、发育，进而对动物整体的生长、发育产生重要影响的目标；⑤饲料物质与肠道微生物之间、肠道微生物与肠道健康和鱼体健康的关系，饲料物质如酵母培养物可能对微生物群落结构、微生物的生长状态、肠道微生物的次级代谢产物等产生重大影响，并通过微生物的作用对胃肠道黏膜、胃肠道生理学功能产生影响。

一、肠道的组织结构

与其他动物类似，鱼类肠道基本组织结构可以划分为黏膜层、黏膜下层、肌层和浆膜层四个基本组成部分。黏膜层是肠道组织中最重要的结构，由黏膜上皮、上皮下的固有层和邻近肌肉层的基膜三部分组成。黏膜上皮细胞层主要由单层柱状上皮细胞和杯状细胞组成，其中还有少量内分泌细胞和其他游走细胞分布。柱状上皮细胞也被称为吸收细胞，主要起吸收作用；杯状细胞能够分泌大量黏液，主要起润滑和保护肠道的作用。杯状细胞较多地分布在肠道黏膜褶皱基部的隐窝处，褶皱的侧面和顶部亦有分布，沿肠道由前至后，杯状细胞个数逐渐增多，至肛门临近处，杯状细胞大量分布，这是与食物（饲料）在消化道内的运动相适应的。黏膜下层由疏松结缔组织构成，是肠黏膜的支持结构，含有较多的血管和淋巴管。肌层主要由内环和外纵两层平滑肌组成，内层环形肌层较为发达，外层纵行肌层则比较薄。内外两层肌层之间通常分布有肠肌神经丛的神经细胞。

鱼类肠道从食道至肛门，在不同部位是否有结构与功能的差异？在组织结构方面，鱼体肠道的前、中、后部组织结构基本相同，但是在肌肉层的厚度、黏膜皱褶高度等方面有较大的差异。主要的差异还是在黏膜层，其中黏膜皱襞的高低和微绒毛密度、上皮细胞的结构与纹状缘的发达程度，以及杯状细胞数量的多少等方面，差别较为明显。由于受到种属、食性、生活环境、摄食能力等多种因素的影响，不同鱼类的肠道组织结构及形态特征存在差异。因此，依据肠道在腹胸腔盘曲的拐点，胆管开口至第一个拐点称为前肠，最后一个拐点至肛门为后肠，前、后肠之间为中肠。

二、肠道屏障结构与功能

（一）肠道屏障

肠道屏障是指动物肠道能够有效防止肠腔内的有害物质如细菌、毒素等穿过肠黏膜进入体内其他组织器官和血液循环的结构和功能。当然，也应该包括能够有效阻止来自于其他器官组织的有毒、有害物质进入肠道并对肠道结构和功能造成伤害。肠道屏障主要由肠道黏膜机械（结构性）屏障、免疫屏障、化学屏障和生物屏障四部分组成，这些功能分别有相应的结构基础。其中，最为重要的是肠道黏膜结构性屏障，所以，肠道屏障有时也称为肠道黏膜屏障。

按照人体医学的观点，肠道黏膜屏障必须符合三个基本解剖和生理条件：①连续完整和健康的、由肠道黏膜上皮构成的机械屏障；②不断更新和维持的肠道黏液层，并由此提供的健全免疫系统；③正常大量的肠道厌氧菌群存在，防止致病微生物在肠道黏膜的定植。肠道黏膜屏障作用受到破坏，可出现肠黏膜水肿、肠绒毛高度降低、肠系膜血管收缩、血流减少、细胞凋亡加速，严重者甚至造成细菌和内毒素移位发展成为肠源性败血症，并可导致多脏器功能衰竭。

（二）肠道的结构性屏障

肠道结构性屏障是肠道屏障的关键性结构，主要由连续且完整的肠道上皮细胞层和紧附于上皮细胞层的黏液层构成，其中上皮细胞层包含完整的上皮细胞以及上皮细胞之间的紧密连接、缝隙连接。即由肠道黏膜上皮细胞及其上皮细胞之间的紧密连接共同构成了一道完整的物理性的、结构性的机械屏障结构，同时，与黏液层一起组成了连续且完整的肠道屏障结构。肠道黏膜的黏液层和肠道上皮细胞在空间上、结构上和功能上是紧密联系的，在发挥肠道正常生理功能以及在防御功能等方面共同组成了一道结构性的屏障，有选择性地允许小分子物质、脂类物质通过，而有效阻止大分子物质以及肠道微生物等通过。

1. 肠道上皮细胞

肠道黏膜上皮的完整性（由上皮细胞的通透性和上皮细胞之间的连接构成）以

及肠道上皮细胞正常的再生能力（隐窝干细胞）是肠黏膜屏障的结构基础，构成了一道物理性的结构屏障，能有效阻止大分子物质、细菌等穿透黏膜进入深部组织。

肠上皮为单层柱状上皮细胞，由吸收细胞、杯状细胞及潘氏细胞等组成。柱状上皮细胞是肠道主要的吸收细胞，其游离面有密集的微绒毛，在柱状上皮细胞成熟过程中，微绒毛不断生长成熟。在上皮细胞细胞质靠近肠腔一端有较多的溶酶体分布，溶酶体中所含的各种酶类随细胞的增生分化而不断增加，能把糖类、蛋白质、脂肪等分解成为易被吸收的可溶性小分子，具消化和吸收的双重作用。

杯状细胞是一种典型的黏蛋白分泌细胞。电镜观察显示，杯状细胞的游离面有少量微绒毛，细胞基部含有丰富的粗面内质网和游离核糖体。核上区的高尔基复合体发达。正常情况下，杯状细胞顶部因含有大量膜泡的分泌颗粒而膨大，细胞基底部因无分泌物而形成长柄状附着于基膜上。肠杯状细胞是由黏液细胞分化而来，杯状细胞的分泌周期也是其生长发育周期，大致可分为三个阶段，在完成一个分泌周期后细胞就凋亡。在杯状细胞分泌周期的初始阶段，黏液合成速度超过聚集和释放速度，黏液逐渐积聚；在中间阶段，细胞从隐窝沿着绒毛向顶端逐渐移动，黏液的合成与释放几乎平衡，细胞内充满酶原颗粒；在最后阶段，杯状细胞达绒毛顶部或上部，黏液释放速度超过合成速度，细胞出现排空现象，杯状细胞完成其使命，逐渐凋亡。杯状细胞分泌的黏液在黏膜表面形成疏水的黏液凝胶层，主要成分是黏液糖蛋白，它覆盖在肠上皮表面，可阻抑消化道中的消化酶和有害物质对上皮细胞的损害。黏液糖蛋白本身的结构和带有负电荷的特性，有利于包裹细菌；黏液糖蛋白暴露的化学基团与肠上皮表面结构类似，易于细菌识别和黏附；黏液糖蛋白还与病原微生物竞争抑制肠上皮细胞上的黏附素受体，抑制病菌在肠道的黏附定植。

肠道干细胞（intestinal stem cell）位于肠绒毛的隐窝之中，其主要功能一方面是维持自我更新，产生新的干细胞来维持数目稳定的干细胞；另一方面是产生快速增殖的前体细胞，对分化的细胞进行补充，它是肠上皮细胞快速更新的根本动力。同位素标记（^{3}H-胸腺嘧啶核苷）追踪细胞的分裂与分化试验研究证实了绒毛柱状细胞、黏液分泌细胞、肠内分泌细胞和潘氏细胞均来源于肠道干细胞。在肠道隐窝干细胞区域，干细胞与潘氏细胞是间隔排列的，潘氏细胞也是一类分泌细胞，其分泌的物质形成微环境，这个微环境对肠道干细胞的存活、分裂、分化具有调控作用。肠道干细胞的分裂方式为非对称分裂，分化为一个原代干细胞和一个分化了的定向祖细胞。原代干细胞维持了永久分裂的能力，定向祖细胞再分化为具有特殊结构和功能的终末分化细胞，如杯状细胞、内分泌细胞和潘氏细胞等。

2. 肠黏膜细胞的更新与代谢

肠黏膜主要含有肠上皮细胞和杯状细胞，是动物消化吸收营养物质的主要场所。在胚胎时期，肠道上皮细胞由肠黏膜下层的细胞分化，分化的细胞停留于隐窝，并在此进行有丝分裂，完成有丝分裂的细胞在其他细胞的推动下逐渐从隐窝向绒毛顶端移行，最后到达肠绒毛顶端并脱落，随食糜排出体外。通过不断的增殖和脱落，肠道上皮细胞处于一种动态平衡之中，这种动态平衡过程称为肠黏膜细胞的迁移，迁移所需的时间称为细胞周转。

上皮细胞不断地被更新，它在所有的组织中周转率最高。一般情况下，成年动物肠上皮细胞3～4天完全更新一次。新生的动物细胞周转需7～10天，如果上皮细胞被损坏，则比成年动物更难恢复。

肠道黏膜上皮细胞的更新速度也反映了肠道黏膜的代谢强度，肠道黏膜是动物代谢最为活跃的组织器官之一。肠道黏膜除了完成对饲料物质的有效吸收，并通过血液转运到其他器官组织外，黏膜细胞自身也要利用一定量的营养物质，来满足黏膜细胞新陈代谢、不断更新的需要。我们采用放射性同位素实验方法，利用草鱼离体肠道研究其对氨基酸吸收、转化利用的试验结果表明，离体肠道组织在吸收肠道灌流的氨基酸时，依然在进行着活跃的蛋白质合成代谢或周转代谢，在肠道新合成的蛋白质中含有很高比例的放射性试验氨基酸。这表明试验氨基酸吸收并进入了肠道组织氨基酸库，与肠道组织蛋白质分解产生的氨基酸一起被用于新蛋白质的合成。新合成的蛋白质量与试验氨基酸浓度成正比例关系，即随着灌流的试验氨基酸浓度的增加其新合成的蛋白质量也随之增加。同时，在离体肠道组织的脂肪放射性检测中，也发现有较高强度的放射性，表明肠道组织利用了标记的试验氨基酸转化为脂肪酸成分。

隐窝-绒毛是小肠的功能单位，正常情况下，未分化的上皮细胞在隐窝进行有丝分裂，然后迁移到绒毛顶端脱落，完成一次细胞周转。位于隐窝基底部的干细胞分化成内分泌细胞、杯状细胞、柱状细胞、潘氏细胞。绒毛间细胞主要由杯状细胞和肠上皮细胞组成。在隐窝处肠上皮细胞是分泌性的，当它移行到绒毛的一侧，成熟为吸收的绒毛细胞，微绒毛变长、变细且数目增多。如果绒毛顶端被损害，成熟的吸收细胞丢失，不成熟的隐窝细胞产生净分泌，将造成严重的绒毛细胞更新和消化吸收紊乱。组织学上绒毛变短和融合就是所谓的"绒毛萎缩"，它导致黏膜功能性表面积减少，吸收能力下降。

3. 肠上皮细胞之间的紧密连接及其分子基础

肠黏膜机械屏障的结构基础是完整的肠上皮细胞和相邻肠上皮细胞之间的紧密连接，两者共同构成肠道的选择性屏障，并调控着水和溶质的跨上皮细胞转运。细胞间的连接有紧密连接（tight junction，TJ）、黏附连接和缝隙连接等，紧密连接是肠上皮细胞间主要的连接方式。上皮细胞紧密连接为一狭窄的带状结构，位于上皮细胞膜外侧的顶部，相邻细胞互相包裹，形成融合点或吻合点，将这些吻合点连接起来，就形成一个连续的渔网状结构。紧密连接不仅将细胞顶部与基侧膜分开（栅栏功能），而且还是调节肠上皮细胞旁路流量的限速屏障（门控功能）。

上皮细胞紧密连接的生物学功能主要有：①维持细胞极性，上皮细胞的顶部和基侧膜的不同之处在于蛋白质和脂质的构成不同。由于顶部和基侧膜成分不同，从而将细胞分为不同的液性空间。在相邻细胞的外侧浆膜可见连续的融合点，即所谓的紧密连接线。这些融合点可限制细胞的不同液性空间脂质和完整膜蛋白的自由扩散。②维持通透性屏障作用。紧密连接调节着离子和大分子物质的跨细胞旁路的被动转运，只允许离子及小分子可溶性物质通过，而不允许毒性大分子及微生物通过。肠上皮细胞紧密连接一旦发生变异、减少或缺失，肠上皮细胞间隙通透性就会增加，细菌、内毒素及大分子物质就可通过紧密连接进入体循环。因此，紧密连接在肠上皮屏障功能中的作用至关重要，阐明其分子结构及调控机制，对认识肠屏障功能及防治某些疾病的发生具有重要意义。

4. 肠道黏膜黏液层的功能

黏液层作为肠道结构性屏障的重要组成部分，具有重要的生理作用，主要有：①维持肠道内横向的 pH 值梯度；②阻止酸和蛋白酶对肠道黏膜的侵蚀；③起润滑作用，使肠道黏膜免受机械损伤；④阻止肠道微生物对肠道黏膜的直接侵蚀；⑤为正常菌群提供适宜的生存环境。

黏液层可能被机械力、内源性微生物菌群、胰酶、胆汁、胃蛋白酶等降解，这种降解可能使大分子抗原吸收增加和微生物有机体黏附。黏蛋白形成保护层覆盖在绒毛上，其分泌可能受神经和激素的双重调节。肠上皮细胞间的紧密连接可有效阻止大分子物质（如病原菌、抗原等）进入机体。另外，肠道的液体动力系统也是肠道机械屏障的一部分，肠道节律性地定向蠕动，使肠内容物不停地下行冲刷，在这种动力推动下，肠上皮表面的黏液分泌物也形成了定向下行的黏液流，这两种定向下行的动力就构成了肠道液体动力系统，整个黏膜表面都处在这种动力的冲刷之下，松弛黏附在黏膜上的细菌容易被清除，从而可预防肠细菌过度增生和肠源性感染。

（三）化学屏障

肠道的化学屏障由胃肠道分泌的胃酸、胆汁、各种消化酶、溶菌酶、黏多糖、糖蛋白和糖脂等化学物质组成。胃酸主要在肠起始端起作用，可灭活细菌等病原微生物。肠腺潘氏细胞产生的抗菌肽，如防御素、隐窝蛋白、溶菌酶、磷脂酶 2A 等在肠上皮表面和肠腔中发挥杀菌和抑菌作用。黏多糖为大分子糖蛋白，一方面起润滑作用，保护肠黏膜免受物理性损伤；另一方面具有一定的缓冲作用，可结合酸性或碱性消化液，保护肠黏膜免受酶和消化液的侵蚀性损伤。存在于上皮表面的多种水解酶对病原微生物也具有辅助灭活作用。

此外，胆汁对内毒素也是一个重要的化学屏障：①肠道内的胆盐可通过与内毒素结合而阻止其从肠道吸收入门静脉；②胆酸和胆盐为去污剂，已证明两者在体外对内毒素脂多糖具有直接作用，而且胆酸可在试管内改变大肠杆菌内毒素，使其不再引起鲎裂解物凝聚，其机制可能为将内毒素分解成无毒性的亚单位或形成微聚物。

（四）生物屏障

肠道的生物屏障是指肠道中的肠道常驻菌群所组成的一个微生态系统，不同肠道微生物之间保持着相对平衡的关系，也占据着肠道中的微生态位置，限制了其他有害微生物的生长与繁殖；同时，肠道微生物在鱼体消化、吸收、免疫等多方面发挥着重要的作用，肠道微生物与鱼体之间也具有一种合理的、动态的平衡。

在肠道微生物中，占绝大多数的为专性厌氧菌，与其他细菌构成一个相互依赖又相互作用的微生态系统。专性厌氧菌（主要是双歧杆菌等）通过黏附作用与肠上皮紧密结合，形成菌膜屏障，可以竞争抑制肠道中致病菌（如某些肠道兼性厌氧菌和外来菌等）与肠上皮结合，抑制它们的定植和生长；也可分泌乙酸、乳酸、短链脂肪酸等，降低肠道 pH 值与氧化还原电势及与致病菌竞争利用营养物质，从而抑制致病菌的生长。

细菌在肠道内是按照一定的时间顺序定植的，逐渐成为常驻菌群，在黏膜的特定部位有特定的细菌黏附，黏附是定植的第一步，益生菌在肠道黏膜上皮细胞表面黏附定植后进入菌群扩增的过程，最终形成稳定的菌群。这些微生物可发挥占位定植的作用，竞争定植位点以阻止病原菌与肠道黏膜受体结合产生黏附，益生菌的黏附还可以防止条件致病菌的移位，防止条件致病菌向周围不断扩散而引发有关部位感染。

（五）免疫屏障

肠道黏膜免疫屏障是区别于系统性免疫功能的局部免疫系统。如果从免疫细胞的数量看，肠道为动物体内最大的免疫器官，在肠道执行局部免疫功能，并与其他因素协同作用，维护肠黏膜屏障功能。肠道黏膜免疫是机体防止感染的第一道防线。当肠道黏膜受到外界因素的影响，其免疫功能被削弱时，外来病原如细菌、病毒和寄生虫等易于侵入，导致消化不良、腹泻或肠源性全身感染，甚至危及生命。

三、肠道屏障结构和功能完整性

由结构性屏障、化学屏障、生物屏障、免疫屏障共同组成了肠道的屏障系统。肠道屏障系统的主要生理作用有：①构建和维护了肠道的内环境，这种内环境包括黏膜细胞环境、肠腔与黏膜表层的微生物生态环境、消化液与黏液内环境、饲料物质消化和运动的适宜内环境等。鱼类的肠道系统具有重要的消化、吸收、内分泌、免疫和防御、自我更新与新陈代谢等重要生理功能，这些生理功能的正常发挥必须要有稳定的内环境和微观环境来维持，肠道的屏障系统具备了这种能力和结构性基础。②构建了选择性屏障系统。肠道是对食物和饲料进行消化和吸收的场所，也是鱼体与外界环境接触面积最大的内脏器官，因此，机体必须有一套选择性的屏障系统，允许机体所需的物质通过，而防止有害物质与微生物通过，肠道屏障承担了这一重要的物理性结构与功能责任。③组成了严密的防御系统，可以有效阻止未消化的饲料物质、体外微生物、肠道内微生物，以及其他有害物质等越过肠道而进入血液系统和其他内脏器官。④组成了有效的清除与解毒屏障系统，除对微生物菌群的有效防御外，对一些有毒物质如肠道细菌内毒素、饲料中有害因子等可以实施有效清除，维护肠道与鱼体的正常组织结构和功能。

肠道屏障结构与功能自身也受到一定程度的损伤，也是长期处于损伤与修复、自我更新、自我维护的动态平衡中，必须要维持其自身结构与功能的完整性与稳定性。肠道屏障结构与功能完整性的内容包括：①肠道黏膜层的细胞结构以及细胞之间的紧密连接结构完整性，这是物理性的结构完整性主要内容；②具备正常的肠道黏膜组织和细胞的自我更新能力，这是维护肠道屏障结构与功能完整性自我修复能力的重要基础；③肠道黏膜细胞结构与功能的完整性，包括肠道黏膜组织内的各种结构与功能细胞处于正常的结构与功能状态，例如具备正常的细胞完整结构、正常的分泌功能等；④肠道微生物菌群保持稳定，可以有效防止致病微生物的过度增殖与定植，同时从源头上减少肠道细菌内毒素的产生，并有效发挥肠道正常菌群在对饲料的消化和免疫等方面的作用；⑤肠道与肝胰脏的生理性肠-肝轴处于正常的生理状态，维护肠道与肝胰脏生理健康；⑥肠道动力系统正常，肠道的蠕动是肠道非免疫防御的重要机制，参与食物的消化、吸收和排泄，也是肠腔内环境的"清道夫"，尤其是消化间期的肠蠕动，可防止肠内有害物质（包括内毒素）积聚，限制细菌生长。

肠道是鱼体与饲料物质直接接触并发挥作用的重要功能器官，因此，当肠道受到多种损伤因素如饲料中氧化油脂的作用后，肠道屏障结构和功能完整性就会受到破坏，并产生多种细胞因子、炎症介质，发生细菌和内毒素移位，除了引发肠道自身的损伤外，由于肠道通透性的增加，肠道内的有毒有害因素就会进入血液系统并传输到身体内各器官和组织，导致其他远程器官受到损害，并引发全身性的病理反应。所以，肠道屏障结构与功能损伤被认为是引发鱼体多器官功能障碍、多器官损伤的始发因素，从而导致整个鱼体的生长性能、健康受到重大影响。在养殖条件下，对于鱼类健康的维持也是如此，也就有养好一条肠道是养好一条鱼的说法。由此可见肠道屏障结构与功能完整性的重要地位和作用。

第二节　鱼类肠道屏障结构的损伤

一、肠道结构与功能性损伤

如何判断鱼体肠道是否健康？如果受到损伤，又如何判断肠道受到损伤的程度？这是一个值得系统探讨的问题。在日常的养殖生产和饲料售后技术服务中，肠道健康监测是一项重要内容，一般是剖开肠道，以观察肠道黏膜面是否有出血、是否有炎症、是否有寄生虫等作为主要内容。这种对于肠道黏膜的出血或是炎症的判断是基于定性的判断和分析。如果将发生炎症的肠段占整个肠道长度的百分比作为一个指标的话，就可以数值化地描述肠道炎症或出血的程度。同时，还需要建立肠道炎症或出血的不同等级划分方案，比如说仅仅只有一个出血点、出血肠段占整个肠段的比例小于 1％，是否可以认为是轻度损伤？如果比例较高且有 2 个以上的出血点，是否可以判定为重度损伤？当然，这些也还是定性的数值化处理。

关于肠道屏障损伤需要关注一个重要的指标，即"肠道黏膜通透性"。肠道黏膜通透性是指肠黏膜上皮层容易被某些物质以简单扩散的方式通过的特性。在医学临床上，肠道黏膜通透性主要指分子量大于 150Da 的分子物质（包括细菌）对肠上皮的渗透，而不是钠离子、氯离子等离子的渗透。

在正常生理状态下，肠道黏膜屏障是一个选择性的屏障，只有小分子物质可以以简单扩散的方式通过，大分子物质则需要依赖于上皮细胞表面的载体转运有选择性地通过，而没有特定载体的物质是难以通过肠道黏膜屏障的，并由此形成一道保护性的屏障结构。因此，肠道黏膜通透性显著增加是肠道屏障结构和功能损伤的主要表现形式，也是肠道内有害物质实现对远程实质性器官组织如肝胰脏损伤打击的关键性节点。

肠道黏膜屏障的通透性是如何增加的？肠道黏膜通透性增加有两条途径：①由于黏膜上皮细胞的膜的通透性增加（如微绒毛脱落），导致沿黏膜上皮细胞向肠黏膜基底层、黏膜下层的通透性增加；②黏膜上皮细胞之间的紧密连接蛋白合成、紧密连接蛋白的性质受到影响，紧密连接出现结构性破坏，导致肠黏膜上皮细胞之间的通透性显著增加。这两条途径中任何一条或两条途径同时受到损伤时，肠道的通透性就会显著增加。正常情况下，上皮细胞之间的连接是闭锁性的紧密连接，任何大分子物质和小分子物质都难以通过，肠道屏障的选择性通路主要是上皮细胞通路。而肠道上皮细胞细胞膜（主要为微绒毛膜）的通透性与其他细胞类似，是一种选择性通透性生物膜，小分子物质可以以扩散、胞饮、依赖载体转运等方式选择性通过。但是，在一些肠道损伤因素的作用下，如果肠道内表面的微绒毛脱落（实质就是上皮细胞的细胞膜损伤）、萎缩以及上皮细胞的细胞膜损伤，肠道黏膜的上皮细胞通路就会发生通透性增加的情况；而同时，上皮细胞之间也由于细胞紧密连接的损伤，导致上皮细胞间的通路发生通透性的增加。因此，如果要对肠道黏膜的通透性进行保护或修复，也应该沿着上述思路探讨技术对策和技术方案。

由于肠道功能的特殊地位和作用，肠道损伤会导致其他器官组织的损伤，即引发多器官结构与功能损伤。而肠道损伤能够引发多器官损伤的一个重要前提就是肠道通透性的显著增加，如果肠道损伤的程度还不至于导致肠道通透性增加，则肠道损伤就还是肠道自身的损伤而已，一切都还是肠道内部的损伤。因此，要确定肠道损伤的程度或等级，肠道通透性的改变就成为一个关键性指标和等级界限。

经过上述分析，我们按照轻度、中度和重度三个等级对肠道损伤进行评价，初步建立了相应的评价标志性指标体系，见表 4-1。当然，还要根据实际研究结果和养殖实际情况，对表 4-1 中的评价等级、标志性指标进行逐步的修订和完善。

表 4-1　鱼类肠道损伤程度划分及其标志性指标

判别指标体系		轻度损伤	中度损伤	重度损伤
一般性描述		各种损伤作用和损伤后果仅仅发生在肠道内，肠道的通透性没有改变，不对其他器官组织产生影响	肠道的通透性改变，内毒素和细菌发生移位，血浆中肿瘤坏死因子-α（TNF-α）、白介素-1（IL-1）、白介素-6（IL-6）等的量增加，对远程器官组织损伤性打击的通路形成、打击因子数量增加并在血浆中能够有效检测	以肠道损伤作为原发基点，对肝胰脏、鱼体整体的生长和健康产生很大的影响。主要是肝胰脏功能受到肠源性损伤作用
肠道通透性	通透性	基本正常	通透性增加	通透性显著增加
	血浆 D-乳酸，二氨氧化酶，血液或肝胰脏、脾脏中细菌总数	低	能够检测到，但量不高	显著增加

判别指标体系		轻度损伤	中度损伤	重度损伤
结构完整性	黏膜绒毛和微绒毛	部分肠段有变化,微绒毛变短	部分肠段微绒毛显著变化,末端溶解,密度降低	大部分肠段黏膜绒毛层脱落
	上皮细胞连接蛋白	基本正常	紧密连接蛋白基因表达活性下调	紧密连接部分破坏、连接蛋白表达活性显著下调
	绒毛膜标志性酶: Na,K-ATP酶和碱性磷酸酶活性	活性降低	显著降低	显著降低
细胞因子和炎症介质	IL-1、IL-6	肠道中含量增加	血清中含量增加	血清中含量增加
	TNF-α	肠道中含量增加	血清中含量增加	血清中含量增加
	NF-κB的表达活性	上调	上调	上调
肠道菌群	肠道微生态系统	菌群比例失调	菌群比例显著失调	菌群比例严重失调
	内毒素	肠道中含量增加	血清中含量增加	血清中含量显著增加
	细菌总数	血液中很少或不检出	血液中增加	血液或肝胰脏、脾脏中显著增加
氧化损伤与抗氧化系统	丙二醛含量	肠道中含量增加	肠道和血清中含量增加	肠道和血清中含量增加
	肠道总抗氧化酶、SOD、黄嘌呤氧化酶(XOD)、谷胱甘肽过氧化物酶(GSH-Px)等活性	增加	增加或降低	增加或降低
	肠道谷胱甘肽(GSH)含量	增加	增加或降低	增加或降低
肝胰脏功能	肠源性脂肪肝	正常	发生	发生
	胆汁酸循环	基本正常	不正常	不正常
	血清转氨酶ALT、AST活性,AST/ALT的比值	基本正常	增加	显著增加

二、肠道黏膜屏障损伤的形式与损伤机制

(一)肠道黏膜结构性屏障的损伤

1. 细胞损伤

前面已经分析了肠道结构性屏障在肠道黏膜屏障中的作用和地位,而肠道损伤

的主要损伤位点是黏膜上皮细胞、上皮细胞之间的连接，以及肠道组织内大量的分泌细胞、免疫细胞。肠道是一个组织结构和细胞组成均较为复杂的器官，除了不同细胞之间具有紧密的联系和相互关联外，彼此相互协同，共同组成一个完整且和谐的肠道器官，并具备一定的生理功能。同时，肠道组织、肠道的不同细胞更新速度快、代谢强度大，长期处于一种动态平衡，这是适应其复杂、强大生理功能的一种能力。因此，肠道损伤的发生与发展，其实质应该是对肠道组织的结构性和功能性细胞的损伤作用达到一定程度，且这种损伤程度已经超越了肠道组织的自我修复能力。

肠道细胞的损伤主要是哪些细胞结构和细胞器发生损伤呢？从细胞结构及其细胞器在细胞结构与功能中的地位和作用分析，细胞膜和线粒体损伤应该是主要的损伤作用位点。细胞膜，包括细胞内其他生物膜系统，其基本的组成和结构是磷脂双分子层，组成细胞膜的磷脂中含有不饱和脂肪酸，不饱和脂肪酸容易受到氧化损伤作用，主要为不饱和键在过氧化物、自由基等因子作用下，发生过氧化反应，不饱和键断裂，产生丙二醛、壬烯醛、低碳链游离脂肪酸、酮类等，这些物质又进一步对细胞的其他部分如细胞核等产生干扰和损伤作用，导致细胞的进一步损伤。线粒体是细胞内物质代谢和能量代谢的中心，氢和电子在呼吸链上的传递既是能量产生位点，也是过氧自由基等自由基产生的主要位点。因此，线粒体一旦损伤将导致整个细胞结构与功能的损伤作用。

2. 氧化损伤作用

氧化损伤主要是一些强氧化物质如过氧化物、羟基自由基等对鱼体组织、细胞、细胞器、生物分子等形成的损伤作用，在化学反应类型上属于氧化反应。

对于养殖鱼类而言，油脂是鱼类主要能量物质之一，鱼类饲料中要添加足量的油脂以维持其正常生长、发育的需要。有油脂的存在就会发生氧化酸败，氧化酸败产物就会对鱼类产生毒副作用。饲料氧化油脂对养殖鱼类的毒副作用具有普遍性（几乎所有的养殖鱼类及其饲料）、客观存在性（饲料必须有油脂，有油脂就会有氧化，有氧化作用就会产生氧化产物）和危害严重性（油脂氧化产物的毒副作用具有普遍性）。因此，饲料氧化油脂具备导致氧化损伤的物质基础，主要包括不同种类的过氧化物如过氧化氢、脂质过氧化物、自由基等强氧化物质和醛类物质、酮类物质，以及低碳链的游离脂肪酸、丙二醛等，可以对肠道黏膜形成直接性的氧化损伤。同时，在饲料油脂氧化产物的诱发下，肠道不同细胞的生物膜系统具备始发性的氧化损伤作用的物质基础和代谢基础。来自于饲料的以及来自于细胞膜不饱和脂肪酸氧化产生的丙二醛和壬烯醛是两个强毒力的脂质过氧化终产物，常常作为判断脂质过氧化的指标。壬烯醛具有使中性粒细胞趋化和浸润的作用；丙二醛亦可激活 NF-κB 通路，NF-κB 通过调节多种炎症细胞因子如

TNF-α、IL-8、ICAM-1等引起炎症反应。

肠道组织缺血引发肠道黏膜损伤作用的主要方式也是氧化损伤作用，而养殖鱼类具备缺血性损伤的作用基础。例如，如果鱼体发生烂鳃病或其他出血性疾病等情况，容易导致鱼体出血和缺血，由于其他疾病引发肠道缺血性氧化损伤的可能性也是存在的。因此，氧化损伤作用应该是养殖鱼类肠道结构性损伤和功能损伤的主要作用方式。

3. 缺血、缺氧、自由基对肠道黏膜的损伤作用

机体缺血为什么能够引起氧化损伤？人体医学研究结果表明，正常情况下，胃肠道的血流量占心脏血液输出量的15%～20%，其中大部分供应肠黏膜和黏膜下层组织和细胞。当机体受到严重创伤时，机体为了保护脑、心脏、性腺等器官组织，在神经、激素分泌调控下，机体会重新调整全身血液流量的分配比例，肠道血管会发生痉挛性收缩，血液流动阻力增加，胃肠道黏膜血流量减少，且肠道绒毛中成发夹结构的小血管也会引起小动脉血管短路，引导小动脉血液直接进入静脉血管，引起肠黏膜缺血，并出现严重的缺氧应激。在各种应激因素作用下，胃肠道黏膜是最早发生缺血、缺氧，又是最后得到恢复的组织和细胞。肠道缺血时，供血量减少和供氧降低，肠道摄取和利用氧的能力代偿性提高，肠道耗氧量显著增加，进而引起缺氧代谢，局部产生大量的酸性代谢产物，组织pH降低，肠黏膜上皮细胞受损水肿，细胞膜及细胞间连接断裂，细胞坏死，上皮从绒毛顶端开始脱落甚至黏膜层脱落而形成溃疡，导致肠通透性增加，细菌移位发生。缺血容易引发氧自由基产生，缺血引起的自由基来源如下。

①缺血组织细胞内的黄嘌呤氧化酶系统，研究证实黄嘌呤氧化酶系统是组织缺血再灌注损伤时氧自由基最主要的来源。肠道（特别是黏膜绒毛顶部）含有丰富的黄嘌呤氧化酶，正常情况下，此酶90%以D型（黄嘌呤脱氧酶）形式存在，相对无活性或活性不高；当组织处于缺血、缺氧等病理状态时，大量黄嘌呤脱氧酶迅速转化为黄嘌呤氧化酶，而且活性大大提高，并催化组织中因缺氧而不能进一步代谢、分解而积聚的底物次黄嘌呤的氧化反应而产生大量氧自由基。②活化的中性粒细胞，活化的中性粒细胞发生呼吸爆发（respiratory burst），此时消耗的氧90%以上用于产生$O_2^{\cdot-}$，80%的$O_2^{\cdot-}$被歧化为H_2O_2，H_2O_2经过反应生成$OH^{\cdot}$，$OH^{\cdot}$是最具损伤性的活性氧自由基。

氧自由基引起肠损伤的机制：氧自由基外层轨道有未配对的电子存在，具有高度反应性，可与机体内各种组织（包括肠上皮细胞）发生反应，使生物膜中的多不饱和脂肪酸（PUFA）过氧化，导致生物膜中PUFA含量明显减少，膜的液态性、流动性和通透性发生改变。Ohyashiki等（1986）报道，猪小肠黏膜刷状缘的脂质流动性随脂质过氧化的增强而降低；细胞膜通透性增加使大量阳离子（包括 Ca^{2+}）涌入细胞内，细胞内 Ca^{2+} 超载激活特异的钙依赖性磷脂酶和蛋白酶，引起细胞损伤和死亡；线粒体膜通透性增加，影响能量代谢；溶酶体膜通透性增加，溶酶体破裂，大量溶酶体酶释放而导致细胞损伤或溶解。自由基及其脂质过氧化物还可与蛋白质发生过氧化、交联、聚合等反应，使蛋白质肽键断裂、结构破坏、生物活性物质（包括酶）失活，导致细胞代谢紊乱、功能丧失。与之相应，组织病理学检查时可见缺血小肠上皮细胞变性、坏死、脱落，肠绒毛水肿，肠上皮细胞间紧密连接分离、增宽和损害。

（二）内毒素、细菌移位的损伤作用

肠道细菌移位又称为肠道微生物移位，微生物移位（microbial translocation）的基本含义是指"肠道内活的或死的细菌及其代谢产物，包括内毒素，通过完整的肠黏膜屏障，侵入肠道以外部位的过程"，实质上就是指有生命活力的细菌或其产物如内毒素穿过肠壁至肠系膜淋巴结、肝、脾、血液等器官组织的现象。

在人体医学上，细菌移位最敏感指标是从肠系膜淋巴结检出移位细菌。而对于养殖鱼类而言，主要还是指在血液、肝胰脏、脾脏等组织和器官中监测出有移位的细菌。饲料、肠道内环境破坏等因素引起肠道微生物区系结构发生显著改变，即肠道微生态系统发生显著性改变是肠道微生物移位的基本前提，肠道细菌的过度生长为细菌移位提供了物质基础，肠道屏障破坏则为细菌移位提供了转移的途径与可行性，而免疫功能受抑则为细菌移位提供了条件。导致肠道细菌移位的三个基本要素包括：①肠黏膜屏障功能障碍；②肠道细菌微生态平衡破坏，导致某些细菌的过度繁殖；③机体免疫功能的损害。三者之间密切关联，其中任何一方面的存在都可能导致发生肠道细菌移位。

在正常情况下，肠道内存在着很多细菌，各类细菌间相互制约、相互依存，构成一个巨大而复杂的生态系统。而肠道除具消化吸收功能外，其功能完整的黏膜屏障可防止细菌入侵，也防止吸收毒素。肠道菌群失调是指肠道正常菌群的失调，包括比例失调和定位转移（易位）两大类（周殿元，2001）。比例失调主要是指肠道内的原籍常住菌（优势菌）大部分被抑制，而少数菌种过度繁殖，两者比例失衡，导致肠道微生态环境破坏。定位转移亦称移位或易位，分为横向转移和纵向转移两类。横向转移是指肠道的正常菌群由原定位向周围转移，例如患肝病时由于胆汁酸分泌减少，不能有效抑制来源于口腔、大肠等部位的过路菌，后者大量定植于小肠的盲瓣等部位，引起小肠污染综合征。纵向转移是指正常菌群从原定位向肠黏膜深处转移，菌群比例严重失调、机体免疫力下降等原因均可诱发肠道菌群纵向转移。肠道内细菌移位的第一步是移位的细菌黏附到上皮细胞表面或肠黏膜表面溃疡部位；其次，细菌通过黏膜屏障并以活菌进入黏膜固有层；第三，移位的细菌及其产物如内毒素侵入淋巴管或血流，弥漫全身。一定量的细菌移位是一种生理过程，对肠道和全身免疫力的形成与维持是重要的。肠道菌群失调时某些菌群繁殖过度可使此类菌群的代谢物增多和堆积，进入机体循环系统，引起一系列病理变化。

在微生物移位过程中，内毒素的移位比细菌移位更为重要。肠道内毒素主要来自肠道自然菌丛。内毒素可使肠黏膜上皮细胞超微结构（微绒毛和细胞终末网）发生病理改变，通过损伤细胞内支架系统而破坏细胞间紧密连接，也可使肿瘤坏死因子等增高以及促进中性多核粒细胞（PMN）黏附而发挥作用，导致血管内皮损害、血小板和白细胞凝集，使微循环障碍加重，进一步导致组织灌注异常。内毒素作用于细胞膜，产生细胞毒性，损伤胞内线粒体功能。当发生内毒素血症时，肠腔可能成为全身感染的细菌储库，使肠道通透性异常升高，进一步使肠黏膜屏障破坏，促进全身性炎症反应综合征的病理过程。

内毒素是革兰阴性菌合成的存在于细菌细胞壁最外层的脂多糖（LPS），由细菌死亡后自溶释出，也可在代谢过程中释出。肠道是机体最大的内毒素池，肠源性内毒素主要经肝脏细胞解毒。在肠黏膜屏障遭到破坏时，由于内毒素分子小于细菌，即使肠黏膜通透性轻微增加，内毒素也可通过肠黏膜屏障经门静脉进入肝脏。若内毒素量过多，超过了肝细胞的解毒能力或肝病导致 Kupffer 细胞功能减退，便可形成肠源性内毒素血症（D. W. Han，2002）。

内毒素具有多种生理病理作用，对肠道黏膜细胞和其他实质性器官细胞均有损伤作用。内毒素的毒性作用机制除内毒素本身的直接作用外，内毒素还可激活 NF-κB，刺激单核巨噬细胞系统表达、产生并过度释放肿瘤坏死因子（TNF）、血小板活化因子（PAF）、白介素（IL）等细胞因子，导致病情加重甚至死亡。内毒素可引起肠道黏膜水肿，肠绒毛顶部细胞坏死，肠通透性增加，从而破坏肠黏膜屏障功能。随着肠道黏膜受到损伤，肠道黏膜表面结构和功能会发生显著性改变，如细菌与肠道黏膜之间的黏附能力的改变会导致肠道细菌定植能力的改变，从而引起肠道细菌移位。

（三）细胞因子和炎症介质的损伤作用

细胞因子（cytokines，CK）是一类能在细胞间传递信息、具有免疫调节和效应功能的蛋白质或小分子多肽。为了维持机体的生理平衡，抵抗病原微生物的侵袭，防止肿瘤发生，机体的许多细胞，特别是免疫细胞会合成和分泌许多种微量的多肽类因子。它们在细胞之间传递信息，调节细胞的生理过程，提高机体的免疫力，在异常情况下也有可能引起发热、炎症、休克等病理过程。这样一大类因子已发现的有上百种，统称为细胞因子，包括淋巴细胞产生的淋巴因子、单核细胞产生的单核因子以及各种生长因子等。许多细胞因子是根据它们的功能命名的，如白介素（IL）、干扰素（IFN）、集落刺激因子（CSF）、肿瘤坏死因子（TNF）、红细胞生成素（EPO）等。肠黏膜中的细胞因子是由肠上皮细胞、淋巴细胞、巨噬细胞等分泌，能影响其他细胞功能的多肽。它产生于天然免疫和特异免疫的效应阶段，介导免疫应答、炎症反应并进行调节。

细胞因子和炎症介质的产生是肠道屏障结构和功能损伤的主要标志性指标，也是进一步造成肠道黏膜受到再次、多重损伤性打击的主要作用物质，在肠道通透性增加后进入血液系统，成为远程损伤性打击、不同器官之间交互性损伤打击的主要物质基础。

根据细胞因子和炎症介质的作用及产生时间可分为两类，一类为促炎症细胞因子或早期细胞因子，如 TNF-α、IL-1、IL-6、IL-8 等，主要介导组织损伤；另一类为抗炎症细胞因子或远期细胞因子，如 IL-4、IL-10 等，可拮抗炎症反应，但又可使炎症扩散。当肠道屏障功能受到损伤后，多种细胞因子和炎症介质如 TNF-α、IL-1、IL-6、IL-8、内毒素、氧自由基、活化的中性粒细胞、活化补体、组胺等互成网络，形成连锁反应或放大效应，引起肠道的进一步损伤，并对远程实质性器官产生损伤作用，引起多器官功能障碍（张春晖等，2008）。

当肠道屏障功能受到损伤后，肠道是最早产生细胞因子的部位，活化的巨噬细胞是 TNF-α 的主要来源，大量的巨噬细胞存在于肠黏膜固有层，因此，肠道有产生 TNF-α 的巨大潜力。已证实机体在受到感染、氧化损伤等病理状态时，TNF-α 产生最快、到达高峰时间最早。TNF-α→IL-1→IL-6 是细胞因子级联反应的基本过程（H. Mitsuoka，2000），其中的 TNF-α 居于重要地位，TNF-α 能够刺激其他几种促炎性细胞的生成和释放。TNF-α 经特定的细胞膜结合受体产生作用，在多器官功能障碍进程中起着关键作用（R. S. Hotchkiss，2003）。核因子-κB（NF-κB）的激活在细胞因子和炎症介质的产生中发挥了重要的作用（陈吉，2009）。功能性核因子-κB 结合序列广泛存在于细胞因子、黏附因子、诱导型一氧化氮合酶、细胞间黏附分子-1 等的启动子和增强子中，核因子-κB 的活化上调了上述基因的表达，从而促进上述物质的合成。增高的核因子-κB 使细胞因子、黏附因子、细胞间黏附分子-1 等的含量增加，通过这些物质的作用造成肠黏膜损伤。

(四）细胞凋亡与肠道损伤作用

正常情况下，人体小肠黏膜每日每根绒毛有 900～1200 个细胞发生凋亡，以维护肠道黏膜屏障的正常生理功能，保证衰老细胞的不断更新。肠黏膜屏障损伤可能与大量过度的黏膜细胞凋亡有关。对缺血 15min 再灌注 60min 的小鼠进行了观察，发现肠黏膜损伤的早期形态学改变为小肠绒毛上皮分离，组织学观察分离的上皮细胞 80% 具有凋亡细胞的形态学特征，即染色质凝结和核碎裂；采用免疫组化和琼脂凝胶电泳分析 DNA 片段也证实了细胞凋亡的存在，这提示细胞凋亡是小肠缺血再灌注损伤时肠黏膜上皮细胞死亡但是有别于坏死的另一主要形式。周德俊等采用反转录定量聚合酶链式反应技术检测了小鼠冷缺血-再灌注损伤小肠中 bcl-2 基因 mRNA 表达水平，研究表明 bcl-2 基因在细胞凋亡早期起到抑制细胞凋亡的作用，而在后期则通过低表达促进细胞凋亡，因此推测 bcl-2 是一种抑制细胞凋亡的基因。

三、肠道健康维护与黏膜屏障的损伤修复

首先是肠道黏膜细胞营养问题。肠道黏膜细胞是代谢活跃、细胞更新速度非常快的细胞，黏膜隐窝干细胞的分化、细胞增殖需要有大量的营养物质；我们的同位素试验也证实，肠道在吸收饲料氨基酸的同时也将吸收的氨基酸用于肠道黏膜细胞内新的蛋白质的合成。饲料中游离氨基酸、小肽等是黏膜细胞主要的营养物质来源，饲料中酶解蛋白质原料、发酵原料可以称为黏膜细胞营养物质的来源。在进行饲料配方设计时，可以考虑添加这些酶解原料和发酵原料。酵母类原料作为发酵产物，我们用离体草鱼肠道黏膜细胞生长试验，证实了酵母类产品水溶物可以促进肠道黏膜细胞的增殖。

其次是抗氧化损伤作用。肠道黏膜细胞的损伤、屏障结构的损伤方式是氧化损伤，包括活性氧自由基、炎症因子等，氧化损伤的主要位点是细胞膜（微绒毛膜）、线粒体。因此，通过饲料途径添加一些抗氧化损伤的物质，如植物多酚等，也是预防氧化损伤的主要对策，同时也是对损伤的黏膜细胞进行修复的主要对策。

第三，促进黏膜细胞增殖是保护肠道黏膜屏障的主要方式。肠道黏膜细胞更新速度快，而新的黏膜主要是来源于隐窝干细胞的分化。隐窝干细胞分化后进入有丝分裂增殖方式，新的黏膜细胞从隐窝开始，逐渐向肠绒毛顶端推进，到肠绒毛顶端的黏膜细胞为衰老的细胞，从肠绒毛顶端脱落而进入肠道内。因此，如何维护肠道内环境的稳定、如何提供肠道黏膜细胞营养、如何调控隐窝干细胞的分化与增殖称

为肠道黏膜屏障维护的物质基础和生理基础。这方面的研究还在进行中，值得重视。

第四，饲料安全质量是维护肠道黏膜屏障的基础。饲料中油脂氧化产物如丙二醛、过氧化物等，蛋白质腐败产物如组胺、肌胃糜烂素（组胺与赖氨酸的聚合物），饲料霉菌毒素等，这些物质对肠道黏膜具有损伤作用，所以应该保持饲料原料的新鲜度、控制饲料中这些有害物质的量，这是养殖条件下维护鱼体肠道健康、维护肠道黏膜屏障的基础性工作。在新的鱼粉质量标准中，对丙二醛、组胺的含量进行了限定。饲料卫生标准对重金属、抗营养因子等进行了限定，后期也希望在水产配合饲料中，对饲料中的丙二醛、组胺等有害物质进行限定。

第五章

鱼体健康、饲料与鱼类体色的关系

　　鱼类的体色是指鱼体外表颜色，人们对鱼体体色的重视一方面是因为体色变化是机体生理健康状态的外在表现，另一方面则是由于养殖鱼类的体色会发生显著性的变化，从而影响养殖鱼类的外观效果和经济价值。水产养殖的鱼类，尤其是摄食配合饲料养殖的淡水鱼类，经常会发生鱼体体色、肉色的变化，这种体色的变化在实际生产中已经造成较大的经济损失，由此希望能够对鱼体的体色进行人为的控制，以满足实际生产的需要。

　　养殖鱼类体色变化的形式主要有两大类，一是黑色体色的减退或消失，导致鱼体出现黄色或白色（又称为白化），而鱼体黑色体色的减退或消失主要是由于黑色素细胞分化受阻导致成熟的黑色素细胞数量减少，或是由于黑色素细胞快速凋亡使成熟的黑色素细胞数量减少，或是由于黑色素的合成与运输受到抑制导致黑色不足等。因此，黑色体色退化主要是因为黑色素细胞的分化与发育、黑色素的生物合成途径等受到损伤的作用结果。二是叶黄素、胡萝卜素等数量不足，导致鱼体黄色、红色的鲜艳体色不足，使鱼体出现黑色、白色等体色变化。鱼体自身不能有效合成叶黄素、胡萝卜素等色素，主要依赖于饲料中供给。因此，鱼体黄色、红色体色的退化主要是饲料中供给的色素不足，或鱼体吸收饲料色素的功能受到抑制所致。

　　养殖鱼类体色的变化要明确一个观点，就是"鱼体的体色变化，其实质是鱼体生理健康，尤其是肝胰脏受到损伤的一种表现形式"。引起鱼体体色变化的原因除了鱼体基因突变等内在因素外，外部因素主要包括水域环境因素（水质条件恶化）、疾病因素、药物因素和饲料因素。其作用途径是对鱼体的主要内脏器官如肝胰脏、肠道的损伤，以及对鱼体整体生理健康的损伤作用，在机制上则是干扰了鱼体色素细胞的正常分化、发育、生长，干扰了成熟色素细胞的数量与正常分布，以及干扰了鱼体对饲料色素的吸收、转运，干扰了在特定组织中色素的沉积与正常分布。因此，要通过饲料途径保护养殖鱼体的体色，首要的就是要保护鱼体肝胰脏和整体生理健康，这才是"治本"的技术对策。因此，掌握和了解鱼体体色形成的生物学基础和生理调控机制就显得非常必要。

第一节　鱼类体色形成的生物学基础

一、鱼类体色的生态适应性

鱼类的体色是对水中生活的一种适应。鱼类具备丰富多彩的体色都是鱼类对环境长期适应的结果，对鱼类的生存和繁衍具有重要的意义。淡水中的鱼类，多数背部灰色、褐色或青绿色，腹部色浅或呈银白色，这样的体色，使鱼类在水中不易显露出来，在它上面游过的动物，往往把它的背色和水底相混，而从它下面游过的动物，也不容易从浅色的水面中区别出它的腹部来。生活在底层、藻丛或岩礁之间的鱼类，体上常具斑块、条纹、圈、点等艳丽的色彩，与生活环境相协调。鱼类这样的体色，不仅具有保护自己不被敌害发现的作用，还可以利用其体色隐蔽自己而达到攻击其他鱼类进而取食的目的。

鱼类的色彩来自皮肤中的色素细胞，各种鱼类所具有的色素细胞不同，体色就不同；即使是同种鱼，其体色也会因不同性别、健康情况、生活环境等因素和生理条件的变化而变化。例如鲑鱼在幼小时，体上具横纹，成鱼则消失；胭脂鱼从幼鱼到成鱼的体色具有重大的变化；不少鲤科鱼类的雄鱼，在生殖季节时，体色变得很艳丽；鱼类生病时，体色常变淡。

二、鱼类的肝胰脏病变与体色变化

鱼类的体色变化直接原因与陆生动物有共同之处，如受遗传控制在后代中出现体色变化、酪氨酸酶基因突变导致白化病，以及受环境条件变化的影响导致鱼体体色变化等。正常情况下，鱼类的体色形成是受遗传、神经分泌和内分泌的严格调节和控制的。尤其是受到环境颜色的影响时，鱼类可以在短时间调整自己的体色而与周围环境的颜色基本一致，当环境颜色发生改变后，鱼体的颜色也会随之改变，这就是鱼体自身神经与内分泌调控的结果。例如，当把鱼体放入白色或浅色环境中后，鱼体很快调整自己的体色变浅来适应；当把鱼体转入深色水域环境中时，鱼体又改变自己的体色如黑色、褐色等来适应。鱼体的这类体色变化是可逆性的、适应性的体色调控，也是其正常生理适应的表现形式。

养殖条件下鱼体颜色的显著性变化如黑色体色、黄色体色退化，不是上述的可逆性的体色自我调控，而是属于不可逆转的体色退化，是鱼体主要内脏器官如肝胰脏和整体生理健康受到损伤的一种表现。人们需要关注的是鱼体体色变化原因（直接原因、间接原因）、机制，以及防治对策。

鱼体发生疾病时体色也会发生显著变化，其中较为典型的是鱼体肝胆疾病引起体色变化。这种情况多发生在草鱼、鲫鱼，出现类似人体患肝脏疾病时皮肤、眼睛呈现黄色的现象，如彩图3-1所示。彩图3-1的草鱼体表的黑色体色基本消失，完全表现出黄色体色，这就是养殖户所谓的"黄草鱼"。解剖发现草鱼的肝胰脏出现萎缩，肝胰脏色泽也完全失去了正常的紫红色，肝胰脏组织易碎，属于典型的肝胰脏损伤，基本达到肝胰脏萎缩、肝功能障碍的肝病阶段。分析其原因，主要是肝胰脏损伤严重，导致血清胆汁色素显著增加，同时由于肝胰脏的严重损伤导致黑色素细胞的分化、发育、生长受到抑制而使成熟的黑色素细胞数量不足，上述两个方面共同作用的结果导致草鱼全部呈黄色。彩图3-1中7是在养殖池塘使用敌百虫药物后3天采集的草鱼样本，鱼体体色也是黑色素基本消失，体色出现白色和浅黄色，测定其血清中胆红素的含量达到 9.2mg/L，而一般正常草鱼血清胆红素含量为 3mg/L 左右。因此，这是一种因为药物导致的肝胰脏损伤从而引起血清胆红素含量显著增加，进而导致鱼体体色变化的典型案例。

上述两个案例表明，鱼体的肝胰脏受到损伤后，影响到色素细胞的正常分化、发育、生长，也可以引起肝细胞胆汁色素的分泌、运输途径、分布等发生显著改变，使胆汁色素在鱼体体表大量分布，其结果导致鱼体体色改变。在人体医学中，黄疸又称高胆红素血症，是指由于血浆胆红素浓度增高而引起的皮肤、巩膜、黏膜、大部分组织和内脏器官及某些体液的黄色。多种疾病能引起黄疸，尤其是在肝胆疾病和溶血性疾病中最为多见。鱼体也会因为肝胰脏发生病变，出现体色变黄的情况。其基本原理是，鱼体胆汁中含有较多的胆色素，正常情况下，肝胰脏分泌的胆汁通过胆管进入消化道，当鱼体肝胰脏发生疾病时（如饲料中使用了氧化油脂），尤其是肝细胞受到破坏时，胆色素与胆汁其他成分就可能通过肝组织中的毛细血管进入血液系统，使血液中胆色素如胆红素、胆绿素等含量显著增高。在鱼体的表面分布有大量的血管，当血液中胆色素含量增高后，体表颜色就会受到影响，发生变化，出现黄色体色。此时，解剖鱼体就会发现肝胰脏有较为严重的脂肪肝或出现肝组织纤维化（肝组织黄色、有白色纤维状分布、肝胰脏体积较小）。当然，在鱼体肝胰脏出现严重疾病时，鱼体整体生理机能也会受到严重影响，此时色素细胞主要是黑色素细胞的正常分化、生长、发育过程会受到严重障碍，鱼体黑色体色也会消失或严重褪色。上述两个方面综合作用，鱼体就会出现黄色体色。

出现这种情况时的解决方法主要从以下几个方面考虑：①疾病治疗方面，以治疗肝脏疾病的药物为主；②在饲料方面，首先要将饲料中的氧化油脂如磷脂类、酸败米糠（油）、玉米类（玉米油、玉米 DDGS、玉米柠檬酸渣等）从配方中除掉，换用不含氧化油脂的饲料原料如小麦、小麦麸、米糠粕等；③每吨饲料中使用含胆汁酸的 12％肉碱（桑普可利康）1000g/kg＋维生素 C 酯 1000g/kg，使用 10 天，10 天后使用 200g/kg 桑普可利康＋维生素 C 酯 1000g/kg，一直到肝胰脏和体色恢复正常；④在饲料中使用 50％含量的肉碱 200g/t（鱼虾 4 号），也可以有效防治肝胰脏损伤。彩图 3-1 和彩图 3-2 就是最好的案例。彩图 3-2 中 5 是海水养殖的金鲳鱼，出现较为严重的脂肪肝，鱼体体色也变黑，失去了正常的金鲳鱼的背黑、体侧和鳍条黄色的体色。按照前面的方案③在饲料中使用胆汁酸 20 天，鱼体体色恢复正常，且肝胰脏的颜色转变为正常的红紫色（彩图 3-2 中 6）。按照方案④，在草鱼饲料中按照 200g/t 剂量长期使用肉碱（鱼虾 4 号），可以使草鱼的肝胰脏保持正常的红紫色和正常肝胰脏体积大小、重量及正常的形态。

三、鱼类体色形成的细胞学基础

1. 鱼类色素细胞的种类

鱼类的体色是由色素细胞形成的。随着环境的改变鱼类体色能够发生明显的适应性变化。而鱼体颜色的变化是通过皮肤、鳞片中色素细胞内的色素受动器的反应来完成的。色素细胞内的色素受动器根据对光的反应、色素种类、色素颗粒和运动性等可以分为两大类：吸光色素体和光反射色素体。具有吸光色素体的细胞包括黑色素细胞（melanophores）、红色素细胞（erythrophores）、黄色素细胞（xanthophores），光反射色素体细胞包括白色素细胞（leucophores）和虹彩细胞（iridophores）。

现已经知道的鱼类色素细胞可分成下列几种：

① 黑色素细胞，含有球形黑色素颗粒，直径 $0.3\sim0.7\mu m$，表面覆有一层膜。黑色素细胞的色素体色在褐色至黑色之间。细胞为平面状，有许多树突向四周延伸，整个细胞形态呈放射状，核位于树突底部，通常为 2 个核。在几种色素细胞中，黑色素细胞是最大的，胞体直径 $100\sim300\mu m$。黑色素颗粒在细胞内分布状态的改变可以引起动物体色的变化，如出现正常的黑色变化为灰色、白色等。

② 黄色素细胞与红色素细胞，在原生质中含有黄色及红色内含物。

③ 虹彩细胞，也称反光体，内含鸟粪素。

④ 白色素细胞，内含白色颗粒。

表 5-1 所列为主要的色素细胞种类及其基本特征。

表 5-1 鱼类色素细胞种类及主要特征

色素细胞	色素颗粒	色素	色素体色	细胞形态	细胞大小
黑色素细胞	黑色素颗粒，直径 $0.3\sim0.7\mu m$	黑色素	黑~褐色	平面体，树突放射状	胞体直径 $100\sim300\mu m$
黄色素细胞	蝶啶颗粒，$0.3\sim0.5\mu m$，类胡萝卜素小胞	蝶啶，类胡萝卜素	橘黄~黄色	平面体，树突放射状	胞体直径 $50\sim100\mu m$
红色素细胞	蝶啶颗粒，$0.3\sim0.5\mu m$，类胡萝卜素小胞	蝶啶，类胡萝卜素	红~橘黄色		胞体直径 $50\sim100\mu m$
虹彩细胞	晶体呈薄板状，反射小板	鸟嘌呤，5-羟基嘌呤，尿酸	淡红~紫，以及银白色	因动物种类、部位差异可呈纺锤形、椭圆状、圆板状	
白色素细胞	白色颗粒	鸟嘌呤，5-羟基嘌呤，尿酸	因反射光呈白色		

2. 鱼类色素细胞的来源、分化与生长

细胞都要经历发育、生长、成熟和衰老死亡的新陈代谢基本过程，新细胞的来源可以是通过细胞有丝分裂以增加细胞数量，也可以是由干细胞分化、发育而来，或者是通过其他细胞分化而来。

如图 5-1 所示，鱼类和其他脊椎动物的色素细胞一样，新的色素细胞不是通过细胞有丝分裂来进行增殖的，而是由神经嵴细胞迁移到皮肤、眼睛等处，分化成前色素细胞，再由前色素细胞分化形成黑色素细胞、黄色素细胞，迁移到皮肤、鳞片后再发育为成熟的色素细胞。鱼类的色素细胞虽然起源于神经嵴细胞（neural crest），但与哺乳动物不同，鱼类的成熟色素细胞有四种：黑色素细胞（含有黑色素）、黄色素细胞（含有黄色素）、红色素细胞（只存在于极少数的种类中）和虹彩细胞。这四种不同色素细胞在鱼类皮肤中分布和数量的不同，使鱼类表现为不同的体色和花纹。

目前的研究表明，神经嵴细胞是一种多能干细胞，它不仅形成色素细胞，而且还形成外周神经系统的大部分及多种外胚层间质细胞。以黑色素细胞为例，神经嵴细胞迁移到皮肤和眼睛等处，分化成前色素细胞，再由前色素细胞分化为成黑色素细胞，成黑色素细胞逐渐生长发育，成为成熟的黑色素细胞。彩图 5-1 显示了几种鱼类皮肤和鳞片中的色素细胞。鱼类体表的色素细胞分布主要在皮肤的黏膜下层

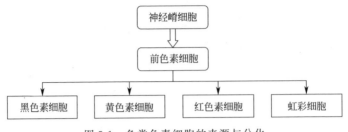

图 5-1　鱼类色素细胞的来源与分化

（或真皮上层）和真皮下层，如彩图 5-1（a）中武昌鱼（又称团头鲂）皮肤黏膜下层的黑色素细胞，为平面的、多分支的黑色素细胞。分布在鱼体鳞片中的黑色素、黄色素、红色素细胞可以依据色素细胞的大小、基本形态等显示出色素细胞的不同发育、成熟程度。如彩图 5-1（b）中的武昌鱼鳞片黑色素细胞形态，具有显著树突状分支的为成熟的黑色素细胞。彩图 5-1（b）中的黑色素细胞小，为幼小黑色素细胞；彩图 5-1（c）中黑色、圆形的为凋亡中的黑色素细胞。彩图 5-1（d）中的罗非鱼鳞片黑色素细胞也有圆形的，为凋亡中的黑色素细胞。在彩图 5-1（e）中，淡水白鲳鳞片上显示出红色素细胞。在彩图 5-1（c）和（f）中，显示出武昌鱼和鲫鱼鳞片中黄色素细胞的存在。因此，在武昌鱼、鲫鱼、罗非鱼、淡水白鲳等鱼类鳞片中，同时存在有黑色、红色、黄色等多种色素细胞。鱼体则依据不同种类色素细胞分布的数量、密度等决定着其显示不同的体色。

根据鱼类色素细胞的来源可以知道，一个成熟的色素细胞必须要经历神经嵴细胞的迁移、定植、分化成为前色素细胞，再逐步分化为特定的色素细胞如黑色素细胞或黄色素细胞等，而在分化为特定的色素细胞后，还有一个细胞迁移、成熟的过程。就目前的资料看，以黑色素细胞为例，在鳞片或皮肤表皮层基部或皮肤的真皮下层，均有黑色素细胞的分布，但是，不同的黑色素细胞在细胞大小、色素颗粒沉积量、细胞树突状分支的形态等方面有显著的差异，这反映了黑色素细胞处于不同生长、发育阶段。同时，在色素细胞生长发育的同时，还涉及细胞内色素的生物合成与不同发育阶段同步的问题。黑色素细胞在衰老过程中，首先表现在细胞的放射状树突逐渐消失，直至黑色素细胞成为细小的颗粒，直至被溶解。

因此，从影响色素细胞分化、生长、发育的历程，以及对鱼体体色的影响方面来看，在上述若干过程中，任何一个环节出现问题都可能对色素细胞的分化、发育，或对色素的生物合成造成影响，从而对鱼体体色产生影响。因此，目前在实际生产中出现养殖鱼类体色变化的情况，从影响结果和影响因素来分析，影响结果应该是多方面的，甚至可能是对鱼体生理机能、生理状态全方位的影响，影响因素也包括饲料产品质量、鱼体健康状态、水域环境条件、药物因素等。

3. 色素细胞分化、发育的生物控制

神经嵴细胞在鱼类色素细胞形成过程中受到严格的控制。这种控制的基本因素应该是遗传因素的控制和环境因素共同作用的结果。遗传因素的控制是内在因素，这种内在因素包括神经控制、激素控制、酶控制。鱼类色素细胞的分化、发育、生长是在神经和激素共同控制下形成的。Burton 等（1995）发现垂体释放的儿茶酚胺类神经激素促黑素生成素（melanophore stimulating hormone，MSH）能直接刺激色素细胞的生长，在神经和激素的共同作用过程中，信号转导途径，尤其是与 G 蛋白偶联 cAMP 途径显得尤为重要，这一点在人的色素形成过程中表现突出（Gregory S. Barsh，1996）。

黑色素细胞与其他色素细胞一样，由神经嵴细胞分化而来，然而神经嵴细胞分化成色素细胞以及色素细胞的增殖和分布是受到严格调控的。Kelsh 等报道，斑马鱼胚胎发育时期某些基因的突变可影响神经嵴细胞到色素细胞的分化和发育。他还将斑马鱼成黑色素细胞（melanoblast）标记基因，即多巴色素互变异构酶的基因导入 10 种体色异常突变纯合体的斑马鱼早期胚胎中，通过多巴色素互变异构酶基因的表达，来研究基因突变与成黑色素细胞的数目和分布之间的关系。结果发现，在突变体中的成黑色素细胞的数目在起始阶段同正常的个体相同，随个体的发育，成黑色素细胞的数目明显减少，并且分化和迁移也出现了异常。神经嵴细胞是一种多能干细胞，它不仅形成色素细胞，而且还形成外周神经系统的大部分及多种外胚层间质细胞，因而神经嵴细胞分化成色素细胞以及色素细胞的增殖和分布都受到神经系统的严格调控。

4. 色素细胞的衰老、凋亡

在正常鱼体中，各种成熟的色素细胞具有相对稳定的数量和分布密度（彩图5-2），这种成熟的色素细胞数量和分布密度的动态是通过神经嵴细胞不断分化、幼小色素细胞不断成熟以补充成熟的色素细胞数量，同时，色素细胞也不断地衰老、死亡。

在正常鱼体皮肤或鳞片中，通过显微镜观察也能够观察到处于不同时期的黑色素细胞。彩图 5-2(c) 是作者在武昌鱼鳞片中观察到的处于不同生长阶段的黑色素细胞。幼小的黑色素细胞［见彩图 5-2(c) 中 1］体积较小，放射状的树突分支较少，黑色素体的数量也相对较少。成熟的黑色素细胞［见彩图 5-2(c) 中 2］体积较大，树突状分支成放射状，黑色素体数量多，整体细胞为黑色素体充实。衰老的黑色素细胞［见彩图 5-2(c) 中 4］放射状树突溶解、消失，最后成为仅有细胞中央部分的黑色球体，细胞表面模糊。类似的结果在草鱼、鲫鱼等淡水养殖鱼类鳞片中也能观察到。只有在有大量的成熟黑色素细胞分布、黑色素细胞内黑色素颗粒大

量分布在树突中的时候，鱼体的体色才是黑色；当黑色素细胞衰老、凋亡，或黑色素颗粒集中分布在黑色素细胞中央（树突中很少或没有黑色素颗粒分布）时，鱼体的体色变浅或为白色、浅黄色。

5. 色素细胞的分布

鱼类色素细胞的分布较广泛，一般分布在皮肤的黏膜下层（真皮上层）、真皮下层和鳞片中。徐伟（2005）等通过对普通鲫、普通鲤、红鲫、荷包红鲫、水晶彩鲫和锦鲤的腹膜脏层和腹膜壁层色素细胞观察发现，腹膜脏层也分布有黑色素细胞，其中普通鲫致密完整，普通鲤和红鲫密集均匀，水晶彩鲫和锦鲤缺失，荷包红鲫完全缺失；腹膜壁层分布有鸟粪素细胞，除水晶彩鲫缺失，其他品种致密完整。

第二节　鱼体中的色素

鱼类具备不同体色是不同色素细胞的组成、数量变化的结果，而不同色素细胞通常含有不同类型的色素物质。不同种类、不同含量的色素物质是鱼体体色表现的基本物质基础。色素存在的主要部位是色素细胞，同时在脂肪细胞、肌肉细胞中也有色素的存在，尤其是类胡萝卜素等脂溶性色素主要还是存在于脂肪细胞或细胞的脂肪滴中。因此，色素种类及其含量是决定鱼体表面颜色、肌肉颜色的主要物质基础。

存在于水产动物体表和肌肉的色素，以化学结构分类，大致可分为类胡萝卜素群、胆汁色素群、α-萘醌系色素群、黑色素、蝶啶系列色素和其他色素。水产动物呈现的斑斓体色，主要由类胡萝卜素决定，也与黑色素、鸟嘌呤等色素基团有关。类胡萝卜素可使鱼体呈现黄色、橙色和红色等。鱼类能将碳氢型类胡萝卜素代谢转化为虾青素、角黄素等氧化型类胡萝卜素。

一、类胡萝卜素

1. 水产动物体内的类胡萝卜素种类、含量

类胡萝卜素是一类广泛存在于动物体内的色素，在鱼类主要储藏在其皮肤、鱼鳞、肌肉等组织中。类胡萝卜素可分为两类：一类是碳氢型，只由 C、H 组成，称为胡萝卜素，主要种类有八氢番茄红素、番茄红素、α-胡萝卜素、β-胡萝卜素等；另一类是氧化型，由 C、H、O 组成，称为叶黄素，黄体素和虾青素是叶黄素的主要代表。在水产动物中常见的类胡萝卜素有 β-胡萝卜素、黄体素、玉米黄质、金

枪鱼黄质和虾青素等。鱼体中三种色素的化学结构见图5-2。

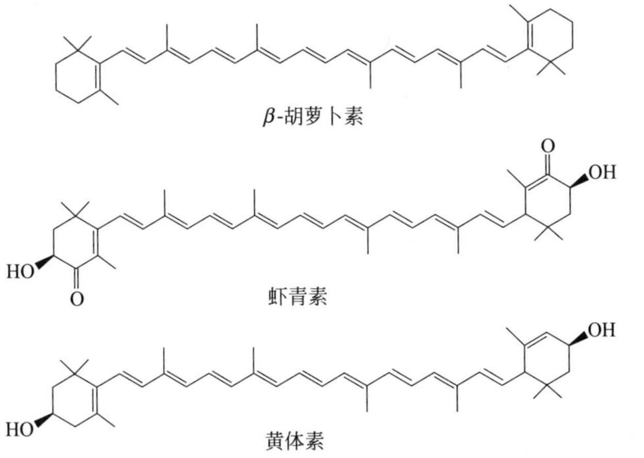

β-胡萝卜素

虾青素

黄体素

图5-2　鱼体中三种色素的化学结构

　　鱼、虾类体色的红色系色素主要是虾青素。如天然真鲷表皮的类胡萝卜素分布：虾青素约为60%、金枪鱼黄质素约为20%、黄体素约为15%、玉米黄质约为4%、α-胡萝卜素和角红素分别约为2%~4%，还有其他微量的类胡萝卜素。锄齿鲷的表皮中，虾青素占80%，金枪鱼黄质占15%，腓尼黄质占2%，角红素、玉米黄质、α-玉米黄质各占1%左右，黄体素也有少量分布。在金鲷的表皮中，虾青素占75%、金枪鱼黄质占20%、角红素占3%、黄体素占2%左右，还有其他微量的类胡萝卜素。

　　金鱼和锦鲤由于虾青素、玉米黄质（在体内合成为虾青素）等色素源的存在，而使其呈现红色它是一种很鲜艳的体表颜色，由于黄体素在体内的合成作用而使体表呈橙色。天然鲑鱼类的肉色色素以虾青素为主，还含有角红素、黄体素等。蟹背甲除了含有甲壳质、无机盐和蛋白质外，还含有端基为酮类的类胡萝卜素类色素，如虾青素和β-胡萝卜素等。

　　笔者采用硅胶色谱分离方法测定了草鱼、鲫鱼、武昌鱼、黄颡鱼、黄鳝、泥鳅和斑点叉尾鮰皮肤、鳞片中的类胡萝卜素、叶黄素含量，结果见表5-2。

表5-2　几种淡水鱼类背部皮肤、腹部皮肤、鳞片中
叶黄素和总类胡萝卜素含量　　　　　单位：mg/kg

种类	叶黄素含量			总类胡萝卜素含量		
	背部皮肤	腹部皮肤	鳞片	背部皮肤	腹部皮肤	鳞片
草鱼	8.57±1.79[d]	1.65±0.28[c]	5.83±1.59[a]	2332.10±279.20[c]	533.56±34.23[de]	551.82±8.05[a]
鲫鱼	5.28±0.73[e]	1.82±0.38[c]	3.86±0.13[b]	1607.67±82.21[d]	527.10±3.95[e]	450.56±30.82[b]

种类	叶黄素含量			总类胡萝卜素含量		
	背部皮肤	腹部皮肤	鳞片	背部皮肤	腹部皮肤	鳞 片
武昌鱼	3.68±0.55[f]	1.21±0.82[cd]	1.20±0.58[c]	1507.82±341.60[d]	614.85±52.33[d]	193.96±16.74[c]
黄 鳝	70.85±5.27[a]	35.11±2.49[a]	—	7045.13±317.04[a]	6058.43±366.12[a]	—
泥 鳅	30.20±0.07[b]	11.70±0.37[b]	—	3588.14±369.64[b]	2012.99±262.45[c]	—
黄颡鱼	15.80±1.56[c]	11.03±2.51[b]	—	3779.70±198.24[b]	3294.62±64.98[b]	—
斑点叉尾鮰	2.95±0.69[f]	0.64±0.17[d]	—	634.79±58.76[e]	125.68±13.44[f]	—

注：表中同一列数据上标英文字母不同者表示差异显著（$P<0.05$）；—表示没有取样测定。

上述结果表明，总类胡萝卜素、叶黄素含量的多少与鱼体体表的颜色、不同部位颜色的深浅有直接的关系。黄鳝、泥鳅、黄颡鱼三种无鳞鱼，无论背部皮肤还是腹部皮肤，总类胡萝卜素、叶黄素含量都较高，显著高于草鱼、鲫鱼、武昌鱼三种有鳞鱼（$P<0.05$），而这些鱼体体表均有较深的黄色色泽。对于同一鱼类，总类胡萝卜素、叶黄素多集中于背部皮肤，鳞片中总类胡萝卜素、叶黄素含量也较少。值得注意的是，即使体色为黑色、白色的鱼如草鱼、鲫鱼、武昌鱼等鱼的血清、皮肤和鳞片中也含有大量的总类胡萝卜素、叶黄素，只是数量较体色为黄色的几种鱼少而已。前述的色素细胞观察结果也显示了不同色素细胞同时存在于鱼体的鳞片之中。因此，鱼体体色应该是多种色素积累、多种色素细胞综合表现的结果。

笔者测定了养殖的中华鳖不同部位皮肤中总类胡萝卜素、叶黄素的含量，结果见表 5-3。

表 5-3 中华鳖不同部位皮肤色素含量   单位：mg/kg

部 位	总类胡萝卜素	叶黄素
前肢	448.852±81.318	1.572±0.674
后肢	516.601±91.283	1.251±0.253
背部(前)	505.423±109.524	2.525±0.683
背部(中)	498.328±236.209	2.655±0.997
背部(后)	493.423±208.944	2.832±0.795
腹部(前)	32.154±6.212	0.136±0.009
腹部(后)	137.334±49.436	0.473±0.163

从表 5-3 中可以发现，中华鳖皮肤中总类胡萝卜素、叶黄素含量与其体色有直接的关系，在腹部皮肤中的总类胡萝卜素、叶黄素含量显著低于背部。中华鳖的黄色体色主要以类胡萝卜素类色素为主，叶黄素的含量相对较低。在实际生产中，通过在饲料中增加类胡萝卜素类色素，可以改善养殖中华鳖的体色。

2. 类胡萝卜素结构特征、性质

类胡萝卜素具有共同的化学结构特征,其分子中心都是多烯键的聚异戊二烯长链,以此为基础,通过末端的环化、氧的加入或键的旋转及异构化等方式产生出很多衍生物。目前已知结构的类胡萝卜素有600多种,它们是由8个类异戊二烯单位组成的一类碳氢化合物及其氧化衍生物。一般类胡萝卜素是 C_{40}(碳原子数量)分子,但也存在高类胡萝卜素(C_{45} 和 C_{50})和降解的类胡萝卜素(如 C_{30})。

类胡萝卜素具有的颜色是从黄色到红色,检测的波长范围一般为430~480nm。类胡萝卜素的分子结构中含有较多的高度共轭双键,由此使类胡萝卜素具备双重作用的特点,一方面,类胡萝卜素有一定的抗氧化活性,能猝灭单线态氧,防止细胞的氧化损伤;在人体营养方面,类胡萝卜素的抗氧化活性使它具有抗衰老、抗白内障、抗动脉粥样硬化与抑制癌细胞的作用。而另一方面,类胡萝卜素的分子结构中的不饱和键容易被氧化,氧化产物复杂;类胡萝卜素被氧化后会褪色。所以,当饲料中使用了较多的含有氧化油脂的原料或氧化油脂,以及体内和体外环境中的其他因素等可能会造成类胡萝卜素自身的氧化、破坏,从而失去其正常的颜色。

几乎所有的类胡萝卜素都是脂溶性色素,因此,类胡萝卜素的吸收、转运和在鱼体的沉积都需要脂肪的参与。增加饲料中脂肪总量有利于类胡萝卜素类色素的吸收和在鱼体中的沉积,对于改善养殖鱼体的体色有很好的作用。相反,如果饲料中脂肪含量不足,即使饲料中补充了色素物质,对于改善养殖鱼体的体色效果也并不显著。

3. 类胡萝卜素的吸收

水产动物自身不能合成类胡萝卜素,因而必须从食物中摄取。不同种类鱼、虾对胡萝卜素、叶黄素的代谢能力也存在差异。日粮中的类胡萝卜素在动物胃肠道中消化酶的作用下,从其蛋白结合物中分离出来,以游离形式在肠道与其他脂类物质一起经胆汁乳化后形成乳糜微粒,再由肠黏膜上皮细胞吸收。其在血液中以与脂蛋白结合的方式转运。肝脏是类胡萝卜素代谢的主要器官。对未成熟的鲑鳟鱼类,类胡萝卜素主要以游离形式存在于肌肉中,在性成熟过程中,又从肌肉转移到皮肤和卵巢中,使鱼体显示出鲜艳的色彩。

4. 影响类胡萝卜素吸收的饲料因素

日粮中脂肪的含量影响类胡萝卜素的吸收。这主要是因为类胡萝卜素是脂溶性的,脂肪对类胡萝卜素起运输作用。据报道,当脂肪代谢产生的能量占日粮总能量的7%时,类胡萝卜素吸收仅为5%,而在此基础上添加油脂,可使吸收率提高到50%。许多研究表明,脂肪酸能促进机体对类胡萝卜素的吸收,其原因是脂肪酸可加速细胞内类胡萝卜素分解成维生素A,从而加速了类胡萝卜素的扩散、吸收。

胆汁可加速类胡萝卜素的吸收,并将之归纳为胆汁乳化脂肪的作用。胆汁使脂肪乳化形成体积微小的胶粒，使之在小肠液态的环境内易于吸收，并促进类胡萝卜素在胶粒内溶解。胆汁促进类胡萝卜素吸收作用无种间特异性，各种动物胆汁都可促进大鼠对类胡萝卜素的吸收。胆汁起作用的物质是胆酸和胆盐，促吸收的最佳浓度为 0.004～0.008mol/L，浓度过高反而抑制吸收。

二、黑色素

黑色素（melanin）是一种生物多聚体。动物黑色素可分为两类，一是真黑色素（eumelanin），不含硫原子，呈棕色或黑色；二是脱黑色素（pheomelanin），含硫原子，呈黄色或微红棕色。动物与人的皮肤、毛发色素沉着决定于其所含真黑色素与脱黑色素的相对数量。

黑色素是在黑色素细胞中合成的，合成黑色素的特定细胞器是黑色素体（存在于黑色素细胞中）。在表皮黑色素细胞既合成真黑色素，也合成脱黑色素。对黑色素的超微结构分析表明，脱黑色素的合成可通过球状黑色素体的存在来鉴定，而真黑色素的合成归功于椭圆黑色素体。

生物体内，黑色素的生成是以酪氨酸为底物，在酪氨酸酶催化下，经过一系列复杂的生化反应完成的。酪氨酸酶在细胞的糙面内质网合成后，被运送到高尔基体，经过高尔基体的加工和包装，被运送到色素细胞的黑色素体中，催化其中的酪氨酸氧化形成黑色素。

黑色素的形成须经过一系列复杂过程：黑色素细胞的成熟、黑色素的生物合成到合成后黑色素运输到特定部位，每一阶段均受许多信号分子与特定成分的调节和限制。酪氨酸酶（tyrosinase）又称为单酚单加氧酶或多酚氧化酶，是一种含铜的酶，兼有加氧酶和氧化酶两种功能。在黑色素生成过程中，催化酪氨酸羟基化为多巴（3,4-二羟基苯丙氨酸），以及多巴氧化为多巴醌的最初两步反应，是黑色素合成的限速酶促反应步骤。此后，多巴醌在空气中自发氧化，经多聚化反应与氧化反应生成黑色素。在多巴色素异构酶作用下，多巴色素羟化为 5,6-二羟基吲哚羧酸，脱羧成 5,6-二羟基吲哚，再在酪氨酸酶催化下氧化成 5,6-吲哚醌，最后与其他中间产物结合形成真黑色素。脱黑色素的形成其前部分由酪氨酸到多巴醌与真黑色素一致，但在以后的反应中有半胱氨酸（Cys）参加，产生 Cys-多巴和 Cys-多巴醌，通过关环、脱羧，最后形成脱黑色素。

黑色素生物调节控制包括以下几个方面：

(1) 信号分子与转导通路　目前已知至少有三种信号转导通路：腺苷酸环化酶、蛋白激酶 C 和酪氨酸激酶途径。这些酶存在于黑色素细胞中，活化其中一个通路均可激活细胞增殖或黑色素合成。如黑色素皮质素受体 1 （melanocortin-1 receptor，MCIR）在黑色素合成的信号途径中起关键作用，其与激活剂 α-黑色素细胞刺激激素（alpha-melanocyte stimulating hormone，α-MSH）或者与抑制剂鼠灰色蛋白（agouti signal protein，ASP）的结合使真黑色素或脱黑色素的合成受激发或抑制，导致动物皮毛颜色差异。

（2）酶与底物 酪氨酸酶活性高低可导致真黑色素与脱黑色素合成转换。高水平的酪氨酸酶活性导致真黑色素产生，当活性降低时，体内过量的谷胱甘肽（GSH）与多巴醌结合，最后导致脱黑色素产生。

（3）激素与神经肽 如前列腺素和肾上腺素可通过激活 cAMP 系统刺激黑色素细胞的生长和分化。

（4）其他 色素合成过度常常伴随慢性或急性炎症，许多炎症介质刺激人类黑色素细胞的黑色素合成。如炎症因子组胺经 H2 受体通过蛋白激酶 A 活化，诱导培养的人类黑色素细胞的黑色素合成。

三、胆汁色素

胆汁是动物的肝细胞连续分泌的产物，胆汁分泌出来后，可先储存于胆囊中，需要时，再从胆囊输出。胆汁中除大量的水分外，主要含有胆盐、胆色素、胆固醇、脂肪酸、卵磷脂及一些无机盐离子如 Na^+、K^+、Ca^{2+}、Cl^-、HCO_3^- 等。

黄疸是指高胆红素血症引起皮肤、巩膜和黏膜等组织黄染的现象。正常人血清胆红素小于 10mg/L，其中未结合胆红素占 80%。当胆红素超过正常范围，但又在 20mg/L 内时，肉眼难于察觉，称为隐性黄疸。如胆红素超过 20mg/L（可高达 70~80mg/L）即为显性黄疸。胆红素在体内形成过多，超过肝脏处理胆红素的能力时，大量未结合胆红素即在血中积聚而发生黄疸。主要病因：①由于红细胞破坏增加，胆红素生成过多而引起的溶血性黄疸；②肝细胞病变以致胆红素代谢失常而引起的肝细胞性黄疸；③肝内或肝外胆管系统发生机械性梗阻，影响胆红素排泄，导致梗阻性（阻塞性）黄疸；④肝细胞有某些先天性缺陷，不能完成胆红素的正常代谢而发生的先天性非溶血性黄疸。类似情况在鱼类发生较多。

第三节　鱼类体色变化的细胞学基础

鱼类体色形成的物质基础包含以下几个方面：首先是色素种类与含量，包括黑色素、黄色素、红色素等。其中，黑色素是鱼体可以自身合成的，以酪氨酸为原料，在酪氨酸酶的作用下生成黑色素，并形成黑色素颗粒分布于黑色素细胞中。所以，黑色素的合成受到遗传因素（酪氨酸酶基因突变）和生理因素（酪氨酸酶活力）的影响；而黄色素、红色素等色素，鱼体则没有合成能力，只有依赖于食物中获得，因此，鱼体鲜艳体色受到饲料色素供给量和鱼体生理因素（色素的吸收、转运、沉积）的影响，当饲料中色素供给不足时，鱼体鲜艳体色不足。当然，鱼体中已经沉积的色素的稳定性也是影响体色的主要因素，由于类胡萝卜素中含有较多的不饱和键，容易发生氧化、断裂而被破坏，从而失去体色形成的色素基础。

其次是色素细胞的种类、色素细胞在鳞片或皮肤中分布密度的影响。重要的是鱼体色素细胞来源依赖于神经嵴细胞（一种多功能干细胞）的分化，因此，从色素细胞学角度分析，影响鱼体体色的决定因素包括成熟的色素细胞的数量或在鳞片、皮肤中的分布密度和色素细胞凋亡的速度两个方面，前者受到神经和内分泌的调节与控制，整体上受到鱼体正常生理代谢机制的影响，而后者则受到鱼体健康因素、疾病因素（如肝胰脏、肠道病变）、水域环境因素等多方面的影响。例如，神经嵴细胞不能正常分化为幼小的色素细胞，或幼小的色素细胞不能发育为成熟的色素细胞，以及成熟的色素细胞快速凋亡等，这些都可能导致鳞片、皮肤中成熟色素细胞数量和密度降低，进而导致鱼体体色的改变。

第三，色素颗粒在色素细胞中的分布状态也是影响鱼体体色的重要因素。典型的是黑色体色的可逆性变化，当鱼体在白色背景下，存在于成熟黑色素细胞中的黑色素颗粒从树突状分支中转移到细胞中央聚集，鱼体体色就变浅，白色体色出现；当鱼体转移到深色背景中时，黑色素颗粒从细胞中央转移到色素细胞的树突状分支中，鱼体体色变深，出现黑色体色。这种体色变化是可逆的，主要受到环境因素的影响。

一、色素细胞数量、密度与体色的关系

色素细胞数量是由色素细胞的增殖和死亡来进行调节和控制的，在成熟组织、器官中，特殊的已分化的色素细胞持续不断地补充来自于体内干细胞的分化，同时，特殊的已分化色素细胞的生理性死亡在保持特殊成熟细胞数量动态平衡方面扮演了重要的角色，例如在鱼体对光亮的背景长期适应过程中会有许多成熟的黑色素细胞生理性地死亡，以维持合理的色素细胞数量，保持鱼体对环境的生理性适应。

在鱼体鳞片、皮肤中，成熟的黑色素细胞数量越多或分布的成熟黑色素细胞密度越大，则鱼体的色泽越深，鱼体显示出黑色体色。例如在多数养殖鱼类的背部皮

肤或背部鳞片中，通常可以观察到大量的、细胞分布密度很高的成熟黑色素细胞，在鱼体两侧分布的成熟黑色素细胞数量显著减少，到腹部就更少了。这种黑色素细胞的数量、密度分布状态，决定了鱼体的体色是背部颜色较深，多为黑色，侧面颜色浅，表现出青灰、浅灰的体色，而在腹部基本为白色体色。

前面已经分析了色素细胞是由神经嵴细胞分化而来，神经嵴细胞的分化、色素细胞的生长和发育过程是受神经和激素控制的。因此，如果神经嵴细胞不能正常分化为前色素细胞，或者前色素细胞不能正常地发育为成熟的色素细胞，那么鱼体的体色就会发生显著变化。例如，如果神经嵴细胞不能正常分化为前黑色素细胞，或前黑色素细胞不能正常发育为成熟的黑色素细胞，那么鱼体成熟的黑色素细胞数量将显著减少，鱼体体色就会出现白化现象。

二、色素细胞形态变化与体色的关系

长期背景适应不仅诱导色素细胞密度的变化，而且诱导其形态的变化。有资料表明，在白色背景色下，青鳉和罗非鱼黑色素细胞的树突状分支减少，黑色素颗粒分布的区域减少，而在黑暗背景下则相反。在白色背景下，斑马鱼黑色素细胞的密度显然改变了，但形态上的变化更复杂，因为皮肤中分布的黑色素细胞的形态多种多样。在黑色背景色下，新分化的幼小黑色素细胞能被黑色素合成信号识别并合成黑色素，然而，这种幼小黑色素细胞通常比较小，而且不呈现树突状分支。不久，它们逐渐变黑、变大，树枝状分支变多，鱼体的颜色逐渐变黑。另一方面，青鳉在白色背景色下，黑色素细胞大小开始减小，细胞下垂，密度开始降低，由此可以得出，形态变化似乎是密度变化的先决条件。

在白色背景色下，黑色素细胞大小和密度发生变化后，再转移到黑暗背景下又重新发生大小和密度的变化。

从色素细胞如成熟黑色素细胞数量、分布密度与养殖鱼体体色的关系来看，在实际生产中如果出现成熟的黑色素细胞数量减少、成熟黑色素细胞分布密度降低而导致体色变浅或白化的现象，从发生机理方面分析，应该是色素细胞的正常分化、生长发育出现障碍。而这种情况的发生应该反映出鱼体的整体生理机能受到了严重的影响，要么是控制体色的遗传物质发生了变异，要么是控制色素细胞分化、发育的机制发生了障碍。再从诱发因素来看，在环境因素方面，鱼体长期处于浅色如白色背景下可能出现这种情况，而在短期处于浅色背景下一般是对色素细胞中色素体的分布状态产生影响，不会对成熟的色素细胞数量、分布密度产生影响；在饲料因素方面，应该是饲料中的有毒、有害物质长期作用的结果，例如养殖鱼类长期摄食含有氧化油脂的饲料，或摄食了掺有三聚氰胺、磷酸脲、羟基脲等非蛋白氮的饲料均会发生这种情况。

三、色素体与体色的关系

1. 黑色素体的增加

鱼类体色在短时间内的改变，主要是色素颗粒在色素细胞内分散或浓集的缘故。当色素颗粒分散在树突状分支时，颜色变深；反之，色素颗粒浓集在色素细胞中央时，颜色变浅。在黑色背景下，鱼体垂体分泌促黑素生成素（MSH）作用于黑色素细胞，黑色素体分散到黑色素细胞的分支，鱼体体色变深（变黑）；相反，如果在光亮背景下，垂体分泌促黑色素集中激素，黑色素体向黑色素细胞中央聚集，鱼体颜色变浅（变白）。

色素颗粒的移动，受神经系统和激素控制调节。鱼类的延脑具有亮化中枢，受刺激时能使体色变淡；同时在间脑具有暗化中枢，起着与上述相反的拮抗作用。激动色素细胞的激素有脑垂体黑色素细胞刺激素、肾上腺素、性激素、甲状腺素等，对色素颗粒的变化都能产生影响。

2. 黑色素体的减少

除了内分泌系统的调节作用外，在白色背景下黑色素体对环境的快速反应中，周围神经系统也在发挥重要作用，这是周围神经系统、交感神经系统的作用。去甲肾上腺素（norepinephrine，NE）或/和肾上腺素（epinephrine）、来自于交感神经末梢的神经传递素（neurotransmitters）均能够引起吸光色素体的集中反应，而对反射光色素体将引起离散反应。cAMP 水平减少和/或 Ca^{2+} 水平增加将引发色素体的集中反应；相反，cAMP 水平增加和/或 Ca^{2+} 水平降低将引发色素体的离散反应。鱼体表面形态颜色改变的基础是鱼体对外界环境的生理性颜色反应的结果，其生理机制是色素细胞内色素体运动和色素体密度变化共同作用的结果。

对各种鱼类的早期研究表明，在适应白色背景时，黑色素细胞的退化源于黑色素体的瓦解和脱落。细胞死亡是对黑色素细胞数量减少的最直接的反应。后来，鱼类黑色素体的迁移或转化也被观察到。另外，黑色素细胞外围的树突可能被吞没和转移而没有杀死细胞。在适应白色背景过程中黑色素细胞生理性死亡也有报告，最典型的为黑色素细胞凋亡。黑色素细胞凋亡显示出黑色素细胞运动活性下降、细胞收缩、细胞发芽、分裂、经过上皮渗出、磷酸丝氨酸出现在细胞表面、DNA 裂解等特征。在罗非鱼和比目鱼也发现类似的黑色素细胞死亡过程。

现在一般认为，鱼类皮肤黑色素细胞死亡是长期适应白色背景的结果，黑色素细胞数量的减少是对白色背景的调控因子的生理性反应。这些调节因子之一是交感神经传递素，它使色素颗粒快速集中。在适应暗环境过程中，一个来自于神经末梢的营养因子被认为参与了黑色素细胞的生长和破坏。在适应白色背景时，去神经支配因子影响青鳉黑色素细胞密度的降低，抑制黑色素细胞的死亡。利用青鳉皮肤组织培养系统，黑色素细胞死亡受添加的 NE 刺激。NE 通过削弱 cAMP 和蛋白激动信号诱导黑色素死亡。在哺乳动物中，cAMP 通过特殊的黑色素细胞途径可以激活 MAP 激酶（丝裂原活化蛋白激酶，MAPK）。MAP 激酶被认为是细胞存活信号，可以促成黑色素细胞和普通细胞的成活。黑色素细胞下垂症可能是细胞存活信号被 NE 阻断，但是这必须对多种鱼研究进行验证。

黑色素浓集激素（MCH）是另外一个引起鱼类生理变色的因素。MCH 是一种由 19 个氨基酸组成的神经肽，最先于鲑鱼脑垂体腺内分离得到，它通过使黑色素细胞中的黑色素浓集来调节硬骨鱼类的皮肤颜色。Baker 等研究指出虹鳟在白色背景色下，MCH 大量合成、释放，从而引起色素的集中。MCH 能间接地抑制 MSH 的分泌。即使在黑色背景下，MCH 也能抑制皮肤黑色素细胞的增长。

第四节　淡水鱼类体色变化与饲料的关系

饲料物质对养殖鱼类体色的影响，有些因素是直接作用于鱼体色素细胞或色素体而发生的，但更多的则是对鱼体整体生理机能产生重大影响，使鱼体正常生理机能出现障碍，继而影响鱼体体色系统，导致鱼体体色的变化。既然饲料物质可以导致体色变化，那么，通过饲料配方的调整、饲料原料的选择可以对鱼体体色进行有效的控制，既可以有效保证养殖鱼体体色保持正常状态，也可以通过饲料物质有目的地控制养殖鱼体的体色。

一、饲料物质对养殖鱼类体色的影响

鱼类体色变化受到饲料因素的影响，导致在淡水、海水养殖鱼类的体色经常发生变化。由饲料引起的养殖鱼类体色变化有一些明显的特征，主要表现为：①体色变化与摄食的饲料有明显的因果关系，改换饲料或改变饲料配方后体色可以得到恢复；②在不同体色变化中，出现最多的黑色素的褪色或完全消失，从而出现浅体色或白色体色或保留原来的黄色体色但无黑色斑纹等；③一些黄色体色的养殖鱼类如黄颡鱼，出现黄色体色褪色或完全消失，使鱼体体色出现黑色、白色等现象；④部分种类如草鱼，出现肝胆疾病引起的黄色体色；⑤在发生体色变化的同时，会出现脂肪肝、体表黏液减少、鳞片疏松、易掉鳞等现象，这在草鱼、鲫鱼、鲤鱼、武昌鱼中较为普遍。

1. 饲料色素对鱼体体色有重要影响

丁小峰等（2006）研究了饲料色素对黄颡鱼体色的影响，将加丽素红、金黄素及金菊黄3种外源商品色素和饲料原料色素物质配入黄颡鱼饲料中，进行为期8周的养殖试验。除对照组外，分别在饲料中添加外源性色素加丽素红（其有效成分为角黄素）、金黄素-Y（天然种植物万寿菊提取物，富含黄体素和玉米黄素）、金菊黄（天然种植物万寿菊提取物，富含黄体素和玉米黄素）以及在饲料中直接添加内源饲料色素原料（玉米、玉米蛋白粉、虾壳粉）。各组饲料的蛋白质含量在41%左右。5组黄颡鱼试验饲料配方见表5-4。

表5-4　5组饲料原料组成和成分分析（占干物质的）　　　单位：%

原料	对照组	加丽素红组	金黄素-Y组	金菊黄组	玉米蛋白粉组
鱼粉	27	27	27	27	27
豆粕	18	18	18	18	11
菜粕	5.5	5.5	5.5	5.5	5.5
棉粕	5	5	5	5	5
麦麸	17	17	17	17	17
次粉	19.5	19.1	19	19	5.5
血粉	3	3	3	3	
虾壳粉					9
玉米蛋白粉					6
玉米					9
豆油	1	1	1	1	1
菜油	1	1	1	1	1
磷酸二氢钙	2	2	2	2	2
添加剂	1	1	1	1	1
色素		0.4	0.5	0.5	
试验饲料成分分析					
粗蛋白/%	41.25	41.58	40.25	40.51	40.02
粗脂肪/%	8.54	8.40	8.18	8.39	8.24
水分/%	6.06	7.67	7.63	7.46	7.00
粗灰分/%	10.85	10.68	10.89	10.81	13.98
钙含量/%	2.43	2.78	2.62	2.06	3.13
磷含量/%	1.72	1.87	1.85	1.78	1.86
叶黄素含量/(mg/kg)	1.49	15.72	47.91	37.26	5.57
总类胡萝卜素含量/(mg/kg)	489.72	24803.38	8502.91	5316.03	1638.07
总能/(kJ/g)	18.81	18.81	18.80	18.80	18.54

试验结果见表5-5，表明饲料色素在饲料中的添加对黄颡鱼皮肤中黑色素的形成无显著影响（$P > 0.05$）；加丽素红在饲料中的添加不能改善和维持黄颡鱼的体

色；玉米蛋白等内源饲料色素原料的使用可以维持黄颡鱼的正常体色，8 周后体色有所改善，但变化不显著（$P > 0.05$）；金黄素-Y、金菊黄在添加 15 天后就能显著改善黄颡鱼的体色，金黄素-Y 组着色效果更为理想，且添加时间越长，鱼体体色越鲜艳。

表 5-5　黄颡鱼皮肤及血清中总类胡萝卜素、叶黄素含量　单位：mg/kg

饲料组	总类胡萝卜素含量			叶黄素含量		
	背部皮肤	腹部皮肤	血清	背部皮肤	腹部皮肤	血清
对照组	1789.90± 525.24[c]	849.50± 14.429[c]	168.33± 60.06[d]	10.68± 0.18[d]	5.36± 1.04[d]	0.31± 0.06[d]
加丽素红	2006.04± 523.79[c]	1100.99± 17.91[c]	306.66± 46.45[c]	5.88± 1.44[e]	5.66± 1.20[d]	0.48± 0.11[d]
金黄素-Y	5664.95± 711.56[a]	4921.47± 69.75[a]	1611.67± 200.77[a]	37.82± 2.85[a]	35.23± 0.46[a]	10.34± 1.39[a]
金菊黄	4043.77± 171.13[b]	2977.10± 780.91[b]	730.00± 49.24[b]	28.74± 0.37[b]	23.00± 0.88[b]	4.29± 0.40[b]
玉米蛋白	2042.15± 224.02[c]	1231.480± 155.09[c]	437.50± 31.82[c]	13.62± 0.07[c]	8.656± 0.74[c]	1.37± 0.31[c]

注：饲料组各指标均值上标字母的不同表明组间差异显著（$P < 0.05$）。

2. 饲料油脂对体色的影响

饲料油脂对养殖鱼类体色的影响主要包括以下几个方面：

① 饲料油脂总量的影响。饲料油脂总量的影响主要是影响饲料色素物质的吸收、运输及色素在养殖鱼体组织和细胞中的沉积量。

几乎所有的养殖鱼类体色的表现均需要有类胡萝卜素，包括草鱼、鲫鱼等体色较深的鱼类也是如此。而类胡萝卜素是不溶于水，只能溶于油脂的。同时，鱼类不能自己合成类胡萝卜素类色素物质，必须从饲料中摄取，在饲料原料如玉米蛋白粉、棉粕、菜粕等原料中，均含有较多的类胡萝卜素类色素物质。如果饲料中油脂总量不足，除了对养殖鱼类生长速度产生重大影响外，同时也影响到鱼体消化道对饲料原料中色素物质主要是类胡萝卜素类色素物质的吸收。只有保障足够量的饲料油脂水平，才能有效保证鱼体对饲料色素物质的吸收。类胡萝卜素类色素物质在鱼体色素细胞、肌肉中的沉积效率也与鱼体脂肪细胞以及脂肪沉积水平直接相关。

在实际生产中，对于鱼体类胡萝卜素含量较高的鱼类如革胡子鲶、黄鳝、泥鳅、黄颡鱼、观赏鱼类等，在饲料中应该保持 5% 或高于 5% 的油脂水平（豆油、菜油、猪油、没有氧化的鱼油均可），这样才有利于鱼体对类胡萝卜素类色素物质的吸收、沉积；同时在饲料配方中，尽量使用 3%～5% 的含叶黄素高的玉米蛋白粉、含虾青素高的虾头粉（1%～2%）等，一般不需要再添加色素就可以保证鱼体对类胡萝卜素的需要量，养殖鱼体的着色能够达到理想的效果。

② 氧化油脂。已经分析过，养殖鱼类对饲料中的氧化油脂非常敏感，饲料氧化油脂对养殖鱼体生理机能的影响也是全方位的、整体性的。因此，饲料氧化油脂对鱼类体色的影响包括两个方面：一是氧化油脂进入鱼体后，可能继续氧化并产生较多的氧自由基或其他自由基，这些自由基可以导致类胡萝卜素分子中的不饱和键发生氧化、断裂，使类胡萝卜素类色素物质失去色素功能，并导致鱼体体色退化；另一方面，饲料氧化油脂对养殖鱼体生理机能的影响，可以严重影响色素细胞主要是黑色素细胞不能正常分化、生长和成熟，在鱼体皮肤、鳞片中导致成熟的色素细胞主要是黑色素细胞数量显著减少，成熟的黑色素细胞密度显著降低，其结果是导致养殖鱼类体色退化，或出现白化体色，或在黄颡鱼、革胡子鲶等鱼体出现体色全黄的"香蕉鱼"。

至于防治对策，主要还是采取主动预防的对策，对于那些体色容易变化的养殖鱼类如黄颡鱼、革胡子鲶、武昌鱼、青鱼等，在编制饲料配方时，尽量不要使用已经氧化的油脂原料如玉米油、米糠油、劣质的磷脂油（磷脂粉），氧化了的鱼油，以及含玉米油较高的玉米 DDGS、玉米柠檬酸渣，还有氧化了的米糠等。可以选择猪油、豆油、菜油等油脂进入饲料配方。

3. 矿物质与养殖鱼类的体色

饲料中的矿物质除了影响鱼体整体生理机能、影响骨骼系统的正常生长和发育外，对鱼体的体色也有显著的影响。

(1) 通过影响渗透压对养殖鱼类体色产生影响　淡水鱼类体内的渗透压是高于水域环境的，饲料中影响渗透压的钠、钾、氯元素的含量在饲料原料中可以满足养殖鱼类的需要，因此，在淡水鱼类饲料配方编制时可以不再补充食盐。相反，如果补充食盐或饲料中总盐分含量过高，将导致鱼体内的渗透压更高，鱼体长期处于高渗透压的应激状态。鱼体渗透压的调节一般是通过鳃、皮肤、肾脏等来进行的，如果鱼体长期处于高渗透压状态，将对这些器官、组织正常的生理结构和生理功能产生严重影响，同时也会对鱼体色素细胞正常的生理状态产生影响，进而对养殖鱼体的体色产生影响。

在淡水鱼类饲料中应该控制总盐分过高的情况，最好不要再添加食盐。

(2) 有鳞鱼与无鳞鱼微量元素需要量的差异化　矿物质元素通过作为酶的辅酶参与鱼体代谢调节，这是矿物质重要的营养作用；同时，也作为控制色素生物合成酶的辅酶参与色素细胞、色素物质的正常生理机能维持和正常的代谢作用，进而对养殖鱼类的体色产生影响。

通过比较研究结果表明，目前养殖的无鳞鱼类如斑点叉尾鮰、黄颡鱼、革胡子鲶等对铁（Fe）、铜（Cu）、锰（Mn）、锌（Zn）等微量元素的需要量低于有鳞鱼类如鲫鱼、鲤鱼、草鱼等，例如鲤鱼、鲫鱼等对饲料中锰、锌的补充量分别是50mg/kg、120mg/kg，而斑点叉尾鮰的需要量（NRC）则为30mg/kg、50mg/kg。同时，在实际生产中经常出现用鲫鱼、鲤鱼饲料喂养斑点叉尾鮰、黄颡鱼时，会导致黑色体色消失，出现全黄色体色或全白色的情况。

在编制淡水鱼类矿物质预混料配方时，应该将有鳞、无鳞鱼分开编制，一般情况下，无鳞鱼矿物质预混料中微量元素的需要量要低于有鳞鱼类，可以低30%左右。在实际生产中，也要分别使用不同的预混料。

笔者研究了饲料中补充 Cu、Fe、Mn、Zn 对胡子鲶体表色素含量的影响，见表 5-6。

表 5-6　四种微量元素不同补充量对类胡萝卜素、总叶黄素含量的影响　单位：mg/kg

Cu	Fe	Mn	Zn	背部类胡萝卜素含量	腹部类胡萝卜素含量	背部总叶黄素含量	腹部总叶黄素含量
3.5	80	10	30	355.62	778.58	4.18	2.92
3.5	160	30	60	219.71	710.40	1.34	4.81
3.5	240	50	90	339.19	307.94	5.09	3.67
6.5	80	30	90	358.47	319.43	5.24	9.01
6.5	160	50	30	230.72	600.85	9.20	10.62
6.5	240	10	60	325.11	497.87	8.54	6.65
9.5	80	50	60	321.72	394.59	10.64	9.27
9.5	160	10	90	218.05	651.23	9.96	11.02
9.5	240	30	30	422.71	365.37	11.58	10.88
四种微量严肃补充剂量水平的极差值[①]							
Cu	K1		304.84	598.97	3.54	3.80	
	K2		304.77	472.72	7.66	8.76	
	K3		320.83	470.40	10.73	10.39	
	极差		16.06	128.58	7.19	6.59	
Fe	K1		345.27	497.53	6.69	7.07	
	K2		222.83	654.16	6.83	8.82	
	K3		362.34	390.39	8.40	7.07	
	极差		139.51	263.77	1.72	1.75	
Mn	K1		299.59	642.56	7.56	6.86	
	K2		333.63	465.07	6.05	8.23	
	K3		297.21	434.46	8.31	7.85	
	极差		36.42	208.10	2.26	1.37	
Zn	K1		336.35	581.60	8.32	8.14	
	K2		288.85	534.29	6.84	6.91	
	K3		305.24	426.20	6.76	7.90	
	极差		47.50	155.40	1.56	1.23	

① 先取相同添加剂量水平三个试验组的平均值（剂量由低到高分别为 K1、K2、K3），再用最高大值减去最小值的结果为极差。

试验表明，Cu 的补充量从 3.5～9.5mg/kg，胡子鲶背部类胡萝卜素含量、叶黄素的含量有所增加；Fe 的补充量从 80～240mg/kg，胡子鲶背部类胡萝卜素、叶黄素的含量总体有所上升，腹部则呈下降趋势；Mn 的补充量从 10～50mg/kg，胡子鲶背部类胡萝卜素含量基本保持不变，腹部则呈下降趋势，背部及腹部叶黄素含量均略有升高；Zn 的补充量从 30～90mg/kg，胡子鲶背部和腹部类胡萝卜素含量、叶黄素含量都呈下降趋势。因此，饲料中 Cu、Fe 补充量的增高，有助于胡子鲶背部类胡萝卜素、叶黄素含量的积累；Mn、Zn 补充量的增高，对背部类胡萝卜素、叶黄素的积累无显著影响。参照自然条件下，胡子鲶体色为背部暗黄、腹部发白，因此，以背部的变化趋势判定微量元素对着色的影响。试验中 Cu、Fe 补充量的增加对胡子鲶着色是有利的，Mn、Zn 补充量的增加对胡子鲶着色影响不大。因此，在实际生产配方中，应充分考虑微量元素的合理补充，减少饲料养殖条件下鱼体的褪色、变色问题，使养殖鱼体体色更加接近天然种类的颜色。

(3) 过量微量元素的毒性　在水产动物营养中，微量元素中主要是铜、硒在适宜剂量范围内对养殖鱼类有很好的营养作用，但是，如果超过一定剂量范围则会产生毒性，从营养作用演变到毒性作用的剂量范围是很小的，因此，在预混料、饲料配方编制时一定要多加注意，切记不要过量使用微量元素。

与黑色素生物合成相关的酪氨酸酶需要铜作为辅酶，但是，这并不意味着要过量使用铜。多次实验结果表明，当饲料中总铜的含量超过 30mg/kg，养殖鱼类的生长速度、饲料利用效率就会下降，再高一点剂量的铜就会产生明显的毒副作用。在实际生产中，部分企业习惯使用类似于猪的高铜营养原理在淡水鱼饲料中使用高剂量的铜，其结果是很不理想的，通常会出现铜中毒的现象如体表出血、渗血以及肝胰脏坏死等；在治疗鱼体褪色、白化时，也习惯使用过量的铜使鱼体颜色变黑，但这种变黑只是短时期的，是病态的体色变化，效果也很不稳定，同时会导致鱼体铜急性中毒。因此，在实际生产中一定要避免使用过量或高剂量的铜来控制养殖鱼体的体色。根据研究，在无鳞鱼饲料中，补充的铜应该控制在 5mg/kg 左右，而有鳞鱼要控制在 3mg/kg 左右才是安全、有效的。

4. 维生素与鱼体健康和体色的关系

维生素主要以辅酶的形式广泛参与体内代谢的多种化学反应，从而保证机体组织器官的细胞结构和功能正常，以维持动物的健康和各种生理活动。维生素缺乏可引起机体代谢紊乱，产生一系列缺乏症，影响动物健康和生产性能，严重时可导致动物死亡。配合饲料中维生素不足会导致生产性能下降，更重要的是会导致鱼体生理机能受到一定程度的伤害，如鱼体出现免疫、防御能力下降，鱼体体表黏液分泌减少，造血机能受到影响出现贫血反应等。维生素对养殖鱼体营养作用的影响是全面性、整体性的，虽然目前有较多的资料表明维生素 A 对鱼体体色的维持有重要的作用，但是，维生素整体的作用大于单个维生素的作用，因此，从维持养殖鱼体体色方面考虑，应该以 13 种维生素整体的需要量的满足作为预混料、饲料配方编制的基础，以维持养殖鱼体整体生理机能，保持养殖鱼体的正常体色，这也是健康养殖的主要营养学对策。

维生素对体色的影响可以从以下几个方面来体现：

① 膨化饲料中维生素的损失导致养殖鱼体体色变化。在一些养殖鱼类如革胡子鲶、黄颡鱼、黄鳝等使用膨化饲料时容易出现全黄色体色的所谓"香蕉鱼"体色，而相同配方的硬颗粒饲料则不会出现养殖鱼体的体色变化，这是黑色素细胞数量减少、黑色素细胞不能正常生长和发育的结果。分析其原因，维生素的损失应该是主要原因之一，膨化饲料加工的温度要达到 130℃ 左右，持续时间至少在 60s 以上，这个温度对维生素的破坏是非常大的。目前，膨化饲料加工的后喷涂技术还只能解决脂溶性维生素，对于水溶性维生素还难以进行后喷涂，将水溶性维生素经过乳化后再喷涂是一个发展方向，目前在技术上和加工成本方面还有待研究。

因此，对于体色容易变化的养殖鱼类在使用膨化饲料时如何保持其正常体色还是一个技术性的难题。目前，可以增加维生素整体的用量来保持有足够的维生素满足养殖鱼体的需要，但是，饲料成本也是一个需要考虑的现实问题。另一个思路也是可以考虑的，在使用膨化饲料养殖的后期，即在养殖鱼体即将上市前的一个月左右，使用硬颗粒饲料来恢复养殖鱼体的体色，这个方法在技术上有一定的可行性，只是在饲料企业的销售市场稳定性方面还有一定的问题。

② 在养殖鱼体体色变化时，可以用增加维生素补充量的方法来恢复养殖鱼体的体色。在体色容易变化的养殖鱼类如武昌鱼、青鱼、斑点叉尾鮰等，在饲料配方编制时要适当增加维生素整体的使用量，在一般使用量上增加 30% 的用量可以保持在整个养殖过程中鱼体的体色、体表黏液处于正常生理状态。

在养殖鱼体体色发生显著改变时，如发生白化或全部黄色时，首先要解除导致鱼体体色变化的应激因素，如饲料中的氧化油脂、饲料原料中可能掺有非蛋白氮等，其次将维生素的使用量在常规营养水平上增加 30%，再使用 1000g/kg（饲料）的可利康（使用 10 天，10 天后可利康使用 200g/kg），一般在 10～30 天就可以使养殖鱼体的体色恢复正常。这个方法在多数养殖鱼体体色变化案例中取得成功。

5. 饲料原料中掺入了非蛋白氮对鱼体体色的影响

在众多原料掺假行为中，蛋白质类饲料原料掺假是重灾区域。

在通过掺假提高蛋白质含量的方法中，一般采用加入非蛋白氮（NPN）提高氮含量。目前使用的非蛋白氮原料主要包括三聚氰胺类、磷酸脲、双缩脲或氨基甲酰脲等高含氮量的化工产品，这类原料如果以氮折算粗蛋白质含量可以达到100%～300%的量，即在饲料中添加1%的这类产品，就可以使饲料原料中的粗蛋白质含量提高1%～3%的水平。

饲料中掺入上述非蛋白氮后，对养殖鱼体可能出现的问题包括以下几个方面：

① 对鱼体主要内脏器官造成伤害，出现器质性病态反应，如肝胰脏、肾脏、脾脏等发生肿大、出血等现象。由于内脏主要器官组织的伤害，可能导致鱼体整体生理机能的伤害，使鱼体整体免疫、防御能力出现严重的病理反应，生长速度下降，死亡率增高等综合性反应。

② 体色发生变化，目前在多数无鳞鱼如斑点叉尾鮰、黄颡鱼、胡子鲶，有鳞鱼如武昌鱼、青鱼等，体色出现显著的"白化"现象，严重的肌肉色泽也发生变化。

③ 消化道、鳃、鳍条基部、表皮等发生严重的出血现象，可能是氨氮过量造成的。

④ 生产性能受到严重影响，如部分企业出现使用了鱼粉的饲料的养殖效果还不如不用鱼粉的饲料的养殖效果，高蛋白、高价格的饲料还不如低蛋白、低价格饲料的养殖效果等现象，极有可能是鱼粉等高蛋白原料掺假所造成。

目前已经有在饲料中加入上述非蛋白氮产品诱导出鱼体白化的实验研究结果。而要防止这类事故的发生只有靠加强对饲料原料的质量监控、鉴定原料采购合同和经济处罚等多种手段同时使用。

二、饲料物质对鱼体体色影响的机制及防治对策

通过前面的分析知道，鱼体正常体色的产生依赖于成熟的色素细胞的数量、分布密度，而成熟的色素细胞如黑色素细胞必须经历神经嵴细胞迁移、前黑色素细胞的分化、成黑色素细胞的发育、成黑色素细胞的成长等若干阶段，在这个复杂而漫长的历程中，任何一个环节的生理错误都将影响到黑色素细胞的分化、发育和成熟，进而对鱼体体色产生重大影响。目前虽然还不知道具体是什么饲料物质、具体在哪一个或多个环节对色素细胞的迁移、分化、发育、成熟等产生了不良生理作用，但可以肯定的是饲料中的某些物质在鱼体生理代谢过程中产生了不良影响，进而对鱼体体色产生了重大的不良影响。

鉴于上述认识，凡是能够引起鱼体生理机能发生重大变化的饲料物质，将引起鱼体整体生理机能的失调，进而严重影响到鱼体色素细胞的正常迁移、分化、发育和成熟，并产生由饲料物质引起的鱼体体色变化，这种鱼体体色变化与饲料质量、不同企业的饲料显示出强烈的相关性。只有找到并去除这种引起鱼体生理机能重大

改变的物质后，依赖鱼体生理机能逐渐恢复才能保障鱼体体色的恢复和正常体色的维持。这应该是解决饲料物质引起鱼体体色变化的基本技术对策。

第五节　饲料与养殖鱼类体色变化的研究

一、养殖武昌鱼体色变化

养殖的武昌鱼经常出现体色变化，主要表现为体表的黑色体色显著消失，鱼体表现为白色体色，同时，体表的黏液减少、鳞片疏松、容易脱落。渔民习惯称之为体表"发毛"。笔者对江苏宜兴地区养殖的武昌鱼体表"发毛"情况进行了观察和分析。

1. 体表颜色和黏液的一般观察结果

笔者对 10 个养殖点、38 尾商品规格的武昌鱼的表面观察结果，出现以下几种情况：①使用两个饲料企业生产的武昌鱼配合饲料，包括 4 个池塘和 1 个围网养殖点武昌鱼体表颜色和黏液情况属于正常，鱼体背部和体侧颜色较深（黑色）、腹部颜色较浅，体表黏液较多，可以刮取黏液，用手触摸有很好的光滑感觉；②使用另外两个饲料企业生产的武昌鱼饲料，包括 4 个池塘和 1 个围网养殖点武昌鱼体表不正常，主要表现为颜色变浅（发白），体表尤其是尾部有出血（发红）的情况，体表黏液很少或没有，基本无法刮取黏液，用手触摸鱼体体表（鳞片）粗糙、没有光滑的感觉；③其中一个围网养殖点武昌鱼体表出现花斑，即部分区域体色变浅、发红，部分区域体色相对较深，但是，整个鱼体体表黏液很少，用手触摸有粗糙感觉，同时，尾部出血较为严重。

2. 鳞片色素细胞密度和形态的差异

对比正常体色和体色变浅（发白）的武昌鱼，鳞片黑色素细胞分布的密度和黑色素细胞形态差异非常大，见彩图 5-2（b）。体色正常的武昌鱼鳞片黑色素细胞密度高、色素细胞处于正常状态，而体色变浅的武昌鱼鳞片黑色素细胞密度低、色素细胞形态发生明显变化。

在低倍镜（10×4 倍）下，对在相同大小视野区域内分布的黑色素细胞数量的多少进行观察，同时对色素细胞的形态主要观察色素细胞大小、色素细胞的树突状分支状态、黑色素体在色素细胞内的分布等。正常的色素细胞树突状分支很多、黑色素体在分支和细胞中央部分分布均较多，处于这种状况的鱼体颜色较深，见彩图 5-2（a）。而体色发生显著变化的黑色素细胞树突状分支减少或树突状分支消失，黑色素体集中在细胞的中央［见彩图 5-2(a) 和（b）］，处于这种状况的鱼体颜色变浅、发白。

3. 黑色素细胞的生长状态

对比体色正常和体色变浅的武昌鱼，鳞片色素细胞的生长状态有明显的差异。在正常体色武昌鱼鳞片上，可以同时观察到分化不久的、处于生长期的黑色素细胞［见彩图 5-2(b) 中 1］，这类细胞的树突状分支较少且细小、细胞体积较小、黑色素体较少。而成熟的黑色素细胞一般分布在鳞片的中部区域和靠近鳞片中心的区域，细胞树突状分支多且较为粗大、细胞体积较大、黑色素体较多，颜色较深，见彩图 5-2(b)。

对于体色变浅的武昌鱼，除了黑色素细胞分布密度低（数量少）外［彩图 5-2(b)］，多数黑色素细胞处于衰老、死亡（凋亡）状态，这类黑色素细胞的主要特征是树突状分支基本消失、黑色素体集中在细胞中央、细胞边缘较为模糊，见彩图5-2(b) 和（c）。同时，体色变浅的武昌鱼，在同一鳞片上，处于正常状态的黑色素细胞数量非常少，而处于衰老、死亡状态的黑色素细胞数量较多；还有一定数量的体积较小、树突状分支少的黑色素细胞，这是分化不久、还处于生长期的黑色素细胞，可以称为幼小黑色素细胞。因此，武昌鱼体色变浅（发白）或白斑部位鳞片正常黑色素细胞数量少（细胞密度降低）是可以肯定的事实，出现大量的黑色素细胞衰老、死亡应该是导致成熟的正常黑色素细胞数量减少的主要原因之一。值得注意的是同时出现较多的小型黑色素细胞，这是由于大量的黑色素细胞难以正常生长、发育为成熟的黑色素细胞，或是已经成熟的黑色素细胞过早出现衰老、死亡从而导致鱼体体色变浅或出现白斑呢？目前还难以肯定，需要继续研究。当然，至于是什么因素导致黑色素细胞不能正常生长发育或过早衰老、死亡，是饲料因素或是水质因素或是疾病因素？这也是值得进一步研究的课题。

4. 花斑体色的观察结果

对于出现花斑体色的三尾武昌鱼，取同一尾鱼，对比体色变浅和体色相对较深区域鳞片的观察结果显示，在黑色素细胞分布密度、黑色素细胞状态、黑色素体在黑色素细胞中的分布情况等方面均有明显的差异。在颜色较深的区域黑色素细胞密度较大、黑色素细胞还处于较为正常的状态。黑色素细胞树突状分支相对正常，但黑色素体主要集中在细胞中央，从而鱼体体色整体上较正常鱼体色变浅。而位于体色变浅（发白或发红）区域的鳞片色素细胞分布密度低、黑色素体主要集中在色素细胞中央，部分黑色素细胞已经出现衰老、死亡情况，与体色变浅鱼体鳞片色素细胞的状态一致。

因此，对于出现花斑的武昌鱼，在体色较深部位的鳞片黑色素细胞基本正常，只是黑色素体在细胞中的分布主要集中在细胞中央，导致体色较白斑部位深，但较正常体色鱼体色浅；在白斑部位的鳞片正常黑色素细胞数量减少，多数黑色素细胞出现衰老、死亡，或幼小黑色素细胞不能正常生长、发育为成熟的黑色素细胞，从而出现白斑。

5. 发生原因分析

养殖武昌鱼出现的体色变化除了与水环境因素、疾病因素有关外，多数情况是由于饲料引起的。因为在自然状态下鱼体体色正常，在套养情况下也基本正常，而在使用配合饲料高密度养殖条件下则出现体色异常，且通过饲料调整可以保持其体色，或使变化了的体色再恢复正常。

从上述观察结果可以发现，养殖的武昌鱼体色变化是鳞片黑色素细胞变化的结果。首先是黑色素细胞，尤其是正常状态的黑色素细胞的数量较正常体色的武昌鱼明显减少。其次是黑色素细胞的形态发生明显的改变，树突状分支减少，细胞出现萎缩等衰老、死亡的特征，多数黑色素细胞的树突状分支已经消失、成为球状，黑色素体集中在细胞中央，为已经凋亡的黑色素细胞。再就是黑色素细胞的生长、发育出现异常，在鳞片上有较多的体积小、树突状分支少的黑色素细胞（幼小黑色素细胞）。这些结果应该是造成养殖武昌鱼体色变浅、发白的直接原因，即黑色素细胞的生物学特征变化将直接影响到养殖武昌鱼的体色。

综合目前国内外关于鱼体体色变化、色素细胞生物学的相关研究结果分析，武昌鱼鳞片黑色素细胞生物学特征变化不是短时间应激反应，而是涉及色素细胞生物学变化的生理变化。其主要原因应该是由饲料引起的，因为在同一个地区的池塘环境条件、水质条件，同一区域的围网养殖条件应该没有明显的差异，然而使用不同饲料生产企业的配合饲料后却出现不同的体色结果。

二、养殖斑点叉尾鮰体色变化生物学机制及其与饲料的关系

斑点叉尾鮰，亦称沟鲶，属于鲶形目、鮰科鱼类。斑点叉尾鮰天然分布区域在美国中部流域、加拿大南部和大西洋沿岸部分地区，后来广泛地进入大西洋沿岸，现在基本上全美国和墨西哥北部都有分布。目前已经成为我国主要的淡水养殖品种之一，也是鱼片加工的主要淡水鱼类之一。

养殖条件下斑点叉尾鮰存在的主要问题之一是体色变化，就目前的情况分析，斑点叉尾鮰体色变化的主要表现形式有两种：体色白化和体色黄化。并且在体色发生变化的同时，伴随有体表黏液显著减少、皮肤变得粗糙的现象。

1. 斑点叉尾鮰不同体色的观察

正常的斑点叉尾鮰的体色如彩图 5-3（a）和（b）所示，背部为黑褐色、侧面由

背部向腹部色泽逐渐变浅、腹部为灰白色。在人工养殖过程中出现的体色变化主要有两种情况，如彩图 5-3(c) 所示的体色变为黄色，如彩图 5-3(d) 所示的体色变为白色。

正常情况下，斑点叉尾鮰侧面的黑色斑点在体重达到 2kg 以上时将逐渐消失，这是斑点叉尾鮰随着生长发育的正常体色变化。在斑点叉尾鮰原产地的美国，用于繁殖使用的斑点叉尾鮰亲鱼体重一般在 2kg 以上，其体侧的黑色斑点已经消失。在我国养殖的体重在 2kg 以上的斑点叉尾鮰体侧的黑色斑点也已经消失。

但是，体色变成黄色和白色则是非正常的体色变化。这种体色变化多发生在使用配合饲料养殖的斑点叉尾鮰上。

2. 斑点叉尾鮰肌肉色泽的变化

斑点叉尾鮰肌肉中没有肌间刺，同时肌肉结构致密，适合鱼片的冷藏加工。斑点叉尾鮰是适合于加工的重要的淡水鱼类。但是，如果肌肉色泽发生变化，除了影响其表面色泽外，对肌肉的品质如风味、口感等也将产生显著影响。黄色肌肉的斑点叉尾鮰是不适合于加工的，其鱼片在出口商检中判为不合格产品。

如彩图 5-4 所示，黄色体色的斑点叉尾鮰除了表面色泽发生变化外，其肌肉的色泽也发生显著的变化。最为显著的变化是，黄色体色的斑点叉尾鮰背部肌肉色泽也变为黄色，如彩图 5-4(a) 和 (b)，如果从鱼体背鳍基部切开肌肉，就会观察到肌肉的颜色为黄色，而其他部位的肌肉依然为白色。对于正常体色的斑点叉尾鮰，按照同样的方法进行观察，其肌肉全为白色。

3. 肝胰脏的观察和比较

常规解剖对黄色和正常体色斑点叉尾鮰的肝胰脏进行观察，如彩图 5-5 所示，两种体色的斑点叉尾鮰肝胰脏在形态、大小等方面没有发生显著差异，但是，在肝胰脏色泽方面则出现显著不同。正常体色的斑点叉尾鮰其肝胰脏颜色较为正常，其色泽为紫红色。而黄色体色斑点叉尾鮰的肝胰脏颜色变浅，从表面观察可以发现，除血管为紫红色外，肝胰脏实质部分为浅黄色，表现为明显的脂肪肝现象。黄色体色斑点叉尾鮰的胆囊较正常体色斑点叉尾鮰的大，其中胆汁的颜色为黄绿色，色泽较正常体色斑点叉尾鮰的浅。

上述观察结果表明，黄色体色斑点叉尾鮰的肝胰脏出现较为明显的脂肪肝。

4. 腹部脂肪的比较

常规解剖观察黄色体色和正常体色斑点叉尾鮰的腹部脂肪，如彩图 5-6 所示。两种体色的斑点叉尾鮰腹部脂肪均较多，这与斑点叉尾鮰具有较强的积累脂肪的能力相适应。但是，对于黄色体色、黄色肌肉的斑点叉尾鮰，其腹部积累的脂肪数量较正常体色斑点叉尾鲴多，脂肪的颜色为浅黄色；而正常体色的斑点叉尾鲴腹部脂肪相对较少，其颜色为白色。

黄色体色、黄色肌肉的斑点叉尾鲴具有"面黄肌瘦"的现象，体重 $800\sim1200g$ 的斑点叉尾鲴其鱼片加工的出肉率一般在 $35\%\sim37\%$，而正常斑点叉尾鲴相应的加工出肉率可以保持在 $38\%\sim40\%$。然而，从肝胰脏颜色和腹部脂肪的初步观察结果看，黄色斑点叉尾鲴出现较为明显的脂肪肝、腹部脂肪量相对较多、颜色出现浅黄色等的结果分析，表明黄色斑点叉尾鲴的鱼体脂肪含量并不比正常体色斑点叉尾鲴少，其加工出肉率低不是脂肪含量不足，而是肌肉蛋白积累量不足所致。

5. 皮肤结构黑色素细胞观察

（1）皮肤基本结构和黑色素细胞形态　采用冰冻切片技术观察斑点叉尾鲴皮肤组织结构和黑色素细胞（见彩图 5-7）。斑点叉尾鲴皮肤的基本结构与其他无鳞鱼类似，最外层为表皮层，有大量的分泌细胞。黑色素细胞在皮肤中形成两条色素带，分别位于表皮与真皮之间（表皮层基部）、真皮与肌肉之间（真皮基部），其中，表皮层基部的色素带较为明显，有大量的黑色素细胞聚集；而在真皮基部的色素带较小，分布的色素细胞数量较少。在真皮下面还有一层脂肪细胞层。

皮肤中的黑色素细胞基本形态与其他鱼类的黑色素细胞类似，细胞外围为放射状的树突分支，细胞中有大量的黑色素体分布。

（2）不同体色表皮及其基部黑色素细胞的比较　比较了正常体色和黄色体色斑点叉尾鲴皮肤黑色素带的特征，见彩图 5-8。由彩图 5-8 可见，正常体色斑点叉尾鲴皮肤中表皮层的厚度较黄色体色斑点叉尾鲴厚，且其中的分泌细胞数量较多。正常体色斑点叉尾鲴表皮与真皮之间的黑色素带颜色较深，表明黑色素较多；色素带清晰，表明黑色素细胞处于正常状态。而黄色体色斑点叉尾鲴相应的色素带颜色浅，色素带较为模糊，表明黑色素少、黑色素细胞处于非正常状态。

值得注意的是，即使体色已经变为黄色的斑点叉尾鲴皮肤中依然有黑色素带，并不是没有黑色素存在。这一结果显示出，对于体色已经为黄色的斑点叉尾鲴皮肤中依然存在很多的黑色素细胞，那么黑色体色为什么消失，只有黄色体色了呢？这可能与笔者对武昌鱼体色变化与黑色素细胞的关系的观察结果类似，是成熟的黑色素细胞数量减少、皮肤中成熟的黑色素细胞分布密度显著减少；或者是黑色素细胞不能正常地生长、发育为成熟的黑色素细胞；或者是黑色素细胞过早衰老、死亡的结果。因此，在黑色体色不能正常表现的同时，鱼体就出现白化体色；此时如果皮肤脂肪细胞中沉积的类胡萝卜素含量较高，则鱼体的体色就会表现为黄色。

（3）皮下脂肪层的比较　比较正常体色和黄色体色斑点叉尾鲴皮肤真皮与肌肉之间的脂肪层，结果见彩图 5-9。由彩图 5-9 可见，黄色体色斑点叉尾鲴真皮下的脂肪层厚度大于正常体色斑点叉尾鮰的真皮下脂肪层。结合前面关于斑点叉尾鮰腹部脂肪的观察结果，显示出黄色体色斑点叉尾鮰腹部和真皮下积累的脂肪较多，并且沉积有较多的类胡萝卜素类色素。因此，在黑色素细胞处于非正常状态的情况下，鱼体就表现出黄色体色。

6. 斑点叉尾鮰体色变化的原因分析

在斑点叉尾鮰皮肤中的色素细胞为黑色素细胞，没有观察到其他色素细胞。因此，斑点叉尾鮰的体色变化主要应该由其皮肤中的黑色素细胞变化所引起。斑点叉尾鮰白色体色的产生机制可以理解为黑色素细胞的变化，主要是皮肤中成熟黑色素细胞数量减少、分布密度降低的结果。而黄色体色的产生也是皮肤中成熟黑色素细胞数量减少、分布密度降低和黄色色素如叶黄素、胡萝卜素在皮肤和肌肉中沉积的共同作用结果。叶黄素、胡萝卜素是脂溶性色素，它们的吸收、转运和沉积必须伴随脂肪的吸收、转运和沉积过程，当斑点叉尾鮰皮肤中成熟的黑色素细胞数量减少、分布密度降低后，如果伴随脂肪吸收、沉积及在肌肉中沉积的叶黄素、胡萝卜素数量较多时，鱼体就会出现黄色体色。在彩图5-6中可以看见黄色体色鱼体腹部脂肪数量较多且色泽为浅黄色；在彩图5-8中可以看到黄色体色鱼体表皮层基部的黑色素带界限不清楚、色素带颜色较浅，这是成熟的黑色素细胞数量减少、分布密度降低的结果；在彩图5-9中可以看到黄色体色鱼体皮下脂肪层增厚、黄色色泽较深，这是脂肪中黄色色素伴随脂肪沉积的结果。

三、养殖黄颡鱼体色变化及其与饲料的关系

黄颡鱼隶属鲇形目、鲿科、黄颡鱼属，俗称嘎鱼、嘎牙子、黄姑、黄腊丁、黄鳍鱼等，广泛分布于我国河川、湖泊、沟渠等水域中。黄颡鱼体色艳丽、肉质鲜嫩、营养丰富，是一种优质名贵的经济鱼类，目前已经成为人工养殖能取得较好经济效益的种类之一。黄颡鱼在自然水体中，由于摄食了大量富含类胡萝卜素的藻类和浮游生物，体色较鲜艳，正常情况下为体侧有黑斑、其余部分为黄色。在人工养殖条件下，出现的主要问题就是体色变化，并由于体色的变化而严重影响其商品价值。黄颡鱼体色的变化与其他鱼类有相似之处，即除了由于水域环境条件、疾病等影响体色的因素外，重要的就是饲料物质对养殖黄颡鱼的体色产生了重大影响。饲料物质对鱼体体色的影响其实质是反映了饲料物质对鱼体整体生理机能的影响。

1. 黄颡鱼属种类特征和体色

黄颡鱼属有 5 个种类，分别为黄颡鱼（*Pelteobagrus fulvidraco*）、中间黄颡鱼（*P. intermedius*）、长须（叉尾）黄颡鱼（*P. eupogon*）、瓦氏（江）黄颡鱼（*P. vachelli*）和光泽黄颡鱼（*P. nitidus*）（特征见表5-7）。不同种类具有不同的体形

和体色，如彩图 5-10 所示，有些种类的色泽较为鲜艳，有些种类的体色较浅。人工养殖的种类主要为黄颡鱼、瓦氏黄颡鱼，其他种类少量混杂于其中。因此，人工养殖的种类不同，鱼体的体形和体色就有很大的差异。在人工养殖条件下，如果希望不同种类都达到黄颡鱼的体形和体色是无法实现的，只能根据不同种类各自的体形和体色而达到自然环境中的该种类所具备的体形和体色。

表 5-7　黄颡鱼属 5 种鱼类的基本特征

种名	共同特征	物种特征	体色特征
黄颡鱼	胸鳍硬刺前后缘均有锯齿,前缘细小或粗糙	须 4 对,上颌须超过胸鳍基部,胸鳍刺长于背刺,胸鳍刺前后具齿,背鳍硬刺后缘具锯齿,鼻须半白半黑	背部黑褐色,至腹部渐浅黄色,体侧有两纵及两横黄色细带纹,间隔成暗色纵斑块
长须(叉尾)黄颡鱼		体较修长,须 4 对,上颌须超过胸鳍中部,胸鳍刺长等于背刺,胸鳍前后具齿,背鳍硬刺后缘具锯齿,鼻须全为黑色	全身灰黄色,至腹部色浅;背侧有黑斑;鳍灰黄色
中间黄颡鱼		须很细弱,上颌须达不到胸鳍基部	背部暗褐色,腹部色浅;体侧无纵黄色细带纹,仅有两暗色斑块
瓦氏(江)黄颡鱼	胸鳍刺前缘光滑,后缘有强锯齿	须 4 对,上颌须末端超过胸鳍基部,背鳍刺比胸鳍刺长,后缘具锯齿	背部灰褐色,体侧灰黄色,腹部浅黄色。鳍暗色;体侧无暗色斑块
光泽黄颡鱼		吻短、稍尖。须 4 对,上颌须稍短,末端不达胸鳍基部。背鳍刺较胸鳍刺为长,后缘锯齿细弱,胸鳍刺前缘光滑、后缘带锯齿。腹鳍末端能达到臀鳍起点	灰黄色,背部色深;体侧有两暗色斑块,腹部浅黄白色;鳍浅灰色

2. 养殖条件下黄颡鱼体色变化及其与饲料的关系

（1）**大水面养殖的黄颡鱼**　大水面养殖主要为湖泊、水库放养的黄颡鱼，不投喂配合饲料，鱼体是在自然环境中摄食，主要食物包括水生昆虫及其幼体、小虾、软体动物及小鱼等。因此，鱼体体色为自然体色，如彩图 5-11 所示，体色较为鲜艳。

（2）**缺少黄色素的黄颡鱼**　如彩图 5-12 所示，经过饲料养殖的黄颡鱼黑色体色较为正常，但缺少黄色体色；有较为明显的黑色斑块，但皮肤颜色较浅，没有黄色体色出现。鱼体的黑色体色主要依赖于皮肤中的黑色素细胞的数量、分布密度，以及黑色素体在黑色素细胞中的分布状态。而黄色体色主要依赖于鱼体从饲料中吸收的类胡萝卜素如叶黄素在皮肤中的沉积状态，这类色素是脂溶性的，是伴随着饲料脂肪的吸收、转运和沉积进行的。因此，出现如彩图 5-12 的黄颡鱼体色时，表明饲料的营养水平以及安全性基本达到要求，但可能是饲料中油脂水平不够或饲料中缺少可以被吸收、沉积的类胡萝卜素，只要做相应的调整即可使黄颡鱼的体色恢复正常。

(3) 黄色体色黄颡鱼　如彩图 5-13(a) 所示，鱼体黑斑基本消失，但黄色体色较为明显。出现这种现象的原因是皮肤中成熟黑色素细胞数量减少、分布密度降低和黄色色素如叶黄素、β-胡萝卜素在皮肤和肌肉中沉积的共同作用结果。当鱼体皮肤中成熟的黑色素细胞数量减少、分布密度降低后，如果伴随脂肪吸收、沉积的叶黄素、β-胡萝卜素数量较多时，鱼体就会出现黄色体色。

鱼类和其他脊椎动物的色素细胞一样，新的色素细胞不是通过细胞分裂来进行增殖的，而是由神经嵴细胞迁移到皮肤、眼睛等处，分化成前色素细胞，再由前色素细胞分化形成幼小的黑色素细胞、黄色素细胞等色素细胞，幼小的色素细胞再发育为成熟的色素细胞。以黑色素细胞为例，神经嵴细胞迁移到皮肤和眼睛等处，分化成前黑色素细胞，再由前黑色素细胞分化为成黑色素细胞，成黑色素细胞逐渐生长、发育为成熟的黑色素细胞。因此，一个成熟的黑色素细胞的形成要经历神经嵴细胞迁移、前黑色素细胞的分化、成黑色素细胞的发育、成黑色素细胞的成长等若干阶段，期间要受到多种激素、生理因子的调节和控制，在此期间，任何一个环节出现生理性错误，都将影响黑色素细胞的迁移、分化和生长发育，并导致皮肤中成熟的黑色素细胞的数量和分布密度的改变，进而影响到鱼体的体色状态。在人工养殖条件下，养殖的鱼体除了受到养殖环境、疾病等因素影响外，还要受到饲料因素的影响。

因此，出现这种体色时，应该是饲料物质严重影响了成熟的黑色素细胞形成且类胡萝卜素吸收较多的结果，表明饲料中含有能够影响鱼体正常生理机能的物质，如含有较多的氧化油脂、含有三聚氰胺类非蛋白氮，以及维生素不足等原因，应该检查饲料配方和饲料原料的质量，采取排除有害饲料物质、保障足量的维生素等技术措施。

(4) 体色受到严重影响的黄颡鱼　如彩图 5-13(b) 所示，黄颡鱼体色出现严重变化，鱼体黑色和黄色体色均严重不足，鱼体表现为白化现象。这是饲料中含有有毒、有害物质，鱼体生理机能受到严重破坏的结果。就本案例的情况分析，直接原因是饲料原料中含有三聚氰胺类非蛋白氮，或使用了较高剂量的氧化油脂。

(5) 膨化饲料对黄颡鱼体色的影响　如彩图 5-16 所示，使用膨化饲料养殖的黄颡鱼群体中，一般会出现 10%～20% 的黄色体色黄颡鱼。曾经有饲料企业使用相同的饲料配方，硬颗粒饲料养殖的黄颡鱼体色正常，而膨化饲料养殖的则出现类似彩图 5-14 所示的部分黄色体色黄颡鱼。因此，综合分析，应该是饲料膨化加工过程中对饲料物质产生了较为明显的影响，并影响到了部分鱼体黑色素细胞的正常分化、发育和成熟。饲料膨化加工的温度一般在 130℃、压力在 5atm❶左右，一种

---

❶　1atm=101325Pa。

可能的原因是维生素在膨化加工过程中受到破坏，导致成品饲料中维生素不足，并影响到部分鱼体的体色。解决措施是在膨化饲料配制时加大维生素预混料的使用量。至于膨化加工对饲料其他物质的影响还有待研究。

3. 黄颡鱼体色保护与饲料色素对黄颡鱼的增色效果

（1）黄颡鱼体色保护　黄颡鱼与其他鱼类一样，其体色形成是一个复杂的过程。在人工养殖条件下，通过其体色的变化可以反映出饲料品质、饲料的安全性。可以这样认为，黄颡鱼体色发生变化时，其实质是鱼体整体生理机能受到不同程度影响的结果。因此，在人工配合饲料配方编制、饲料加工和使用过程中，除了常规注意饲料营养水平、营养素的完整性外，还要关注饲料的安全性问题。前者主要是影响养殖鱼体的正常生长速度和饲料效率，而后者将对养殖鱼体的生理机能维持、鱼体健康产生重大影响。通过饲料的营养和安全性保障养殖鱼体的健康，依赖养殖鱼体的健康保障生长速度和正常的生理机能，依赖鱼体健康保护鱼体正常的体色和正常的抗病、抗应激能力，这应该是保护鱼体正常体色的基本理念和基本技术对策。而目前影响饲料安全性的主要不安全因素来自于油脂的氧化、饲料原料掺假物质。对于黑色素细胞正常生理机能的保护必须从鱼体整体生理机能保护进行，如保障合理的营养素种类和营养水平，排除饲料中有毒、有害物质在配合饲料中的残留；保护鱼体正常的黄色体色应该保障配合饲料中适宜的油脂水平、饲料中适宜的色素种类以及色素有效含量。

（2）饲料色素对黄颡鱼的增色效果　鱼体的体色可以通过饲料色素的选择和利用来加以控制，经过笔者试验研究，并总结实际生产中的经验，在饲料中添加适量的叶黄素（如金黄素和金菊黄），对黄颡鱼的着色有理想的效果，而虾青素对黄颡鱼的增色效果不理想。

在饲料中保障5％左右的总脂肪量，并添加100mg/t的叶黄素，对黄颡鱼养殖60天左右的体色效果较为理想（彩图5-15），非常接近于黄颡鱼的自然体色。其中的叶黄素来源于万寿菊中提取的产品和玉米蛋白粉中的玉米叶黄素。如果在配合饲料中保持3％左右的玉米蛋白粉也可以取得较为理想的养殖效果，但是，玉米蛋白粉中经常发现有掺入三聚氰胺以提高粗蛋白含量的情况，所以在选用玉米蛋白粉时一定要加强对品质的鉴定和检查工作。如果玉米蛋白粉的质量难以保障时，宁可不使用玉米蛋白粉而选择使用叶黄素类色素添加剂。

彩图5-16所示是在饲料中使用100mg/t虾青素的养殖结果，对黄颡鱼体色的增色效果并不理想，再加之虾青素的市场价格高于叶黄素类产品，因此，在黄颡鱼增色时可以不选用虾青素。

第六章

动物蛋白质原料

第一节　鱼粉、虾粉、乌贼膏等海洋动物蛋白质原料

鱼粉等海洋动物蛋白质原料是水产饲料中重要的动物蛋白质原料之一，也是决定饲料产品质量的重要蛋白质原料。

一、海洋动物蛋白质原料的分类

不同的海洋动物原料可以加工成不同的海洋动物蛋白质原料，不同的海洋动物蛋白质原料具有不同的质量属性。水产饲料依据养殖对象种类的差异、养殖对象生长阶段的差异，应该差异化地选择海洋动物蛋白质原料，这也是水产饲料产品质量控制和成本控制的基本对策。

水产饲料中使用的海洋动物蛋白质原料主要包括白鱼粉、红鱼粉、鱼排粉、虾粉、磷虾粉、乌贼膏或鱿鱼膏，以及鱼溶浆（粉）、酶解鱼溶浆（粉）、鱼浆（粉）、酶解鱼浆（粉）、酶解虾浆（粉）、酶解乌贼浆（粉）等。

这些原料的分类和产品质量是依据其生产原料和工艺而确定的，即原料种类和质量决定了这些海洋动物蛋白质原料的种类和质量属性。

1. 白鱼粉

白鱼粉是以鳕鱼、鲽鱼等白色肉质鱼种的全鱼或其加工鱼产品后剩余的鱼体部分（包括鱼骨、鱼内脏、鱼头、鱼尾、鱼皮和鱼鳍等）为原料，经蒸煮、压榨、干燥、粉碎获得的产品。白鱼粉的生产原料主要为鳕鱼、鲽等白色肉鱼类加工鱼片、

鱼柳等的副产物，少部分是以非食用规格的鳕鱼、鲽鱼整鱼为原料。

鳕形目包括鳞鳗鳕亚目、鳕亚目、长尾鳕亚目和蛇鳛亚目共 4 亚目、11 科、约 162 属、708 种，主要分布于北太平洋海域，为冷水性、近底层鱼类。代表种类如太平洋鳕（*Gadus macrocephalus*），主要出产国是冰岛、加拿大、美国、俄罗斯、挪威及日本的北海道。鲽（Pleuronectidae）为鲽亚目鲽科鱼类，全世界现有 43 属 110 种。

白鱼粉最显著的质量特征是组胺含量低，在新的鱼粉标准中限定组胺含量 ≤25.0mg/kg。其原料以冷水性的鳕鱼为主，且多为食用鳕鱼加工的副产物，所以新鲜度很好、组胺含量很低。白鱼粉在水产饲料中主要用于鱼苗饲料以及对组胺较为敏感的有胃肉食性鱼类如鳗鱼、中华鳖饲料中。在猪饲料中则主要用于仔猪饲料。

2. 红鱼粉

红鱼粉是以全鱼（白鱼粉原料鱼除外）的鱼体为原料，经蒸煮、压榨、干燥、粉碎获得的产品。红鱼粉原料鱼较多，包括除了鳕鱼、鲽等白色肌肉以外的红色肌肉鱼种类。这是数量最大的鱼粉原料鱼种类。

红鱼粉的主要原料鱼种类有：①鲱形目的太平洋鲱、沙丁鱼属的沙丁鱼、鳀科的鳀鱼等种类。②鲈形目玉筋鱼科的玉筋鱼（*Ammodytes personatus*）、鲭科鲭属的鲐鲅鱼（*Scomber japonicus*）、鲭科鲐属的鲭鱼（*Pneumatophorus japonicus*）、鲅科马鲛属的马鲛鱼（*Scomberomorus niphonius*）、鲭科的金枪鱼等种类。③胡瓜鱼目胡瓜鱼科的毛鳞鱼。

红鱼粉显著的质量特征是其质量受到原料鱼种类和生产工艺（主要是温度）的决定性影响，不同原料鱼所得红鱼粉质量差异较大。原料鱼的新鲜度、鱼粉生产过程中的温度及其持续时间等对质量有很大的影响。依据鱼粉生产过程中的温度，主要是烘干温度，分为低温鱼粉（LT 鱼粉）和蒸汽鱼粉，直火烘干鱼粉目前基本没有了。在持续高温过程中鱼油发生氧化、游离赖氨酸和组胺发生交联反应而产生肌胃糜烂素、部分蛋白质碳化或焦化。依据生产工艺，蒸汽烘干鱼粉一般是三级或四级烘干机组合，原料鱼经过蒸煮、压榨后的压榨饼进入烘干机，烘干机内设置有盘旋的蒸汽管道加热，烘干机自身旋转翻动物料。这类烘干方式称为湿法干燥工艺，采用多级（三级或四级）盘式烘干机，烘干机夹层水蒸气压力 0.8MPa。烘干机内温度可能超过 120℃、物料温度近 100℃，经历三级或四级烘干机的持续时间达到 40～120min。低温鱼粉的概念目前不清晰，一是烘干机采用减压烘干方式，低压力下水的沸点降低、蒸发量较大，烘干过程中物料温度低于 80℃；二是国内采用新型烘干机，如"闪蒸式烘干机"，这种方式是采用桨叶干燥机（烘干机夹层水蒸气压力 0.1MPa）与热风干燥的组合干燥方式，烘干机内温度低于 100℃、物料温度低于80℃，重要的是烘干持续时间低于20min。

吴代武等（2020）以金枪鱼鱼排压榨饼、冰鲜（冻板）磷虾为原料，对比了湿法烘干和低温烘干两种工艺所得产品的质量差异。结果显示：①两种工艺所得金枪鱼排粉、磷虾粉的粗蛋白、粗脂肪、灰分含量无显著变化（$P > 0.05$）。②低温烘干的金枪鱼排粉、磷虾粉挥发性盐基氮（TVB-N）、酸价（AV）含量显著升高（$P < 0.05$），表明低温过程中非蛋白氮、酸性物质的挥发量少，高温可以加速这些物质的挥发，随着干燥温度提高，鱼粉残留的TVB-N含量减少；低温磷虾粉硫代巴比妥值（TBA）显著降低（$P < 0.05$），表明高温会加速鱼油的氧化酸败，控制干燥温度可有效减缓鱼油氧化；低温金枪鱼排粉腐胺、尸胺含量显著降低，而磷虾粉腐胺、尸胺、组胺含量显著升高（$P < 0.05$）。③低温鱼粉胃蛋白酶消化率较高温鱼粉提高1.0%～1.5%，变化显著（$P < 0.05$）。④低温鱼粉鱼腥味更浓，褐变程度降低；高温鱼粉颜色变深、有焦糊味。这些结果表明鱼粉质量受加工工艺影响，与湿法高温干燥相比，低温干燥对鱼粉营养成分破坏小，并可明显改善鱼粉感官质量、可消化质量。

在饲料原料目录中有一类"鱼虾粉"也归为红鱼粉。这类鱼粉主要在于捕捞方式采用了"雷达网""单拖网"，在海岸线附近进行捕捞作业，渔获物中鱼体种类混杂、鱼体规格小，还有一定量的虾、蟹种类，且含有较多的杂质如螺、砂、石等。所得鱼粉产品中粗灰分含量较高（超过20%），显微镜观察可以看到一定量的虾、蟹壳。其质量特征基本与红鱼粉三级产品的理化指标较为接近，因此在新的鱼粉标准中将其归为红鱼粉的三级产品。

鱼虾粉作为红鱼粉三级产品，其中鱼、虾（蟹）的比例是难以界定的。在红鱼粉的特级、一级和二级产品中，理论上是不应该有虾蟹成分的，即使有也是极少量的虾蟹壳可以在显微镜下观察到。如果在显微镜下可以观察到近10%左右的虾蟹壳则应该视为鱼虾粉。虾粉则是以海洋捕捞的虾为原料所得的产品，其中有少量的鱼原料和成分。

3. 鱼排粉

鱼排粉是以白鱼粉原料鱼以外的鱼体加工鱼产品后剩余部分（包括鱼骨、鱼内脏、鱼头、鱼尾、鱼皮和鱼鳍等）为原料，经蒸煮、压榨、干燥、粉碎获得的产品。

鱼排粉是与红鱼粉有显著差异的一类鱼粉。红鱼粉是以整鱼为原料所得的鱼粉，而鱼排粉则是整鱼经过食用鱼分割加工后副产物所得的鱼粉产品。食用加工包括鱼片、鱼柳切割后的剩余部分，包括鱼糜加工后的剩余部分，也包括"开背鱼""三去（去内脏、去鳃、去磷）加工"的副产物。因此，鱼排粉的原料较为复杂，主要为鱼排、鱼骨、鱼鳞、鱼内脏、鱼鳃等部分，其生产依然按照鱼粉的生产工艺和设备进行。

鱼排粉与红鱼粉的显著质量差异在于粗蛋白含量较低，一般低于60％，粗灰分较高，一般会高于20％；由于鱼排粉是以食用鱼加工的副产物为原料，所以对食用鱼的新鲜度、安全性要求较高，如果其加工副产物能够及时用于鱼排粉生产，则所得鱼排粉的新鲜度会优于红鱼粉。鱼排粉显著的质量特征是新鲜度好、蛋白质含量低、灰分含量高，可以在对鱼粉新鲜要求高的水产动物饲料如黄颡鱼、斑点叉尾鮰、巴沙鱼、蛙的饲料中使用。

鱼排粉在鱼粉总量中的比例逐年增加，有资料显示已经达到25％左右。随着食用鱼分割加工的数量增加，其副产物加工为鱼排粉的量还会进一步增长。

从食用鱼加工种类分类，海洋捕捞鱼主要种类为金枪鱼、鲐鲅鱼、马鲛鱼等（鳕鱼、鲽鱼的加工副产物所得鱼粉为白鱼粉），其加工副产物为鱼排粉（海洋捕捞鱼）的原料。养殖鱼种类则包括巴沙鱼、斑点叉尾鮰、罗非鱼、鲢、鳙、草鱼等淡水养殖种类，以及海水养殖的大西洋鲑等，以这些鱼加工副产物为原料生产鱼排粉归为以"其他鱼"为原料的鱼排粉。为什么要将这两类鱼排粉区分呢？

海洋捕捞鱼渔获物主要在海洋生活的鱼类，可以视为海洋野生鱼类。而人工养殖的鱼类，无论是海水养殖还是淡水养殖鱼类，所摄食的食物为配合饲料，即使养殖在海水中也因为其食物组成的差异导致鱼体物质组成有显著差异，尤其是其中油脂的脂肪酸组成有显著差异，摄食人工配合饲料养殖鱼类脂肪酸组成中，"EPA 和 DHA 占总脂肪酸比例之和"小于10％，而海洋捕捞鱼的脂肪酸组成中，"EPA 和 DHA 占总脂肪酸比例之和"则高于18％。同时，即使在海水中养殖的鱼类，因为养殖周期较短，对海洋矿物质等的沉积量也低于海洋捕捞鱼类；另外，海水养殖鱼类与海洋野生鱼类相比较，其中所含有的氧化三甲胺、二甲基-β-丙酸噻亭、牛磺酸等有效成分的含量较低，其鱼粉产品对水产动物的诱食性、对生长代谢的调节作用相对较弱。因此，在海洋捕捞鱼与人工养殖鱼的物质组成上出现显著的差异，以这些鱼经过食用分割加工后的副产物为原料所生产的鱼排粉在质量上也有显著的差异。在新的鱼粉标准中，将海洋捕捞鱼与其他鱼（人工养殖鱼等）所得鱼排粉进行了区分，分别称之为鱼排粉（海洋捕捞鱼）、鱼排粉（其他鱼）。

4. 鱼溶浆（粉）

在鱼粉生产过程中，原料鱼经过蒸煮、压榨得到含鱼油和水的压榨液（the press liquor），压榨液经过三相分离机进行油水分离后得到压榨水（the stick water），压榨水经过浓缩后（一般采用减压浓缩）得到水分含量为42％～48％的鱼溶浆（fish solubles）。鱼溶浆经过喷雾干燥或用一定量的鱼粉（鱼粉用量小于30％）

为载体混合后经过烘干得到鱼溶浆粉（fish soluble powders）。

鱼粉的生产过程一般是：原料鱼进入蒸煮器中加热蒸煮，使鱼体蛋白质变性、油脂与蛋白质分离；蒸煮后直接进入压榨机（多数为板框压滤机、螺旋压榨机）经历压滤过程得到压榨液（the press liquor）；压榨饼（渣）经历烘干过程得到鱼粉，压榨水再经过三相分离机将鱼油分离出去，得到压榨水（the stick water）。压榨水经过减压浓缩得到的产品就是鱼溶浆。鱼溶浆可以再喷回到压榨饼（渣）中经过烘干得到的鱼粉称之为返浆鱼粉（或半脱脂鱼粉），如果没有喷回鱼溶浆得到的鱼粉称之为脱脂鱼粉，如果原料鱼经过蒸煮后直接烘干得到的鱼粉称之为全脂鱼粉。

鱼溶浆中含有的物质主要为水溶性蛋白质、碎粒鱼体物质等，水溶性的氨基酸、非蛋白氮、生物胺等成分也主要在鱼溶浆中。在水产饲料中可以直接使用含水分在 42%～48% 的鱼溶浆，具有较好的诱食性和含有较多的水溶性蛋白质成分。

5. 鱼浆

鱼浆依据在"饲料原料目录"中的定义为：鲜鱼或冰鲜鱼绞碎后，经饲料级或食品级甲酸（添加量不超过鱼鲜重的 5%）防腐处理，在一定温度下经液化（自溶）、过滤得到的液态物，可真空浓缩。与鱼溶浆不同的是原料为整鱼，且为海水捕捞鱼。鱼浆产品的水分含量在 50%～75%，可以直接加入到水产饲料中使用。由于鱼浆生产过程中没有经历高温灭菌处理，可以用于膨化饲料生产中，经历饲料膨化处理后可以杀灭其中的有害菌。

6. 酶解鱼溶浆、酶解鱼浆

酶解鱼溶浆、酶解鱼浆是在鱼溶浆、鱼浆中加入外源性的蛋白酶水解得到的产品。用于生产酶解鱼溶浆和酶解鱼浆的液体约 70% 含水量，加入的酶一般为复合蛋白酶（木瓜蛋白酶和菠萝蛋白酶），在 50～55℃酶解 3～5h，升温至 95℃灭活蛋白酶。经过减压、加热浓缩得到水分含量在 45%～50% 左右的酶解鱼溶浆和酶解鱼浆。酶解鱼溶浆和酶解鱼浆经过 120～140℃喷雾干燥成酶解鱼溶浆粉和酶解鱼浆粉。

酶解鱼溶浆与鱼溶浆相比较，经历酶解过程后酸溶蛋白质含量（占蛋白质的百分比）可以达到 80% 以上，而鱼溶浆一般低于 30%；小肽含量显著增加，酶解鱼溶浆的小肽含量可以达到 70% 以上，而鱼溶浆一般低于 25%。从养殖效果比较看，以黄颡鱼为试验对象进行了酶解鱼溶浆和鱼溶浆的比较，黄颡鱼的生长速度有 30% 左右的差异，即酶解鱼溶浆的效果显著优于鱼溶浆。

7. 虾粉

虾粉是以海洋捕捞的虾为原料，基本是按照鱼粉生产工艺和设备生产得到的产品。以虾加工的副产物（剥虾仁后的副产物）为原料得到的产品为虾壳粉，虾壳粉包括海水虾壳粉、淡水虾壳粉。

我国海洋捕捞的虾主要为太平洋磷虾（*Euphausia pacifica*）和糠虾（*Opossum shrimp*）。磷虾数量大、分布广，是大型海洋浮游生物的重要组成部分。全球已有 6 种磷虾成为经济性渔业的捕捞对象，分别是南极大磷虾（*Euphausia superba*）、太平洋磷虾、无棘拟樱磷虾（*Thysanoes sainermis*）、小型磷虾（*Euphausia nana*）、瑞氏拟樱磷虾（*Thysanoes saraschii*）和挪威磷虾（*Meganyctiphanes norvegica*），每年的捕获量超过 15 万吨。太平洋磷虾雌性体长 12～15mm、雄性体长 12～14mm，磷虾具有集群性，容易捕捞。太平洋磷虾广泛分布于北太平洋北部及其近岸海域，是我国黄海海洋生态系统中大型浮游动物的优势种和重要功能群的组成种类，也是黄海生态系统中鱼类等上层营养级生物的重要饵料。

采用鱼粉生产设备和工艺生产虾粉最大的弊端是烘干温度过高，导致虾粉出现焦糊味严重，表明其中部分成分已经碳化、焦化，并可能发生一些不利的化学变化。建议利用我国的太平洋磷虾资源生产虾膏或酶解虾浆。

8. 酶解虾浆（膏）

以海洋捕捞的太平洋磷虾或糠虾为原料，打浆后加入外源性酶进行水解，水解物经过减压浓缩到含水分 42%～48%的浆状或膏状产品称之为酶解虾浆或酶解虾膏。酶解条件与酶解鱼溶浆、酶解鱼浆类似。

酶解虾浆的生产温度低，且基本都是在高含水量状态下生产，其有效成分得以保留，也避免了高温的碳化、焦化作用。从已经开展的养殖试验结果看，酶解虾浆取得了很好的养殖效果，以 45%左右的酶解虾浆等量替代鱼粉可以取得相同的养殖效果。

9. 乌贼膏和酶解乌贼浆

以海洋捕捞的乌贼（鱿鱼）内脏为原料得到的浆状或膏状产物称之为乌贼膏，乌贼膏经过酶解后得到的产品称之为酶解乌贼浆或膏。乌贼亦称墨鱼、墨斗鱼，是软体动物门头足纲乌贼目的头足类软体动物，有针乌贼、金乌贼、枪乌贼、无针乌贼、火焰乌贼、荧光乌贼、大王乌贼、斑乌贼、细乌贼、飞乌贼等种类，我国常见的乌贼有枪乌贼（俗称鱿鱼）、金乌贼与无针乌贼。

利用海洋捕捞动物作为原料，除了按照传统的工艺和设备生产鱼粉、虾粉等产品外，这些年来利用酶解技术得到了系列的酶解产品，不同的原料通过酶解工艺得到的产品主要类型如图 6-1 所示。从现有的研究结果看，这些酶解产品在水产饲料中的应用效果非常显著，甚至超过蒸汽鱼粉的效果，主要是通过酶解技术，释放了更多的功能性物质，这些功能性成分在水产饲料中发挥了更大的作用效果，且可能还是非营养的作用效果。

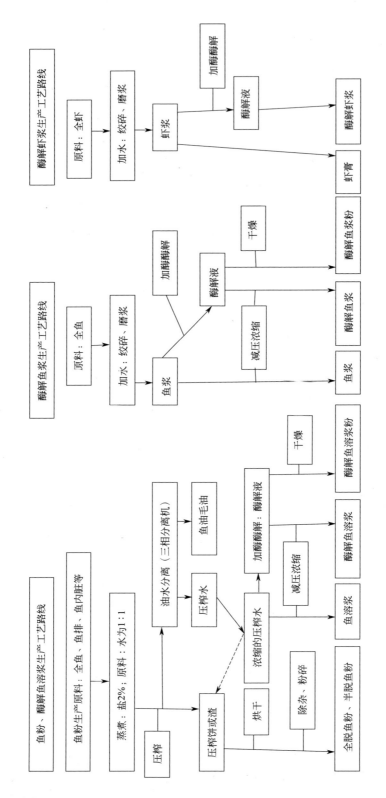

图 6-1 鱼粉、酶解鱼溶浆、酶解鱼浆、酶解虾溶浆、酶解虾浆等的生产工艺路线图

二、鱼粉产品质量标准

2021 年完成了推荐性国家标准《饲料原料 鱼粉》的修订，新的鱼粉标准更为科学、适用。

1. 鱼粉的外观与性状

鱼粉的外观与性状是依赖人的感官进行的评价，主要是依赖人眼看、鼻闻、嘴尝、手触摸等感觉能力对鱼粉产品的色泽、气味、物料外观状态等进行判定。同时，也可以依赖显微镜进行观察，即镜检。与理化指标分析相比，感官分析通常还能有更好的鉴别作用。

新的鱼粉标准中对感官评价内容作了规定，具体见表 6-1，鱼粉的外观与性状应符合表 6-1 的要求。

表 6-1　鱼粉产品的外观与性状

项目	红鱼粉	白鱼粉	鱼排粉
色泽	黄褐色至褐色，或青灰色	黄白色至浅黄褐色	黄白色至黄褐色
状态	肉眼可见粉状物，可见少量鱼骨、鱼眼等。显微镜下可见颗粒状或纤维状鱼肉、鱼骨、鱼鳞、鱼内脏和鱼溶浆的颗粒；鱼虾粉中可见虾、蟹成分。无生虫、霉变、结块	肉眼可见粉状物，可见鱼骨、鱼眼等。显微镜下可见纤维状鱼肉，有较多鱼骨。无生虫、霉变、结块	肉眼可见粉状物，可见鱼骨、鱼眼、鱼鳞等。显微镜下可见纤维状鱼肉，有较多鱼骨、鱼眼、鳞片及褐色块状内脏物。无生虫、霉变、结块
气味	具有鱼粉正常气味，无腐臭味、油脂酸败味及焦糊味	具有白鱼粉正常气味，无腐臭味、油脂酸败味及焦糊味	具有鱼排粉正常气味，无腐臭味、油脂酸败味及焦糊味

鱼粉产品的气味、口味有较大的差异，这也是判定其质量的一类感官指标。

① 鱼腥味。鱼粉应该有较为强烈的鱼腥味，鱼腥味的判定是鱼粉新鲜度的重要内容之一，对鱼粉气味的判定除了感觉出鱼腥味之外，还要对非鱼腥味进行感官鉴别和判定。鱼腥味浓烈、纯正，为最优级；有鱼腥味、酸味、臭味和焦味等味道，则可认定为较差级别。

② 酸味。酸味的主要来源是鱼粉中的低碳链脂肪酸，其含量与鱼粉中油脂氧化酸败程度有关。一般而言，鱼粉中脂肪的氧化程度越深，其低级脂肪酸含量就越多，导致酸味越浓。另外，鱼粉在存储运输过程中，微生物的发酵产物也会产生部分酸味。

③ 臭味。带有臭味的鱼粉一般是变质的鱼粉。含有 SO_2、NO_2 及 NH_3 等成分的物质大多有强烈的臭味；色氨酸等分解产生的吲哚类物质也有臭味；有机物中含有羟基、酮基和醛基的挥发性物质及挥发性取代烃也都有臭味。这些物质主要来

源于蛋白质的腐败和油脂的氧化酸败过程，可以大致分为含硫物质的臭味（如硫化氢的臭味）、含氮物质的臭味（如氨臭味、吲哚引起的粪臭味）及脂肪酸氧化酸败的酸臭味等。

④ 焦糊味。鱼粉中的焦糊味主要来源于鱼粉加工过程中烘干温度过高而导致的蛋白质、碳水化合物等物质的焦化、碳化作用所形成的气味，也可能来自鱼粉自燃过程所产生的焦糊味，通常，如果鱼粉中有焦糊味，则表明鱼粉加工温度过高或鱼粉可能已经自燃。

⑤ 咸味。鱼粉中咸味的评价主要是对其中含盐量进行感官评价。咸味是由盐类物质离解出的正负离子共同作用的结果。以食盐为例，产生咸味的阈值一般在0.2%左右。因此，可以依据咸味的浓烈程度大致判定鱼粉中盐分的含量。

⑥ 苦味和麻味。鱼粉中的苦味和麻味物质较多，例如原料鱼在自溶、腐败变化过程中产生的苦味肽之类的物质就会导致鱼粉出现苦味和麻味。因此，在评价鱼粉产品时，苦味和麻味也作为新鲜度判定的重要指标。

⑦ 刺激性味。一定量的硝酸盐可以刺激味蕾，产生较强的刺激性痛感。细细品尝鱼粉，如果含有过量的硝基盐或含硫化合物，就会产生较强的刺激性感觉。这通常是因为鱼粉新鲜度较低，并含有过多的硝基盐类、硫类化合物。

参照显微镜检验国标方法对鱼粉进行镜检是鱼粉感官评价的重要环节之一。镜检结果结合上述感官评价结果，可以对鱼粉的质量状态进行定性和半定量的评价和分析。通常鱼粉只有在通过上述感官、镜检评价判定为合格之后，才能进行化学评价，这也是鱼粉质量控制的基本原则。

2. 鱼粉产品的理化指标

新的鱼粉标准中，理化指标应符合表 6-2 的要求。

表 6-2　鱼粉产品的理化指标

项目	红鱼粉				白鱼粉		鱼排粉	
	特级	一级	二级	三级（含鱼虾粉）	一级	二级	海洋捕捞鱼	其他鱼
粗蛋白质/%	≥66.0	≥62.0	≥58.0	≥50.0	≥64.0	≥58.0	≥50.0	≥45.0
赖氨酸/%	≥5.0	≥4.5	≥4.0	≥3.0	≥5.0	≥4.2	≥3.2	
(17种氨基酸总量[①]/粗蛋白质)/%	≥87.0		≥85.0	≥83.0	≥90.0		≥85.0	
(甘氨酸/17种氨基酸总量)/%	≤8.0			—	≤9.0		—	
DHA[②]与EPA[③]占鱼粉总脂肪酸比例之和/%	≥18.0							—
水分/%	≤10.0							

项目	红鱼粉				白鱼粉		鱼排粉	
	特级	一级	二级	三级 (含鱼虾粉)	一级	二级	海洋 捕捞鱼	其他鱼
粗灰分/ %	≤18.0	≤20.0	≤24.0	≤30.0	≤22.0	≤28.0	≤34.0	
砂分(盐酸不溶性灰分)/%			≤1.5	≤3.0	≤0.4		≤1.5	
盐分(以 NaCl 计)/%			≤5.0		≤2.5		≤3.0	≤2.0
挥发性盐基氮(VBN)/(mg/100g)	≤100	≤130	≤160	≤200	≤70		≤150	≤80
组胺/(mg/kg)	≤300	≤500	≤1.00× 10^3	≤1.50× 10^3	≤25.0		≤300	
丙二醛(以鱼粉所含粗脂肪为基础计)/ (mg/kg)	≤ 10.0	≤ 20.0	≤30.0		≤10.0	≤20.0	≤10.0	

① 17种氨基酸总量:胱氨酸、蛋氨酸、天冬氨酸、苏氨酸、丝氨酸、谷氨酸、甘氨酸、丙氨酸、缬氨酸、异亮氨酸、亮氨酸、酪氨酸、苯丙氨酸、赖氨酸、组氨酸、精氨酸和脯氨酸之和。

② DHA:二十二碳六烯酸(C22:6n-3)。

③ EPA:二十碳五烯酸(C20:5n-3)。

三、鱼粉质量中几个关键性参数的分析

1. 甘氨酸/17种氨基酸总量的比例是区分鱼排粉和其他鱼粉的标志性指标

"甘氨酸/17种氨基酸总量的比例(%)"是鉴别以鱼加工副产物与整鱼为原料所得鱼排粉与以整鱼为原料所得红鱼粉的关键指标,以全鱼为原料的红鱼粉甘氨酸/17种氨基酸总量的比例(%)≤8.0%、白鱼粉为≤9.0%,而鱼排粉则是≥9.0%。

那么,第一个问题是"甘氨酸/17种氨基酸总量的比例(%)"为什么可以作为区分以全鱼为原料的鱼粉和以鱼加工副产物为原料的鱼排粉?第二个是"甘氨酸/17种氨基酸总量的比例(%)"为什么取值为8.0%、9.0%作为临界点?

在单一氨基酸/总氨基酸比例中,高"甘氨酸/17种氨基酸总量的比例(%)"出现在鱼排粉中。在鱼粉国标修订过程中,对不同鱼粉样本检测了18种氨基酸的含量,分别计算了单一氨基酸占18种氨基酸总量的百分比,结果见表6-3。甘氨酸/氨基酸总量的百分比在鱼排粉、巴沙鱼鱼排粉、罗非鱼鱼排粉中非常高,分别为10.74%、12.34%、12.20%,而在其他鱼粉中的比例相对较低,即红鱼粉、白鱼粉、鳀鱼粉分别为7.37%、7.57%、6.47%,均小于8.0%。这个结果显示,以食用鱼加工副产物为原料的鱼排粉中含有高比例的甘氨酸。

表6-3　单一氨基酸/18种氨基酸总量的比例（氨基酸组成模式）（平均值）　　　　单位:％

样品	红鱼粉	白鱼粉	鳀鱼鱼粉	鱼排粉	虾粉	金枪鱼鱼粉	鲐鲅鱼鱼粉	巴沙鱼鱼排粉	罗非鱼鱼排粉	鱼虾粉
样本数	165	31	44	20	12	5	2	5	9	4
胱氨酸	0.44	0.30	0.48	0.23	0.41	0.34	0.78	0.56	0.02	0.58
蛋氨酸	3.10	3.13	3.16	2.74	3.00	3.04	3.19	2.23	2.46	3.17
天冬氨酸	10.11	10.24	10.26	9.37	10.67	10.11	10.41	9.17	9.01	10.57
苏氨酸	4.64	4.76	4.72	4.38	4.63	4.74	4.81	4.22	4.28	4.59
丝氨酸	4.21	5.00	4.24	4.38	4.07	4.18	4.29	4.16	4.48	4.04
谷氨酸	14.61	14.55	14.72	14.01	15.19	13.41	14.47	13.90	13.85	15.35
脯氨酸	4.83	4.87	4.52	6.68	5.25	4.60	4.27	7.47	7.81	4.56
甘氨酸	7.37	7.57	6.47	10.74	6.58	6.83	6.18	12.34	12.20	6.75
丙氨酸	7.07	6.45	6.96	7.71	6.52	6.95	6.55	7.76	8.00	6.74
缬氨酸	5.26	5.09	5.32	4.64	5.03	5.73	5.34	4.51	4.24	5.07
异亮氨酸	4.55	4.34	4.65	3.86	4.59	4.93	4.80	3.85	3.43	4.59
亮氨酸	7.86	7.84	8.14	6.97	7.74	8.16	8.17	6.75	6.64	7.99
酪氨酸	3.65	3.78	3.82	3.20	4.31	3.70	3.83	2.86	2.91	3.88
苯丙氨酸	4.44	4.25	4.51	4.06	4.76	4.63	4.58	3.90	3.84	4.50
组氨酸	3.00	2.37	3.14	2.45	2.32	3.81	3.32	2.08	2.23	2.39
赖氨酸	8.35	8.13	8.56	7.27	8.14	8.39	8.49	7.17	6.90	8.42
精氨酸	6.40	6.91	6.15	6.83	5.90	6.44	6.24	7.19	6.95	6.11
色氨酸	0.80	0.73	1.10	0.70	1.29	0.35	1.07	0.44	0.76	1.27
合计	100.69	100.31	100.92	100.22	100.40	100.34	100.79	100.56	99.99	100.57

要特别注意的是，红鱼粉、白鱼粉、鱼排粉等鱼粉产品的原料组成与氨基酸平衡模式。用于生产这些鱼粉产品的原料鱼不会是单一种类，即使在产品中标识为"鳀鱼"的原料鱼中，也是有混杂其他种类的；白鱼粉即使以鳕鱼加工的副产物组成，而鳕鱼也是有多个种类。淡水鱼类如罗非鱼、巴沙鱼、斑点叉尾鮰等在鱼分割加工过程中是单一种类，所得副产物也是单一种类，因此所得鱼排粉具有单一种类属性。

依据鱼类生物学原理，鱼体蛋白质的合成是受到遗传控制的，即鱼体在不同生长发育阶段，位于细胞核中的遗传物质DNA上的基因表达，转录相应的mRNA，并在细胞质里的核糖体中由mRNA控制合成肽链、蛋白质。食物氨基酸组成对鱼体组织中游离氨基酸组成和含量有直接的影响，但对新的肽链、蛋白质合成不能产生直接性的影响。因此，鱼类种类中其蛋白质种类、蛋白质整体的氨基酸组成是相对稳定的；不同种类的蛋白质种类、氨基酸组成模式是有差异的。

不同鱼类氨基酸模式如何表示？蛋白质氨基酸组成包括了组成蛋白质的氨基酸种类（20种氨基酸）、单一氨基酸的含量（百分比）、不同氨基酸之间的比例关系（氨基酸模式）。氨基酸组成模式的定义为"组成蛋白质的不同氨基酸之间的比例关系"，那么，不同氨基酸之间的比例关系如何表示？如果关注点是必需氨基酸，可以假设赖氨酸的含量为100，将其他氨基酸与赖氨酸含量的比例作为一种模式，即不同氨基酸与赖氨酸含量的比例关系。如果从蛋白质氨基酸整体考虑，可以用不同氨基酸的含量占组成蛋白质的18种或17种氨基酸的百分比表示，即可以得到18种或17种单一氨基酸占氨基酸总量的比例数据，这个比例数据就是组成蛋白质的氨基酸模式。

表6-3显示了不同鱼粉产品中单一氨基酸占18种氨基酸总量的比例关系，也就是不同鱼粉的氨基酸组成模式。在进行鱼粉产品质量认定和分析时，可以参考这个氨基酸组成模式，该模式的取值为"样本数"的平均值。正是依据这个氨基酸组成模式，确认了鱼排粉中甘氨酸/氨基酸总量的比例与以全鱼为原料的红鱼粉、鳀鱼粉等的显著差异，并作为一个鉴别性化学指标。

前面已经分析了红鱼粉、白鱼粉等的原料鱼有混杂的现实情况。那么，如果将鱼排粉混杂在红鱼粉中是否可以鉴别出来？以罗非鱼鱼排粉掺入鳀鱼鱼粉为例，由表6-3可知，鳀鱼鱼粉"甘氨酸/18种氨基酸总量的比例（%）"为6.47%，罗非鱼鱼排粉中"甘氨酸/18种氨基酸总量的比例（%）"为12.20%。如果用75kg的鳀鱼鱼粉+25kg的罗非鱼鱼排粉，则混合鱼粉中"甘氨酸/18种氨基酸总量的比例（%）"为7.90%，即可以在鳀鱼鱼粉中加入少于25%的罗非鱼鱼排粉满足了"甘氨酸/18种氨基酸总量的比例（%）"≤8.0%的要求，但是混合样品中的蛋白质含量、赖氨酸含量等下降，还有可能导致"EPA和DHA占总脂肪酸比例之和"小于18.0%，这会导致鳀鱼鱼粉等级的变化，在经济效益上是否合适就值得考虑了。同时，在鳀鱼鱼粉中掺入少于25%的罗非鱼鱼排粉后，混合鱼粉的营养指标下降，但是对混合鱼粉的安全质量没有影响，从蛋白质原料角度考虑还是可以接受的。如果在红鱼粉中掺入罗非鱼鱼排粉，红鱼粉的"甘氨酸/18种氨基酸总量的比例（%）"为7.37%，则87kg红鱼粉+13kg罗非鱼鱼排粉的"甘氨酸/18种氨基酸总量的比例（%）"为8.0%。

因此，鱼粉适当混杂是客观存在的现实，但是如果混杂到一定程度导致鱼粉产品从量变到质变的时候，则是可以区分出来的，也是不被允许的。优质优价，不同质量的鱼粉应该有不同的市场价格，不同质量的鱼粉可以用于不同要求的水产饲料中。不同的水产饲料中选择不同质量、不同价格的鱼粉则是最为基本的技术规则和要求。

表6-3中不同鱼粉的氨基酸模式是依据实际样本的检测和计算结果得到的，是难得的鱼粉氨基酸模式数据，可以用于不同鱼粉氨基酸组成的鉴别。至于用17种氨基酸总量还是18种氨基酸总量，主要是色氨酸的检测需要单独测定（色氨酸的含量较低），使用氨基酸自动分析仪测定结果为17种氨基酸。还有关于组成蛋白质的是20种氨基酸而一般氨基酸总量又是17或18种氨基酸的问题，这是基于谷氨酰胺和天冬酰胺在氨基酸分析仪测定结果为谷氨酸和天冬氨酸。

为什么鱼排粉中"甘氨酸/17种氨基酸总量的比例（％）"会高于以全鱼粉为原料的鱼粉呢？主要是因为鱼骨、鱼皮等胶原蛋白含量高的组织中甘氨酸含量高。水产动物副产物包括鱼骨、鱼皮、鱼内脏、鱼鳃等部位，而在鱼骨、鱼皮、鱼鳞中的蛋白质种类主要为胶原蛋白。如果以"胶原蛋白/全部蛋白质的百分比"（均以干重计）为基础，则真鲷鱼皮中胶原蛋白占粗蛋白的比例为80.5％、鳗鲡为87.3％、日本海鲈为40.7％、香鱼为53.6％、黄海鲷为40.1％、竹荚鱼为43.5％。至于胶原蛋白的种类，分布在皮、骨、鳞、鳔、肌肉等部位的为Ⅰ型胶原蛋白，分布在软骨和脊索的为Ⅱ型胶原蛋白和Ⅺ型胶原蛋白，分布在肌肉的为Ⅴ型胶原蛋白。水产动物的胶原蛋白是机体重要的结构蛋白质，不仅限于肌肉，在鱼皮、鱼骨、鱼鳞、鱼鳔等部位均含有大量的胶原蛋白，约占全鱼总蛋白的14％～45％。由胶原蛋白形成以67nm长度为周期单位的纤维，呈条纹状。胶原蛋白的一级结构中，含有连续的甘氨酸三肽结构，即Gly-X-Y结构，其中X位为脯氨酸、Y位置上多为羟脯氨酸。因此，水产动物胶原蛋白的总氨基酸中约1/3为甘氨酸，同时含有大量的脯氨酸和羟脯氨酸。甘氨酸对胶原蛋白螺旋结构（三条肽链紧密缠绕、右手螺旋）的形成和稳定起到重要的作用。

在鱼粉标准修订过程中，测定了鳀鱼、金枪鱼、鲐鲅鱼鱼粉及其鱼肉、内脏、鱼骨、鱼皮等部位产品的甘氨酸含量、甘氨酸/17种氨基酸总量的结果见表6-4。金枪鱼、鲐鲅鱼鱼骨中甘氨酸/总氨基酸超过8.0％，且显著高于鱼肉和全鱼，表明甘氨酸/17种氨基酸总量（不含色氨酸）可以作为鱼骨、鱼皮等副产物氨基酸的标志性指标。红鱼粉的原料鱼以鳀鱼为主，鳀鱼不同部位"甘氨酸/17种氨基酸总量"只有鱼骨粉为8.16％、鱼头粉为8.49％，而全鱼粉为5.52％、内脏粉为6.51％。

表6-4 自制鱼粉中甘氨酸含量和甘氨酸/17种氨基酸总量的比例　单位:％

样品	全鱼粉		鱼肉粉		鱼内脏粉		鱼骨粉		鱼头粉		鱼皮粉	
	甘氨酸	甘氨酸/Σ17AA	甘氨酸	甘氨酸/Σ17AA	甘氨酸	甘氨酸/Σ17AA	甘氨酸	甘氨酸/Σ17AA	甘氨酸	甘氨酸/Σ17AA	甘氨酸	甘氨酸/Σ17AA
鳀鱼	3.87	5.52	3.66	4.79	2.62	6.51	4.28	8.16	4.09	8.49	—①	—
金枪鱼	4.17	6.04	4.01	4.78	3.51	6.62	4.89	9.99	4.69	10.64	6.62	14.68
鲐鲅鱼	3.80	6.15	3.01	4.51	3.99	7.65	6.11	12.38	—	—	3.98	5.99

① —表示没有测定这个指标。

注：数据来源于鱼粉标准制定课题组。

因此，鱼排粉的原料为食用鱼加工的副产物，其中胶原蛋白在总蛋白质中的比例高，而胶原蛋白中约1/3为甘氨酸，"甘氨酸/17种氨基酸总量的比例（％）"

很高,超过8.0%;而以全鱼为原料所得的红鱼粉中,胶原蛋白含量低、"甘氨酸/17种氨基酸总量的比例(%)"低于8.0%,这成为鱼排粉与红鱼粉因为原料不同的一个分界点,是区分鱼排粉与红鱼粉的一个有效理化指标。

白鱼粉是以白色肌肉鱼种类的全鱼或食用鱼加工副产物为原料所生产的产品,其中可能含量较多的鱼骨、鱼皮、鱼鳞等部位,其"甘氨酸/17种氨基酸总量的比例(%)"高于红鱼粉。但经过统计分析,"甘氨酸/17种氨基酸总量的比例(%)"小于9.0%。

2. 17种氨基酸总量/粗蛋白(%)是鱼粉蛋白质质量的保障指标和非蛋白氮限定指标

饲料原料中蛋白质测定的方法为凯氏定氮法,这是多个行业的仲裁方法,其是以样品中"总氮含量×6.25"计算所得数据,而总氮中含有非蛋白氮。因此,粗蛋白含量测定的仲裁方法是凯氏定氮法,但粗蛋白含量不能完全保障蛋白质含量的真实性。"17种氨基酸总量/粗蛋白(%)"既可以肯定蛋白质中保障氨基酸含量、保障蛋白质的真实性,又能有效限定非蛋白氮。

需要特别注意的是,海洋渔获物原料中含有一定量的非蛋白氮,如软骨鱼类、软体动物等,均含有较多的尿素、氧化三甲胺(trimethylamineoxide,TMAO)等成分作为渗透压调节物质,以及核酸中的氮成分等,其非蛋白氮含量相对较高;硬骨鱼类所含非蛋白氮相对较低。动物体内非蛋白氮的含量在一些海洋动物中较高,如在板鳃类和软骨鱼类为12.80~18.60g/kg、红肉鱼类为5~8g/kg、白肉鱼类为2.5~3.8g/kg、无脊椎动物为6.0~9.0g/kg、甲壳类为7.0~9.0g/kg(占总含氮量的20%~25%)。软骨鱼类的含量比硬骨鱼类多是因为鲨、鳐的尿素和氧化三甲胺含量显著高于其他鱼类,二者的含量即占了提取物氮(水溶性氮)的60%~70%。硬骨鱼类中,红肉鱼的含氮浸出物比白肉鱼多,这主要是其咪唑化合物含量高的缘故。鲣鱼仅组氨酸(histamine,His)就占了62.8%,鲸鱼的咪唑化合物占了浸出物氮的64.9%。

因此,以海洋捕捞动物为原料的鱼粉等产品中,含有一定量的非蛋白氮是自然属性,而非人为添加。其结果就是"17种氨基酸总量/粗蛋白(%)"会低于蛋白质含量,低多少呢?这是一个值得重视的问题,这个比例要依据鱼粉产品中真实的蛋白质氮和非蛋白氮的比例来确定。

在鱼粉国标修订过程中,统计了167个红鱼粉样本中17种氨基酸总量与粗蛋白含量之间的关系,见图6-2(数据来自于鱼粉标准制定课题组)。

其回归方程为$y = 1.052x - 10.734$,$R^2 = 0.8171$,具有很强的相关性。这表明"17种氨基酸总量/粗蛋白"与其粗蛋白含量有正相关关系,如果对产品粗蛋白

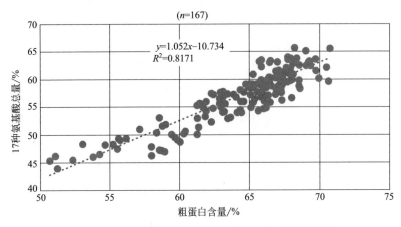

图 6-2　红鱼粉 17 种氨基酸总量与粗蛋白含量的关系

含量进行分级，那么也应该让"17 种氨基酸总量/粗蛋白"参与粗蛋白的分级。

依据该回归方程，以粗蛋白含量为基础，计算红鱼粉分级中 17 种氨基酸总量/粗蛋白的值见表 6-5。

表 6-5　依据粗蛋白含量推算的 17 种氨基酸总量/粗蛋白的值

分级	粗蛋白/%	17 种氨基酸总量/%	17 种氨基酸总量/ 粗蛋白(计算值)/%	标准设定 值(≥)/%
特级	66.0	58.70	88.93	87
一级	62.0	54.49	87.89	
二级	58.0	50.28	86.70	85
三级(含鱼虾粉)	50.0	41.87	83.73	83

考虑到原料鱼中可能带有少量的非蛋白氮，在红鱼粉分级指标中，"17 种氨基酸总量/粗蛋白"设定值取其相应蛋白质推算结果的低值。

因此，在鱼粉样本蛋白质质量确认时，可以依据新的鱼粉标准进行判定。也可以依据 17 种氨基酸总量与粗蛋白含量的关系方程进行演算。

3. 丙二醛（以鱼粉所含粗脂肪为基础计）既是鱼粉油脂新鲜度指标，也是有害物质限量指标

鱼粉作为重要的动物蛋白质原料，其营养质量和安全质量同等重要，且安全质量对养殖动物的风险更大。鱼粉产品的安全性包括卫生指标（GB 13078 规定的项目）、蛋白质腐败产物（代表物质为组胺和挥发性盐基氮）、油脂氧化产物安全性（代表物质为丙二醛）。油脂氧化的有毒有害物质以丙二醛为主。鱼粉中鱼油的作用具有两面性：以 EPA 和 DHA 为代表的高不饱和脂肪酸具有重要的营养作用，而脂肪酸氧化酸败后的产物如丙二醛，具有显著的对动物氧化损伤、对蛋白质和核酸变性的毒副作用。

鱼粉中鱼油的新鲜度用什么化学指标进行鉴定更为合适？

① 关于过氧化值。油脂氧化过程中，无论以哪种氧化方式（自动氧化、光敏氧化、酶促氧化）氧化都会产生过氧化物（包括过氧化氢）。但是，过氧化物是油脂氧化的中间产物，在氧化初期阶段过氧化值与氧化程度呈正相关；而在氧化后期阶段，过氧化值与氧化程度相关性较差。鱼粉从生产工厂下线到饲料企业使用时，期间间隔的时间较长，尤其是进口鱼粉从国外到国内的饲料企业使用之时的时间会在 6 个月以上，难以避免鱼粉中的油脂进入氧化后期阶段。因此，过氧化值作为评价鱼粉产品中油脂氧化程度的指标具有局限性。

② 关于酸价。油脂氧化产物中包含有较多的游离脂肪酸，其酸价测定时消耗的 KOH 多，酸价就高。但是，测定过程中消耗 KOH 的酸不仅仅是游离脂肪酸，也有部分其他脂溶性酸性成分如有机酸；再如，鱼体中含有一定量的糖原，在鱼体死亡之后糖原等进入厌氧分解途径（酵解途径）也会产生乳酸等酸性物质。另外，生产实际中，在鱼粉生产过程或产品中加入一定量的碱（如碳酸氢钠）则会导致酸价与油脂氧化程度的关系失真。酸价测定结果是酸性物质的整体结果，且加碱也容易掩蔽实际的酸性物质的量，不宜作为鱼粉中鱼油氧化程度的鉴别指标。

③ 关于丙二醛。丙二醛是油脂氧化的终产物，其含量与油脂的氧化程度直接相关；丙二醛也是油脂氧化产生的典型的有毒有害物质，其含量既可以显示油脂的氧化程度，也可以显示有毒有害物质的量。同时，丙二醛也是单一的具体化合物，有规范的定量检测方法。

因此，选择丙二醛作为鱼粉中鱼油氧化程度的鉴定指标，这也是鱼粉中有害物质的一个限量指标。

鱼粉中鱼油不同氧化指标之间的相关性如何？在新的鱼粉标准制定过程中，依据对鱼粉样本的检测数据，计算了不同鱼粉产品中油脂氧化指标之间的相关系数，以此探讨不同氧化指标之间的相互关系，得到的相关系数见表 6-6。

表 6-6　鱼粉产品油脂氧化指标之间的相关系数

产品类别	项目	粗脂肪/%	过氧化值/(mmol/kg)	酸价/(mg/g)	丙二醛/(mg/kg)
红鱼粉($n=165$)	与粗脂肪	1.00	0.01	0.04	0.13
	与过氧化值	0.01	1.00	0.33	0.62
	与酸价	0.04	0.33	1.00	0.36
	与丙二醛	0.13	0.62	0.36	1.00

产品类别	项目	粗脂肪/%	过氧化值/(mmol/kg)	酸价/(mg/g)	丙二醛/(mg/kg)
白鱼粉(n=32)	与粗脂肪	1.00	0.06	(0.29)	(0.16)
	与过氧化值	0.06	1.00	0.53	0.89
	与酸价	(0.29)	0.53	1.00	0.78
	与丙二醛	(0.16)	0.89	0.78	1.00
鱼排粉(n=25)	与粗脂肪	1.00	(0.00)	(0.39)	(0.16)
	与过氧化值	(0.00)	1.00	0.08	(0.08)
	与酸价	(0.39)	0.08	1.00	0.54
	与丙二醛	(0.16)	(0.08)	0.54	1.00

注：粗脂肪、过氧化值、酸价、丙二醛四个指标值之间进行相关系数分析，表中数据为彼此之间的相关系数；带括号的数值为负值；n 值表示样本数。

数据来源：鱼粉标准制定课题组。

表 6-6 中的数据分析结果表明，油脂氧化程度的指标如过氧化值、酸价、丙二醛含量与粗脂肪含量没有直接的关系，只是与油脂的氧化程度相关。红鱼粉、白鱼粉、鱼排粉可能因为原料鱼种类不同，其脂肪酸组成的差异，以及生产条件等的差异，白鱼粉中的丙二醛含量与酸价、过氧化值有较强的相关性，红鱼粉的过氧化值与丙二醛含量有一定的相关性。

为什么要用"以鱼粉所含粗脂肪为基础计"丙二醛含量，而不直接用鱼粉中丙二醛含量计？两种表示方法最大的不同在于：因鱼粉中粗脂肪含量不同，其结果导致丙二醛不能真实地反映油脂氧化程度和有害物质含量。

例如，以粗脂肪中丙二醛含量计，30mg/kg 为红鱼粉三级（含鱼虾粉）的限定值（也是所有鱼粉产品的最高值），如果鱼粉中粗脂肪含量为 1% 则鱼粉中丙二醛含量为 0.3mg/kg，如果鱼粉中粗脂肪含量为 10% 则鱼粉中丙二醛含量为 3mg/kg。即如果以鱼粉中丙二醛含量计，后者为前者的 10 倍或前者为后者的 1/10，而实际上以粗脂肪中丙二醛含量计两者的氧化程度、有害物质含量是一样的。

因此，鱼粉中丙二醛含量的检测以及对鱼粉鱼油氧化程度的判定，应该是提取鱼粉中粗脂肪后测定其中丙二醛含量，并设定为丙二醛（以鱼粉所含粗脂肪为基础计）的限量。

鱼粉中丙二醛测定方法为：①粗脂肪提取。平行做两份试验。称取 100g 试样，分别包在 10 个滤纸包中（勿用脱脂棉线捆扎），置于 500mL 具塞三角瓶中，加入 300mL 石油醚浸泡滤纸包，加入无水硫酸钠 10g，通氮气 30s，立即加塞。于 25℃ 下在往复式振荡器上以 180 次/min 振荡 1h，静置 2～3min，转移提取液于鸡心瓶或圆底烧瓶中。用 100mL 石油醚再次洗涤一次滤纸包，合并提取液，于 35℃ 旋转蒸发至无石油醚溢出，残留物为提取的粗脂肪。②丙二醛的测定。提取试样中粗脂肪后，立即称取粗脂肪 1g（精确至 0.001g）于具塞三角瓶中，按照 GB/T 28717—2012 中 7.1 的规定，准确加入 50mL 三氯乙酸-EDTA 混合溶液，于 25℃下 180 次/min 振摇 30min。取约 20mL 提取液于 50mL 离心管中，5000r/min 离心 5min，取上清液按 GB/T 28717—2012 自 7.2 开始操作。

在水产饲料标准中，目前都是营养指标的设定值，没有对饲料安全性（除饲料卫生标准 GB 13078 外的安全质量）指标如丙二醛、组胺等进行规定，这是重大缺陷。其结果是符合相应水产动物饲料标准的饲料产品在养殖过程中依然会出现养殖事故，如鱼体体色变化、肌肉色泽变化、肝胰脏和胃肠道黏膜损伤等。

4. 鱼油、淡水鱼油与海水鱼油的质量鉴别

鱼油作为鱼粉产品中的成分，其特征之一是含有高不饱和脂肪酸尤其是含有较高含量的 EPA 和 DHA，因而具有显著的营养价值，这是其自然属性特征。EPA＋DHA 含量是鱼粉产品中鱼油营养质量的标识性指标。

值得关注的是，不同海水鱼类其脂肪酸组成有差异，尤其是脂肪中 EPA 和 DHA 含量也有较大的差异，如表 6-7 所示。因此，如果要将 EPA 和 DHA 含量作为鱼油特征性营养指标，不宜分别限定 EPA 和 DHA 含量，可以将 EPA 和 DHA 分别占总脂肪酸比例之和作为海水动物脂肪营养特征性指标。

表 6-7　不同海水鱼类脂肪中 EPA、DHA 含量　　　　单位：%

鱼类	EPA 含量	DHA 含量	EPA＋DHA
远东拟沙丁鱼	8.2	34.4	42.6
沙丁鱼	19.9	10.1	30
鲐鱼	8.1	10.6	18.7
秋刀鱼	4.9	10.5	15.4
金枪鱼	5.4	25.0	30.4
狭鳕鱼肝油	12.6	6.0	18.6
鱿鱼	10.2	15.2	25.4
南极磷虾	16.6	6.6	23.2
鳀鱼	11.2	23.2	34.4
罗非鱼	1.4	3.1	4.5
巴沙鱼	0.1	0.6	0.7
白鱼粉（$n=32$）	13.3±1.8	13.4±2.5	26.8±2.1
红鱼粉（$n=167$）	7.7±5.3	17.4±5.0	24.7±6.8

鱼油尤其是海水鱼油中高不饱和脂肪酸是鱼粉重要的营养物质，其营养价值通过"EPA 与 DHA 占鱼粉总脂肪酸比例之和"作为限制条件，同时也是淡水鱼油

与海水鱼油的关键性鉴别指标。

鱼粉中鱼油的脂肪酸组成如彩图 6-1 所示（数据来自于鱼粉标准制定课题组），这是采用归一法测定的 228 个鱼粉样本中的脂肪酸含量分布。由彩图 6-1 可知，肉豆蔻酸、棕榈酸、棕榈油酸、硬脂酸、油酸、亚油酸、EPA、DHA 是鱼粉产品油脂中的主要脂肪酸。值得关注的是，EPA、DHA 是鱼粉中鱼油尤其是海水鱼油的特征性脂肪酸，是植物和陆生动物所不具备的显著脂肪酸特征。彩图 6-1 中还可见油酸、亚油酸统计数据中，出现偏离统计分析主区间的异常值较多，且为高含量的异常值，对这些异常值进行样本指标关联分析后发现，这些样本为淡水鱼排粉（罗非鱼、巴沙鱼等）。

将海洋捕捞鱼和养殖鱼所得鱼排粉中的脂肪酸分别进行油酸、亚油酸（可以称之为双油酸）和 EPA、DHA（可以称之为双 A 酸）的比较，如彩图 6-2 所示。由图可知，鱼排粉（海洋捕捞鱼）的双 A 比例（10%～38%）显著高于鱼排粉（淡水鱼）的双 A 比例（小于 5%）。对于"双油"比例而言，则正好相反，鱼排粉（海洋捕捞鱼）的双油比例在 12%～28%，而鱼排粉（淡水鱼）的双油比例为 45%～58%。

为进一步验证上述结果，将海洋捕捞鱼鱼油中的双 A、双油比例与淡水鱼油（罗非鱼鱼油）进行比较，结果如彩图 6-3 所示，与鱼排粉（海洋捕捞鱼）和鱼排粉（淡水鱼）的结果一致。

上述结果显示，海水鱼中"双 A"比例显著高于淡水或养殖鱼类，而"双油"比例显著低于淡水或养殖鱼类。鱼粉产品油脂中的双 A 比例或双油比例可以作为区分海洋捕捞鱼类和淡水或养殖鱼类的关键性指标。在这个意义上，作为鱼油的质量标准，选择双 A 或双油指标的意义是相同的，而双 A 也是海洋捕捞鱼鱼油重要的营养性指标，因此，在鱼粉产品中选择双 A 含量既可以作为海洋捕捞鱼鱼油脂肪酸营养的保障指标，又可以作为海洋捕捞原料鱼和养殖原料鱼的鉴别指标。

5. 组胺是鱼粉蛋白质新鲜度的鉴定指标，也是有害物质限量指标

组胺既是蛋白质新鲜度指标，又是蛋白质腐败产生有毒有害物的限量指标。生物胺是原料鱼和鱼粉产品新鲜程度的判别指标之一，其主要来源于原料鱼和鱼粉产品被微生物污染后，微生物脱羧酶作用于游离氨基酸脱羧基而产生，是蛋白质（氨基酸）腐败的重要产物，以此作为腐败程度的判定指标；在多种生物胺中，组胺的毒副作用较为明确，对有胃动物胃黏膜和胃酸分泌有直接的损伤作用，是鱼粉产品中的有害物质，必须限量；水产、食品行业把组胺作为鱼类新鲜程度、有害物质的标识性指标加以限制。

生物胺来源于游离氨基酸的脱羧反应，组胺来源于游离组氨酸的脱羧基反应。不同种类的鱼体氨基酸组成差异较大，其中组氨酸和游离组氨酸含量差异，导致组胺含量会有较大差异。红色肌肉鱼类的肌肉中，以及所有鱼类侧线的红色肉中，均有高含量的组氨酸，鱼体在经历"自溶→腐败"过程中会被微生物胞外酶作用，使游离组氨酸脱去羧基转化为组胺。因此，红鱼粉的主要原料鱼如鳀鱼、金枪鱼、沙丁鱼、鲣鱼等的肌肉中组氨酸的含量显著高于白色肌肉鱼类如鳕鱼；鱼肉蛋白质腐败产生的生物胺不易被挥发，留存于鱼粉产品之中，导致所得的红鱼粉产品中组胺也相应较高。在新的鱼粉标准制定中，测定了134个红鱼粉中的6种生物胺的含量，结果如彩图6-4所示（数据来自于鱼粉标准制定课题组）。红鱼粉中精胺、亚精胺的含量较低，而腐胺、尸胺、酪胺和组胺含量较高。

组胺也是对人体危害较大的一种生物胺。在GB 2733—2015《食品安全国家标准 鲜、冻动物性水产品》中的组胺标准为高组胺鱼类≤40mg/kg，其他海水鱼类≤20mg/kg。高组胺鱼类为鲐鱼、鲹鱼、竹荚鱼、青鱼、鲣鱼、金枪鱼、秋刀鱼、马鲛鱼、青占鱼、沙丁鱼等青皮红肉海水鱼，这些种类也是红鱼粉、鱼排粉（海洋捕捞鱼）的主要原料鱼。该标准中组胺含量为鲜样中的含量，如果以"可食用部分"平均含水量75%计算，样本干重的高组胺鱼类组胺含量为160mg/kg，其他海水鱼类组胺含量为80mg/kg。

组胺对有胃鱼类的胃黏膜具有损伤作用。何杰等（2018）以黄颡鱼为试验对象，在以白鱼粉为动物蛋白质原料的饲料中添加组胺盐酸盐，饲料组胺水平分别为53.20mg/kg、4.30mg/kg、18.00mg/kg、56.20mg/kg、84.60mg/kg、103.50mg/kg、158.90mg/kg条件下，经过60天的养殖试验，确认"饲料组胺水平大于103.50mg/kg时对黄颡鱼的生理健康、胃黏膜细胞表面结构和肠道黏膜细胞之间的紧密连接结构有较为明显的损伤作用"。因此，以有胃鱼类黄颡鱼为代表，其饲料中组胺安全限量至少应该小于103.50mg/kg。

6. 鱼粉产品中的挥发性盐基氮

挥发性盐基氮（VBN）作为鱼粉新鲜度和安全性鉴定的理由主要有：鱼粉作为重要的动物蛋白质原料，其质量核心成分是蛋白质含量、氨基酸质量和安全质量，而蛋白质的安全性以VBN和组胺作为标识性指标；挥发性盐基氮代表的是碱性条件下挥发性氮成分，主要包括氨氮、甲胺、二甲胺等在碱性条件下易蒸发的含氮成分；其主要来源是原料鱼，但也不能排除鱼粉产品在运输、存储过程中受潮或被微生物污染后所产生；在VBN的组成物质中，也含有对养殖动物构成毒副作用的物质，如氨、胺等成分，所以，VBN既是新鲜度限定指标，也是安全性限定指标，需要严格控制；来自于原料鱼的VBN含量受到鱼粉加工工艺如温度的影响，烘干温度超过120℃，VBN含量有下降的趋势，但并不能完全消除；反映蛋白质安全性的指标中，组胺指标更经典、意义更大，但还不足以完全代表新鲜度和安全性，需要 VBN 和组胺两个指标相结合更为科学。

经过数据分析发现，挥发性盐基氮含量与粗蛋白含量没有相关性，是原料鱼和鱼粉产品新鲜程度相对独立的判定指标。167 个红鱼粉制标样本中的组胺含量与挥发性盐基氮含量之间的关系如图 6-3 所示（数据来自于鱼粉标准制定课题组，制标样本指制定标准过程中所采用的样本），全部制标样本的生物胺含量与挥发性盐基氮虽然有一定的相关性，但不显著且不能相互代表，需要由 VBN 和组胺作为两个独立标识性指标设置。而 VBN 和组胺这两个指标都是反映鱼粉产品蛋白质新鲜度和安全性的指标，因此需要分别作为标准的限制性指标。

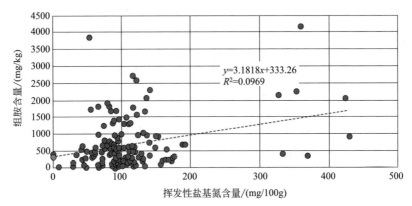

图 6-3　红鱼粉中组胺含量与挥发性盐基氮含量之间的关系（$n=167$）

7. 鱼粉中赖氨酸、蛋氨酸含量与粗蛋白含量的关系

鱼粉是优质的动物蛋白质原料，其蛋白质的质量可以依据赖氨酸（Lys）、蛋氨酸（Met）含量反映。在代表鱼粉蛋白质的氨基酸质量方面，赖氨酸、蛋氨酸具有相同的意义，依据产品标准制定规则，选择之一即可。对于养殖动物而言，多数情况下赖氨酸为第一限制性氨基酸、蛋氨酸为第二限制性氨基酸。将鱼粉中的赖氨酸、蛋氨酸含量分别与粗蛋白含量进行相关系数分析，得出赖氨酸具有更高的相关性，如图 6-4 所示（数据来自于鱼粉标准制定课题组）。因此选择保留第一限制性氨基酸即赖氨酸，而删除蛋氨酸。

将 165 个红鱼粉样本的赖氨酸、蛋氨酸含量分别与粗蛋白含量做回归分析，如图 6-4 所示，均显示出线性回归关系，其中，赖氨酸与粗蛋白含量的回归方程为 $y=0.1321x-3.6939$，$R^2=0.8446$，蛋氨酸与粗蛋白含量的回归方程为 $y=0.0402x-0.7968$，$R^2=0.678$，该结果表明赖氨酸与粗蛋白含量的关系更大。

将 32 个白鱼粉样本的赖氨酸、蛋氨酸含量分别与其粗蛋白含量做回归分析，如图 6-5 所示（数据来自于鱼粉标准制定课题组），显示赖氨酸含量与粗蛋白含量具有更强的相关性。

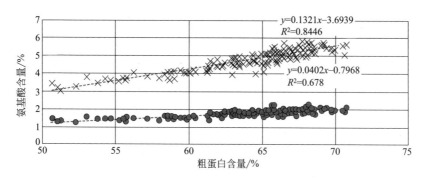

图 6-4　红鱼粉 Met、Lys 含量与粗蛋白含量的关系（$n=165$）

● Met　× Lys

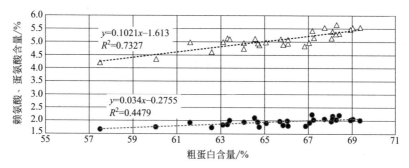

图 6-5　白鱼粉赖氨酸、蛋氨酸与粗蛋白含量的关系（$n=32$）

▲ 赖氨酸　● 蛋氨酸

　　不同鱼粉的蛋白质含量有差异，依据赖氨酸含量与粗蛋白含量的回归方程可以计算出相应的赖氨酸含量（蛋氨酸含量也可如此推算），并作为鱼粉蛋白质质量的判定指标之一。由粗蛋白质含量推算不同蛋白等级红鱼粉的赖氨酸含量及其分级指标的计算值见表 6-8。

表 6-8　红鱼粉由粗蛋白含量推算的赖氨酸含量（回归方程 $y=0.1321x-3.6939$）

粗蛋白含量/%	推算的赖氨酸含量/%	修订后标准赖氨酸含量/%
68.0	5.28	—
67.0	5.15	—
66.0	5.02	5.0
65.0	4.89	—
64.0	4.76	—
62.0	4.49	4.5
58.0	3.97	4.0
50.0	2.91	3.0

四、鱼粉在水产饲料中的应用效果

1. 鱼粉是营养品质最好的饲料蛋白质原料之一

在所有的饲料原料中，鱼粉在促进养殖动物生长、提高饲料利用效率、保障鱼体健康方面的效果是最为明显的。鱼粉作为一种海洋动物蛋白质原料，在水产动物日粮中具有不可替代性或特殊性。在配合饲料中是否使用鱼粉及使用量不同所获得的养殖效果会有很大的差异，即饲料中鱼粉的使用量与养殖鱼产品的生长速度、饲料效率具有显著的正相关关系，鱼粉在配合饲料中的使用对配合饲料的质量有非常直接的关系，如在草鱼、武昌鱼饲料中，与不用鱼粉的饲料相比较，使用1％～2％的鱼粉后，鱼体生长速度可以提高10％以上，同时鱼体的生理健康也会得到改善。

2. 海洋生物产品对水产动物具有特殊作用

以鱼粉为代表的海洋生物饲料原料尤其是酶解海洋鱼类原料、酶解海洋虾蟹原料、酶解乌贼浆等原料，在水产饲料中通常具有不可替代性。而这种不可替代性不仅仅表现在对养殖动物生产性能的影响方面，更多的是对养殖动物生理代谢动态平衡的维护、对养殖动物生理健康的维持、对养殖动物免疫防御能力的维护。

在用植物蛋白质原料、陆生动物蛋白质原料等替代鱼粉的过程中，发现水产动物的肠道黏膜损伤较为严重，同时发现鱼体生理健康如肝胰脏和肠道黏膜的结构与功能受到损伤；欧洲在三文鱼饲料中将鱼粉的用量从50％以上下调到10％左右，三文鱼的生长速度可以保持较高的水平，但病害发生率增加，同时三文鱼肌肉的食用质量下降，尤其是风味、口感发生了显著性变化。这些结果显示，鱼粉中含有水产动物生理代谢、生理健康维持所必需的成分，而这些成分在植物性原料、陆生动物原料中所不具备。至于具体是哪些物质成分则未知，统称为"未知生长因子"，这也显示出鱼粉对水产动物的特殊作用。

酶解鱼溶浆、酶解鱼浆、酶解虾浆等产品，经过外源性酶的作用，释放出更多的"未知生长因子"。用酶解的鱼溶浆（粉）、酶解的鱼浆等产品替代鱼粉，在草鱼、黄颡鱼日粮中试验，其养殖效果优于鱼粉。尤其是以10％水分含量计的酶解鱼溶浆，在黄颡鱼日粮中仅仅8％～9％的添加量达到了与28％和30％的鱼粉等效的结果。这些结果表明，来自于海洋鱼类的酶解产品用于日粮中的养殖效果远优于传统鱼粉的结果，而单纯从蛋白质和氨基酸的营养角度去理解是不完整的，更多的应该是这些产品中含有的生理活性物质对鱼体生理代谢产生了重大影响。

海洋生物酶解产品显示出比鱼粉更好地促进生长、维护鱼体健康的特殊作用，是鱼粉更有效的替代产品。

3. 无鱼粉日粮对鱼类的影响有多大

需要验证一个命题：无鱼粉日粮对养殖鱼类的影响有多大？影响主要表现在哪些方面？

为此，笔者所在团队以黄颡鱼（*Pelteobagrus fulvidraco*）为试验对象，设计两种饲料：鱼粉组和无鱼粉组日粮。饲料配方见表 6-9，按照等氮、等脂、等磷进行黄颡鱼试验日粮的配方设计，鱼粉组（对照组，FM）含有 28% 的鱼粉，无鱼粉组（试验组，NF）以鸡肉粉、棉籽蛋白、大豆浓缩蛋白作为蛋白质原料。以磷酸二氢钙平衡试验配方总磷含量，以混合油脂（鱼油：磷脂油：豆油＝1∶1∶2）平衡试验日粮中脂肪含量。

表 6-9　试验日粮配方及化学组成（干物质基础）

项目	鱼粉组（FM）	无鱼粉组（NF）
配方/（g/kg）		
鱼粉	280	—
米糠粕	150	101
鸡肉粉	65	168
棉籽蛋白	65	168
大豆浓缩蛋白	65	168
磷酸二氢钙	5	16
混合油脂	15	24
细米糠	150	150
玉米蛋白粉	50	50
小麦粉	125	125
沸石粉	20	20
预混料	10	10
合计	1000	1000
日粮化学组成/（g/kg 干物质）		
干物质	94.98	95.87
蛋白质	44.58	44.09
脂肪	11.89	11.79
灰分	13.79	12.78
总磷	1.68	1.67
总能/（MJ/kg）	19.94	19.72

用两组日粮在池塘网箱中养殖黄颡鱼 70 天，得到的生产性能结果见表 6-10。

表 6-10　黄颡鱼生长速度和日粮利用效率 ($n=4$)

指标	鱼粉组（FM）	无鱼粉组（NF）
初均重/g	11.98±0.11	12.04±0.14
末均重/g	50.06±2.36[b]	32.71±0.19[a]
成活率/%	95.83±3.82	94.17±6.29
特定生长率/(%/d)[①]	2.38±0.10[b]	1.66±0.03[a]
饲料系数[②]	1.37±0.09[b]	2.52±0.04[a]
蛋白质沉积率/%[③]	20.44±1.46[b]	8.78±0.21[a]
脂肪沉积率/%[④]	66.96±3.52[b]	30.50±0.29[a]

① 特定生长率（SGR，%/d）$=100\times(\ln W_t-\ln W_0)/t$，式中，$W_t$、$W_0$ 分别表示终末平均质量、初始平均质量；t 为饲养天数。

② 饲料系数（FCR）=饲料消耗量/鱼体增加重量。

③ 蛋白质沉积率（protein retention rate，PRR，%）$=100\times$（试验结束时体蛋白含量－试验开始时体蛋白含量）/摄食蛋白质总量。

④ 脂肪沉积率（fat retention rate，FRR，%）$=100\times$（试验结束时体脂肪含量－试验开始时体脂肪含量）/摄食脂肪总量。

注：同一水平下同列数据右上角不同上标小写字母代表差异显著（$P<0.05$）。

与鱼粉组比较，无鱼粉组黄颡鱼特定生长率下降了30.25%（$P<0.05$），饲料系数显著增加了83.94%（$P<0.05$）；蛋白质沉积率下降了57.05%，脂肪沉积率下降了54.45%。同时，无鱼粉组黄颡鱼全鱼脂肪含量显著下降（$P<0.05$），血清甘油三酯含量显著下降（$P<0.05$），血清转氨酶活力显著增加（$P<0.05$）。

取两组黄颡鱼的肝胰脏提取总 RNA 后做了转录组分析。与鱼粉组相比，无鱼粉组分别有1013个基因表达显著上调、2749个基因表达显著下调（$P<0.05$）。将组间具有差异表达的基因进行 GO Term、KEGG 通路分类，结果显示：无鱼粉组的肝胰脏细胞组成、细胞生物过程、细胞分子功能等绝大多数基因差异表达下调，提示肝胰脏的细胞组织结构和功能受到很大的影响；KEGG 通路富集到15个显著差异代谢通路，见表 6-11。有细胞衰老、蛋白质消化吸收、轴突导向、趋化因子信号通路、MAPK 信号通路等共15个代谢通路的基因显著差异表达，且这些通路中，均是差异表达下调的基因数大于差异表达上调的基因数。

表 6-11　黄颡鱼摄食无鱼粉日粮后肝胰脏转录组显著差异表达基因的 KEGG 通路分类结果

通路名称	上调基因数/个	下调基因数/个	差异表达趋势
细胞衰老	8	75	整体差异表达下调
蛋白质消化吸收	3	36	肠内消化和黏膜细胞基底转运基因差异表达下调
轴突导向	6	98	整体差异表达下调

通路名称	上调基因数/个	下调基因数/个	差异表达趋势
趋化因子信号通路	9	79	整体差异表达下调
信号通路 MAPK	10	100	AKT、ATF4 上调，其他途径 MAP3K1、JNK、HRAS、NLK 等下调①
癌症中的微小 RNA	11	69	整体差异表达下调
A 型流感	8	65	整体差异表达下调
细胞因子 - 细胞因子受体相互作用	21	52	CC 族中 CCL2、3、4、26 上调，CCL18、19、20、24、25 下调；IL-6ST 族整体下调，IL-2Rβ 族整体上调，PDGF 族下调，TGF-β 族下调②
GnRH 信号通路③	3	47	GNAS、ATF4 上调；PRKCA 为节点路径整体下调；CGA 上调③
5-羟色胺能突触	5	41	整体差异表达下调
长期抑郁症	4	32	PRKCA 为节点路径整体下调④
信号通路 IL-17	13	22	IL-17RC、HSP90A 上调，NFKB1、P38 等下调⑤
胰腺分泌 PaN	10	43	ATP1A 等上调，ATP2B 等下调⑥
胰岛素信号通路	4	69	AKT 上调，其他整体下调
TRP 通道的炎症介质调节	2	49	TRPV1⑦、2、4 下调，对温度敏感性下降

① AKT（RAC 丝氨酸/苏氨酸蛋白激酶），ATF4（cAMP 依赖性转录因子），MAP3K1（丝裂原活化蛋白激酶激酶激酶 1），JNK（丝裂原活化蛋白激酶 8/9/10）、HRAS（GTP 酶 HRAS）、NLK（nemo 样激酶）。

② CC（C-C 基序趋化因子 1），IL-6ST（白细胞介素 6 信号传感器），IL-2Rβ（白介素 2 受体 β），PDGF（血小板衍生生长因子受体 α），TGF-β（TGF-β 受体 2 型）。

③ GnRH（促性腺激素释放激素 Gonadotropin-releasing hormone），GNAS（鸟嘌呤核苷酸结合蛋白 G(s) 亚基 α），PRKCA（经典蛋白激酶 Cα 型），CGA（糖蛋白激素，α 多肽）。

④ PRKCA（经典蛋白激酶 Cα 型）。

⑤ IL-17RC（白介素 17 受体 C），HSP90A（分子伴侣 HtpG），NFKB1（核因子 NF-κ-βp105 亚基），P38（p38 MAP 激酶）。

⑥ ATP1A（钠/钾转运 ATP 酶亚基 α），ATP2B（Ca^{2+} 转运 ATP 酶，质膜）。

⑦ TRPV1（瞬时受体电位家族香草醛 1 型）。

综合分析转录组代谢通路及其显著差异表达的基因种类的结果表明，日粮中鱼粉可能含有某些生理活性物质，这些物质以神经分泌、激素调控、代谢信号通路等为作用靶点，通过对这些代谢信号通路的调节，对鱼的整体生理代谢强度、细胞结构与功能、生理健康状态等产生明显积极促进影响。无鱼粉日粮导致黄颡鱼神经系统细胞结构损伤、神经分泌和激素分泌出现紊乱，对多个重要代谢信号通路形成干扰，放大了无鱼粉日粮对鱼体代谢的作用程度。无鱼粉日粮对黄颡鱼生理代谢的作用是多位点、多途径的，导致鱼体生理代谢强度整体下降、抗炎症和抗应激能力下降、免疫防御能力下降。

按照一般的生物学规律理解，鱼粉等产品中含有的生理活性物质要在饲料中发挥生理调节作用，应该满足以下条件：①从物质来源分析，要有物质基础。这类生理活性物质只有鱼粉或来自于海洋生物如鱼、虾、蟹、软体动物（乌贼、鱿鱼）、海藻等含有或经过加工（酶解）后产生，而在其他陆生动物、植物性原料中没有。②从作用位点或作用环境分析，这类生理活性物质既可以在消化道中发挥作用，也可通过消化道吸收进入鱼体血液、淋巴液并转送到鱼体各器官组织中发挥作用。③从作用方式或作用途径分析，这类物质能够对不同的代谢通路，尤其是神经分泌或激素信号通路形成干扰，放大作用效果，而不仅仅是营养需要的作用。④从作用结果分析，这类生理代谢作用的结果是对鱼体生长、发育和生理健康的维护具有正向的结果，反之为负面影响结果。如果从鱼粉日粮角度来分析，就是鱼粉中含有某些生理活性物质，这些生理活性物质是以神经分泌、激素调控信号通路，以及其他重要的生理代谢信号通路作为作用位点，通过对信号通路实施干扰，对鱼体生长、生理健康等造成重大影响。

4. 水产饲料对鱼粉等海洋生物蛋白质原料的选择与使用

前面已经介绍过，以海洋生物为原料可以得到鱼粉、虾粉、鱼排粉、酶解鱼溶浆、酶解鱼浆、酶解虾浆、酶解乌贼浆等产品，这是水产动物饲料中不可缺少的蛋白质原料。那么，不同的养殖对象、同一个养殖对象的不同生长阶段、不同的水域环境和不同的应激环境下，其饲料中需要用多少量的海洋生物蛋白质原料呢？又该选择那些海洋生物蛋白质原料呢？

首先，要明确不同水产养殖动物饲料中对鱼粉等海洋生物蛋白质原料的最低用量，并维持其最低用量，这是保障饲料质量的底线。

水产动物种类非常多，从食性分析有草食性、杂食性、滤食性、肉食性、鱼食性等；从生活环境分类有海水养殖鱼虾蟹、淡水养殖鱼虾蟹、水陆两栖动物等。不同养殖种类饲料中鱼粉等海洋生物蛋白质原料应该有一个最低限量，这个最低限量下可以获得较好的生产性能，同时可以维护养殖动物的正常生理代谢动态平衡、可以维护养殖动物的生理健康和免疫防御能力，并维护养殖动物的食用价值和食用安全性。从既要保证饲料质量又希望饲料成本最低化角度考虑，在不同养殖动物饲料中可以使用鱼粉等海洋生物蛋白质原料的最低限。那么，这个最低限是多少呢？遗憾的是我们对这方面的研究非常有限。笔者依据这些年的试验研究和实际应用结果，对部分种类提出饲料中鱼粉的最低限推荐值，如果使用酶解鱼溶浆等产品可以参照鱼粉的最低限使用（即使酶解产品水分含量为 42%～50%，也可以按照 1∶1 替代鱼粉使用）：草食性的草鱼、团头鲂饲料中鱼粉的最低限设置为 2%，杂食性的鲤鱼饲料为 5%，鲫鱼饲料为 8%，斑点叉尾鮰饲料为 8%，肉食性的黄颡鱼饲料为 20%，加州鲈为 35%，乌鳢为 30%，南美白对虾为 25%，中华绒螯蟹为 10%。

其次，不同饲料可以选择不同的海洋生物蛋白质原料，不同的海洋生物蛋白质原料可以组合使用。

白鱼粉和鱼排粉（海洋捕捞鱼）是以海洋捕捞鱼经过食用渔产品加工后的副产物为原料所得产品，其最大的质量特征是新鲜度非常好。因此，在一些对蛋白质原料新鲜度较为敏感的鱼类饲料中，如黄颡鱼、斑点叉尾鮰、巴沙鱼、加州鲈、中华鳖、鳗鲡等的饲料中，可以适当选择白鱼粉、鱼排粉（海洋捕捞鱼）作为主要的饲料蛋白质原料。而对于饲料适口性要求较高的种类中，尽量选择酶解鱼浆、酶解鱼溶浆、酶解虾浆、酶解乌贼浆等产品，这些酶解产品的消化利用率高、诱食性好、生理活性物质丰富，在控制鱼粉使用量的同时增加鸡肉粉和植物蛋白质原料的量，实现既保障了饲料质量又能控制饲料成本的目的。

第二节　肉粉、肉骨粉

肉粉、肉骨粉是以陆生动物屠宰的副产物为原料所生产的饲料蛋白质原料。在原料目录中的陆生动物产品及其副产品类饲料原料，主要为养殖的家畜（猪）、家禽（鸡鸭鹅）、反刍动物（牛羊）屠宰加工的副产物，这些产品也是重要的动物蛋白质原料，具体种类见"饲料原料目录"。

关于饲养的毛皮动物如狐狸、貉、水貂等是以获取毛皮为主要目标，其养殖过程管理不是按照食用动物的养殖进行；尤其是为了动物毛皮质量，在其饲料中可能使用激素。我国的"饲料原料目录"中不含有毛皮动物加工副产物所生产的饲料原料。因此，毛皮动物屠宰、取毛皮之后的胴体、内脏等所有副产物禁止食用、禁止用于食品和饲料加工的原料，如果这些原料进入饲料也是违法行为，必须定点进行资源化利用或无害化处理，主要用于肥料的原料或进行无害化处理（无害化处理方式主要为高温焚烧或消毒后深度填埋）。

一、食用动物的屠宰加工及其副产物

食用动物主要为家畜、家禽，包括猪、牛、羊、鸡、鸭和鹅等畜禽动物。用作饲料原料的主要为食用动物加工的副产物，新制定的《畜禽屠宰副产品处理规范》中的定义为：畜禽副产品是指畜禽屠宰加工获得的除胴体以外的部分，包括内脏、血液、脂肪、骨、角、皮、毛、齿、羽、冠、喙、爪、头、蹄、尾，以及屠宰和分割过程产生的肉、脂肪、骨、内脏等散碎组织、器官。这些副产物并不是全部用于饲料原料的生产，包括了"食用副产品""饲料用副产品""生化药品用副产品""工业用副产品""无害化处理类副产品"。其中，用于饲料的副产品为列入农业农村部《饲料原料目录》的畜禽副产物或经加工的产品。无害化处理类副产品（禁用的副产物）包括屠宰加工和分割车间分割产生的废弃物：病变淋巴结、脓包、修割碎皮、修割粘连组织、修割槽头、锯末、清洗器具和地面收集的散碎组织、器官等，应按照《病死及病害动物无害化处理技术规范》进行处理。

食用动物屠宰可以产生不同细分种类的原料，而实际用于肉粉、肉骨粉生产的原料可以总结为以下几类：①油渣，包括了生产食用动物油脂如猪油、牛油、羊油、鸡（鸭）油所产生的油渣，食用油炼油的原料主要为屠宰动物的脂肪酸组织，如猪板油、脂肪块等，也包括饲料或工业用油所产生的油脂原料。提炼油脂后的饲料原料为油渣，油渣类产品的质量特征是蛋白质含量高，蛋白质种类主要为脂肪组织的结缔组织，即胶原蛋白质类。②碎肉、边角料、非病变的淋巴结、猪肺等。这类原料在国内外差异较大，国内对肉、内脏、头、四肢等的利用程度较高，包括大肠、小肠、猪头、鸡头、鸭脖、鸡爪、鸡胗、胃等几乎都作为人的食物，而国外生猪、鸡的屠宰副产物相对更多，如猪胃、猪头等有订单时就分割出来，否则就作为副产物用于肉粉、肉骨粉的生产原料。③动物整体性原料，如运输途中非疾病死亡的猪、牛、羊、鸡鸭等不能用于食用肉食品之用，只能作为肉粉、肉骨粉的原料使用；在屠宰后分割加工过程中，从生产线掉落地面的屠宰动物也不能再用于肉食品生产原料，也是整体用于肉粉、肉骨粉的生产原料。还有一类整体动物性原料是淘汰的蛋鸡、蛋鸭等整体动物，一般用于宠物级鸡肉粉的生产原料。

因此，肉粉、肉骨粉因生产原料不同，所得到的肉粉、肉骨粉的质量差异也很大，这是肉粉、肉骨粉原料质量差异的主要原因。同时，加工工艺和方式对肉粉、肉骨粉质量的影响也很大。

二、屠宰副产物的动物蛋白质原料

不同的原料可以采用不同的生产工艺和设备，得到不同质量的饲料蛋白质原料产品，主要有以下几种类型。

1. 血液类产品

屠宰动物经过电击至昏迷之后再放血致死，在放血过程中在血液中加入抗凝剂防止血液凝固，后经过离心分离得到血浆和血细胞，血浆直接喷雾干燥或经其他干燥方式得到血浆粉，有猪血浆粉、鸡鸭血浆粉、牛羊血浆粉等。而血细胞则经过喷雾干燥或加水破壁之后喷雾干燥，得到血细胞粉。也有将血细胞破裂后分离血红素，之后的残渣再喷雾干燥得到血细胞粉或称之为珠蛋白粉，其色泽相对于前面的血细胞粉浅，加入饲料后对饲料的颜色（黑色）影响相对较小。

2. 小肠黏膜渣类产品

猪小肠、羊小肠等先分离得到肠衣，肠衣用于肉肠如红肠、香肠的加工使用，而剩下的肠黏膜渣可以用于提取肝素钠，肝素钠为医药产品。生产的残渣再经历酶解工艺得到肠黏膜蛋白粉，残渣也可以不经历酶解并直接干燥得到肠黏膜渣。

这类蛋白质原料产品的特点是，经历酶解后的肠黏膜渣即肠膜蛋白粉消化率高、功能性小肽含量高，是一类很好的功能性酶解蛋白质原料。如果是提取肝素钠后的残渣直接烘干的肠黏膜渣，因为肝素钠的提取是在一定盐度及碱性条件下进行的，作为饲料蛋白质原料则需要用酸中和到中性，加上肝素钠提取过程中的盐，所得肠黏膜渣的盐分含量较高，可以达到 6% 左右的盐分。

3. 油渣类产品

这类原料需要经历高温提炼油脂，提炼温度会达到 250℃ 左右。所得油渣含有 7%～9% 的油脂、70% 左右的粗蛋白，其蛋白质种类主要为胶原蛋白质类，胶原蛋白质氨基酸组成中甘氨酸、脯氨酸含量很高。其在饲料中使用的主要困难是粉碎难度较大，要和其他原料混合在一起粉碎。

4. 羽毛粉类产品

禽类的羽毛一般是经历羽绒分离后的剩余羽毛。畜类动物的毛发有时也会分离猪鬃等。再就是踢脚壳之类的原料。这类原料的特点是以角蛋白质为主，其氨基酸组成中胱氨酸含量很高；同时有角质层结构，直接干燥粉碎得到的羽毛粉、踢脚粉等产品蛋白质含量高，一般超过 70%，但蛋白质的消化利用率很低。

如果采用高温、高压水解后得到的水解羽毛粉、水解踢脚粉等产品，其消化率相对提高。也有采用酶解或发酵工艺生产的酶解羽毛粉、发酵羽毛粉等，这类产品的消化率也相对提高。

5. 肉粉、肉骨粉等类产品

这类产品的原料较为复杂，几乎涵盖了所有的屠宰副产物。目前有干法和湿法（含酶解）两大类生产工艺，其生产工艺路径及其所得产品示意如图 6-6 所示。

（1）干法工艺及其产品　干法工艺基本就是传统动物油脂提炼工艺，采用高温、蒸发水分并提炼油脂，再经历压榨工艺得到油脂和肉渣、肉骨渣。对于动物蛋白质原料，经历高温过程中，物料温度会超过 200℃，蛋白质要经历高温热变性，如果受热不均匀会导致部分蛋白质焦化。其结果会导致养殖动物对这类原料的消化率降低、美拉德反应损失部分赖氨酸等。

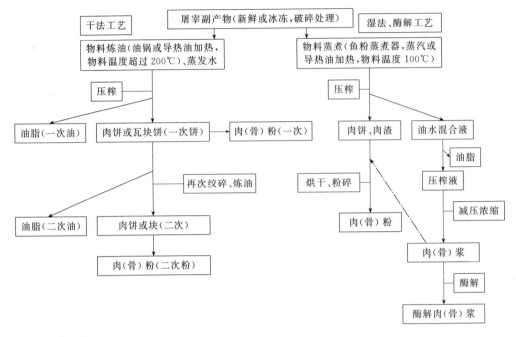

图 6-6　肉粉、肉骨粉生产流程图（干法和湿法）

需要注意的是一次炼油和二次炼油的问题。第一次炼油、压榨得到的肉饼中含油量在 20%～30%、粗蛋白为 60%～65%。第一次提炼得到的油脂、肉饼可以称之为一次油、一次肉饼。一次油脂的颜色相对较浅，如猪油为白色油脂。得到的一次肉饼重量每块在 30～50kg，可以粉碎后直接用于水产动物中。一次肉饼的油脂＋蛋白质的含量可以达到 90%，其价格一般低于二次肉粉，性价比较为合适。其在饲料生产中应用相对复杂，由于油脂含量高、粉碎难度较大，需要先将每块 30～50kg 重的肉饼破碎之后，再与其他原料混合后进行粉碎。相对于二次肉粉，少经历一次高温炼油，对蛋白质的高温热变性影响小，进入动物消化道后的消化率则较高，养殖效果更好。

一次肉饼再经历第二次高温炼油之后，得到的油脂、肉粉称之为二次油脂和二次肉粉，二次油脂的颜色相对于一次油脂更深，多为黄色油脂。二次肉粉的颜色也变深，还有少量黑色颗粒。相对于一次肉饼，二次肉粉的油脂含量为 8%～12%、粗蛋白一般高于 65%。

（2）湿法工艺及其产品　湿法工艺基本就是参照鱼粉的生产工艺和设备进行的，只是生产原料为肉粉、肉骨粉，尤其是禽类屠宰后的脊椎骨和胸骨的骨架等基本是按照湿法工艺生产得到鸡（鸭）肉粉、鸡（鸭）肉骨粉。湿法工艺的显著特点是生产过程的温度较干法工艺低很多，其高温阶段是在烘干过程中。

与鱼粉生产过程类似，湿法肉粉生产过程中也有压榨水，压榨水经过油水分离后的水溶液中还含有6%左右的固形物、水溶蛋白质等，经过浓缩后得到肉浆。肉浆可以返回到压榨饼里烘干得到肉粉，也可以采用类似酶解鱼溶浆的工艺得到酶解的肉浆等产品。依据鸡肉浆和酶解鸡肉浆的养殖试验结果，酶解的鸡肉浆比鸡肉粉具有更好地促进生长、促进摄食的效果。

肉骨粉类原料的加工方法，不管采用哪种，在加工过程中都应该注意以下几个方面的问题：首先，必须对动物性原料进行消毒灭菌，避免微生物的污染，防止对畜禽产生不良影响。比如，欧盟委员会要求肉粉类产品必须在133℃、3000kPa条件下处理20min，因为温度、压力或处理时间不合适，肉粉类产品中的致病物质就不能被钝化。其次，原料必须进行清洗，去除杂物，才能保证饲料质量和加工设备的正常运转。畜禽的肉骨在温度较高的条件下保存时间短、容易被病原菌污染，因此应及时加工处理。同时，原料必须进行脱水和干燥，含油脂高的原料易氧化变质，还需要进行脱脂处理。另外，由于动物的角质、皮的分子结构中多肽链间形成的二硫键连接紧密坚实，如直接用作饲料，动物难以消化吸收，需将角、蹄爪、毛等的角蛋白和皮蛋白进行水解，然后再进行浓缩干燥（或进行膨化处理）。

第三节　血粉、血细胞蛋白粉

一、动物血液与品质

动物血液是一类富含动物性蛋白质的营养资源，含有多种养分和生物活性物质，其潜在营养价值很高，全血量可占牲畜体重的3%～5%，是畜产品资源的重要组成部分。

动物血液含量因动物种类的不同而存在差异，牛血约占活体重的8%，猪血约为5%。屠宰动物时能收集到的血液占总量的60%～70%，其余滞留于肝、肾、皮肤和胴体中。全世界每年可利用的动物血液总量相当可观，例如，宰杀30亿头牛、猪和羊，血液产量约达1400万吨。我国是世界养殖大国，20世纪90年代初以来我国肉类产量一直位居世界第一，其中生猪产量接近世界总量的50%。目前我国猪、牛、羊的出栏总数约7亿头，动物血液总量达250多万吨，可生产血粉50万吨左右。屠宰动物血液作为蛋白质原料资源利用的产品主要包括：经过蒸煮后干燥得到血粉；加抗凝剂后分离血浆、血细胞，分别干燥得到血浆蛋白粉和血细胞蛋白粉；血细胞进一步分离出血红素和珠蛋白，可以得到血红素粉和珠蛋白粉。血液资源利用最大的风险是动物源性病原生物的传播，包括细菌、病毒等，如疯牛病、非洲猪瘟等的病原体。

动物血液中含有多种养分和生物活性物质，如多种蛋白质、多种酶类、氨基酸、维生素、激素、矿物元素、糖类和脂类等。全血质量浓度为 $1.06g/mL$，显弱碱性，pH 值平均为 7.47。利用离心技术可以将血液分离成血浆和血细胞两个部分，血浆约占总量的 55%，蛋白质含量为 8%，主要为纤维蛋白、各种球蛋白和白蛋白；血细胞占全血的 45% 左右，蛋白质含量为 36%，主要是血红蛋白。血液潜在的营养价值很高，是极具开发利用价值的动物性蛋白饲料。

血液的营养特性首先体现在蛋白质含量和氨基酸组成上。鲜血含 20% 左右的蛋白质，血细胞蛋白粉的蛋白质含量高达 90% 以上。与鱼粉相比，血细胞蛋白粉的蛋白质含量较鱼粉高 30% 左右，是蛋白质含量极高的动物蛋白原料。猪鲜血约 7% 的蛋白质存在于血浆中，约 12% 的蛋白质存在于血细胞中。从氨基酸组成来看，血液蛋白质的必需氨基酸比例高于人乳和全卵蛋白，尤其是赖氨酸含量很高，接近 9%。从蛋白质互补的角度来看，谷物蛋白质中赖氨酸含量低、蛋氨酸和胱氨酸含量高、异亮氨酸含量适当，血液的高赖氨酸含量使其成为一种很好的谷物蛋白的互补物，这对动物性蛋白资源相对贫乏的国家或地区改善膳食中总体蛋白质量很有意义。以全卵蛋白为参比蛋白，从化学比分计算可以看出血液蛋白质的第一限制性氨基酸是异亮氨酸，其次是蛋氨酸和胱氨酸（含硫氨基酸），而其余的必需氨基酸的化学比分都接近或超过 100 分。

目前的一些研究发现血液中还含有很多生物活性物质，这些物质绝大多数存在于血浆中，对于血液或血浆蛋白的营养价值具有重要意义。血浆蛋白对动物的生长具有促进作用，其促生长作用主要是通过提高动物的采食量、促进肠道健康以及改变某些循环激素的浓度来发挥作用。一些研究表明，免疫球蛋白对于血浆蛋白促生长性能的发挥具有不可或缺的作用。

二、血细胞蛋白粉生产工艺及其产品质量

目前血细胞蛋白粉的加工工艺主要有普通干燥法、载体吸附法和喷雾干燥法。

1. 普通干燥法

将收集的血细胞蛋白放入锅中，然后用火慢慢烧煮，加热温度不要超过 120℃，并使之凝固成血块。最后将形成的血块捞出，切成小块，摊放在水泥地上，晒干至呈棕褐色，用粉碎机粉碎成粉末状，过 50 目筛而成。此种方法一般是小批量生产。普通干燥血细胞蛋白粉因干燥时间和温度的不易控制而被淘汰，饲喂效果不好（MC Donald 等，1995）。

2. 载体吸附法

一般用麦麸、米糠或脱脂大豆粉等作为载体，按照1:1的比例加入到新鲜的血细胞蛋白中，经过充分的搅拌后摊放到水泥地上晾晒，并且在晾晒过程中经常翻动，直至成固体，然后粉碎过筛得到载体血细胞蛋白粉。载体血细胞蛋白粉一般可以按照1%~2%的比例拌料饲喂。

3. 喷雾干燥法

喷雾干燥血细胞蛋白粉是把血液离心分离后的下层红细胞液，经清洗后，使用溶血剂溶血或超声波匀浆技术，使血细胞破坏，制备出变性血红蛋白，再经离心分离，沉淀物经浓缩及喷雾干燥制成血细胞蛋白粉。收集、处理、储存和加工血液及血液成分的设备均为不锈钢，且在收集、处理、储存和加工过程中，尽可能减少污染，以确保血细胞蛋白粉中蛋白质的质量。研究表明，这种加工工艺既可较好地保护血液中的免疫球蛋白免受高温高压的破坏，还可以提高蛋白质的生物学利用率。

血细胞蛋白酶解液经过喷雾干燥机制备成粉末状的颗粒。干燥塔进风口温度170~190℃，气压控制在0.78~0.82MPa，干燥塔内负压约0.44MPa，排气温度75~85℃，成品水分≤3%~3.5%。

血细胞约占全血的35%，含有36%的蛋白质，主要为血红蛋白。动物屠宰后的血液在低温处理条件下，经过一定的工艺分离出血细胞，再经喷雾干燥得到的粉状物称为血细胞蛋白粉，又称喷雾干燥血细胞蛋白粉（SDBC）。生产血细胞蛋白粉应满足以下几个条件：①低温处理；②分离血浆；③喷雾干燥。

血细胞蛋白粉与血粉、鱼粉的氨基酸组成和含量存在较大的不同，见表6-12。血细胞蛋白粉、血粉的粗蛋白含量较鱼粉高出30%，是蛋白质含量较高的动物性蛋白原料之一。从氨基酸组成来看，血细胞蛋白粉的氨基酸总量高于血粉、鱼粉，其中缬氨酸、亮氨酸、组氨酸含量丰富，其他氨基酸如赖氨酸、天冬氨酸的含量也很高。不过血细胞蛋白粉的异亮氨酸含量极低，以全卵蛋白为参考蛋白，从化学比分计算可以看出它的第一限制性氨基酸是异亮氨酸，第二限制性氨基酸为蛋氨酸，其次是胱氨酸（含硫氨基酸），而其余的必需氨基酸的化学比分都接近或超过100分。

表6-12 几种蛋白粉的营养成分差异   单位:%

名称	国产血细胞蛋白粉	进口血细胞蛋白粉	牛血细胞蛋白粉	喷雾干燥血粉	进口优质鱼粉
天冬氨酸	10.28	9.15	9.29	10.59	5.8
苏氨酸	3.02	4.32	4.05	2.67	2.71
丝氨酸	3.91	4.45	4.28	3.67	2.41

名称	国产血细胞蛋白粉	进口血细胞蛋白粉	牛血细胞蛋白粉	喷雾干燥血粉	进口优质鱼粉
谷氨酸	8.07	7.76	7.75	7.94	8.66
甘氨酸	4.28	3.78	4.02	4.10	4.12
丙氨酸	7.87	7.84	8.13	6.89	4.17
半胱氨酸	—	—	—	—	0.87
缬氨酸	8.33	7.2	8.04	7.11	3.26
蛋氨酸	0.92	1.56	1.32	0.98	1.79
异亮氨酸	0.67	0.31	0.35	0.70	2.73
亮氨酸	12.31	11.57	12.27	11.00	4.63
酪氨酸	2.12	2.41	2.34	1.79	1.07
苯丙氨酸	6.52	6.77	6.97	5.61	2.54
赖氨酸	8.09	8.27	8.49	7.2	4.98
组氨酸	7.00	5.90	6.51	6.04	2.17
精氨酸	3.61	3.75	3.32	3.70	3.69
脯氨酸	2.44	2.96	2.49	2.70	2.8
氨基酸总量	89.44	88.00	89.62	82.69	58.40
粗蛋白	94.26	91.95	91.45	86.65	67.50
水分	3.71	5.60	6.32	5.86	10.10
粗灰分	3.89	4.36	4.03	5.69	15.5
胃蛋白酶消化率	98.55	98.51	98.55	97.81	—

以牛血或猪血为主要原料喷雾干燥的血细胞蛋白粉氨基酸总量没有明显差异，但牛血细胞蛋白粉比猪血细胞蛋白粉中的赖氨酸含量高。一般认为，粗蛋白含量在92%左右的血细胞蛋白粉，其氨基酸总量为88%左右，血粉一般在83%以下。血细胞蛋白粉与血粉的胃蛋白酶消化率之间差异不大，都基本可以达到98%左右，但这并不能表示两者都能被动物体有效地消化吸收。有试验证明，血细胞蛋白粉的消化吸收率比血粉要高得多。

虽然血细胞蛋白粉潜在的营养价值很高，但目前在应用上还主要存在以下几点问题：①血细胞蛋白粉的色泽猩红、血腥味较重、气味感觉不好、适口性差等是影响其应用的重要因素。普通血细胞蛋白粉为暗红色或红褐色，在添加量为2%时，饲料颜色即受到了较大的影响。对于鱼食性的鱼类，如大口鲶、鳜鱼、乌鳢、加州鲈等，其饲料中添加血细胞蛋白粉、血浆蛋白粉等带有血腥味的原料，对促进鱼类摄食是有利的，对饲料颗粒的黏结性也有利。②动物体肠道内缺乏红细胞膜的消化酶；血细胞蛋白粉能否被有效消化吸收的关键在于血细胞膜的破裂程度或肽链的裸露程度。③氨基酸不平衡，突出表现在亮氨酸和赖氨酸含量高，而异亮氨酸和蛋氨酸的含量低。应当在日粮设计时通过平衡氨基酸来加以克服。

三、血粉、血细胞蛋白粉质量评价

血粉和血细胞蛋白粉的质量差异较大，从感官检验和化学指标对血细胞蛋白粉与血粉的品质进行全面区分，以帮助饲料生产企业和养殖者获取优质的血细胞蛋白粉原料。

1. 感官检验方法

对血细胞蛋白粉和血粉样品进行观察，包括颜色、气味、颗粒形状和质地 4 个方面，见表 6-13。

表 6-13　血细胞蛋白粉、血粉的感官检验特征

名称	颜色	气味	颗粒形状	质地
血细胞蛋白粉	暗红、红褐色	具有血制品固有气味，无腐败变质气味	干燥粉状物，无块状物	无杂质，均匀一致
喷雾干燥血粉	暗红、红褐色	具有血制品固有气味，可能有腐败变质气味或氨味	喷雾干燥血粉似晶亮的红色半透明小珠	无杂质，均匀一致
晒干、发酵和滚筒干燥血粉	棕褐色或黑色	具有血制品固有气味，可能有腐败变质气味或氨味	体视镜下为块状	有部分草或石、土等杂质，色泽混杂，杂有干硬沥青块样的血块
膨化血粉	暗红、红褐色	具有血制品固有气味，有极浓的腐败变质气味	体视镜下为块状，似透明的晶体	有部分草或石、土等杂质，色泽混杂

2. 理化指标

根据血细胞蛋白粉、血粉的粗蛋白、粗灰分、水分、氨基酸含量等理化指标判断血细胞蛋白粉和血粉的质量。

粗蛋白的测定按照 GB/T 6432 执行，粗灰分的测定按照 GB/T 6438 执行，水分的测定按照 GB/T 6435 执行，氨基酸的测定按照 GB/T 18246 执行。

血细胞蛋白粉的粗蛋白大于或等于 88%，喷雾干燥血粉的粗蛋白为 80%～87%。血细胞蛋白粉的赖氨酸含量大于或等于 7.5%，喷雾干燥血粉的赖氨酸含量一般在 7.2%左右。血细胞蛋白粉和血粉的氨基酸总和明显不同，92%蛋白质的血细胞蛋白粉氨基酸总和在 88%左右，而血粉一般在 83%以下。血细胞蛋白粉的灰

分≤5%，水分≤10%。血粉理化指标见表6-14。

表6-14 血粉理化指标（饲料用血粉 SB/T 10212—1994）

指标	一级	二级
粗蛋白/%	≥80	≥70
粗纤维/%	<1	<1
水分/%	≤10	≤10
灰分/%	≤4	≤6

3. 加工新鲜度

挥发性盐基氮（VBN）指标可以准确反映血细胞蛋白粉的加工新鲜度。VBN的数值越低，表明该产品越新鲜。一般情况下，血液的品质决定血细胞蛋白粉的挥发性盐基氮含量（表6-15）。

表6-15 血液在不同处理条件下的血细胞蛋白粉 VBN 值　　　　　单位：mg/kg

项　目	VBN
血细胞蛋白粉（新鲜）	≤18
血细胞蛋白粉（冷藏运输）	≤25
血细胞蛋白粉（15℃）	≤40
变性血液加工的血细胞蛋白粉	>40

四、血粉、血细胞蛋白粉在水产饲料中的应用

1. 血粉在鱼虾饲料中的应用

鱼类日粮中添加血粉，提高了动物的采食量、体增重，降低了饲料系数，减少了鱼类消化系统疾病的发生。血粉在鱼类饲养上的生物学效价，随动物种类的不同而差别较大，鱼种不同，血粉的最适添加量也不同。绝大多数鱼种对血粉的最高耐受量为20%（Nigel，Rasanthi，2002）。但 Wilson（2001）报道在虹鳟饲料中以不超过10%为宜，温水鱼饲料中以不超过5%为宜。建议在饲料中不超过5%。

血粉在鲶鱼上的应用研究较多，D. Win 等（1999）报道，在鲶鱼日粮中，血粉添加比例为4%时，鲶鱼体增重、饲料转化率、存活率及血液常数最佳，这与Meng（1999）报道的在鲶鱼日粮中，血粉添加量以4%为宜的结论相一致。Robinson 等（1998）报道，饲喂含血粉日粮的鲶鱼比饲喂植物蛋白的鲶鱼具有更高的体增重和饲料利用率。谭东权（1991）指出，用发酵血粉培养鲶鱼苗，无论生长还

是成活率都较理想。

血粉在虹鳟上的应用研究也较多，George 等（2001）在虹鳟饲料中添加适宜比例血粉，虹鳟的体增重、饲料转化率、蛋白表观消化率、总能表观消化率、体增重等指标均有提高；Johnson 等（2000）报道，血粉在虹鳟饲料中以 8.75％ 的添加比例为最佳，这与 Wilson（2001）报道在虹鳟饲料中血粉用量以不超过 10％ 为宜的结论相一致。

血粉的研究涉及的鱼种虽较多，但系统性研究却较少。在尼罗罗非鱼前 120 天日粮中，Otubusin（1987）用血粉替代 50％ 的鱼粉，鱼的生产性能严重下降，但用 10％ 的替代比例，生产性能明显改善。在牙鲆日粮中，Kotaro 与 Kikuchi（1999）报道，用豆粕粉与血粉 1∶4 的混合蛋白原料替代 47％ 的鱼粉，饲养效果较好。Engin（2002）指出，澳洲和欧洲鳗鲡日粮中添加血粉，日粮消化率有明显提高。Millamena（2002）在石斑鱼试验中用肉粉和血粉（4∶1）按 0～100％ 比例替代鱼粉，结果表明这种复合物替代 80％ 的鱼粉对石斑鱼的生长、成活以及饲料转化率均未产生不良影响。桂志成等（1995）报道，在淡水鱼的饲料中，膨化血粉不仅可以替代鱼粉，而且还可以减少鱼类消化系统疾病的发生。

血粉在甲壳类上的研究报道较少。在对虾日粮中，朱伯清等（1995）用 5％ 发酵猪血粉代替 5.38％ 的鱼粉，增长率提高 26.1％，成活率 84％，与鱼粉组 88％ 的成活率相近，饲料成本大幅降低。

2. 血细胞蛋白粉在水产饲料中的应用

据一些研究表明，血细胞蛋白粉添加到水产饲料中，能使可消化蛋白质高达 98％ 以上，而且还可以具有比较强的黏稠作用。金菲研究了在鲫鱼日粮中用酶解血细胞蛋白粉等量替代鱼粉和未酶解血细胞蛋白粉，发现酶解血细胞蛋白粉组比未酶解血细胞蛋白粉组和鱼粉组增重率分别提高了 9.47％ 和 7.17％，差异不显著（$P > 0.05$）。美国 Guelph 等研究表明饲喂添加血细胞蛋白粉的鲑鱼日增重和饲料转化率明显提高，添加 5％ 血细胞蛋白粉的效果最佳。唐精、方怀仪等采用体外消化法研究草鱼对血细胞蛋白粉、普通血粉、白鱼粉和红鱼粉的消化能力，发现草鱼对这 4 种饲料原料的离体消化率分别为 88.00％、35.42％、77.48％、70.56％。结果表明，血细胞蛋白粉部分替代鱼粉在水产饲料中作为饲用蛋白质是可行的。A. Frukawa、H. Tsukabatra 研究了饲料中的蛋白质在鱼体消化道中被消化的程度主要取决于消化酶的作用时间，消化速度受消化酶的浓度、温度、底物和作用时间的影响。Summerfelt 在饲喂虹鳟试验中表明，添加 8.75％ 的血细胞蛋白粉替代 13％ 的鱼粉，能提高虹鳟体内铁的含量，虹鳟生长均匀，蛋白质消化率提高。湖北钟祥温峡水库用 4％ 的 NP-90 血细胞蛋白粉替代 6％ 的鱼粉对于提高斑点叉尾鮰生长速度有显著作用。

五、血粉、血细胞蛋白粉卫生质量

血粉和血细胞蛋白粉是低水分活度产品，对于低水分活度产品来说，影响其质量安全的主要微生物是霉菌。鱼粉、肉骨粉霉菌数的国家标准是 $<20\times10^3$，霉菌数 $20\times10^3\sim50\times10^3$ 时限量饲用，霉菌数 $>50\times10^3$ 时禁用。血粉与鱼粉和肉骨粉类似，可以参照鱼粉、肉骨粉的指标，对血粉和血细胞蛋白粉的霉菌数进行评价。血粉和血细胞蛋白粉作为一种饲料原料应符合强制的安全标准以确保安全，如血细胞蛋白粉和血粉中禁止含有沙门菌、金黄色葡萄球菌等有害菌。血细胞蛋白粉微生物指标参考 GB/T 23875—2009《饲料用喷雾干燥血球粉》。

大肠杆菌：$n=5$，$C=2$，$m=10$ 个/g，$M=300$ 个/g。

n 为被检测样品数。

m 为细菌总数最小值，如果所有样品的细菌总数均不超过 m，则认为产品合格。

M 为细菌总数最大值，如果一个或多个样品中的细菌总数是 M 或超过 M，则产品视为不合格。

C 为细菌总数在 m 和 M 之间的样品数，若其他样品组中细菌总数是 m 或小于 m，则认为该产品还在可接受范围内。

六、酶解血细胞蛋白粉及其应用

酶水解法具有许多优点：①可以生产大量且成本较低的小肽；②能在温和的条件下进行定位水解，且水解过程容易控制；③反应具有空间立体性，产物没有消旋现象，反应位点具有方向性；④生产安全性极高，反应底物和反应剂不会造成环境污染。研究表明，采用酶水解法不仅可以在不损坏原料蛋白质营养价值的基础上释放出各种生物活性肽，同时可将蛋白质降解为不同链长的肽，更易被机体消化吸收。

通过蛋白酶对蛋白质的水解作用，使原蛋白质发生以下三个方面的变化：分子量降低；离子性基团数目增多；疏水性基团暴露出来。因此，蛋白质的功能性质也随之发生改变。酶切断肽链使得蛋白质成为小分子肽的程度用水解度（degree of hydrolysis，DH）表示，DH 越高表示肽键被破坏的数目越多，有更多的游离氨基酸和低分子量肽生成。蛋白质酶解会产生苦味物质，这些苦味物质除少量是氨基酸外，主要是由分子量为 1000~5000 的肽类所造成。大量文献资料报道，蛋白水解物的苦味来源于含量很少的一些高疏水性肽。动物性原料蛋白经过酶水解后得到的水解动物蛋白（hydrolysis animal protein，HAP），其呈味能力要强于水解植物蛋白（hydrolysis vegetable protein，HVP），且具有原料固有的肉类风味。生产HAP的原料一般多为食品工厂的废料，如水产加工厂的废液、废料；肉畜加工厂的废弃下脚料或资源丰富的水产品等。研究表明，蛋白质在酶的作用下降解可以产生具有特殊生理活性的低分子肽，能直接被动物吸收，参与机体生理活动和代谢调节，从而提高其生产性能（廖晓霞）。动物血细胞蛋白酶解效果的好坏与原料的预处理、酶的种类、pH、温度、酶加量、底物浓度以及激活剂的使用情况有着紧密的关系。

血粉蛋白难以水解的原因是蛋白质紧密的二级结构，该结构可能最大程度地保护肽键，然而在蛋白质变性的情况下，肽键就可能暴露并与蛋白酶作用（Nissen，1976）。与酸、碱水解相比，酶水解的专一性强，并且各种酶的来源和作用位点均有差异（见表6-16）。

表6-16　一些常见蛋白酶的来源与作用位点

蛋白酶的种类	蛋白酶的来源	蛋白酶作用的主要位点
胰蛋白酶	胰	精氨酸，赖氨酸
胃蛋白酶	胃液	酪氨酸、苯丙氨酸、色氨酸、蛋氨酸
木瓜蛋白酶	番木瓜果实	亮氨酸、精氨酸、赖氨酸、甘氨酸
嗜热菌蛋白酶	嗜热蛋白芽孢杆菌	亮氨酸、异亮氨酸、苯丙氨酸
枯草杆菌蛋白酶	枯草杆菌	芳香族和脂肪族氨基酸残基

随着生物技术的发展，各种新型的蛋白酶不断被发现，形成了许多商品酶制剂，而利用蛋白酶水解蛋白质的研究呈上升趋势。目前，国内外主要利用蛋白酶来水解大豆蛋白（李磊，2002）、鱼蛋白（袁永俊和高健，2002）、米糠蛋白（Marita和Kiriyama，1993；Hamada，2000；刘志强和何昭青，1999）、乳蛋白（Flat，1993；赵利和李雁群，1998）、血液蛋白（屈阿妮，2001；吕世明和谭艾娟，2001）、鸡肉蛋白（曹东旭等，2002）、玉米蛋白（Hardweck和Glatz，1989；李升福，2002；林莉，2003）等许多动植物蛋白。

水解动物蛋白常用的酶有胰蛋白酶、胃蛋白酶、枯草芽孢中性蛋白酶以及木瓜蛋白酶（郝记明等，2002；张华山，1999；袁永俊和高健，2002；吕世明和谭艾娟，2001）。胰蛋白酶的水解效率高，但其水解后的产物带有强烈的碱味；胃蛋白酶的适宜 pH 为 3.5～4.0，水解后产物呈酸味，并且在实际生产中控制不方便；而枯草芽孢中性蛋白酶以及木瓜蛋白酶的适宜 pH 为中性。蛋白酶对蛋白质水解能力的大小通常用米氏常数（K_m）来衡量。张华山（1999）考察了 ASL398 中性蛋白酶、胰蛋白酶、木瓜蛋白酶、菠萝蛋白酶对猪血蛋白质的 K_m 值，发现了 ASL398 中性蛋白酶对猪血蛋白质的亲和力最大（K_m 值最小），其次为胰蛋白酶，最后为木瓜蛋白酶和菠萝蛋白酶。

国内有部分研究者对猪血酶解进行了研究。李俊安（1993）用 1% 胰酶在 pH6.5～7.0 条件下水解猪血，酶解温度为 48～51℃，酶解时间为 18～20h，最终水解液氨基氮为 341mg/100mL。张华山（1999）报道中性蛋白酶对猪血的水解能力强于胰蛋白酶、木瓜蛋白酶及菠萝蛋白酶，中性蛋白酶水解猪血的最佳参数为 pH7.5、温度为 40℃、酶用量为 8000U/g 底物、底物浓度为 8%、水解时间为 7h，最终水解率可达 48.9%。赖小玲等（1997）报道中性蛋白酶是酶解猪血细胞蛋白的理想蛋白酶，其水解参数为：温度 55℃、pH8.0、酶用量 4000U/g 底物、酶解时间 4h。这些研究所确定的酶解参数均由于酶的种类、酶解效果的衡量指标的不同而存在差异。

第四节　其他动物蛋白原料

一、昆虫蛋白粉

昆虫经干燥获得的产品，可对其进行粉碎。此类昆虫在不影响公共健康和动物健康的前提下方可进行加工。产品名称应标明具体动物种类，如黄粉虫（粉）。

二、昆虫蛋白粉质量及其在水产饲料中的应用

蝇蛆粉含粗蛋白在 60% 左右，且氨基酸含量丰富，已测出的有 18 种，还含有动物生长所必需的维生素和矿物质。大量研究证实，蝇蛆代替部分或全部鱼粉作为蛋白质饲料饲喂水产动物，都取得了较好的效果。吴建军（1997）用蝇蛆代替 50% 配合饲料投喂稚鳖，比单独使用配合饲料的稚鳖饲料系数下降。马建品等（1986）用含 25% 蝇蛆粉的颗粒饲料喂养草鱼，与用 20% 秘鲁鱼粉的对照组对比，增重率提高了 20.8%，蛋白质效率提高了 16.4%，每增重 1kg 成本降低 0.29 元。黄粉虫俗称面包虫，含蛋白质 60%，各种氨基酸含量也非常丰富，赖氨酸含量为 5.72%，蛋氨酸为 0.53%，脂肪为 30%，钙为 1.02%，磷为 1.13%，还含有多种维生素和酶类物质，经测算，黄粉虫的营养价值是鱼粉的 2 倍，而成本只是鱼粉的 1/3。刘伯生（1994）报道，用 6%～8% 的鲜黄粉虫喂养甲鱼、鳗鱼等水产动物，有适口性好、助消化等特点，动物长势快、抗病力强。

三、蚕蛹及其在水产饲料中的应用

我国是一个养蚕大国，年产蚕茧 90 多万吨，占世界总茧量的 80%，鲜蚕蛹产量可达 70 多万吨，烘干后可得干蚕蛹 25 万吨左右。蚕蛹在医药方面研究报道较多（浦锦宝，2001），蚕蛹在水产饲料中的应用研究报道较少。

1. 蚕蛹的营养价值

蚕蛹是人类的一种新营养源，蚕蛹是卫生部批准的"作为普通食品管理的食品新资源名单"中唯一的昆虫类食品。食用级蚕蛹具有极高的营养价值，含有丰富的蛋白质、脂肪酸（粗脂肪占 29%）、维生素。蚕蛹的蛋白质含量在 50% 以上，而且蛋白质中的必需氨基酸种类齐全，蚕蛹蛋白质由 18 种氨基酸组成，其中人体必需的 8 种氨基酸含量很高。蚕蛹中 8 种人体必需氨基酸含量大约是猪肉的 2 倍、鸡蛋的 4 倍、牛奶的 10 倍。8 种人体必需氨基酸营养均衡，比例适当，符合联合国粮农组织/世界卫生组织（FAO/WHO）的要求，非常适合人体的需要，是一种优质的昆虫蛋白质。蚕蛹还含有钾、钠、钙、镁、铁、铜、锰、锌、磷、硒等微量元素，以及维生素 A、维生素 E、维生素 B_1、维生素 B_2、胡萝卜素等。蚕蛹中的不饱和脂肪酸含量非常丰富，约占总脂肪的 72.5%，而又以亚麻酸的含量最高，占不饱和脂肪酸的 72.80%（路萍等，1998）。

另外，蚕蛹含有多糖、蚕蛹油、蚕蛹吸附材料、蚕蛹生物反应器。免疫活性实验显示，蚕蛹多糖可以显著提高小鼠腹腔巨噬细胞吞噬指数和吞噬百分率、淋巴细胞转化率及血清溶血素，与对照组相比，差异具有显著性意义，表明蚕蛹碱提粗多糖可以明显增强小鼠的非特异性免疫、细胞免疫和体液免疫功能（邓连霞，2010）。

2. 蚕蛹在水产饲料中的应用

蚕蛹在水产饲料中应用研究报道较少，陈国定（1998）采用蚕蛹粉与等量国产鱼粉、日本鱼粉做喂养甲鱼试验比较，经 108 天饲养，蚕蛹粉组的饲料效率（57.9%）明显高于日本鱼粉组（54.82%）和国产鱼粉组（43.59%）。刘丹丹（2009）利用蚕蛹在黄鳝饲料中替代鱼粉的应用研究中，采用消化道粗酶提取和体外孵育消化方法，黄鳝对蚕蛹和鱼粉均具有较高消化率，对蚕蛹粗蛋白消化率显著高于鱼粉，对蚕蛹粗脂肪的消化率显著低于鱼粉。

在生产应用中，由于蚕蛹的质量差异性较大，致使其在对鱼粉的比较中效果反馈有较大差异，所以有必要对各级蚕蛹的价值进行深入的研究，以此评估各级蚕蛹与鱼粉的性价比。

第七章

植物蛋白质原料

植物蛋白质原料是淡水鱼类的主要蛋白质原料。植物蛋白质原料中，重点介绍豆粕、菜粕、棉粕、花生粕和葵仁粕，玉米蛋白粉和小麦谷蛋白粉在淀粉类原料中介绍。

第一节　大豆与豆粕

豆粕是营养价值较高、产量较大、研究也较多的一种优质植物蛋白质原料，在不同动物饲料中的应用也较为普遍。随着研究的逐渐深入，豆粕在水产动物饲料中的应用出现了一些值得研究的问题，在实际使用豆粕时要注意量的控制。

一、大豆与大豆饲料产品

大豆属一年生豆科草本植物，大约在 19 世纪后期才从我国传入欧美各国。中国是大豆的原产地，已有 4700 多年种植大豆的历史。豆粕来源于大豆，而大豆是人类的主要植物蛋白质、油脂原料之一，大豆蛋白、油脂加工的系列副产物在饲料中得到广泛使用。在我国的"饲料原料目录"中就有 20 多种大豆类产品作为饲料原料被允许使用。

大豆品种较多，如果按种皮的颜色不同可分为黄豆、黑豆、青豆、其他色大豆。大豆是豆类中蛋白质、脂肪含量最高的，见表 7-1。黄豆含代谢能 13.55MJ/kg 左右，粗蛋白 33.5%，粗脂肪 17.3%。黑豆和黄豆营养价值差不多。从种植季节看，大豆主要分为春播大豆和夏播大豆。春播大豆一般在 4～5 月播种，9～10 月收获。东北地区及内蒙古等地均种植一年一季的春播大豆。夏播多为小麦收获后的 6 月份播种，9～10 月份收获，黄淮海地区种植夏播大豆居多。

表 7-1　豆类作物的组分含量　　　　　　　单位：%

项目	水分	蛋白质	碳水化合物	脂肪	纤维素	灰分
大豆	10.0	36.0	26.0	17.5	4.5	5.5
绿豆	15.1	22.3	56.0	1.1	1.6	4.0
蚕豆	11.8	25.0	53.0	1.6	3.0	7.4
豌豆	11.8	25.0	53.6	1.6	7.4	3.0
菜豆	10.2	30.0	50.0	2.8	3.8	3.2

1. 豆粕与去皮豆粕

豆粕的营养质量与大豆种类、制油工艺、产地、收割季节等有一定的关系。例如，在大豆制油过程中，加工条件对抗胰蛋白酶抑制因子等有直接影响，制油过程中的高温、高湿及高压可使饼粕中的抗胰蛋白酶抑制因子和脲酶活性很快被破坏，处理时间越长，破坏程度越大。如果加热过度，大豆饼粕中的赖氨酸、精氨酸和胱氨酸将因受热过度而遭破坏，并发生美拉德反应使大豆饼粕的营养价值进一步降低。

豆粕质量差异最大的还是豆粕中种皮含量的多少。依据豆粕中大豆种皮的多少一般分为普通豆粕和去皮豆粕两大类。在大豆种子中，不同部位所含有的营养物质种类和数量有一定的差异，如表 7-2 所示，其蛋白质、油脂主要存在于子叶和胚轴中。

表 7-2　大豆及其不同部位的组分含量（干基）　　　单位：%

项目	占整粒大豆	蛋白质	脂肪	灰分	碳水化合物
整粒大豆	100.0	40.3	21.0	4.9	33.9
子叶	90.3	42.8	22.8	5.0	29.4
种皮	7.3	8.8	1.0	4.3	85.9
胚轴	2.4	40.8	11.4	4.4	43.4

在一般的制油工艺中，大豆先去皮、后浸出，既是制油工艺的需要，也是为了更好地利用豆粕。豆皮主要由种皮组成，种皮含油仅 1%，含蛋白质 8.8%。加工中分离出的豆皮约占大豆重量的 8%，占大豆体积的 10%。去皮后浸出，可以使加工油脂产量提高 10% 以上。豆皮的主要组分是细胞壁或植物纤维，不能或很难被鸡、猪等单胃动物消化吸收，但可通过瘤胃微生物很好地为反刍动物所利用。

大豆种类对豆粕的蛋白质含量也有影响，巴西大豆经过豆油提取后的大豆粕，即使不去除大豆皮其蛋白质含量也能达到46%左右。豆粕质量标准可以参考GB/T 19541—2017。饲料用大豆粕中关于豆粕的质量标准如表7-3所列。

表 7-3　豆粕质量等级指标（GB/T 19541—2017）

项目	等级			
	特级品	一级品	二级品	三级品
粗蛋白/%	≥48.0	≥46.0	≥43.0	≥41.0
粗纤维/%	≤5.0	≤7.0		
赖氨酸/%	≥2.50		≥2.30	
水分/%	≤12.5			
粗灰分/%	≤7.0			
脲酶活性/(U/g)	≤0.3			
氢氧化钾蛋白质溶解度[①]/%	≥73.0			

① 大豆饼浸提取油后获得的饲料原料豆粕，该指标由供需双方约定。

氢氧化钾蛋白质溶解度可以反映大豆粕产品加热过度的程度。不同加热程度的大豆粕，氢氧化钾蛋白质溶解度不同。先测定大豆粕样品在规定的条件下，可溶于氢氧化钾溶液中的粗蛋白含量；再测定同一大豆粕样品中总的粗蛋白含量，计算出氢氧化钾蛋白质溶解度。

0.2%氢氧化钾溶液：2.44g氢氧化钾溶解于水中，稀释并定容至1L。取具有代表性的大豆粕样品，用四分法缩减分取200g左右，粉碎过0.25mm孔径的样品筛，充分混匀，装入磨口瓶中备用。称取大豆粕试样1.0g，精确到0.1mg，置于250mL高型烧杯中，加入50.00mL氢氧化钾溶液。在磁力搅拌器上搅拌20min，将溶液转移至离心管中，以2700r/min离心10min，小心移取上清液15.00mL，放入消化管中，按GB/T 6432的规定测定粗蛋白含量，同时测定同一试样总的粗蛋白含量。氢氧化钾蛋白质溶解度 X，数值以质量分数表示，按式计算：$X = (W_1/W_2) \times 100$，式中，W_1 为大豆粕试样溶于氢氧化钾溶液中的粗蛋白含量，%；W_2 为大豆粕试样总的粗蛋白含量（以两次平行测定结果的算术平均值为测定结果），%。计算结果表示到小数点后一位。

2. 膨化大豆

膨化大豆是将整颗大豆以膨化机进行热加工、膨化处理而成。膨化处理是为了使细胞壁破裂，增加其营养利用价值，尤其是提高了油脂的利用率。自大豆进入机膛到挤出成品不到30s，在加工过程中最后的熟化温度可达到130~145℃。这个温度足以破坏抗营养因子，如胰蛋白酶抑制因子、尿素酶、血细胞凝集素等不利于动物消化的成分。同时又因最高温持续 5~6s，也不会显著降低氨基酸的利用价值。

全脂大豆粉是整粒大豆经摩擦、蒸汽挤压及膨化处理的产品，其成分与生大豆类似。全脂大豆粉水分含量较低，其他营养成分相对提高，粗蛋白含量为 36%~39%，脂肪含量高达 18%。

3. 大豆浓缩蛋白

大豆浓缩蛋白是以大豆蛋白粉为原料，采用淋洗法去除低聚糖，进一步纯化蛋白质而制得的产品。其最大的特点是除去了大豆的胀气因子及豆腥味物质，同时又最大限度地保留了大豆蛋白的营养成分，蛋白质含量达 65% 以上。大豆分离蛋白的蛋白质含量高达 90% 以上，其基本制作方法是脱脂大豆粉先用稀碱液浸泡，再离心除去不溶性残渣，获得母液，酸化母液沉淀蛋白质，经多次淋洗除去可溶性非蛋白质成分，最后经中和、喷雾干燥即为分离蛋白。大豆组织蛋白是大豆蛋白经过组织化技术制得的产品，特点是抗营养因子相对较少，蛋白质的消化吸收率较高。

二、水产饲料中豆粕的使用

在水产饲料生产与养殖试验研究中，一些试验报告和实际应用效果显示，饲料中高剂量的豆粕使用效果不如预期的理想，主要问题包括：一是养殖鱼类的生长速度与饲料中豆粕的使用量在一定剂量下是正相关的，而超过一定剂量则成负相关关系，这与以前认为的豆粕用量高养殖效果好的预期有很大的差异；二是饲料中高剂量的豆粕会导致鱼体肠道损伤；三是豆粕经过挤压膨化处理后，其消化率、养殖效果不是增加，反而是下降，这也与以前的认识有很大的差距。

林仕梅等（2003）为了探讨豆粕、棉粕、菜粕在湘云鲫饲料中的使用效果，以及挤压膨化对这三种主要的植物蛋白质原料的实际养殖效果的影响，设计了饲料粗蛋白含量为 32%、完全由这三种植物蛋白质提供饲料蛋白质源的试验饲料，如表 7-4 所列。

表 7-4　湘云鲫饲料中豆粕、棉粕、菜粕使用比例与生长速度的关系

项目	颗粒饲料组三种植物蛋白质原料在配方中的比例				
豆粕/%	33.6	28.2	24	19.2	14.6
棉粕/%	12.92	18.46	24	29.54	35.08
菜粕/%	24	24	24	24	24
豆粕/三粕/%	47.87	41.03	34.19	27.35	20.51
特定生长率（SGR）/(%/d)	0.481	0.485	0.492	0.436	0.411
饲料系数	1.81	1.67	1.49	2.02	2.41

项目	膨化饲料组三种植物蛋白质原料在配方中的比例				
豆粕/%	35.7	30.6	25	20.4	15.3
棉粕/%	14.24	19.87	18.5	30.13	36.76
菜粕/%	25.5	25.5	25.5	25.5	25.5
豆粕/三粕/%	47.92	41.08	34.23	27.38	20.54
特定生长率（SGR）/（%/d）	0.412	0.48	0.485	0.452	0.47
饲料系数	2.27	1.85	1.71	1.91	2.33

由此可以得到两个主要结果，一是随着饲料中豆粕比例的增加，湘云鲫的生长速度（SGR）并不是线性增加，而是有一个适宜比例；二是三种植物蛋白质原料经过挤压膨化后，湘云鲫的生长速度不是增加，而是出现一定程度的下降。饲料系数的结果与生长速度的结果类似。

笔者在另外的试验中，测得湘云鲫肠道对非膨化豆粕蛋白质的酶解速度为30.077mg/h，而膨化后为21.264mg/h，下降了29.30%，这说明豆粕膨化后其可消化性和饲用价值显著下降。这可能是膨化加工对豆粕产生不利影响所致，如发生褐变反应导致赖氨酸有效性降低。目前，商品膨化饲料是饲料配制后再膨化加工制成的，而上述试验的试验饲料是在其原料膨化后再加工而成的，应该更具有代表性，并且对预混料中热敏性维生素的破坏相对较小，故可以排除此因素的影响。本实验是通过三种植物蛋白质的搭配来满足鱼对蛋白质的需求，因此，控制膨化豆粕用量会提高配方的养殖效果。

赵贵平（2008）采用鱼粉（粗蛋白67.5%）为动物蛋白源，以豆粕（粗蛋白46.2%）分别替代0、30%、45%和60%的鱼粉蛋白，对大菱鲆进行生长实验，结果表明，随着豆粕替代水平的提高，大菱鲆特定生长率（SGR）、饲料效率（FER）、摄食量、蛋白质效率（PER）、净蛋白利用率、鱼体粗蛋白和总能呈极显著下降趋势。实验饲料对大菱鲆肠道组织学结构的影响结果表明，随着豆粕替代水平的升高，大菱鲆肠道内壁的完整性逐渐受到破坏。30%豆粕替代组和对照组未观察到明显差异，肠道绒毛结构完整、清晰；45%豆粕替代组开始观察到明显的肠道内壁组织结构受损；60%豆粕替代组肠道结构病变程度进一步恶化。类似的试验结果在对虹鳟、大西洋鲑和亚洲尖吻鲈等的研究中也观察到肠道结构的病变（赵贵平，2008）。同时，随着饲料中豆粕替代水平的升高，大菱鲆肝脏细胞空泡化现象呈梯状加剧，肝血窦腔隙也逐步变大。其中45%豆粕替代组肝脏细胞内因脂肪滴的积累，肝细胞核被挤离中央位置成为极化细胞核；30%和45%豆粕替代组肝血窦腔隙明显大于对照组；60%豆粕替代组肝脏受损现象更为严重，肝脏实质组织有溶解的趋势，细胞界限已经不清晰，只观察到残留的细胞核和血窦空腔。

在我国水产饲料中，早期的饲料基本是以鱼粉、豆粕型饲料为主。由于豆粕价格受到国际市场价格的影响，在 2004 年左右，豆粕价格出现大幅度的波动，由此逐渐减少豆粕在水产饲料中的使用量，而增加了菜粕、棉粕在水产饲料中的使用量。目前，在淡水鱼类饲料中，基本成为鱼粉、棉粕、菜粕为主要蛋白质饲料原料的配方类型。而在高蛋白质水产饲料如虾料、海水鱼类饲料，以及我国东北地区的淡水鱼类饲料中，使用较高比例的豆粕。考虑到豆粕中抗营养因子的作用，以及豆粕受期货市场的影响，可以在水产饲料中使用较低剂量的豆粕，例如一般淡水鱼类饲料如草鱼、武昌鱼等可以使用 10% 以下的豆粕，而鲫鱼等使用 15% 左右的豆粕即可。

是什么因素导致鱼类饲料中高含量的豆粕实际养殖效果不显著，甚至出现对肠道黏膜和肝胰脏的损伤？这是一个值得研究的课题。从营养因素分析，豆粕的氨基酸平衡性应该是植物蛋白质中较高的，主要可能还是一些非营养因素。那么，在众多的非营养因素中，主要是哪些物质在起作用呢？据报道，豆粕中的大豆凝集素（Buttle 等，2001）和大豆抗原蛋白（Rumsey 等，1994）可引起鱼类肠道病理变化。大豆凝集素可能阻碍体内蛋白质的合成或引起蛋白质分解增强（Puaztai 等，1981）。大豆凝集素与鱼类肠道刷状缘黏膜结合后引起肠道组织结构的病变（Hendriks 等，1990；Buttle 等，2001）。Rumsey 等（1994）研究表明，大豆蛋白源中大豆抗原蛋白（大豆球蛋白和 β-伴大豆球蛋白）也是鱼类肠道病理变化的一个诱因。

三、豆粕中的非营养物质

按照抗营养作用方式的不同，通常将大豆非营养因子分为以下 6 类：抑制蛋白质消化和利用的因子，包括胰蛋白酶抑制因子、糜蛋白酶抑制因子和凝集素等；影响碳水化合物消化的因子，包括酚类化合物（单宁）和寡糖等；降低矿物元素利用的因子，如植酸；抗维生素因子，包括抗维生素 A、维生素 D、维生素 E 和维生素 B_{12} 等因子；刺激免疫系统的抗营养因子，如致过敏反应蛋白等；其他一些抗营养因子，包括致甲状腺肿因子、皂苷、异黄酮和生氧糖苷等。其中胰蛋白酶抑制因子、糜蛋白酶抑制因子、凝集素、致甲状腺肿因子及抗维生素因子具有对热敏感的特性，而皂苷、单宁、异黄酮、寡糖、致过敏反应蛋白及植酸等对热稳定。

值得注意的是，豆粕是研究较多的一种植物蛋白质原料，对其中的非营养物质（抗营养因子）研究也较多，但也要看到豆油作为饲料蛋白质原料的营养作用的一面，必定还是一类营养价值较高的植物蛋白质原料，在水产饲料中控制一定的用量也是能够取得很好的养殖效果的。大豆及其制品中抗营养因子含量见表7-5。

表 7-5 大豆及其制品中抗营养因子含量

项目	大豆	豆粕	大豆浓缩蛋白
胰蛋白酶抑制因子/(mg/g)	45～50	1～8	2
大豆抗原/(mg/kg)	180	66	<3
大豆凝集素/(mg/kg)	3.5	10～200	<1
大豆寡糖/%	14	15	2
大豆皂苷/%	0.5	0.6	0

1. 大豆蛋白酶抑制剂

大豆蛋白酶抑制剂是一种分子量在7975～21500之间的多肽或蛋白质，包括胰蛋白酶抑制剂、胰凝乳蛋白酶抑制剂。大豆中至少有7～10种胰蛋白酶抑制剂。大豆抗胰蛋白酶抑制剂抗营养作用主要表现在抑制胰蛋白酶和胰凝乳蛋白酶活性、降低蛋白质消化吸收率和造成胰腺肿大三个方面。胰蛋白酶抑制因子与肠液中胰蛋白酶、糜蛋白酶结合，生成无活性复合物，消耗和降解胰蛋白酶，导致肠道对蛋白质消化、吸收及利用能力下降。对鲤鱼（Escaffre，1997）的研究发现，随着大豆蛋白对鱼粉蛋白替代量的增加，鱼肝胰脏和肠道的蛋白酶活性呈降低的趋势。胰蛋白酶抑制因子也可通过负反馈调节造成含硫氨基酸的内源性损失，使体内氨基酸代谢不平衡，引起营养性生长受阻。随着饲料中大豆蛋白添加量的提高，鱼类对饲料中蛋白质的消化吸收率逐渐下降。

2. 植物凝集素

大豆凝集素（soybean agglutinin，SBA）是一类糖蛋白，分子量约为110000，糖类部分约占5%，主要是D-甘露糖和N-乙酰葡糖胺。

大多数外源植物凝集素在肠道中不被蛋白酶水解，因其和小肠壁上皮细胞表面特定受体（细胞外被多糖）结合而损坏小肠壁刷状缘黏膜结构，干扰刷状缘黏膜分泌多种酶的功能，且由于刷状缘的破坏，引起肠组织内的肥大细胞发生去颗粒作用而导致肠组织损伤，使小肠干重增加。Burrells（1999）对鲑鱼肠道结构的研究表明，当在日粮中加入3.5%的大豆凝集素后，在鲑鱼后肠皱襞中发现了大量的SBA结合位点。可见SBA能与鱼类的肠上皮细胞结合，最主要的结合位点是后肠上皮细胞。Spinelli等（1983）在虹鳟鱼饲料中添加0.5%的植物凝集素发现其生长速度下降，饲料转化率低。

3. 大豆抗原蛋白

大豆抗原蛋白是大豆及其加工副产品中能引起动物过敏反应的一类具有抗原性

的蛋白质，主要是通过破坏肠细胞的形态和结构，导致动物的肠道发生病理变化和过敏反应影响动物的免疫系统而发挥其抗营养作用。Ostaszewska 在虹鳟上的研究发现，与鱼粉相比，32%大豆浓缩蛋白（含大豆球蛋白 10.5mg/g、β-伴大豆球蛋白 4.8mg/g）和 44%豆粕（含大豆球蛋白 33 mg/g、β-伴大豆球蛋白 19.8mg/g）引起虹鳟后肠每个黏膜褶的黏液细胞数量由鱼粉组的 3.6 个分别增加到 6.8 个和 6.4 个，增加幅度分别为 88.9%和 77.8%。

4. 大豆低聚糖

大豆低聚糖（soybean oligosaccharide，SBOS）是从大豆籽粒中提取出的可溶性寡糖，主要成分有棉子糖、水苏糖和蔗糖，此外，还含有少量其他糖类，如葡萄糖、果糖、松醇、毛蕊花糖等。其稳定性较高，即使在 140℃高温或在 pH3 的酸性条件下加热，或经发酵处理，仍保持其稳定性。大豆低聚糖对鱼类的生长有明显的抑制作用。Refstie 等（1998）用低聚糖饲喂大西洋鲑，降低了其特定生长率和饲料转化率。但也有在饲料中添加大豆低聚糖对其生长和肠道组织学都没有影响的报道（Van den Ingh 等，1991）。

5. 皂苷

大豆皂苷是由大豆精醇的羟基与低分子糖的羟基脱水形成的一种三烯类物质，大豆中含量最高为 0.65%，多种大豆制品中含有大豆皂苷。大豆皂苷造成动物红细胞破裂，具有溶血作用；能引起食物中毒而具有鱼毒性。

皂苷对鱼类等冷血动物有很强的毒性，致死量每千克体重为 100mg。油茶籽饼中茶皂苷含量很高，带壳压榨的饼中皂苷含量达 14%，剥壳压榨的饼中也达 12.8%。茶皂苷在很低的浓度下即可使鱼、虾等中毒死亡。其中毒作用机理可能是使鱼类鳃的上皮细胞通透性增加，使血浆中电解质渗出或使鳃等呼吸器官麻痹等。

6. 大豆黄酮

大豆黄酮（daidzein，DA）属异黄酮类植物雌激素，具有类雌激素作用。DA 广泛存在于豆类、牧草（如三叶草）、谷物等天然植物中。

对大豆异黄酮的研究最深入，其分子结构骨架为苯基苯并二氢吡喃。天然存在的大豆异黄酮主要有 12 种，包括染料木黄酮、大豆苷元和大豆素 3 种苷元及其 9 种葡萄糖苷。

四、大豆、豆粕与豆油的性价比

豆粕是大豆的副产品，每 1t 大豆可以制出 0.2t 豆油和 0.8t 豆粕，在大豆压榨制油企业，国产大豆的实际出油率一般为 14.5%，实际豆粕的产率为 83%左右。

对于水产饲料企业而言，豆油、豆粕都是优质的油脂原料和蛋白质原料，是否可以直接使用部分大豆替代部分豆粕、豆油？在什么情况下使用大豆较为适宜？

大豆中存在一些热敏感抗营养因子，可以通过加热的方法去除其抗营养因子的活性。但对于大豆多糖等耐热因子不能通过加热的方法去除其影响，这些因子在普通豆粕中同样也不能通过加热的方法去除其影响。水产颗粒饲料制粒温度一般在90~95℃，持续时间1~4min；而水产膨化饲料的制粒温度达到132℃。因此，从温度方面分析，如果将大豆作为一种饲料原料在水产饲料中直接使用具有一定的可行性，尤其是在膨化饲料中。笔者在挤压膨化饲料中使用10%左右的大豆，经过4年左右的实际效果看是非常好的，也提供了有效的蛋白质、油脂和磷脂，新鲜度能得到有效保障。在硬颗粒饲料中，使用5%左右的大豆，也取得了很好的养殖效果。

因此，大豆、豆粕、豆油，以及磷脂的使用主要还是看性价比，在多数情况下，使用大豆的养殖效果和经济效益是最好的。

第二节　菜籽粕（饼）

菜籽粕（饼）是水产饲料中重要的植物蛋白原料。油菜种类、油菜籽制油工艺等对菜籽粕（饼）的品质具有直接的决定性作用。从原料营养价值角度分析，油菜不同品种将决定其种子的化学组成，这是遗传性决定因素，而油菜种子的化学组成又将决定菜籽粕（饼）的化学组成，即菜籽粕（饼）作为蛋白质饲料原料的品质，包括营养价值、生物利用效率、饲料的适口性、对养殖动物的安全性等多方面的品质，这也是评价菜籽粕（饼）质量的主要方面。油菜籽的制油工艺不同、在加工过程中的温度不同，所得到的菜籽粕（饼）的质量也有较大的差异。不同产地的油菜籽，由于土壤化学组成的差异，所得菜籽粕（饼）的质量也有一定的差异。

一、油菜和油菜籽

1. 油菜种类

油菜属于十字花科芸薹属植物，为四大油料作物（大豆、向日葵、油菜和花生）之一。根据形态特征、农艺性状，通常将油菜划分成三种类型，即白菜型、芥菜型和甘蓝型。

油菜的起源有两个中心，白菜型油菜（印度的黄籽沙逊属这一类型）和芥菜型油菜的起源中心主要在中国和印度；甘蓝型油菜的起源中心在欧洲。

中国所种植的油菜种类在20世纪50年代初期及以前是以白菜型、芥菜型油菜为主，以后逐渐发展到以甘蓝型油菜为主，主要是因为油菜的抗逆性和含油量决定了油菜种类的选择方向。目前中国种植的油菜80％以上为甘蓝型油菜（傅廷栋，1999），白菜型、芥菜型油菜只是在部分地区如青海、甘肃等地区种植（刘后利，1987）。油菜籽种类及其特性见表7-6。对菜籽中赖氨酸含量与菜籽粕（饼）中赖氨酸含量比较，可以发现，由油菜籽加工成菜籽粕（饼）后，赖氨酸含量下降。

表7-6　油菜籽种类及其特性

油菜籽种类	生育期/d	千粒重/g	赖氨酸[①]/(mg/g)	含油量/%
白菜型	150～200	3	—	35～40
芥菜型	160～210	1～2	16.77～35.39(30.39)	30～35
甘蓝型	170～230	3～4	11.72～36.57(20.76)	35～45

① 引自傅廷栋，2007。

2. 油菜的产量与分布

油菜生产主要分布在亚洲、北美洲和欧洲，其中亚洲的产量约占世界总产量的45％，尤以中国和印度为两个生产大国，两国产量之和即占亚洲总产量的97％左右；北美洲产量约占世界总产量的24％，主要集中在加拿大；欧洲产量占世界总产量的27％左右；非洲、南美洲及大洋洲有少量生产。

从1981年开始，中国的油菜籽总产量即居世界首位。加拿大是世界上最重要的优质油菜生产基地，也是油菜籽的最大出口国，出口量约占世界出口总量的53.9％。欧洲的德国、法国、英国等国家也相继实现了油菜生产的优质化，发展很快。

目前在中国所使用的菜粕主要来自三个地区，一是中国国产的油菜籽生产的菜粕；二是来自于加拿大的进口油菜籽在中国制油后生产的菜粕，或直接进口的加拿大菜粕；三是从印度进口的油菜籽在中国制油后生产的菜粕，或直接进口的印度菜粕。

3. 普通油菜与双低油菜

世界卫生组织规定，优质油菜的菜籽芥酸含量必须在5％以下，硫代葡萄糖苷（又简称硫苷）在0.3％以下（或硫苷含量小于40μmol/g），两者都能达到标准的称为"双低"油菜。欧美部分国家对菜粕中硫苷含量的要求为：加拿大20.4～21.6μmol/g，瑞典20.4～21.6μmol/g，德国30.6～32.4μmol/g，英国42.5～45.0μmol/g。中国传统油菜的芥酸含量为22％～66％，菜粕中硫苷含量为110～

$150\mu mol/g$。我国大多数审定品种的硫苷含量都在 $30\sim40\mu mol/g$（饼）之间（傅廷栋，2007）。

加拿大双低油菜籽产量相对稳定，每年大约为 700 万吨（产量变化范围为 600 万～900 万吨），其中大约一半供出口，另一半供国内榨油厂使用。欧洲、加拿大油菜品种油脂含量较高，一般在 43%～45%。我国现有品种资源含油量的变异范围为 26%～51%（大多数品种都在 38%～42%）（傅廷栋，2007）。

从品种类型分析，印度的油菜种类主要为白菜型、芥菜型，虽然也进行双低油菜的改良和推广，但近几年在水产饲料中所使用的印度菜粕普遍反映生产的饲料适口性差，有较为强烈的苦味，这与其油菜种类有较大的关系。从加拿大进口的菜籽或菜粕的品质较好，可作为水产饲料的优质植物蛋白质原料。我国自产的菜粕虽然有一定量的双低油菜种类，但是在制油生产中各种油菜籽混杂的情况较为严重，因而生产的菜粕也是传统油菜籽和双低油菜籽彼此混杂，影响了菜粕的品质。表 7-7 是不同菜籽粕营养指标的比较，可以发现粗蛋白、粗灰分、粗纤维没有显著性的差异，但是，中性洗涤纤维有很大的差异。因此，菜籽粕中中性洗涤纤维含量可以作为菜籽粕（饼）品质鉴定的主要指标之一。

表 7-7　不同菜籽粕营养指标的比较（脱脂干物质基础）　　　　单位：%

品种	粗蛋白	粗灰分	粗纤维	中性洗涤纤维
纯种双低菜籽($n=10$)	41.7±2.58	8 5±0.71	10.5±1.26	32.1±2.16
国产菜籽饼($n=111$)	42.8±3.38	8.4±0.87	12.0±1.98	92.6±9.91
国产菜籽粕($n=112$)	41.8±1.75	9.0±1.58	13.1±1.97	37.8±3.32

注：引自陈刚（2003 年 5 月，硕士论文）。中性洗涤纤维测定方法请参考 GB/T 20806—2006《饲料中中性洗涤纤维（NDF）的测定》。

二、油菜籽制油工艺

油菜籽的制油工艺对菜籽粕（饼）的质量影响很大，主要影响因素包括菜籽加工过程中热处理的温度、处理时间以及菜籽水分含量等，主要影响菜籽粕（饼）色泽、适口性、蛋白质溶解度、有效赖氨酸含量、抗营养因子含量等。菜粕尤其是菜饼中残留的油脂量的高低也是影响菜粕、菜饼营养质量的主要因素，还有就是加工工艺可能影响到菜粕、菜饼中糖类包括可溶性糖类、非淀粉多糖、纤维素等的性质，这些因素也会对菜粕、菜饼的营养品质产生影响。

（一）主要的制油工艺及特点

油菜籽制油工艺主要有以下几种类型。

1. 预压浸出工艺

该工艺采用螺旋压榨机，将经过加热预处理的料胚压制成型，得到大部分油脂，再用正己烷等有机溶剂提取预榨饼中的残油。主要设备包括层式蒸炒锅、预榨机、浸出器、脱溶塔等，其中预榨机多采用202-3型。该工艺所得油粕为棕黄色粗粉状。特点是经过蒸炒和螺旋挤压二次高温处理，对蛋白质（溶解度）和赖氨酸有所损失，但相对于高温焙炒温度要低、高温时间短。所得菜粕一般称为200型菜粕。

2. 焙炒热榨工艺（土榨法）

主要特点是入榨前菜籽需进行长时间高温焙炒，按照压榨方式和设备的不同，可进一步细分为液压热榨和螺旋热榨两种。前者利用液压机进行挤压，主要设备为90型榨油机；后者通过螺旋轴在榨笼里连续旋转对料胚进行挤压，主要设备有95型、100型榨油机。与预压浸出工艺相比，该工艺处理量小，出油率也不高，但由于投资少、操作简单，在广大农村地区的个体私营油坊中应用较广。所得油饼呈棕褐色或棕黑色，高温对蛋白质和赖氨酸的损失较大。所得菜籽饼一般称为95型菜籽饼，或机榨饼。

3. 低温冷榨工艺

该工艺的特点是菜籽不经过任何热处理，直接进行机械压榨，所得油饼呈绿色。主要设备为68型榨油机。所得菜饼称为冷生榨菜籽饼、青饼或绿色菜籽饼。

国产菜籽粕（饼）加工工艺类型及其特点如表7-8所示。

表7-8 国产菜籽粕（饼）加工工艺类型及其特点

加工工艺		榨前处理	处理时间	入榨温度	饼粕性状	榨机型号
低温冷榨		无	15min	80℃以下	绿色小片状	68型
焙炒热榨	液压热榨	干热焙炒	25～60min	120℃以上	棕褐色圆盘状	90型
	螺旋热榨	干热焙炒	25～60min	130℃以上	棕褐色小片状	95型、100型
预压浸出		蒸汽蒸炒	60～90min	110℃左右	棕黄色粗粉状	202-3型

注：引自陈刚（2003年5月，硕士论文）、李建凡（1993）。

油菜籽不同加工工艺需要特别注意以下两个方面：

① 国内和国外制油工艺的差异，并由此生产的菜粕在质量方面的差异。

国内几乎都是带壳预榨后浸出制油，所得菜粕含壳。带壳榨油所得的毛油还需要加酸、加碱、脱色、脱臭等处理进行精制，在精制过程中大部分磷脂等成分作为下脚料除去了。

国外菜籽的加工大部分是先将菜籽脱壳后，菜籽仁冷溶制油，菜籽壳作能源；脱壳的饼粕进一步深加工制成分离蛋白或浓缩蛋白及饲料。脱壳（脱壳设备要求脱壳率 99% 以上，壳仁分离 98% 以上）榨油，油脚进一步加工，得到磷脂、脂溶性维生素等营养物质，此工艺加工得到的饼粕蛋白质变性小，有效的生物效价高，其生物效价比常用压榨工艺高 20%，其蛋白质作饲用蛋白质或进一步制备食用蛋白质均是极理想的原料。进口的加拿大菜粕的品质一般优于国产菜粕除了是双低油菜外，在加工工艺所得菜粕的品质方面也是主要因素。

② 关于菜籽在制油过程中产生的菜籽油脚的去路问题。

一般情况下，菜籽制油产生的菜籽油脚要重新加回到菜粕之中。菜籽油的自然沉降物和菜籽油水化脱磷的下脚料，称为菜籽油脚。菜籽油脚数量一般为菜籽油的 1.5% 左右。菜籽油脚的组成随油菜籽品种、脱磷条件和操作因素等的不同而有很大差异，其主要成分是磷脂和中性油，菜籽油磷脂 35%～40%，中性油和脂肪酸钠 18%～25%，水分 25%～30%，杂质 10%～15%。菜籽油脚是否重新加回到菜粕中对菜粕的品质会有一定的影响。

（二）菜籽的加热处理对营养质量的影响

菜籽加工过程中一般要进行加热处理。菜籽使用热处理是为了降低油脂黏滞系数，改善油料加工性能；提高出油率；使植物蛋白质变性，蛋白质的三维结构变得松散，利于消化酶作用，提高蛋白质消化率。热处理菜籽产生的主要不利影响是对菜籽粕（饼）的色泽、有效赖氨酸含量、蛋白质可消化性等有影响。菜籽热处理过程对有效赖氨酸含量的影响主要是由于美拉德反应。

单糖或其他还原糖能与胺、氨基酸、蛋白质等物质发生羰基和氨基之间的缩合反应，称为"羰-氨"反应或美拉德反应。美拉德反应发生的主要条件是含有氨基的化合物（一般是蛋白质、氨基酸、肽）、还原糖和水，反应的 pH 为 7.8～9.2，铜离子、铁离子的存在使美拉德反应加快。饲料原料加工过程、饲料制粒过程均具备美拉德反应发生的条件，有还原性糖的存在，在蛋白质肽链上有赖氨酸、精氨酸的 ε-氨基的存在，同时也有水分、温度条件。美拉德反应产物不能被动物的消化酶水解。因此，饲料原料、饲料中发生美拉德反应后，使赖氨酸的有效性下降，影响到饲料原料、配合饲料的赖氨酸营养价值。

在配合饲料中，游离的赖氨酸、蛋白质肽链中的赖氨酸，在硬颗粒制粒温度 85～95℃，在挤压膨化饲料制粒温度 132℃，以及调质的水分、饲料矿物质盐存在的条件下，美拉德反应对有效赖氨酸的损失问题值得关注。从理论上讲，低温制粒或许也是值得研究的。

在豆粕、菜粕、棉粕、花生粕等植物蛋白质原料加工过程中，同样由于美拉德反应的发生将导致其中有效赖氨酸含量下降，并影响到营养价值。如果采用低温加工工艺，可以减少其中有效赖氨酸的下降幅度。对不同粕类、饼的质量进行比较时，有效赖氨酸含量可以作为一个主要比较指标。

Jensen 等（1995）发现随加工温度的升高，加拿大卡诺拉粕中赖氨酸的含量持续降低，而对其他氨基酸的含量影响不大。李建凡等（1993）分别对采用低温机榨、预榨浸提、螺旋压榨工艺（三种工艺的温度逐渐升高）生产的 20 份菜籽饼粕样品进行了氨基酸真利用率测定。氨基酸真利用率测定结果是，低温机榨饼高于预榨浸提粕，后者又高于螺旋压榨饼，组间差异都达到极显著水平，它们的赖氨酸真利用率依次为 89.1%、79.2%、73.3%。Simbaya（1996）采用胃蛋白酶-胰蛋白酶水解透析方法，测定了卡诺拉脱脂种子的蛋白质消化率。他发现，采用高压灭菌方式对样品进行湿热处理 20min，当处理温度在 108℃ 以下时，随温度升高蛋白质消化率提高，而温度超过 108℃，随温度升高蛋白质消化率降低，（108±1）℃ 下短时间热处理，最有利于加工出优质饼粕。

热处理对有效灭活黑芥子酶（β-硫代葡萄糖苷水解酶）具有重要作用。Shahidi 和 Gabon（1990）通过研究发现，黑芥子酶活性在 25~45℃ 随温度升高而连续升高。有研究显示，在 55℃、15.5% 水分条件下，黑芥子酶在 1min 内即可降解 90% 以上的硫苷。菜籽加工中，黑芥子酶从轧胚最后一刻开始活跃。为有效灭活黑芥子酶，在加拿大卡诺拉菜籽加工中要求，在蒸炒工序初期将温度迅速升高至 85~95℃，料胚水分含量控制在 6%~10%。此外，Paik 等（1980）的研究显示，生菜籽自发水解时的降解产物主要是氰类，而热处理后降解产物主要是噁唑烷硫酮（oxazolidine thione，OZT）、异硫氰酸酯（isothiocyanate，ITC），而氰类、OZT、ITC 的毒性依次减弱，因此进行适宜热处理对降低硫苷降解产物的危害也是十分必要的。

值得注意的是，关于在水产饲料中使用生菜籽的问题，在菜籽粉碎时黑芥子酶被激活，可以很快将硫苷降解而产生毒素。因此，最好是将油菜籽与其他硬质原料如菜粕、棉粕等混合进行粉碎，一是可以提高粉碎效率，二是能够及时将粉碎的菜籽稀释，以减少硫苷降解产生抗营养因子。

（三）油菜籽制油工艺对菜籽饼粕质量的影响

油菜籽制油工艺对菜籽饼粕作为饲料蛋白质原料的影响主要在以下几个方面：

① 对菜籽饼粕中氨基酸含量和氨基酸利用率的影响。经过高温蒸炒和压榨，作为菜籽粕第一限制性氨基酸的赖氨酸含量下降 60% 左右，而其他氨基酸含量也有较大幅度下降；过热处理时，饼粕氨基酸的含量和有效性可受到严重损害，主要是蛋白质中的部分氨基酸与糖类发生美拉德反应，形成在动物体内不能被利用的色素复合物，从而降低某些氨基酸的消化率或利用率；而热处理不足时，则不能使菜籽中的硫代葡萄糖苷酶失活。研究表明，低温饼粕的总氨基酸含量，特别是赖氨酸含量显著高于机榨饼和浸提粕，并且低温饼粕各氨基酸利用率均高于机榨饼。

② 油菜籽不同加工工艺影响菜籽饼粕中残留的油脂量。"预榨-浸出"工艺出油率高，浸出后蒸汽脱溶粕的残油较低，一般为1%左右，脱皮低温压榨饼中含有8%左右的原油，菜籽饼粕中残留油脂量的高低也是影响菜粕、菜饼营养质量的主要因素。

③ 加工工艺可能影响到菜粕、菜饼中糖类包括可溶性糖类、非淀粉多糖、纤维素等的性质，这些因素也会对菜粕、菜饼的营养品质产生影响。陈刚（2003）研究表明中性洗涤纤维含量极显著受加工工艺影响，预榨浸出、焙炒热榨工艺中中性洗涤纤维含量显著增高。

④ 对菜籽饼粕中抗营养因子的影响，这是菜籽加工工艺影响的重要方面。从已有的资料分析，不同加工工艺所得的菜粕、菜饼中的抗营养因子的含量甚至种类有较大的差异，这些差异将对菜粕、菜饼作为饲料的适口性和生物利用价值等产生重大影响。

三、菜籽粕（饼）中的中性洗涤纤维

饲料中中性洗涤纤维（neutral detergent fiber，NDF）是指不溶于中性洗涤剂的物质，包括纤维素、半纤维素、木质素、二氧化硅、角质蛋白和蜡质等，实际上也是组成植物细胞壁的成分。中性洗涤纤维是反映国产菜籽饼粕加工质量的控制指标，主要是因为菜籽在加工过程中，因为蛋白质中赖氨酸与糖类发生美拉德反应，产生的物质不能被消化酶水解，而成为中性洗涤纤维的一部分。菜籽粕（饼）中中性洗涤纤维含量可以间接反映其加工温度对营养物质的损失程度。

菜籽饼粕中的纤维成分主要由非淀粉多糖（non-starch polysaccharides，NSP）和木质素、寡聚糖、细胞壁镶嵌蛋白、与细胞壁连接的矿物质及美拉德反应产物等构成。菜籽饼粕中的NSP和木质素构成了植物细胞壁的主体。加拿大卡诺拉粕中NSP含量为17.9%，其中纤维素含量为4.9%、非纤维素NSP为13.8%。构成非纤维素NSP的单糖主要是阿拉伯糖、木糖、半乳糖、糖醛酸、甘露糖等。国产菜籽饼粕的粗纤维含量与之相当，而中性洗涤纤维含量显著偏高、变异幅度明显偏大。

陈刚（2003）的研究报告显示，在低温冷榨、预压浸出、液压热榨、螺旋热榨四种菜籽加工工艺下，菜籽的热处理温度和压榨强度依次升高。低温冷榨、预压浸出、液压热榨、螺旋热榨生产的饼粕，中性洗涤纤维含量分别为32.0%±2.31%、34.6%±3.40%、47.2%±3.43%、51.5%±7.48%，而粗纤维含量不受加工条件的影响，中性洗涤纤维含量呈线性增加趋势。过热处理已成为导致国产菜籽饼粕质量降低的关键，是造成中性洗涤纤维含量高、变异大的主要原因。进一步对不同加工工段菜籽加工产品中中性洗涤纤维含量的测定结果分析表明，中性洗涤纤维含量显著增加，是由于在蒸炒、焙炒、压榨、脱溶环节发生过热处理，部分可消化蛋白质发生热变性成为中性洗涤纤维成分所造成的。

彭健（2001，2002）的研究表明，过热加工时中性洗涤纤维含量的增加主要是由于与纤维成分相连接的蛋白质（变性蛋白质）的增加引起的，中性洗涤纤维含量的显著增加不仅与赖氨酸含量和利用率的降低密切相关，而且与饼粕有效能值的降低趋势也是一致的。

四、菜籽饼粕的营养价值

菜籽饼粕的化学成分随品种、栽培条件及榨油工艺的不同而有所不同。菜籽饼粕富含以清蛋白和球蛋白为主的蛋白质，易被动物利用。与其他油料饼粕相比，蛋白质中蛋氨酸、半胱氨酸等含硫氨基酸含量较高，赖氨酸略低于豆粕。菜籽粕的能量含量较低，其最主要原因是菜籽壳、皮中含较多的粗纤维（含量 9%～13%）。去皮后其有效能值大大提高，能值接近大豆粕。此外，菜粕中钙、磷、镁是豆粕的3.0 倍，硒的含量是豆粕的 8 倍，还富含铁、锰、铜、锌等元素，具有比豆粕含量高的维生素 B_2、叶酸和维生素 B_1 等维生素。饲料用菜籽饼及饲料用菜籽粕的质量标准见表 7-9。

表 7-9　饲料用菜籽饼及饲料用菜籽粕的质量标准　　　　单位：%

	项目	一级	二级	三级	备注
菜籽饼	粗蛋白	≥37.0	≥34.0	≥30.0	中华人民共和国农业行业标准 NY/T 125—1989
	粗脂肪	<14.0	<14.0	<14.0	
	粗纤维	<12.0	<12.0	<12.0	
	粗灰分	<10.0	<10.0	<10.0	
菜籽粕	粗蛋白	≥39.0	≥37.0	≥35.0	中华人民共和国农业行业标准 NY/T 126—2005
	粗纤维	≤12.0	≤12.0	≤12.0	
	粗灰分	<8.0	<8.0	<8.0	

GB/T 23736—2009《饲料用菜籽粕》中质量指标见表 7-10。

表 7-10　菜籽粕质量指标（GB/T 23736—2009）　　　　单位：%

项目	一级	二级	三级	四级
粗蛋白	≥41.0	≥39.0	≥37.0	≥35.0
粗纤维	≤10.0	≤12.0	≤12.0	≤14.0
赖氨酸	≥1.7	≥1.7	≥1.3	≥1.3

项目	一级	二级	三级	四级
粗灰分	≤8.0	≤8.0	≤9.0	≤9.0
粗脂肪	≤3.0	≤3.0	≤3.0	≤3.0
水分	≤12.0	≤12.0	≤12.0	≤12.0

注：各项质量指标含量除水分以原样为基础计算外，其他均以88%干物质为计算基础。

五、菜籽粕（饼）中的抗营养因子

饲料卫生标准（GB 13078）规定菜籽饼粕中异硫氰酸酯的含量应≤4000mg/kg，噁唑烷硫酮的含量为≤2500mg/kg。

1. 硫代葡萄糖苷及其降解产物

在油菜、芥菜及其他十字花科植物的籽实中，都含有硫代葡萄糖苷类化合物，硫代葡萄糖苷又称为硫苷。硫代葡萄糖苷（简称硫苷）有100多种，主要分布在甘蓝植物的种子中，含量为2~5mg/g。该物质对昆虫、动物和人均具有某种毒性，是植物阻止动物啃食的防御性物质。硫代葡萄糖苷本身没有毒，但是，当油菜籽被粉碎后，在一定水分和温度条件下，经本身芥子酶（或称硫代葡萄糖苷酶）的酶解作用，因降解条件不同，配糖体可降解为硫氰酸酯、异硫氰酸酯或脱去硫原子形成腈，某些 R 基团含有羟基的异硫氰酸酯可自动环化为噁唑烷硫酮。当水分在15.5%、温度在55℃时，1min 内就能完成90%的水解反应。硫苷和硫代葡萄糖苷酶（或称芥子酶）共存于油菜种子中。硫苷以钾盐或钠盐的颗粒存在于胚的细胞质中，而硫代葡萄糖苷酶则存在于植物的"细胞"原体中，二者处于彼此有效分离的状态。当植物组织被破坏时，在一定的温度和湿度等条件下，硫苷即被硫代葡萄糖苷酶水解。

我国白菜型油菜籽中主要含有 3-丁烯基硫苷、4-戊烯基硫苷（两者占80%以上）及 2-羟基-3-丁烯基硫苷和吲哚硫苷；芥菜型油菜籽中主要含有烯丙基硫苷（占87%）、3-丁烯基硫苷及少量的吲哚硫苷；甘蓝型油菜籽中主要含有 2-羟基-3-丁烯基硫苷、3-丁烯基硫苷、4-戊烯基硫苷、吲哚硫苷及少量 2-羟基-4-戊烯基硫苷和烯丙基硫苷。双低品种与普通品种硫苷组成无较大差异，但双低品种吲哚硫苷含量较高，约占总量的31%左右。因此，研究吲哚硫苷对双低油菜籽的加工是非常重要的。

异硫氰酸酯有辛辣味，严重影响菜籽饼粕的适口性。高浓度的异硫氰酸酯对黏膜有强烈的刺激作用，长期或大量饲喂菜籽饼粕可引起胃肠炎、肾炎及支气管炎，甚至肺水肿。异硫氰酸酯和硫氰酸酯中的硫氰离子（SCN^-）是与碘离子（I^-）形状和大小相似的单价阴离子，在血液中含量多时，可与 I^- 竞争而浓集到甲状腺中去，抑制了甲状腺滤泡浓集碘的能力，从而导致甲状腺肿大。甲状腺的变化，是日粮中硫苷含量的一个敏感指标。当甲状腺素的合成与分泌受到硫苷分解产物抑制时，甲状腺就会通过增大体积以补偿不足。菜籽粕对动物甲状腺影响存在种间差异。Higg（1983）在大鳞大麻哈鱼幼鱼饲料中添加双低菜籽粕为23%时，在肝、肾、消化道等组织中，没有发现病理变化；达到29.8%时，不仅会降低鱼类生长率，而且甲状腺、肝的组织出现病理变化，甲状腺激素（T3、T4）的合成受到抑制，甲状腺肿大，滤泡上皮细胞高度增加。Davies等（1990）用不同含量双低菜籽粕投喂罗非鱼，结果发现当菜籽粕的含量为30%时，甲状腺滤泡的形状和大小没有变化；在菜籽粕含量为40%、50%和60%的3组中，甲状腺滤泡的胶质缺刻很多，而且滤泡的外形轮廓也比较模糊。当双低菜籽粕在草鱼饲料中的含量达到68%、在鲤饲料的含量达到34.8%时，甲状腺滤泡上皮细胞有高度增加的现象，滤泡胶质的边缘也出现缺刻（吴志新，2006）。

噁唑烷硫酮（OZT）是由R基团上带有β-羟基的硫代葡萄糖苷，经酶解再环化而形成的。由于各类型油菜尤其是甘蓝型油菜中都含有带羟基的硫代葡萄糖苷，所以OZT就成为菜籽饼粕中的主要有毒成分。OZT的主要毒害作用是阻碍甲状腺素的合成，引起脑垂体促甲状腺素的分泌增加，导致甲状腺肿大。噁唑烷硫酮的致甲状腺肿大作用与硫氰酸酯不同，它是通过抑制酪氨酸的碘化，使甲状腺素生成受阻，同时干扰甲状腺球蛋白的水解，进而影响甲状腺素的释放。甲状腺肿大的动物，机能减退，血液中的甲状腺素（T3和T4）减少，营养素的利用率下降，生长和繁殖受到抑制。

腈主要引起动物肝脏、肾脏肿大和出血。硫代葡萄糖苷在较低的温度及酸性条件下，酶解时会有大量的腈生成，大多数腈进入体内后通过代谢迅速析出氰离子（CN^-），因而对机体的毒性比异硫氰酸酯和噁唑烷硫酮大得多。腈进入体内后通过代谢能迅速析出氰离子（CN^-），其毒性与氢氰酸（HCN）相似，可引起细胞内窒息，但症状发展较慢。腈可抑制动物生长，有人将它列为菜籽饼粕中的生长抑制剂。

油菜植株的各部分都含有硫代葡萄糖苷，以种子中含量最高，集中在种子的子叶和胚轴中，其他部分较少。不同器官中含硫代葡萄糖苷量的顺序为种子＞茎＞叶＞根。不同类型油菜种子中，硫代葡萄糖苷的含量各不相同。徐义俊等（1982）对中国油菜品种进行了分析，大部分品种的硫代葡萄糖苷含量在3%～8%，甘蓝型油菜含量范围为1.10%～8.62%，白菜型油菜含量范围为0.97%～6.25%，芥菜型油菜含量范围为2.73%～6.03%。同样类型中，春油菜硫代葡萄糖苷含量都低于冬油菜。双低油菜籽中硫代葡萄糖苷含量是最低的。但是，在我国的油脂企业收购、存储油菜籽时，并不是按照不同种类进行收购、分种类进行加工的，而是将不同种类油菜籽混合加工。

陈刚（2003）测定了纯种双低菜籽和混杂商品菜籽的硫苷含量与组成，见表

7-11。单独种植、单独收购条件下得到的纯种双低菜籽中硫苷含量最低为
25.1μmol/g、最高为 43.4μmol/g，基本上都达到了 FAO 和国内双低油菜品种审
定标准中脱脂饼粕中硫苷含量不高于 40μmol/g 的要求，能够满足低硫苷菜籽饼粕
生产的要求。但油脂企业收购的商品菜籽中硫苷平均含量仍高达 78.5μmol/g，且
不同样品间相差很大，硫苷含量最低 23.7μmol/g、最高达 112.9μmol/g。商品菜
籽和纯种双低菜籽相比芥酸含量也有类似的变化趋势。

表 7-11　纯种双低菜籽和混杂商品菜籽中硫苷、芥酸含量

样品类型	样品数	硫苷/(μmol/g)		芥酸/%	
		含量范围	平均含量	含量范围	平均含量
纯种双低菜籽	8	25.1～43.4	35.2±6.52	1.3～3.8	2.6±0.96
混杂商品菜籽	34	23.7～112.9	78.5±21.76	1.0～39.4	22.5±11.83

注：1. 硫苷含量为脱脂饼粕中含量，8.59%水分含量基础；芥酸含量指菜油中含量。
　　2. 引自陈刚，2003 年 5 月，硕士论文。

　　由于各地区土壤含硫量不同，加工工艺和菜籽品种有差异，菜籽饼粕的营养成
分也有变化，毒素的含量也不同。如四川西部平原的菜籽饼粕，无论是浸提粕，还
是圆饼状压榨饼，含毒量都比较低。

2. 芥子碱

　　菜籽饼粕中含有 1%～1.5% 的芥子碱，具有苦味，是使菜籽饼粕适口性差的
主要因素之一。芥子碱与腥味蛋的产生有关，芥子碱可在鸡的胃肠道中分解为芥子
酸和胆碱，胆碱进而转化为三甲胺。正常情况下，三甲胺在体内三甲胺氧化酶作用
下，迅速氧化为氧化三甲胺而不具腥味。但一些褐壳蛋系的鸡种体内缺乏这种酶，
因而在采食菜籽饼粕后，三甲胺不经氧化就直接进入蛋黄并在蛋中逐渐积累，当鸡
蛋中三甲胺的含量超过 1μg/g 时即有鱼腥味。

3. 芥酸

　　芥酸在油菜等十字花科植物籽实中普遍存在，我国栽培的油菜均为高芥酸油
菜，其籽实脂肪中芥酸含量在 40% 以上。芥酸熔点 33～34℃，沸点 264℃
（1.875kPa），折射率 1.4758，碘值 75。

4. 单宁

　　单宁是广泛存在于各种植物组织中的一种多元酚类化合物。植物单宁的种类繁
多，结构和属性差异很大。通常将其分为可水解单宁和结晶单宁两大类。单宁为多酚
中高度聚合的化合物，单宁与蛋白质发生多种交联反应，与胶体蛋白质结合形成不溶
性的复合物。它们也能与消化酶形成难溶于水的复合物，影响食物的消化吸收。

单宁的抗营养作用有：①生成不溶性物质。单宁与在口腔起润滑作用的糖蛋白结合，形成不溶物，产生苦涩味，影响动物的采食量。其中单胃动物较为敏感，其饲料中结晶单宁的含量一般不能超过1%，反刍动物对饲料中的单宁有较高的耐受力，但单宁含量过高，反刍动物的采食量也呈下降趋势。②抑制消化酶活性。可水解单宁和结晶单宁均能明显抑制单胃动物体内胰蛋白水解酶、β-葡萄糖苷酶、α-淀粉酶、β-淀粉酶和脂肪酶活性，因而降低饲料中干物质、能量和蛋白质以及大多数氨基酸的消化率。③增加内源氮消耗。单宁与消化道黏膜蛋白结合，形成不溶性复合体排出体外，使内源氮排泄量增加。④降低氨基酸利用率。无论可水解单宁还是结晶单宁，都可发生甲基化反应。甲基化增强了对甲基供体（蛋氨酸和胆碱）的需求，使蛋氨酸成为第一限制性氨基酸，降低其他氨基酸的利用效果。

菜籽饼粕中的单宁含量为1.5%～3.5%，也是影响菜籽饼粕适口性的主要因子之一。单宁具苦涩味，影响动物采食，干扰蛋白质的利用，抑制动物生长。油菜单宁与大量蛋白质结合，形成单宁-蛋白质-多糖复合物，因而单宁影响蛋白质的吸收，是抗营养的主要原因。

5. 植酸

菜籽饼粕中植酸含量一般为3%～5%，它是一种很强的金属螯合剂，能与钙、镁、锌等金属离子螯合，不易被动物机体所利用。植酸对动物的毒害作用主要表现为锌的缺乏症，如厌食、消瘦、生长缓慢等。

六、 国产菜粕、印度菜粕、加拿大菜粕、冷生榨菜饼在草鱼饲料中的应用

以平均初体重为（40.4±2.4）g的草鱼为研究对象，在实用饲料配方模式下，选用国产菜粕、印度菜粕、加拿大菜粕、冷生榨菜饼分别设计23.0%和34.5%两个添加水平共8个试验配方并保持各配方的蛋白质、脂肪、能量一致，每一配方分别加工成硬颗粒饲料和膨化饲料，共16种试验饲料；将试验草鱼随机分为16组，每组设3个平行，于48个网箱中进行养殖试验，养殖周期为62天。养殖结束后对草鱼的生长速度、饲料效率、形体指标、鱼体组成、部分生理生化指标、氨基酸组成等进行分析，探讨4种菜籽饼粕在草鱼饲料中应用的可选择性、安全性和实际应用效果。

1. 试验饲料

试验饲料由小麦、细米糠、米糠粕、豆粕、鱼粉、棉籽粕、菜籽饼粕等常规原料组成。试验所选4种菜粕分别为国产菜粕、加拿大菜粕、冷生榨菜饼、印度菜粕，其特性及营养成分见表7-12、氨基酸组成见表7-13。4种菜籽饼粕均设计23.0%和

34.5%两个添加水平，共得 8 种试验饲料。8 种试验饲料的蛋白质水平均保持在 32% 左右，选用同种菜籽饼粕的Ⅰ组、Ⅱ组饲料为等蛋白质等油脂水平，试验饲料组成及营养水平见表 7-14、氨基酸组成见表 7-15。由表 7-15 可知饲料的氨基酸组成与对应的菜籽饼粕氨基酸组成的相关系数在 0.98～0.99 之间。所有饲料原料经粉碎过 40 目筛，混合均匀，用小型颗粒饲料机加工成直径 1.5mm 的颗粒饲料（饲料制粒温度在 65～70℃，持续时间约 1min），置于－20℃冰箱储存备用。

表 7-12　4 种菜籽饼粕的特性及营养成分（干物质基础）　　单位:%

原料	产地	特性	粗脂肪	粗蛋白
国产菜粕	江苏	国产混合菜籽经预压浸提制得的菜粕	4.38	40.48
冷生榨菜饼	四川	国产混合菜籽采用低温机榨法在温度＜80℃条件下加工而成的菜饼	9.28	39.97
印度菜粕	印度	印度直接进口的菜粕	2.63	42.92
加拿大菜粕	加拿大	进口的 Canola 菜籽在江苏加工后制得的菜粕	1.94	43.09

表 7-13　4 种菜籽饼粕氨基酸组成（干物质基础）　　单位: g/100g

氨基酸组成		国产菜粕	加拿大菜粕	印度菜粕	冷生榨菜饼
必需氨基酸（EAA）	苏氨酸 Thr	1.63	1.67	1.75	1.59
	缬氨酸 Val	1.82	1.96	2.04	1.91
	蛋氨酸 Met	0.57	0.74	0.88	0.64
	异亮氨酸 Ile	1.34	1.47	1.65	1.45
	亮氨酸 Leu	2.49	2.65	2.92	2.63
	苯丙氨酸 Phe	1.43	1.47	1.65	1.50
	组氨酸 His	0.86	0.98	1.07	1.04
	赖氨酸 Lys	1.72	1.86	1.85	1.86
	精氨酸 Arg	2.10	2.16	2.73	2.36
非必需氨基酸（non-EAA）	天冬氨酸 Asp	2.39	2.65	8.08	2.49
	丝氨酸 Ser	1.63	1.67	2.14	1.63
	谷氨酸 Glu	6.79	6.72	1.75	7.08
	甘氨酸 Gly	1.82	1.96	0.19	1.91
	丙氨酸 Ala	1.63	1.67	1.27	1.68
	半胱氨酸 Cys	0.19	0.25	0.73	0.18
	酪氨酸 Tyr	1.05	1.18	2.73	1.04
	脯氨酸 Pro	2.39	2.26	2.73	2.45
∑ TAA		31.85	33.29	36.16	33.43
∑ EAA		13.96	14.95	16.55	14.97

表 7-14　试验饲料组成及营养水平（干物质基础）

项目		组别							
		GⅠ	GⅡ	SⅠ	SⅡ	YⅠ	YⅡ	JⅠ	JⅡ
原料/ (g/kg)	小麦	230	230	230	230	230	230	230	230
	细米糠	130	130	130	130	130	130	130	130
	豆粕	70	70	70	70	70	70	70	70
	米糠粕	43	20	45	20	49	35	38	13
	国产菜粕	230	345						
	冷生榨菜饼			230	345				
	印度菜粕					230	345		
	加拿大菜粕							230	345
	棉籽粕	190	100	190	100	180	80	190	100
	鱼粉	40	40	40	40	40	40	40	40
	磷酸二氢钙	20	20	20	20	20	20	20	20
	沸石粉	15	15	15	15	15	15	15	15
	膨润土	20	20	20	20	20	20	20	20
	菜油	2				6	5	7	7
	预混料①	10	10	10	10	10	10	10	10
	合计	1000	1000	1000	1000	1000	1000	1000	1000
营养 水平②	粗蛋白/%	32.21	32.83	30.83	31.26	31.80	32.09	32.25	32.74
	粗脂肪/%	3.82	3.87	4.81	4.95	3.13	3.46	3.97	4.08
	水分/%	9.18	9.49	9.61	9.75	9.41	9.26	9.03	9.71
	总能/(MJ/kg)	16.76	17.05	16.65	16.84	16.80	16.99	16.67	16.77

① 预混料为每千克日粮提供：Cu 5mg，Fe 180mg，Mn 35mg，Zn 120mg，I 0.65mg，Se 0.5mg，Co 0.07mg，Mg 300mg，K 80mg，维生素 A 10mg，维生素 B_1 8mg，维生素 B_2 8mg，维生素 B_6 20mg，维生素 B_{12} 0.1mg，维生素 C 250mg，泛酸钙 20mg，烟酸 25mg，维生素 D_3 4mg，维生素 K_3 6mg，叶酸 5mg，肌醇 100mg。

② 营养水平为实测值。

表 7-15　试验饲料氨基酸组成（干物质基础）　　　单位：g/100g

氨基酸		组别							
		GⅠ	GⅡ	JⅠ	JⅡ	SⅠ	SⅡ	YⅠ	YⅡ
必需氨基酸 （EAA）	苏氨酸	1.06	1.02	1.05	0.98	1.17	1.02	0.97	1.09
	缬氨酸	1.15	1.15	1.25	1.15	1.42	1.09	1.26	1.35
	蛋氨酸	0.42	0.38	0.48	0.43	0.53	0.43	0.48	0.42
	异亮氨酸	1.06	0.92	0.96	0.92	0.96	0.96	0.97	1.13

氨基酸		组别							
		GⅠ	GⅡ	JⅠ	JⅡ	SⅠ	SⅡ	YⅠ	YⅡ
必需氨基酸（EAA）	亮氨酸	1.92	1.69	1.82	1.68	1.53	1.66	1.84	1.94
	苯丙氨酸	1.28	1.16	1.25	1.15	1.12	1.09	1.16	1.26
	组氨酸	0.76	0.64	0.58	0.57	0.67	0.62	0.68	0.78
	赖氨酸	1.35	1.27	1.34	1.29	1.32	1.29	1.36	1.32
	精氨酸	1.91	1.82	2.02	1.95	1.92	1.86	2.04	2.06
非必需氨基酸（non-EAA）	天冬氨酸	2.31	2.02	2.29	2.12	1.91	2.04	2.13	2.22
	丝氨酸	1.25	1.15	1.25	1.13	1.05	1.16	1.26	1.29
	谷氨酸	5.48	5.08	5.28	4.94	4.98	5.04	5.24	5.56
	甘氨酸	1.31	1.25	1.34	1.21	1.15	1.25	1.26	1.38
	丙氨酸	1.28	1.15	1.25	1.14	1.05	1.16	1.16	1.29
	半胱氨酸	0.29	0.26	0.19	0.18	0.17	0.19	0.29	0.29
	酪氨酸	0.77	0.67	0.86	0.72	0.67	0.71	0.68	0.77
	脯氨酸	1.51	1.44	1.44	1.39	1.49	1.46	1.45	1.71
$\sum$ AA		25.11	23.07	24.65	22.95	23.11	23.03	24.23	25.86
$\sum$ EAA		10.91	10.05	10.75	10.12	10.64	10.02	10.76	11.35
$\sum$ AA/pro		0.78	0.70	0.78	0.72	0.72	0.70	0.79	0.83
$\sum$ EAA/pro		0.34	0.31	0.34	0.32	0.33	0.31	0.35	0.36
与原料氨基酸的相关系数		0.99	0.99	0.99	0.99	0.98	0.99	0.99	0.99

四种菜籽粕（饼）中赖氨酸含量也有一定的差异，这应该是由于菜籽种类和制油工艺差异所致，对养殖效果也会有一定的影响。

2. 草鱼的成活率、特定生长率、饲料系数和蛋白质效率

由表 7-16 可知，4 种菜籽饼粕及其不同添加水平的硬颗粒饲料对草鱼的末体重、成活率和蛋白质效率都没有产生显著影响（$P>0.05$），但对草鱼的特定生长率、饲料系数产生了一定的影响。4 种菜籽饼粕对草鱼的特定生长率、饲料系数的影响有一定的差异，但只有冷生榨菜饼Ⅰ组（SⅠ）和印度菜粕Ⅱ组（YⅡ）达到显著性水平（$P<0.05$），均能够取得较好的养殖效果。增加在饲料中的使用量后，印度菜粕组的特定生长率、饲料系数有显著改善（$P<0.05$），国产菜粕组与加拿大菜粕组无显著变化（$P>0.05$），而冷生榨菜饼组的特定生长率则显著下降（$P<0.05$）。

表 7-16　硬颗粒饲料养殖草鱼的成活率、特定生长率、饲料系数和蛋白质效率[①]

组别	初体重 (IBW)/g	末体重 (FBW)/g	特定生长率 (SGR)/(%/d)	成活率 (SR)/%	饲料系数 (FCR)	蛋白质效率 (PER)/%
GⅠ	37.27±3.95	93.08±8.06	1.79±0.16[a]	95.00±5.00	1.48±0.07[bc]	1.86±0.18
GⅡ	37.95±3.27	93.91±8.30	1.78±0.05[a]	100.00±0.00	1.52±0.06[bc]	1.89±0.15
JⅠ	41.21±2.76	100.23±2.24	1.73±0.08[a]	95.00±5.00	1.59±0.05[c]	1.79±0.26
JⅡ	38.90±0.48	96.48±6.73	1.78±0.15[a]	100.00±0.00	1.50±0.08[bc]	1.96±0.21
SⅠ	34.80±1.86	97.76±3.32	2.00±0.11[b]	96.67±2.89	1.35±0.08[a]	2.28±0.15
SⅡ	41.73±2.23	103.14±8.69	1.77±0.09[a]	95.00±8.66	1.44±0.06[ab]	1.96±0.23
YⅠ	43.90±1.92	110.62±0.69	1.68±0.08[a]	100.00±0.00	1.48±0.05[bc]	2.12±0.21
YⅡ	37.63±1.36	95.59±11.06	1.97±0.06[b]	93.33±11.54	1.35±0.08[a]	1.83±0.28
双因素方差分析 P[②] 值						
原料	0.126	0.153	0.19	0.961	0.005	0.483
添加水平	0.831	0.289	0.607	0.873	0.568	0.416
原料×添加水平	0.055	0.112	0.005	0.335	0.042	0.43

① 结果用平均值±标准差表示（$n=3$）。

② "$P<0.05$"表示该因素对结果有显著影响。

注：同列上标不同小写英文字母表示差异显著（$P<0.05$）。

在相同饲料配方（见表 7-14）下，采用挤压膨化工艺生产的膨化饲料对养殖生长和饲料效率的试验结果见表 7-17。

表 7-17　挤压膨化饲料养殖草鱼的成活率、特定生长率、饲料系数和蛋白质效率[①]

组别	初体重 (IBW)/g	末体重 (FBW)/g	特定生长率 (SGR)/(%/d)	成活率 (SR)/%	饲料系数 (FCR)	蛋白质效率 (PER)/%
GEⅠ	36.36±2.69	107.60±8.61	2.00±0.11[d]	95.66±7.50	1.39±0.11[a]	2.24±0.22
GEⅡ	39.93±0.48	103.46±3.10	1.81±0.08[bc]	97.67±4.04	1.47±0.13[ab]	2.11±0.15
JEⅠ	36.93±1.97	101.60±7.60	1.98±0.12[cd]	100.00±0.00	1.48±0.10[ab]	2.07±0.14
JEⅡ	42.13±2.42	105.93±7.97	1.76±0.06[b]	100.00±0.00	1.52±0.09[ab]	1.98±0.09
SEⅠ	42.96±1.49	106.93±7.01	1.78±0.12[b]	95.33±4.04	1.46±0.09[ab]	2.03±0.23
SEⅡ	43.54±2.27	96.60±4.52	1.56±0.01[a]	100.00±0.00	1.72±0.08[c]	1.85±0.09
YEⅠ	37.36±0.39	92.18±5.16	1.77±0.07[b]	100.00±0.00	1.64±0.09[bc]	1.98±0.11
YEⅡ	37.93±0.66	97.69±3.79	1.85±0.08[bcd]	97.67±4.04	1.49±0.10[ab]	2.00±0.05

组别	初体重 (IBW)/g	末体重 (FBW)/g	特定生长率 (SGR)/(%/d)	成活率 (SR)/%	饲料系数 (FCR)	蛋白质效率 (PER)/%
双因素方差分析 P 值[2]						
原料			0.003	0.441	0.053	0.315
添加水平			0.003	0.475	0.176	0.304
原料×添加水平			0.036	0.475	0.021	0.864

① 结果用平均值±标准差表示（$n=3$）。

② "$P<0.05$"表示该因素对结果有显著影响。

注：同列上标不同小写英文字母表示差异显著（$P<0.05$）。

结果表明，4 种菜籽饼粕对草鱼的生长速度、饲料系数的影响有一定的差异，除 SEⅡ组外，均能够取得较好的养殖效果。增加 4 种菜籽饼粕在饲料中的使用量后，除印度菜粕膨化组的生长速度、饲料系数有所改善外，国产菜粕膨化组、加拿大菜粕膨化组、冷生榨菜饼膨化组的生长速度均显著降低（$P<0.05$），且饲料系数增加。

3. 不同菜籽饼粕组草鱼的体成分比较

表 7-18 中的试验结果表明，4 种菜籽饼粕对草鱼的蛋白质沉积率没有影响（$P>0.05$），但对草鱼的脂肪沉积率有显著性影响（$P<0.05$），冷生榨菜饼组的脂肪沉积率显著低于国产菜粕组和印度菜粕组（$P<0.05$），与加拿大菜粕组无显著差异（$P>0.05$）。4 种不同菜籽饼粕随着添加水平的增加，其草鱼的全鱼、肝胰脏粗蛋白含量有所降低，肌肉粗蛋白含量无显著差异（$P>0.05$）；全鱼粗脂肪含量显著增加（$P<0.05$），肝胰脏粗脂肪含量也有所增加。国产菜粕组的全鱼、肝胰脏粗脂肪含量显著高于其他试验组，而其全鱼、肝胰脏粗蛋白含量显著低于其他试验组（$P<0.05$）；加拿大菜粕组的肌肉粗蛋白含量显著最高；冷生榨菜饼组的肌肉粗脂肪含量显著最高（$P<0.05$）。

表 7-18　草鱼的体成分（干物质基础）　　　　单位：%

组别	全鱼		肌肉		肝胰脏	
	粗蛋白	粗脂肪	粗蛋白	粗脂肪	粗蛋白	粗脂肪
GⅠ	58.44±0.91[bcd]	28.49±0.80[d]	89.23±2.70[ab]	8.68±0.24[c]	33.06±0.22[c]	31.29±0.84[cd]
GⅡ	53.25±0.41[a]	31.38±0.41[f]	88.98±0.52[ab]	8.15±0.26[bc]	30.43±0.27[a]	31.94±0.13[de]
JⅠ	60.46±1.29[d]	27.06±0.27[b]	90.62±0.38[b]	7.27±0.30[a]	33.98±0.42[d]	28.62±0.20[a]
JⅡ	56.83±1.45[b]	28.19±0.52[cd]	90.45±1.14[b]	8.65±0.30[c]	31.72±0.27[b]	29.08±0.61[ab]
SⅠ	57.70±1.77[bc]	27.53±0.66[bc]	87.95±0.70[ab]	9.45±0.48[d]	32.16±0.64[b]	30.83±0.31[c]

组别	全鱼		肌肉		肝胰脏	
	粗蛋白	粗脂肪	粗蛋白	粗脂肪	粗蛋白	粗脂肪
SⅡ	56.29±1.26^b	29.77±0.39^e	88.52±1.38^{ab}	9.58±0.27^d	31.85±0.45^b	32.86±0.18^e
YⅠ	59.56±1.48^{cd}	23.46±0.05^a	86.89±1.80^a	8.27±0.15^{bc}	32.05±0.24^b	29.03±0.64^{ab}
YⅡ	57.68±0.51^{bc}	27.58±0.17^{bc}	88.33±2.29^{ab}	7.93±0.22^b	31.69±0.36^b	29.87±0.79^b
双因素方差分析 P 值						
原料	0.002	0.000	0.029	0.000	0.211	0.000
添加水平	0.000	0.000	0.547	0.187	0.000	0.000
原料×添加水平	0.061	0.000	0.773	0.000	0.000	0.085

注：同列上标不同小写英文字母表示差异显著（$P<0.05$）。

4. 主要结论

有关膨化饲料的养殖结果限于篇幅没有列出。本试验通过分析硬颗粒饲料和膨化饲料养殖草鱼的特定生长率、饲料效率、形体指标、肝胰脏血清功能指标、免疫机能指标、肾脏功能指标、肠道通透性指标、血红蛋白含量及氨基酸组成等试验指标，主要得到以下结论。

① 国产菜粕、印度菜粕、加拿大菜粕和冷生榨菜饼均可用于草鱼的饲料中，国产菜粕、加拿大菜粕添加水平为 23.0%，加工成膨化饲料时草鱼的生长速度最快；冷生榨菜饼的添加水平为 23.0%，加工成硬颗粒饲料时更有利于草鱼的生长；印度菜粕添加水平为 34.5%，加工成硬颗粒饲料时草鱼的生长速度最快。

② 同一饲料配方下，国产菜粕、加拿大菜粕加工成膨化饲料时更有利于草鱼的生长；冷生榨菜饼加工成硬颗粒饲料效果更好；印度菜粕添加量为 23.0% 时，膨化饲料优于硬颗粒饲料，添加量为 34.5% 时，硬颗粒饲料优于膨化饲料。

③ 4 种菜籽饼粕在草鱼饲料中的使用不会显著影响草鱼全鱼、肌肉、肝胰脏的氨基酸组成；不同试验组之间的草鱼的同一器官组织的游离氨基酸组成模式基本一致，处于相对稳定的状态。

七、菜籽粕（饼）在水产饲料中使用的有关问题

1. 菜籽粕（饼）的使用量

从现有的资料和实际使用效果看，菜籽粕（饼）已经成为水产饲料中主要的植物蛋白质原料之一，尤其是在淡水鱼类饲料中的使用量达到 15%～30%。在广东、浙江、湖北等地区的草鱼饲料中，菜籽粕（饼）的使用量甚至超过 30%。其主要原因是，菜籽粕（饼）的资源量较大，货源相对稳定；价格也相对可以接受；在较

高剂量下使用，如果以生长速度、饲料系数作为评判指标，也没有显示出明显的不利影响；菜籽粕（饼）中抗营养因子的副作用在水产动物养殖中不如陆生动物显著，也许是鱼类没有甲状腺的缘故。

2. 不同种类和不同加工方式菜籽粕（饼）的养殖效果差异

菜籽粕（饼）受到油菜籽种类、加工工艺的影响较大，所以，在实际生产中如何选用菜籽粕（饼）一定要注意，一是注意菜籽粕（饼）的油菜籽种类，二是要注意菜籽粕（饼）的加工工艺，三是要特别注意不同菜籽粕（饼）在饲料中的使用量。

前面已经分析了不同加工方式菜籽粕（饼）质量的差异，以及其差异产生的主要原因。在水产饲料实际使用过程中，低温菜籽饼显示出较好的饲料养殖效果，除了其中的油脂含量相对较高外，低温加工对赖氨酸损失较小也应该是主要原因之一。国产菜籽粕与进口的加拿大菜籽粕比较，在养殖效果方面还是以进口的加拿大菜籽粕较为有优势，但要受到进口数量以及进口菜籽粕在国内销售地区的影响。由于国家对转基因菜籽的政策限制，只是允许非油菜籽产地如广东可以直接引进加拿大油菜籽进行制油生产，所以这些地区可以较为容易地获得进口加拿大菜籽粕。也有部分进口商直接将加拿大菜籽粕引进到国内，但一般是制成颗粒状进口。颗粒状进口菜籽粕需要加入一定量的黏合剂如次粉等才能加工，所以其粗蛋白含量也只有35％左右。

印度菜籽粕由于其适口性较差，具有较为强烈的刺激味，所以在饲料中的使用量要受到限制。依据实际使用情况，10％以下的含量在水产饲料中使用是可行的，没有对饲料适口性产生显著性的影响，也能取得较好的养殖效果。

黄色油菜籽显示出较黑色油菜籽具有更好的饲料营养价值，如果能够采购到较为纯净的黄色油菜籽加工的菜籽粕，应该较混合的菜籽粕具有更好的饲料营养价值。

3. 菜籽粕（饼）过热加工的品控指标

目前菜籽粕（饼）品控中需要特别关注的是过热加工对其饲料营养价值的影响。依据前面关于菜籽加工过程、工艺对菜籽粕（饼）质量的影响结果，对于菜籽粕（饼）品控质量指标，除了目前已有的如水分、粗蛋白、粗脂肪、灰分等外，建议增加赖氨酸含量和中性洗涤纤维两项指标。这是评价菜籽过热加工导致质量下降的主要评价指标。如果菜籽粕（饼）过热加工将导致赖氨酸含量下降、中性洗涤纤维含量增加，其结果是菜籽粕（饼）的实际可消化利用率下降。

当然，通过菜籽粕（饼）的色泽也可以定性地判定是否过热加工。如果色泽明显较深、发黑，可以初步判定有过热加工，或是利用收集来的菜籽饼再提取油脂后的菜籽粕，也就是所谓的"二次粕"。这类菜籽粕（饼）实际可消化利用率较低。

4. 关于"二次粕"

目前有两种工艺的菜籽饼，一种是直接使用生菜籽压榨的菜籽饼，菜籽不用烘炒，直接进行压榨得到菜籽饼，颜色带一点绿色，就是通常称的"生饼"，这种菜籽饼由于压榨温度在80℃左右，赖氨酸损失很小，其赖氨酸含量可以达到1.8%以上，蛋白质溶解度也很高，经试验和实际生产应用，效果较好，甚至优于菜籽粕的养殖效果。另一种就是传统压榨方式得到的菜籽饼，菜籽先经过烘炒后再用95型榨油机压榨得到菜籽饼，就是通常讲的"95饼"，颜色较深，赖氨酸损失也较大。而现在一些油脂企业再收集这类"95饼"，按照有机溶剂浸提的方式再次浸提油脂，得到的菜籽粕就成为"二次粕"，赖氨酸再次损失，其含量一般就只有1.2%～1.3%了，蛋白质溶解度也很低（一般低于30%），颜色较深。所以这种菜籽粕的质量应该是最差的，在使用时要特别注意，尽量不要使用这种"二次粕"。

目前在水产饲料中使用的几种主要菜籽饼（粕）的特征见表7-19。

表7-19　几种典型的菜籽饼（粕）蛋白质溶解度、赖氨酸等的比较

项目	冷生榨菜饼	95型菜籽饼	二次压榨菜籽粕	菜籽粕
颜色、形态	绿色、块状	黑色、块状或饼状	黑色、粒状	黄褐色、粒状
味道	苦味较重	苦味轻	苦味轻	苦味轻
蛋白质溶解度/%	80左右	40左右	30以下	40～60
赖氨酸含量/%	1.8	1.6	1.3以下	1.6～1.8
建议使用量/%	≤10	≤8	最好不用	≤30

第三节　棉　粕

一、棉籽

我国棉籽年产量为960万～1100万吨，主要产区为新疆、河北、河南、山东、安徽、江苏、湖北等地。棉籽呈黑色，其形状为圆锥形，也有卵形、短卵形的，由壳和仁两部分组成，它们的质量分数常因品种不同而有所差别。一般壳占39%～52%，仁占48%～61%（赵贵兴，2002）。壳包坚硬，壳含油0.3%～1.0%，且含有深棕色色素，通常去壳后再制油。壳中多聚戊糖的含量约6%，多聚戊糖水解后生成糠醛，是制取糠醛的良好原料。带壳棉籽含油15%～18%，

其中油酸为 16.5％、亚油酸为 55.6％。棉籽中含棉仁 50％～55％。棉仁中含油 30％～35％、蛋白质 35％～38％、棉酚 1.1％～1.4％。

二、棉籽粕（饼）的营养价值

棉粕或棉饼是棉籽脱油后的产品，由于棉花的品种和棉籽制油工艺的不同，所得到的棉粕、棉饼的品质也有一定的差异。棉籽加工成的饼、粕中是否含有棉籽壳或者含棉籽壳多少，是决定其可利用能量水平和蛋白质含量的主要影响因素。我国一些油脂厂在加工过程中常把已经脱掉了的棉籽壳，又在榨油时加入 1/3（占原含量）左右。

1. 粗蛋白

如表 7-20 所示，棉籽粕（饼）的粗蛋白含量在 41％左右，棉籽粕（饼）的氨基酸组成特点是赖氨酸含量不足、精氨酸含量高。赖氨酸含量在 1.3％～1.6％，近似于大豆饼粕的 50％；精氨酸含量高达 3.6％～3.8％；赖氨酸：精氨酸为 100:270 以上。因此，在利用棉籽粕（饼）配制日粮时，不仅要考虑赖氨酸问题，还要与含精氨酸低的原料相搭配，饼粕类饲料中菜籽粕（饼）的精氨酸含量最低，可搭配使用。此外，棉籽粕（饼）的蛋氨酸含量也低，约为 0.4％，仅为菜籽粕（饼）的 55％左右，所以棉籽粕（饼）与菜籽粕（饼）搭配不仅可缓冲赖氨酸与精氨酸的拮抗作用，而且还可实现蛋氨酸的互补作用。

表 7-20　棉籽粕（饼）的一般成分　　　　　　　　单位:％

成分	压榨饼		浸提粕	
	平均值	范围	平均值	范围
水　分	7.5	6.5～10.0	9.5	9.0～11.5
粗蛋白	41.0	39.0～43.0	41.0	39.0～43.0
粗脂肪	4.0	3.5～6.5	1.5	0.5～2.0
粗纤维	12.0	9.0～13.0	13.0	11.0～14.0
粗灰分	6.0	5.0～7.5	7.0	6.0～8.0
钙	0.20	0.15～0.35	0.15	0.05～0.30
磷	1.10	1.05～1.40	1.15	1.05～1.40
游离棉酚	0.03	0.01～0.05	0.3	0.1～0.5

棉籽蛋白的主要成分是球蛋白（赵贵兴，2002），约占 90％，其次是谷蛋白。超速离心机分离可得 2S、7S、12S 三种球蛋白，2S 球蛋白存在于蛋白质体外面，约占 30％，含硫氨基酸及赖氨酸含量较高；7S、12S 球蛋白共占 60％，含硫氨基

酸和赖氨酸含量较低，在酸性溶液中解离为低分子量的单体，再以碱中和酸性又会聚合成寡聚蛋白，但结构可能与原来不同，这种现象也可在一定的离子强度下出现。

(1) 棉籽壳对棉籽粕质量的影响　棉籽饼粕中的棉籽壳含量，是决定其有效能和粗蛋白含量的主要因素，也是评定棉籽饼粕饲用价值的关键指标。棉籽饼粕中含壳量高时，不仅严重影响棉籽饼粕的产品质量，而且会影响饲料加工中粉碎机的产量和增加加工成本。同时，加工过程中棉绒会因高温产生焦煳味，影响产品的气味和外观。棉籽壳的主要化学成分为半纤维素、纤维素和木质素。

高蛋白棉粕的制备就是针对上述原因，对普通棉粕进行研磨、分级过筛等工序去除部分粗纤维如短绒和棉壳，而得到粗蛋白含量为46%以上的棉粕。另外，采用低温处理、分步萃取而得到脱酚的棉籽蛋白，其粗蛋白含量大于50%，游离棉酚含量小于400mg/kg。

(2) 加工工艺对棉籽粕质量的影响　传统方法压榨得到的棉籽粕（饼），由于过热作用，造成赖氨酸、蛋氨酸及其他必需氨基酸被破坏，利用率很低。棉籽粕赖氨酸含量低的原因主要是现阶段普遍采用的高温蒸炒压榨工艺使棉籽蛋白中的赖氨酸与棉酚、还原糖发生美拉德反应，从而封闭了赖氨酸的 $\varepsilon\text{-}NH_2$。这种封闭了的赖氨酸所在的肽链不能被胰蛋白酶分解，因而这种赖氨酸对动物是无效的。棉籽饼（粕）中总赖氨酸含量仅1.3%～1.8%，赖氨酸有效性仅62%～66%。所以，不同的品种、加工方法及机型对棉籽蛋白和必需氨基酸的消化率影响很大。最常见的加工方法有三种：螺旋压榨法、浸出法、预榨浸出法。在这三种生产类型中，螺旋压榨法由于高温处理必然导致氨基酸利用率下降最严重，其次是浸出法和预榨浸出法。

棉籽饼（粕）的颜色有黄色、褐色、深褐色等，其细度也影响色泽。一般颜色淡的品质较好。储存太久或加热过度都会使棉籽饼（粕）颜色加深，通常浸提产品比压榨产品颜色要浅、营养价值要高。棉籽饼（粕）的味道略带坚果和棉籽油的味道。

2. 碳水化合物

棉籽（仁）饼粕中碳水化合物以糖类（戊聚糖）为主，粗纤维含量随脱壳程度不同而异。棉籽粕（饼）因含有一部分壳，粗纤维含量为12%～16%，代谢能水平约8MJ/kg；而不脱壳的棉籽饼粗纤维含量可高达18%，其代谢能水平只有6MJ/kg左右。

棉籽中含有重要的低聚糖，已有的研究表明棉籽低聚糖对人体具有重要的生理功能。如日本的一项研究表明，健康人每天摄取10g棉籽低聚糖，肠道双歧杆菌所占比例可由原来的 15％上升到 58.2％～80.1％。棉籽低聚糖是一种对人体具有很好保健作用的功能性低聚糖，是肠道双歧杆菌、乳杆菌的营养剂，双歧杆菌、乳杆菌又是保障人体肠道正常生理功能的重要有益菌群。同样的原理，棉籽低聚糖对养殖动物也应该具有类似的生理作用。

植物中低聚糖含量最高的是棉籽，其含量达到 3％～6％。棉籽低聚糖的主要成分为棉子糖、水苏糖、二糖以及其他多糖和少量的蛋白质，其中含量最多的为棉子糖，棉子糖又称蜜三糖，是由半乳糖、葡萄糖和果糖组成的低聚三糖，甜度是蔗糖的 23％左右。棉籽加工的主要产物为棉籽油和棉籽饼粕，棉籽低聚糖则主要存在于棉籽饼粕中，一般棉籽饼粕中的棉籽低聚糖含量随棉籽中原始含量及加工方式不同而不同，一般在 5％～9％之间。我国不同品种棉籽之间，棉籽低聚糖含量差异不大，随地域和收获期的不同存在一定差异。一般日照时间长、昼夜温差大、紫外线辐射高的地区有利于棉籽中糖分的积累，新疆地区的棉籽含糖量比其他地区高出近 30％。另外，棉籽低聚糖含量有随收获期后延而降低的趋势，早收获的棉籽糖含量比晚收获的高出 10％～20％。

3. 维生素、矿物质

棉籽（仁）饼粕中含胡萝卜素极少，维生素 D 的含量也很低，含硫胺素和核黄素 4.5～7.5mg/kg、烟酸 39mg/kg、泛酸 10mg/kg、胆碱 2700mg/kg。矿物质中钙少（0.2％左右）磷多（1.0％以上），磷多属植酸磷，占 71％，利用率很低。含硒很少，约为 0.06mg/kg，不及菜籽粕（饼）的 7％。因此在日粮中使用棉籽（仁）饼粕时，最好与菜籽粕（饼）或鱼粉搭配，并且要对日粮的含硒水平进行监督，在某些条件下要添加亚硒酸钠添加剂。

三、棉粕中的抗营养因子

1. 棉酚与游离棉酚

棉花植物（锦葵科）的所有部分，包括茎、叶、根、果实都含有棉酚，尤其在籽实的棉仁色素腺体内含量较多，呈黄褐色。棉酚属于多酚色素，含量占棉籽的 0.7％～4.8％、占棉粕干物质量的 0.03％～2.0％，并以结合、游离两种状态存在。棉酚及类棉酚色素集中在棉籽仁的球状色素腺体中，色素腺体周围为棉籽仁的肉质。

棉酚是一种姜黄色素结晶，熔点 181～185℃，它是一种多元化合物，具有多种异构体。色素腺体中棉酚含量达 20.6％～39％。棉酚溶于甲醇、乙醇、异丙醇、丙酮、乙醚、四氯化碳等有机溶剂，也能溶于油脂，不溶于石油醚和水。

通常将与氨基酸或其他物质结合的棉酚称为结合棉酚，把具有活性羟基和活性醛基的棉酚称为游离棉酚。棉籽在脱油加工过程中，棉仁色素腺体内的棉酚，一部分转入油内，一部分留在饼粕中。在加热过程中，包括蒸炒和压榨的产热，这种热作用使游离棉酚大部分与蛋白质、氨基酸等结合，变成结合棉酚。结合棉酚对动物没有毒害，在消化道不被吸收，可很快随粪便排出体外。但是，仍然有不少数量的棉酚以游离棉酚的形式存在于饼粕中。

棉籽中的色素腺体是棉酚存在的主要场所，若能选育出无腺体的棉花品种，则不需要经任何特殊处理，即可得到无毒、优质的饼粕。20世纪50年代以来，美国开始研究培育无腺体棉花新品种，并获得成功。无腺体棉籽游离棉酚含量为0.05%～0.8%，比传统棉籽含量低很多。用无腺体棉籽经脱壳、取油后的棉籽粕生产食用棉仁粉浓缩蛋白、分离蛋白、棉籽凝乳，用于食品已获得成功。20世纪70年代以来，我国已培育了无腺体棉籽新品种。据分析，我国无腺体棉籽仁中平均棉酚含量为0.02%，其粗蛋白的含量可达到45%，比有腺体的棉籽仁或大豆饼的含量都高（见表7-21）。据动物试验表明，无腺体棉仁粕和大豆饼氨基酸利用率相似，均明显优于有腺体棉仁粕。

表 7-21　棉籽仁的营养成分与棉酚含量　　　　　　　　单位：%

项目	干物质	粗蛋白	粗脂肪	粗纤维	粗灰分	棉酚
无腺体棉籽仁	93	45	33.4	2.9	5.8	0.02
有腺体棉籽仁	93	41	35.8	3.0	5.1	1.042
大豆饼	88	42.1	184	5.8	5.2	0

压榨饼和浸提粕的游离棉酚含量低，土榨饼的含量高，见表7-22。但是含量范围太宽，压榨饼的最小含量与最大含量之间相差5倍以上，浸提粕相差13倍以上，土榨饼相差更大，达30倍以上。因此按平均数确定安全用量是不可取的，必须对所用的饼粕做具体测定。

表 7-22　棉籽饼、粕中棉酚含量（风干基础）　　　　单位：%

项目	游离棉酚			结合棉酚		
	样本数	平均	范围	样本数	平均	范围
压榨饼	41	0.076	0.030～0.162	10	0.958	0.68～1.28
浸提粕	15	0.070	0.011～0.151	10	0.829	0.363～1.065
土榨饼	20	0.192	0.014～0.440	10	0.456	0.039～0.991

对饲料工业和养殖业来说，在购进棉籽（仁）饼粕时，应当了解它的加工技术，并应具体测定游离棉酚含量。我国饲料卫生标准中对鱼类饲料中游离棉酚的安全使用限量均有规定，具体可参考相应标准。

与陆生动物相比较，棉酚对水产动物生长、生理机能、繁殖等的影响程度不如对陆生动物那样强烈，水产动物对饲料棉酚、饲料中棉粕用量的耐受程度要强于陆生动物。在水产动物，包括虾类、蟹类饲料中棉粕的使用量较高，在一般淡水鱼类饲料中，棉粕的使用量可以达到30％左右，在虾类、蟹类饲料中，棉粕、脱酚棉籽蛋白的使用量可以达到15％以上。在水产饲料中，由于棉粕的使用量较高，而其营养品质与豆粕相比较差异不大，但是在性价比方面则较豆粕具有显著的优势，因而成为替代豆粕的一种主要植物蛋白饲料。另外，不同水产动物对棉酚、饲料中棉粕用量的耐受程度也表现出很大的差异。因此，在不同水产养殖动物饲料中，关于棉粕、脱酚棉籽蛋白的具体使用量，应该根据不同养殖品种的差异、不同配方成本、不同饲料氨基酸平衡的要求等适当处理。

　　国内外关于棉酚对虹鳟生长、生理机能影响的研究资料较多，不同研究人员所得结果也有一定的差异。Herman（1970）的试验结果表明，棉酚对虹鳟有强烈的毒性作用，当饲料中棉酚含量达0.03％时，即可导致虹鳟鱼食欲下降，生长不良。Roehm（1967）的研究结果表明，用棉酚含量为250mg/kg的日粮饲喂虹鳟18个月，体内沉积的棉酚相对较低，但用棉酚含量为1000mg/kg的日粮饲喂时，在鱼体肝脏内沉积了很多棉酚，其结果表明虹鳟能够忍受250mg/kg的棉酚。Roehm的研究还表明游离棉酚与黄曲霉毒素在诱发虹鳟肝癌方面具有协同作用，能使虹鳟严重水肿，并且死亡；还导致肾脏的肾小球基膜变厚，肝脏坏死并有蜡质样沉积等。吉红（1999）报道，饲料中棉酚低于290mg/kg时未引起虹鳟生长下降；饲料中含950mg/kg棉酚，虹鳟体内表现出明显的病理变化，如肾脏的肾小球基膜变厚、肝脏坏死并有蜡质样沉积等。侯红利（2005）认为鲑科鱼类饲料中，游离棉酚的浓度应限制在100mg/kg以下。任维美报道，用棉籽饼完全替代鱼粉养殖2龄虹鳟，对雄鱼生长影响显著；棉籽饼中的酚类色素棉酚经过榨油加工，对虹鳟精子浓度和性成熟激素浓度以及授精能力无明显影响；投喂棉籽饼饲料对雌性虹鳟生长至第一次排卵时的增重无影响；试验证明虹鳟饲料中棉籽饼的适宜安全剂量鱼种为25％，成鱼可高达75％。Fowler报道，饲喂含34％棉籽粕的日粮同饲喂含37％鱼粉的日粮比较，大鳞大麻哈鱼生长速度一样快；饲喂含22％棉籽粕的日粮同饲喂含37％鱼粉的日粮比较，银大麻哈鱼的生长性能一样。

　　当斑点叉尾鮰饲料中游离棉酚含量小于0.09％时，鱼类生长不受显著影响（Dorsa，1982）；但当游离棉酚增加到0.12％时，鱼类生长显著下降，且鱼体肝脏、肾脏及肌肉中游离棉酚含量增加。将醋酸棉酚加到斑点叉尾鮰饲料中的试验结果表明，日粮中醋酸棉酚含量为0、300mg/kg、600mg/kg的斑点叉尾鮰鱼体血清蛋白含量无显著差异；日粮中醋酸棉酚含量≥600mg/kg，斑点叉尾鮰红细胞比容会随着日粮中醋酸棉酚含量的增加而明显受到影响；当日粮中醋酸棉酚含量≥

900mg/kg 时，鱼血清蛋白含量会显著降低，鱼体血液中血色素会显著降低，血清酶活性显著增加；醋酸棉酚含量为 1200mg/kg 与 1500mg/kg 的鱼血液红细胞计数显著低于对照组；添加棉酚试验组的鱼，巨噬细胞的吞噬能力相似，但都显著高于对照组。在平均体重为 6.15g 左右的斑点叉尾鲴饲料中添加 27.5％的棉粕，经过 10 周的养殖试验，结果发现肝脏可见糖原沉积；棉粕用量达到 55％时，肝脏出现坏死现象，前肾有色素沉积。

在罗非鱼饲料中，以棉籽仁饼（含游离棉酚 0.03％）替代 25％的鱼粉，可使罗非鱼获得与鱼粉组相似的特定生长率、饲料系数；进一步增加替代比例，其生产性能下降。任维美报道，用棉籽饼代替 50％鱼粉的饲料喂养的尼罗罗非鱼生长与投喂对照饲料的鱼无显著性差异；棉籽饼代替率在 50％以上，罗非鱼生长下降；棉籽饼代替率在 75％以上，鱼体中的铁、钙、磷浓度降低；饲料中的棉酚含量为 0.11％～0.44％，罗非鱼肝中棉酚含量由 32.3μg/g 提高到 132.1μg/g，上述表明鱼饲料中的棉籽饼代替率不宜超过 50％。在鲤鱼饲料（湖北省水产研究所，1984）中配以 30％～40％的棉粕，可获得与豆粕组相似的生产水平。

2. 环丙烯脂肪酸

环丙烯脂肪酸存在于棉籽油中，当棉粕含残油 4％～7％时，环丙烯脂肪酸为 250～500mg/kg；而含残油 1％ 的棉籽粕中，环丙烯脂肪酸含量仅在 70mg/kg 以下。

环丙烯脂肪酸主要对蛋品的质量有不良影响。产蛋鸡摄入此类脂肪酸后，所产的鸡蛋在储存后蛋清变为桃红色。其原因是此类脂肪酸使卵黄膜的通透性显著提高，蛋黄中的铁离子透过卵黄膜而转移到蛋清中，与伴清蛋白螯合而形成红色的复合体，使蛋清变成桃红色，故有人称此为"桃红蛋"。此外，环丙烯脂肪酸还可使蛋黄变硬，经过加热，可形成所谓的"海绵蛋"。鸡蛋品质的上述不良变化，也可导致种蛋的受精率和孵化率降低。

环丙烯脂肪酸还可能存在于棉籽饼粕中，在榨油过程中不能被完全去除。它能改变肝脏多种酶的活性，包括抑制脂肪酸去饱和酶的活性，干扰长链脂肪酸代谢和硬脂酸与软脂酸的脱氢作用。Burel 等（2000）认为饲料中的环丙烯脂肪酸可以引起虹鳟肝脏损伤，糖原沉积增加，饱和脂肪酸浓度升高；当环丙烯脂肪酸和黄曲霉毒素一起喂饲虹鳟和红大麻哈鱼时有很强的致癌作用。

3. 植酸和单宁

我国棉粕的植酸含量平均为 1.66％，单宁含量为 0.3％。植酸有碍于动物对饲料中钙、磷、铁、锰、锌等矿物元素的利用；单宁则主要降低蛋白质的消化率和利用率。

四、普通棉粕、高蛋白棉粕、棉籽蛋白和葵仁粕在草鱼饲料中的应用

以草鱼为试验对象，采用普通棉粕、高蛋白棉粕、棉籽蛋白和葵仁粕四种植物蛋白原料，在等蛋白质、等脂肪、等能量的条件下，分别加工成膨化饲料和硬颗粒饲料，于网箱中进行 62 天的养殖试验，探讨不同棉粕、葵仁粕在草鱼饲料中的使用效果。

（一）对草鱼生长速度的影响

保持蛋白质水平、脂肪水平和能量水平基本一致：①选用普通棉粕、高蛋白棉粕、棉籽蛋白和葵仁粕四种植物蛋白原料分别与菜粕组合，主要考察四种植物蛋白质原料和各组合（即配方）在草鱼饲料中的应用效果。②同种原料分别设计低水平和高水平两个用量水平，两个水平相差 45%，考察同种原料使用量对生长、生理的影响。③在相同配方下，硬颗粒与挤压膨化两种加工工艺对草鱼的影响。

1. 试验饲料

普通棉粕产地为新疆，采用普通浸出工艺，最高温度为 120℃；高蛋白棉粕产地为新疆，是由普通棉粕分级过筛，去除部分粗纤维（短绒和棉壳）而得；棉籽蛋白产地为江苏海安，采用分步萃取，提取棉籽油和脱除棉酚而得，最高温度 90℃；葵仁粕产地为新疆，采用 85℃压榨、浸提工艺而得。试验饲料原料的主要营养成分实测值见表 7-23。

表 7-23　试验饲料原料的主要营养成分（干物质）　　　　单位：%

项目		普通棉粕（GCM）	高蛋白棉粕（HCM）	棉籽蛋白（DCM）	葵仁粕（SSM）	加拿大菜粕（Canola meal）
必需氨基酸（EAA）	赖氨酸	1.85	1.89	2.06	1.58	1.87
	组氨酸	1.26	1.29	1.18	1.04	0.99
	蛋氨酸	0.39	0.60	0.69	0.94	0.69
	异亮氨酸	1.16	1.39	1.47	1.88	1.48
	亮氨酸	2.23	2.68	2.84	2.92	2.66
	缬氨酸	1.69	1.98	2.15	2.23	1.97
	苯丙氨酸	2.03	2.48	2.64	2.08	1.48
	精氨酸	5.47	5.66	6.07	3.91	2.17
	苏氨酸	1.32	1.49	1.57	1.68	1.68

项目		普通棉粕 （GCM）	高蛋白棉粕 （HCM）	棉籽蛋白 （DCM）	葵仁粕 （SSM）	加拿大菜粕 （Canola meal）
非必需氨基酸 （non-EAA）	天冬氨酸	4.01	4.27	4.51	4.16	2.66
	丝氨酸	1.67	1.98	2.15	1.98	1.68
	谷氨酸	9.35	9.33	9.31	9.60	6.71
	甘氨酸	1.63	1.89	2.06	2.62	1.97
	丙氨酸	1.52	1.79	1.86	1.98	1.68
	半胱氨酸	0.19	0.20	0.59	0.20	0.20
	脯氨酸	1.46	0.82	1.86	1.93	2.37
	酪氨酸	1.28	1.39	1.37	1.24	1.18
必需氨基酸总量 $\sum$ EAA		17.67	19.45	20.67	18.26	14.99
氨基酸总量 $\sum$ AA		38.78	41.11	44.37	41.97	33.44
EAA 相关系数[①]		0.39	0.42	0.43	0.53	0.86
AA 相关系数[②]		0.85	0.86	0.85	0.89	0.90
粗蛋白		41.45	51.00	54.40	45.07	37.89
粗脂肪		1.73	0.76	2.05	1.04	1.86

① 饲料必需氨基酸与草鱼肌肉必需氨基酸的相关系数。

② 饲料 17 种氨基酸与草鱼肌肉 17 种氨基酸的相关系数。

试验饲料配方组成及其营养指标见表 7-24，两种加工工艺参数见表 7-25，各试验饲料的氨基酸组成见表 7-26。

表 7-24 试验饲料配方组成及其营养指标（干物质）

项目	GCM		HCM		DCM		SSM	
水平	GCM-L	GCM-H	HCM-L	HCM-H	DCM-L	DCM-H	SSM-L	SSM-H
原料成分/%								
普通棉粕（GCM）	22	32	0	0	0	0	0	0
高蛋白棉粕（HCM）	0	0	18.5	26.5	0	0	0	0
棉籽蛋白（DCM）	0	0	0	0	15.5	22.5	0	0
葵仁粕（SSM）	0	0	0	0	0	0	20	28
加拿大菜粕	20	8	16	3.5	16	2.5	18	7
米（糠）粕	10.8	12.8	18.2	22.6	21.4	27.9	14.7	17.7
鱼粉	4	4	4	4	4	4	4	4
小麦	20	20	20	20	20	20	20	20

项目	GCM		HCM		DCM		SSM	
水平	GCM-L	GCM-H	HCM-L	HCM-H	DCM-L	DCM-H	SSM-L	SSM-H
原料成分/%								
豆粕	6	6	6	6	6	6	6	6
细米糠	10	10	10	10	10	10	10	10
磷酸二氢钙	2	2	2	2	2	2	2	2
沸石粉①	1.5	1.5	1.5	1.5	1.5	1.5	1.5	1.5
膨润土	2	2	2	2	2	2	2	2
菜油	0.7	0.7	0.8	0.9	0.6	0.6	0.8	0.8
多维多矿	1	1	1	1	1	1	1	1
营养水平(实测值)								
粗蛋白/% 硬颗粒	29.80	28.92	29.15	28.82	29.30	29.45	29.02	28.94
粗蛋白/% 膨化	29.50	28.81	29.48	28.50	29.01	29.31	29.05	28.83
粗脂肪/% 硬颗粒	3.61	3.60	3.69	3.56	3.67	3.62	3.65	3.64
粗脂肪/% 膨化	3.59	3.67	3.67	3.63	3.63	3.59	3.59	3.67
灰分/% 硬颗粒	11.10	11.23	10.74	11.05	10.81	10.98	10.93	11.16
灰分/% 膨化	10.79	10.68	10.69	11.06	11.02	11.12	11.21	11.11
水分/% 硬颗粒	9.96	10.01	9.92	9.90	9.95	9.89	9.92	9.92
水分/% 膨化	9.92	9.98	9.97	9.87	10.02	9.96	10.02	9.95
总能量/(kJ/g) 硬颗粒	16.90	16.82	16.77	16.79	16.96	16.85	16.82	16.79
总能量/(kJ/g) 膨化	16.60	17.01	16.89	16.75	16.86	16.88	16.71	16.92

① 沸石粉、膨润土、多维多矿和其他原料均为北京桑普生化技术有限公司提供。

注：GCM-L、GCM-H、HCM-L、HCM-H、DCM-L、DCM-H、SSM-L 和 SSM-H：普通棉粕低水平、普通棉粕高水平、高蛋白棉粕低水平、高蛋白棉粕高水平、棉籽蛋白低水平、棉籽蛋白高水平、葵仁粕低水平和葵仁粕高水平。

表 7-25 试验饲料的加工工艺

项目	硬颗粒饲料	膨化饲料
颗粒直径/mm	1.5	2.0
膨化度①	1.1	1.6
加工条件	饲料粉碎全部通过 1~2mm 筛孔，调质后水分 16%~18%，温度 80~90℃	饲料粉碎全部通过 1~2mm 筛孔，调质后水分 26%~30%，螺杆转速 150~250r/min，膨化腔机筒温度为 100~120℃

① 膨化度=样品直径²/模孔直径²。

表 7-26　试验饲料的氨基酸组成（干物质基础）

单位：%

项目		普通棉粕				高蛋白棉粕				棉籽蛋白				婪仁粕			
水平		GCM-L		GCM-H		HCM-L		HCM-H		DCM-L		DCM-H		SSM-L		SSM-H	
处理		P	E	P	E	P	E	P	E	P	E	P	E	P	E	P	E
必需氨基酸（EAA）	赖氨酸	1.16	1.20	1.06	0.97	1.01	1.06	1.02	0.96	1.26	1.21	0.96	1.06	1.16	1.05	1.06	0.96
	组氨酸	0.75	0.87	0.68	0.68	0.73	0.82	0.67	0.68	0.78	0.87	0.86	0.86	0.67	0.68	0.77	0.78
	蛋氨酸	0.38	0.39	0.39	0.39	0.38	0.38	0.43	0.39	0.48	0.39	0.38	0.38	0.48	0.43	0.48	0.39
	异亮氨酸	0.96	0.96	0.87	0.97	0.86	0.88	0.82	0.79	0.87	0.97	0.87	0.96	0.97	0.87	0.96	0.96
	亮氨酸	1.83	1.83	1.55	1.64	1.54	1.83	1.69	1.45	1.84	1.84	1.54	1.73	1.93	1.49	1.83	1.73
	缬氨酸	1.25	1.25	1.24	1.23	1.26	1.35	1.21	1.21	1.26	1.26	1.06	1.25	1.35	1.24	1.30	1.25
	苯丙氨酸	1.25	1.16	1.16	1.06	1.06	1.25	1.25	1.06	1.26	1.16	1.15	1.25	1.16	1.21	1.25	1.06
	精氨酸	2.02	2.12	2.03	2.03	1.93	2.12	2.11	2.03	2.13	2.23	2.02	2.14	1.93	1.89	1.93	1.95
	苏氨酸	0.96	1.06	0.87	0.87	0.91	1.01	0.92	0.87	1.07	1.07	1.08	0.96	1.06	0.91	1.01	0.96
非必需氨基酸（Non-EAA）	天冬氨酸	2.22	2.31	2.13	2.02	2.12	2.26	2.31	2.28	2.33	2.33	2.33	2.30	2.31	2.26	2.31	2.12
	丝氨酸	1.16	1.25	1.11	1.16	1.11	1.20	1.21	1.25	1.26	1.26	1.16	1.15	1.25	1.11	1.20	1.16
	谷氨酸	5.21	5.16	5.24	5.34	5.42	5.24	5.21	5.24	5.23	5.23	5.32	5.18	5.39	5.28	5.25	5.31
	甘氨酸	1.25	1.25	1.06	1.06	1.11	1.25	1.21	1.16	1.26	1.26	1.25	1.25	1.44	1.16	1.40	1.35
	丙氨酸	1.26	1.25	1.16	1.16	1.23	1.25	1.16	1.23	1.26	1.26	1.26	1.25	1.25	1.21	1.25	1.16
	半胱氨酸	0.19	0.24	0.15	0.29	0.24	0.24	0.20	0.19	0.19	0.24	0.28	0.29	0.28	0.28	0.29	0.25
	脯氨酸	1.35	1.40	1.36	1.36	1.20	1.35	1.25	1.36	1.45	1.41	1.45	1.35	1.34	1.36	1.35	1.25
	酪氨酸	0.77	0.72	0.68	0.68	0.67	0.72	0.77	0.68	0.78	0.73	0.67	0.77	0.77	0.63	0.72	0.67
必需氨基酸总量 ∑EAA		10.56	10.84	9.85	9.84	9.68	10.70	10.12	9.44	10.95	11.00	9.92	10.59	10.71	9.77	10.59	10.04
氨基酸总量 ∑AA		23.97	24.42	21.74	21.91	22.78	24.21	23.44	22.83	24.71	24.72	23.64	24.13	24.74	23.06	24.36	23.31
EAA相关系数[①]		0.71	0.70	0.64	0.62	0.67	0.75	0.63	0.65	0.67	0.74	0.60	0.65	0.69	0.78	0.69	0.62
AA相关系数[②]		0.91	0.89	0.91	0.90	0.92	0.93	0.89	0.92	0.91	0.93	0.92	0.91	0.87	0.93	0.91	0.87

① 饲料必需氨基酸与草鱼肌肉必需氨基酸的相关系数。
② 饲料 17 种氨基酸与草鱼肌肉 17 种氨基酸的相关系数。

注：P 表示硬颗粒加工工艺；E 表示膨化加工工艺。

2. 试验草鱼生长性能试验结果

试验结果见表 7-27，草鱼的特定生长率：①葵仁粕硬颗粒的低水平组显著低于高水平组（$P<0.05$）；相同的饲料加工工艺下，同种原料的两种添加水平对草鱼的特定生长率没有显著性差异（$P>0.05$）。②棉籽蛋白低水平的硬颗粒组显著高于膨化组（$P<0.05$）；相同水平下，同种原料的两种加工工艺对草鱼特定生长率没有显著性影响（$P>0.05$）。③日粮中添加高蛋白棉粕、葵仁粕和普通棉粕与添加棉籽蛋白相比，对草鱼的特定生长率分别提高了 5.56％、5.56％和 11.11％。④同种原料的两种添加水平对草鱼特定生长率没有显著性影响（$P>0.05$）。相同饲料配方下，硬颗粒饲料与膨化饲料对草鱼的特定生长率没有显著性差异（$P>0.05$），但总体的趋势是硬颗粒对草鱼的生长效果好于膨化饲料；同时硬颗粒饲料与膨化饲料相比，对草鱼的饲料系数降低了 7.14％，其对应的蛋白质效率提高了 14.28％。⑤不同原料的两种饲料加工工艺对草鱼特定生长率的影响有显著性差异（$P<0.05$）。

表 7-27　不同处理下草鱼的生长特性及饲料利用率

原料成分	水平	处理	样本 n	平均初体重 (IBW)/g	平均末体重 (FBW)/g	特定生长率 (SGR) /(％/d)	饲料系数 (FCR)	蛋白质效率 (PER)/％
普通棉粕 (GCM)	GCM-L	硬颗粒	3	33.3±2.8	102.9±17.8	2.2±0.2	1.3±0.2	2.5±0.4
		膨化	3	42.5±3.1	106.8±8.9	1.8±0.2	1.5±0.2	2.2±0.3
	GCM-H	硬颗粒	3	39.2±0.9	114.2±7.0	2.1±0.1	1.2±0.1	2.5±0.2
		膨化	3	44.4±1.9	114.2±9.5	1.9±0.2	1.4±0.1	2.4±0.2
高蛋白棉粕 (HCM)	HCM-L	硬颗粒	3	38.2±1.6	102.5±4.5	1.9±0.1	1.4±0.2	2.4±0.2
		膨化	3	38.3±1.9	106.7±6.1	2.0±0.2	1.4±0.1	2.1±0.5
	HCM-H	硬颗粒	3	41.8±1.1	101.6±6.9	1.7±0.2	1.5±0.2	2.3±0.2
		膨化	3	35.1±1.4	95.4±5.4	1.9±0.1	1.5±0.2	2.2±0.2
棉籽蛋白 (DCM)	DCM-L	硬颗粒	3	38.3±0.7	105.2±7.1	2.0±0.2	1.3±0.2	2.5±0.4
		膨化	3	42.6±2.1	94.3±9.2	1.6±0.1	1.7±0.2	2.0±0.2
	DCM-H	硬颗粒	3	43.0±1.7	107.4±16.5	1.8±0.2	1.5±0.2	2.1±0.3
		膨化	3	39.1±2.3	96.1±7.4	1.8±0.2	1.6±0.1	2.1±0.1
葵仁粕 (SSM)	SSM-L	硬颗粒	3	38.4±0.4	97.8±9.7	1.8±0.2	1.5±0.3	2.4±0.2
		膨化	3	38.5±1.8	99.7±3.4	1.9±0.1	1.5±0.1	1.8±0.1
	SSM-H	硬颗粒	3	38.1±1.4	104.2±4.5	1.8±0.2	1.4±0.1	2.6±0.2
		膨化	3	36.2±1.3	97.9±3.2	2.0±0.2	1.4±0.1	2.4±0.2

原料成分	水平	处理	样本 n	平均初体重(IBW)/g	平均末体重(FBW)/g	特定生长率(SGR)/(%/d)	饲料系数(FCR)	蛋白质效率(PER)/%
				统计分析数据				
普通棉粕（GCM）		硬颗粒	6	36.2	108.6	2.2[C]	1.2	2.5
		膨化	6	43.4	110.5	1.8[AB]	1.5	2.3
高蛋白棉粕（HCM）		硬颗粒	6	40.0	102.1	1.8[AB]	1.5	2.3
		膨化	6	36.7	101.1	2.0[BC]	1.5	2.2
棉籽蛋白（DCM）		硬颗粒	6	40.7	106.3	1.9[AB]	1.4	2.3
		膨化	6	40.9	96.1	1.7[A]	1.6	2.0
葵仁粕（SSM）		硬颗粒	6	38.3	100.9	1.9[AB]	1.4	2.5
		膨化	6	37.4	98.8	1.9[AB]	1.5	2.1
普通棉粕（GCM）			12	39.9	109.5[b]	2.0[b]	1.4	2.4
高蛋白棉粕（HCM）			12	38.4	101.6[a]	1.9[ab]	1.5	2.3
棉籽蛋白（DCM）			12	40.8	101.2[a]	1.8[a]	1.5	2.2
葵仁粕（SSM）			12	37.8	99.9[a]	1.9[ab]	1.5	2.3
低水平			24	38.7	102.0	1.9	1.5	2.2
高水平			24	39.6	104.1	1.9	1.4	2.3
硬颗粒			24	38.8	104.5	1.9	1.4[a]	2.4[b]
膨化			24	39.6	101.6	1.9	1.5[b]	2.1[a]
影响因素				三因素分析结果（P 值）				
原料				0.059	0.049	0.041	0.157	0.375
水平				0.217	0.416	0.927	0.654	0.225
处理				0.248	0.274	0.070	0.015	0.002
原料×水平				0.074	0.228	0.393	0.263	0.128
原料×处理				0.052	0.395	0.009	0.203	0.836
水平×处理				0.021	0.313	0.101	0.440	0.039
原料×水平×处理				0.409	0.853	0.392	0.556	0.795

注：同列上标不同小写英文字母表示差异显著（$P<0.05$），不同大写英文字母表示差异极显著（$P<0.01$），无英文字母表示差异不显著（$P>0.05$）。

（二）棉粕和葵仁粕对草鱼饲料的肠道表观氨基酸消化率的影响

测定分析得到日粮饲料及其相应的粪便氨基酸和不溶灰分组成后，按照公式计算得到日粮饲料中各氨基酸表观消化率结果，见表7-28。

表 7-28　不同日粮饲料中氨基酸的肠道表观消化率　　　单位：%

氨基酸	加工工艺	普通棉粕		高蛋白棉粕		棉籽蛋白		葵仁粕	
		GCM-L	GCM-H	HCM-L	HCM-H	DCM-L	DCM-H	SSM-L	SSM-H
赖氨酸	硬颗粒	41.43	45.84	45.84	47.89	46.11	32.70	44.20	44.39
	膨化	41.94	41.36	35.83	28.45	44.53	39.46	37.29	36.67
组氨酸	硬颗粒	22.68	26.07	20.49	11.75	17.04	25.22	23.35	23.53
	膨化	26.90	22.04	26.00	15.30	23.91	26.00	25.58	29.40
蛋氨酸	硬颗粒	37.75	42.84	30.77	45.62	30.90	32.00	39.12	45.62
	膨化	34.77	38.87	36.93	33.77	31.57	26.00	44.71	36.37
异亮氨酸	硬颗粒	40.05	38.02	22.12	28.02	23.11	24.29	33.59	38.21
	膨化	34.02	39.91	22.20	19.88	24.87	26.00	22.25	42.73
亮氨酸	硬颗粒	50.92	38.35	23.38	44.06	30.90	32.70	42.17	42.76
	膨化	44.40	26.75	46.94	24.94	38.87	34.23	31.78	46.98
缬氨酸	硬颗粒	38.52	33.07	17.88	36.37	25.59	26.58	39.12	39.58
	膨化	33.86	28.59	41.56	18.00	31.70	31.70	22.99	41.27
苯丙氨酸	硬颗粒	59.01	46.95	41.34	48.23	41.53	49.52	49.27	52.94
	膨化	45.18	32.08	56.31	45.81	48.64	54.46	47.62	52.61
精氨酸	硬颗粒	61.94	54.22	49.06	59.21	52.89	55.13	57.39	59.22
	膨化	58.01	52.56	56.99	55.85	61.41	61.52	51.85	63.16
苏氨酸	硬颗粒	33.39	27.06	18.50	35.60	24.62	33.96	33.59	27.62
	膨化	34.02	28.61	33.92	19.38	37.91	26.00	27.98	30.01
天冬氨酸	硬颗粒	36.29	26.26	20.94	36.27	28.02	30.69	31.51	36.46
	膨化	28.52	25.38	35.58	22.46	31.70	29.09	33.78	33.48
丝氨酸	硬颗粒	44.49	37.30	32.67	46.16	36.22	38.82	43.80	45.62
	膨化	44.17	32.08	44.49	33.77	47.46	38.34	34.84	41.67
谷氨酸	硬颗粒	52.00	48.50	45.09	47.88	46.26	42.94	51.08	53.85
	膨化	48.20	46.82	54.86	42.41	48.14	46.82	41.30	50.10
甘氨酸	硬颗粒	33.39	23.52	21.45	36.37	25.59	27.65	39.12	39.06
	膨化	28.95	20.76	32.07	21.73	26.45	26.00	27.44	36.37
丙氨酸	硬颗粒	29.42	25.10	29.03	33.72	21.29	28.10	29.76	32.03
	膨化	28.95	24.75	32.07	20.93	26.45	26.00	24.24	32.09
胱氨酸	硬颗粒	66.70	59.94	56.98	69.96	65.45	76.92	78.69	77.34
	膨化	73.61	79.25	79.58	66.89	72.68	75.33	78.62	75.02

氨基酸	加工工艺	普通棉粕		高蛋白棉粕		棉籽蛋白		葵仁粕	
		GCM-L	GCM-H	HCM-L	HCM-H	DCM-L	DCM-H	SSM-L	SSM-H
脯氨酸	硬颗粒	47.67	39.91	38.06	38.82	40.11	32.70	43.15	46.59
	膨化	45.40	32.55	45.94	30.65	38.77	36.76	32.62	46.16
酪氨酸	硬颗粒	86.36	82.83	84.75	84.70	74.09	82.24	77.17	72.81
	膨化	82.41	85.28	84.38	81.08	81.79	79.36	80.86	81.89
必需氨基酸（EAA）	硬颗粒	46.42	40.92	30.35	43.39	35.32	37.42	42.48	43.55
	膨化	41.97	37.78	43.21	32.42	41.50	40.41	35.42	44.99
总氨基酸	硬颗粒	46.60	40.63	34.47	44.32	37.52	38.41	44.07	45.78
	膨化	42.49	38.50	45.69	34.29	42.09	40.57	37.19	45.17
总平均值		44.55	39.57	39.59	39.11	39.55	39.79	41.61	45.61

从各氨基酸表观消化率看到，草鱼对试验日粮饲料中的氨基酸的表观消化率都偏低，均值在 39.11%～45.61%；酪氨酸的表观消化率均值大于 80%，胱氨酸在 70%～80%，精氨酸在 50%～60%，其余均在 20%～50%。

结果表明，原料组合的不同对草鱼肠道氨基酸表观消化率的影响有差异，蛋氨酸、组氨酸及异亮氨酸的肠道氨基酸表观消化率达到显著性差异，葵仁粕组蛋氨酸、组氨酸及异亮氨酸的肠道氨基酸表观消化率均为最高值，说明葵仁粕组的氨基酸利用率最高。

（三）主要试验结论

试验结果表明：①普通棉粕、高蛋白棉粕、棉籽蛋白以及葵仁粕是草鱼饲料中优质的蛋白质原料，在日粮饲料中添加，既可以取得较好的生长效果，又能够保持试验草鱼正常的、稳定的生理健康，其中添加普通棉粕、高蛋白棉粕和葵仁粕与添加棉籽蛋白相比，对草鱼的特定生长率分别提高了 11.11%、5.56% 和 5.56%。②同种原料的两个水平（即普通棉粕 22% 和 32%、高蛋白棉粕 18.5% 和 26.5%、棉籽蛋白 15.5% 和 22.5%、葵仁粕 20% 和 28%）均不会影响草鱼的健康生长；在硬颗粒饲料工艺下，日粮中添加 28% 比添加 20% 的葵仁粕对草鱼的生长效果较好；相同的饲料加工工艺下，普通棉粕、高蛋白棉粕以及棉籽蛋白的两种添加水平对草鱼的生长效果影响不大。③相同配方体系下，硬颗粒饲料与膨化饲料对草鱼特定生长率没有显著差异，但总的趋势是硬颗粒饲料更利于草鱼生长，降低饲料系数。相同配方体系，同种原料的不同加工工艺下，普通棉粕、棉籽蛋白加工成膨化饲料更有利于草鱼的生长；高蛋白棉粕加工成硬颗粒饲料时，草鱼的生长效果最好；葵仁粕的两种加工工艺对草鱼的生长效果没有明显差异；日粮中添加 15.5% 棉籽蛋白时，硬颗粒饲料组对草鱼的生长效果较好；在同一水平下，普通棉粕、高蛋白棉粕以及葵仁粕的两种饲料加工工艺对草鱼的生长效果影响不大。

第四节　花生（仁）饼粕

花生是世界五大油料作物之一，其生产遍及世界各大洲。我国花生生产分布非常广泛，且主要集中在山东、河南、河北、安徽等地，占全国花生产量的60%以上。正常年景，我国花生产量为1000万吨左右，位居世界第1位，约占全球花生总产量的38%。我国对花生果仁的利用主要还是用于榨油，约占54.9%。花生粕也是重要的植物蛋白质饲料原料。

1. 花生

中国花生品种可分为4个主要类型：①普通型，果形较大，种子长圆柱形，生育期较长；②龙生型，果壳网纹深，果针脆弱易断；③珍珠豆型，果形较小，种子桃形；④多粒型，荚果棍棒状，以3～4粒种子荚果占多数，种子圆柱形。中国在生产上曾大面积栽培的品种类型不一，大多数是珍珠豆型和普通型丛生花生。

花生种子含油45%～55%，少数品种可达60%左右，蛋白质含量为25%～30%。花生油是80%不饱和脂肪酸和20%饱和脂肪酸的甘油酯混合物，脂肪酸、油酸占33.3%～61.3%，亚油酸占18.5%～47.5%。

花生（仁）饼、粕是花生脱壳后，经机械压榨或溶剂浸提油后的副产品。我国年加工花生饼粕约150万吨，主产区为山东省，产量约近全国的1/4，其次为河南、河北、江苏、广东、四川等地。不同种类花生的蛋白质和脂肪含量有很大差异，见表7-29。多粒型和珍珠豆型品种的蛋白质含量平均值最高。

表7-29　花生品种种子蛋白质和脂肪含量　　　　　　　　单位：%

项目	品种数	蛋白质含量		脂肪含量	
		范围	平均值	范围	平均值
多粒型	68	21.85～34.66	27.61±2.76	44.03～58.12	50.00±3.11
珍珠豆型	1037	16.87～36.31	28.34±3.41	39.00～57.99	50.33±2.59
龙生型	324	15.24～32.21	26.82±3.03	41.46～58.81	50.78±2.51
普通型	1019	12.48～34.75	26.36±3.43	39.96～58.49	50.01±3.38
中间型	67	19.27～31.12	25.23±2.32	43.66～59.80	50.99±3.48

注：引自刘桂梅等，1993。

2. 营养特性

花生脱壳取油的工艺可分为浸提法、机械压榨法、预压浸提法和土法夯榨法。用机械压榨法和土法夯榨法榨油后的副产品为花生饼，用浸提法和预压浸提法榨油后的副产品为花生粕。

花生粕营养成分含量随粕中含壳量多少而有差异，含壳量越多，粕的粗蛋白及有效能值越低。不脱壳花生榨油生产出的花生饼，粗纤维含量可达25%。花生（仁）饼蛋白质含量约44%，花生（仁）粕蛋白质含量约47%。

花生蛋白质中，10%为水溶性蛋白，90%为碱性花生球蛋白和伴花生球蛋白。花生球蛋白的氨基酸分数（AAS）为31%～38%，伴花生球蛋白为68%～82%，这两种球蛋白都是氨基酸蛋白。对花生蛋白质食用营养价值研究证明，花生蛋白质的生物价（BV）为59，蛋白质的净利用率（NPU）为51，纯消化率可达90%（林坤耀，2004）。

花生粕的氨基酸组成不平衡，赖氨酸、蛋氨酸含量偏低，精氨酸含量在所有植物性饲料中最高，赖氨酸与精氨酸之比在100:380以上，在实际使用时适于和精氨酸含量低的菜籽饼粕、血粉等配合使用。花生（仁）饼粕的有效能值在饼粕类饲料中最高，约为12.26MJ/kg。无氮浸出物中大多为淀粉和戊聚糖等。残余脂肪熔点低，脂肪酸以油酸为主，不饱和脂肪酸占53%～78%。钙、磷含量低，磷多为植酸磷，铁含量略高，其他矿物元素较少。胡萝卜素、维生素D、维生素C含量低，B族维生素较丰富，尤其烟酸含量高，约174mg/kg。核黄素含量低，胆碱1500～2000mg/kg。

梅娜等（2007）分析了花生粕中的氨基酸含量，结果每100g花生粕中各种氨基酸含量由高到低依次为：酪氨酸331.447mg、胱氨酸330.403mg、亮氨酸32.593mg、苯丙氨酸32.165mg、缬氨酸31.609mg、苏氨酸31.546mg、异亮氨酸31.316mg、赖氨酸31.167mg、蛋氨酸30.366mg、谷氨酸7.572mg、精氨酸4.919mg、天冬氨酸4.426mg、甘氨酸2.108mg、丝氨酸1.984mg、丙氨酸1.529mg、脯氨酸1.385mg、组氨酸1.014mg。同时测定了花生粕中矿质元素组成及含量由高到低依次为：镁1925.00$\mu g/g$、钙837.29$\mu g/g$、铁322.50$\mu g/g$、钠106.15$\mu g/g$、锌62.50$\mu g/g$、磷57.48$\mu g/g$、铜12.00$\mu g/g$。

花生粕含有丰富的有效物质黄酮类、氨基酸、蛋白质、鞣质、糖类、三萜或甾体类化合物等成分（陈杰等，2008），其中，总黄酮含量高达1.095mg/g。黄酮类化合物不仅对植物的生长发育、开花结果及防病等方面起着重要的作用，同时也具有重要的生物活性功能，如治疗冠心病、对缺血性脑损伤以及对心肌缺血损伤有保护作用，还具有抗菌及抗病毒、抗肿瘤、抗氧化自由基、抗炎、镇痛和保肝等活性。

花生（仁）饼粕中含有少量胰蛋白酶抑制因子。花生（仁）饼粕极易感染黄曲霉，产生黄曲霉毒素，引起动物黄曲霉毒素中毒。我国饲料卫生标准中规定，黄曲霉毒素 B_1 含量不得大于 0.05mg/kg。

3. 霉菌毒素及其危害

黄曲霉毒素是黄曲霉与寄生曲霉产毒菌株的代谢产物，它是化学结构相似的一类化合物，根据其结构的差异分别称为黄曲霉毒素 B_1、黄曲霉毒素 B_2、黄曲霉毒素 G_1、黄曲霉毒素 G_2 等，其中黄曲霉毒素 B_1 是已知最强的化学致癌物之一，对各种动物的危害很大，单一剂量黄曲霉毒素 B_1 的平均半致死量 LD_{50} 鸭 0.34 mg/kg 体重、鸡 6.5～16.5 mg/kg 体重、虹鳟 0.8 mg/kg 体重。若将微量的结晶黄曲霉毒素喂虹鳟时，能引起胆管增生和肝癌，所以世界各国都十分重视严格控制饲料中的霉菌毒素，尤其是黄曲霉毒素的量。

随着安全意识的不断增强，各个国家针对黄曲霉毒素的检验日益严格。在花生进口国家中，马来西亚、新加坡、丹麦等国要求在进口的花生以及花生制品中黄曲霉毒素不得检出，意大利、英国、荷兰、瑞典、波兰、澳大利亚等国要求黄曲霉毒素含量不得高于 $5\mu g/kg$，而日本要求不得高于 $10\mu g/kg$，加拿大、美国及多数东南亚国家则要求不得高于 $20\mu g/kg$。2005 年我国颁布的国标 GB 2761—2005 中要求花生及其制品中黄曲霉毒素 B_1 的限量为 $20\mu g/kg$（罗云雪等，2005）。2006 年欧盟委员会通过的 1881/2006 号指令规定人类直接食用的花生及其制品中黄曲霉毒素（$B_1+B_2+G_1+G_2$）含量不得超过 $4\mu g/kg$，其中黄曲霉毒素 B_1 不得超过 $2\mu g/kg$（Commission Regulation No1881，2006）。

4. 需要关注的问题

花生粕在水产饲料中使用需要关注的问题，一是蛋白质溶解度的问题，花生在榨油工艺中温度很高，对蛋白质可能导致焦化而使消化率下降；二是花生蛋白氨基酸平衡性较差，其在配方中的使用量不宜过高，可以控制在 10％以下，以便不同植物蛋白质原料之间实现氨基酸互补；三是霉菌毒素问题，要选择霉菌毒素含量低的原料。

第五节　芝麻饼粕

芝麻饼粕是芝麻取油后的副产品，全世界总产量约 250 万吨，印度居首位，约占 1/3，其次为中国、苏丹、缅甸。我国年产芝麻饼粕不足 20 万吨，主产区为河南，其次为湖北、安徽、江苏、河北、四川、山东、山西等地。芝麻饼和芝麻粕是一种很有价值的蛋白质来源。

芝麻的榨油工艺对芝麻饼、粕质量影响很大，尤其是对蛋白质溶解度的影响大（刘玉兰等，2011）。高温焙炒使芝麻油产生浓郁的香味，但芝麻蛋白严重变性和破坏。与常规的芝麻制油工艺相比，芝麻低温冷榨工艺可得到蛋白质变性程度很低的芝麻饼。芝麻冷榨：在小于 50℃ 压榨温度、榨膛压力逐渐升高至 50MPa 的条件下，压榨约 25min，最后得到冷榨芝麻饼。芝麻热榨：经高温焙炒（180℃ 左右）和扬烟冷却（至 130℃ 左右）过的脱皮芝麻籽和不脱皮芝麻籽，直接放入液压榨油机的榨膛中，在 180～200℃ 压榨温度、50～60MPa 榨膛压力下，压榨约 25min，之后卸压，得到压实的整块芝麻饼。脱皮冷榨芝麻饼粗脂肪质量分数 16.63%，粗蛋白质量分数 54.09%，蛋白质溶解度为 23.50%。而热榨芝麻饼的蛋白质含量为 46.21%，蛋白质溶解度为 11.35%。

芝麻饼粕蛋白质含量较高，约 40%。氨基酸组成中蛋氨酸、色氨酸含量丰富，尤其蛋氨酸高达 0.8% 以上，为饼粕类之首；赖氨酸缺乏，精氨酸极高，赖氨酸与精氨酸之比为 100:420，比例严重失衡，配制饲料时应注意。粗纤维含量低于 7%，代谢能低于花生、大豆饼粕，约为 9.0MJ/kg。矿物质中钙、磷较多，但多以植酸盐形式存在，故钙、磷、锌的吸收均受到抑制。维生素 A、维生素 D、维生素 E 含量低，核黄素、烟酸含量较高。芝麻饼粕中的抗营养因子主要为植酸和草酸，二者能影响矿物质的消化和吸收。

芝麻饼、粕在水产饲料中使用，其优点是蛋白质含量高，价格相对便宜，可以提高饲料总蛋白质水平；而不足部分则是由于榨油工艺中温度很高，导致蛋白质消化率下降、有效赖氨酸含量下降。因此，使用芝麻饼、粕可以提高饲料蛋白质含量，但实际利用效果较差。在配方中的使用量要控制在 10% 以下。芝麻饼、粕在饲料中使用的另一个优点是饲料的风味得到一定程度的改善。

第六节　向日葵仁饼粕

葵花的最早产地为墨西哥和美国的亚利桑那州。全球葵花籽的 4 个主要产区分别为俄罗斯、阿根廷、乌克兰以及欧盟国家。

向日葵仁饼粕是向日葵籽生产食用油后的副产品，可制成脱壳或不脱壳两种，是一种较好的蛋白质饲料。

葵花籽按其特征和用途可分为三类：①食用型，籽粒大，皮壳厚，出仁率低，约占50%左右，仁含油量一般在40%～50%，果皮多为黑底白纹，宜于炒食或作饲料。②油用型，籽粒小，籽仁饱满充实，皮壳薄，出仁率高，占65%～75%，仁含油量一般达到45%～60%，果皮多为黑色或灰条纹，宜于榨油。③中间型，这种类型的生育性状和经济性状介于食用型和油用型之间。

1. 营养特性

葵花籽仁含水分5.6%，蛋白质30.4%，脂肪44.7%，糖类（可消化的）12.6%，纤维素2.7%，灰分4.4%。

向日葵仁饼、粕的营养价值取决于脱壳程度，完全脱壳的饼、粕营养价值很高，其饼、粕的粗蛋白含量可分别达到41%、46%，与大豆饼粕相当。脱壳程度差的产品，其营养价值较低。氨基酸组成中，赖氨酸含量低，含硫氨基酸丰富。粗纤维含量较高，有效能值低。残留脂肪6%～7%，其中50%～75%为亚油酸。矿物质中钙、磷含量高，但以植酸盐形式存在。微量元素中锌、铁、铜含量丰富。B族维生素、尼克酸、泛酸含量均较高。

向日葵仁饼粕中的难消化物质，有外壳中的木质素和高温加工条件下形成的难消化糖类。此外还有少量的酚类化合物，主要是绿原酸，含量0.7%～0.82%，氧化后变黑，是饼粕色泽变暗的内因。绿原酸对胰蛋白酶、淀粉酶和脂肪酶有抑制作用，加蛋氨酸和氯化胆碱可抵消这种不利影响。

2. 葵粕中绿原酸

过去人们一直认为绿原酸只是一种抗营养因子。然而，随着科学研究的逐步深入，人们发现，绿原酸不是有毒化合物，而是与人们生活密切相关，具有利胆、抗菌、降压、增高白细胞和兴奋中枢神经系统等多种药理作用的一种生物活性物质，对人体的健康具有独特的保健作用。

绿原酸是由咖啡酸和奎尼酸形成的一种酯，绿原酸分子式为$C_{16}H_{18}O_9$，分子量为354.30，熔点208℃，半水合物为针状晶体，110℃变为无水化合物，25℃时在水中的溶解度约为4%。绿原酸易溶于乙醇、丙酮，微溶于乙酸乙酯，是淡黄色的固体。葵花籽中绿原酸的含量范围是1.1%～4.5%，平均为2.8%。向日葵籽中的酚酸类化合物70%是绿原酸（陈少洲，2002）。

绿原酸是一种有效的酚型抗氧化剂，其抗氧化能力要强于咖啡酸、对羟基苯酸、阿魏酸和丁香酸，以及常见的抗氧化剂，如丁基羟基茴香醚（BHA）和生育酚，但和丁基羟基甲苯（BHT）的抗氧化能力相当。绿原酸对体内自由基的有效清除，对于维持机体细胞正常的结构和功能，防止和延缓肿瘤、突变和衰老等现象的发生具有重要作用。

3. 葵仁粕在水产饲料中的使用

依据现有的研究和实际应用结果看，葵仁粕是一种蛋白质含量高、蛋白质利用率高、氨基酸平衡较好的优质植物蛋白质原料，在葵仁粕替代豆粕的实际使用中，其养殖效果优于豆粕，而成本则低于豆粕。同时，还能有效提高饲料的风味和适口性，提高养殖鱼类的采食量。然而，目前葵仁粕的资源量非常有限，主要还是在内蒙古、吉林、黑龙江和新疆等地，资源分布也不均匀，要成为主要的植物蛋白质原料在资源量、资源分布等方面还严重不足。如果能够从南美国家、中亚国家大量进口油葵则是一条解决食用油脂和饲料油脂蛋白质原料的途径，需要等待时机。

第八章

淀粉类原料

第一节　糖类的种类和生理功能

一、糖的种类

糖是多羟基醛或多羟基酮以及水解后能够产生多羟基醛或多羟基酮的一类有机化合物，在自然界分布极为广泛，在大多数植物体内其含量可达干重的 80％。植物种子中的淀粉，根、茎、叶中的纤维素，动物肝脏和肌肉组织中的糖原，软骨和结缔组织中的黏多糖等都是糖类。

糖类按照结构可分为单糖、低聚糖和多糖三大类。单糖是不能再水解的多羟基醛或酮，是构成低聚糖和多糖的基本单位，主要包括葡萄糖、果糖（己糖）、核糖、木糖（戊糖）、赤藓糖（丁糖）、二羟基丙酮、甘油醛（丙糖）等。低聚糖是 2～6 个单糖分子失水而成，又可分为双糖、三糖、四糖等，其中以双糖最为重要，如蔗糖、麦芽糖、纤维二糖、乳糖等。多糖是由许多单糖聚合而成的高分子化合物，按其单糖种类可分为同型聚糖和异型聚糖，同型聚糖按其碳原子数又可分为戊聚糖（木聚糖）和己聚醣（葡聚糖、果聚糖、半乳聚糖、甘露聚糖），其中又以葡聚糖最为多见（如淀粉和纤维素等），饲料中的异型聚糖主要有果胶、树胶、半纤维素、黏多糖等。

糖类按其生理功能又可分为可消化糖类（或称无氮浸出物，NFE）和粗纤维（CF）两大类。可消化糖类包括单糖、低聚糖、糊精、淀粉等。

二、糖类的生理功能

糖类（可消化糖类）及其衍生物是鱼虾体细胞的组成成分，糖类可为鱼虾代谢提供能量，能为鱼虾合成非必需氨基酸提供碳架，同时也是合成体脂的重要原料。糖类还可改变饲料蛋白的利用，起到节约蛋白质的作用。由于水体中光合作用的强度有限，大多数鱼类天然饵料中糖含量都很少，长期适应的结果是水生动物对食物糖类的利用能力较低，不像陆生动物那样以糖类作为主要的能量来源。但是饲料中添加一定比例的糖是非常必要的，尤其对草食性鱼类。饲料中糖含量缺乏或不足时，鱼类便会利用饲料中的蛋白质和油脂作为能源供其生命活动所需的能量，而不是最大限度用于鱼体蛋白含量的增加，从而会减缓鱼体的生长。当饲料中含有适量的糖类时，可减少蛋白质的分解，同时 ATP 的大量合成有利于氨基酸的活化和蛋白质的合成，从而提高了饲料蛋白质的利用率。

三、鱼类对糖的利用特点

糖类被摄入后，在鱼体消化道被淀粉酶、麦芽糖酶分解为单糖，然后被吸收，吸收后的单糖在肝脏及其他组织进一步氧化分解，并释放出能量，或被用于合成糖原、体脂、氨基酸，或参与合成其他生理活性物质。糖类在鱼虾体内的代谢包括分解、合成、转化和输送等环节，糖原是糖类在体内的储存形式，葡萄糖氧化分解是供给鱼体能量的重要途径，血糖（葡萄糖）则是糖类在体内的主要运输形式。鱼类也有代谢糖类的酶，存在于糖类的主要代谢途径如糖酵解、三羧酸循环、磷酸戊糖途径、糖原异生和糖原合成中。然而普遍都认为鱼类对糖的利用能力较为低下，Wilson 等曾认为鱼类低糖耐量是由于内生胰岛素分泌不足造成的。但其后 Plisetskaya 和 Mommsen 等的研究表明，鱼类胰岛素水平相似于甚至高于哺乳类。因此人们又探讨了胰岛素受体数量及受体与胰岛素的亲和力，同时也广泛地考察了鱼类糖代谢限速酶的活性及其在不同条件下的表达水平。然而关于鱼类对糖利用的内在机制至今也没有一个很好的解释。

关于某些鱼类对糖利用较差的原因，Gray 认为影响糖类利用的限速过程是葡萄糖在消化道内胚层细胞内的运输而不是淀粉的分解；Buddington 等在测定几种不同鱼类的消化道内胚层细胞内葡萄糖的运输后，认为鱼体对来自于多糖类的葡萄糖的利用差是由于鱼类在起源上接触自然界中糖的概率总体比较低，且鱼体肠道黏液中糖酶活性的大小也是影响糖利用的因素；Hung 等报道，鲟鱼对蔗糖或乳糖的利用率差是因为肠道中蔗糖酶或乳糖酶的活性较低的原因；在对虹鳟和鳗鲡的研究中也有报道，当饲喂高淀粉含量的饲料后发现，鱼体中淀粉酶活性很低。

四、影响鱼类对饲料中糖利用的因素

1. 糊化对糖利用的影响

糊化主要是对于多糖而言的。天然淀粉具有微晶体结构，在冷水中不溶解、不膨胀，对淀粉酶不敏感；将天然淀粉与一定量的水加热，可使规则排列的胶体结构破坏，分子间氢键断裂，水分子进入其内部，微晶结构消失，失去双折射现象且易受酶的作用，这一过程就是淀粉的糊化；完全糊化的淀粉在高温下迅速干燥脱水，得到氢键断开、多孔状的、无明显结晶现象的淀粉颗粒，即为预糊化淀粉，也即 α-淀粉。

淀粉利用率与淀粉的物理状态（如粗淀粉还是糊化淀粉）有关。已有研究表明，通过对淀粉进行加工处理如糊化和膨化可以大大提高淀粉的消化率。但也有研究表明，糊化并不能提高鱼类对淀粉的利用率，反而对鱼类生长有不利影响。因此，糊化或膨化对淀粉利用率的影响并无定论。

2. 饲料中不同种类糖的影响

鱼类对不同种类的糖的利用效果不同，饲料糖种类不同，鱼类往往表现出的生长速度、饲料效率都不同。田丽霞等采用 30％葡萄糖或玉米淀粉作为糖源配制两种纯化饲料，饲养初始体重为 (35.94±1.86)g 的两组草鱼，经过为期 9 周的生长试验，发现摄食葡萄糖饲料的草鱼其相对生长率、饲料效率和蛋白质效率均显著高于玉米淀粉组。当以葡萄糖、麦芽糖、糊精、粗玉米淀粉、蔗糖、乳糖和果糖为糖源，添加水平为 27.2％时，饲喂葡萄糖或麦芽糖的高首鲟能够获得更好的生长和能量保留。Buhler 和 Halver 比较了 8 种糖源对大鳞大麻哈鱼 (*Oncorhynchus tshawytscha*) 仔鱼生长的影响，饲料糖含量均为 20％，饲养 14 周后，葡萄糖组、麦芽糖组、蔗糖组生长最快，接下来依次是糊精组、果糖组、半乳糖组、马铃薯淀粉组和葡糖胺组。就葡萄糖、麦芽糖、糊精、淀粉比较，发现随着糖分子量的增加，鱼的生长速度下降。但是对罗非鱼的研究则表明，饲料中添加 30％、34％或 40％淀粉比分别添加相同水平的葡萄糖能取得更高的特定生长率、饲料效率和蛋白质效率。蔡春芳等用分别含 20％、40％葡萄糖和糊精的等氮（粗蛋白为 35％干物质）等能 (16.4kJ/g) 饲料分别饲养青鱼 (*Mylopharyngodon piceus*) 和鲫鱼 (*Carassius auratus*) 8 周，结果表明两种鱼都是糊精组增重率、饲料效率、蛋白质效率显著高于葡萄糖组，说明这两种鱼对糊精利用效率都要比葡萄糖高。Furuichi 和 Yone 对鲤 (*Cyprinus carpio*) 的研究结果也表明，淀粉组的增重率和饲料效率最高，糊精组其次，葡萄糖组最低。

关于鱼体对不同类型糖利用差异的机理目前仍然不清楚，但已有研究表明饲喂单糖如葡萄糖的饲料所表现出来较差的生长是由于这些鱼类不能有效地调节血液中过多吸收的葡萄糖。单糖无需消化即可被肠道快速吸收，而大分子糖类如淀粉在被吸收前首先必须被分解为单糖，因此游离葡萄糖到达肠道吸收位点的速度比那些来自大分子糖类分解的葡萄糖要快得多，这意味着还未有足够的糖代谢酶活性被激发前就有大量游离葡萄糖通过消化道进入机体组织。这种葡萄糖的快速吸收会限制鱼类对那些淀粉消化糖的利用从而导致游离葡萄糖的利用率降低，同时过量吸收的葡萄糖会在机体未有效利用前经物质循环排出体外。另外，胰岛素是鱼类糖代谢的主要调节因素之一，已有研究指出，鱼类对葡萄糖的利用率较差是因为鱼体胰岛素水平低下或对葡萄糖水平敏感度缺乏引起的。

3. 糖的不同来源的影响

鱼类对不同来源的淀粉的利用也有一定的差异。对大西洋鲑饲喂处理过的小麦和天然小麦的表观消化率没有显著差异。但田丽霞等将试验草鱼随机分养在 12 个水族箱中，分别以玉米淀粉、小麦淀粉、水稻淀粉为糖源配制成 3 种试验饲料，饲养初始体重为 8.49g 的草鱼 80 天，发现草鱼对小麦淀粉的表观消化率最高，小麦淀粉组和玉米淀粉组的全鱼脂肪含量相对高于水稻淀粉组。Hemre 和 Hansen 比较了入海洄游大西洋鲑对小麦淀粉、玉米淀粉和燕麦淀粉的利用率，结果显示各组增重率没有显著差异，但小麦淀粉组的饲料效率和蛋白质效率比其他两组都要高。

4. 投喂频率对糖利用的影响

前已述及，鱼类对不同分子量的糖的利用差异可能与其消化吸收速度有关。葡萄糖因不需消化可直接吸收，而糊精和淀粉需在消化酶作用下分解后才能吸收。而调节糖代谢的胰岛素在 2h 后升高，参与糖代谢的有关酶活性也在此后才达到最大活性。鱼类对大分子糖的利用性相对强一些也正是这个原因。因此，可以认为，在不改变投饲量的前提下，增加投饲频率，通过人为地控制摄食速度从而延缓饲料糖的吸收速度就可以大大改善葡萄糖的利用性。Shiau 报道将投饲频率从每天 2 次增加到每天 6 次时，葡萄糖组的罗非鱼增重率、饲料效率与淀粉组差异不显著，甚至葡萄糖组的蛋白质蓄积量比糊精和淀粉组还高。Hung 等用投饲机连续投喂分别含 27.2% 的葡萄糖、果糖、麦芽糖、蔗糖、乳糖、糊精、淀粉、纤维素的饲料，喂养高首鲟仔鱼 8 周，葡萄糖组和麦芽糖组的增重率、能量蓄积量比糊精组和淀粉组高。Hung 和 Storebakken 通过对虹鳟进行连续投喂和每天投喂四次的试验，发现连续投喂可以提高糖的利用率并通过促进脂肪合成来提高脂肪的沉积。

5. 饲料中纤维素和铬的添加对糖利用的影响

饲料中纤维可分为两种：水不溶性纤维和水溶性纤维。饲料中粗纤维含量对鱼类饲料糖利用也有一定的影响。Shiau 等报道，罗非鱼体增重和饲料转化效率随饲料中水溶性纤维水平升高而降低。水溶性纤维的添加会减少罗非鱼胃排空时间，因此也就减少了糖与鱼体肠道上皮细胞接触的时间，导致糖吸收率降低。但 Morita 等在研究饲料中添加羧甲基纤维素（CMC）对真鲷利用糊精的影响中得到了相反的结果，他们发现 CMC 添加组真鲷的增重率和饲料效率显著提高，且适宜的纤维素含量随着饲料中糊精含量的提高而增加。Morita 等认为 CMC 改善真鲷对糊精的利用与其减缓了糊精的消化吸收有关。因此纤维素减缓肠道对糖的消化吸收可以一定程度改善鱼类对糖的利用，但同时纤维素缩短胃排空时间，影响肠道对葡萄糖的吸收率，不利于鱼类对糖的利用，两者作用的大小可能是决定纤维素产生不同影响的关键。

在畜禽类的糖代谢过程中，铬起着改善糖耐量、促进脂肪合成的作用，并影响着糖原的积累，被认为是胰岛素活性的辅因子和葡萄糖耐量因子。近 20 多年来人们也研究了饲料中添加铬对鱼类糖利用性的影响。研究发现，饲料中铬的添加能大幅提高罗非鱼对葡萄糖的利用，并显著提高饲喂葡萄糖的罗非鱼的体增重、能量保留和肝糖原含量。潘庆等也报道饲料中添加有机铬对罗非鱼的体组织营养成分有一定的影响。Shiau 和 Shy 进一步研究指出 204mg/kg Cr_2O_3 能最大程度地改善罗非鱼对葡萄糖的利用，生长速度快。饲料卫生标准（GB 13078）对饲料铬限量为 ≤5mg/kg。

五、饲料中糖的适宜添加水平

鱼类作为变温动物生活在特殊的水环境中，这就决定了它不需要消耗能量维持体温的恒定，同时由于水的浮力，对维持运动和身体平衡的能量要求也相对降低。因此鱼类与陆生动物有着完全不同的代谢机制。鱼类（尤其是淡水鱼类）蛋白质代谢的终产物主要是氨，氧化要比陆上动物彻底，氧化等量蛋白质获能相对陆上动物多，从这些意义上说鱼类能量效率比较高，需要的能量相对少。鱼类是高蛋白动物，对饲料蛋白质的需求相对较高。这就决定了鱼类对另两种能量营养素的需求有限。尽管如此，饲料中添加一些可消化糖是必要的。前已述及，糖类对鱼类的生长代谢有重要的作用。但是饲料淀粉过高也会引起生长速度下降，饲料利用率低下，血糖升高、肝糖原蓄积太多及代谢紊乱，除此之外过高的饲料淀粉还会引起鱼类应激反应。

对鱼类的糖需求量的研究已有很多，但大多数都是基于生长试验所得出的结论，未考虑鱼体健康。例如斑点叉尾鲴幼鱼饲料添加一些糖类替代一部分脂肪作为非蛋白能源，鱼生长更好。体重为 80～85g 的杂交鲈和太阳鲈可以利用 25% 的饲料糖水平，但欧洲海鲈在 10%～30% 淀粉水平范围内，饲料效率随淀粉添加水平升高而降低。罗非鱼饲料中添加 30%、34% 或 40% 淀粉均能取得较好的生长效果。Wang 等也报道，罗非鱼幼鱼可以利用 46% 淀粉而不影响生长，但饲料中糖适宜水平为 22%。草鱼饲料中适宜的糖水平可达 37%～56%。Mohapatra 等（2003）报道，随着印度野鲮幼鱼饲料中熟化碳水化合物含量从 25.8%、30.2%、39.9%、44.7% 逐步增加到 51.7%，蛋白质利用率、淀粉酶活性以及碳水化合物的消化率都显著增加，但是只有饲料中碳水化合物含量为 51.7% 时，发现印度野鲮肝脏细胞发生过度肥大现象。在褐牙鲆中，糊精作为能量饲料，其效果甚至强过脂肪，并且鱼体内肝糖原和肝体指数不随饲料中糊精含量变化而显著改变，褐牙鲆饲料中适宜的糊精和脂肪含量分别为 25% 和 6%。Stone 等报道，银锯眶鲷对饲料中 30% 的碳水化合物可以很好利用，具有良好的蛋白质节约效应；而含量达到 45% 时生长显著下降，但蛋白质沉积和能量沉积率仍没有变化。星斑川鲽饲料中淀粉含量从 5% 增加到 25% 时，饲料中淀粉水平对鱼的生长和饲料效率没有显著影响，但随饲料淀粉含量增加，肝体指数和糖原含量增加，而鱼体脂肪含量下降。

六、饲料中糖和鱼类的脂肪代谢

饲料蛋白质、油脂和碳水化合物是动物三大能量物质，已经有资料表明蛋白质和油脂是水产动物能量的主要来源，而水产动物对碳水化合物的利用能力相对陆生动物较低，但是碳水化合物是相对廉价、资源量也更大的饲料物质，当鱼体肝脏和肌肉组织中储存足够的糖原后，继续进入体内的糖类可以合成脂肪储存于体内。另外，鱼体摄入糖后，肝脏葡萄糖-6-磷酸脱氢酶（G6PDH）、苹果酸酶（ME）和异柠檬酸脱氢酶（ICDH）活性升高，而 G6PDH、ME 和 ICDH 是细胞内生成脂肪合成酶辅酶（NADPH）的关键酶，这几种酶活性的升高会增加 NADPH 的含量，从而也能促进鱼体脂肪合成。Dias 等的试验也证明了这一结果。Dias 等以舌齿鲈为材料研究饲料中添加蛋白质和非蛋白质能量（淀粉）对肝脏脂肪形成的作用，结果表明，葡萄糖-6-磷酸脱氢酶、苹果酸酶和乙酰辅酶 A 羧化酶是脂肪形成路径的关键调节酶类，尤以葡萄糖-6-磷酸脱氢酶为主要的 NADPH 生成酶。随着淀粉摄入量增大，G6PDH、ME 和 ATP 柠檬酸合成酶（ACL）的活性均显著增强。刘永坚等采用注射 U-^{14}C-葡萄糖的方法对草鱼进行放射性示踪，研究葡萄糖的代谢途径，虽然显示出脂肪合成量很少，但表明草鱼能够由葡萄糖起始合成脂肪。Hemre 和 Kalhrs 将占饲料总糖含量 0.3% 的 ^{14}C-葡萄糖注射到大西洋鳕体内，经放射性检测发现其肝脏的甘油三酯存有放射性标记，说明饲料中的糖类可以转化成脂肪并在肝脏中蓄积。Catacutan 等研究发现尖吻鲈摄食等蛋白等脂肪饲料时，随着饲料中糖类含量从 15% 增至 20%，肝体指数由 1.05 显著升至 1.34。Nankervis 等的研究表明，在饲料中以适量碳水化合物替代脂肪，不会影响鱼的生长，但降低了鱼类对脂肪的摄入，还可以减少鱼体脂肪的沉积，提高鱼肉品质。

第二节　淀粉及其在水产饲料中的应用

糖类除了在营养上满足养殖水产动物的需要外，在饲料加工过程中也需要有糖类的存在。饲料生产中的糖类主要起粘接作用，例如膨化饲料中需要有面粉或其他物质作为膨化剂使饲料颗粒膨胀并起到粘接剂的作用；在鳗鱼、中华鳖饲料中需要有预糊化淀粉作为黏合剂；在普通硬颗粒饲料中，也需要次粉、小麦、面粉等作为黏合剂。

一、淀粉

淀粉是由葡萄糖脱水形成的聚合物，是自然界中各种植物的主要储能物质，广泛存在于大米、玉米、小麦、马铃薯、红薯、豆类、木薯中。在化学结构上，淀粉是由许多葡萄糖分子脱水聚合而成的一种高分子碳水化合物，组成的元素有 C 44.4%、H 6.2% 和 O 49.4%（潘明，2001）。其分子式为 $(C_6H_{10}O_5)_n$，其中 n 又称为聚合度，一般在 $100\sim3000000$ 之间。

依据淀粉分子链中是否有分支，淀粉可分为直链淀粉和支链淀粉，仅以 α-1,4-苷键结合、构成直链状的为直链淀粉；而以 α-1,4-苷键结合为主，并有 α-1,6-苷键结合且在此处分支的为支链淀粉。通常淀粉含有约 25% 的直链淀粉，糯性淀粉的直链淀粉含量一般低于 2%，而高直链的玉米淀粉其直链淀粉含量能达到 70%。直链淀粉的 n 值为 $100\sim6000$，一般为 $300\sim800$，直链淀粉有较强的凝沉性能。支链淀粉 n 值在 $1000\sim3000000$ 之间，一般 6000 以上，平均分子量约为 1000000。支链淀粉是天然高分子化合物中最大的一种，支链淀粉的一些性质与直链淀粉存在很大差别，支链淀粉糊化后易溶于水，生成稳定的溶液，具有很高的黏度。支链淀粉是自然界中仅次于纤维素的第二大分子。由于分子中含有 4%~5% 的支链，因此，支链淀粉的结构比直链淀粉复杂得多。

不同种类淀粉的 n 值（葡萄糖残基数量）相差较大，其从大到小的顺序为马铃薯＞甘薯＞木薯＞玉米＞小麦＞绿豆。同时，各种淀粉中的直链淀粉比例也不一样，如玉米淀粉中的直链淀粉为 27%，而马铃薯淀粉中直链淀粉仅为 17% 左右。部分淀粉中直链淀粉与支链淀粉的比例见表 8-1。

表 8-1 部分淀粉中直链淀粉与支链淀粉的比例

淀粉来源	直链淀粉/%	支链淀粉/%	淀粉来源	直链淀粉/%	支链淀粉/%
高直链淀粉玉米	50～85	15～50	大米	17	83
玉米	26	74	马铃薯	21	79
蜡质玉米	1	99	木薯	17	83
小麦	25	75			

二、淀粉颗粒

植物组织中淀粉一般以淀粉颗粒存在，而不同种类的淀粉颗粒在大小和结构上有较大的差异，在物理和化学性质上也有较大的差异。淀粉颗粒是一种半结晶体，在偏振光下呈现偏光十字。淀粉粒的显微形态呈卵形、球形或不规则形，依植物种类而异。淀粉颗粒的结晶部分主要由支链淀粉分支链的双螺旋构成，而直链淀粉主要构成淀粉的无定形部分，并随机分散在支链的微晶束之间。在谷类淀粉中，支链淀粉是结晶结构的主要成分，但不是结晶区的唯一成分，部分直链淀粉分子与脂质形成复合物，这些复合物形成弱结晶物质被包含在颗粒的网状结晶中。

根据 X 射线衍射图的形式，天然淀粉颗粒可分为 A、B 和 C 型 3 种类型。大部分谷物淀粉（如普通玉米、大米和小麦等）显示 A 型，而块茎类淀粉（如马铃薯）则显示为 B 型淀粉，C 型是 A 型和 B 型的混合物，一些根茎类和豆类淀粉属于 C 型。淀粉结晶型的差异取决于支链淀粉的链长，晶体多晶型的形成是由淀粉分子的结构控制的。支链淀粉平均分支链长度较短的淀粉显示 A 型，而平均分支链长度较长的淀粉显示 B 型，平均链长度在这两者之间的显示 C 型。

各种淀粉颗粒的大小不一样，同一种淀粉的颗粒大小也是有差别的。马铃薯淀粉粒的形状为卵形，玉米淀粉粒的形状为圆形和多角形，稻米淀粉粒的形状为多角形。不同淀粉粒不仅颗粒形状不一样，其大小也不相同，不同淀粉粒平均颗粒大小为：马铃薯淀粉粒 $65\mu m$，小麦淀粉粒 $20\mu m$，甘薯淀粉粒 $15\mu m$，玉米淀粉粒 $16\mu m$，稻米淀粉粒 $5\mu m$。就同一种淀粉而言，淀粉粒的大小也不均匀，如玉米淀粉粒中最大的为 $26\mu m$，最小的为 $5\mu m$。在常见的淀粉中马铃薯淀粉的颗粒最大，稻米淀粉的颗粒最小。支链淀粉易分散在冰水中，而直链淀粉不易分散在冰水中。天然淀粉粒完全不溶于冷水。在 $68～80℃$ 时，直链淀粉在水中溶胀而形成胶体，支链淀粉则仍为颗粒，但是，一旦支链淀粉溶解后冷却则不易析出。

三、淀粉的糊化与老化

淀粉一般不溶于冷水，通过搅拌可形成悬浮液，这是利用马铃薯、红薯等制备淀粉的主要原理。淀粉与水构成的悬浮液在受热情况下会发生一定变化，在较低的温度下，淀粉通过氢键作用结合部分水分子而分散，淀粉的结构不发生变化。当温度升到一定程度后，淀粉分子大量吸收水分而发生急剧膨胀，分子结构发生伸展，淀粉颗粒外围的支链淀粉被胀裂，内部的直链淀粉分子游离出来，悬浮液变成黏稠状，这种现象称为淀粉的糊化，又称α化。淀粉开始急剧膨胀时的温度称为糊化温度。淀粉糊化特性是淀粉和含淀粉物质在糊化过程中所表现出来的一系列性质，不同作物淀粉的糊化特性不同，同一作物因品种不同糊化特性也有区别。淀粉能被消化道内的淀粉酶分解成葡萄糖而被吸收，糊化后的淀粉更易于消化。

通常用相应温度下淀粉的膨润力或膨胀体积来反映淀粉颗粒的膨胀能力。淀粉颗粒的膨胀行为除了依赖于淀粉的来源和淀粉颗粒的形态结构外，还主要取决于其中的支链淀粉的性质，直链淀粉则起稀释和抑制膨胀的作用，尤其是在有脂类存在的情况下，直链淀粉与脂类形成复合物抑制淀粉颗粒的膨胀。

饲料中的淀粉只有糊化后才具有粘接性能。影响淀粉糊化性质的因素如下：

① 水分含量。糊化是淀粉晶体在自由水分子作用下链内晶体氢键断裂，当体系内自由水分子含量不足以断裂构成晶体的氢键时，淀粉晶体的熔化温度就会逐步升高，淀粉的糊化温度升高。

② 直链淀粉和支链淀粉的结构。链长为6～9的支链淀粉支链数量与糊化的开始温度、峰值温度和最终温度负相关，与糊化的温度范围正相关，但链长为12～22的支链淀粉支链具有相反的效果。淀粉的糊化焓随着支链淀粉的数均聚合度的增大而提高。

③ 蛋白质。谷物淀粉中的蛋白质通常是在淀粉颗粒的外面形成包被，因此，对于淀粉颗粒的膨胀糊化有一定的影响。如大米中含二硫键的蛋白质会抑制淀粉颗粒的膨胀和糊化，使膨胀的颗粒在剪切作用下更不易于破裂。但当使用还原剂将蛋白质中的二硫键打开后，淀粉的糊化度提高。

④ 脂类。脂类主要是通过与直链淀粉形成复合物的形式来影响淀粉的性质。脂类的存在抑制了淀粉粒的吸水膨胀、支链晶体的崩溃以及直链淀粉的溶出，使得淀粉的糊化温度较高。去除内源脂可降低淀粉的糊化温度，提高大米淀粉和玉米淀粉的糊化度。由于脂类的存在，淀粉体系的糊化焓可能降低，其原因是脂类和直链淀粉形成复合物而放热。

⑤ 淀粉直径。淀粉直径降低，其糊化温度下降，糊化温度范围缩小。

各种淀粉的糊化温度是不同的，较小的颗粒容易糊化，能在较低的温度下达到糊化。不同品种的淀粉糊，在许多性质，例如糊的透明度、热黏度、稳定性、胶黏性、冷却后生成凝胶体的性质、凝沉性等方面都存在差异。不同淀粉的糊化温度以及淀粉颗粒直径见表8-2。

表 8-2 不同淀粉的糊化温度、淀粉颗粒直径

淀粉	糊化温度范围/℃	开始糊化温度/℃	淀粉粒	
			直径/μm	结晶度/%
小麦	53～65.5	53	2～38	36
直链淀粉玉米	67～87	67	5～25	20～25
蜡质玉米	63～72	63	5～25	39
马铃薯	62～68	62	15～100	25
甘薯(红薯)	82～83	82	15～55	25～50
木薯	52～64	52	5～35	38
高粱	69～75	69		
稻米	61～78	61	3～9	38

淀粉老化是指已经糊化的淀粉溶液经缓慢冷却，或淀粉凝胶经长期放置，会产生不透明甚至沉淀的现象，称为淀粉的"老化"，其本质是糊化的淀粉分子又自动排列成序，形成致密的不溶性分子微束，分子间氢键又恢复。因此老化可视为糊化作用的逆转，但是老化不可能使淀粉彻底复原成生淀粉（β-淀粉）的结构状态，与生淀粉相比，晶化程度低。老化的淀粉不易为淀粉酶作用。

四、变性淀粉

采用物理、化学以及生物化学的方法，使淀粉的结构、物理性质和化学性质改变，从而出现特定的性能和用途的产品称为变性淀粉或修饰淀粉。变性淀粉的性质特点根据原淀粉品种、预处理、直链淀粉和支链淀粉比例、分子量或聚合度分布范围、衍生物类型、取代基性质、取代度、物理形态、缔合成分或天然取代基的不同而不同。目前变性淀粉系列产品已达 2000 多种，其中常用的也有 360 多种，我国投入工业生产和使用的已有 80 多种（潘明，2001）。

预糊化淀粉是最初级的变性淀粉，是指淀粉在水中加热到一定温度而使水合作用发生在结晶区（即糊化），并在高温下迅速干燥，得到氢键仍然断开的、多孔状的、无明显结晶现象的淀粉颗粒，又称 α-淀粉。其特点为粒径小（能快速溶入冷水）、黏度高（具有较强的黏合性）、具有冷水膨胀能力且保持原淀粉糊的特性以及白度高等。在应用上，主要作为食品的增稠剂和保鲜剂、鳗鱼饲料的黏合剂、爽身粉及化妆品中滑石粉和淀粉的替代物（从而更具亲和性及吸水性）、西药片药的平衡物和黏合剂等。

马铃薯预糊化淀粉是预糊化淀粉中的一种，与其他预糊化淀粉如甘薯、小麦、玉米等预糊化淀粉比较，由于其支链分子量比较大，因而具有很强的黏结性。Brabender 黏度仪的峰值测定：马铃薯 2500＞木薯 1400＞大米 1000＞燕麦 470＞小麦 65。马铃薯预糊化淀粉应用十分广泛，而最能显示其突出特性的是在鳗鱼饲料上。鳗鱼饲料黏合剂以马铃薯预糊化淀粉为最佳，它具有无毒、易消化、透明、直到鳗鱼吃完前一直维持颗粒的整体形状、不被水中的溶质溶解、不粘设备等特点。

第三节　小麦与小麦副产物

据 FAO 统计，全世界常年种植小麦面积一般在 $2.3 \times 10^8 hm^2$ 左右，占世界谷物总面积的 32%（稻谷占 20.8%，玉米占 18%）；小麦总产量为 5.7 亿吨左右，占谷物总产量的 28.9%（稻谷占 27.1%，玉米占 25.2%）。由于在饲料工业上具备易于储存、季节性的价格优势及制造出的颗粒饲料品质好等优点，小麦日益受到国内外饲料厂家的重视，欧洲国家已将小麦作为能量饲料的主要原料之一，从而降低了饲料成本，提高了经济效益。

与玉米、高粱相比，小麦的蛋白质与赖氨酸含量比玉米和高粱高 30%～50%，可利用磷含量是玉米、高粱的 3 倍多，但小麦有效能值低于玉米、高粱。小麦中叶黄素含量比较低，非淀粉多糖含量较高，这是小麦利用的主要问题。由于制作颗粒料可不用粘接剂，使小麦具有良好的颗粒加工性能。

一、小麦的主要类型

按栽培季节，可将小麦分为春小麦和冬小麦。按籽粒硬度，可将小麦分为硬质小麦、软质小麦。硬质小麦其截面呈半透明，蛋白质含量较高；软质小麦截面呈粉状，质地疏松。按籽粒表面颜色，可将小麦分为红皮小麦（硬质红小麦为种皮深红色或红褐色的麦粒不低于 90%，硬度指数不低于 60 的小麦；软质红小麦为种皮深红色或红褐色的麦粒不低于 90%，硬度指数不高于 45 的小麦）、白皮小麦（硬质白小麦为种皮白色或黄白色的麦粒不低于 90%，硬度指数不低于 60 的小麦）。由于小麦的品种、播种季节、土壤环境等因素的影响，小麦的化学成分有所差异。小麦的主要加工产品有面粉、淀粉、小麦蛋白；副产品有次粉、麦麸、胚等。小麦在制粉时一般可产生 23%～25% 的麦麸、3%～5% 的次粉以及 0.7%～1.0% 的胚，其余为面粉。

小麦籽粒硬度被定义为破坏籽粒时所需力的大小。硬质小麦是指角质率不低于 70% 的小麦。硬麦的胚乳结构紧密，呈半透明状，亦称为角质或玻璃质。就小麦籽粒而言，当其角质占其中部横截面 1/2 以上时，称其为角质粒，为硬麦。硬质小麦和软质小麦在加工特性上有很大的差异，籽粒硬度不同，在磨粉时润麦、研磨和筛理工艺方面都有差别。在微观结构上，不同硬度的小麦淀粉颗粒与蛋白质有着不同的结合能力，硬质小麦淀粉颗粒与蛋白质结合能力较强，软质小麦反之。硬质小麦和软质小麦的面粉在吸水特性上也有很大的不同，硬质小麦比软质小麦有更高的吸水率。

二、小麦的营养特点

小麦作为饲料原料，在水产饲料中主要提供淀粉，其次是蛋白质，也包含部分粗纤维；在水产饲料中，小麦淀粉是很好的颗粒粘接剂。小麦有效能值高，其消化能（猪）为 14.18MJ/kg，代谢能（鸡）为 12.72MJ/kg，产奶净能为 7.49MJ/kg。其粗蛋白含量居谷实类之首位，一般达 12% 以上，但必需氨基酸尤其是赖氨酸含量不足，因而小麦蛋白质品质较差。无氮浸出物多，在其干物质中可达 75% 以上。粗脂肪含量低（约 1.7%），这是小麦能值低于玉米的主要原因。矿物质含量一般都高于其他谷类，磷、钾等的含量较高，但半数以上的磷为无效态的植酸磷。小麦中非淀粉多糖（NSP）含量较高，可达小麦干重的 6% 以上。

小麦次粉是以小麦为原料磨制各种面粉后获得的副产品之一，比小麦麸营养价值高。由于加工工艺不同，制粉程度不同，出麸率不同，所以次粉成分差异很大。因此，用小麦次粉作饲料原料时，要对其成分与营养价值进行实测。

三、小麦质量标准

小麦籽粒容重是国家收购小麦的重要定级标准，它是籽粒大小、形状整齐度、腹沟深浅、胚乳质地的综合反映。容重高的品种出粉率高，所以在许多国家容重是加工和贸易上的重要指标。容重是指小麦籽粒在单位容积内的质量，以克/升（g/L）表示。我国小麦质量指标见表 8-3。

表 8-3　小麦质量指标（GB 1351—2008）

等级	容重/(g/L)	不完善粒含量/%	杂质/%		水分/%	色泽、气味
			总量	其中：矿物质		
1	≥790	≤6.0	≤1.0	≤0.5	≤12.5	正常
2	≥770					
3	≥750	≤8.0				
4	≥730					
5	≥710	≤10.0				
等外	<710	—（不要求）				

对于水产饲料而言，小麦、小麦粉的面筋值也是一个重要的指标，主要是考虑到对饲料粘接性能的要求。面粉经过加水揉制成面团后，在水中揉洗，淀粉和麸皮微粒呈悬浮状态分离出来，其他水溶性和溶于稀 NaCl 溶液的蛋白质等物质被洗去，剩留的有弹性和黏弹性的胶状物质即为湿面筋，用百分比（％）表示。面筋是小麦蛋白质存在的一种特殊形式，小麦面粉之所以能加工成种类繁多的食品，就在于它具有特有的面筋。小麦面筋含有丰富的蛋白质，其主要由麦胶蛋白和麦谷蛋白组成，还含有少量的淀粉、糖分、脂肪和其他蛋白质。

依据面筋值大小，将小麦分为优质强筋小麦、优质弱筋小麦和优质中筋小麦。优质强筋小麦标准主要为湿面筋含量一等≥35％（蛋白质≥15％），二等≥32％（蛋白质≥14％）；而湿面筋含量≤22.0％（蛋白质≤11.5％）的则为弱筋小麦。有资料显示，我国商品小麦的湿面筋含量平均为 24.09％，最高 34.45％，最低15.21％。冬小麦以河北省最高，湿面筋含量为 28.78％；四川省最低，湿面筋含量为 20.05％。春小麦黑龙江省最高，湿面筋含量为 27.44％；宁夏最低，湿面筋含量为 23.22％。

对于小麦面粉，高筋面粉的蛋白质含量在 12％～15％，湿面筋值在 35％以上；低筋面粉的蛋白质含量在 7％～9％，湿面筋值在 25％以下；中筋面粉的蛋白质含量在 9％～11％，湿面筋值在 25％～35％。普通面粉是中筋面粉。

小麦和小麦粉面筋值的测定方法在 GB/T 5506 中分为 4 个部分，分别介绍了小麦和小麦粉面筋含量测定的手洗法测定湿面筋（GB/T 5506.1）、仪器法测定湿面筋（GB/T 5506.2）、烘箱干燥法测定干面筋（GB/T 5506.3）、快速干燥法测定干面筋（GB/T 5506.4）。按照 GB/T 5506 的规定，湿面筋是指由小麦的两种蛋白质组分（谷蛋白和醇溶蛋白）经水合而成的、未经脱水干燥的具有弹性的物质。而经过 130℃干燥后的湿面筋就是干面筋了。

四、小麦麸、次粉

小麦麸俗称麸皮，是以小麦籽实为原料加工面粉后的副产品。小麦麸的成分变异较大，主要受小麦品种、制粉工艺、面粉加工精度等因素影响。我国对小麦麸的分类方法较多。按面粉加工精度，可将小麦麸分为精粉麸和标粉麸；按小麦品种，可将小麦麸分为红粉麸和白粉麸；按制粉工艺产出麸的形态、成分等，可将其分为大麸皮、小麸皮、次粉和粉头等。据有关资料统计，我国每年用作饲料的小麦麸约为 1000 万吨。小麦在制粉时，会产生大量的副产品如麸皮和次粉，另外还有少量的小麦胚。一般面粉出粉率低，麸皮和次粉的营养价值就高。

小麦麸容积大，小麦麸每升容重为 225g 左右，这种特性对于调节鱼饵料密度起着很重要的作用。小麦麸还具有轻泻性，可通便润肠。在水产饲料中，小麦麸主要作为饲料配方的填充物质，并提供部分纤维，起调整胃肠道等作用。

五、谷蛋白粉（谷朊粉）

谷蛋白粉是生产小麦淀粉的副产品，以小麦为原料的发酵工业也生产部分谷蛋白粉。我国于 2008 年颁布实施了谷蛋白粉国家标准（GB/T 21924—2008），谷蛋白粉质量标准具体见表 8-4。

表 8-4　谷蛋白粉质量标准（GB/T 21924—2008）　　　　　单位：%

项目	质量指标	
	一级	二级
水分	8	10
粗蛋白（$N \times 6.25$，干基）	85	80
灰分（干基）	1.0	2.0
粗脂肪（干基）	1.0	2.0
吸水率（干基）	170	160
粗细度	CB30 号筛通过率≥99.5%，CB36 号筛通过率≥95%	

谷蛋白粉的蛋白质含量即谷蛋白粉的纯度，主要取决于面筋和淀粉的分离程度。谷蛋白粉的蛋白质含量在一定程度上受原料小麦蛋白质质量的影响。小麦蛋白质的麦谷蛋白聚合能力越强，在面筋和淀粉的分离过程中越能够形成好的面筋网络从而被分离出来；如果面筋的聚合能力差，面筋和淀粉不容易被分离，蛋白质被淀粉稀释，谷蛋白粉的纯度就降低。加工工艺也影响面筋蛋白和淀粉的分离程度。谷蛋白粉是面筋蛋白质存在的一种特殊形式（复水后即为湿面筋），其内在质量由面筋蛋白质的组成、结构及其性质决定。谷蛋白粉主要由醇溶蛋白和麦谷蛋白组成，其中麦谷蛋白是由多肽链彼此通过分子间二硫键连接而成的大分子，在还原条件下应用 SDS-PAGE 可分为高分子量谷蛋白亚基（HMW-GS，约占谷蛋白的 10%）和低分子量谷蛋白亚基（LMW-GS，约占谷蛋白的 90%），麦谷蛋白主要赋予面筋黏结性和弹性。醇溶蛋白是单体蛋白，由单肽链通过分子内二硫键连接而成，在酸性条件下根据电泳迁移率的不同，醇溶蛋白分为 α、β、γ、ω 四种类型，醇溶蛋白分子间的氢键和疏水作用很容易使彼此结合的肽链分开，因而赋予面筋黏性和延展性。醇溶蛋白和麦谷蛋白共同影响面筋的流变学特性，麦谷蛋白中的 HMW-GS 与 LMW-GS 如"扩链剂"一样，通过链间—S—S— 键增大聚合体来提高面团强度和稳定性，尤其是 HMW-GS 贡献最大。目前，评价面筋蛋白质量的主要指标有面筋指数、沉降值、溶

胀值、透光率、谷蛋白溶胀指数等。

谷蛋白粉的活性主要受生产中烘干过程的影响，如烘干机械和操作水平等。国内大都采用环式气流干燥，干燥温度较高，谷蛋白粉变性严重，活性低，色泽深暗；国外采用真空干燥或喷雾干燥，甚至冷冻干燥技术，可最大程度地保持面筋蛋白质的活性，降低其变性程度。谷蛋白粉的活性影响面筋的吸水能力和持气能力，从而影响其功能特性，常用吸水性、黏弹性、延展性以及在不同溶剂中的溶解性等指标来表征谷蛋白粉的活性。

第四节　玉米与玉米加工副产物

一、玉米

玉米是世界三大粮食作物之一，我国的玉米产量已达 1.1×10^8 t 左右，居世界第 2 位（在美国之后），占世界玉米总产量的 20% 左右，约占我国粮食总产量的 25%。

1. 玉米质量与容重

容重是粮食籽粒在单位容积内的质量，以克/升（g/L）表示。玉米的质量指标见表 8-5。

表 8-5　玉米的质量指标（GB 1353—2018）

等级	容重/(g/L)	不完善粒含量/%		杂质含量/%	水分含量/%	色泽、气味
		总量	其中:霉变粒			
1	≥720	≤4.0				
2	≥690	≤6.0				
3	≥660	≤8.0	≤2.0	≤1.0	≤14.0	正常
4	≥630	≤10.0				
5	≥600	≤15.0				
等外	<600	—				

注："—"为不要求。"不完善粒"指有缺陷或受到损伤但尚有使用价值的玉米颗粒，包括虫蚀粒、病斑粒、破损粒、生芽粒、生霉粒和热损伤粒六种。

容重作为玉米商品品质的重要指标，能够真实地反映玉米的成熟度、完整度、均匀度和使用价值，同一品种玉米容重值越高，玉米籽粒中含的营养物质也就越多，它已经成为国际贸易中质量定级的重要指标。对于同一品种而言，同一体积内籽粒的数目和质量取决于籽粒的大小和重量，这关系到体积和粒重的增长。籽粒生长以胚乳为对象，胚乳细胞的增殖、发育和充实状况决定了籽粒的重量和品质。玉米胚乳占籽粒重量的 80%～85%，而胚乳中的淀粉含量又占籽粒总重的 70%～75%，玉米籽粒中淀粉粒发育和积累情况对玉米籽粒产量具有重要的作用（郭文善等，1997）。玉米硬度与玉米籽粒的容重和密度有显著相关性。硬度反映了籽粒粉质胚乳与角质胚乳的比率，角质胚乳占的比例越大，籽粒硬度越好。硬度同时也反映了籽粒内部破裂的程度，容重是硬度的衡量指标。淀粉粒大小、形状和排列，与籽粒硬度、角质化程度有相关性。籽粒硬度、角质化程度与籽粒百粒重也有相关性。籽粒硬度好，角质化程度高，百粒重就高（李敬玲等，1999）。水分含量也影响玉米的容重和密度，水含量越高，玉米籽粒的密度和容重越低。

玉米种类较多，从颜色划分有黄玉米和白玉米，黄玉米即种皮为黄色的玉米，白玉米即种皮为白色的玉米。依据玉米籽粒的形态、胚乳的结构以及颖壳的有无可分为 9 种类型，与饲料有关的主要有以下类型：

①硬粒型玉米，籽粒多为方圆形，顶部及四周胚乳都是角质，仅中心近胚部分为粉质，故外表半透明有光泽、坚硬饱满。粒色多为黄色，间或有红、紫等色。籽粒品质好，是我国长期以来栽培较多的类型，主要作食粮用。②马齿形玉米，籽粒扁平呈长方形，由于粉质的顶部比两侧角质干燥得快，所以顶部的中间下凹，形似马齿。籽粒表皮皱纹粗糙不透明，多为黄、白色，少数呈紫或红色，食用品质较差。它是世界上及我国栽培最多的一种类型，适宜制造淀粉和酒精或作饲料。③蜡质型玉米，又名糯质型。籽粒胚乳全部为角质但不透明而且呈蜡状，胚乳几乎全部由支链淀粉所组成。食性似糯米，黏柔适口。④爆裂型玉米，籽粒较小，米粒形或珍珠形，胚乳几乎全部是角质，质地坚硬透明，种皮多为白色或红色。尤其适宜加工爆米花等膨化食品。

2. 玉米的主要成分

玉米的主要营养成分有淀粉、蛋白质、脂肪等。顾晓红（1997）对全国 26 个省（区、市）农业科研单位提供的 7609 份玉米种质资源的主要品质进行了分析鉴定，研究表明我国玉米粗蛋白平均含量为 11.92%，粗脂肪平均含量为 4.8%，总淀粉平均含量为 68.31%，赖氨酸（2537 份）平均含量为 0.289%。同时指出我国玉米资源的品质与美国玉米总体平均水平相比较，粗脂肪和赖氨酸含量比较接近，粗蛋白含量约高 1 个百分点，总淀粉含量明显偏低；另外，我国玉米品质性状的地理分布有蛋白质含量北高南低、总淀粉含量南高北低的趋势，这与其他谷物有相似之处。

玉米中还含有 4.8% 左右的脂肪，亚油酸含量 2%，是谷物饲料含量最高的原料之一。在高油玉米品种脂肪可达 7% 以上，脂肪主要在胚芽中，含油达 35%～40%。

3. 玉米各组成部分的营养成分

玉米籽粒主要由胚乳、胚芽、玉米皮、玉米冠组成。玉米籽粒各部分的营养组成见表 8-6。

表 8-6　玉米籽粒各部分组分　　　　　　　　　单位：%

成分	全粒	胚乳	胚芽	玉米皮	玉米冠
皮籽粒	—	82.3	11.5	5.3	0.8
淀粉	71.0	86.4	8.2	7.3	5.3
蛋白质	10.3	9.4	18.8	3.7	9.1
脂肪	4.8	0.8	34.5	1.0	3.8
糖	2.0	0.6	10.8	0.33	1.6
矿物质	1.4	0.6	10.1	0.8	1.6

注：引自甘在红等，2007。

4. 玉米淀粉

植物种子中淀粉粒大小分布是淀粉重要的品质性状之一，不同大小的淀粉粒对淀粉特性有显著影响。淀粉粒形状（圆形、椭圆形、多面体的）、粒径大小（2～100μm）与粒径分布（单峰、双峰、三峰）是不同植物来源淀粉粒的典型表征（Vandeputte，2004）。淀粉粒的大小和形状因种属而异。玉米和水稻的淀粉粒形态单一，大小分别为 10～50μm 和 1～10μm（张海艳等，2006），而典型的小麦淀粉粒按形状、大小划分为 A 淀粉粒和 B 淀粉粒。A 淀粉粒呈透镜形，较大，直径范围为 15～35μm；B 淀粉粒呈球形，较小，直径范围为 2～10μm，占总数的 90% 以上。在胚乳细胞中，淀粉粒是由直链淀粉和支链淀粉按一定比例和结构在造粉体内形成的半结晶状体。

玉米淀粉按其结构可分为直链淀粉和支链淀粉。普通的玉米淀粉含有 23%～27% 的直链淀粉。经人工培育新的玉米品种，可以获得含直链淀粉 50%～85%，称为高直链淀粉玉米，这类玉米淀粉不易糊化，甚至有的在温度 100℃ 以上才能糊化。直链淀粉容易发生"老化"，糊化形成的糊化物不稳定。由支链淀粉制成的糊化物非常稳定。黏玉米所含的淀粉，全部为支链淀粉，这种淀粉糊化后透明度大，胶黏力强。直链淀粉与支链淀粉的比例不同可能影响到颗粒饲料在制粒过程中淀粉的糊化，并影响到饲料颗粒的粘接性能。

5. 玉米蛋白质

玉米含有的蛋白质 75% 在胚乳中，20% 在胚芽中。如表 8-7 所示，玉米中的蛋白质主要是醇溶蛋白和谷蛋白，分别占 40％左右，而白蛋白、球蛋白只占 8％～9％。因此，玉米蛋白质不是人类理想的蛋白质资源。唯独玉米的胚芽部分，其蛋白质中白蛋白和球蛋白分别含有 30％。

表 8-7　玉米蛋白质含量组成及分布　　　　　　　单位：％

项目	整籽	胚乳	胚芽	玉米皮
籽仁	100	84	10	6
籽仁蛋白质	100	76	20	4
分离物蛋白质	10	9	19	5
蛋白质组成				
白蛋白	8	4	30	—
球蛋白	9	4	30	—
醇溶蛋白	39	47	5	—
谷蛋白	40	39	25	—

注：引自甘在红等，2007。

6. 玉米色素

玉米中还含有较多的玉米色素物质，这些色素对养殖动物有很好的作用。玉米黄色素主要由叶黄素、玉米黄质和隐黄素等类胡萝卜素组成，在玉米籽粒中含 0.01～0.9mg/100g（吕欣等，2003）。在湿法生产玉米淀粉过程中，玉米黄色素与蛋白质一起被分离出来，干燥后成为玉米蛋白粉。在玉米蛋白粉（麸质）中，玉米黄色素的含量为 0.2～0.37mg/g，即 0.02％～0.04％。它们以天然脂的形式存在于玉米胚乳中，营养价值较高。隐黄素为维生素 A 的前体物质。

这三种类胡萝卜素由于含有一到两个羟基而极性大。玉米黄素和叶黄素则是同分异构体，两者之间仅一个双键的位置不同，两者的极性相当。

玉米黄色素耐光性较差，具有一定的耐热性。食用植物油对其有很好的保护作用，可在很大程度上减少光和热对它的影响，在储存时最好将其溶解在食用植物油中。pH 值对玉米黄色素稳定性影响较小，在弱酸性和中性范围内该色素较稳定。Al^{3+}、Fe^{3+} 对玉米黄色素影响大，破坏作用强，而 Zn^{2+}、K^+、Mg^{2+} 对其影响不大。

二、玉米不同品种的营养成分差异

不同玉米品种其营养成分的差异主要在蛋白质与氨基酸含量和组成的差异、淀粉含量和组成的差异、含油量的差异等方面。普通玉米、软质胚乳玉米、硬质胚乳玉米的蛋白质组成见表 8-8。

表 8-8　普通玉米、软质胚乳玉米、硬质胚乳玉米的蛋白质组成　　单位:%

项　目	普通玉米	软质胚乳玉米	硬质胚乳玉米
清蛋白＋球蛋白	6.2	20.6	15.5
醇溶蛋白	39.2	8.1	10.4
类醇溶蛋白	19.7	10.7	16.2
类谷蛋白	13.6	18.5	21.4
谷蛋白	22.4	42.5	36.6

注：引自罗清尧等，2002。

由于玉米的赖氨酸和色氨酸含量低，并非优质的蛋白质来源。经过长期的研究实践，改良玉米蛋白质品质目前主要是通过隐性突变基因 *Opeque-2* 及其与修饰基因的效应，提高玉米胚乳中谷蛋白含量，减少醇溶蛋白含量，达到改善氨基酸组成的目的。经过这一方法改良的玉米被称为"优质蛋白玉米"（quality protein maize，QPM）。

许多国家都在进行高蛋白、高赖氨酸及高油等优质玉米的培育改良工作，但品质变异较大。就不同品种的高赖氨酸玉米而言，其蛋白质含量差异不大，而赖氨酸含量在 0.33%～0.54% 范围内，平均 0.38%，比普通玉米增加 46%；色氨酸含量平均为 0.083%，比普通玉米增加 66%；亮氨酸含量下降，其异亮氨酸/亮氨酸比普通玉米增加 20%，对缓解异亮氨酸、亮氨酸和缬氨酸拮抗，提高畜禽饲料氨基酸平衡性有利。

表 8-9　高蛋白质玉米、普通 1 级玉米及高赖氨酸玉米的主要饲料成分指标比较

项　目	高蛋白质玉米	普通玉米（GB 1 级）	高赖氨酸玉米
粗蛋白/%	9.4	8.7	8.5
粗脂肪/%	3.1	3.6	5.3
粗纤维/%	1.2	1.6	2.6
灰分/%	1.2	1.4	1.3
无氮浸出物/%	71.1	70.7	67.3
猪消化能/(MJ/kg)	14.38	14.25	14.42
鸡代谢能/(MJ/kg)	13.29	13.54	13.56
钙/%	0.02	0.02	0.16
总磷/%	0.27	0.27	0.25
有效磷/%	0.12	0.12	0.09

项　目	高蛋白质玉米	普通玉米（GB　1级）	高赖氨酸玉米
必需氨基酸			
精氨酸/%	0.38	0.39	0.50
组氨酸/%	0.23	0.21	0.29
异亮氨酸/%	0.26	0.25	0.27
亮氨酸/%	1.03	0.93	0.74
赖氨酸/%	0.26	0.24	0.36
蛋氨酸/%	0.19	0.18	0.15
苯丙氨酸/%	0.43	0.41	0.37
苏氨酸/%	0.31	0.30	0.30
色氨酸/%	0.08	0.07	0.08
缬氨酸/%	0.40	0.38	0.46

注：引自罗清尧等，2002。

由表8-9可知，与普通1级玉米相比，高赖氨酸玉米的赖氨酸、色氨酸、精氨酸分别比普通玉米提高50%、14%、28%，而蛋氨酸、亮氨酸和苯丙氨酸则分别下降了16%、20%和10%。

三、玉米加工副产物饲料

目前用作饲料原料的玉米工业加工副产物主要为玉米淀粉类加工和玉米酒精发酵加工的副产物，如玉米胚芽饼或胚芽粕、玉米皮或喷浆玉米皮、玉米蛋白粉或液态的玉米浆、玉米DDGS等。

（一）玉米淀粉加工副产物的营养成分

玉米加工成淀粉产生的副产品为玉米油、玉米蛋白粉、玉米纤维饲料、玉米胚芽粕、玉米浆等。玉米淀粉加工不同副产物的产率（甘在红，2007），如果玉米按含水14%、杂质1%、碎玉米2%，可以做到淀粉收率66%，蛋白质收率6.6%，胚芽收率6.9%，纤维收率12.5%，玉米浆收率61.0%，损失2%。

一般情况下，100kg玉米可以得到66%的淀粉、6%的玉米蛋白粉、23%的玉米纤维、3%的玉米油和2%的其他物质。

进口玉米产品较多，可以参照美国的玉米产品质量标准进行评价，见表8-10和表8-11。

表 8-10　美国玉米类饲料原料常规营养指标［美国饲料成分分析表(2006 年版)］

单位:％

原料	干物质	粗蛋白	乙醚浸提物	粗纤维	钙	总磷	有效磷
黄玉米粒	87	7.9	3.5	1.9	0.01	0.25	0.09
高油玉米粒	87	8.4	6	2	0.01	0.26	0.09
玉米芯粉	89	2.3	0.4	35	0.11	0.04	—
玉米胚芽粉(湿磨)	90	20	1	12	0.3	0.5	0.15
玉米胚芽粉(干磨)	91	17.7	0.9	10.9	0.03	0.5	0.15
玉米蛋白饲料	88	21	2	10	0.2	0.9	0.22
玉米蛋白粉(CP41%)	90	42	2	4	0.16	0.4	0.25
玉米蛋白粉(CP60%)	90	60	2	2.5	0.02	0.5	0.18
酒精糟及糟液干燥物(DDGS、饲料)	91	29	8.4	7.8	0.27	0.78	0.35
玉米酒精糟(DDGS)	92	27	9	13	0.09	0.41	0.17
玉米酒精糟及糟液干燥物(DDGS)	92	27	9	8.5	0.14	0.89	0.55
玉米酒精糟残液干燥物(DDGS)	92	27	9	4	0.35	1.3	1.2

表 8-11　美国玉米类饲料原料氨基酸营养指标［美国饲料成分分析表(2006 年版)］

单位:％

原料	蛋氨酸	胱氨酸	赖氨酸	色氨酸	苏氨酸	异亮氨酸	组氨酸	缬氨酸	亮氨酸	精氨酸	苯丙氨酸
黄玉米粒	0.18 (91)	0.18 (85)	0.24 (81)	0.07	0.29 (84)	0.29 (88)	0.25 (94)	0.42 (88)	1.0 (93)	0.40 (89)	0.42 (91)
高油玉米粒	0.2	0.19	0.28	0.07	0.31	0.31	0.27	0.42	1.06	0.43	0.42
玉米胚芽粉(湿磨)	0.6	0.4	0.9	0.2	1.1	0.7	0.7	1.2	1.7	1.3	0.9
玉米胚芽粉(干磨)	0.43	0.4	1.1	0.25	1.1	0.6	0.6	1.1	1.3	1.4	0.9
玉米蛋白饲料	0.5 (84)	0.5 (65)	0.6 (72)	0.1	0.9 (75)	0.6 (81)	0.7 (82)	1.04 (83)	1.9 (89)	1.0 (87)	0.8 (87)
玉米蛋白粉(CP41%)	1	0.6	0.8	0.2	1.4	2.3	0.9	2.2	6.6	1.4	2.9
玉米蛋白粉(CP60%)	1.9 (97)	1.1 (86)	1.0 (88)	0.3	2.0 (92)	2.3 (95)	1.2 (94)	2.70 (95)	9.4 (98)	1.9 (96)	3.8 (97)
酒精糟及糟液干燥物(DDGS、饲料)	0.46	0.52	0.81	0.2	1.12	1.93	0.81	1.83	2.34	1.12	1.93

原料	蛋氨酸	胱氨酸	赖氨酸	色氨酸	苏氨酸	异亮氨酸	组氨酸	缬氨酸	亮氨酸	精氨酸	苯丙氨酸
玉米酒精糟（DDGS）	0.45	0.32	0.9	0.21	0.3	0.93	0.6	1.2	2.6	1	0.6
玉米酒精糟及糟液干燥物（DDGS）	0.51 (86)	0.4 (77)	0.9 (75)	0.2 (80)	0.44 (72)	1.0 (84)	0.65 (80)	1.33 (81)	2.6 (89)	1.1 (73)	1.2 (88)
玉米酒精糟残液干燥物（DDGS）	0.6	0.6	0.9	0.2	1	1.2	0.6	1.6	2.1	1	1.5

注：括号内数字表示消化率。

1. 玉米浆

玉米浆是玉米在浸泡温度50℃、浓度0.2%～0.25%的亚硫酸钠溶液中浸泡60～80h以上，剩余排出的浸泡液即通常所说的稀玉米浆，将其通过蒸发工序即浓缩成含干物质70%的商品玉米浆，其中除了含有可溶性蛋白质以外，还含有在浸泡过程中溶出的其他可溶物，如糖分、灰分、乳酸等物质。经过分析表明（甘在红等，2007），玉米浆蛋白质一般在45%左右，其氨基酸含量为：天冬氨酸2.95mg/100mgDM，亮氨酸2.97mg/100mgDM，苏氨酸1.67mg/100mgDM，酪氨酸1.19mg/100mgDM，丝氨酸1.71mg/100mgDM，苯丙氨酸1.00mg/100mgDM，谷氨酸5.35mg/100mgDM，赖氨酸1.61mg/100mgDM，甘氨酸2.88mg/100mgDM，组氨酸1.34mg/100mgDM，丙氨酸2.86mg/100mgDM，精氨酸2.62mg/100mgDM，胱氨酸0.39mg/100mgDM，色氨酸0.15mg/100mgDM，缬氨酸2.15mg/100mgDM，脯氨酸2.92mg/100mgDM，蛋氨酸0.84mg/100mgDM，异亮氨酸1.07mg/100mgDM。另外，玉米浆的矿物质含量和乳酸含量也非常高，分别达到20%和18%，灰分含量在15%。

工业化玉米淀粉生产中玉米浆的用途包括两大类：一是被发酵工业用作培养液，如用于生产抗生素和味精培养基的营养液；二是将其浓缩后掺入玉米纤维麸质饲料、玉米胚芽饼（粕）、玉米DDGS中，则出现了喷浆玉米皮或喷浆玉米麸、喷浆玉米DDGS等产品。喷入玉米浆后使原有产品的蛋白质含量得到提高，要注意的是这类喷浆饲料中含有玉米浆，玉米浆中的蛋白质主要为醇溶蛋白，在利用率上低于玉米胚、糊粉层中的蛋白质（胚和糊粉层中的蛋白质主要为球蛋白、水溶性蛋白质）。

2. 玉米麸质饲料

玉米麸质饲料的主要成分是玉米浆（玉米浸渍物）、玉米皮、玉米麸（玉米尖部），有时会有少量的玉米胚芽饼，其营养价值因各组分比例不同差异很大，蛋白质含量为10%～25%，粗纤维随着玉米皮比例增加而升高，通常为7%～10%。单一的玉米皮化学成分为纤维素11%，蛋白质11.8%，葡萄糖32%，木糖18.7%，阿拉伯糖10.5%，灰分1.2%，未知成分14.6%。

玉米麸质饲料作为水产饲料原料使用，优点是有一定的营养物质可以供鱼体利用，价格较低，主要的不足因素是可能含有霉菌毒素和纤维素含量相对较高。在鱼类饲料中，如果在确认霉菌毒素含量较低（参照饲料卫生标准）、价格适宜的情况下，可以使用6%以及以下的玉米麸质饲料。

3. 玉米胚芽饼和粕

在干的玉米胚中，含有17%～18%的粗蛋白、35%～56%的玉米油、1.5%～5.5%的淀粉、7%～17%的粗灰分和2.4%～5.2%的纤维素。玉米胚芽提油后的产品即为玉米胚芽饼（粕），一般将压榨法提油后的产品称为玉米胚芽饼，溶剂浸出法提油后的产品称为玉米胚芽粕。浸出法制油出油率高，其油粕的利用效果也好。

玉米胚芽饼和玉米胚芽粕的主要营养差异为，前者的无氮浸出物较高，可达42%～53%，粗脂肪可达3%～10%；而后者的粗脂肪仅达1.5%，几乎没有无氮浸出物，但蛋白质的品质相对较稳定。玉米胚芽饼（粕）蛋白质含量可达19%～22%，而且都是白蛋白和球蛋白。玉米胚芽饼（粕）的饲喂价值要高于玉米纤维蛋白饲料，适口性好，蛋白质的品质好，氨基酸组成更好，尤其是赖氨酸、蛋氨酸、色氨酸含量高，维生素、矿物质、脂肪等含量也很高，特别是对猪、鸡的消化能要高于玉米纤维蛋白饲料，是猪、鸡的优良饲料源，可代替部分豆粕，也可饲喂水产和反刍动物。不过，玉米胚芽饼（粕）不稳定、容易变质，质量难以控制，变质的玉米胚芽饼（粕）反而导致不良后果，故需小心使用。

市场上有高蛋白和低蛋白两种玉米胚芽饼（粕）出售，所谓高蛋白玉米胚芽饼（粕）就是正常生产出的胚芽饼（粕）加入一定量的玉米浆制作的，蛋白质含量可达25%以上。而低蛋白的没有加入玉米浆，才是上述所讲的传统意义上的真正玉米胚芽饼（粕）。

玉米胚芽饼（粕）作为水产饲料原料的主要优点是含有一定量的蛋白质，资源量较大，且价格相对较低；不足之处主要是会影响饲料的粉碎和制粒效率。所以，一般在水产饲料中控制在8%及其以下的使用量较为适宜。

4. 玉米蛋白粉

(1) 玉米蛋白粉来源和组成　玉米蛋白粉，又称玉米筋蛋白。玉米面筋粉去胚芽后，采用离心分离，使淀粉与蛋白质分离而得到黄浆水，经过滤得到不溶于水的蛋白质，俗称黄粉。目前常用的提取工艺是湿磨法，其生产工艺过程如下：玉米→浸渍→破碎→筛分（分离出玉米胚芽和外皮）→分离（分离出玉米淀粉的麸质水）→离心浓缩→压滤→干燥→成品（玉米蛋白粉）。

采用上述工艺生产的玉米蛋白粉蛋白质含量可达60%～70%，但因工艺水平不同，也有在40%～50%之间的。依据生产工艺可以知道，玉米胚芽和玉米糊粉层中的蛋白质基本不在玉米蛋白粉中，因此，玉米蛋白粉的蛋白质主要来自于玉米胚乳的醇溶蛋白。

玉米蛋白粉中除了含有60%左右的醇溶蛋白外，还含有较多的玉米蛋白粉加工残余成分。加工残余成分主要为淀粉类物质和纤维，而玉米蛋白粉中残余的抗性淀粉在消化道内不易被酶解，在消化道内其吸收水分后黏滞性大大增强，从而影响了食糜的蠕动和营养物质的消化吸收；玉米蛋白粉中的纤维成分主要由非淀粉多糖（NSP）和木质素组成，非淀粉多糖的含量、种类、结构在一定程度上也会影响玉米蛋白粉的消化吸收及其中氮类物质的利用和排泄。

玉米蛋白粉属于高蛋白高能量饲料，消化率也较高，但氨基酸比例不太合理，矿物质和维生素组成、含量都较差。其蛋氨酸含量可与相同蛋白质含量的鱼粉相当，但赖氨酸、色氨酸含量严重不足，不及鱼粉的1/4，且精氨酸含量较高，赖氨酸与精氨酸之比可达100：（200～250）。含有非常高的类胡萝卜素，其中叶黄素是玉米的15～20倍，对蛋黄和皮肤着色非常好。

（2）玉米蛋白粉质量标准　饲料用玉米蛋白粉是以玉米为原料，经脱胚、粉碎、去渣、提取淀粉后的黄浆水，再经浓缩和干燥得到的富含蛋白质的产品。其质量标准以NY/T 685—2003为准，见表8-12。

表8-12　饲料用玉米蛋白粉质量指标及分级（NY/T 685—2003）　单位：%

项目		一级	二级	三级
水分	≤	12.0	12.0	12.0
粗蛋白（干基）	≥	60.0	55.0	50.0
粗脂肪（干基）	≤	5.0	8.0	10.0
粗纤维（干基）	≤	3.0	4.0	5.0
粗灰分（干基）	≤	2.0	3.0	4.0

注：一级饲料用玉米蛋白粉为优等质量标准，二级为中等质量标准，低于三级者为等外品。

（3）玉米和玉米蛋白粉的蛋白质组成与特点　玉米蛋白为谷物类蛋白质。根据溶解性，将谷物蛋白分为：溶于水的清蛋白；不溶于水，但溶于盐的球蛋白；不溶于水，但溶于70%～80%乙醇的醇溶蛋白；不溶于水、醇，但溶于稀酸或稀碱的谷蛋白。因此，根据蛋白质组分在不同溶剂中的溶解性，可按顺序用蒸馏水、稀盐、乙醇、稀碱分别提取清蛋白、球蛋白、醇溶蛋白和谷蛋白，分别收集提取液，来测定蛋白质组分含量（朱朝辉等，2006）。

从谷类作物形态学角度，可把蛋白质分为三类：胚乳蛋白、糊粉层蛋白、胚蛋白（朱朝辉等，2006）。依据生物功能，谷物蛋白可以分为两种：细胞质蛋白和储藏蛋白。细胞质蛋白包括清蛋白和球蛋白，主要分布在种子糊粉层和胚中，即主要存在于玉米胚芽饼或玉米胚芽粕中，该类蛋白质易溶于水或盐的缓冲溶液，分子量相对较小，分子外形呈球状，容易被动物消化道酶水解，能够很好地被动物利用。储藏蛋白包括醇溶蛋白和谷蛋白，是典型的胚乳蛋白，是玉米蛋白粉中的主要蛋白质类型。胚乳中的储藏蛋白，一般不溶于水，也不溶于盐溶液，而溶解于醇中，含有大量的谷氨酸和脯氨酸，而赖氨酸、色氨酸含量很低，又称为不完全蛋白。细胞质蛋白和储藏蛋白在形态组成和氨基酸成分上有很大的差异。

玉米平均蛋白质含量为 10.47％左右。玉米籽粒蛋白质 80％以上集中在胚乳层，正常胚乳蛋白中，清蛋白占 3％，球蛋白占 3％，醇溶蛋白和谷蛋白各占 60％和 34％。玉米全籽粒蛋白质为：醇溶蛋白占总蛋白的 50％～55％，谷蛋白占总蛋白的 30％～35％，球蛋白占总蛋白的 10％～20％，清蛋白占总蛋白的 2％～10％。

玉米胚蛋白中则是清蛋白占优势，占胚蛋白质的 60％以上，醇溶蛋白只占 5％～10％。

(4) 玉米蛋白粉的质量管理　除了对照玉米蛋白粉质量要求进行质量管理外，玉米蛋白粉是掺假较多的一种蛋白质原料，需要对其进行质量鉴别。主要的掺假目的是提高原料总氮含量，而总氮的来源包括尿素、尿醛（尿醛树脂聚合物）、三聚氰胺、叠氮化钙等高含氮量的物质。要对掺假高含氮物质进行鉴定在技术方法和工作强度上都有一定的难度，一般可以采用排除方法鉴别。

玉米蛋白粉在掺入高含氮量物质后，一般又要掺入一些低价值物质如纸箱、玉米芯等，这就可能导致玉米蛋白粉的粗纤维含量增高，所以检测其粗纤维含量也是有效排除法之一。60％的玉米蛋白粉中粗纤维一般都较低，在 2％以下；40％的玉米蛋白粉粗纤维含量在 3％～6％，若纤维太高，可判断是否有植物性物质掺入。灰分含量也可以作为玉米蛋白粉的掺假指标，玉米蛋白粉灰分含量一般不超过 4％，而掺有黄土、砂石的玉米蛋白粉其灰分含量远高于 4％。

对于掺入非蛋白氮的检测方法依然还是测定氨基酸组成是最有效的方法。

（二）玉米酒精糟

1. 玉米酒精糟的来源

玉米酒精糟是以玉米为主要原料，用发酵法生产酒精时，蒸馏废液经干燥处理后所得的副产品。生产酒精产生的副产品有 DDG、DDS、DDGS 等。DDG（distillers dried grains）为干酒精糟，系用蒸馏废液做简单过滤，滤清液排放后所得的固形物部分经过干燥而得到的饲料，这种饲料不含有废液中可溶解的营养物。DDS (distillers dried soluble）为可溶干酒精糟，系除去固形物部分的残液浓缩和干燥而得。DDGS (distillers dried grains with soluble）为干酒精糟混合液干燥得到的产品，包含有 DDG 和 DDS，俗称黑色酒精糟，主要为用玉米籽实与精选酵母混合发酵生产乙醇和二氧化碳后，剩余的发酵残留物通过低温干燥形成的共生产品。

在采用干法生产的酒精厂，每发酵 100kg 玉米，能生产大约 36L 酒精、32kg DDGS 和 32kg 二氧化碳。

2. DDGS 的质量变异

DDGS 中 DDS 的比例不同对其营养成分有很大的影响。DDS 的比例越高，其蛋白质的含量越低，脂肪的含量越高，磷的含量也提高。如 DDG/DDS（60/40）的 DDGS 产品：粗蛋白 28.2%，粗脂肪 10.1%，磷 0.81%；而如 DDG/DDS（80/20）的 DDGS 产品：粗蛋白 31.4%，粗脂肪 8.6%，磷 0.68%（郭福存，2007）。

DDGS 质量变异的主要原因可能是由于玉米生长的地理位置和品种间的差异造成的，但酒精的生产工艺流程、谷物的发酵方法以及副产品干燥方法等因素也影响其终产品的质量。影响 DDGS 质量的主要因素有以下方面（郭福存，2007）：

① DDGS 中硫的含量。玉米 DDGS 中硫的含量在 0.34%～1.05%。

② DDGS 中赖氨酸的变异问题。DDGS 中赖氨酸和色氨酸缺乏，变异也大。赖氨酸含量在 0.61%～1.06%之间，平均为 0.89%。

③ DDGS 的霉菌毒素污染问题。美国奥特奇（北京）公司 2006 年对来自上海、广东和天津的 12 份 DDGS 样品进行了霉菌毒素含量的调查，黄曲霉毒素平均值为 $13.0\mu g/kg$（最大值 $26.3\mu g/kg$）、T-2 毒素平均 $69\mu g/kg$（最大值 $94.7\mu g/kg$）、玉米赤霉烯酮 $744.5\mu g/kg$（最大值 $1423.1\mu g/kg$）、赭曲霉毒素 $82.5\mu g/kg$（最大值 $162.8\mu g/kg$）、烟曲霉素 $1930.0\mu g/kg$（最大值 $7380.0\mu g/kg$）、呕吐毒素 $3680.0\mu g/kg$（最大值 $16750.0\mu g/kg$），可见 DDGS 中霉菌毒素种类多、含量较高，且随着玉米产地差异、不同年份气候差异，霉菌毒素种类和含量有很大的差异，所以，在实际使用中必须加强对玉米 DDGS 的质量检测与控制。

④ DDGS 中的脂肪含量。DDGS 中不饱和脂肪酸的比例高，容易发生氧化，能值下降，对动物健康不利，影响生产性能和产品质量如胴体品质。所以要使用抗氧化剂。水产动物对氧化脂肪极为敏感，一定要注意对 DDGS 中脂肪氧化程度的判定。

⑤ DDGS 中的纤维含量。米糠 DDGS 副产品中的纤维含量较高。

⑥ DDGS 对适口性的影响。玉米 DDGS 使用不当将会影响饲料的适口性。如

刚出厂时 DDGS 酒味很浓，而存放一段时间之后，刺激性气味明显减弱，适口性提高。

3. 玉米 DDGS 的产量

目前全国每年能生产蛋白质含量为 27% 以上的 DDGS 饲料达 200 万吨，来自玉米酒精生产企业的 DDGS 饲料为 60 万吨，占 DDGS 饲料总量的 30%；其余的主要来自于饮用酒工业。除大部分为玉米 DDGS 外，还以糖蜜、薯干等为原料的 DDGS 饲料。

4. 玉米 DDGS 的质量标准

根据 DDGS 的营养成分含量，可以制定 DDGS 的质量标准。

合格的 DDGS：感官呈黄、褐色，均匀的粉状物，无发酵霉变，无结块及异味异臭；粗蛋白≥28.0%，粗纤维≤12.8%，粗脂肪≤8.0%，粗灰分≤4.5%，水分≤12.0%。

DDGS 优级品：感官呈黄、褐色，均匀的粉状物，无发酵霉变，无结块及异味异臭；粗蛋白≥33.0%，粗纤维≤12.8%，粗脂肪≤8.0%，粗灰分≤4.5%，水分≤12.0%。

DDGS 在烘干过程中的温度和时间将对其质量产生极大的影响，而只用粗蛋白、灰分、粗脂肪和粗纤维等常规指标来检测 DDGS 的质量，并不能反映 DDGS 的真实质量情况，必须对其热变性情况进行控制。DDGS 的质量控制要点如下：

① 热变性指标——中性洗涤纤维（NDF）：NDF≤32% 为合格要求；NDF≤35% 为最低质量要求。

② 感官要求：DDGS 的颜色浅亮黄色为最好，不应含黑色小颗粒，应有发酵的气味。

③ DDS 的含量：DDGS 中 DDS 的含量至少要大于 20%。

④ 常规指标：粗蛋白>28%，粗纤维<8%，粗脂肪为 6%～12%。

⑤ 要关注霉菌毒素含量：呕吐毒素含量范围 1～8mg/kg，玉米赤霉烯酮含量范围 150～2000μg/kg。

第五节　小麦、玉米等淀粉原料在水产饲料中的应用

小麦和玉米是最重要的两种淀粉原料，与小麦、玉米的加工产品如次粉、小麦麸、面粉、玉米粉等相比较，资源量大、新鲜度相对较好、品质容易控制。在水产

饲料中使用的主要问题是确定在饲料配方中适宜的使用量，膨化处理是否能够提高消化利用率，尤其是对于玉米，以前一直认为只有膨化玉米才能在水产饲料中使用。

一、小麦在草鱼饲料中的应用试验研究

1. 草鱼

试验草鱼 500 余尾，初始平均重量为 22.29g，为池塘养殖的一冬龄鱼种。试验鱼经一周暂养、驯化后，选择体格健壮、规格整齐的鱼种随机分为 9 个组，每组设 3 个重复，每个重复放鱼 15 尾。正式养殖试验 60 天。

2. 试验饲料

小麦为白皮小麦；小麦的膨化采用常规膨化饲料生产设备进行湿法膨化加工，温度 132℃、压力 15～40atm（1atm＝101325Pa）。

试验设计了 16％生小麦组、16％膨化小麦组、32％生小麦组、32％膨化小麦组、32％生小麦无油脂组（不加豆油）、32％膨化小麦无油脂组（不加豆油）、32％生小麦肉碱组、32％膨化小麦肉碱组、32％膨化小麦无油脂肉碱组共 9 个试验组。主要探讨小麦在草鱼饲料中的使用适宜剂量、膨化与常规生小麦养殖效果的比较，以及在高剂量下，是否可以减少饲料油脂的使用量以达到相同的效果等。

试验饲料由常规实用饲料原料组成，主要为小麦、膨化小麦、进口鱼粉、豆粕、棉粕、菜粕、肉骨粉、豆油、预混料等，饲料配方及营养组成见表 8-13。饲料原料经粉碎过 60 目筛，混合均匀，经小型颗粒饲料机制粒加工成直径 3.0mm 的颗粒饲料，风干后置于冰箱中 4℃保存。制粒温度在 65～70℃、持续时间约 40s。

表 8-13　试验饲料组成及营养水平

原料 /(g/kg)	生小麦（WR）				膨化小麦（WEx）				
	16％	32％ 无油脂	32％	32％ ＋肉碱	16％	32％ 无油脂	32％	32％＋ 肉碱	32％无油 脂＋肉碱
生小麦	160	320	320	320					
膨化小麦					160	320	320	320	320
米糠粕	120				120				
豆粕	60	50	50	50	60	50	50	50	50
菜粕	260	240	240	240	260	240	240	240	240
棉粕	260	240	240	240	260	240	240	240	240
进口鱼粉	20	20	20	20	20	20	20	20	20
肉骨粉	30	30	30	30	30	30	30	30	30

原料/(g/kg)	生小麦(WR)				膨化小麦(WEx)				
	16%	32%无油脂	32%	32%+肉碱	16%	32%无油脂	32%	32%+肉碱	32%无油脂+肉碱
磷酸二氢钙	20	20	20	20	20	20	20	20	20
沸石粉	20	40	30	30	20	30	30	30	30
膨润土	20	30	20	20	20	40	20	20	40
豆油	20		20	20	20		20	20	
预混料①	10	10	10	10	10	10	10	10	10
肉碱				0.3				0.3	0.3
营养成分/%②									
水分	9.91	9.26	9.36	9.42	8.88	8.30	8.45	8.50	8.35
粗蛋白	31.06	30.16	30.18	30.21	31.02	30.18	30.28	30.45	30.23
粗脂肪	3.40	1.70	3.50	3.67	3.54	1.81	3.68	3.61	1.79

① 预混料为每千克日粮提供：Cu 5mg；Fe 180mg；Mn 35mg；Zn 120mg；I 0.65mg；Se 0.5mg；Co 0.07mg；Mg 300mg；K 80mg；维生素 A 10mg；维生素 B_1 8mg；维生素 B_2 8mg；维生素 B_6 20mg；维生素 B_{12} 0.1mg；维生素 C 250mg；泛酸钙 20mg；烟酸 25mg；维生素 D_3 4mg；维生素 K_3 6mg；叶酸 5mg；肌醇 100mg。

② 实测值。

3. 生小麦、膨化小麦及其添加水平对草鱼成活率、特定生长率、饲料系数和蛋白质效率的影响

表 8-14 所列是经过 60 天的正式养殖试验后，小麦的膨化加工和添加水平对草鱼成活率、特定生长率、饲料系数和蛋白质效率的影响结果。小麦的膨化加工和添加水平对草鱼成活率、特定生长率、饲料系数和蛋白质效率都没有产生显著影响（$P>0.05$）。但小麦膨化加工后草鱼特定生长率有降低的趋势，表现为 16% 和 32% 的添加水平下草鱼特定生长率分别降低 5.95%、3.42%（$P>0.05$）；同时，当生小麦和膨化小麦添加水平由 16% 提高到 32% 时，草鱼特定生长率也有降低的趋势，分别降低 3.31% 和 0.70%（$P>0.05$）。

表 8-14　小麦的膨化加工及其添加水平对草鱼成活率、特定生长率、饲料系数和蛋白质效率的影响

加工	添加水平	平均初体重/g	平均末体重/g	成活率(SR)/%	特定生长率(SGR)/(%/d)	饲料系数(FCR)	蛋白质效率(PER)/%
生小麦（WR）	16%	410.3±12.1	1016.5±91.6	95.55±3.85	1.51±0.20	1.34±0.17	2.32±0.29
	32%	419.5±20.4	1004.7±52.6	95.55±3.85	1.46±0.02	1.30±0.04	2.55±0.08

加工	添加水平	平均初体重/g	平均末体重/g	成活率(SR)/%	特定生长率(SGR)/(%/d)	饲料系数(FCR)	蛋白质效率(PER)/%
膨化小麦(WEx)	16%	406.1±14.1	952.3±47.8	93.33±6.67	1.42±0.14	1.33±0.20	2.37±0.33
	32%	430.1±6.5	1008.1±107.7	88.89±10.18	1.41±0.17	1.41±0.25	2.35±0.44
影响因素		双因素分析结果(P 值)					
加工		0.282		0.474		0.627	0.688
添加水平		0.580		0.752		0.855	0.564
加工×添加水平		0.580		0.809		0.566	0.518

注：结果用平均值±标准差表示（$n=3$）；"$P<0.05$"表示该因素对结果有显著影响。

4. 生小麦、膨化小麦及其添加水平对草鱼形体指标的影响

表 8-15 所列是经过 60 天的正式养殖试验后，小麦的膨化加工和添加水平对草鱼形体指标的影响结果。小麦的膨化加工对草鱼的内脏指数、肝胰脏指数、肥满度和腹腔脂肪指数都没有显著影响（$P>0.05$），但小麦膨化后，草鱼肝胰脏指数和腹腔脂肪指数都有提高的趋势。生小麦和膨化小麦的添加水平对草鱼腹腔脂肪指数有极显著影响（$P<0.01$），对草鱼肝胰脏指数和肥满度有显著影响（$P<0.05$），表现为：生小麦和膨化小麦用量由 16% 提高到 32% 时，草鱼腹腔脂肪指数和肝胰脏指数提高，草鱼肥满度下降。

表 8-15　小麦的膨化加工及其添加水平对草鱼内脏指数、肝胰脏指数、肥满度和腹腔脂肪指数的影响

加工	添加水平	内脏指数(VI)/%	肝胰脏指数(HIS)/%	肥满度(CF)/(g/cm³)	腹腔脂肪指数(CFI)/%
生小麦(WR)	16%	8.37±1.01	1.52±0.12	1.95±0.10	0.74±0.15
	32%	8.85±0.95	1.67±0.03	1.83±0.05	1.12±0.13
膨化小麦(WEx)	16%	8.77±0.62	1.55±0.02	1.92±0.03	0.81±0.09
	32%	8.82±0.63	1.68±0.12	1.88±0.03	1.17±0.28
影响因素		双因素分析结果(P 值)			
加工		0.709	0.677	0.817	0.584
水平		0.584	0.020 (16%<32%)	0.047 (16%>32%)	0.007 (16%<32%)
加工×水平		0.659	0.822	0.232	0.937

饲料中糖水平过高时，鱼生长速度或饲料效率会下降，同时过量吸收的糖会导

致全鱼和肝脏脂肪或糖原的沉积。本试验也有类似的结果：在草鱼饲料中将生小麦或膨化小麦由16%增加到32%时，草鱼生长速度都降低了。同时生小麦和膨化小麦的添加水平对草鱼脂肪沉积率、全鱼粗蛋白含量和粗脂肪含量、肝脏粗蛋白和粗脂肪含量都有显著影响。当生小麦和膨化小麦的添加水平提高时，草鱼脂肪沉积率以及全鱼和肝脏的脂肪含量都随之提高，全鱼和肝脏蛋白含量下降。与此相一致的是草鱼肝胰脏指数、内脏指数和腹腔脂肪指数提高，肥满度降低。Dias 等也报道了舌齿鲈的脂肪合成活动随饲料碳水化合物的水平增加而增强，这与本试验结果一致。以上结果表明，将生小麦或膨化小麦用量由16%提高到32%时，草鱼养殖效果下降，饲料中过多吸收的糖类主要用来合成脂肪，导致全鱼、肝脏和腹部的脂肪积累。因此，在草鱼饲料中的小麦或膨化小麦的适宜使用量应控制在16%。

5. 小麦的膨化加工及其添加水平对草鱼血糖和肝糖原的影响

表 8-16 所列是 60 天的正式养殖试验结束时小麦膨化加工和添加水平对草鱼的血糖和肝糖原含量的影响结果。由表 8-16 可知，小麦的膨化加工对草鱼血糖和肝糖原含量都没有显著影响（$P>0.05$）。生小麦或膨化小麦的添加水平对草鱼血糖含量影响不显著（$P>0.05$），但对草鱼肝糖原含量有显著影响（$P<0.05$），表现为生小麦或膨化小麦的用量由16%提高到32%时，草鱼肝糖原含量随之提高。对以上数据都不存在小麦膨化加工和添加水平间的交互作用。

表 8-16 小麦的膨化加工及其添加水平对草鱼血糖和肝糖原的影响

加工	水平	血糖/(mmol/L)	肝糖原/(mg/g)
生小麦(WR)	16%	6.72±1.04	28.41±7.39
	32%	5.70±2.03	35.39±11.67
膨化小麦(WEx)	16%	6.44±0.60	26.49±0.98
	32%	6.36±1.27	56.94±19.56
影响因素		双因素分析结果(P 值)	
加工		0.812	0.224
水平		0.492	0.039(16%<32%)
加工×水平		0.560	0.155

表 8-17 所列是 60 天的正式养殖试验结束时小麦的膨化和添加水平对草鱼脂肪沉积率和全鱼、肌肉脂肪含量的影响结果。由表 8-17 可知，小麦的膨化加工对草鱼脂肪沉积率和全鱼、肌肉脂肪含量都没有显著影响（$P>0.05$），但小麦膨化加工后草鱼脂肪沉积率以及全鱼和肌肉粗脂肪含量都有提高的趋势。表明草鱼饲料中，小麦膨化加工后草鱼脂肪合成作用加强。生小麦和膨化小麦的添加水平对草鱼脂肪沉积率和全鱼粗脂肪含量都有极显著影响（$P<0.01$），对草鱼肌肉脂肪含量

影响不显著（$P>0.05$）。表现为生小麦和膨化小麦用量由 16％提高到 32％时，草鱼脂肪沉积率分别提高 165.54％和 130.45％（$P<0.01$），草鱼全鱼粗脂肪含量分别提高 43.94％和 38.89％（$P<0.01$），而草鱼肌肉粗脂肪含量也有提高的趋势。对以上数据都没有小麦的加工处理和添加水平间的交互作用。结果表明，将生小麦或膨化小麦用量由 16％提高到 32％时，饲料中增加的糖主要被用来合成脂肪，导致草鱼体脂的积累。

表 8-17　小麦的膨化加工及其添加水平对草鱼脂肪沉积率和全鱼、

肌肉脂肪含量的影响　　　　　　　　单位：％

加工	添加水平	脂肪沉积率	全鱼粗脂肪	肌肉粗脂肪
生小麦（WR）	16％	60.86±19.39	14.36±0.84	4.47±1.27
	32％	161.61±46.84	20.67±3.56	5.08±1.17
膨化小麦（WEx）	16％	83.81±11.12	15.84±1.10	5.01±0.82
	32％	193.14±6.68	22.00±1.83	5.90±0.91
影响因素	双因素分析结果（P 值）			
加工	0.119	0.283	0.297	
添加水平	0.000（32％>16％）	0.001（16％< 32％）	0.254	
加工×添加水平	0.784	0.952	0.830	

6. 主要结论

经过养殖试验得到的主要结论有：①在草鱼饲料中使用 16％的小麦，均可以获得较好的生长效果，草鱼没有产生明显的生理不良变化；②当小麦的使用量达到 32％高剂量时，草鱼的生长性能有下降的趋势，且发生较为明显的生理不良反应，主要表现在血糖和肝糖原含量增加，具有发生糖原性脂肪肝的趋势；③小麦达到 32％水平时，可以减少饲料中油脂的用量，高淀粉日粮具有一定的节约脂肪饲料的作用，但有引发糖原性脂肪肝的趋势，所以在水产饲料中还是不适宜用高淀粉日粮；④小麦经过干法挤压膨化处理再用到草鱼饲料中，草鱼的生长性能没有得到明显的改善，反而有下降的趋势，表明 16％的生小麦可以直接在草鱼饲料中使用。

二、玉米对草鱼生长性能的影响

玉米在水产饲料中是否可以使用？膨化玉米与生玉米的使用效果有多大的差异？

1. 试验鱼

试验草鱼 450 余尾，初始平均重量为 25.40g，为池塘养殖的一冬龄鱼种。试验鱼经一周暂养、驯化后，选择体格健壮、规格整齐的鱼种随机分为 9 个组，每组设 3 个重复，每个重复放鱼 15 尾。正式养殖试验 60 天。

2. 试验饲料

玉米的膨化采用常规膨化饲料生产设备进行湿法膨化加工，温度 132℃、压力 15～40atm。

本试验设计了 16％生玉米组、16％膨化玉米组、32％生玉米组、32％膨化玉米组、32％生玉米无油脂组（不加豆油）、32％膨化玉米无油脂组（不加豆油）、32％生玉米肉碱组、32％膨化玉米肉碱组、32％膨化玉米无油脂肉碱组共 9 个试验组。主要探讨玉米在草鱼饲料中的适宜添加水平、玉米膨化处理是否能够提高草鱼的生长效果、增加玉米用量后减少饲料脂肪添加能否保持很好的养殖效果。

试验饲料由常规实用饲料原料组成，主要为玉米、膨化玉米、进口鱼粉、豆粕、棉粕、菜粕、肉骨粉、豆油、预混料等，饲料配方及营养组成见表 8-18。饲料原料经粉碎过 60 目筛，混合均匀，经小型颗粒饲料机制粒加工成直径 3.0mm 的颗粒饲料，风干后置于冰箱中 4℃保存。制粒温度在 65～70℃、持续时间约 40s。

表 8-18　试验饲料组成及营养水平

项目		生玉米（CR）				膨化玉米（CEx）				
		16％	32％无油脂	32％	32％+肉碱	16％	32％无油脂	32％	32％+肉碱	32％无油脂+肉碱
原料/(g/kg)	生玉米	160	320	320	320					
	膨化玉米					160	320	320	320	320
	米糠粕	120				120				
	豆粕	60	60	60	60	60	60	60	60	60
	菜粕	260	250	250	250	260	250	250	250	250
	棉粕	260	250	250	250	260	250	250	250	250
	进口鱼粉	20	20	20	20	20	20	20	20	20
	肉骨粉	30	30	30	30	30	30	30	30	30
	磷酸二氢钙	20	20	20	20	20	20	20	20	20
	沸石粉	20	20			20	20			20
	膨润土	20	20	20	20	20	20		20	20
	豆油	20		20	20	20		20	20	
	预混料①	10	10	10	10	10	10	10	10	10
	肉碱				0.3				0.3	0.3

项目		生玉米(CR)				膨化玉米(CEx)				
		16%	32%无油脂	32%	32%+肉碱	16%	32%无油脂	32%	32%+肉碱	32%无油脂+肉碱
营养成分/%[②]	水分	8.08	8.71	8.41	8.39	7.03	8.22	7.86	8.44	7.87
	粗蛋白	30.74	29.80	29.50	29.54	30.14	29.62	29.72	29.61	29.80
	粗脂肪	4.45	2.90	4.41	4.46	4.38	2.94	4.55	4.35	3.16

① 预混料为每千克日粮提供：Cu 5mg；Fe 180mg；Mn 35mg；Zn 120mg；I 0.65mg；Se 0.5mg；Co 0.07mg；Mg 300mg；K 80mg；维生素 A 10mg；维生素 B_1 8mg；维生素 B_2 8mg；维生素 B_6 20mg；维生素 B_{12} 0.1mg；维生素 C 250mg；泛酸钙 20mg；烟酸 25mg；维生素 D_3 4mg；维生素 K_3 6mg；叶酸 5mg；肌醇 100mg.

② 实测值。

3. 生玉米、膨化玉米及其添加水平对草鱼成活率、特定生长率、饲料系数和蛋白质效率的影响

表 8-19 所列是经过 60 天的正式养殖试验后，玉米的膨化加工和添加水平对草鱼成活率、特定生长率、饲料系数和蛋白质效率的影响结果。由表 8-19 可知，玉米的膨化加工和添加水平对草鱼成活率、特定生长率、饲料系数和蛋白质效率都没有产生显著影响（$P > 0.05$），但生玉米用量由 16% 提高到 32% 时，草鱼生长速度下降，饲料系数提高，蛋白质效率降低。玉米的膨化加工和添加水平对草鱼饲料系数存在交互影响。

表 8-19 玉米的膨化加工及其添加水平对草鱼成活率、特定生长率、饲料系数和蛋白质效率的影响

加工	添加水平	平均初体重/g	平均末体重/g	成活率(SR)/%	特定生长率(SGR)/(%/d)	饲料系数(FCR)	蛋白质效率(PER)/%
生玉米(CR)	16%	396.0±12.9	1159.4±14.1	91.11±7.70	1.79±0.07	1.42±0.05	2.29±0.07
	32%	376.5±13.0	992.6±103.7	86.67±6.67	1.61±0.12	1.52±0.04	2.23±0.06
膨化玉米(CEx)	16%	407.6±21.7	1145.9±47.3	91.11±10.18	1.72±0.13	1.44±0.06	2.30±0.10
	32%	383.3±19.4	1095.2±62.2	88.89±7.70	1.75±0.09	1.41±0.04	2.38±0.07
影响因素				双因素分析结果(P 值)			
加工				0.820	0.577	0.155	0.109
添加水平				0.499	0.248	0.224	0.795
加工×添加水平				0.819	0.130	0.040	0.137

注：结果用平均值±标准差表示（$n=3$）；"$P < 0.05$"表示该因素对结果有显著影响。

4. 生玉米、膨化玉米及其添加水平对草鱼蛋白质沉积率、脂肪沉积率以及体营养组分的影响

表 8-20 和表 8-21 所列是经过 60 天的正式养殖试验后，玉米的膨化加工和添加水平对草鱼蛋白质沉积率、脂肪沉积率以及体营养组分的影响结果。玉米的膨化加工对草鱼肝脏粗蛋白含量有极显著影响（$P<0.01$），膨化处理后草鱼肝脏粗蛋白含量降低。玉米的膨化加工对草鱼的蛋白质沉积率、脂肪沉积率以及全鱼和肌肉的营养组分都没有产生显著影响（$P>0.05$）。但生玉米组蛋白质沉积率比膨化玉米组更高，脂肪沉积率比膨化玉米组更低。

表 8-20　玉米的膨化加工及其添加水平对草鱼的蛋白质沉积率和脂肪沉积率的影响

单位：%

加工	添加水平	蛋白质沉积率	脂肪沉积率
生玉米（CR）	16%	35.09±4.26	87.37±15.38
	32%	37.07±8.16	93.67±6.31
膨化玉米（CEx）	16%	33.30±3.75	90.45±2.43
	32%	34.33±4.44	103.89±13.34
影响因素		双因素分析结果（P 值）	
加工		0.491	0.430
添加水平		0.646	0.263
加工×添加水平		0.884	0.663

表 8-21　玉米的膨化加工及其添加水平对草鱼体营养组成的影响　单位：%

加工	添加水平	全鱼		肌肉		肝脏	
		粗蛋白	粗脂肪	粗蛋白	粗脂肪	粗蛋白	粗脂肪
生玉米（CR）	16%	61.50±2.84	20.79±0.67	83.87±0.69	6.53±0.71	40.40±1.11	16.64±2.58
	32%	61.89±5.05	20.67±2.58	84.03±0.24	6.33±0.79	39.36±1.87	18.39±2.89
膨化玉米（CEx）	16%	61.55±3.75	20.98±3.05	84.34±1.18	6.67±0.12	39.04±0.45	14.83±0.84
	32%	59.18±2.99	24.10±1.31	83.21±0.58	7.47±0.23	34.17±1.70	22.34±2.36
影响因素		双因素分析结果（P 值）					
加工		0.557	0.295	0.699	0.782	0.007（CR>CEx）	0.444
添加水平		0.661	0.374	0.297	0.099	0.012（16%>32%）	0.008（16%<32%）
加工×添加水平		0.543	0.341	0.175	0.596	0.066	0.063

玉米的添加水平对草鱼的蛋白质沉积率、脂肪沉积率以及全鱼和肌肉的营养组分都没有产生显著影响（$P>0.05$）。但随着生玉米或膨化玉米用量的提高，草鱼脂肪沉积率也有提高的趋势。玉米的添加水平对草鱼肝脏粗蛋白含量有显著影响（$P<0.05$），对草鱼肝脏粗脂肪含量有极显著影响（$P<0.01$），将生玉米或膨化玉米用量由16%提高到32%时，草鱼肝脏粗蛋白含量随之降低，粗脂肪含量随之提高。结果表明，将生玉米或膨化玉米用量由16%提高到32%时，饲料中增加的糖主要被用来合成脂肪，在肝脏等组织沉积。

5. 生玉米、膨化玉米及其添加水平对草鱼形体指标的影响

表8-22所列是经过60天的正式养殖试验后，玉米的膨化加工和添加水平对草鱼形体指标的影响结果。玉米的膨化加工对草鱼的内脏指数、肝胰脏指数、肥满度和腹腔脂肪指数都没有显著影响（$P>0.05$），但生玉米膨化后，草鱼肝胰脏指数、内脏指数和腹腔脂肪指数都有提高的趋势。生玉米和膨化玉米的添加水平对草鱼的内脏指数、肝胰脏指数和肥满度都没有显著影响（$P>0.05$），但对草鱼腹腔脂肪指数有显著影响（$P<0.05$），生玉米或膨化玉米用量由16%提高到32%时，草鱼腹腔脂肪指数提高。

表8-22　玉米的膨化加工及其添加水平对草鱼内脏指数、肝胰脏指数、
肥满度和腹腔脂肪指数的影响

加工	添加水平	内脏指数 (VI)/%	肝胰脏指数 (HIS)/%	肥满度 (CF)/(g/cm³)	腹腔脂肪指数 (CFI)/%
生玉米 (CR)	16%	8.54±0.56	1.97±0.18	1.82±0.05	0.85±0.30
	32%	8.56±0.85	1.87±0.18	1.82±0.10	1.07±0.21
膨化玉米 (CEx)	16%	8.84±0.94	1.98±0.28	1.84±0.04	1.04±0.27
	32%	9.08±0.11	2.02±0.23	1.84±0.08	1.55±0.23
影响因素		双因素分析结果(P 值)			
加工		0.339	0.555	0.674	0.051
添加水平		0.758	0.829	0.908	0.038(16%<32%)
加工×添加水平		0.782	0.623	0.969	0.354

6. 主要结论

玉米的添加水平对草鱼成活率、特定生长率、饲料系数和蛋白质效率都没有产生显著影响，但生玉米用量由16%提高到32%时，草鱼生长速度下降，饲料系数提高，蛋白质效率降低。随着生玉米或膨化玉米用量的提高，草鱼脂肪沉积率也有提高的趋势，草鱼肝脏粗蛋白含量随之降低，粗脂肪含量随之提高，草鱼腹腔脂肪

指数提高。试验结果表明，将玉米或膨化玉米添加量从 16% 提高到 32% 时，过多的淀粉主要用于腹腔脂肪和肝脏脂肪的积累，对鱼体健康有不良影响，因此在草鱼饲料中生玉米或膨化玉米的用量应控制在 16%。

前面的研究结果表明，在草鱼饲料中直接使用玉米可以获得较好的养殖效果。对于硬颗粒饲料，调制与制粒的温度可以达到 85～95℃，可以使玉米淀粉较大程度地糊化，而提高玉米的消化利用效率。对于膨化饲料，调制和制粒的温度达到 125～135℃，可以使玉米淀粉充分地糊化。

在草鱼饲料中，试验和实际使用的结果显示，使用玉米养殖鱼体可以较同样使用量的小麦积累更多的鱼体脂肪，包括腹部脂肪和肌肉、肝胰脏脂肪。所以，玉米最好保持在 10% 及其以下的使用量。对于淡水鱼类，在玉米与小麦之间的比较，另外一个值得注意的问题是，玉米中含有一定量的黄色素，可以在鱼体积累。所以，使用玉米养殖的鱼体可能色度较黄，在一些地区喜欢鱼体黄色（与野生鱼类接近），如东北地区，则使用玉米较好。

第六节　木薯、红薯、马铃薯

一、木薯

木薯（*Manihot esculenta* Crantz）为大戟科木薯属多年生热带作物，是世界三大薯类（甘薯、马铃薯、木薯）作物之一，是重要的淀粉类饲料原料之一。木薯作为饲料原料主要有木薯干、木薯淀粉、木薯淀粉渣、木薯酒精糟。我国木薯主产区是广东、广西和海南，福建、云南、贵州、江西、台湾等地也有种植。木薯耐旱耐瘠，适应性强，栽培简易，产量高。

木薯干含有 70% 左右的淀粉，由 17% 的直链淀粉和 83% 的支链淀粉组成。大部分木薯粗蛋白含量为 1.9%～3.5%，粗脂肪为 0.5%～1.5%，粗纤维为 2.0%～4.5%，粗灰分为 2.0%～4.2%，无氮浸出物为 90%～92%，钾含量在 0.8% 左右，而钙和磷含量分别为 0.13%～0.32% 和 0.06%～0.10%（冯占雨，2009；郑诚等，1993）。木薯代谢能水平约为 12.40MJ/kg。

与玉米和小麦相比，木薯还含有一些有毒物质，木薯块根含有氰化配糖体（$C_{10}H_{17}O_6N$），经酶水解产生氢氰酸。各部分氢氰酸含量（mg/100g）为：表皮 17.7、皮层 142.4、薯肉 1.42，以皮层含氢氰酸最多。而在切片晒干过程中氢氰酸减损，毒性降低。

二、木薯淀粉

木薯淀粉属于薯类淀粉之一。木薯淀粉占鲜薯含量的 $32\%\sim35\%$，占木薯干的 70%。木薯淀粉颗粒呈圆形或卵形等，颗粒粒径范围 $5\sim21\mu m$，平均粒径为 $13\mu m$。其晶体结构均属于 A 型。目前在水产饲料中使用的 α-淀粉主要是马铃薯淀粉和木薯淀粉。

三、木薯及其副产物在水产饲料中的应用

木薯作为一种高淀粉含量的原料，在玉米、小麦资源紧张、价格高涨的情况下，是否可以作为水产动物的一种碳水化合物的来源？

木薯干是新鲜木薯切片晒干或烘干得到的产品，市场上有木薯颗粒，也有以木薯为原料制成的木薯粉，这些都可以作为饲料原料直接使用。

有关木薯中抗营养因子的问题，主要还是存在于新鲜木薯中，在晒干或烘干后，尤其是全木薯粉中，氢氰酸类抗营养因子的含量已经很低。从营养方面分析，在饲料中使用量受到限制的主要问题还是木薯淀粉的问题，是木薯淀粉是否适合于水产动物的营养生理和营养需要的问题。依据木薯 α-淀粉作为粘接剂在鳗鱼、中华鳖、虾类饲料中的实际应用效果分析，水产动物对于木薯淀粉还是有较好的利用效果的。笔者以木薯干为原料，比较了草鱼饲料中木薯、小麦和玉米的实际试验结果，也证明木薯在水产饲料中是可以有效使用的。

在另一个试验研究中，笔者在相同试验条件下，比较了木薯、小麦、玉米、马铃薯和红薯在草鱼饲料中的使用效果，也证明木薯作为一种淀粉原料是可以使用的，能够取得较好的使用效果。

四、红薯

红薯又名甘薯、白薯、山芋、红苕、地瓜等。我国甘薯的年产量仅次于水稻、小麦、玉米而居于第 4 位。甘薯除供作粮食、酿造业、淀粉工业等的原料外，还是重要的饲料。新鲜红薯中水分多，达 75% 左右。在我国大部分地区，以新鲜红薯作为猪、鸡等动物的饲料在家庭养殖和小型养殖场使用，主要作为淀粉原料提供能量物质。我国拥有很大的红薯资源量，经过晒干或烘干的红薯干、红薯粉等是否可以作为水产饲料原料？笔者在草鱼饲料中进行了初步的试验研究，结果表明红薯干可以作为草鱼饲料淀粉原料使用，在一定剂量下使用，可以达到与小麦、玉米等淀粉原料同样的养殖效果，可以作为水产饲料的又一种淀粉原料资源。

甘薯淀粉颗粒多为圆形，还有多角形等。颗粒的粒径为 $5\sim31\mu m$，平均粒径为

$18\mu m$，偏光十字为垂直十字交叉和斜交叉；结晶结构为 C 型；糊化温度为 60.8～78.5℃；直链淀粉含量为 18.5％；甘薯淀粉的透明度为 42.0％，与玉米淀粉的透明度相当；凝胶强度为 98g（罗志刚，2004）。

脱水红薯块中主要是无氮浸出物，含量达 75％以上，甚至更高，粗蛋白含量低，以干物质计，也仅约 4.5％，且蛋白质品质较差。脱水红薯中虽然无氮浸出物含量高，但有效能值明显低于玉米等谷实，如其消化能（猪）为 11.80MJ/kg，代谢能（鸡）为 9.79MJ/kg，产奶净能（奶牛）为 6.61MJ/kg。薯类中的营养成分含量见表 8-23。

表 8-23　薯类中营养成分含量　　　　　　　　　　　　　单位：％

类别	干物质	粗蛋白	粗脂肪	无氮浸出物	粗纤维	粗灰分
甘薯干	87.0	4.0	0.8	76.4	2.8	3.0
马铃薯块茎	28.4	4.6	0.5	11.5	5.9	5.9
马铃薯秧	20.5	2.3	0.1	15.9	0.9	1.3
干马铃薯渣	86.5	3.9	1.0	71.4	8.7	1.5
木薯干	87.0	2.5	0.7	79.4	2.5	1.9

五、马铃薯

马铃薯（*Solanum tuberosum* L.）为茄科多年生草本植物。马铃薯原产于南美洲的秘鲁、智利等国，目前世界各地均有栽培。我国马铃薯主要在东北、内蒙古与西北黄土高原栽培，其他地方如西南山地、华北高原与南方各地等也有种植。马铃薯既为粮食、蔬菜和工业原料，又是一种重要的饲料。

马铃薯块茎含干物质 17％～26％，其中 80％～85％为无氮浸出物，粗纤维含量少，粗蛋白约占干物质的 9％，主要是球蛋白。马铃薯淀粉颗粒大，直链淀粉聚合度大，含有磷酸基团，具有糊化温度较低、易液化、黏度强的特点，在一些行业中具有其他淀粉不能替代的作用。

马铃薯中含有龙葵素，或名龙葵精，它在马铃薯各部位含量差异很大：绿叶中含 0.25％，芽内含 0.5％，花内含 0.7％，果实内含 1.0％，果实外皮中含 0.01％，成熟的块茎含 0.004％。若将发芽的块茎放在阳光下，则块茎内龙葵素含量可增至 0.08％～0.5％，芽内可增到 4.76％。霉变的马铃薯中龙葵素含量一般可达 0.58％～1.34％。随着储存时间的延长，龙葵素含量亦逐渐增多。一般成熟的马铃薯中毒素含量少，饲用这种马铃薯是不会引起动物中毒的。未成熟的、发芽或腐烂的马铃薯毒素含量多，大量投喂会引起中毒。预防动物马铃薯中毒的措施为：①不用发芽、未成熟和霉烂的马铃薯作饲料，若用，须将嫩芽与腐烂部分除去，加醋充分煮熟后饲用；②饲用的马铃薯秧禾要青贮发酵，或用开水浸泡，或煮熟除水后再喂；③用马铃薯粉渣喂饲时，也应煮熟后再喂；④储藏马铃薯时，应选阴凉干燥地方，以防其发芽变绿。

六、小麦、玉米、木薯、红薯、马铃薯对草鱼生长影响的比较试验

以玉米、小麦、木薯、红薯和马铃薯为试验材料，在相同的试验条件下，比较研究五种淀粉原料在草鱼饲料中的使用效果。

1. 草鱼

试验草鱼初均重（72.5±0.55）g，为当年池塘繁育鱼种。经两周暂养后挑选体格健壮、规格整齐的鱼种随机分养于 30 个网箱中，网箱规格 1m×1m×1.5m，容积为 1.5m³，每箱放养 16 尾。

小麦、玉米、木薯、红薯、马铃薯等五种淀粉原料各设置 15% 和 30% 两个梯度。每个组设置 3 个平行，共 30 个养殖网箱。通过养殖试验可以比较添加不同种类以及相同种类不同梯度的淀粉原料的养殖效果和饲料利用效率。

2. 试验饲料

选用鱼粉、豆粕、菜粕、棉粕、米糠粕等常用饲料原料，将小麦（粗蛋白12.49%、粗脂肪 2.09%）、玉米（粗蛋白 9.91%、粗脂肪 4.19%）、木薯（粗蛋白2.04%、粗脂肪 1.02%）、红薯（粗蛋白 1.94%、粗脂肪 1.12%）、马铃薯（粗蛋白2.24%、粗脂肪 1.32%）五种淀粉原料分别设置 15% 和 30% 两个梯度，共 10 种试验饲料，试验分 10 组，每组 3 个重复。各试验组饲料蛋白质、脂肪含量基本一致。红薯、马铃薯均为在市场购买块茎，切片后晒干、粉碎；木薯来源于广西的木薯干晒干粉碎；小麦为白小麦，玉米为东北红玉米，均为饲料厂采购的常规原料。

所有饲料原料经粉碎过 40 目筛，混合均匀，用小型颗粒饲料机加工成直径为1.5mm 的颗粒饲料，饲料置于 −20℃ 冰箱储存备用。饲料制粒温度在 65~70℃，持续时间约 1min。配方和设计的营养成分见表 8-24。

表 8-24　试验饲料的配方及其营养水平　　　　单位：%

原料	15%小麦组	30%小麦组	15%玉米组	30%玉米组	15%木薯组	30%木薯组	15%红薯组	30%红薯组	15%马铃薯组	30%马铃薯组
玉米			15.00	30.00						
木薯					15.00	30.00				
红薯							15.00	30.00		

原料	15%小麦组	30%小麦组	15%玉米组	30%玉米组	15%木薯组	30%木薯组	15%红薯组	30%红薯组	15%马铃薯组	30%马铃薯组
马铃薯									15.00	30.00
小麦	15.00	30.00								
细米糠	7.00	7.00	7.00	7.00	7.00	7.00	7.00	7.00	7.00	7.00
豆粕	2.00	2.00	2.00	2.00	2.00	2.00	2.00	2.00	2.00	2.00
菜粕	23.00	23.00	23.00	23.00	23.00	23.00	23.00	23.00	23.00	23.00
棉粕	18.00	18.00	18.00	13.00	18.00	13.00	18.00	13.00	18.00	13.00
棉籽蛋白	5.00	5.00	5.00	10.00	5.00	10.00	5.00	10.00	5.00	10.00
进口鱼粉	4.00	4.00	4.00	4.00	4.00	4.00	4.00	4.00	4.00	4.00
肉骨粉	2.00	2.00	2.00	2.00	2.00	2.00	2.00	2.00	2.00	2.00
磷酸二氢钙	1.80	1.80	1.80	1.80	1.80	1.80	1.80	1.80	1.80	1.80
沸石粉	2.00	1.50	2.00	1.50	2.00	1.50	2.00	1.50	2.00	1.50
膨润土	2.00	1.50	2.00	1.50	2.00	1.50	2.00	1.50	2.00	1.50
豆油	0.50	0.50	0.50	0.50	0.50	0.50	0.50	0.50	0.50	0.50
玉米DDGS	10.00	2.70	12.00	2.70	12.00	2.70	12.00	2.70	12.00	2.70
米糠粕	6.70		4.70		4.70		4.70		4.70	
预混料	1.00	1.00	1.00	1.00	1.00	1.00	1.00	1.00	1.00	1.00
10组饲料的常规成分(105℃烘干的绝干样品)/%										
水分	10.71	10.13	10.49	10.44	10.94	10.77	9.65	11.14	11.57	11.05
粗蛋白	32.93	33.14	32.47	31.91	31.18	28.60	31.55	29.63	32.81	30.76
粗脂肪	3.43	2.70	3.97	3.29	2.90	2.72	3.27	3.07	3.57	2.86

3. 特定生长率和饲料系数

经过63天的养殖试验，得到草鱼成活率、特定生长率、饲料系数的结果见表8-25。各组试验草鱼成活率为93.75%～100%，经统计学分析无显著差异（$P > 0.05$）。

表 8-25　各试验组草鱼特定生长率和饲料系数

组别	平均初体重/g	平均末体重/g	成活率/%	特定生长率/(%/d)	鱼增重/g	投饲量/g	饲料系数
小麦15%	76.9±4.1	133.8±17.6	94	0.87±0.19[a b]	888.10	2075.60	2.34±0.03[a]
小麦30%	74.6±4.4	133.3±14.6	94	0.92±0.02[a]	969.60	2039.10	2.13±0.19[a b]

组别	平均初体重/g	平均末体重/g	成活率/%	特定生长率/(%/d)	鱼增重/g	投饲量/g	饲料系数
玉米 15%	68.4±4.0	118.9±6.1	94	0.88±0.04[a b]	762.40	1882.40	2.56±0.57[a]
玉米 30%	72.8±2.8	140.5±11.8	100	1.04±0.15[a]	1082.3	1982.60	1.83±0.56[b]
木薯 15%	67.2±4.1	128.5±21.0	94	1.01±0.20[a]	871.07	1831.47	2.61±0.68[a]
木薯 30%	73.3±3.2	135.5±8.6	100	0.90±0.03[a]	995.17	2027.17	2.04±0.07[b]
红薯 15%	67.2±3.1	128.5±12.2	94	1.02±0.07[a]	871.07	1831.47	2.61±1.61[a]
红薯 30%	73.3±2.2	135.5±15.2	100	0.97±0.15[a]	995.17	2027.17	2.04±0.67[b]
马铃薯 15%	68.1±2.9	117.4±17.4	94	0.84±0.18[a b]	720.67	1824.07	2.88±1.20[a c]
马铃薯 30%	74.9±3.0	117.8±0.9	100	0.70±0.10[b]	687.1	2080.80	3.10±0.40[c]

注：同列上标不同小写英文字母表示差异显著（$P<0.05$）。成活率＝终尾数/初尾数×100%。特定生长率＝(ln 平均末体重－ln 平均初体重)/饲养天数×100%。饲料系数＝投喂饲料总量/鱼体总增重量。

除了马铃薯试验组草鱼特定生长率显著（$P<0.05$）低于其他组外，小麦组、玉米组、木薯组、红薯组之间没有显著差异（$P>0.05$）。但是，15% 用量组与 30% 用量组之间进行比较的结果是，小麦与玉米在增加使用量后草鱼的特定生长率有增加的趋势，而木薯、红薯、马铃薯在增加用量后草鱼的特定生长率有下降的趋势。

30% 玉米组、30% 木薯组和 30% 红薯组草鱼的饲料系数显著（$P<0.05$）低于其他试验组，而 30% 马铃薯组饲料系数显著（$P<0.05$）高于其他组。在 15% 用量组与 30% 用量组之间进行比较的结果是，增加用量后除了马铃薯组饲料系数有增加的趋势外，其他试验组饲料系数都有降低的趋势，且在玉米、木薯、红薯的两个水平试验组之间达到显著差异（$P<0.05$）。

4. 血糖、肝糖和血脂成分

各试验组草鱼的血糖含量、肝胰脏糖原含量和血脂成分的测定见表 8-26。饲料中使用不同的淀粉原料、同种淀粉原料增加用量后，鱼体血糖含量、肝胰脏糖原含量是值得关注的指标。由表 8-26 可知，各试验组之间的血清葡萄糖含量没有显著性的差异，但是，玉米组、木薯组增加用量后草鱼血糖含量有增加的趋势，而小麦组、红薯组、马铃薯组则表现为下降的趋势。

表 8-26 各试验组草鱼的血糖、肝糖原和血脂成分含量

饲料	葡萄糖/(mmol/L)	肝糖原/(mg/g)	甘油三酯/(mmol/L)	总胆固醇/(mmol/L)	高密度脂蛋白/(mmol/L)	低密度脂蛋白/(mmol/L)
小麦 15%	3.63±0.39	54.83±13.25[bc]	2.57±0.58[ab]	6.83±0.63	4.35±0.59	1.07±0.31[ab]

饲料	葡萄糖 /(mmol/L)	肝糖原 /(mg/g)	甘油三酯 /(mmol/L)	总胆固醇 /(mmol/L)	高密度脂蛋白/(mmol/L)	低密度脂蛋白/(mmol/L)
小麦 30%	3.46±0.94	55.70±1.85^c	2.52±0.41^{ab}	6.34±0.30	4.33±0.50	0.81±0.17^{ab}
玉米 15%	3.41±0.06	48.72±4.70^{abc}	2.45±0.36^{ab}	6.53±0.30	4.13±0.52	0.64±0.19^a
玉米 30%	3.63±0.58	38.24±3.50^{abc}	2.42±0.74^{ab}	6.79±0.81	4.32±0.23	1.19±0.62^{ab}
木薯 15%	3.13±0.35	29.27±0.94^{ab}	2.21±0.24^{ab}	6.28±0.64	4.10±0.25	1.81±1.41^b
木薯 30%	3.51±0.36	53.27±8.49^{bc}	2.94±0.37^b	5.77±0.28	4.20±0.53	0.92±0.50^{ab}
红薯 15%	3.24±0.37	32.41±31.30^{abc}	2.35±0.35^{ab}	6.25±0.38	3.82±0.36	1.08±0.12^{ab}
红薯 30%	3.19±0.70	53.52±5.28^{bc}	2.15±0.55^{ab}	5.70±0.37	4.12±0.16	0.67±0.05^a
马铃薯 15%	3.64±0.57	39.97±11.04^{abc}	1.83±0.47^a	6.25±1.55	4.49±0.04	1.13±0.68^{ab}
马铃薯 30%	2.88±0.88	25.41±2.86^a	1.74±0.20^a	6.53±0.98	4.52±0.59	1.08±0.23^{ab}

注：同列上标不同小写英文字母表示差异显著（$P<0.05$）。

对于肝糖原含量，就 15% 和 30% 两个剂量组而言，小麦组、玉米组没有显示出显著差异，而木薯组、红薯组则在增加用量后肝糖原含量显著增加，马铃薯组则是显著降低。

对于血清甘油三酯含量，马铃薯组的结果显著低于其他组，而其他组之间则没有显著差异。血清总胆固醇含量、高密度脂蛋白含量在各组之间没有显著差异。各组差异较大的是低密度脂蛋白含量，在增加用量后小麦组、木薯组、红薯组、马铃薯组有下降的趋势，只有玉米组表现为有增加的趋势。

上述结果表明，不同淀粉原料对草鱼血清血糖、肝糖原与血脂成分含量的影响有一定的差异。在饲料中增加淀粉原料用量后，血糖、肝糖原、总胆固醇以及低密度脂蛋白含量均有一定的变化，这种影响可能导致肝胰脏糖代谢、脂代谢发生一定程度的改变。

5. 主要结论

小麦、玉米、红薯、木薯可以作为草鱼饲料中的淀粉饲料原料，而马铃薯的使用效果低于前面 4 种原料；淀粉饲料原料由 15% 增加到 30% 后，有诱发草鱼出现脂肪肝、肝损伤的潜在风险，并引起免疫力下降；在实际生产中要控制淀粉饲料原料在草鱼饲料中的使用量，本试验的 15% 使用量相对较为安全。

第九章

油脂类原料

　　脂类是一类存在于动、植物组织中，不溶于水，但溶于乙醚、苯、氯仿等有机溶剂的物质的总称。包括单纯的脂类如油脂和蜡，结合脂类（如糖脂、磷脂、神经鞘脂），固醇类（如胆固醇、类固醇激素、维生素 D_3、挥发性的萜类），以及脂溶性的维生素、色素等物质。养殖动物生长发育所需要的脂类包括了几乎所有的脂类成分。饲料油脂对鱼类的营养作用不仅仅是能量物质和结构物质的作用，同时也包含了生理调控、代谢调控和体色影响的作用。

　　脂类物质，尤其是油脂是养殖动物所必需的结构性物质、功能性物质和能量物质。而脂类中的油脂在一些物理、生物和化学条件下可能被水解或氧化分解，尤其是氧化分解产生的中间产物或终产物对养殖动物具有毒副作用，并影响到养殖动物的摄食、消化、生长、细胞与组织结构、生理代谢等。因此，脂类物质是动物饲料中不可或缺的营养物质，也是引起饲料安全质量和相关于养殖动物健康的主要不确定因素。饲料脂类物质具有两面性即营养与毒副作用，如何选择和控制饲料脂类是一项复杂的工作。

　　水产动物是变温动物，脂类营养对于水产动物而言具有特殊的作用。例如冷水鱼类、深海鱼类为了保持其细胞膜的流动性，对于胆固醇类、高不饱和脂肪酸需要量较大。鱼类生活在水体中，在养殖条件下摄食脂肪酸氧化成分时受到的氧化损伤作用较大，或对脂肪酸氧化产物更为敏感。因此，有关于水产动物脂类营养作用与氧化脂肪酸的毒副作用研究较陆生动物更为复杂。例如，不同种类水产动物对脂类的种类和油脂的需要量有较大的差异，而同种水产动物在不同水域环境下、在不同季节（水温）下对脂类种类和油脂的需要量也有较大的差异。水产动物对饲料油脂的需要量较陆生恒温动物的需要量更大。

饲料油脂通常为多种油脂的混合物，在饲料油脂质量标准建立、饲料油脂品质控制、饲料油脂氧化防护、饲料氧化油脂对水产养殖动物损伤的预防等方面还需要更细致和深入的研究。饲料油脂氧化具有必然性，氧化产物具有不确定性，氧化产物对养殖水产动物的毒副作用具有广泛性，这些都给水产饲料中油脂的选择与使用技术带来更大的复杂性。

第一节　脂类对水产动物的营养作用

一、油脂与脂肪酸

油脂的主要成分为甘油三酯，是动物所需要的能量物质和结构物质的主要来源。从结构和组成方面分析，不同种类油脂性质的差异主要是源于组成甘油三酯的脂肪酸种类差异，以及不同脂肪酸在甘油三个羟基的位置差异。而脂肪酸的差异主要包括碳链数目、含有不饱和键的数目与不饱和键的位置。

1. 脂肪酸

脂肪酸可分为饱和脂肪酸与不饱和脂肪酸两种，不饱和脂肪酸中具有两个或两个以上双键的脂肪酸称为高度不饱和脂肪酸或多不饱和脂肪酸。

组成油脂的天然脂肪酸的共同特点是：①绝大多数是含偶数碳原子的直链羧酸，其中以 C_{16} 和 C_{18} 较多；②大多数含有一个、两个或三个双键，其中以 C_{18} 不饱和脂肪酸为主；③几乎所有的不饱和脂肪酸都是顺式构型，即天然存在的脂肪酸主要为顺式脂肪酸。

2. 反式脂肪酸

反式脂肪酸是顺式单不饱和脂肪酸的异构体。在含双键的不饱和脂肪酸中，双键中的 π 键形成了一个面，若脂肪酸双键两端的烃链均在双键的同一侧为顺式，而在双键的不同侧为反式。由于两者立体结构不同，物理性质也有所不同，例如顺式脂肪酸多为液态，熔点较低；而反式脂肪酸多为固态或半固态，熔点较高。饲料油脂中反式脂肪酸主要来源于氢化油和经过高温的油脂如油炸食品中的老油。不饱和脂肪酸氢化时产生的反式脂肪酸占 8%～70%。人造奶油、炸鸡块和炸薯条等烘烤食品中的氢化油含反式脂肪酸。植物油在精炼脱臭工艺中，通常需要 250℃以上高温和 2h 的加热时间，由于高温及长时间加热，有可能产生一定量的反式脂肪酸。

3. 必需脂肪酸

在不饱和脂肪酸中，水产动物体内不能合成或者合成量不能满足水产动物正常生长发育的需要，必须由饲料供给的脂肪酸就称为必需脂肪酸。在脂肪酸分子结构中，脂肪酸分子为长链状分子，有两个末端：羧基末端和甲基末端。在脂肪酸分类方法中，其中一种方法是以距离甲基末端最近的不饱和键（双键或三键）碳原子的位置进行编号，分别称为 n-3、n-6、n-7、n-9 等脂肪酸，分别表示距离甲基末端最近的不饱和键分别在第 3、6、7、9 号碳原子上。水产动物自身能够合成 n-7 和 n-9 系列不饱和脂肪酸，但不能合成 n-3 和 n-6 系列脂肪酸。因此，n-3 和 n-6 系列不饱和脂肪酸为鱼虾的必需脂肪酸，其中主要包括亚油酸（18：2n-6）、亚麻酸（18：3n-3）、二十碳五烯酸（20：5n-3，即 EPA）和二十二碳六烯酸（22：6n-3，即 DHA）。

鱼类对必需脂肪酸的需要量依鱼的种类而不同。冷水鱼与温水鱼有差异，温水鱼类对必需脂肪酸的需求比冷水鱼类低；淡水鱼和海水鱼对必需脂肪酸的需要也有很大的差异。罗非鱼对必需脂肪酸的需求与其他鱼类不同，类似于哺乳动物需要18：2n-6 等 n-6 系列脂肪酸作为必需脂肪酸。

必需脂肪酸具有如下生理功能：①它是细胞膜、线粒体膜和核膜等生物膜结构脂质的主要成分，在绝大多数膜的特性中起关键作用，如膜的流动性、柔软性等；②必需脂肪酸是类二十烷的前体物质，对机体的代谢起重要的调节作用；③它是参与其他脂类转运磷脂的组成部分，有利于胆固醇的溶解性及其在机体内的运输；④必需脂肪酸有可能参与尚未发现的其他重要生理和代谢过程。必需脂肪酸缺乏或代谢异常的主要表现是生长率降低、饲料效率减少及某些情况下死亡率增加等。例如虹鳟必需脂肪酸缺乏会出现鳍糜烂，呈昏厥或休克综合征。因此必须在饲料中添加脂肪或必需脂肪酸以满足鱼类对必需脂肪酸的需求。

值得注意的是，目前关于必需脂肪酸的缺乏症和氧化油脂的毒副作用在水产动物的表现形式有许多相似之处，如鳍条糜烂、贫血、生长速度下降、死亡率增高、鱼体畸形等症状，这些究竟是必需脂肪酸缺乏引起，或是氧化油脂的毒副作用引起是难以区分的。必需脂肪酸不是单独存在的，而是存在于油脂、磷脂等分子中，因此，提供试验的必需脂肪酸或油脂也可能发生氧化酸败。目前的很多试验并没有同时对必需脂肪酸含量和油脂的氧化酸败结果进行评价，通常只是在一个方面进行了评价。

二、油脂的营养作用

1. 不同油脂的能量价值

糖、蛋白质、脂肪三类营养物质体外燃烧与体内氧化时释放能量和耗氧量如表9-1 所示。

表 9-1　糖、蛋白质和脂肪能量值

营养物质	体外燃烧释放能量/(kJ/g)	体内氧化分解释放能量/(kJ/g)	耗氧量/(dL/g)
糖类	17	17	0.83
蛋白质	23.5	18	0.95
脂肪	39.8	39.8	2.03

(1) 体外燃烧热与体内能量释放的差异　能量物质的体外燃烧热是将能量物质在充足的氧气条件下完全燃烧所释放出的热量，其中的 H、O 以 H_2O 作为终产物，C 以 CO_2 为终产物，N 则以 N_2 为终产物。生物体内能量物质中能量的释放则是依赖生物氧化代谢，将其中的能量转移到 GDP、肌酸等物质产生 GTP、磷酸肌酸等能量分子，部分则以热能释放用于体温的升高，是化学能量的转移，其氧化产物除了 H 和 O 以 H_2O、C 以 CO_2 为代谢终产物外，N 的代谢终产物在不同动物则有差异，例如哺乳动物是以尿素、鸟类（禽类）主要以尿酸、鱼类主要以氨等为终产物，所释放出来的能量也有差异。体外燃烧热是能量物质完全氧化所释放出的全部能量，以热能释放；而体内则是以化学能的转移和部分以热量形式释放出来，且由于不同氮代谢终产物含有的化学能不同，不同的动物所释放出来的能量也有较大的差异。总体上是体内释放出来的能量小于体外完全氧化所释放出来的热量。

能量物质产热量与氧化程度有关，这就导致完全氧化所消耗的氧气量具有差异。如碳水化合物、蛋白质和脂肪完全氧化所消耗的氧气依次增加。不同鱼类对脂肪作为能量物质的利用与氧化的消耗也有一定的适应性，例如，冷水性鱼类需要更多的脂肪作为能量物质，而冷水中溶解氧气的量也较温水和热水中的高。

(2) 不同油脂能量的差异　油脂为甘油三酯，在分子组成上的差异主要在于其中的脂肪酸的差异。而脂肪酸的差异则主要体现在：①脂肪酸碳链数目或碳链的长度；②脂肪酸中不饱和键的数量；③不饱和键在脂肪酸碳链上的位置。如果以产能量为目标分析，脂肪酸碳链长度、不饱和键的数量是主要因素。脂肪酸在细胞内的氧化分解主要以 β 氧化为主要方式，所产生的乙酰辅酶 A 则进入三羧酸循环完全氧化为 CO_2 和 H_2O。

有两个因素决定了脂肪酸分子产能量值的大小：①脂肪酸碳链长度，碳链越长产能量越高，反映在脂肪酸分子的元素组成上就是含氢越多产能量越高，一个脂肪酸分子中碳、氢、氧的比例与碳链的长度相关，长链脂肪酸含氢量大于中链或短链脂肪酸，产能量也是如此；②脂肪酸中两个相邻碳原子在 β 氧化时都有一个脱氢生成双键的过程，对于已经是双键的就不需要脱氢，因此，饱和键和不饱和键在 β 氧化时就会有两个氢原子的差异，所产生的能量值也有差异，前者高于后者。因此，由含长链脂肪酸多、含饱和键多的脂肪酸组成的油脂产能量就高，反之就低。不同油脂的代谢能可参见表9-2，其中棕榈油含有较多中链脂肪酸，其产能量小于大豆油、菜籽油。

表 9-2　不同油脂的代谢能

单位：MJ/kg

油脂	猪代谢能	鸡代谢能	肉牛维持净能	羊消化能
牛油	32.13	32.55	19.9	31.86
猪油	33.3	38.11	23.43	35.6
家禽脂肪	34.23	39.16	22.89	36.3
鱼油	33.89	35.35	39.92	34.95
菜籽油	35.19	38.53	42.3	37.33
玉米油	35.15	40.42	43.64	39.42
椰子油	33.69	36.83	40.92	36.11
棉籽油	34.43	37.87	42.68	37.25
棕榈油	32.17	24.27	27.45	24.1
花生油	35.06	39.16	43.89	38.33
芝麻油	35.15	35.48	40.14	34.91
大豆油	35.15	35.02	39.21	34.69
葵花油	35.19	40.42	43.64	39.63

2. 脂类对蛋白质的节约作用与水产饲料中油脂的使用

由于油脂的生物产能显著高于碳水化合物和蛋白质，通常情况下，蛋白质是饲料中价值最高的营养物质，因此，在饲料中提高油脂水平满足养殖动物对能量的需求，可以在一定程度上减少蛋白质、氨基酸作为能量的消耗，达到以饲料油脂节约饲料蛋白质、氨基酸的目标。在养殖动物饲料中添加一定水平的油脂替代等能值的碳水化合物和蛋白质，能提高饲粮代谢能，使消化过程中能量消耗减少，热增耗降低，使饲粮的净能增加，这种效应称为脂肪的额外能量效应或脂肪的增效作用。脂肪的额外能量效应受很多因素影响，如脂肪水平、脂肪结构、饱和脂肪酸与不饱和脂肪酸之间的比例、动物年龄、蛋白质和氨基酸含量、脂肪与碳水化合物之间的相互作用、评定脂类营养价值的方法等。

在实际生产中，可以根据饲料配方成本和对养殖鱼类生长速度的需求，适当控制饲料中蛋白质和油脂的使用量及相对比例，实现在控制饲料成本的同时，满足鱼体生长的要求。比如在鱼粉等动物蛋白质原料价格很高、资源有限的情况下，适当增加饲料中油脂的用量以保持养殖鱼类生长速度和对饲料的利用效率不变；相反，如果在油脂价格很高的时候，可以适当增加饲料蛋白质用量。

同时，根据养殖季节和水温的变化，也可以通过对饲料蛋白质和油脂的使用量及比例的调整，实现对饲料成本的控制和对养殖效果的保障，如在春季或水温低于18℃的季节，鱼体主要利用油脂作为能量消耗，此时可以适当提高油脂的使用量；在夏季或水温超过30℃的季节，鱼体处于热应激状态，可以适当降低饲料油脂的使用量。

淡水鱼类能有效地利用脂肪并从中获取能量，向饲料中添加适宜脂肪，可提高饲料可消化能含量，减少作为能源消耗的蛋白质含量，实现脂肪对蛋白质的节约效果。不同的鱼类对脂肪的利用率不同，可产生不同的蛋白质节约效果。例如，肉食鱼类对糖类利用能力差，它以脂肪作为能源而使蛋白质沉积的效果就很明显。Takeuchi 等（1978）发现虹鳟饲料中，如果脂肪从 10％提高到 15％～20％，则蛋白质可由 48％降至 35％，进而还发现脂肪在 18％而蛋白质在 35％时其蛋白质利用率、能量利用率最佳。Garling 等（1976）对美洲鲶进行研究后认为，如果脂肪由5％提高到 15％，蛋白质需求可由 40％降至 36％，其日增重提高 5％；增重 100g体重，鱼体所需蛋白质降低 17％。Kagoshimapref 对鳗进行研究后认为，如果脂肪由 7％增至 16％，蛋白质可由 52％降至 41％，且日增重有所提高，具有良好的养殖效果。

在水产饲料配方编制时，考虑饲料中脂肪/蛋白质参数较能量/蛋白质更为适合水产动物。主要原因之一是水产动物依赖碳水化合物获取能量的能力较陆生动物差，主要依赖脂肪和氨基酸来提供需要的能量。至于不同水产动物适宜的脂肪/蛋白质则需要进一步的研究和应用。

油脂对饲料蛋白质的节约作用还体现在热增耗方面。热增耗又称特殊动力作用或食后增热，是指绝食动物在采食饲料后短时间内，体内代谢产热高于绝食代谢产热的那部分热能，以热的形式散失。对于单胃动物如家畜，不同营养物质的热增耗是蛋白质 0.36MJ/kg、碳水化合物 0.22MJ/kg、脂肪 0.15MJ/kg；对于家禽如肉鸡，蛋白质为 0.40MJ/kg、碳水化合物为 0.25MJ/kg、脂肪为 0.16MJ/kg。

3. 作为脂溶性维生素和色素的溶剂

在饲料中，脂溶性营养素主要包括脂溶性维生素、脂溶性色素、萜类呈味物质等。在鱼肝油等动物性油脂中含有养殖鱼类所需要的脂溶性维生素如维生素 A、维生素 D、维生素 E、维生素 K 等，在饲料中添加动物性油脂的同时，也提供了一定量的脂溶性维生素。

脂溶性色素如类胡萝卜素是鱼体保持正常体色所需要的，而这些色素不溶于水，只能溶解于脂溶性溶剂中。这类色素的吸收和在养殖鱼体内的沉积均需要有足够的油脂存在，否则会出现体色退化现象。脂类作为溶剂对脂溶性营养素或脂溶性物质的消化吸收极为重要，例如，鸡饲粮含 0.07% 的脂类时，胡萝卜素吸收率仅为 20%；而当饲粮脂类增到 4% 时，吸收率提高到 60%。

4. 参与体内物质合成代谢

除简单脂类参与体组织的构成外，大多数脂类，特别是磷脂和糖脂是细胞膜的重要组成成分。糖脂可能在细胞膜传递信息的活动中起着载体和受体作用。脂类也参与细胞内某些代谢调节物质的合成。

磷脂分子既含有亲水的磷酸基团，又含有疏水的脂肪酸链，因而具有乳化剂特性，可促进消化道内形成适宜的油水乳化环境，并对血液中脂质的运输以及营养物质的跨膜转运等发挥重要作用。动植物体中最常见的磷脂是卵磷脂，卵磷脂是构成生物体的必要物质，具有重要的生理功能，可促进消化并加快饲料脂类的吸收，提供和保护饲料中多不饱和脂肪酸以及提供未知生长因子（Rumsey 等，1990）等，因而它在水产饲料生产中越来越受到重视。曹俊明（1997）发现饲料中磷脂的添加可促进草鱼肝脏对 n-3 不饱和脂肪酸的生物合成和防止脂肪肝的产生。另外磷脂对提高幼鱼的生长率、存活率及生长鱼类的增产效果明显（Kanazawa，1985；Rumsey，1990），这可能是因为鱼类在卵或孵化后的快速生长中，需要丰富的磷脂来构成细胞的成分，当磷脂的生物合成不能充分满足需要时，就需要由饲料提供。磷脂是脂肪的重要组成部分之一，添加适宜脂肪就可达到淡水鱼对磷脂的需要。

5. 提供必需脂肪酸

必需脂肪酸不是单独存在的，而是存在于油脂之中，所以，饲料油脂也是鱼类必需脂肪酸的来源。鱼类需要的是 n-3 系列和 n-6 系列脂肪酸，含有这类脂肪酸较多的鱼油、玉米油、亚麻籽油、花椒籽油等也是必需脂肪酸的主要来源。只是要注意，不饱和脂肪酸含量越高越容易氧化酸败。

6. 提高饲料风味，影响采食量

饲料油脂的重要作用之一就是可以改变饲料的风味和外观。当在颗粒饲料表面喷涂油脂时，油脂可以填充颗粒表面的缝隙、凹点，同时也形成一层油脂膜，使饲料颗粒的表面光泽度更光亮、表面更整齐。更重要的是，油脂具有很好的风味效果，好的油脂可以增加养殖鱼类的采食量，而不好的、氧化的油脂则导致养殖鱼类对饲料的采食量下降。

三、油脂的消化、储存和利用特点

如何提高饲料油脂消化吸收率？如何保障饲料油脂不在肝胰脏过量存储而引发脂肪肝等是值得关注的问题。

脂类由于是非极性的，不能与水混溶，脂类的消化、吸收和转运一般经过乳化的过程，经过乳化后才能被脂肪酶水解，也必须先经过乳化后使其形成一种能溶于水的乳糜微粒，才能通过肠微绒毛将其吸收。其基本过程为：脂类乳化→水解或部分水解→水解产物形成可溶的微粒→小肠黏膜摄取这些微粒→在小肠黏膜细胞中重新合成甘油三酯→甘油三酯进入血液循环。

不同油脂的乳化效果也是影响油脂消化利用率的一个主要因素。一般情况下，固体脂肪相对于液态油脂的乳化效果差一些，其消化过程需要更多的乳化剂，其消化率也低于液态油脂。

生物体内对油脂的乳化需要乳化剂，消化道对油脂的乳化剂主要是胆汁酸、胆汁酸盐、磷脂等，因此，在饲料高脂肪条件下，鱼体自身分泌的胆汁酸、胆汁酸盐可能不能完全满足对饲料油脂乳化作用的需要，在饲料中适当补充一定量的胆汁酸、胆汁酸盐和磷脂可以提高对油脂的乳化作用和消化吸收率，同时，对脂质的转运、代谢也是有利的。

1. 油脂的消化

饲料中的脂肪乳化后，胰脂肪酶催化油脂的消化，根据消化水解的程度不同有几种情况：①完全消化，对于甘油三酯可以完全消化为甘油和脂肪酸再被吸收，在动物消化道，完全消化的油脂所占比例很少。②部分消化，脂肪酶水解甘油三酯的1位和3位上的脂肪酸，生成2-甘油一酯和脂肪酸。此反应需要辅脂酶协助，将脂肪酶吸附在水界面上，有利于胰脂肪酶发挥作用。③不消化，油脂类可以不经过消化而被直接吸收。

对于磷脂的消化，饲料中的磷脂被磷脂酶A2催化，在第2位上水解生成溶血磷脂和脂肪酸。胰腺分泌的是磷脂酶A2原，是一种无活性的酶原形式，在肠道被胰蛋白酶水解释放一个6肽后成为有活性的磷脂酶A2催化上述反应。

2. 吸收

饲料中的脂类经胰液中酶类消化后，生成甘油一酯、脂肪酸、胆固醇及溶血磷脂等，这些产物极性明显增强，与胆汁乳化成混合微团。这种微团体积很小，直径仅为5～10nm，极性较强，可被肠黏膜细胞吸收。当混合乳糜微粒与肠绒毛膜接触时即破裂，所释放出的脂类水解产物主要在肠道被吸收。

一般来说，脂类水解产物进入吸收细胞是一个不耗能的被动转运过程，但进入吸收细胞后，重新合成脂肪则需要能量。实际上从肠道吸收脂肪的过程也消耗了能量，只有短链或中等链长的脂肪酸吸收后直接经门静脉血转运而不耗能。

甘油及中短链脂肪酸（≤10 个碳）无需混合微团协助，直接吸收入小肠黏膜细胞后，进而通过门静脉进入血液。长链脂肪酸及其他脂类消化产物随微团吸收入小肠黏膜细胞。长链脂肪酸在脂酰辅酶 A 合成酶催化下，生成脂酰辅酶 A，此反应消耗 ATP。

在肠黏膜上皮细胞中，吸收的长链脂肪酸（碳原子数在 12 个以上）与甘油一酯重新合成甘油三酯，中、短链脂肪酸则可直接进入门静脉血液。肠黏膜细胞中重新合成的甘油三酯外被一层蛋白质膜，这些外被蛋白质膜的脂质小滴称为乳糜微粒，主要由甘油三酯和少量的磷脂、胆固醇酯和蛋白质构成。乳糜微粒经胞饮作用的逆过程逸出黏膜细胞，通过细胞间隙进入乳糜管。乳糜管与淋巴系统相通，经胸导管将乳糜微粒输送入血。

不同脂肪源其脂肪酸组成不同，鱼类对其消化吸收能力也不同。Gunasekera等（2002）用 3 种等氮等能的饲料研究不同脂肪源（鳕鱼肝油、亚麻籽油、葵花籽油）对澳大利亚鳗鲡营养物质消化率的影响。结果显示，蛋白质和能量表观消化率不受饲料脂肪源的影响，而脂肪的消化率与饲料脂肪源有显著关系，亚麻籽油组脂肪的消化率最低，鳕鱼肝油组最高。随着脂肪酸碳链的延长，动物油中饱和脂肪酸消化率降低，而植物油中的饱和脂肪酸的消化率先升高后降低。Caballero等（2002）用大豆油、菜籽油、棕榈油、橄榄油和猪油代替 50% 以上鱼油，研究不同脂肪源对虹鳟脂肪酸消化率的影响。结果表明，当降低饲料中多不饱和脂肪酸（PUFA）与饱和脂肪酸的比例时，饱和脂肪酸和其他脂肪酸的消化率都显著降低。鱼类对脂肪酸的消化率受很多因素影响，例如脂肪酸链的长度、饲料中脂肪的添加量和其他成分水平（Freeman 等，1968）、脂肪酸的熔点等。大西洋鲑对脂肪酸吸收率的高低是"PUFA＞单不饱和脂肪酸＞饱和、短链脂肪酸＞长链脂肪酸"（Sigurgisladottir 等，1992）。

3. 脂类的转运

血中脂类主要以脂蛋白的形式转运。根据密度、组成和电泳迁移速率将脂蛋白分为四类：乳糜微粒、极低密度脂蛋白（VLDL）、低密度脂蛋白（LDL）和高密度脂蛋白（HDL）。乳糜微粒在肠黏膜细胞中合成，VLDL、LDL 和 HDL 既可在肠黏膜细胞中合成，也可在肝脏合成。脂蛋白中的蛋白质基团赋予脂类水溶性使其能在血液中转运。中、短链脂肪酸可直接进入门静脉血液与清蛋白结合转运。乳糜微粒和其他脂类经血液循环很快到达肝脏和其他组织。血中脂类转运到脂肪组织、肌肉等毛细血管后，游离脂肪酸通过被动扩散进入细胞内，甘油三酯经毛细血管壁的酶分解成游离脂肪酸后再被吸收，未被吸收的物质经血液循环到达肝脏进行代谢。

鱼体内载脂蛋白的合成与调控对脂质的转运与利用具有重要的影响，这是鱼体脂质转运和利用、鱼体脂肪肝形成机制等研究的一个重要领域。

4. 鱼类对油脂的利用特点与饲料对策

吸收进入鱼体的脂质有三个去路：①储存在皮下或内脏以及脂肪组织；②转化成其他成分；③在线粒体中进行氧化供能。三条途径有机结合，组成了脂质的营养及代谢网络。具体而言，脂营养代谢包括脂的合成及分解。

不同脂肪源主要是其脂肪酸组成不同，因而鱼类对饲料不同脂肪源的利用能力其实就是对饲料中脂肪酸的利用能力，同时饲料脂肪源又反过来影响鱼类的生理生化等一系列反应。一般来说，鱼类更趋向利用饱和脂肪酸与单不饱和脂肪酸作为能量，而 PUFA 一般作为功能性物质保留在体内。如虹鳟利用大部分 16∶0 脂肪酸作为能源（Bilinski 和 Jonas，1970；Caballero 等，2002）。遮目鱼可以保留多不饱和脂肪酸以满足生长和代谢所需的能量，不管脂肪源是什么，只要饲料中含有必需脂肪酸，遮目鱼就能较好生长（Alava，1998）；而且，遮目鱼不但能利用食物中的脂肪酸延长和去饱和合成 PUFA，而且能利用饲料中的蛋白质和糖合成 PUFA。

鱼体储存油脂与饲料油脂直接相关。油脂可以不经过水解而直接被吸收；被肠黏膜细胞吸收的甘油和长链脂肪酸在黏膜细胞内再合成甘油三酯，其中的脂肪酸并未被转化；鱼体对脂肪酸在体内的转化能力有限。因此，鱼体储存的油脂基本组成、结构和性质与饲料油脂相比较未发生重大的改变，其结果是鱼体积累、储存的油脂的组成、结构和性质与饲料油脂具有很大的相似性，或者说，饲料油脂对养殖鱼体积累的油脂的组成、结构和性质有直接的影响。

水产动物对饲料油脂储存的这一特性在实际生产中必须特别注意，并由此产生了一系列实际问题。

首先，饲料油脂的风味对养殖鱼体鱼肉的风味产生重大影响。鱼体可以在肌肉、肠系膜和以肝胰脏为主的内脏积累、储存大量油脂，如果饲料中油脂有特殊风味则可能导致养殖鱼类的鱼肉也有相同的风味，从而失去天然鱼类鱼肉应有的风味。例如，在饲料中长期使用蚕蛹养殖鱼类，由于蚕蛹的油脂含量高、容易氧化，导致养殖鱼类鱼肉也具有这种蚕蛹的风味。如果饲料中长期使用猪肉粉，最后可能导致鱼肉也有猪肉的风味。形成油脂臭味的主要成分为只有几个碳原子的短链脂肪酸，这些短链脂肪酸在肠黏膜细胞内不经过转化和再合成直接进入血液系统，并最后随油脂在肌肉、肠系膜和内脏积累、储存，导致养殖鱼肉也有一定的油脂臭味。

其次，一些有毒的成分随油脂一起在养殖鱼类肌肉、肠系膜和内脏积累、储存，对相应的器官和组织产生毒副作用。油脂容易氧化，油脂氧化是一个很复杂的过程，其氧化产物非常复杂，氧化产物的毒副作用非常大。因此，如果饲料中的油脂是已经被氧化的油脂，或者饲料中油脂被氧化了，那么油脂氧化产生的有毒副作用成分就会随着油脂在养殖鱼类的肌肉、肠系膜和内脏积累、储存，并对内脏、肌肉等器官和组织产生器质性的伤害，引发一系列营养性疾病，如肝、胆疾病和肌肉萎缩等。

第三，饲料油脂的熔点可能引起养殖鱼类油脂的硬化。我国地域辽阔，南北的温差也非常大，其地域生态环境差异也非常大。在我国北方的冬季、春季经常会发生鱼体内脂肪硬化的情况。例如在新疆、东北地区养殖的鲤鱼和草鱼，在冬季和春季发现鱼体整个内脏部分出现硬化情况，肝胰脏、肠道等全被硬化，不能正常地收缩、弯曲等，其原因是肠道外面、肝胰脏等部位积累了较多的油脂，这些油脂的熔点较低，在4℃以下（池塘结冰后水温一般为1～4℃）时已经硬化。由于油脂的硬化导致鱼体整个内脏或肝胰脏的硬化，在春季会有大量的死鱼或春季暴发鱼病的概率显著增加。在冬季和春季，我国北方养殖水面已经结冰，冰下水温只有1～4℃，鱼体的体温只比水温高1℃，因此，如果在这个温度下固化的油脂在鱼体内也会固化。鉴于上述分析，在我国北方地区的水产饲料企业，在饲料油脂的选择和使用方面一定要多加注意，最好选择熔点更低的油脂如豆油、菜籽油，不要使用高熔点的棉籽油、猪油、牛油等，即使因为饲料成本和养殖效果的原因要使用这些低熔点的油脂，也必须在8月底以前使用，9月以后就必须使用熔点更低（低于4℃以下）的油脂。

储存油脂的动用：脂质作为高能量物质，它是鱼体处于特殊环境下（饥饿、寒冷、洄游等）的重要供能物质之一。鱼类像变温动物一样能忍受相当长时间的饥饿，在此期间鱼体储存物将提供能量，用以维持基本活动。越冬饥饿期间，鱼体肝胰脏、肌肉储存的脂肪将作为能量优先使用。笔者对嘉陵江四种经济鱼类：黄颡鱼、大鳍鳠、岩原鲤、中华倒刺鲃在越冬期间的内脏、胴体含脂率进行研究后发现，相比越冬前、后期，这四种鱼体内脏含脂率在越冬中期是最低的，表明这四种经济鱼类在越冬饥饿期间以内脏脂质作为主要能量来源。此外，不同鱼在饥饿期间脂肪酸的利用种类是不一样的，导致了其组织脂肪酸组成的改变。

体内储存油脂的季节性变化与利用：鱼类与其他动物类似，以进入越冬期以前在体内储存的脂肪作为能量储备。从一年四季鱼体内储存脂肪含量的变化就可以说明这一事实的存在。因此，鱼体在进入冬季前的秋季和初冬，体内脂肪酸合成能力得到强化，相关的脂肪合成酶活性会显著增强，在实际生产中，可以充分利用鱼体的这一代谢特点，以保证鱼体合成足够的脂肪，且让鱼体自己合成的脂肪安全性大大增加，鱼类越冬的安全性和春季鱼体的安全性也会得到保障。具体方法是，在每年的9月以后，可以适当减少饲料中添加的油脂的量，少添加或不添加油脂，而提高饲料中小麦、玉米等淀粉类饲料原料的使用量，提供足够的碳水化合物供养殖鱼类转化为脂肪作为能量的储存物质。鱼体自己合成的脂肪在油脂的组成、性质等方面应该更能够满足鱼体的需要，同时，还可以排除饲料添加的油脂中可能含有的对鱼体有毒副作用的油脂氧化产物。这样，鱼体在越冬期和越冬后的春季，就可以最大限度地减少氧化油脂产生的毒副作用。

另外，鱼类越冬期脂肪合成能力的加强在鱼体肥满度方面也可以充分利用。在一年四季中，鱼体在春季是最为消瘦、体质最差的时期，进入夏季，鱼体快速生长，此时应该保证合理的营养，尤其是矿物质营养，此时鱼体一般以生长骨骼系统为主，鱼体的肥满度不一定好，但是，鱼体的体形生长较好；进入秋季和初冬，鱼体的生长就以"长肥""增肉"为主，体重增长很快，鱼体的肥满度就很好了。这种情况在高密度鲫鱼养殖生长中较为明显，在7~9月鱼体体长增长速度较快，鱼体肥满度不是很好，但鱼体的"条形"很好；进入10~11月，鱼体增重很快，体重增长速度得到加强，鱼体肥满度也很好。

高油脂饲料适宜添加剂的选择：在饲料中必须保障一定量的油脂以满足养殖鱼类快速生长的需要，适量油脂的使用可以节约鱼体对饲料蛋白质、氨基酸作为能量物质的消耗；而鱼类又会在肌肉、内脏器官等组织积累脂肪，在积累脂肪的同时也积累脂溶性的有毒副作用的物质，从而对鱼体器官造成器质性伤害和功能性破坏，如何才能既充分利用饲料油脂的营养作用，又有效防止其不利影响？适宜的添加剂选择尤为重要。

应该选择什么样的添加剂？根据笔者多年的试验研究和实际应用情况，建议选择能够强化利用饲料油脂、有效减少体内脂肪储存，尤其是减少肝胰脏脂肪储存的添加剂最为适宜。这类添加剂如鱼虾4号、肉碱等可以快速降解脂肪及脂溶性物质，并产生足够的能量满足鱼体的需求，从而减少鱼体利用蛋白质、氨基酸作为能量物质的消耗，实现养殖鱼体快速生长；同时，可以有效减少脂肪及其他脂溶性物质在肝胰脏、肌肉等器官组织的储存和积累，可以有效保护或减缓肝胰脏及其他器官的组织结构和生理功能免受油脂氧化酸败产物的毒副作用；在鱼虾4号中还含有可以增强免疫力的物质，可以同时增加鱼体的免疫、防御能力和养殖效果。根据笔者的试验结果和实际应用情况，如果在肝胰脏等内脏器官中没有大量的脂肪积累，肝胰脏能够保持正常的紫红色状态，鱼体的抗应激能力、耐运输能力会很强，一般不会出现不耐运输的情况。

第二节　油脂的氧化酸败及对养殖鱼类的毒副作用

一、概述

从饲料安全性角度和饲料养殖效果方面考虑，饲料油脂氧化产物对养殖鱼类的毒副作用是主要的不安全因素之一。饲料油脂安全性控制成为饲料安全控制的非常重要的内容。鱼类饲料中必须添加油脂，且还要添加好的、没有氧化酸败的油脂才能保障饲料的养殖效果和饲料安全性。

鱼类饲料中氧化酸败油脂的主要来源包括以下几个方面：①饲料中直接使用了已经氧化酸败的油脂。②饲料原料中的油脂已经氧化，在一些含油高的、容易氧化酸败的原料中，含有大量的油脂氧化酸败成分，这些成分会对养殖鱼类产生毒副作用，如不新鲜的米糠、玉米 DDGS、玉米柠檬酸渣、蚕蛹以及氧化了的肉粉和肉骨粉等。③饲料油脂在已经加工好的配合饲料中继续被氧化，进入饲料中的油脂与矿物元素和其他可以导致油脂氧化的因素接触的概率大大增加，如果配合饲料的储存期过长，就容易发生这种情况，对于膨化饲料外喷油脂继续氧化酸败的问题值得关注。④饲料油脂在加工过程中被氧化酸败，一般的硬颗粒饲料加工温度在 $90℃$ 以上，膨化饲料加工温度在 $130℃$ 以上，这种加工温度可以导致饲料油脂进一步发生热（氧）聚合与热（氧）分解、氧化酸败等反应。

对于饲料氧化油脂的安全性要特别注意如下几点：①氧化油脂的毒副作用很大，在饲料中一定要避免使用含有氧化油脂的原料。②鱼类对氧化油脂的敏感性很强，氧化油脂的毒副作用可能会掩盖脂肪的营养作用，因此，在选择饲料原料时，除了要考虑脂肪和必需脂肪酸的营养作用效果外，更要考虑氧化油脂的毒副作用。③氧化油脂的氧化过程受多种因素影响，产物的毒副作用有非常强的不可预见性、不确定性和复杂性，且对养殖鱼类的毒副作用是整体性的。④对于饲料氧化油脂毒副作用的预防对策有主动预防和被动预防两种方案，主动预防是在饲料配方编制时，要尽可能选择没有氧化的油脂原料进入配方，要避免使用已经氧化的、容易氧化的油脂和含油脂高的原料；被动预防是在饲料中使用能够促进饲料油脂氧化供能、限制油脂在养殖鱼体肝胰脏和肌肉储存的饲料添加剂。如何选择、评估饲料油脂抗氧化剂、氧化损伤修复添加剂等就成为一个重要的技术问题。

二、油脂的氧化

油脂是一个甘油分子与三个脂肪酸分子通过酯键结合的化合物。因此，油脂的氧化包括甘油三酯（油脂）的氧化和脂肪酸的氧化。

（一）油脂在加工与使用过程中的化学变化

油脂在加工、存储和使用过程中会发生一系列的化学变化，其结果是导致油脂的性质、组成等产生相应的变化，并可能引起油脂在饲料中使用效果的变化。就引起油脂化学变化的因素看，主要还是温度的影响最大，其次是酸、碱条件和其他如金属离子等的影响；就发生化学变化的时间点看，主要是在油脂加工过程中、油脂的保存过程中、油脂在饲料生产过程中以及进入饲料后的过程中（如膨化饲料外喷油脂）的变化，理论上讲，只有当饲料被鱼体摄入后饲料油脂氧化才会停止。

水产饲料油脂原料主要包括常用的植物油如豆油、菜籽油、葵花籽油等，动物油脂主要有鱼油、猪油、鸡油、鸭油等。植物油脂一般采用有机溶剂浸提得到，在加工过程中所经历的最高温度是在油籽压胚和挤压出油的时候，一般可以达到120℃左右。毛油是指油籽经压榨或浸出得到的未经过滤的油。毛油经沉淀、过滤后除去固体杂质的油称为过滤毛油。毛油经一个或几个精炼工序后，所得符合标准的油脂称为精炼油。动物油脂如鱼油是鱼粉加工的副产物，一般是原料鱼经过水汽加热、压榨后分离得到。猪油、鸡油、鸭油等一般是将肉类经过水汽加热或直接加热后压榨得到，最高温度出现在加热和压榨过程中，一般可以达到200℃左右。在饲料油脂中可能还有老油，即经过油炸后的油脂，经历的温度较高、经历高温的时间较长。也可能还有部分餐饮回收油脂，也经历了油脂的煎炒过程。

饲料油脂在饲料生产车间的保存过程中也容易发生氧化酸败，发生的节点包括盛装油脂的器具（如铁质器具）、存放条件（常温库保存与日晒雨淋）、油脂在喷入饲料前的加热熔化过程等。一般在饲料油脂采购时，在油脂原料选择、品质控制指标、油脂价格等方面较为重视，也花费了较大的精力，而油脂一旦进入饲料车间后对于保存条件、保存方法则可能被忽视。例如有的饲料企业将油脂桶随意露天放置，日晒雨淋，夏天的气温可以高达40℃以上。也有的企业长时间地将油桶放置在熔化池里，这将导致油脂的进一步氧化。

饲料油脂进入饲料后，要经历混合、调质、制粒等饲料生产过程，其中温度、水、酸、碱和金属离子等因素均可能导致油脂的化学变化。例如挤压膨化饲料生产过程中，可能引起油脂水解并与糖类、蛋白质以及其他小分子物质如维生素、氨基酸等发生化学变化。采用常规乙醚提取测定得到的油脂含量降低也是因为部分油脂水解并与其他物质发生化学变化的结果。

1. 油脂的水解反应

油脂的水解反应是指油脂在高温、酸、碱条件下发生甘油与脂肪酸之间的酯键水解反应，其水解产物为甘油和脂肪酸。油脂的水解在加热时速度加快。碱催化时可进行得比较完全，常把油脂的碱性水解称为皂化。完全皂化 1g 油脂所需的氢氧化钾的质量（mg）称为油脂的皂化值，皂化值是表示油脂质量及油脂特点的一个重要参数。同种油脂的纯度越高，皂化值越大；油脂分子中所含碳链越长，皂化值越小。

饲料中含有较多的其他酸性化合物、含羟基的糖类、含氨基的蛋白质和氨基酸等，而油脂水解得到的甘油和脂肪酸分别有活性较高的羟基和羧基，可以很快与其他酸、糖类的羟基、蛋白质或氨基酸的氨基等发生化学反应，形成新的、通过酯键连接的化学物，导致甘油三酯含量减少，而结合脂质的量增加。在挤压膨化饲料生产过程中常发生上述反应。

2. 油脂的异构化

天然油脂中所含不饱和脂肪酸的双键一般为顺式，且双键的位置一般在离酯键的 9、12、15 碳原子上。油脂在受光、热、酸、碱或催化剂及氧化剂的作用下，双键的位置和构型会发生变化，构型的变化称为几何异构，位置的变化称为位置异构。

3. 油脂的热反应

① 热聚合反应。油脂在真空、二氧化碳或氮气的无氧条件下加热至 200～300℃时发生的聚合反应称为热聚合。聚合过程中，多烯化合物转化成共轭双键后参与聚合，生成具有一个双键的六元环状化合物。聚合作用可以发生在同一分子的脂肪酸残基之间，也可发生在不同分子的脂肪酸残基之间。游离的脂肪酸也可发生这种热聚合反应。

② 热氧化聚合。油脂在空气中加热至 200～300℃时引发的聚合反应称为热氧化聚合。老油（油炸食品的油脂）发生这种反应的概率很高。

③ 油脂的缩合。指在高温下油脂先发生部分水解后又缩合脱水形成分子量较大的化合物的过程。

④ 热分解。即油脂在高温作用下分解产生烃类、酸类、酮类的反应。温度低于 260℃热分解不严重，290～300℃时开始剧烈发生热分解。热分解在相对更高的温度下发生（350℃）时，无氧条件下，油脂发生热分解生成丙烯醛、脂肪酸、二氧化碳、甲基酮及小分子的酯等；在有氧条件下，伴随热氧化过程的热分解能形成多种烃、醛、甲基酮、内酯等。

⑤ 热氧化分解。即在有氧条件下发生的热分解。饱和脂质和不饱和脂质的热氧化分解速度都很快。

热氧化反应的机理与自动氧化没有本质的区别，只是在热氧化过程中，饱和脂肪酸的反应速度很快，而且氢过氧化物的分解也很快，几乎马上分解为低级醛、酮、酸、醇等。在氧化过程中产生的自由基能聚合成氧化聚合物，而且以碳碳聚合为主要产物。

（二）脂肪酸的氧化

脂肪酸的氧化反应主要发生在组成甘油酯中脂肪酸的不饱和键上，不饱和键的氧化反应历程中有一个过氧化物中间反应，而过氧化物形成后由于其中的自由基电子在碳链上可以不确定性地移动而导致最后裂解产物不同。因此，不同油脂由于其脂肪酸组成不同，氧化分解产物有很大的差异；而同种油脂由于反应条件的差异和自由基电子在脂肪酸碳链上的移动，导致氧化分解产物也有很大的差异，由此产生的对养殖动物的毒副作用也相应有差异。油脂水解、油脂脂肪酸氧化分解产物的不确定性是饲料油脂研究、饲料油脂氧化水解产物毒副作用研究的最大难点。饲料中氧化发生具有必然性，脂肪酸的氧化产物具有不确定性，脂肪酸氧化的中间产物、终产物的毒副作用具有广泛性，同时，鉴定指标具有局限性。

油脂中脂肪酸的氧化有三种主要的类型：自动氧化、光氧化和酶促氧化。

1. 脂肪酸的自动氧化

油脂在加工、存储和使用过程中，在有氧条件下可以发生自动氧化，而水分含量的增加、金属离子的参与等可以加速油脂的自动氧化。油脂暴露于空气中会自发地进行氧化作用，先生成氢过氧化物，氢过氧化物继而分解产生低级醛、酮、羧酸等。脂肪分子的不同部位对活化的敏感性不同，一般以双键的 α-亚甲基最易生成自由基。油脂自动氧化的本质是一种自由基链式反应，可分以下三个阶段。

(1) 诱导期 油脂在光、热、金属催化剂等影响下被活化分解成不稳定的自由基 $R\cdot$，即发生 $RH \longrightarrow R\cdot + H\cdot$ 的反应。不饱和脂肪酸中与双键相邻的亚甲基上的氢因受到双键的活化，特别容易被除去，因此容易在这个位置形成自由基。

(2) 增殖期 诱导期形成的自由基，与空气中的氧分子结合，形成过氧自由基 $ROO\cdot$，过氧自由基又从其他油脂分子中亚甲基部位夺取氢，形成氢过氧化物，同时使其他油脂分子成为新的自由基。这一过程不断进行，可使反应进行下去，使不饱和脂肪酸不断被氧化，产生大量的氢过氧化物。这一过程中，不稳定的氢过氧化物分解也可产生多种自由基。

（3）终止期　当油脂中产生的大量自由基相互结合时，两个自由基结合可形成稳定的化合物，反应可终止。

饱和脂肪酸的自动氧化与不饱和脂肪酸不同，它无双键的 α-亚甲基，不易形成碳自由基。然而，由于饱和脂肪酸常与不饱和脂肪酸共存（如共同构成甘油三酯），它们很容易受到由不饱和脂肪酸产生的自由基以及过氧化物的氧化作用，从而被氧化。饱和脂肪酸的自动氧化首发位点主要在羧基（—COOH）的邻位亚甲基（—CH_2—）上进行，而不饱和脂肪酸自动氧化的首发位点主要在 C=C 双键邻近的亚甲基（—CH_2—）。

2. 光氧化

光氧化是不饱和脂肪酸与单线态氧直接发生氧化反应。单线态氧是指不含未成对电子的氧，有一个未成对电子的称为双线态，有两个未成对电子的称为三线态。所以基态氧为三线态。单线态氧具有极强的亲电性，能以极快的速度与脂类分子中具有高电子密度的部位（双键）发生结合，从而引发常规的自由基链式反应，进一步形成氢过氧化物。

3. 酶促氧化

自然界中存在的脂氧合酶可以使氧气与油脂发生反应而生成氢过氧化物。植物体中的脂氧合酶具有高度的基团专一性，它只能作用于 1,4-顺，顺-戊二烯基位置，且此基团应处于脂肪酸的 n-8 位。在脂氧合酶的作用下脂肪酸的 n-8 先失去质子形成自由基，而后进一步被氧化。大豆制品的腥味就是不饱和脂肪酸氧化形成六硫醛醇。米糠中油脂的氧化包括了脂肪酶参与的酶促氧化和自动氧化，在制米过程中将米糠通过膨化方式可以使其中的脂肪酸氧化失活，可以有效控制米糠的酶促氧化。

三、影响油脂自动氧化变质的因素

油脂的氧化是自由基反应历程，许多影响自由基生成的因素都会影响油脂的自动氧化变质。这些因素如下所述。

① 脂肪酸的组成。油脂中的饱和脂肪酸和不饱和脂肪酸都能发生氧化，但饱和脂肪酸的氧化需要较特殊的条件。所以油脂的不饱和程度越高，则越容易发生氧化变质；共轭双键越多，自动氧化越容易。不饱和脂肪酸的氧化速度比饱和脂肪酸快，例如，以油酸的氧化速度设定为 1，那么花生四烯酸、亚麻酸、亚油酸与油酸的相对氧化速度分别为 40、20、10、1。顺式脂肪酸的氧化速度比反式脂肪酸快，共轭脂肪酸的氧化速度比非共轭脂肪酸快，游离脂肪酸的氧化速度比结合的脂肪酸快，Sn-1 位和 Sn-2 位的脂肪酸氧化速度比 Sn-3 位的快。

② 氧的存在。氧在油脂的氧化变质中是很关键的反应物。如果空气中氧的分压大，则有利于油脂的氧化。有限供氧的条件下，氧化速度与氧气浓度成正比；无限供氧的条件下，氧化速度与氧气浓度无关。

③ 温度。高温能促进自由基的生成，也可以促进氢过氧化物的进一步反应。温度越高，氧化速度越快，在 21～63℃ 范围内，温度每上升 16℃，氧化速度加快 1 倍。

④ 光。自由基的产生需要能量，光及射线都是有效的氧化促进剂，能提高自由基的生成速度，因而促进油脂的自动氧化。光、紫外线和射线都能加速氧化。

⑤ 金属离子。特别是过渡金属离子，能缩短自动氧化过程中的诱导期，是助氧化剂，能加速氧化过程。Ca、Fe、Mn、Co 等可以促进氢过氧化物的分解，促进脂肪酸中活性亚甲基的 C—H 键断裂，使分子活化。一般的助氧化顺序为 Pb＞Cu＞Se＞Zn＞Fe＞Al＞Ag。

⑥ 抗氧化剂。抗氧化剂是能防止或延缓油脂的氧化变质，提高油脂稳定性的物质。常用的抗氧化剂具有易氧化的特征，通过自身的氧化消耗原料内部和环境中的氧，因而延缓油脂的氧化变质。如常用的油脂抗氧化剂丁基羟基茴香醚（BHA）、二丁基羟基甲苯（BHT）等。维生素 E 是油脂中常见的天然抗氧化剂。

⑦ 水分含量。油脂与水接触更容易发生氧化分解反应。这在饲料调质和制粒时容易发生。

在保存和使用油脂时，要充分考虑到上述条件对油脂氧化的影响。例如要注意油脂的密封保存、避光保存、低温保存等条件，油脂的装载也尽量避免使用金属容器。

四、油脂氧化的产物

油脂氧化产物非常复杂，从氧化过程中产生的中间产物和最终产物来划分，主要分为过氧化物等初级氧化产物和由初级氧化产物分解而来的次级氧化产物。

氢过氧化物是油脂氧化的第一类中间产物，是不稳定的化合物，当其在体系中的浓度增至一定程度时，就开始分解。油脂氧化过程中产生的氢过氧化物本身并无异味，但由于氢过氧化物的不稳定性，会发生分解与聚合反应，生成不同的氧化产物，其中的小分子物质是使油脂产生异味的原因。根据这一特性，在进行油脂氧化程度鉴定时可以选择过氧化物含量指标。过氧化物指标反映的是氧化起始阶段的中间产物指标，在氧化起始阶段过氧化物的含量与油脂氧化程度成正相关关系，此时过氧化物含量可以有效反映油脂的氧化程度。而如果油脂已经氧化或处于氧化的后期，过氧化物含量很低或逐渐减少，此时过氧化物含量就不能反映油脂的氧化程度，必须选择其他指标如碘值、酸价等。

氢过氧化物的分解首先发生在过氧键位置，然后再形成醛、酮、醇、酸等，是一个复杂的过程。氢过氧化物裂解产生的自由基之间以及与不饱和脂肪酸之间还可发生聚合反应，生成二聚体或三聚体，使油脂的黏度增大。由于氧化受到多种条件的影响，使形成的产物异常复杂。除醛、醇和酮之外，氧化油脂中还含有烃类、酯类及多聚体等物质。Chang 等（1978）发现高温（185℃）加热氢化棉籽油、三亚油酸甘油酯、三油酸甘油酯和玉米油 4 种油脂，氧化产生 220 种挥发性物质，包括烃类、醇、羧酸、酯、芳香化合物及羰基化合物。羰基化合物中主要有醛酸、酮酸、饱和及不饱和醛、饱和及不饱和酮，而不饱和醛主要包括从反式 2-己烯醛到反式 2-癸烯醛的多种单烯醛及多种二烯醛。在生成的醛类物质中，Patlon 等（1951）证实了丙二醛的存在。Porter（1980）认为丙二醛衍生于具有 3 个或 4 个以上双键脂肪酸的过氧化物。在植物油中，White（1992）认为丙二醛可能衍生于亚麻酸。根据上述氧化产物的分析，油脂氧化过程中有丙二醛的存在，所以在鉴定油脂是否氧化及氧化程度如何时，也可以用丙二醛的含量作为一个鉴定指标。

五、油脂氧化产物中的有毒物质

油脂氧化生成的多种成分中，通常认为初级氧化产物及其降解生成的次级氧化产物是有毒有害物质，主要的有毒物是氢过氧化物、烃、环状化合物、二聚甘油酯、三聚甘油酯、丙二醛等。

油脂氧化酸败的产物种类非常复杂，氧化反应的途径具有非常大的不确定性，因此，对氧化过程中的初级氧化产物和次级产物是难以进行有效分离的，也因此对氧化产物明确的毒副作用的研究很难进行。目前的基本认识是，油脂氧化的初级和次级氧化产物均可能对动物、人体产生毒副作用，有毒物质对正常细胞、器官组织及整体生理机能、组织结构和形态将产生整体性的、综合性的影响。

部分研究报告结果显示，油脂氧化产物的作用是非常广泛的，如油脂氧化产物可抑制肝脏和心脏亚线粒体 NADH 氧化酶和 NADH 泛醌还原酶活性；亚油酸氢过氧化物对核糖核酸酶（RNase）、胰蛋白酶、胰凝乳蛋白酶、胃蛋白酶活性有抑制作用。Agerbo 等（1992）报道次级氧化产物中，醛、酮可在体外发挥对葡萄糖-6-磷酸酶的抑制作用，己烯醛、戊烯醛和癸烯醛蒸气破坏溶菌酶活性，并导致以二聚体为主的多聚体形成。这些受影响的代谢酶在细胞和器官组织中的作用是非常广泛的，在它们受到氧化产物影响后产生对细胞和器官组织代谢的影响也是广泛的。

六、油脂氧化产物的吸收和代谢

动物具有吸收油脂氧化产物的能力，但在吸收数量上尚有争议，特别是对吸收到体内的氧化产物代谢途径的研究资料有限。从溶解性来分析，油脂氧化产物多数是脂溶性的，可以随脂类物质一起被吸收、转运和储存，尤其是低碳原子数的脂肪酸可以直接被吸收。从吸收后的氧化产物在体内的流向来分析，主要流向肝胰脏，肝胰脏是动物重要的解毒器官和代谢器官，具有一定的解毒能力，如谷胱甘肽-谷胱甘肽酶系统、SOD 系统、维生素 E 等。但是，当饲料中供给的氧化油脂中有毒副作用物质的量超过其解毒能力后，就可能对肝胰脏及其他内脏器官组织造成器质性的伤害。一般性的脂肪肝对养殖动物的影响并不大，但是，如果在饲料中含有较多的氧化油脂时，在已经形成的脂肪肝里就可能积累更多的脂溶性的油脂氧化后有毒副作用产物，造成对肝胰脏重大的伤害，出现"肝胆综合征类"疾病，同时对养殖动物的生产性能产生重大的影响。

七、氧化油脂对动物生产性能和生理机能的影响

关于氧化油脂对动物生产性能的影响，已有众多研究。多数研究表明，氧化油脂损害动物生产性能。综合现有研究资料表明，氧化油脂对养殖动物的影响主要表现在以下几个方面。

1. 生产性能下降

生产性能包括养殖动物的生长速度和对饲料的转化利用效率（饲料系数），养殖动物在摄食含有较多的氧化油脂饲料后，其生长速度会下降、饲料系数会显著增高。已经研究过的鱼类包括虹鳟、斑点叉尾鮰、非洲鲇、银大麻哈鱼、狼鲈、大西洋鲑、鲤鱼、草鱼、罗非鱼、武昌鱼、河蟹等。饲料中含有氧化油脂会导致养殖效果下降，这在陆生动物和水产养殖动物中普遍存在，只是由于人们对饲料养殖效果关注点不同而有不同的认识，如果使用饲料后出现营养性疾病、出现大量死鱼事件后才会注意到饲料的安全质量可能出了问题，而养殖效果不好，但没有出现严重的质量安全事故时，一般会认为饲料配方还不够理想，较少注意到可能是使用了存在一定问题的饲料原料。这是一个普遍存在的问题，在饲料中如果使用了氧化的磷脂油（粉）、玉米油、米糠油、蚕蛹、玉米 DDGS、米糠时，会出现饲料的养殖效果下降、养殖鱼类的生长速度下降、饲料系数增高、鱼类肝胰脏损害、鱼体表黏液减少、鱼体抗应激能力低等情况。

2. 影响饲料的适口性和摄食量

油脂氧化后会产生严重的臭味和刺激性气味，对饲料的适口性影响较大，并进

而影响养殖鱼类对饲料的摄食量。氧化油脂引起动物生产性能的下降可能与氧化饲料适口性下降导致饲料摄食减少有关，或与氧化油脂营养价值下降有关，也可能与氧化油脂加快肠黏膜上皮细胞和肝细胞增殖更新，从而增加了维持需要有关。

养殖生产中，膨化饲料外喷鱼油会引起乌鳢、加州鲈等吐料，主要还是鱼油氧化后对适口性的严重影响所致。

3. 对肝胰脏等内脏器官影响很大

动物内脏器官在动物生长、代谢方面的作用是巨大的，当其受到损害后对动物生长和生理机能的影响是整体性和综合性的。

肝胰脏作为各种营养物质代谢中心和解毒中心，对氧化油脂的毒性极为敏感。摄食氧化油脂后，虹鳟、斑点叉尾鮰、大西洋鲑、鲤鱼、草鱼等的肝胆系统发生病变，肝脏肿大，出现脂肪肝，褪色，肝细胞坏死，小叶中心降解，并出现脂褐质或蜡样色素沉着。伴随这一系列病理变化，常出现渗出性素质病以及胆囊肿大和胆汁颜色异常。任泽林等（2000）在半纯化饲料中添加氧化鱼油饲养 2 龄鲤鱼种 15 周，结果表明氧化鱼油可以破坏鲤肝胰脏抗氧化机能及其正常的组织结构。鲤摄食氧化鱼油后，肝胰脏维生素 E 含量下降（$P<0.05$），抗氧化酶超氧化物歧化酶（SOD）和谷胱甘肽过氧化物酶（GSH-Px）活性减弱（$P>0.05$），微粒体氧化稳定性降低（$P<0 05$）；肝胰脏脂肪含量增加（$P>0.05$）；肾脏和脾脏增生（$P>0.05$）；肝胰脏肝细胞纤维化、线粒体嵴降解和融合。

脾脏是鱼类重要的造血、免疫和排泄器官，氧化油脂引发的症状主要为肿大（Moccia 等，1984），亦出现蜡样质沉着，其实质中常弥散具有深浅不一色素沉着的巨噬细胞（Smith，1979）；而胰脏则发生腺泡坏死，严重者胰脏部分几乎消失（Aoe 等，1972；Mural 等，1974）。

在肾脏，鲤鱼出现毛细血管膨胀、肾小球坏死（Aoe 等，1972），斑点叉尾鮰近曲小管部分出现透明的颗粒降解（Murai 等，1974），虹鳟（Smith，1979；Mocda 等，1984）和狼鲈（Galletde Sainc Aurin，1987）发生肾苍白和色素沉着现象。

4. 肌肉系统病变

长期使用含有氧化油脂的饲料，鱼类会出现背部肌肉萎缩、鱼体畸形等情况，症状较轻的会出现鱼体较瘦、肥满度较低的情况。笔者在草鱼饲料中使用 6％的鱼油、玉米油养殖草鱼 42 天，草鱼死亡率达到 47％，且死亡的鱼体出现严重的畸形，表现为鱼体尾部向身体的一侧发生弯曲或向上弯曲。

对陆生动物猪的研究表明，氧化油脂损伤肌肉组织，表现为骨骼肌呈半透明和淡黄色，肌纤维肿胀，肌纤维模式松弛、溶解，线粒体紊乱，肌浆网聚合，心肌降解，并出现脂褐质和蜡样质黄色类似物（Gri 等，1994）。对水产动物鲤鱼（Hashimoto 等，1966；Watanabe 等，1966，1970；Aoe 等，1972）、虹鳟（Cowey 等，1984）、狼鲈（Stefhan 等，1993）、斑点叉尾鮰（Murai 等，1974）的研究结果表明，氧化油脂造成水产动物肌肉损伤，出现肌肉营养不良症，症状类似于陆生动物，表现为背侧肌肉萎缩、脆弱、肌纤维排列混乱，发生透明的颗粒降解（Watanabe 等，1970；Murai 等，1974）。任泽林等（2000）在半纯化饲料中添加氧化鱼油饲养 2 龄鲤鱼种 15 周，结果表明氧化鱼油破坏肌肉组织，使肌纤维间隙急剧扩大、肌原纤维降解、肌原纤维模式紊乱。

5. 氧化油脂对鱼体生理机能的影响

从前面的分析已经知道，氧化油脂可对养殖鱼类的肝胰脏、肾脏、脾脏等内脏器官和肌肉组织产生重大影响，同时对血液系统、消化系统也有很大的影响。总体而言，饲料氧化油脂对养殖鱼体的影响是整体性和全方位的，尤其是能够造成细胞和器官组织的组织结构改变和代谢酶活性的改变。这种影响必定会对养殖鱼类的生理机能产生非常严重的影响，并且这种影响也是整体性的生理机能，包括免疫防御机能、造血机能等全方位的影响，并不是只影响某一个器官组织或某一方面的生理机能。

例如，氧化油脂对鱼体免疫防御机能的影响，仅仅从一般观察就能够发现养殖鱼体的体表黏液很少，而鱼体表黏液含有多种具有免疫作用和防御功能的物质，黏液的减少意味着养殖鱼类的免疫防御功能已经受到很大的影响。同时，出现这种情况的鱼体抗应激能力显著下降，容易出现出血、鳞片脱落、发病率高等情况。

八、鱼类对氧化油脂的敏感性

现有的研究资料分析结果表明，鱼类对氧化油脂的敏感性非常强，在饲料原料选择时，除了要考虑饲料油脂、必需脂肪酸的营养作用外，更多的是要关注氧化油脂的毒副作用，要尽可能避免使用油脂已经氧化的饲料。

笔者在 1996 年的一个养殖试验中，分别用 6% 的鱼油、菜油、玉米油、猪油、豆油养殖草鱼鱼种 49 天，结果鱼油组、玉米油组草鱼死亡率达到 46%～47%，且死亡鱼出现严重的畸形，肝胰脏组织切片观察发现肝组织已经出现严重的纤维化和萎缩，而其他组草鱼死亡率低于 10%，其生长速度也显著高于鱼油组和玉米油组，其中以猪油组的生长速度最快。后来，几个饲料企业利用水库网箱草鱼和鲤鱼进行试验，在饲料中添加 3% 的鱼油和猪油进行对比试验，结果也是猪油组的生长速度显著高于鱼油组、饲料系数显著低于鱼油。那么，鱼油组的养殖效果为什么不如猪油组呢？如果从必需脂肪酸的营养来分析，鱼油和玉米油的不饱和脂肪酸含量显著高于猪油，其养殖效果应该是鱼油组、玉米油组的结果显著好于猪油组。而实际结果正好相反，为什么会出现这种结果？单纯从油脂营养、必需脂肪酸的营养方面是难以解释的，笔者认为是鱼油、玉米油中不饱和脂肪酸的含量高，容易发生氧化酸败，而这些氧化酸败产物的毒副作用大于必需脂肪酸应该具有的营养作用，而猪油的不饱和脂肪酸含量低，不容易氧化酸败，相应的毒副作用小，使脂肪的营养作用得到充分发挥，使其养殖效果优于鱼油和玉米油。

在用膨化大豆与豆粕加豆油的比较试验以及用油菜籽与菜籽油的比较试验中，结果是膨化大豆的养殖效果显著优于豆粕加豆油的效果，油菜籽的养殖效果显著优于菜籽油的养殖效果。这也是膨化大豆、油菜籽中油脂的稳定性高，新鲜度好，脂肪酸不容易氧化酸败，其油脂、脂肪酸的营养效果得到充分发挥的结果。

这类结果在其他人的研究中也有表现，只是各自的分析角度不同而已。如王道增等分别用鱼油、豆油和牛油养殖青鱼，结果是牛油的养殖效果好于鱼油，这其中的原因笔者认为与鱼油和猪油比较的结果类似。

第三节　饲料油脂品质及其质量控制

油脂的质量控制实际上是通过一系列的物理化学测定指标和相应的指标值来反映油脂的实际质量状态，主要还是对油脂的质量变异、油脂的氧化水解等进行科学的评价。质量变异包括油脂自然变异、掺假与混杂、油脂氧化、油脂的化学变化等。从分子结构与组成看，则主要还有油脂的物理与化学反应、脂肪酸的物理与化学反应。油脂在高温条件下发生物理与化学反应，而脂肪酸的化学反应则主要是氧化分解反应。

一、饲料油脂品质与氧化程度评价指标体系

饲料油脂质量评估其实质就是依赖一系列评价，能够反映饲料油脂真实的品质状态，也包括质量变异的状态。饲料油脂的品质状态包括了其真实的营养性品质与非营养性品质两个方面。营养性品质主要是指油脂的脂肪酸组成、油脂的物理与化学性质的评价；而非营养性品质则包括油脂所含有的非甘油三酯物质种类与含量，以及脂肪酸氧化酸败的程度和主要的氧化产物定性与定量评价。

1. 饲料用油脂的质量标准

水产饲料中使用的油脂包括单纯的油脂（如豆油、鱼油、菜籽油等）、高含油量的饲料原料（如米糠、鱼粉、肉粉、玉米 DDGS 等），以及油籽原料（如油菜籽、大豆、油葵、玉米胚芽等）等。无论是油脂还是含油原料，主要是依据其中的

甘油三酯的物理、化学性质和脂肪酸组成等进行质量评价。

油脂质量评价是通过检测一系列指标来进行的。一些主要油脂的物理和化学性质见表 9-3。

表 9-3　油脂理化常数

油脂	折射率	熔点/℃	碘价/(g/100g)	皂化值/(mg/g)	备注
牛油	1.454～1.458	40～48	40～50	190～199	
可可脂	1.456～1.458	31～35	32～40	192～200	
椰子油	1.448～1.450	23～26	6～11	248～255	GB/T 8937—2006
猪油	1.448～1.460	32～45	45～70	190～202	
棕榈仁油	1.452～1.488	24～26	14～21	230～254	
花生油	1.460～1.465		86～107	187～196	
油菜籽油	1.465～1.467		94～120	168～181	
大豆油	1.466～1.470		124～139	189～190	
红花油	1.467～1.470		136～148	186～198	
向日葵籽油	1.467～1.469		118～145	188～194	
玉米油	1.465～1.468		107～128	187～195	

饲料用植物油脂技术指标要求见表 9-4。

表 9-4　饲料用植物油脂技术指标要求

项目		大豆油	玉米油	米糠油	棉籽油	菜籽油
碘价/(g/100g)	≥	120～140	105～135	90～115	100～115	90～130
皂化值/(mg/g)	≥	180	180	170	180	160
水分及挥发物/%	≤	0.2	0.2	0.5	0.2	0.2
不溶性杂质/%	≤	0.2	0.2	0.2	0.2	0.2
酸价/(mgKOH/g)	≤	5	10	15	5	6
过氧化值/(mmol/kg)	≤	8	6	6	6	6
游离棉酚/%	≤	不得检出	不得检出	不得检出	0.02	不得检出
溶剂残留量/(mg/kg)	≤	50				
黄曲霉毒素 B_1/(μg/kg)	≤	10				
苯并 [a] 芘/(μg/kg)	≤	10				
砷（以 As 计）/(mg/kg)	≤	7				
加热减重/%	≤	2				
矿物油		不得检出				

饲料用动物油脂的感官要求见表9-5。

表 9-5　饲料用动物油脂的感官要求

项目	猪油	鸡油、鸭油	鱼油
外观	固态:呈白色或淡黄色,稍有光泽,呈膏状; 液态:呈微黄色,透明	固态:淡黄色,稍有光泽,呈软膏状; 液态:呈亮黄色、透明	浅黄色或红棕色,透明
气味	具有猪油固有气味,无异味	具有鸡油、鸭油固有气味,无异味	具有鱼腥味,无异味

饲料用动物油脂的技术指标要求见表9-6。

表 9-6　饲料用动物油脂的技术指标要求

项目		猪油、鸡油、鸭油	鱼油
碘价/(g/100g)	≥	45~70	140~160
皂化值/(mg/g)	≥	190	180
水分及挥发物/%	≤	1.0	1.0
不溶性杂质/%	≤	1.0	1.0
EPA+DHA /%	≥	—	20.0
酸价/(mgKOH/g)	≤	5	5
过氧化值/(mmol/kg)	≤	5	5
丙二醛/(mg/kg)	≤	5	—
苯并[a]芘/(μg/kg)	≤	10	10
砷（以 As 计)/(mg/kg)	≤	7	7
加热减重/%	≤	2	2
矿物油		不得检出	

饲料用动物油脂的微生物指标要求见表9-7。

表 9-7　饲料用动物油脂的微生物指标要求

项目		指标
细菌总数/(CFU/g)	≤	50000
大肠菌群/(MPN/100g)	≤	70

2. 油脂营养质量变异与评价指标

（1）**自然状态油脂品质质量**　油脂营养质量鉴定的一项重要内容是非油脂成分和可能的掺杂鉴定。油脂产品中可能含有水分，油脂中水分与挥发物是同时测定的，是在103℃±2℃条件下，加热到油脂样品中水分和挥发性物质散尽后的失重百分比。挥发性成分主要是一些低级脂肪酸和一些低沸点的脂溶性物质。

在进行植物性油脂品质鉴定时，溶剂残留量（mg/kg）是值得关注的一个指标，植物油脂一般采用有机溶剂如正丁烷等进行浸提得到，在成品油中可能还有部分有机溶剂残留，残留的有机溶剂对养殖动物是否有不利影响也在研究之中。动物油脂一般采用加热的方法提取得到。有机溶剂残留多时，造成食用油脂异味大。

(2) 油脂混杂或掺假的质量鉴定　对于饲料油脂，混杂或掺假是值得关注的，主要是一些油脂对水产动物可能产生有毒有害作用，例如棉籽油中含有的棉酚、环丙烯脂肪酸等对水产动物有毒副作用等。同时，可能出现在油脂中掺杂矿物油、生物柴油的情况。

在油脂中掺入不同油脂可以参照 GB/T 5539—2008《粮油检验　油脂定性试验》中的方法进行定性鉴别。

水产饲料中矿物油的可能来源有两个：在油脂中掺入矿物油或米糠带有矿物油。矿物油是指通过物理蒸馏方法从石油中提炼出的基础油，在化学组成上为含有碳原子数比较少的烃类物质，多的有几十个碳原子，多数是含有不饱和键（双键或三键）的不饱和烃。油脂中掺入矿物油的鉴别方法可以参照 GB/T 5539—2008 进行。按照饲料油脂质量评价要求，矿物油是不得检出的。具体方法是：取油样 1mL 置于 125mL 锥形烧瓶中，加入 1mL 氢氧化钾水溶液（3∶2）和 20mL 无水乙醇，于水浴上回流皂化 5min，皂化时应及时加以振荡；取下烧瓶，加水 25mL，摇匀，溶液如果呈现混浊或有油状物析出，即表明掺有矿物油。米糠中矿物油主要是在一些不法生产商生产大米时利用矿物油进行抛光，而抛光后的矿物油随着米糠进入饲料中。

水产油脂饲料中可能掺入生物柴油。生物柴油的主要成分为一种长链脂肪酸的单烷基酯，一般利用植物油脂或回收的餐饮油脂裂解而来。可以通过 240℃蒸发失重来进行鉴别，基本方法是：在 240℃条件下已经烘干恒重（准确至 0.01g）的 100mL 烧杯内加 50～60mL 油样，称重，将烧杯放置于沙浴上加热到 240℃，并保持 20min，冷却至室温后称重，计算加热前后质量减少百分比，称为加热减重（%）。按照饲料油脂质量评价要求，加热减重（%）小于 2% 为正常。

(3) 油脂脂肪组成分析　油脂的脂肪酸组成分析结果依然是鉴定油脂质量的有效指标，只是需要气相色谱仪。要注意的是，目前油脂脂肪酸组成测定的定量方法是面积归一法，即不同脂肪酸（单一脂肪酸气相色谱吸收峰面积）占所测定脂肪酸总量（总面积）的百分比，这是一个相对百分比或相对组成比例，而不是油脂中脂肪酸的绝对百分含量，因此，当其中一种脂肪酸含量发生变化时就会导致所有脂肪酸百分比的变化。

对不同油脂脂肪酸组成结果的评价则是依据试验样品检测结果与油脂标准脂肪酸组成结果进行比较。

(4) 游离脂肪酸含量 在油脂中因为油脂提炼纯度或油脂的氧化水解，可能含有一定量的游离脂肪酸。油脂中含有游离脂肪酸意味着氧化水解反应的发生和发生的程度。油脂中游离脂肪酸含量是指油脂中游离脂肪酸占油脂总量的质量百分数。一般通过酸价来显示。饲料中游离脂肪酸对养殖鱼类是否有毒副作用目前还没有研究报告，而在人的食品中游离脂肪酸对健康有一定的不良影响，对小鼠的实验显示血清游离脂肪酸过多会造成肝脏的损伤。

二、饲料油脂的质量控制

饲料油脂、含油高的饲料原料均要对油脂的质量和品质进行鉴定，包括感官鉴定、化学分析鉴定和物理分析鉴定等内容。

饲料油脂品质鉴定和评判的最大难点在于饲料油脂是多种油脂的混合油脂，而不是单一种类的油脂。对于单一种类油脂可以依据其质量标准进行鉴定和评价，而多种油脂混合后的各类指标值就难以判定了。因此，对于饲料油脂品质评价最需要的是建立"饲料油脂的控制指标（值）"，将一些评价指标设定下限和上限来建立饲料油脂的品质控制指标和指标值。目前这项研究还不完善，还需要较长时间的、大量的饲料油脂分析和研究，以及油脂氧化产物毒副作用的基础研究结果。

1. 感官评价

感官鉴定的主要内容是对饲料油脂、含油饲料的颜色、物理状态、气味、口味等通过感觉器官眼看、手摸、鼻闻、嘴尝等方法进行鉴定。方法较为简单、快速，虽然不能进行定量分析，但对于油脂是否掺假、是否发生氧化酸败及其氧化程度等可以进行初步评判。重点还是对氧化后产生的气味和口味进行感官鉴别，以及对于油脂是否掺假也有一定的鉴别作用。

2. 油脂纯度与掺假检验

饲料中使用的植物油主要还是毛油，为油籽原料经过压榨或浸提、未经过脱色和脱胶等处理的油脂。其中还有部分磷脂。

植物油脂鉴定主要还是防止其中掺有对养殖动物有害的油脂如桐油、蓖麻油、油茶籽油、茶籽油等，可以按照 GB/T 5539—2008 的方法进行鉴别。尤其是要注意油脂是否掺有桐油，因为桐油对鱼类具有严重的毒副作用，可能导致鱼类大面积死亡。

饲料中使用的动物油包括鱼油、猪油、鸡油、鸭油、牛油、羊油等，一般是利用其肉品下脚料生产肉粉、肉骨粉、鱼粉所获得的油脂。要特别注意的是所谓的

"二次油"问题。二次油为收集一些小作坊通过蒸煮、压榨得到的体积和重量较大的肉饼，其含油量在 22%～30%，再经过挤压得到的油脂，其中经历了第一次蒸煮、压榨的高温之后，再经历一次高温挤压，在挤压过程中，局部最高温度可能超过 300℃，这将导致油脂的热聚合、热分解反应，产生一些对养殖鱼类有毒有害的成分。目前还没有有效的方法来鉴别二次油。

关于老油，这类油脂的主要问题一是为多种油脂的混合油；二是这类油脂经历了高温，热聚合、热分解产物较多，也包含部分反式脂肪酸、油脂氧化的产物等。一般是用在饲料中控制使用量的方法来预防老油对养殖动物的不利影响。

无论是植物油脂或是动物油脂，均要防止掺入矿物油、生物柴油。矿物油是长碳链的烃或酯，生物柴油为单链脂肪酸酯，这些物质的最大特点是沸点低，所以通过 240℃烘至恒重后油脂重量减少的比例来进行判定。按照饲料油脂质量评价要求，加热减重（%）小于 2%。

3. 油脂氧化稳定性评价

饲料油脂稳定性检验是对油脂抗氧化性能、油脂品质鉴定的有效方法。如果油脂的稳定性好则在使用过程中、在进入饲料后均可以保持较长时间不被氧化。所以，饲料油脂的稳定性评价就具有非常重要的意义。常用的油脂氧化稳定性测定方法如下：①活性氧法：即在 97.8℃下，以 2.33mL/s 的速度向油脂中通入空气，测定当过氧化值（POV）达到 100（植物油）或 20（动物油）时的时间；②Schaal 烘箱法，即定量称取油脂置于（63±1）℃恒温烘箱内，间隔一定时间如 24h 取油样测定其中的过氧化值（POV），以过氧化值达到 100（植物油）或 20（动物油）时的时间判定油脂的氧化稳定性，即时间越短越容易氧化。目前可以通过仪器进行定量的评价。

4. 油脂氧化程度评价

前面已经分析了油脂和油脂中脂肪酸氧化的主要类型及其产物、评价指标等，而对于饲料油脂的氧化程度鉴定主要是选择其中最有效的、快速的方法。

油脂过氧化值测定依然是评价氧化程度最有效的指标之一，只是在结果评价时要特别注意的是过氧化值大小与油脂氧化程度的正相关关系只存在油脂氧化的初期，而当油脂已经氧化后其过氧化值也是较低的。将饲料油脂过氧化值与酸价、丙二醛含量、碘价，以及感官鉴定结果结合进行评价和判定才是最有效的。

酸价是评价油脂氧化过程中、氧化后所产生的酸性物质总量的一个有效指标。要注意的是酸价是所有酸性物质包括脂肪酸、二元羧酸等与 KOH 反应的结果。不同油脂氧化后酸价的变化有一定的差异，有些油脂如米糠油、磷脂油等的酸价升高很大，有些如猪油则酸价变化不大。值得关注的是，饲料油脂可能被碱中和后其酸价也很低，此时酸价就不能反映出油脂氧化酸败的程度。

醛类物质的定性与定量鉴定在动物性油脂氧化程度评价中具有重要的意义。醛类中的丙二醛已经被证实对养殖动物具有显著的毒副作用，而丙二醛等醛类物质在氧化过程中主要来源于共轭多不饱和脂肪酸，所以在动物油脂中含量较高。饲料油脂中醛类物质含量安全范围值是多少？目前还没有结论，只能以含量越低越好来进行控制。同时，丙二醛等醛类物质自身也极为不稳定，这也给定量测定指标和测定方法带来很大的难度，如丙二醛可以很快氧化为丙二酸，其他一元醛、二元醛等也是如此。而醛类一旦氧化为酸后就反映在饲料油脂的酸价指标中了。对于饲料油脂醛类物质的定量评价指标主要还是硫代巴比妥酸（TBA）值，TBA可以与饱和醛、单烯醛、甘油醛、羟甲基糠醛等反应生成在波长450nm处有最大吸收的黄色化合物，而且在450nm和532nm处测得值同样表明油脂氧化的程度，但532nm一般作为丙二醛的特征吸收波长。在油脂氧化产物醛类物质含量判定时，应该将TBA值与油脂的酸价、羰基值结合进行判定。

羰基值是羰基化合物和2,4-二硝基苯肼在碱性溶液中反应的红色产物在440nm下的吸光度，所反映的是油脂中羰基数量的多少。当油脂氧化后，形成醛、酸、酮等化合物，其中的羰基数量增加。而饲料油脂中羰基值可以接受的安全范围目前也没有结论，需要进行研究。

第四节　饲料油脂的使用

一、水产饲料中油脂原料的选择

饲料油脂原料选择是主动规避油脂氧化对养殖鱼类影响的主要方法。饲料中油脂的选择包含了纯净油脂的选择、含油原料和油籽的选择。饲料中可以使用的油脂、油籽、含油原料可以参照"饲料原料目录"进行选择，这里不再多述。

饲料油脂选择的主要依据除了价格因素外，油脂的能量值、可消化利用率也是重要的指标，而油脂的稳定性和安全性也是重要的内容。

二、高油脂饲料加工质量的控制方法

考虑到水产饲料调质效果和制粒效果以及饲料颗粒的稳定性问题，配合饲料中总油脂水平是有限制的。对于一般的颗粒饲料，总油脂水平在7%以下时对饲料制粒和颗粒的稳定性影响较小，而超过这个量就会导致饲料颗粒稳定性差，成品饲料的粉化率显著增加。高含油饲料在调质时也会导致出现调制器"打滑"的现象。

饲料中油脂的来源包含单纯的油脂和原料中的油脂两大部分。从油脂氧化稳定性和对饲料颗粒制粒两个方面考虑，饲料原料中油脂的氧化稳定性显著高于单纯的油脂，饲料原料中油脂对饲料颗粒制粒效果以及颗粒的稳定性也优于单纯的油脂。一般情况下，饲料中添加的单纯油脂量超过3％时，对饲料颗粒调质和制粒效果就会产生较大的影响。如果配合饲料中油脂需要量水平较高时，例如需达到8％的饲料总油脂水平，而单纯油脂添加量要控制在3％，那么饲料原料中油脂总量就要达到5％，此时的饲料配方中就要选择含油量较高的饲料原料如米糠、油菜籽、大豆或膨化大豆等。

对于超过7％油脂总量水平的饲料，在生产加工过程中如何控制颗粒饲料的调质和制粒效果？

首先，进一步提高饲料原料的粉碎细度。饲料原料粉碎细度的提高不仅有利于饲料整体消化利用率的提高，也有利于饲料颗粒稳定性的提高。例如饲料原料达到85％以上通过60目与通过40目比较，饲料消化利用率和养殖效果就会提高很多，据不完全的统计和试验结果，养殖鱼类整体生长性能可以提高10％以上。同时，由于饲料原料粉粒的粒度更细，有利于水蒸气进入粉粒内部使粉粒内部的湿度、温度提高，淀粉的糊化度也显著提高，蛋白质的变性程度也提高。结果是颗粒饲料制粒效果得到改善，颗粒的稳定性显著增加。当然，饲料原料粉碎细度增加有赖于粉碎机性能，同时电能耗也有增加。总体评价结果是85％通过60目所增加的粉碎机购置成本、电能耗增加的成本小于饲料颗粒制粒效果和饲料养殖综合效果提高值的成本，表明这种改善粉碎机性能、提高粉碎细度的措施是有利的。

其次，在调质环节做适当的参数调整。如果饲料中油脂含量过高，会在饲料原料粉粒的表面形成油脂薄膜并阻止水蒸气进入原料粉粒内部，在调质器内加蒸汽调质时就会发生饲料原料温度上不去，难以达到90℃左右的理想调质温度，并影响到淀粉的糊化效果和颗粒饲料的稳定性。此时，有两个方法可以提高调质效果，一是在饲料配方中使用0.5％左右的磷脂（如果使用了油菜籽、大豆等原料，其中含有的磷脂也可以达到需要的效果，就不需再补充磷脂了），磷脂作为双性分子可以介导水蒸气进入原料粉粒内部而提高调质温度；二是适当增加水蒸气中水分含量，即增加水蒸气的水分饱和度，使调质器内饲料原料的含水量达到16.5％～17.0％，水分的增加也可以使温度提高。

第三，适当调整饲料配方油脂原料组成。对于饲料中油脂的添加量问题，直接添加的油脂对颗粒制粒有较大的影响，在硬颗粒饲料中如要求油脂总量超过7％就需要考虑使用含油高的饲料原料如油菜籽、大豆等，既提供了饲料油脂水平，又增加了饲料中磷脂的含量。饲料中来自于油菜籽、大豆的磷脂的增加，既满足了养殖鱼类对磷脂的需要，又满足了饲料调质与制粒对磷脂的需要。

第四，提高环模的压缩比。环模压缩比是指环模厚度与环模孔径的比值，如压缩比为15就是指环模孔径为1时，环模厚度为15。环模压缩比的增加将使饲料在通过环模孔径的时间延长、饲料原料受到的压力增加，饲料原料被压迫得更为紧密、严实，其结果是生产的饲料颗粒密度增加、颗粒的稳定性提高。对于饲料油脂含量在7％以下的配合饲料，环模压缩比在13～15即可；而当饲料油脂总水平达到7％～8.5％时，环模压缩比要达到15～22。具体要依据生产出来的颗粒饲料的密度大小和颗粒的分化率进行选择。

挤压膨化饲料中油脂总量可以达到10％左右，但需要采用在饲料原料中添加油脂和后喷涂油脂结合的方法才能实现。

三、饲料油脂的添加方法

在水产饲料生产中，饲料油脂可以在饲料原料粉碎、混合机混合、制粒调质和颗粒饲料表面喷涂四个生产环节加入。

油脂加入主要考虑的问题是油脂混合均匀度和油脂在高温下可能发生的反应两大问题。如果从混合均匀度方面考虑，在粉碎阶段加入油脂应该是最合适的，但需要与某种饲料原料最好是吸油能力较强的饲料一起粉碎。由于在配方中数量较大的饲料原料需要经过配料仓短暂存储，所以添加的油脂量不宜过大。

如果从控制油脂在高温下与其他物质发生化学反应方面考虑，适宜的添加环节应该是在制粒后进行油脂的喷涂，但由于颗粒表面吸油量的限制，后喷涂的油脂量有限，其最大上限为4％。

1. 在粉碎阶段添加油脂

如果需要在水产饲料中使用油菜籽、大豆等油脂原料，以及使用高含油量的原料如米糠、玉米 DDGS、各类胚芽等，可以作为饲料原料通过粉碎后使用，但不直接进入配料仓，可以直接进入混合机。也可以经过配方和计量后与其中的一种饲料原料混合后，经过粉碎而进入饲料配料仓。

对于牛油、羊油、棕榈油等也要经过粉碎后再使用，可以与某种饲料原料按照一定的比例混合、粉碎后使用。

需要注意的是要避免油脂对粉碎机筛网的影响，一般通过控制油脂的使用量来控制。

2. 混合机中的油脂添加

在饲料混合环节，通过油脂喷淋装置在混合机里加入饲料油脂。饲料原料经过不同配料仓计量后进入混合机。混合机有连续混合机和间歇混合机两类。采用间歇混合机时油脂的加入量容易正确控制。

在混合机加入油脂主要考虑的问题是油脂混合均匀度的问题。由于混合机中桨叶的转速较慢，如果油脂以线状加入时，油脂与饲料原料接触后容易形成球状物导致混合不均匀。添加的油脂最好成雾状加入到混合机内。混合机内添加油脂的含量一般在5%以下。喷嘴尽量采用压缩空气雾化的二流体喷嘴，防止滴油现象。混合机中添加油脂时采用"先加油后混合"工艺有利于提高饲料的混合均匀度。混合机内的喷嘴位置，一般设备厂家都已经预设好，油脂加入的位置应在混合机充分搅拌的地方，这样可以使油脂与饲料充分混合，以提高混合均匀度。双轴桨叶混合机喷嘴设于中间，单轴桨叶混合机从侧壁喷入油脂。最好使用可调整位置的喷嘴，调试时观察喷嘴的雾化效果、压力及覆盖范围，获得实测参数。为了避免饲料中出现脂球，油脂加入之前应预热，尤其在冬季更需使油脂加热到一定温度，并通过一个恒温控制器调节，一般控制在48～90℃。

3. 制粒调质器内添加油脂

调质器内添加油脂主要是为了提高颗粒饲料的营养特性，改善制粒性能、适口性，同时增加日粮热效应，但是由于调质时间短，致使饲料与油脂的混合均匀度较差，而且油脂的添加量也不宜超过3%。如果在调质室后安装一熟化罐，就可以增加调质时间（15～20min），于是物料便有足够的时间吸收添加的油脂，这样不仅可以提高制粒机的生产效率，还可以增强颗粒饲料的耐久性，同时油脂的添加量可达5%～8%。

4. 颗粒饲料表面油脂喷涂

为了保持颗粒饲料的硬度和在水中的稳定性，在压制颗粒后进行油脂喷涂是很有效的方法。颗粒饲料表面喷涂油脂后可使其形成一层保护薄膜，防止水渗透到颗粒内部而使颗粒溶化。因喷涂量不同，稳定性的增加也不同，一般可增加2～10倍。在加热的颗粒表面喷涂油脂有利于颗粒饲料对油脂的吸收，但油脂喷涂量必须严格控制，过量的油脂会粘在搅拌输送器或管上并产生油垢，造成浪费且影响使用。

后喷涂和成型前喷涂的最大差异在于饲料料形的保持和吸收程度的差异。常压喷涂有连续式的离心式喷涂、滚筒式喷涂，批次式的槽形混合机喷涂；真空喷涂机根据混合机型式分为双轴桨叶式、立式绞龙式、二维转鼓式等。总的来说，后喷涂属于颗粒的油脂表面喷涂，理论上常压下添加量在5%以下，真空下可以增至20%左右。

四、水产饲料油脂的抗氧化防治对策

（一）主动预防与被动预防

饲料油脂有效防止氧化可以从主动预防与被动预防两个方面来考虑。

1. 主动预防

饲料油脂氧化的主动预防措施主要是指在饲料配方编制时，选择没有氧化或氧化程度较低的饲料油脂进入饲料配方体系，避免使用已经氧化或容易氧化的饲料油脂或油脂原料，控制使用含油高的、容易氧化的饲料原料。

在考虑油脂的必需脂肪酸含量、营养价值的同时，必须考虑不饱和脂肪酸的氧化酸败和氧化酸败产生的有毒副作用产物对养殖动物的影响。必须是二者兼顾，而在二者难以兼顾的情况下，为了保证养殖效果和养殖动物的健康，应该优先考虑氧化油脂的毒副作用，尽量选择不饱和脂肪酸含量低的、不容易氧化的油脂作为饲料油脂原料。

① 不饱和脂肪酸含量高、新鲜度好的油脂原料其营养价值和养殖效果最佳。如新鲜的鱼油、新鲜的鱼肝油等，这类油脂不饱和脂肪酸含量高，如果新鲜度能够得到保证可取得很好的养殖效果；而如果新鲜度不能保证，则尽量不要选用，以避免氧化油脂的毒副作用。要尽量避免选择蚕蛹、蚕蛹油脂、米糠毛油、玉米毛油、油脂下脚料（磷脂粉、低质磷脂油）等作为饲料油脂原料。

② 不容易氧化的油脂一般是指油脂中不饱和脂肪酸含量低的油脂原料，这类原料虽然必需脂肪酸含量低，但是不容易氧化，所含有的氧化有毒副作用产物量很少，对养殖鱼类的不利影响小，油脂的营养作用能够有效发挥，对养殖鱼类的生长性能和对养殖鱼类生理机能保护更为有利。这类油脂原料有猪油、牛油、豆油、菜籽油、花生油等。不饱和脂肪酸含量低的油脂是可以利用的，但是，在我国北方要注意越冬期油脂的硬化问题。这类油脂包括猪油、牛油，从目前的使用情况看，可以取得很好的养殖效果，但在我国北方地区越冬前应该停止使用这类油脂，以避免油脂硬化造成内脏器官组织的硬化。

③ 原料中油脂的稳定性好于已经提取的油脂的稳定性，生产中可以使用一些含油高的、新鲜的原料。这方面的例证较多，饲料企业可以根据实际情况选用适宜的油脂原料。例如植物性油脂较鱼油氧化稳定性好，豆油、菜籽油等较玉米油、米糠油、蚕蛹油等抗氧化性强。因此，可以选择豆油、菜籽油、猪油等作为饲料油脂原料。同时，研究表明，植物种子、植物或动物原料中油脂的氧化稳定性强于已经分离的油脂，如大豆、膨化大豆中油脂较豆油稳定，油菜籽中油脂较菜籽油稳定性

好，米糠中油脂较米糠油更稳定，玉米胚芽中油脂较玉米油更稳定。大豆的含油量在 16%～20%、油菜籽含油量在 36%～38%、进口的加拿大双低油菜籽含油量在 40%～42%、颗粒较大的花生（带壳）含油量在 34%～36%、颗粒较小的花生（带壳）含油量在 40%～41%、新疆油葵（带壳）含油 42%，均是含油很高的植物油脂种子，新鲜度可以得到保证，原料不容易掺假，在饲料中使用被证明可以取得很好的养殖效果，其养殖效果一般优于相应的油脂。因此，在资源可以得到保障、价格比较合适的情况下，可以选择这类原料进入鱼类饲料配方中，但是也要注意控制使用量和方法。大豆要经过膨化处理以消除部分抗营养因子；油菜籽如果直接使用要控制在 3% 以下，如果膨化后使用要控制在 5% 以下，同时在饲料中使用 200g/t 的桑普鱼虾 4 号，效果会更好。花生、油葵可以带壳粉碎后直接使用，使用量控制在 5% 以下，以避免饲料粗纤维含量超标。

新鲜的全脂鱼粉可以取得很好的养殖效果，其油脂稳定性好于鱼油；而新鲜度不好的全脂鱼粉使用后产生的副作用类似于氧化鱼油的效果，不宜使用。新鲜的米糠含油可以达到 15%，是很好的油脂原料，可以在鱼类饲料中使用 10% 以下的量，但是不新鲜的米糠则不适宜在鱼类饲料中使用。植物油脂种子可以在鱼类饲料中控制使用，在价格、资源特色和质量比较理想的情况下，可以使用这些油脂种子原料提供安全的饲料油脂。

④ 在饲料中使用抗氧化剂难以抑制饲料中油脂的氧化酸败，可能带来其他的副作用。在一般的油脂如鱼油、豆油、菜油中已经使用了一定量的抗氧化剂，但抗氧化剂的作用必定是有限的，难以完全保护油脂不被氧化。如果在配合饲料中使用抗氧化剂，由于使用剂量有限、干扰因素太多，难以达到抑制油脂氧化酸败的效果，建议不采用这种方案。同时，过多的抗氧化剂可能引发其他的问题。

⑤ 不同鱼对油脂氧化的敏感性有差异。对氧化油脂敏感性很高的鱼类，其饲料中只能使用豆油、菜籽油、猪油等不容易氧化的油脂。

2. 被动预防

被动预防则是对饲料油脂进行抗氧化处理、低温保存等。尤其要注意的是，很多饲料企业对油脂的存储、放置条件未充分考虑到如何防治氧化的问题，例如放置在露天，油桶被日晒、雨淋，容易导致油脂的氧化，应该放置在低温环境中。还有，油桶、油脂在保温池中的时间不要过长，最好是每天使用完毕后再放入新的油桶。对于喷涂在膨化颗粒饲料表面的油脂，尤其是鱼油，由于与空气接触面积显著增加，与饲料中金属离子接触概率增加，在喷油过程中，膨化颗粒饲料表面温度较高（高于 80℃），还要经历饲料烘干过程，这些因素都可能导致油脂的进一步氧化。另外，表面喷油的饲料如果在养殖场存放时间过长，也会导致颗粒表面的油脂进一步氧化。

喷油设备材料对饲料油脂氧化的影响也是值得关注的问题。由于重金属可以催化油脂的氧化，其催化能力大小通常与其原子质量成正相关关系。因此，油脂添加和喷涂设备中如果有铜质的阀门、喷嘴等，在油脂经过时就可能加速油脂的氧化。这种氧化以自由基氧化方式为主，所以一旦被启动，产生了自由基，就可能导致油脂的进一步氧化。所以，要尽量避免使用铜质的阀门、管道、喷嘴等。

因此，在饲料企业经常出现"买了质量很好的油脂，但是没有用出好的效果，反而出现氧化油脂引起的养殖动物病理变化"的情况。其原因就是在油脂保存和使用过程中出现了油脂氧化，在油脂使用过程中如何防止油脂氧化就成为一个重要的技术问题。

（二）抗氧化剂

1. 抗氧化剂在饲料中的使用目标

在配合饲料中抗氧化剂的使用目标主要有以下几个方面，依据不同的使用目标和不同抗氧化剂的作用机制，要有目的地选择和使用抗氧化剂。

首先是维生素的抗氧化与抗氧化剂问题。维生素在有氧、高温、金属离子存在等条件下容易发生氧化变性，所以要使用抗氧化剂。这类抗氧化剂以消耗维生素预混料中氧气为作用机制，一般的化学合成抗氧化剂如乙氧基喹啉等即可达到要求。

其次是饲料油脂的抗氧化问题。饲料单纯油脂在出厂时一般也加有抗氧化剂，且是脂溶性的抗氧化剂。水产饲料中油脂的使用量在增加，油脂种类也较多，如何选择和使用饲料油脂抗氧化剂就是一个重要的问题。同时，由于水产饲料加工温度较高（硬颗粒饲料85～95℃、膨化饲料132℃），所使用的抗氧化剂在此温度是否能够保持其原有的抗氧化能力就至关重要。此外，抗氧化剂的过量使用是否会对养殖动物产生毒副作用也是需要关注的问题。

膨化饲料后喷涂油脂的抗氧化和抗氧化剂的选择值得关注。

第三，饲料整体抗氧化问题。在维生素预混料、饲料油脂中均使用了抗氧化剂的情况下，配合饲料中是否还需要添加抗氧化剂？这是一个值得探讨的问题。

第四，生物体内抗氧化和抗氧化剂的使用问题。生物体系的抗氧化主要是依赖生物体内的维生素C、维生素E、超氧化物歧化酶、谷胱甘肽和谷胱甘肽酶、多酚抗氧化体系等的作用，以清除体内自由基、清除过氧化物等为主要作用机制。

2. 抗氧化剂的作用机理

可作为抗氧化剂的化合物种类很多，从机理上可分为以下几类：

① 自由基抑制剂。脂类化合物的自动氧化反应是自由基链式反应，故消除或

抑制自由基可阻断氧化反应。一些酚类物质能与脂类化合物的自由基反应，生成稳定产物。

② 金属离子螯合剂。在饲料油脂中，常含有铁离子、铜离子，这些金属离子的化合价较高，并有合适的氧化还原电位，可缩短链式反应发生期的时间，从而加快脂质化合物的氧化速度。因此，在饲料油脂中适当添加一些螯合剂，如柠檬酸、磷酸及其衍生物、EDTA 等，能促使金属离子形成螯合物，从而降低金属离子的促氧化作用。

③ 氧清除剂。氧清除剂是通过去除饲料、油脂中的氧而延缓氧化反应的抗氧化剂，主要有抗坏血酸、抗坏血酸酯，以及酚类物质等。氧清除剂的作用机理是自身被氧化而消耗氧气。这类抗氧化剂又称为增效剂。

④ 单线态氧猝灭剂。胡萝卜素是单线态氧的有效猝灭剂，起抗氧化剂的作用。

⑤ 聚甲基硅氧烷和甾醇类抗氧化剂。聚甲基硅氧烷对油脂起抗氧化作用主要基于以下四个方面：聚甲基硅氧烷产生一种物理屏障，阻止氧从空气中渗入油脂内，起到抗氧化作用；聚甲基硅氧烷对空气产生一种惰性表层，以抑制表层上氧的作用；当表面层发生氧化时，聚甲基硅氧烷可抑制自由基链式反应的传递；聚甲基硅氧烷可抑制油脂表面层的对流作用，从而控制油脂的氧化速度。甾醇类抗氧化剂作用机理是，侧链上的烯丙基提供一个氢原子，然后生成一个相对稳定的烯丙基自由基。

3. 常用的抗氧化剂

油脂的抗氧化剂有天然的及合成的两大类，它们基本是酚类。天然的抗氧化剂有生育酚（维生素 E）、单宁、棉酚、没食子酸等。天然植物油中都含天然抗氧化剂，但它们往往在油脂精制时被分解，所以，若不加抗氧化剂，一般精制油比未精制油易氧化。根据溶解性的不同，可分为油溶性抗氧化剂、水溶性抗氧化剂和兼容性抗氧化剂。

(1) 乙氧基喹啉（EQ） 它是一种化学合成的抗氧化剂，又称为山道喹、虎皮灵、乙氧喹。化学名称为 6-乙氧基-2,2,4-三甲基-1,2-二氢喹啉。分子式为 $C_{14}H_{19}NO$，分子量为 217.31。EQ 是一种具有清除过氧化脂质自由基的芳香胺，因此能够终止鱼类饲料和原料中不饱和脂肪酸的自然氧化。EQ 是全球使用最广泛的抗氧化剂之一，可单独使用，也可与另外两种抗氧化剂 BHA 及 BHT 组合使用，目前已广泛用于实际饲料生产中。

(2) 二丁基羟基甲苯（BHT） 分子式为 $C_{15}H_{24}O$，分子量为 220.36。化学名称为 2,6-二叔丁基对甲酚或二叔丁基羟基甲苯。为白色结晶或结晶性粉末，熔点 69.0～70.0℃，沸点 265℃，对热相当稳定。接触金属离子，特别是铁离子不显色，抗氧化效果良好。加热时与水蒸气一起挥发。不溶于水、甘油和丙二醇，易溶于乙醇（25%）和油脂。在动物油中其用量为0.001%～0.01%，植物油中用量为0.002%～0.02%。

（3）丁基羟基茴香醚（BHA） 白色或微黄色结晶状物，熔点48～63℃，沸点264～270℃（98kPa），易溶于乙醇（25g/100mL，25℃）、丙二醇和油脂，不溶于水。BHA对热稳定，在弱碱条件下不易被破坏，与金属离子作用不着色。

丁基羟基茴香醚对动物性脂肪的抗氧化作用较强，而对不饱和植物脂肪的抗氧化作用较差。在动物油中其用量为0.001%～0.01%，植物油中用量为0.002%～0.02%。在食品中的最大用量以脂肪计不得超过0.2g/kg。其用量为0.02%时比0.01%的抗氧化效果提高10%，当用量超过0.02%时抗氧化效果反而下降。丁基羟基茴香醚与二丁基羟基甲苯、没食子酸丙酯混合使用时，其中丁基羟基茴香醚与二丁基羟基甲苯总量不得超过0.1g/kg，没食子酸丙酯不得超过0.05g/kg（使用量均以脂肪计）。

BHA的抗氧化效果优于BHT，且有较强的抗菌力。其缺点是价格昂贵，饲料中单独作为抗氧化剂添加成本较高，主要用于维生素混合物或复合的抗氧化剂中少量使用。曾有报道发现BHA对大鼠的前胃有致癌作用，因此BHA也在某些发达国家被禁止使用。

（4）叔丁基氢醌（TBHQ） TBHQ的分子式为$C_{10}H_{14}O_2$，分子量为166.22，化学名称为叔丁基对苯二酚。叔丁基对苯二酚属于白色粉状结晶，有特殊气味，熔点126.5～128.5℃，沸点300℃，耐热性较差，易溶于乙醇、乙酸和乙醚，溶于动植物油脂，微溶于水（1g/100mL）。叔丁基对苯二酚可用于油脂、奶油，使用限量为0.2g/kg以下。叔丁基对苯二酚对其他的抗氧化剂和螯合剂有增效作用，柠檬酸的加入可增强其抗氧化活性。在植物油、膨松油和动物油中，叔丁基对苯二酚一般与柠檬酸结合使用。在棉籽油、豆油和红花油中抗氧化特别有效。据报道，TBHQ的抗氧化效果优于BHA和BHT，尤其是TBHQ对大多数油脂具有防止氧化腐败的作用。但与BHA相似，TBHQ的价格也较高，在饲料中单独使用较少。

（5）没食子酸丙酯（PG） PG又称五倍子酸丙酯、倍酸丙酯、3,4,5-三羟基苯甲酸丙酯，分子式为$C_{10}H_{12}O_5$，分子量为212.21。白色至淡褐色的结晶性粉末，无臭，微有苦味。高温下升华，溶于乙醇、丙醇、乙醚、氯仿，难溶于水，微溶于棉籽油、花生油、猪脂。熔点146～148℃。其0.25%水溶液的pH值为5.5左右。没食子酸丙酯比较稳定，遇铜离子、铁离子等金属离子发生呈色反应，变为紫色或暗绿色，有吸湿性，对光不稳定，发生分解，耐高温性差。使用量动物油为0.001%～0.01%，植物油为0.001%～0.02%。

（6）茶多酚 是茶叶中多酚类物质的总称，是一种稠环芳香烃，可分为黄烷醇类、羟基-[4]-黄烷醇类、花色苷类、黄酮类、黄酮醇类和酚酸类等。茶多酚又称茶鞣或茶单宁，是形成茶叶色香味的主要成分之一，也是茶叶中有保健功能的主要成分之一。茶多酚在茶叶中的含量一般在 20%～35%。茶多酚在常温下呈浅黄或浅绿色粉末，易溶于温水（40～80℃）和含水乙醇中。其稳定性极强，在 pH4～8、250℃左右的环境中，1.5h 内均能保持稳定。在三价铁离子作用下易分解。在茶多酚各组成分中以黄烷醇类为主，黄烷醇类又以儿茶素类物质为主。儿茶素类物质的含量约占茶多酚总量的 70%左右。茶多酚有极强的清除有害自由基、阻止脂质过氧化的作用。

第五节　不同脂肪源饲料和复合肉碱对武昌鱼生长的影响

不同油脂原料对同一种鱼类的养殖效果是否有差异？差异有多大？以武昌鱼为实验对象，比较了豆油、菜油、猪油、油菜籽的养殖效果。

1. 试验鱼和试验饲料

选用当年池塘养殖武昌鱼鱼种为养殖试验鱼，由无锡某水产养殖场提供。在室内暂养一周后分组。挑选健康正常的试验鱼 360 尾，初始平均体重为 7.77g±0.18g，随机分为 8 组，每组设 3 个重复，共 24 个养殖桶，每桶放试验鱼 15 尾。养殖桶上部圆形，底部为圆锥形，直径 70cm、高 65cm、容积 0.22m³。

试验饲料：采用鱼粉、豆粕、棉粕、麦麸等常规饲料原料进行配方设计，配方见表 9-8，试验饲料的脂肪酸组成见表 9-9。所有原料在试验前经粉碎机 60 目粉碎并进行常规成分分析。饲料配制按照常规原料的实际测定值为准，蛋白质含量 28%，常规原料中脂肪含量 3%，添加在饲料中的四种脂肪源分别是豆油、菜油（市售生菜油）、猪油和加拿大油菜籽。豆油、菜油、猪油按照 3%的添加量添加在饲料中，饲料中总脂肪含量为 6%；加拿大油菜籽添加量为 4.7%，折合油脂含量 2%，油菜籽组饲料总脂肪含量为 5%。肉碱主要成分是 DL-肉碱，在本试验饲料中的添加量为 0.02%。

表 9-8　试验饲料配方和营养组成（风干基础）　　　　　单位:%

原料	豆油组饲料		菜油组饲料		猪油组饲料		油菜籽组饲料	
鱼粉	3	3	3	3	3	3	3	3
豆粕	8	8	8	8	8	8	8	8
菜粕	21.5	21.5	21.5	21.5	21.5	21.5	18.3	18.3

原料	豆油组饲料		菜油组饲料		猪油组饲料		油菜籽组饲料	
棉粕	22	22	22	22	22	22	22	22
麦麸	10	10	10	10	10	10	11.5	11.5
面粉	14	14	14	14	14	14	14	14
细米糠	10	10	10	10	10	10	10	10
肉骨粉	1.5	1.5	1.5	1.5	1.5	1.5	1.5	1.5
磷酸二氢钙	2	2	2	2	2	2	2	2
沸石粉	2	2	2	2	2	2	2	2
膨润土	2	2	2	2	2	2	2	2
豆油	3	3						
菜油			3	3				
猪油					3	3		
油菜籽							4.7	4.7
预混料	1	1	1	1	1	1	1	1
复合肉碱		0.02		0.02		0.02		0.02
合计	100	100.02	100	100.02	100	100.02	100	100.02
实际测定饲料营养水平/%								
水分	7.32	7.22	7.48	7.72	7.76	7.86	7.52	7.77
粗蛋白	27.73	27.56	28.22	28.20	27.70	27.88	27.89	27.93
粗脂肪	6.15	6.07	6.17	6.11	6.00	5.92	5.09	5.02
灰分	11.96	12.21	12.28	12.17	12.34	12.24	12.14	12.27

注：预混料为 Cu 5mg/kg、Fe 180mg/kg、Mn 35mg/kg、Zn 120mg/kg、I 0.65mg/kg、Se 0.5mg/kg、Co 0.07mg/kg、Mg 300mg/kg、K 80mg/kg、维生素 A 10mg/kg、维生素 B_1 8mg/kg、维生素 B_2 8mg/kg、维生素 B_6 20mg/kg、维生素 B_{12} 0.1mg/kg、维生素 C 250mg/kg、泛酸钙 20mg/kg、烟酸 25mg/kg、维生素 D_3 4mg/kg、维生素 K_3 6mg/kg、叶酸 5mg/kg、肌醇 100mg/kg。

表 9-9　试验饲料脂肪酸组成　　　　　　　单位：%

脂肪酸 ＼ 饲料种类	豆油饲料		菜油饲料		猪油饲料		油菜籽饲料	
	无肉碱	加肉碱	无肉碱	加肉碱	无肉碱	加肉碱	无肉碱	加肉碱
$C_{14:0}$	0.65	0.61	0.71	0.74	1.63	1.70	0.77	0.83
$C_{16:0}$	16.49	15.49	15.38	15.17	25.86	25.42	12.82	13.96
$C_{17:0}$			0.22	0.22	0.31	0.29		
$C_{18:0}$	3.75	3.36	2.93	2.70	9.16	9.14	2.54	2.75
$C_{20:0}$	0.27	0.25	0.31	0.28	0.21	0.23	0.33	0.35

脂肪酸 \ 饲料种类	豆油饲料		菜油饲料		猪油饲料		油菜籽饲料	
	无肉碱	加肉碱	无肉碱	加肉碱	无肉碱	加肉碱	无肉碱	加肉碱
$C_{21:0}$					0.23	0.21		
$C_{22:0}$	0.20	0.16	0.19	0.16	0.26	0.27	0.34	0.35
合成脂肪酸(SFA)	21.36	19.87	19.75	19.28	37.66	37.27	16.80	18.23
$C_{16:1}$	0.58	0.56	0.76	0.75	1.47	1.46	0.71	0.97
$C_{17:1}$					0.17	0.16		
$C_{18:1n-9}$	25.93	26.80	31.23	28.85	31.89	31.56	41.99	42.99
$C_{20:1}$	0.40	0.43	1.12	1.31	0.45	0.48	1.00	1.05
$C_{22:1n-9}$			3.24	2.82				
$C_{24:1n-9}$			0.17	0.16				
单不饱和脂肪酸(MUFA)	26.91	27.79	36.51	33.89	33.99	33.65	43.69	45.00
$C_{18:2n-6}$	44.25	44.46	37.80	35.07	24.24	24.89	29.03	29.05
$\gamma\text{-}C_{18:3n-6}$	0.21	0.18						
$\sum n\text{-}6$ PUFA	44.46	44.64	37.80	35.07	24.24	24.89	29.03	29.05
$\alpha\text{-}C_{18:3n-3}$	5.23	5.70	4.55	4.22	2.23	2.19	5.10	5.47
$C_{20:5n-3}$	0.32	0.29	0.33	0.27	0.29	0.33	0.66	0.67
$\sum n\text{-}3$ PUFA	5.55	5.99	4.88	4.48	2.53	2.53	5.76	6.14
$\sum n\text{-}3/\sum n\text{-}6$	0.12	0.13	0.13	0.13	0.10	0.10	0.20	0.21

根据基础配方将各饲料组所需大宗基础原料(60目粉碎)准确称量,机器搅拌均匀后将混合均匀的维生素和矿物质加入基础原料中进一步混合均匀,最后加入油脂并搅拌均匀。用制粒机制成直径1.5mm的硬颗粒饲料,饲料制粒温度65℃,饲料成品在冰箱中0～4℃保存。各组饲料的脂肪酸组成见表9-9,采用GC-9A岛津气相色谱测定,面积归一法计算脂肪酸百分含量,数据表示某一种脂肪酸占油脂脂肪酸总量的百分比。

2. 试验油脂氧化评价指标

对饲料油脂进行了氧化程度评价,并与食用油脂国家标准比较,其结果见表9-10。

表9-10 试验用油脂的化学指标

油脂	酸价(AV)/(mg/g)	酸价(国标)/(mg/g)		碘值(IV)/(g/100g)	碘值(国标)/(g/mg)	过氧化值(POV)/(mmol/kg)	过氧化值(国标)/(mmol/kg)	
		一级	二级				一级	二级
豆油	0.01	≤0.20	≤0.30	112.90	124～139	0.35	≤5.0	≤5.0
菜油	0.22	≤0.20	≤0.30	115.19	94～120	2.99	≤5.0	≤5.0

油脂	酸价(AV)/(mg/g)	酸价(国标)/(mg/g)		碘值(IV)/(g/100g)	碘值(国标)/(g/mg)	过氧化值(POV)/(mmol/kg)	过氧化值(国标)/(mmol/kg)	
		一级	二级				一级	二级
猪油	0.47	≤1.0	≤1.5	61.26	—	0.35	≤0.10	≤0.10
油菜籽	—	—	—	—	—	—	—	—

3. 成活率和生长速率

102天的养殖试验结束后，统计分析得到各组鱼体的成活率、特定生长率，结果见表9-11。

表9-11　不同脂肪源和复合肉碱对武昌鱼成活率和特定生长率的影响

饲料组	肉碱	成活率(SR)/%	成活率平均值/%	初重/g	末重/g	特定生长率(SGR)/(%/d)	特定生长率平均值/(%/d)
豆油组	无	100.00 93.33 100.00	97.78	8.00 7.49 7.57	26.43 20.36 24.23	1.17 0.98 1.14	1.10±0.10
	有	100.00 100.00 100.00	100.00	7.73 7.89 7.66	25.16 20.58 22.55	1.16 0.94 1.06	1.05±0.11
菜油组	无	86.67 93.33 100.00	93.33	7.93 7.71 7.55	24.98 24.60 22.40	1.13 1.14 1.07	1.11±0.04
	有	100.00 100.00 93.33	97.78	7.68 7.81 7.75	20.39 24.87 22.82	0.96 1.14 1.06	1.05±0.09
猪油组	无	100.00 100.00 100.00	100.00	7.75 8.02 7.91	21.59 22.35 20.29	1.00 1.00 0.92	0.98±0.05
	有	100.00 100.00 93.33	97.78	7.60 8.01 7.58	20.69 21.85 21.01	0.98 0.98 1.00	0.99±0.01
油菜籽组	无	100.00 100.00 100.00	100.00	7.70 7.88 7.68	19.73 20.67 21.36	0.92 0.95 1.00	0.96±0.04
	有	100.00 93.33 100.00	97.78	8.22 7.61 7.75	22.93 21.46 17.50	1.01 1.02 0.80	0.94±0.12

① 经过统计分析，8个试验组武昌鱼成活率无显著差异（$P>0.05$）。养殖过

程中死亡的几尾鱼，确定均为跳出养殖桶意外死亡，与饲料无关。

② 各试验组特定生长率无显著差异。在本试验条件下，特定生长率在 4 种脂肪源饲料组间无显著差异（$P>0.05$）；比较同种脂肪源，在不添加和添加肉碱各组间也无显著差异（$P>0.05$）。猪油组和油菜籽组鱼体特定生长率略低于豆油组和菜油组。

4. 饲料效率

不同脂肪源和肉碱的添加对武昌鱼饲料系数和蛋白质效率的影响结果见表 9-12。

表 9-12　不同脂肪源和复合肉碱对武昌鱼饲料效率的影响

饲料组	肉碱	投喂饲料总量/g	初鱼总重/g	末鱼总重/g	饲料系数（FCR）	饲料系数平均值	蛋白质效率（PER）/%	蛋白质效率平均值/%
豆油组	无	684.99	120	396.5	2.48	2.83±0.56	1.44	1.29±0.23
		599.94	112.3	285	3.47		1.03	
		631.37	113.5	363.4	2.53		1.41	
	有	654.81	115.9	377.4	2.50	2.83+0.48	1.43	1.28±0.22
		617.03	118.4	308.7	3.24		1.10	
		612.56	114.9	338.2	2.74		1.30	
菜油组	无	610.95	118.9	324.8	2.97	2.87±0.15	1.20	1.25±0.07
		615.70	115.6	344.4	2.69		1.33	
		654.41	113.3	336	2.94		1.22	
	有	624.86	115.2	305.9	3.28	2.98±0.44	1.09	1.22±0.20
		632.04	117.1	373.1	2.47		1.45	
		648.96	116.3	319.5	3.19		1.12	
猪油组	无	595.25	116.3	323.9	2.87	3.06±0.32	1.25	1.18±0.12
		620.79	120.3	335.2	2.89		1.24	
		638.17	118.7	304.4	3.44		1.04	
	有	623.47	114	310.4	3.17	3.15±0.12	1.13	1.14±0.04
		610.15	120.2	327.7	2.94		1.21	
		603.81	113.7	294.2	3.35		1.07	
油菜籽组	无	610.76	115.5	296	3.38	3.20±0.25	1.06	1.12±0.09
		610.54	118.2	310.1	3.18		1.12	
		620.29	115.2	320.4	3.02		1.18	
	有	673.28	123.3	343.9	3.05	3.38±0.47	1.17	1.07±0.14
		591.34	114.1	300.5	3.17		1.13	
		574.19	116.2	262.3	3.92		0.91	

① 油菜籽组饲料系数最高（3.20，3.38）。同种脂肪源不添加和添加肉碱各组

饲料系数差异不大。不同脂肪源的添加对饲料系数有一定的影响，但这种影响差异不显著（$P>0.05$），添加肉碱没有对饲料系数产生显著影响（$P>0.05$）。

② 各饲料组间蛋白质效率没有体现出差异显著性（$P>0.05$），与不同脂肪源饲料对饲料系数的影响趋势一致，饲料蛋白质效率大小依次是豆油组＞菜油组＞猪油组＞油菜籽组。

5. 试验的主要结论

在本试验条件下，武昌鱼对豆油、菜油、猪油和油菜籽都能很好利用，四种脂肪源饲料的脂肪酸组成种类和数量能满足武昌鱼正常生长所需的必需脂肪酸，都可以作为武昌鱼生长所需的很好的脂肪源。武昌鱼的必需脂肪酸种类包括 $C_{18:2n-6}$ 和 $C_{18:3n-3}$，但对 $C_{18:2n-6}$ 有更大的需求，$C_{20:5n-3}$ 对武昌鱼有比 $C_{18:2n-6}$ 和 $C_{18:3n-3}$ 更强的必需脂肪酸效力。饱和脂肪酸含量高的猪油能引起鱼体内脏指数降低但肝胰脏脂肪含量偏高，长期投喂会引起脂肪肝，对鱼体健康不利，应尽量考虑和植物油脂搭配混合使用较好。肉碱的添加促进了脂肪代谢，部分降低了武昌鱼内脏团大小和肠道脂肪的富集，改善鱼体品质，可以考虑肉碱在武昌鱼饲料中的应用。

不同脂肪源添加在饲料中没有对武昌鱼的非特异性免疫力、肝胰脏及血液的载氧能力产生明显的不利影响，各脂肪源饲料组鱼体均能健康生长。

饲料脂肪酸组成影响鱼体脂肪酸组成，鱼体脂肪酸组成反映饲料脂肪酸组成。饲料对心脏、脑、脾脏、肝脏和血液的脂肪酸组成影响较小，而对肾脏、肌肉、皮肤、肠道脂肪、腹部体侧脂肪和肠道的脂肪酸组成影响较大。武昌鱼具有将 $C_{18:3n-3}$ 和 $C_{18:2n-6}$ 分别转化为同系列高不饱和脂肪酸的能力。多不饱和脂肪酸含量较高的豆油和菜油的添加使鱼体多不饱和脂肪酸含量升高，提高了鱼体品质。肉碱的添加没有改变鱼体脂肪酸组成。

第六节　大豆、油菜籽、花生和油葵在水产饲料中的应用

笔者以武昌鱼为试验对象，进行了大豆、油菜籽、花生和油葵等油籽原料在饲料中直接应用的试验研究。

大豆、油菜籽、花生和油葵等油籽原料是活性种子，含有丰富的营养元素，是优质蛋白质和食用油脂原料，可以作为鱼类饲料中的脂肪源。同时也含有许多抗营养因子，这些抗营养因子不仅降低了鱼类对饲料的利用率，严重时还可能危害鱼类健康。

选用生大豆、油菜籽、带壳花生和带壳油葵四种油籽原料，它们的常规营养成分及各油料脂肪酸组成见表 9-13 和表 9-14。

表 9-13　四种油籽原料营养成分（风干基础）　　　　单位：%

油脂原料	水分	粗脂肪（EE）	粗蛋白（CP）
大豆	8.63 ± 0.07	24.11 ± 0.29	32.77 ± 0.09
油菜籽	5.78 ± 0.06	42.63 ± 0.54	22.45 ± 0.13
花生	6.57 ± 0.14	40.31 ± 0.98	20.08 ± 0.06
油葵	5.65 ± 0.14	39.43 ± 0.27	18.73 ± 0.56

表 9-14　四种油籽原料及豆油的脂肪酸组成　　　　单位：%

脂肪酸	豆油	大豆	油菜籽	花生	油葵
$C_{11:0}$	0.06	—	—	—	—
$C_{16:0}$	10.90	12.81	4.81	12.03	7.11
$C_{16:1}$	0.07	—	—	—	—
$C_{18:0}$	5.28	3.06	1.95	3.50	5.72
$C_{18:1n-9}$	20.50	27.60	62.73	51.37	16.79
$C_{18:2n-6}$	54.26	48.83	15.99	27.36	69.16
$\gamma\text{-}C_{18:3n-6}$	0.86				
$\alpha\text{-}C_{18:3n-3}$	6.98	5.18	10.40	—	0.21
$C_{20:0}$	0.31	0.44	0.56	1.47	0.35
$C_{20:1}$	0.13	0.29	2.00	0.82	
$C_{22:0}$	0.27	—	—	—	—
$C_{24:0}$	0.08				

从表 9-14 可以看出，四种油籽原料及豆油中脂肪酸含量差异较大，其中仅豆油中含有 $\gamma\text{-}C_{18:3n-6}$；油菜籽和花生中含有相对较高的 $C_{18:1n-9}$，而豆油、大豆和油葵中 $C_{18:2n-6}$ 的含量相对较高；二十碳以上的脂肪酸仅豆油含有少量的 $C_{22:0}$ 和 $C_{24:0}$，四种油籽原料中均没有。

1. 试验饲料

以油脂含量为基准，设计试验饲料粗蛋白含量均为 28%，分别以四种油籽为油源使试验饲料油脂含量为 1.5%、3.0% 两个油脂水平，对照油脂为 1.5% 的豆油。9 种试验日粮组成，实测营养水平见表 9-15。经粉碎过 40 目筛，混合均匀后用小型颗粒饲料机加工成直径为 1.5mm 的颗粒饲料备用，饲料加工过程中温度保持在 65～70℃、持续时间约 1min。

表 9-15　试验饲料配方和营养成分（风干基础）　　　　　单位：g/kg

原料	对照组	大豆组		油菜籽组		花生组		油葵组	
		油脂水平							
		1.5%	3.0%	1.5%	3.0%	1.5%	3.0%	1.5%	3.0%
小麦麸	85.0	82.8	65.6	84.8	59.6	82.8	45.6	82.0	43.9
细米糠	100.0	100.0	100.0	100.0	100.0	100.0	100.0	100.0	100.0
豆粕	60.0	35.0	—	60.0	60.0	60.0	60.0	60.0	60.0
菜粕	240.0	230.0	230.0	230.0	220.0	230.0	230.0	230.0	230.0
棉粕	240.0	230.0	220.0	230.0	230.0	230.0	230.0	230.0	230.0
鱼粉	20.0	20.0	20.0	20.0	20.0	20.0	20.0	20.0	20.0
肉骨粉	20.0	20.0	20.0	20.0	20.0	20.0	20.0	20.0	20.0
磷酸二氢钙	20.0	20.0	20.0	20.0	20.0	20.0	20.0	20.0	20.0
沸石粉	20.0	20.0	20.0	20.0	20.0	20.0	20.0	20.0	20.0
膨润土	20.0	20.0	20.0	20.0	20.0	20.0	20.0	20.0	20.0
小麦	150.0	150.0	150.0	150.0	150.0	150.0	150.0	150.0	150.0
预混料[①]	10.0	10.0	10.0	10.0	10.0	10.0	10.0	10.0	10.0
豆油	15.0	—	—	—	—	—	—	—	—
大豆	—	62.2	124.4	—	—	—	—	—	—
油菜籽	—	—	—	35.2	70.4	—	—	—	—
花生	—	—	—	—	—	37.2	74.4	—	—
油葵	—	—	—	—	—	—	—	38.0	76.1
合计	1000	1000	1000	1000	1000	1000	1000	1000	1000
营养水平/%[②]									
水分	8.82	8.78	9.05	8.40	8.64	9.13	8.59	8.83	8.87
粗蛋白(CP)	27.96	29.03	28.57	28.17	28.46	28.31	28.62	28.18	28.20
粗脂肪(EE)	4.22	4.03	5.20	4.06	5.34	4.20	5.40	4.03	5.30
灰分(ASH)	12.28	12.26	12.21	12.18	12.56	12.41	12.02	12.18	12.24
钙	1.28	1.46	1.88	1.49	1.88	1.47	1.36	1.64	1.65

① 预混料为每千克日粮提供 Cu 5mg；Fe 180mg；Mn 35mg；Zn 120mg；I 0.65mg；Se 0.5mg；Co 0.07mg；Mg 300mg；K 80mg；维生素 A 10mg；维生素 B_1 8mg；维生素 B_2 8mg；维生素 B_6 20mg；维生素 B_{12} 0.1mg；维生素 C 250mg；泛酸钙 20mg；烟酸 25mg；维生素 D_3 4mg；维生素 K_3 6mg；叶酸 5mg；肌醇 100mg。

② 实测值。

2. 武昌鱼生长性能

四种油籽原料添加量在两个油脂水平（1.5%、3.0%）对武昌鱼成活率和特定生长率的影响结果见表 9-16。各组成活率均为 100%。从表 9-16 可得以下结果：①四种油籽原料添加量在 1.5% 油脂水平与豆油对照组相比，特定生长率均有所提高，其中大豆组、花生组和油葵组特定生长率显著高于对照组（$P < 0.05$），分别提高了 11.54%、14.42% 和 11.54%；油菜籽组仅提高 1.92%，差异不显著（$P > 0.05$）。②四种油籽原料添加量在 3.0% 油脂水平与豆油对照组相比，大豆组特定生长率较豆油对照组成负增长趋势，降低了 2.88%；其他各组呈现正增长趋势，其中油菜籽组和油葵组较豆油对照组仅提高 1.92% 和 2.88%，而花生组较豆油对照组提高了 19.23%。③同种油籽原料在两个油脂水平（1.5%、3.0%）之间比较，油菜籽组添加量在 1.5% 和 3.0% 油脂水平下特定生长率不变；大豆组和油葵组添加量在 1.5% 油脂水平时特定生长率为 1.16%/d、1.16%/d，比添加量在 3.0% 油脂水平时特定生长率 1.01%/d、1.07%/d 高；花生组添加量在 1.5% 油脂水平时特定生长率为 1.19%/d，比 3.0% 油脂水平时特定生长率 1.24%/d 低。

表 9-16　不同油籽原料及其添加水平对武昌鱼成活率和特定生长率的影响

油脂水平	组别	鱼尾数/尾	初总重/g	末总重/g	成活率(SR)/%	特定生长率(SGR)/(%/d)	$\overline{X} \pm SD$	特定生长率与对照组比较/%
	对照组	15	143.4	421.0	100	1.06	1.04 ± 0.06^c	—
		15	135.3	409.4	100	1.09		
		15	151.4	414.0	100	0.98		
	大豆	15	141.3	460.4	100	1.16	1.16 ± 0.01^{ab}	11.54
		15	142.5	461.6	100	1.15		
		15	145.4	481.3	100	1.17		
	油菜籽	15	143.3	410.3	100	1.03	1.06 ± 0.04^{bc}	1.92
1.5%		15	138.5	404.8	100	1.05		
		15	135.0	410.8	100	1.09		
	花生	15	139.7	471.8	100	1.19	1.19 ± 0.06^a	14.42
		15	149.0	523.3	100	1.23		
		15	145.7	461.8	100	1.13		
	油葵	15	140.0	437.2	100	1.12	1.16 ± 0.05^{ab}	11.54
		15	143.0	457.1	100	1.14		
		15	142.0	494.1	100	1.22		

油脂水平	组别	鱼尾数/尾	初总重/g	末总重/g	成活率(SR)/%	特定生长率(SGR)/(%/d)	$\bar{X}\pm SD$	特定生长率与对照组比较/%
3.0%	大豆	15	138.4	374.3	100	0.98	1.01 ± 0.08^b	-2.88
		15	141.5	435.4	100	1.10		
		15	142.1	380.2	100	0.96		
	油菜籽	15	139.5	363.3	100	0.94	1.06 ± 0.12^b	1.92
		15	156.0	453.0	100	1.05		
		15	139.7	467.8	100	1.18		
	花生	15	140.1	489.9	100	1.23	1.24 ± 0.06^a	19.23
		15	144.8	492.4	100	1.20		
		15	136.6	506.7	100	1.29		
	油葵	15	143.5	404.4	100	1.02	1.07 ± 0.11^b	2.88
		15	144.9	442.3	100	1.09		
		15	140.5	421.7	100	1.08		

注：同一水平下同列数据右上角不同小写字母代表差异显著（$P<0.05$）。

3. 饲料效率

四种油籽原料添加量在两个油脂水平（1.5%、3.0%）对武昌鱼饲料系数和蛋白质效率的影响结果见表9-17、表9-18。

①油籽原料添加量在1.5%油脂水平与豆油对照组相比较，油菜籽组饲料系数增加了2.53%，同时蛋白质效率降低了3.85%；大豆组、花生组饲料系数与豆油对照组之间差异显著（$P<0.05$），分别降低了11.19%和12.64%，相应其蛋白质效率分别提高了7.69%和12.31%；油葵组饲料系数降低了6.86%，但差异不显著（$P>0.05$），蛋白质效率方面较豆油对照组增加了10.00%。②油籽原料添加量在3.0%油脂水平与豆油对照组比较，在饲料系数方面除花生组降低了17.69%外，大豆组、油菜籽组和油葵组分别增加了7.58%、2.17%和6.14%；在蛋白质效率方面与饲料系数结果恰恰相反，除花生组增加了17.69%外，大豆组、油菜籽组和油葵组分别下降了8.46%、3.08%和6.92%。③同种油籽原料添加量在两个油脂水平（1.5%、3.0%）下比较可以看出，油菜籽组蛋白质效率和饲料系数几乎没有变化；大豆组和油葵组添加量在3.0%油脂水平的饲料系数和蛋白质效率（2.98，2.94；1.19，1.21）较添加量在1.5%油脂水平时（2.46，2.58；1.40，1.43）效果差；花生组添加量在3.0%油脂水平饲料系数和蛋白质效率（2.28；1.53）较添加量在1.5%油脂水平（2.42；1.46）效果好。

表 9-17　不同油籽原料及其添加水平对武昌鱼饲料系数的影响

油脂水平	组别	鱼尾数/尾	初总重/g	末总重/g	增重/g	饲料总重/g	饲料系数(FCR)	$\overline{X} \pm SD$	饲料系数与对照组比较/%
对照组		15	143.4	421.0	277.6	766.5	2.76		
		15	135.3	409.4	274.1	750.3	2.74	2.77 ± 0.03^{ab}	—
		15	151.4	414.0	262.6	736.1	2.80		
1.5%	大豆	15	141.3	460.4	319.1	798.1	2.50		
		15	142.5	461.6	319.1	803.3	2.52	2.46 ± 0.09^{b}	−11.19
		15	145.4	481.3	335.9	794.3	2.36		
	油菜籽	15	143.3	410.3	267.0	741.3	2.78		
		15	138.5	404.8	266.3	762.2	2.86	2.84 ± 0.09^{a}	2.53
		15	135.0	410.8	275.8	803.8	2.91		
	花生	15	139.7	471.8	332.1	802.4	2.42		
		15	149.0	523.3	374.3	834.3	2.23	2.42 ± 0.20^{b}	−12.64
		15	145.7	461.8	316.1	828.8	2.62		
	油葵	15	140.0	437.2	297.2	826.6	2.78		
		15	143.0	457.1	314.1	816.0	2.60	2.58 ± 0.22^{ab}	−6.86
		15	142.0	494.1	352.0	826.8	2.35		
3.0%	大豆	15	138.4	374.3	235.9	763.1	3.23		
		15	141.5	435.4	293.9	758.2	2.58	2.98 ± 0.35^{a}	7.58
		15	142.1	380.2	238.1	745.6	3.13		
	油菜籽	15	139.5	363.3	223.8	767.8	3.43		
		15	156.0	453.0	297.0	772.1	2.60	2.83 ± 0.52^{ab}	2.17
		15	139.7	467.8	328.1	810.8	2.47		
	花生	15	140.1	489.9	349.8	800.1	2.29		
		15	144.8	492.4	347.6	814.6	2.34	2.28 ± 0.08^{b}	−17.69
		15	136.6	506.7	370.1	820.5	2.22		
	油葵	15	143.5	404.4	260.9	758.0	2.91		
		15	144.9	442.3	297.4	941.4	3.17	2.94 ± 0.23^{a}	6.14
		15	140.5	421.7	281.2	767.0	2.73		

注：同一水平下同列数据右上角不同上标小写字母代表差异显著（$P < 0.05$）。

从表 9-18 中蛋白质沉积率可以看出：①油籽原料添加量在 1.5% 油脂水平与豆油对照组相比较，大豆组和油菜籽组蛋白质沉积率显著低于豆油对照组（$P < 0.05$），花生组和油葵组与豆油对照组之间差异不显著（$P > 0.05$）。②四种油籽原料添加量在 3.0% 油脂水平与豆油对照组比较，四种油籽原料的蛋白质沉积率较豆油对照组明显降低。③同种油籽原料添加量在两个油脂水平（1.5%、3.0%）下比较可以看出，油籽原料添加量在 3.0% 油脂水平较添加量在 1.5% 油脂水平下，大豆组和油葵组蛋白质沉积率下降，而油菜籽组和花生组升高。

表 9-18　不同油籽原料及其添加水平对武昌鱼蛋白质效率以及蛋白质沉积率的影响

油脂水平	组别	蛋白质效率（PER）/%	蛋白质沉积率/%
	对照组	1.30±0.01	25.51±0.72[a]
1.5%	大豆	1.40±0.05	22.69±1.58[b]
	油菜籽	1.25±0.04	19.74±1.13[c]
	花生	1.46±0.12	24.41±2.02[ab]
	油葵	1.43±0.18	23.71±1.30[ab]
3.0%	大豆	1.19±0.15[b]	16.46±2.27[b]
	油菜籽	1.26±0.21[ab]	20.53±3.56[b]
	花生	1.53±0.06[a]	24.99±1.12[a]
	油葵	1.21±0.09[b]	20.08±0.67[b]

注：同一水平下同列数据右上角不同小写字母代表差异显著（$P<0.05$）。

4. 主要试验结论

通过试验研究得到以下主要结论（部分试验数据没有列出）。

① 在等蛋白质和等油脂水平下，大豆组、花生组和油葵组较豆油对照组养殖效果好，可以作为武昌鱼饲料新的油脂原料使用。同种油籽原料在相同蛋白质水平下，油籽原料添加量由 1.5% 油脂水平升高到 3.0% 油脂水平，油菜籽组养殖效果几乎不变，大豆组和油葵组生长明显下降，花生组养殖效果上升。对于花生组添加量在 3.0% 油脂水平下养殖效果升高的趋势可能是油脂水平的增加所导致，也可能是花生中某些营养因子的作用结果，具体有待进一步研究。

② 四种油籽原料中同一组织器官与豆油对照组对应组织器官之间均有很高的相关性。

③ 不同油籽原料与各组织器官之间的相关性有很大的差异，豆油、大豆和油葵中脂肪酸组成对养殖鱼体组织器官脂肪酸组成影响较小；油菜籽和花生中脂肪酸组成对养殖鱼体组织器官脂肪酸组成影响较大。

④ 不同组织器官脂肪酸组成受饲料的影响程度有一定差异，肌肉、肠脂、腹脂、肠道、肾脏和皮肤受饲料中脂肪酸的影响较大；血清、肝胰脏、脾脏、心脏和大脑受饲料中脂肪酸的影响相对较小。

⑤ 鱼体对饲料脂肪酸具备一定的转化能力，主要表现为 n-3 系列、n-6 系列在鱼体内部存在着向 n-3 系列、n-6 系列高不饱和脂肪酸转化的能力，即鱼体可将 $\alpha\text{-}C_{18:3n\text{-}3}$ 和 $C_{18:2n\text{-}6}$ 经过加长和去饱和转化成 $C_{20:5n\text{-}3}$ 和 $C_{20:4n\text{-}6}$ 等高不饱和脂肪酸。

第十章

矿物质和维生素

第一节　饲料矿物质与鱼类生长

一、矿物质元素的分类

　　水产动物与其他养殖动物一样，需要吸收矿物质元素满足骨骼生长发育、代谢调节等的需要。矿物质元素按动物体内含量或需要量不同分成常量矿物质元素和微量矿物质元素两大类。常量矿物质元素一般指在动物体内含量高于 50mg/kg 的元素，主要包括钙、磷、钠、钾、氯、镁、硫等 7 种。微量矿物质元素一般指在动物体内含量低于 50mg/kg 的元素，目前查明必需的微量元素有铁、锌、铜、锰、碘、硒、钴、钼、氟、铬、硼 11 种。铝、钒、镍、锡、砷、铅、锂、溴等 8 种元素在动物体内的含量非常低，在实际生产中基本不出现缺乏症。

　　在常量元素中，由于我国水体中钙含量一般大于 40mg/L，加之饲料原料中的钙，水产动物一般不会出现钙的缺乏症，饲料中一般也就不单独补充钙。而磷则需要通过饲料补充。

　　镁在动物体的含量约为 0.05%，其中 60%～70%存在于骨骼中，占骨灰分的 0.5%～0.7%。骨镁 1/3 以磷酸盐形式存在，2/3 吸附在矿物质元素结构表面。存在于软组织中的镁约占动物体内总镁量的 30%～40%，主要存在于细胞内亚细胞结构中，线粒体内镁浓度特别高，细胞质中绝大多数镁以复合形式存在，其中 30%左右与腺苷酸结合。肝细胞质中复合形式的镁达 90%以上。细胞外液中镁的含量很少，约占动物体内总镁量的 1%左右。血中镁 75%在红细胞内。镁具有如下功能：参与骨骼和牙齿组成；作为酶的活化因子或直接参与酶组成，如磷酸酶、氧化酶、激酶、肽酶和精氨酸酶等；参与 DNA、RNA 和蛋白质合成；调节神经、肌肉兴奋性，保证神经、肌肉的正常功能。缺镁主要表现为厌食、生长受阻、过度兴奋、痉挛和肌肉抽搐，严重的导致昏迷死亡。

体内钠、钾、氯的主要作用是作为电解质维持渗透压，调节酸碱平衡，控制水的代谢；钠对传导神经冲动和营养物质吸收起重要作用；细胞内钾与很多代谢有关；钠、钾、氯可为酶提供有利于发挥作用的环境或作为酶的活化因子。淡水鱼类鱼体内的渗透压高于水域环境，鱼体需要不断排除过多的水分，如果单纯从营养方面考虑，在淡水鱼类饲料中不宜再补充食盐，以避免鱼体忍受过高的渗透压应激反应。依据中国饲料原料数据库中饲料原料数据，按照我国南方淡水鱼类一般配方模式，拟定配方小麦 10％、麦麸 9％、细米糠 10％、棉粕 23％、菜粕 23％、豆粕 14％、鱼粉 3.5％、磷酸二氢钙 2％、膨润土 2％、沸石粉 1.5％、豆油 2％，可以得到的营养指标为粗蛋白 32％、粗脂肪 5％、粗纤维 7％、Mg 0.4％、总磷 1.35％、有效磷 0.75％；其中，与渗透压调节有关的 Na 0.08％、Cl 0.083％、K 1.24％。应该达到淡水鱼类的营养需要和渗透压调节的需要，可以不在饲料中补充食盐。

二、水产动物可以从水域环境中吸收矿物质元素

（一）水产动物矿物质元素的来源

水产养殖动物与陆生动物最大的差异是水产动物生活在水域环境中，由此产生的关于矿物质元素的来源也与陆生动物有很大的差异。鱼体可以直接吸收溶解于水域环境中的无机矿物离子作为营养需要，而陆生动物只能靠饮水吸收水体中的无机矿物离子。因此，只要水域环境中有足够的无机矿物离子可以被水产动物的皮肤、鳃和肠道吸收，水产动物就可以不依赖于从饲料中供给，养殖鱼类就不会出现矿物质元素缺乏症。只有在水域环境中的无机矿物离子不能满足水产动物需要时，才依赖于从饲料中供给。

因此，养殖水产动物矿物质的来源就包括从水域环境中直接吸收、饲料来源两个方面，而饲料来源的矿物质又包括饲料原料中的矿物质和补充的微量元素预混料中的矿物质，以及直接添加的矿物质饲料如磷酸二氢钙、沸石粉等。

（二）水产动物从水域环境吸收矿物质元素带来的主要问题

水产养殖动物可以从水域环境中吸收矿物质，与此同时也会带来一系列的问题，这些问题值得引起重视，可以避免一些饲料质量安全事故的发生。

1. 水产动物如何吸收水域环境中的矿物质元素

水产动物是通过皮肤、鳃、肠道来吸收水体中的矿物质元素。皮肤、鳃接触水体，可以通过自由扩散、主动运输等方式吸收，而肠道主要是在摄食饲料中带入水分，还可能通过直接饮水来吸收其中的矿物质元素。

2. 从水体中吸收的元素形态和吸收能力

鱼体能够吸收的矿物质元素只能是溶解状态的离子形式，如 Fe^{2+}、Zn^{2+}、Cu^{2+}、Ca^{2+}、Na^+、K^+ 等，以及 PO_4^{3-}、Cl^- 等非金属离子。非溶解状态的无机盐、颗粒状态的无机盐等不能吸收。

鱼体对所处水域中微量元素的富集系数可以反映出鱼体对水环境中微量元素的吸收能力。雷志洪（1994）选择受人为污染很少的长江源头和岷江水系的鲤鱼为研究对象，以鱼体内微量元素的含量除以相应水环境中过滤水的元素含量，计算出每种元素在不同鱼种肌肉中的富集系数（A），岷江 25 个鲤肌肉样品中各元素的平均含量除以岷江过滤水中各元素的平均含量，即 A 值分别为 As 308、Cd 1144、Cr 112、Co 728、Cu 4986、Fe 6429、Hg 7748、Mn 319、Ni 120.7、Pb 79.2、Se 20113、Zn 21206。其中 Zn 和 Se 的 A 值大于 20000，为极高富集元素；Hg、Fe 和 Cu 的 A 值在 4000 以上，这三个元素为高富集元素；Cd 和 Co 的 A 值分别为 1144 和 728，是中富集元素；Mn、As、Ni、Cr 和 Pb 5 个元素的平均富集系数在 400 以下，为低富集元素。上述数据可以作为养殖鱼类对水域环境中微量元素吸收能力大小的参考指标。

为了探讨鱼体内微量元素与水环境的关系，雷志洪（1994）分析了鱼体微量元素与水中微量元素的相关性（见表 10-1）。表 10-1 同时列出了海水和地壳中微量元素的含量作对比。

表 10-1　鱼体及其环境中的矿物质元素含量

元素	鱼/(mg/kg)	淡水/(μg/L)	海水/(μg/L)	地壳/(mg/kg)
As	0.585	4.340	2.60	1.80
Cd	0.009	0.052	0.11	0.20
Cr	0.040	0.246	0.200	100
Co	0.047	0.280	0.390	25.0
Cu	1.43	0.920	0.900	55.0
F	160	80.0	1300	625
Fe	34.8	27.95	3.40	56300
Hg	0.060	0.005	0.15	0.08

元素	鱼/(mg/kg)	淡水/(μg/L)	海水/(μg/L)	地壳/(mg/kg)
Mn	0.948	4.21	2.00	950
Ni	0.036	0.360	6.60	75.0
Pb	0.051	1.520	0.03	12.5
Se	3.74	0.200	0.09	0.05
Zn	21.7	0.810	5.00	70.0

鱼体与水中微量元素含量之间存在良好的线性关系,其回归方程为 $C_{(鱼体)} = -0.672 + 192 \times C_{(水)}$,$R = 0.9800$,$P = 0.0000$。

3. 从水体吸收的矿物质元素与从饲料中吸收的矿物质元素是否具有相同的生理作用

已经有研究表明,养殖水产动物从水域环境吸收的矿物质元素与饲料来源的矿物质元素,如果化学形态相同,则具有相同的生理作用,例如从水体中吸收的 Fe^{2+} 与饲料中吸收的 Fe^{2+} 具有完全相同的生理作用。这样一来,如果饲料中总的 Fe^{2+} 含量较高,就有可能带来同种元素过量的问题,对养殖动物造成生理不良反应,甚至出现毒性生理反应。例如在广东的湛江一带,土壤和水体中的 Fe^{2+} 含量较高,在饲料中就应该减少补充 Fe^{2+} 量。

4. 水体中矿物质元素含量的差异可能导致养殖的地区差异

不同地区水域环境中矿物质元素,尤其是可溶解状态的矿物质元素的差异可能会导致同种饲料在不同地区的养殖效果的差异。淡水鱼类可以从水域环境中直接吸收可溶解的矿物盐类,这也使得淡水养殖出现一定的地区差异。在实际生产中经常会出现同一个饲料产品,在一些地区养殖鱼类生长效果很好,而在其他地区则效果不佳,其原因除了养殖技术差异、气候差异外,水域环境中矿物质元素含量差异也是原因之一。例如,曾经出现过在一些地区的养殖鱼类形体很好,相同的饲料在土壤和水体含铁高的地区养殖鱼体细长、偏瘦的情况,这主要是水域环境中含铁过高所致。再如,在一些含镁比较高的地区,养殖鱼类出现狂游,网箱养殖的鱼类出现鱼嘴溃烂,检查也没有在鱼鳃上发现寄生虫,后来将矿物质预混料中的镁去掉,其狂游症状自然消失了。在一些含钙很高的水体中,养殖斑点叉尾鮰等无鳞鱼,经常会出现鱼体体色退化、变白的情况,而同样的饲料在其他地区没有发生这种情况,其原因之一是过高的钙使黑色素细胞中的黑色素体聚集而导致鱼体体色变为白色。

5. 不同地区水体中矿物质元素含量的差异

了解当地土壤、水体中矿物质元素背景对于合理确定饲料中补充的微量元素的量是一项非常重要的工作，一是可以避免一些元素超量的问题；二是可以减少饲料中补充的微量元素的剂量，降低饲料成本；三是如果水体中也缺乏某种元素就一定要在饲料中补充足量的该种元素。在种植业上有"测土配方施肥"，在鱼类、虾类、蟹类养殖时，也应该有"测水定饲料微量元素种类和配方"的技术对策。尤其对于淡化的海水虾类的养殖，由于在海水中长期适应，对矿物质元素种类和含量的需要量与其他淡水虾类有很大的差异，如对钾的需要量较大（0.6%左右的总钾需要量），如果所在地区水体缺钾，则应该适当增加饲料中补充的钾的剂量。按照"测水定饲料微量元素种类和配方"的技术方法，在一些地区的虾类、蟹类和鱼类养殖中产生了很好的效果，值得推广。

那么，在不同养殖水体中的微量元素、常量元素的背景值到底是多少？这在不同地区，由于土壤中矿物质元素的不同、水土流失量不同、雨水径流量不同等会有很大的差异，只有测定当地的养殖水体才能了解清楚。这些内容是养殖技术上缺少的基础数据，这些数据或许可以从环保部门、水土保持部门找到。

三、矿物质对鱼类骨骼生长和形体的影响

骨骼系统的生长和发育是影响鱼类生长速度与养殖鱼类形体的主要因素。饲料中矿物质元素的组成和含量与养殖鱼类的形体有很大的关系，在养殖实际生产中，可以通过饲料矿物质元素组成、营养水平的调节对养殖鱼类形体的控制产生重要的影响，这主要是通过调控鱼体骨骼系统的生长、发育而产生影响；同时，也通过代谢的调节控制作用而对养殖鱼类的形体产生重大影响。如饲料中磷供给不足时，除了严重影响骨骼系统的生长和发育外，还将抑制鱼体对饲料脂肪的氧化分解速度、影响脂肪氧化供能效率，并对生长速度产生抑制作用，还会导致鱼体肌肉、内脏和肠系膜积累过多的脂肪，使鱼体内脏比、肝胰脏比显著增加，鱼出现"大肚""短胖"的形体。

关于鱼类的体形，通常是比较鱼体三条几何轴线的相对比例。三条几何轴线分别为：①头尾轴，又称主轴，为自头的前端至尾的末端贯穿体躯中央的一条轴线；②背腹轴，又称纵轴，为自背部最高处通过头尾轴至腹部的一条轴线；③左右轴，又称横轴，为自左至右（或右至左）与头尾轴、背腹轴成垂直的一条轴线。

鱼类的正常生长应该建立在鱼类骨骼系统的正常生长和发育基础上，有了好的骨骼系统才可能有正常的肌肉系统的生长和发育，才可能保持正常的形态。在养殖实际生产中，饲料物质对养殖鱼类的形体可以产生一定的影响，而矿物质元素的作用尤为重要。例如矿物质元素如锰、锌、磷等供给不足时，鱼体骨骼系统不能正常地生长和发育，鱼体的头骨、鳃盖骨、脊椎骨等会出现畸形，导致鱼体出现头部畸形、整个鱼体畸形等现象。同时，更多的是关注鱼体"长条形"与"短胖形"、鱼

体"过瘦"与"过肥"等情况。市场和消费习惯要求鱼体内脏重量少即鱼体内脏比小,鱼体背部较宽且肉多,鱼体长度适中而不要过长或过短。

针对鱼体形体参数和养殖鱼类市场对形体的要求,建议在进行饲料配方筛选,尤其是矿物质元素配方筛选时,对于饲料养殖效果评价,除了常规的体重、生长速度指标外,应该增加鱼体的形体指标,这样可以使养殖鱼类的形体尽可能满足市场的需要。这些形体指标包括鱼体体长生长速度,实际上对应的是鱼体主轴骨骼系统的生长速度;鱼体体宽生长速度,实际上对应的是鱼体横轴骨骼系统的生长速度;鱼体体高生长速度,实际上对应的是鱼体纵轴骨骼系统的生长速度。根据鱼体三轴骨骼系统的生长需要可以得到满足市场需要的养殖鱼类的形体。

关于饲料矿物质元素对草鱼形体的影响,笔者采用 11 因素、2 水平的 L_{12} (2^{11}) 正交表设计 Fe、Cu、Mn、Zn、Co、I、Se、Cr、Ca、P、Mg 共 11 种矿物质元素对草鱼体重增长和体长生长率的影响,在试验的 11 种元素中,Fe、Cu、Zn、Co、I、Ca 的用量在常规水平上增加 50% 以及 Cr 的用量为 0.5mg/kg 时,草鱼的体长生长率增加,以 Fe、Cu、Ca 更为明显,这表明促进了草鱼主轴骨骼的生长;同时,Fe、Cu、Mn、Zn、I、Mg 的用量在常规水平增加 50% 时均有降低草鱼肥满度的作用,可能是内脏重量、肝胰脏重量减小的作用结果。上述结果表明,这些矿物质在现有草鱼需要量水平上进一步增加用量可以提高草鱼的体长生长率、影响草鱼的肥满度,具有促进草鱼主轴骨骼生长的作用。

关于饲料矿物质元素对鲫鱼形体的影响,笔者以肥满度、内脏比、肝胰脏比和性腺比等指标来反映 Fe、Cu、Mn、Zn 对异育银鲫形体的影响。结果表明,在基础日粮中含有 Fe(919.93±8.68)mg/kg、Cu(17.41±0.57)mg/kg、Mn(59.51±5.39)mg/kg、Zn(42.40±2.70)mg/kg 时,随着 Fe 补充量从 200mg/kg 增加到 400mg/kg 时,肥满度、内脏比和肝胰脏比下降,性腺比略有下降;Cu 补充量从 4mg/kg 增加到 8mg/kg 时,肥满度、内脏比、肝胰脏比和性腺比随着 Cu 补充量的增加而上升;随着 Mn 补充量从 40mg/kg 增加到 80mg/kg 时,肥满度有先下降后上升的趋势,内脏比、肝胰脏比和性腺比上升;随着 Zn 补充量从 90mg/kg 增加到 150mg/kg 时,肥满度和肝胰脏比有先上升后下降的趋势,而内脏比和性腺比下降。这表明日粮中补充 Fe 和 Zn 能使异育银鲫体长生长大于体重增长,其体形向"长条形"发展;而补充 Cu 和 Mn 使异育银鲫体重增长大于体长生长,使鱼体向"肥壮形"发展。

关于斑点叉尾鮰,笔者的研究表明,Fe、Zn、I 的增加可使体长/体重增加,即使体长生长快于体重的增长,其结果使鱼体向"长条形"发展;而 Cu、Mn、Co、Se、Cr、Ca、P、Mg 的增加使体长/体重的值减小,即可使体重的增长大于体长的生长,使鱼体向"肥""粗壮"体形发展。

在对黄颡鱼的研究中表明，随着 Cu 补充量从 3.5mg/kg 增加到 9.5mg/kg，体长生长率不断增大，肥满度也不断增大，表明 Cu 对体长、肥满度生长有利；Fe 补充量从 80mg/kg 增加到 240mg/kg，体长生长率下降，但肥满度却增大，内脏指数不断变小，表明 Fe 对肥满度生长有利，且更有利于鱼体肌肉生长；随着 Mn 补充量从 10mg/kg 增加到 50mg/kg，体长生长率不断下降，但肥满度不断增大，内脏指数有下降的趋势，表明 Mn 对肥满度生长有利，且更有利于肌肉生长；Zn 补充量从 30mg/kg 增加到 60mg/kg 时，体长生长率增加，肥满度无差异，但内脏指数却在下降，表明 Zn 补充量从 30mg/kg 增加到 60mg/kg 过程中，能在不影响肥满度的情况下，促进鱼体体长生长，且更多地用于肌肉生长，而当增加到 90mg/kg 时，体长生长率下降，肥满度增大，表明 Zn 对体长生长率、肥满度都有比较大的影响。微量元素对不同鱼的形体影响是有区别的，这可能与鱼的种类、微量元素的补充量以及水体环境有关。

对胡子鲶的研究表明，在饲料中补充 Zn 对胡子鲶体长生长率的影响最大，Zn 的补充有利于提高胡子鲶的体长生长率，并有效提高鱼体的肥满度。随 Cu、Fe 补充量的增加胡子鲶体长生长率提高，肥满度差异不大。Mn 的补充在各浓度水平对胡子鲶的体长生长率、肥满度都没有很大的影响。Cu 的补充量从 3.5mg/kg 增加到 9.5mg/kg 时，肝胰脏指数从 1.89 降到 1.11。在实际生产中，通过微量元素的补充对鱼体形体进行调节是可行的，但必须在鱼体、肌肉安全限量范围之内。

四、矿物质元素从营养到毒性

必需矿物质元素和有毒有害元素对动物而言是相对的。一些矿物质元素，在饲粮中含量较低时是必需矿物质元素，在含量过高情况下则可能是有毒有害元素。在 20 世纪 70 年代以前，把硒归类为有毒有害元素，因为在动物的饲粮中硒含量超过 5～6mg/kg 会导致动物中毒。但是，当饲粮硒缺乏时，既影响动物的生长或生产，又出现典型的缺乏症，所以它又是必需矿物质元素。其他的矿物质元素如砷、铅、氟等，一般情况下都称为有毒有害元素，但现在已发现这些元素具有一定的营养生理功能，发现了实验性的缺乏症，因此这些矿物质元素可能也是动物必需的矿物质元素。动物对这些元素的需要量都非常低，一般不出现缺乏或不足，生产上最容易出现的是中毒问题，其必需性因而被忽视。几乎所有的必需矿物质元素摄入过量后都会出现中毒，但中毒剂量存在很大差异。

在淡水鱼类饲料中，铜和硒是容易出现中毒的两种微量元素，这两种元素从营养到毒性的剂量范围较小，如果不加注意很容易出现毒性反应。铜在淡水鱼类矿物质预混料中的补充剂量一般是 5mg/kg 以下，加上饲料原料中的铜含量，在饲料中的实际铜含量一般在 30mg/kg 以下，如果超过这个剂量就会影响养殖鱼类的生长速度和对饲料的利用效率，严重的会导致鱼体体表如鳍条基部、尾部和鳃出血，引起肝胰脏坏死等症状。而关于硒的营养和毒性也有类似的情况，一般在矿物质预混料中的补充量要控制在 0.5mg/kg 以下，加上饲料原料中的硒，在饲料中的实际硒含量一般在 3mg/kg 以下，这个剂量范围内对养殖鱼类是有促进作用的，如果饲料中硒的含量超过 5mg/kg 就会出现中毒症状。

实际生产中，在进行饲料配方编制时，一定要注意饲料原料中矿物质元素的含量，要避免预混料中的矿物质元素和饲料原料含有的矿物质元素叠加后超过其适宜含量的情况。例如，猪血粉类饲料原料、酵母类饲料原料通常含铜较高，如果使用量过大就会出现饲料总铜含量超过 30mg/kg 的适宜剂量范围，鱼体会出现铜慢性或急性中毒的情况。另外，还要注意地区水域环境中矿物质元素含量的影响。例如，在含硒丰富的土壤、水域含硒高的地区，可以不在矿物质预混料中补充硒。在富含铁的地区可以适当降低矿物质预混料中铁的补充量，在含镁很高的地区也可以在矿物质预混料中不再补充镁，否则会出现镁过量引起养殖鱼类狂游的现象。

五、微量元素补充量、需要量和饲料中微量元素总量的关系

微量元素在饲料中的添加量很少，传统设计矿物质添加剂配方时，普遍将水产动物对微量元素的需要量作为添加量，而将基础饲料中的含量忽略不计。因此，根据传统的做法，不同饲料企业根据当地的饲料原料设计出同一品种鱼类的实用饲料配方，其基础饲料中微量元素含量的差异可能非常大，其结果可能造成鱼类实际吸收微量元素量差异也很大，这是值得思考的一个重要问题。饲料中微量元素的总量包括补充的微量元素量和饲料原料中相应微量元素量的总和，而水产动物微量元素需要量是对饲料中微量元素的实际利用量，这就包括对补充的微量元素的利用量和对饲料原料中微量元素的利用量。

第二节 鱼类矿物质元素需要量及水产饲料矿物质预混料的生产技术

一、鱼类矿物质元素需要量

目前关于水产动物微量元素等矿物质需要量的研究报告很多，但是，由于实验方法不统一，不少数据的可比性较差，有些微量元素的需要量数值差异也很大。由

于水产动物可以从水域环境中吸收矿物质元素，而不少实验报告没有交代其养殖水体中的矿物质元素的量，很多报告只是报告了微量元素补充量，而没有报告饲料原料中的量或饲料中微量元素的总量，所以，对实验结果的利用性较差。

表 10-2 列举了淡水鱼类的微量元素需要量，是按照无机矿物盐作为原料进行计算的，载体选用沸石粉，至于微量元素预混料在配合饲料中的添加量，则可以依据实际情况编制，例如可以设计为 0.5%、1.0% 的添加量。

表 10-2　淡水鱼类微量元素需要量

微量元素名称	化合物名称	元素有效含量/%	饲料中含量/(mg/kg)
铜 Cu	$CuSO_4 \cdot 5H_2O$	25.0	3～9
铁 Fe	$FeSO_4 \cdot H_2O$	30.0	150～300
锰 Mn	$MnSO_4 \cdot H_2O$	31.8	25～60
锌 Zn	$ZnSO_4 \cdot H_2O$	34.5	60～120
碘 I	$Ca(IO_3)_2$	0.50	0.35～0.85
硒 Se	$NaSeO_3$	0.10	0.1～0.5
钴 Co	$CoCl_2 \cdot 6H_2O$	0.12	0.1～0.17

几点说明如下：

① 表 10-2 中 7 种微量元素都是以无机盐形式作为来源，有效含量为矿物质盐产品中目标元素的百分含量，不同企业对自己所采购原料的实际含量要做调整。

② 由于无鳞鱼皮肤直接与水体接触，是否在吸收水体矿物质元素方面有优势目前没有研究，但其对微量元素需要量，普遍较有鳞鱼低，所以，对于黄颡鱼、斑点叉尾鮰、大口鲶等无鳞鱼的微量元素需要量的确定，建议按照饲料中元素含量的下限进行选择，而有鳞鱼则按照上限进行选择。

③ 依据 10 多年来的实际应用情况分析，所列举的饲料中元素含量值对多数淡水鱼类是安全的，对生长速度和饲料效率的影响也是正面的，可以取得较好的养殖效果。同时，养殖鱼体的形体可以满足市场需要，体长生长良好，内脏重量比例较小。对养殖鱼类的体色影响也是正常状态。

④ 如果以有机矿物质为原料，可以适当降低饲料中元素有效含量值，到底降低多少则依据原料产品而定。

⑤ Fe 是影响体长生长的主要微量元素之一，而不同地区土壤和水体中 Fe 的含量差异较大，所以实际在饲料中 Fe 补充量的确定则依据具体情况选择，例如在广东湛江等地区，可以选择下限 150mg/kg；而在缺 Fe 地区，需要鱼体体长较长时则选择上限 300mg/kg。血细胞蛋白粉等产品中 Cu 含量较高，因此，如果饲料中使用较多的血细胞蛋白粉、血粉等原料，饲料中 Cu 的补充量则选择下限即

3mg/kg；即使没有使用血细胞蛋白粉等原料，饲料中补充的 Cu 一定要控制在 9mg/kg 以下。Zn 对肠道黏膜和体表黏液都有较大的影响，在饲料中的含量可以选择上限执行。

二、几种养殖鱼类微量元素补充量的研究

1. 黄颡鱼饲料中 Cu、Fe、Mn、Zn 补充量

采用正交设计（L_3^4），添加 Cu、Fe、Mn、Zn 四种微量元素，配制成 9 种试验饲料喂养黄颡鱼，进行为期 60 天的试验。结果表明，增重率最大，饲料系数最低，且免疫指标也处在较高的水平时，饲料中补充的四种微量元素量为 Cu 6.5mg/kg、Fe 80mg/kg、Mn 30mg/kg、Zn 90mg/kg；饲料中含总 Cu 29.53mg/kg、总 Fe 840.53mg/kg、总 Mn 153.08mg/kg、总 Zn 136.21mg/kg。四种微量元素中 Cu 对血红蛋白、皮肤黏液 SOD、肠道黏液 SOD 的影响最大，Fe 对血清谷丙转氨酶、血清溶菌酶的影响最大，Mn 对皮肤黏液溶菌酶、血清 SOD 的影响最大，Zn 对血清谷丙转氨酶的影响最大。Cu 主要积累在肝、脾、心、肾中；Fe 主要积累在脾、肾、心、肝中；Mn 主要积累在心、脾、脑、肾中；Zn 主要积累在肾、心、脑、皮肤中。

2. 胡子鲶饲料中微量元素补充量

以胡子鲶为试验对象，采用 $L_9(3^4)$ 正交试验设计，经过为期 56 天的池塘网箱养殖试验，研究了饲料补充 Cu、Fe、Mn、Zn 对其生长速度、饲料效率、形体和内脏指数、非特异免疫力、体表色素含量等方面的影响。结果表明，在试验常规饲料中，增重率的最佳组合为 Cu 3.5mg/kg、Fe 240mg/kg、Mn 50mg/kg、Zn 90mg/kg；饲料系数、饲料效率的最佳组合为 $Cu_3Fe_1Mn_3Zn_2$，即 Cu 9.5mg/kg、Fe 80mg/kg、Mn 50mg/kg、Zn 60mg/kg。

四种微量元素对胡子鲶体表色素的影响结果表明，胡子鲶背皮类胡萝卜素含量随 Cu、Fe 补充量的增加而升高，随 Zn、Mn 补充量的增加而降低；胡子鲶背皮总叶黄素含量随 Cu、Fe、Mn 补充量的增加而升高，随 Zn 补充量的增加而下降；胡子鲶腹部皮肤类胡萝卜素含量随 Cu、Fe、Mn、Zn 补充量的增加而下降；胡子鲶腹部总叶黄素含量随 Cu 补充量的增加而显著升高，Fe、Mn、Zn 的补充量对其影响不大。

结合胡子鲶生长、生理机能和体色测定结果，推荐适宜的补充量是第 9 组，即 Cu 9.5mg/kg、Fe 80mg/kg、Mn 50mg/kg、Zn 60mg/kg，饲料的实测值为 Cu 31.00mg/kg、Fe 1333.72mg/kg、Mn 83.33mg/kg、Zn 111.89mg/kg。

3. 异育银鲫饲料中 Fe、Cu、Mn、Zn 补充量

采用正交试验设计 $L_9(3^4)$，添加 Fe、Cu、Mn、Zn 四种微量元素，配制成 9

种试验饲料喂养异育银鲫，进行为期 60 天的试验。试验结果表明，试验组 4 的生长速度最快、饲料系数最好、鱼体体形良好，且鱼体生理机能也正常，即在饲料中补充 Fe 300mg/kg、Cu 4mg/kg、Mn 60mg/kg、Zn 150mg/kg，此时相应的饲料中四种元素的量为 Fe 1218.65mg/kg、Cu 21.41mg/kg、Mn 127.17mg/kg、Zn 192.50mg/kg。Zn 对异育银鲫生长影响最大。Zn 对溶菌酶（LSZ）、肝胰脏 T-SOD 和血红蛋白（Hb）等的含量影响最大，Mn 对血清和黏液 T-SOD、肝胰脏 Cu/Zn-SOD、肝胰脏 GPT 影响最大，Cu 对血清 Cu/Zn-SOD 影响最大，Fe 对血清 GPT 影响最大。肝胰脏是 Cu 的主要储存场所，而 Zn 主要储存于肠道中。

4. 11 种矿物质元素对草鱼生长的影响

按照 $L_{12}(2^{11})$ 正交表设计了 11 种微量、常量矿物质元素 12 种组合的配合饲料，进行了 50 天的室内养殖试验。结果表明，在现有的草鱼微量、常量矿物质元素需要量的基础上，Cu、Mn、Zn、Co、I、Ca、Mg 增加 50% 用量后对草鱼的生长率起了抑制作用，抑制作用较大的有 Mg、Co、Zn、I 等（$P<0.05$）；而 P、Fe、Se 的增加对草鱼的生长率有促进作用（$P<0.05$）；关于 Cr，在不添加和添加 0.5mg/kg 的情况下草鱼的生长率无差异（$P>0.05$），未表现出明显的效果；值得注意的是，关于磷会成为影响生长率的主要因素，在基础配方中总磷浓度为 0.82%（其中非植酸磷经计算为 0.4%），而在试验中"1"水平的 Ca(H₂PO₄)₂·2H₂O 用量为 1.133%、"2"水平为 1.7%，其中磷的量分别为 0.27% 和 0.41%，如果加上基础配方总磷浓度在"1""2"水平分别达到 1.09% 和 1.23%。曾有报道草鱼饲料中磷的适宜范围为 0.95%～1.10%，并指出饲料中有效磷为 0.5%～0.85%。本试验的总磷、有效磷浓度基本在此范围，但依然成为影响草鱼生长率的主要因素，表明磷的作用和用量还有待进一步深入研究。

增加了 50% 的用量后，Zn、Co、I、Cr、Ca 使草鱼的饲料系数增加，而 Fe、Cu、Mn、Se、P、Mg 用量的增加使饲料系数降低；Fe、Cu、Zn、Co、I、Ca、Cr 使草鱼的体长生长率增加，可能促进了草鱼主轴骨骼的生长；Fe、Cu、Mn、Zn、I、Mg 降低草鱼肥满度，使内脏比和肝胰脏比减小。综合分析，对于草鱼的微量、常量矿物质的营养需要量中，Fe、Se、P 的量可以在现有水平上再进一步增加，Mn、Ca 可以适当调整，Cu、Zn、Co、I、Mg 的用量不宜再增加，而 Cr 可以不添加。

三、水产饲料矿物质预混料的生产技术与质量控制

微量元素预混料是微量元素预先配合后再添加到饲料中而形成的一种均匀混合物。预混料生产质量控制的主要内容有微量元素形态及其质量控制、微量元素混合工艺及其质量控制、预混料防颜色变化和防结块的技术方法等。

1. 微量元素形态

我国当前生产和使用的微量元素添加剂品种大部分为硫酸盐。硫酸盐的生物利用率较高,但因其含有结晶水,易使添加剂加工设备腐蚀。由于化学形式、产品类型、规格以及原料细度不同,饲料中补充微量元素的生物利用率差异很大。各种微量元素添加剂的元素含量及其特性见表 10-3。

表 10-3 微量元素添加剂及其特性

化合物		分子式	元素含量/%	相对生物效价(RBV)/%			特性分析
				禽	猪	反刍动物	
锌补充剂	碳酸锌①	$ZnCO_3$	Zn 52.1		100		含 7 个结晶水的硫酸锌和氧化锌常用。硫酸锌、碳酸锌、氧化锌生物学效价相同,但氧化锌不潮解,稳定性好
	氧化锌	ZnO	Zn 80.3		100		
	七水硫酸锌	$ZnSO_4 \cdot 7H_2O$	Zn 22.7		100		
	一水硫酸锌	$ZnSO_4 \cdot H_2O$	Zn 36.4		100		
铁补充剂	七水硫酸亚铁①	$FeSO_4 \cdot 7H_2O$	Fe 20.1	100	100	100	硫酸亚铁最常用,生物学效价也最高,三价铁效价要比二价铁低,亚铁氧化后效价随之降低
	一水硫酸亚铁	$FeSO_4 \cdot H_2O$	Fe 32.9	100	92		
	氯化铁	$FeCl_3 \cdot 6H_2O$	Fe 20.7	44	100	80	
	碳酸亚铁	$FeCO_3 \cdot H_2O$	Fe 41.7	2	0～74	60	
	氧化铁	Fe_2O_3	Fe 57	2	0	10	
	柠檬酸铁	$FeC_6H_5O_7$	Fe 22.8	73	100	—	
	氯化亚铁	$FeCl_2$	Fe 44.1	98			
	硫酸铁	$Fe_2(SO_4)_3$	Fe 27.9	83			
铜补充剂	五水硫酸铜①	$CuSO_4 \cdot 5H_2O$	Cu 25.4	100	100	100	含 5 个结晶水的硫酸铜最常用。硫酸铜的相对生物学效价要高于氧化铜、氯化铜与碳酸铜,但易潮解结块
	碳酸铜	$CuCO_3$	Cu 51.4	100	<100	100	
	二水氯化铜	$CuCl_2 \cdot 2H_2O$	Cu 37.3	—	—	—	
	氯化铜	$CuCl_2$	Cu 64.2	100	100	<100	
	氧化铜	CuO	Cu 79.9	<100	<100	<100	
锰补充剂	一水硫酸锰①	$MnSO_4 \cdot H_2O$	Mn 32.5	100	100	100	硫酸锰常用,且不潮解,稳定性好,生物学效价高,碳酸锰的生物学效价与之接近,氯化锰较差
	四水硫酸锰	$MnSO_4 \cdot 4H_2O$	Mn 24.6	100	—		
	二水氯化锰	$MnCl_2 \cdot 2H_2O$	Mn 33.9	100		100	
	四水氯化锰	$MnCl_2 \cdot 4H_2O$	Mn 27.8	100			
	碳酸锰	$MnCO_3$	Mn 47.8	90	100		
	氧化锰	MnO	Mn 77.4	90	100		
	二氧化锰	MnO_2	Mn 63.2	80	—		

化合物		分子式	元素含量/%	相对生物效价(RBV)/%			特性分析
				禽	猪	反刍动物	
钴补充剂	七水硫酸钴	$CoSO_4 \cdot 7H_2O$	Co 21.3	—	—	约100	硫酸钴、碳酸钴、氯化钴均常用,且三者的生物学效价相似,但硫酸钴、氯化钴储藏太久易结块。碳酸钴可长期储存,不易结块
	一水硫酸钴	$CoSO_4 \cdot H_2O$	Co 33.0	—	—	约100	
	氯化钴	$CoCl_2 \cdot 6H_2O$	Co 24.8	—	—	约100	
	碳酸钴[①]	$CoCO_3$	Co 49.5	100	100	100	
	氧化钴	CoO	Co 78.6	—	—	约100	
碘补充剂	碘化钠[①]	NaI	I 84.7	100	100	100	碘化钾、碘酸钾、碘酸钙最常用。碘化钾易潮解,稳定性差,长期暴露在空气中易释放出碘而呈黄色,部分碘会形成碘酸盐。碘酸钾、碘酸钙等利用率高且稳定性好
	碘化钾	KI	I 76.4	100	100	100	
	碘酸钙	$Ca(IO_3)_2 \cdot H_2O$	I 62.2	100	100	100	
	碘化亚铜	CuI	I 66.6	—	—	—	
	碘酸钾	KIO_3	I 59.3	100	100	100	
硒补充剂	亚硒酸钠[①]	Na_2SeO_3	Se 45.6	100	100	100	亚硒酸钠常用,硒元素不易直接使用;硒酸钠、硒化钠极少用
	硒酸钠	Na_2SeO_4	Se 41.8	58~90	≤100	≤100	
	硒化钠	Na_2Se	Se 63.2	40	—	—	
	硒元素	Se	Se 100	8	—	—	

① 为标准物100。

注:资料来源于周安国编,饲料学精品课程,1986。

2. 生产工艺

微量元素预混料生产工艺包括投料、计量、混合、包装等工艺流程,按照饲料和饲料添加剂管理条例、生产许可证和批号申请的要求,对每条生产线的生产量、工艺流程、剂量标准,以及检测能力等都有具体的要求。每个企业依据条例和管理办法,结合自己的实际情况可以制定出相应的操作流程和管理方法。

3. 微量元素预混料产品质量管理

微量元素预混料虽然在配合饲料中的使用量不多,但对饲料产品的质量影响很大,并且微量元素预混料自身也存在着质量管理的技术要求。微量元素的主要质量和技术问题包括以下几个方面。

(1) 重金属含量 微量元素一般是使用金属和酸(如硫酸)为原料生产的,也有直接使用金属矿为原料生产,其中可能含有有毒重金属元素 Pb、As、Hg、Cd、Ni 等。在采购微量元素原料时,重金属含量必须作为一项质量控制指标,并进行相应的检测和评价。

（2）**原料杂质** 主要是一些存在于原料产品中的酸、氧化性杂质等。如硫酸铜本身就是强氧化剂，在硫酸锌生产中可能存在一些强氧化性的杂质。强氧化剂可能导致预混料颜色变化，进入饲料后引起饲料营养物质如维生素的氧化以及油脂的氧化等。

（3）**预混料颜色变化** 预混料颜色发生改变是预混料产品中经常出现的问题，其颜色变化发生的主要原因是在有氧化剂存在的情况下，预混料中部分微量元素发生了化学变化，如一水氯化钴变成六水氯化钴，颜色变深；Fe^{2+} 变成 Fe^{3+}，颜色变深；碘酸钾中有碘析出，颜色变深等。

（4）**微量元素原料的质量控制** 主要控制的内容包括原料中游离酸含量、水分或游离水的含量、游离氨的含量、原料的纯度、原料的生物有效性等，具体内容包括主要成分和目标元素含量、原料粒度、熔点、pH 值、比旋度等。原料中的游离水是反应的媒介，最好选用不含结晶水或含少量结晶水的原料。

（5）**混合均匀度** 预混料的混合均匀度要求较高，通常变异系数（CV）不得大于 5%；为了减少微量组分的污染，要求混合机的残留量尽可能小，一般不大于 100g/t；为了减少粉尘、消除静电、提高承载力、防止分级，在混合过程中可以添加油脂。

混合过程中原料的投料顺序对混合均匀度的影响也较大，一般是先将 70%～80% 的载体或稀释剂加入到混合机内，再加入所有微量组分，最后加入剩余部分的载体或稀释剂。如添加油脂，载体或稀释剂与油脂应先混合一段时间后再加微量组分，以防止油脂与微量组分首先接触，避免微量组分结团而影响预混料的质量。对于达不到粒度要求、含水量高的原料，要先进行粉碎或干燥处理；对于吸湿性强的原料，要先加入植物油或矿物油等疏水剂，以避免产品吸湿霉变。

第三节 磷与水产动物的磷营养需要

钙和磷都是重要的常量元素，由于水域环境中钙含量较高，水产动物可以从水域环境中吸收一定量的钙，所以，水产动物一般不会出现钙的缺乏症，在饲料中一般也就不会特别补充钙。一些水产动物如中华鳖如果钙过量，还会出现背甲凸出的情况。而水域环境中可溶解状态的磷酸盐不足，浮游植物对磷的吸收和利用在一定程度上也控制了水体中可溶解状态磷的量。因此，水产动物会出现磷缺乏症。磷已经成为继饲料蛋白质、脂肪之后的第三大重要的营养素。

近年来，磷在水产动物营养与饲料中的作用和地位逐渐显示出来，但也还有许多未能解决的难题。首先是磷，尤其是无机磷对养殖的水产动物生长速度、饲料效率等具有显著的促进作用，而鱼体排泄的磷、粪便中残留的磷对养殖水域又造成较大的磷源污染，解决这一问题的方向是如何能够提高饲料原料中有机磷的利用效率。在畜禽饲料中添加植酸酶能够有效提高养殖动物对饲料中植酸磷的利用率，然而，由于饲料制粒温度在 85～95℃（挤压膨化饲料制粒温度达到 131℃）、水产动物为变温动物等因素限制，植酸酶的使用效果并不明显。因此，水产动物对饲料磷源的需求就依赖于饲料中无机磷的供给。

一、磷源性饲料

在利用这一类原料时，除了注意不同磷源有着不同的利用率外，还要考虑原料中有害物质如氟、铝、砷等是否超标。

1. 磷酸钙类

磷酸钙类包括磷酸二氢钙、磷酸氢钙和磷酸钙等，几种磷源饲料的元素含量可参见表 10-4 和表 10-5。

(1) 磷酸二氢钙 纯品为白色结晶粉末，多为一水盐 $[Ca(H_2PO_4)_2 \cdot H_2O]$。是以湿式法磷酸液（脱氟精制处理后再使用）或干式法磷酸液作用于磷酸氢钙或磷酸钙所制成的。因此，常含有少量未反应的磷酸钙及游离磷酸，吸湿性强，呈酸性。含磷 22％以上，含钙 15％左右。

表 10-4 饲料级磷酸二氢钙、磷酸氢钙质量标准（质量分数）

项目	磷酸二氢钙 $Ca(H_2PO_4)_2 \cdot H_2O$ (GB 22548—2017)	磷酸氢钙 CaHPO4 (GB 22549—2017)	磷酸钙 $Ca_3(PO_4)_2 \cdot H_2O$	磷酸二氢钾 KH_2PO_4 (HG 2860—1997)
钙(Ca)含量/%	≥13.0	≥20.0(Ⅰ型) ≥15.0(Ⅱ型) ≥14.0(Ⅲ型)	≥29	
总磷(P)含量/%	≥22.0	≥16.5(Ⅰ型) ≥19.0(Ⅱ型) ≥21.0(Ⅲ型)	15～18	22.3
枸溶性磷(P)含量/%		≥14.0(Ⅰ型) ≥16.0(Ⅱ型) ≥18.0(Ⅲ型)		
钾/%				28
水溶性磷(P)含量/%	≥20.0	—(Ⅰ型) ≥8.0(Ⅱ型) ≥10.0(Ⅲ型)		

项目	磷酸二氢钙 Ca(H₂PO₄)·H₂O (GB 22548—2017)	磷酸氢钙 CaHPO₄ (GB 22549—2017)	磷酸钙 Ca₃(PO₄)₂·H₂O	磷酸二氢钾 KH₂PO₄ (HG 2860—1997)
氟(F)含量/(mg/kg)	≤1800	≤1800	≤0.12	
砷(As)含量/(mg/kg)	≤20	≤20		0.001
铅(Pb)/(mg/kg)	≤30	≤30		0.002
镉(Cd)/(mg/kg)	≤10	≤10		
铬(Cr)/(mg/kg)	≤30	≤30		
pH 值(2.4g/L 溶液)	3~4			
游离水分含量/%	≤4.0	≤4.0		0.5
细度(通过 0.5mm 筛)含量/%	≥95.0	≥95(粉状,通过 0.5mm 试验筛);≥90(粉状,通过 2mm 试验筛)		

注:"—"表示不作要求。

表 10-5　几种含磷饲料的成分

含磷矿物质饲料	磷/%	钙/%	钠/%	氟/(mg/kg)
磷酸二氢钠 NaH₂PO₄	25.8	—	19.15	
磷酸氢二钠 Na₂HPO₄	21.81	—	32.38	
磷酸氢钙 CaHPO₄·2H₂O	18.97	24.32	—	816.67
磷酸氢钙 CaHPO₄(化学纯)	22.79	29.46	—	—
磷酸二氢钙 Ca(H₂PO₄)₂·H₂O	26.45	17.12	—	—
磷酸钙 Ca₃(PO₄)₂	20.00	38.70	—	—
脱氟磷灰石	14	28	—	—

（2）**磷酸氢钙**　为白色或灰白色的粉末或粒状产品，又分为无水盐（CaHPO₄）和二水盐（CaHPO₄·2H₂O）两种，后者的钙、磷利用率较高。磷酸氢钙一般是在干式法磷酸液或精制湿式法磷酸液中加入石灰乳或磷酸钙而制成的。除含有无水磷酸氢钙外，还含少量的磷酸二氢钙及未反应的磷酸钙。含磷 21%以上，含钙 16.5%以上。

（3）**磷酸钙**　纯品为白色无臭粉末。饲料用常由磷酸废液制造，为灰色或褐色，并有臭味，分为一水盐［Ca₃(PO₄)₂·H₂O］和无水盐［Ca₃(PO₄)₂］两种，以后者居多。经脱氟处理后，称作脱氟磷酸钙，为灰白色或茶褐色粉末，含钙29%以上，含磷 15%~18%，含氟 0.12%以下。

2. 磷酸钾类

(1) 磷酸二氢钾 分子式为 KH_2PO_4，为无色四方晶系结晶或白色结晶性粉末，因其有潮解性，宜保存于干燥处。含磷 22.3%，含钾 28%。本品水溶性好，易为动物吸收利用，可同时提供磷和钾，适当使用有利于动物体内的电解质平衡，可促进动物生长发育和生产性能提高。

(2) 磷酸氢二钾 分子式为 $K_2HPO_4 \cdot 3H_2O$，呈白色结晶或无定形粉末。一般含磷 13% 以上，含钾 34% 以上。

3. 磷酸钠类

(1) 磷酸二氢钠 有无水物（NaH_2PO_4）及二水物（$NaH_2PO_4 \cdot 2H_2O$）两种，均为白色结晶性粉末，因其有潮解性，宜保存于干燥处。无水物含磷约 25%，含钠约 19%。因其不含钙，在钙要求低的饲料中可充当磷源，在调整高钙、低磷配方时使用不会改变钙的比例。

(2) 磷酸氢二钠 分子式为 $Na_2HPO_4 \cdot xH_2O$，为白色无味的细粒状，无水物一般含磷 18%～22%，含钠 27%～32.5%，应用同磷酸二氢钠。

4. 骨粉

骨粉是以家畜骨骼为原料加工而成的，由于加工方法的不同，其成分含量及名称各不相同。钙、磷是动物体内含量较多的矿物质元素，平均占体重的 1%～2%，其中 98%～99% 的钙、80% 的磷存在于骨和牙齿中。骨中钙约占骨灰的 36%，磷约占 17%。由于动物种类、年龄和营养状况不同，钙磷比也有一定变化。钙、磷主要以两种形式存在于骨中，一种是结晶型化合物，主要成分是羟基磷灰石 $[Ca_{10}(PO_4)_6(OH)_2]$；另一种是非结晶型化合物，主要含 $Ca_3(PO_4)_2$、$CaCO_3$ 和 $Mg_3(PO_4)_2$。

骨粉一般为黄褐乃至灰白色的粉末，有肉骨蒸煮过的味道。骨粉的含氟量较低，只要杀菌消毒彻底，便可安全使用。但由于其成分变化大，来源不稳定，而且常有异臭，在国外饲料工业上的用量逐渐减少。

骨粉按加工方法可分为煮骨粉、蒸制骨粉、脱胶骨粉和焙烧骨粉等，其成分含量见表 10-6。

表 10-6　各种骨粉的一般成分　　　　　　　　单位：%

类别	干物质	粗蛋白	粗纤维	粗灰分	粗脂肪	无氮浸出物	钙	磷
蒸制骨粉	93.0	10.0	2.0	78.0	3.0	7.0	32.0	15.0
脱胶骨粉	92.0	6.0	0	92.0	1.0	1.0	32.0	15.0
焙烧骨粉	94.0	0	0	98.0	1.0	1.0	34.0	16.0

二、磷的营养作用与缺乏症

如果从影响养殖水产动物生长速度、饲料效率、生理作用程度来分析，磷作为动物必需的矿物质元素，已经成为目前水产动物饲料中仅次于蛋白质和脂肪的第三类重要的营养成分，由此可见饲料磷在水产动物营养与饲料中所具有的重要作用和地位，当饲料中磷供给不足或过量时，对养殖鱼体生长性能、发育、生理代谢都将产生非常重要的影响。磷对骨骼的形成与维持、肌肉组织的功能、核酸的组成、渗透压及酸碱平衡的维持、磷脂合成、蛋白质形成及酶系统都是必需的。

1. 磷对水产动物生长性能具有整体性影响

磷对养殖鱼类的作用是全方位的，既是重要的结构性物质的重要组成部分，也是参与鱼类代谢、生理活动的重要功能性、调节性物质的重要组成成分或功能性基团。因此，饲料中的磷对养殖鱼类生长、发育、代谢的影响是全方位的，最重要的表现就是对养殖鱼类生长性能的影响。鱼体生长性能主要包括鱼体生长速度、饲料利用效率、鱼体体形和体色等。

饲料磷对养殖鱼类生长性能的影响特征表现为正态曲线关系，即饲料在低磷、高磷条件下，水产动物的生长和饲料利用效率显著下降，表明磷缺乏和过量均会影响水产动物的生长性能；而在适宜的饲料磷含量下，水产动物的生长速度和饲料效率与饲料总磷、饲料中补充的无机磷含量成正比例相关关系，且相关性非常强。因此，不同的养殖鱼类对饲料中磷的需要均有一个适宜需要量或适宜的需要量范围，过低或过高的饲料磷对养殖鱼类的生长性能均有不利影响。Mai 等（2006）在大黄鱼的饲料中添加有效磷水平为 0.30%、0.55%、0.69%、0.91%、1.16% 的 5 个组，随着有效磷从 0.30% 增加到 0.69%，大黄鱼的特定增长率也显著增加，但当磷水平继续增加时，大黄鱼的特定增长率不再变化。Yang 等（2006）发现，在澳洲银鲈饲料中添加 0.24%～0.72% 的磷能显著提高鱼体增重（$P < 0.05$）。Zhang 等（2006）报道，在花鲈幼鱼饲料中设置 0.31%、0.56%、0.70%、0.93%、1.17% 5 个水平的有效磷，发现 0.31%～0.70% 范围内花鲈幼鱼的特定增长率显著增加（$P < 0.05$）。

2. 饲料磷对水产动物脂肪代谢具有重要影响

饲料磷对养殖鱼类脂肪的吸收和转运、脂肪酸的氧化产能、脂肪沉积等都将产生重要影响。适宜量的饲料磷可促进水产动物生长和脂肪的氧化代谢、保障鱼体能量的需要，从而减少鱼体脂肪的沉积，尤其是可以减少脂肪在肝胰脏中的沉积量，有效预防脂肪肝的发生；在减少脂肪在肌肉、肝胰脏沉积的同时，增加了鱼体蛋白质的沉积量。相反，饲料磷不足或过量，会导致鱼体脂肪沉积量增加、蛋白质沉积量减少。Takeuchi 和 Nakazoe（1981）认为磷可为 ATP 两个高能键的断裂提供能量，增强体内脂肪酸的活化作用，进而增加 β 氧化、糖原生成，使蛋白质沉积增加和脂肪沉积降低。另外，磷还与脂肪结合成磷脂，是细胞膜的重要组成部分。Vielma 等（2002）、Skonber 等（1997）对欧洲白鲑的研究发现，磷水平的增加能引起鱼体脂肪含量降低。Sakamoto 和 Yone（1978）也发现，饲料磷添加水平提高可以降低真鲷肌肉和肝脏中脂肪含量。Yang 等（2006）发现，在澳洲银鲈饲料中添加磷能减少肝脏中的脂肪含量，且肝脏中的三磷酸甘油酯的含量也减少。Uyan 等（2007）也发现，在牙鲆饲料中添加磷，鱼体脂肪含量随饲料中磷添加量升高而显著降低，而没有添加磷的试验组鱼体脂肪含量最高。

3. 饲料磷对水产动物体成分的影响

饲料磷对养殖鱼类生长、饲料利用、脂肪代谢等产生重要影响的结果之一是可以引起鱼体组成的改变，而发生显著性变化的物质主要是一些结构性物质（如灰分的增加是骨骼系统、鳞片快速生长、发育的结果）和能量存储物质（如存储的脂肪减少、蛋白质增加等）。研究结果表明，饲料中磷的供给可以提高鱼体蛋白质、灰分、钙和磷等的沉积量，而减少鱼体脂肪的沉积量；同时，在鱼体形体方面，饲料磷供给不足或过量，可能使鱼体的肥满度下降，相反，饲料中适宜磷的供给会显著提高鱼体的肥满度。Mai 等（2006）在大黄鱼的饲料中添加磷，随着磷添加水平的提高，大黄鱼全鱼的脂肪含量从 6.2％降低到 4.2％（$P<0.05$），蛋白质含量从 14.9％提高到 16.3％。Zhang 等（2006）发现，饲料中添加磷的花鲈胴体脂肪含量减少，随着磷的含量从 0.31％增加到 0.70％，脂肪含量从 6.9％降低至 5.4％，而蛋白质含量从 15.4％增加到 16.7％（$P<0.05$）。Yang 等（2006）对银锯眶鱼鲗的研究发现，投喂含磷不足饲料时的鱼测得高体脂含量和低灰分含量，各处理组间的水分和粗蛋白含量没有显著差异。Sanchez 等（2000）对美洲丽体鱼研究得出，体脂水平与饲料磷成反比例关系；对虎皮鲃研究表明，除水分外，体蛋白、脂肪和灰分含量受到不同饲料磷水平的显著影响。Asgard 等对大西洋鲑鱼的试验结果显示，用含磷低于 1.0％的饲料投喂的全鱼磷含量下降，饲料磷含量与全鱼磷浓度符合算术逻辑曲线。对梭鱼的试验结果显示，鱼饲料磷水平减少的结果是鱼体脂肪的增加，而 1 龄鱼没有观察到此效果。Liu 等对黑鲷试验，饲料中磷含量不足，分析全鱼显示，其含高水平的脂肪，低水平的水分、灰分、钙和磷。

4. 磷可对水产动物骨骼钙化程度产生重要影响

钙和磷是骨骼灰分的重要组成成分，通常占骨骼灰分比例钙为 36％、磷为 17％。随骨骼灰分含量的变化，其钙和磷含量亦随之变化，灰分钙和磷含量与灰分含量表现出类似结果，说明灰分钙和磷含量与骨骼灰分一样能反映体内钙和磷状况。骨骼是钙和磷的储备库，动物机体内90％的钙和83％的磷存在于骨骼中。骨骼参数能很好地反映钙和磷的沉积和动员，是常被用来估计鱼体内磷营养状况及评定磷需要量的指标参数。

对于养殖鱼类的骨及鱼鳞中磷含量是衡量骨钙化程度的一个良好生化指标。磷作为鱼类机体骨骼的主要组成成分之一，体内磷的不足会引起骨骼钙化不全、骨骼形变，比如脊椎侧弯、鳃盖残缺等。在养殖生产中饲料磷的缺乏将引起养殖鱼类出现畸形，主要为脊柱畸形、鳃盖骨畸形或整个头部出现畸形。Uyan等（2007）报道，在给牙鲆饲喂低磷饲料后，前期鳃盖及骨组织的微结构已经发生变化。Sugiura等（2004）和Baeverfjord等（1998）在试验中也观察到了磷缺乏导致的由鳃盖畸变到骨骼形变的过程。Roy等（2003）对黑线鳕鱼的研究结果表明，脊椎骨和鳃盖骨灰分与饲料磷水平显著相关，随着饲料磷含量的增加，脊椎骨灰分从44.5％增加到56.6％±0.47％，鳃盖骨灰分从31.4％增加到48.2％±0.56％（脱脂干基）。但过高的磷会降低灰分含量，说明灰分可反映体内磷状况。用脊椎骨灰分的二次方程式估算磷需求量，黑线鳕鱼幼鱼对饲料中磷的需要量为总磷0.96％或0.72％可利用磷。

5. 磷的缺乏症

水产动物磷的缺乏症包括生长缓慢、饲料利用效率下降和骨骼发育不良。此外，鲤鱼饲喂低磷日粮后还表现出肝脏糖原异生酶活性增加，体脂增加，鱼体水分、灰分含量下降，血磷水平降低和头部畸形。红海鲷摄食低磷日粮后，会导致身体弯曲，椎骨增大，血清碱性磷酸酶活性增强，肌肉、肝脏和椎骨中脂肪沉积增多，肝脏糖原含量减少。鲑鱼和鳟鱼饲喂低磷日粮，会出现鳃盖骨和鳞片中磷含量明显减少。据报道，欧洲和智利饲养的大西洋鲑鱼的骨骼发生畸形与磷的缺乏紧密相关。尽管其饲料中含有NRC2011推荐的磷的含量，并按公布的磷的需要量供给大西洋幼鲑，但由于饲料中磷的利用率低，从而导致缺乏症。当饲料不能供给足够的可利用磷去满足快速生长的大西洋幼鲑生长后期骨骼矿化的需要时，鱼体就会逐渐出现软骨和骨骼畸形。鲑科鱼类的骨骼畸形也与受精卵孵化时温度过高和屈挠杆菌的感染有关。磷的缺乏有可能不明显影响生长，但骨骼的矿化程度显著降低。骨骼的矿化对磷的需要高于生长。其他日粮因子也可能影响骨骼代谢。水产动物对磷的需要量随年龄的增长而下降。

饲料中磷含量过高时，过多的磷就会转化为可溶性或不溶性的磷通过尿或粪排出体外（Bureua等，1999）。尿中可溶性磷作为一种养分为植物生长所利用，然而鱼体排放的大量的停留在沉积物中的颗粒形式磷，只有在厌氧微生物或其他相关生物处理后才能变为可利用磷。对鱼类来讲，如果饲料中磷添加水平过高，会导致磷的利用率降低（Lall，1991）。

三、水产动物对饲料中磷的消化、吸收

水产动物和其他高等脊椎动物一样，存在磷的恒稳机制。水产动物可以通过调整肠道的吸收、尿磷排放和骨骼的沉积等机制来适应低磷和高磷的摄入，但对水产动物磷的生理调节机制还有没完全弄清楚。

1. 水产动物所需要的磷的来源

水产动物可以从三个方面获得所需要的磷：①从水域环境中吸收无机磷，水产动物生活在水域环境中，可以直接吸收水域环境中溶解的无机磷；由于水中无机磷的浓度较低，水产动物从水域环境中直接吸收的磷非常有限（水域中钙浓度较高，水产动物可以直接吸收较多的钙满足营养需要），因而主要从饲料中获得生长所必需的磷。②从饲料中吸收磷，这是鱼体所需要的磷的主要来源。③内源性磷的获取，存在于水产动物消化道的磷包括饲料原料的磷（称为外源性磷）和消化道内的磷（称为内源性磷），如各种消化液（肠液、胆汁、胰液）和消化道脱落细胞中的磷源、消化道壁细胞分泌进入消化道的磷。水产动物对内源性磷的获得是保障磷需要的重要途径，尤其是在饲料磷供应不足、饲料磷过量的情况下，可以通过提高或减少对内源性磷的吸收来调节鱼体对磷的需要。

2. 饲料原料中的总磷含量

饲料原料中含磷较高的主要为肉骨粉、肉粉和鱼粉，其总磷含量均在 2％以上。米糠粕（饼）、玉米胚芽粕（饼）中磷的含量较高，达到 1.23％～1.82％。芝麻饼、向日葵仁粕、棉籽粕、菜籽粕、啤酒酵母含有较多的磷，总磷含量达到 1％以上；而大豆、豆粕类产品含磷量相对较低，在 0.48％～0.65％。

3. 可以被吸收磷的存在形式

水产动物吸收的磷只能是以离子状态存在的磷（磷酸根或磷酸盐）或以磷脂形式存在的磷。因此，除了磷脂外，其他来源的磷只有被转化成离子状态后才能被吸收、利用。磷脂的吸收是随脂肪的吸收而同时被吸收进入鱼体内；以离子形式存在的磷，被动物消化道黏膜细胞以主动运输、易化扩散的形式吸收。消化道上皮细胞对磷的吸收必须依赖 Na^+ 和磷酸盐转运载体，在上皮细胞刷状层和基底层进行交换作用。

4. 饲料原料中磷的存在形式

饲料原料中磷的存在形式有以下几种：①磷酸盐类，饲料原料主要为动物、植物或微生物组织，其中也有磷酸盐形式存在的磷，这类磷可以在鱼体消化道内直接

被消化道黏膜细胞以主动运输、易化扩散的形式吸收。饲料原料中以磷酸盐形式存在的磷的具体含量不清楚，由于是生物组织性原料，可以推测其含量是很低的。②以有机化合物形式存在的磷，如植酸磷。这是植物、微生物类饲料原料磷存在的主要类型。动物性蛋白质原料如肉骨粉、鱼粉、血粉等几乎没有植酸磷。而在总磷含量很高的米糠粕（饼）中86%～93%的磷为植酸磷，玉米胚芽粕（饼）中74%以上为植酸磷。在植物蛋白质饲料中，如芝麻饼、向日葵仁粕、棉籽粕、菜籽粕、啤酒酵母中的磷，65%～85%的为植酸磷。因此，植酸磷主要存在于植物性饲料原料中，占总磷的比例即使最低的如花生粕（饼）、稻谷也能达到41%以上，其他的也在50%以上，高的达到80%以上。③骨骼系统中的磷，主要存在于动物骨骼系统中。④以磷脂形式存在的磷，磷脂是生物膜的重要组成部分，在动物、植物组织中有较多的生物膜组织，其中也含有磷脂，这些饲料原料进入消化道后其中的磷脂能够被消化道吸收和利用。

5. 鱼类对饲料原料磷的消化和吸收

目前关于鱼类对不同饲料磷的消化率测定的资料非常有限，研究也不多。叶军（1991）以三氧化二铬间接指示法，在水温22℃±2℃条件下，测定了异育银鲫对鱼粉、肉骨粉、芝麻饼、虾粉、骨粉、菜籽饼、玉米粉、脱氟磷酸氢钙、磷酸二氢钙、磷酸氢钙、磷酸钙的磷的表观消化吸收率，结果见表10-7。异育银鲫对肉骨粉、鱼粉的磷的表观消化吸收率分别为16%、18%，对虾粉磷的表观消化吸收率为68%，对骨粉磷的表观消化吸收率为65%，而对芝麻饼、菜籽饼磷的表观消化吸收率分别为18%、65%。

表 10-7　饲料原料中磷的含量与表观消化吸收率

原料	磷含量/%	磷的表观消化吸收率/%
肉骨粉	2.62	16
虾粉	1.17	68
芝麻饼	1.19	18
菜籽饼	0.87	65
鱼粉	2.09	18
玉米粉	0.06	0
骨粉	13.46	65
脱氟磷酸氢钙		85
磷酸二氢钙		81
磷酸氢钙		65
磷酸钙		32

Lovell（1978）以氧化铬为指示剂测定斑点叉尾鮰对饲料原料磷的表观利用率，结果为 $CaHPO_4$ 94%、$Ca(H_2PO_4)_2$ 65%、Na_2HPO_4 90%、鱼粉（凤尾鱼）40%、鱼粉（鲱鱼）39%、玉米蛋白饲料（蛋白质41%）25%、大豆粕（蛋白质44%）50%、大豆粕（蛋白质48%）54%、次粉28%。Li和Robinson（1996）测定斑点叉尾鮰对饲料原料磷的表观利用率，结果为 $Ca(H_2PO_4)_2$ 82%、脱氟磷酸盐82%、鱼粉（鲱鱼）75%、棉粕（蛋白质44%）43%、大豆粕（蛋白质48%）49%、次粉38%。虹鳟鱼实际日粮原料磷的可利用率见表10-8。

表 10-8　虹鳟鱼原料磷的可利用率　　　　　　　　单位：%

原料	总磷	可利用磷	可利用率
青鱼鱼粉	2.05	0.91	44.4
凤尾鱼鱼粉	2.90	1.46	50.3
鲱鱼鱼粉	3.43	1.25	36.5
白鱼鱼粉	3.50	0.60	17.1
白鱼鱼粉（脱骨）	1.69	0.79	46.8
禽类副产品粉末（禽肉骨粉）	2.36	0.90	38.1
禽类副产品粉末（禽肉粉）	1.68	1.06	63.1
肉骨粉	2.68	0.58	21.6
肉骨粉（低灰分）	2.49	0.87	35.0
羽毛粉	1.26	1.00	79.4
血粉	0.72	0.74	102.8[①]
麦麸	0.18	0.13	72.2
玉米面筋粉	0.54	0.05	9.26
大豆粕	0.85	0.23	27.1
小麦面粉	0.32	0.15	47.0

① 显然，矿物质的可利用率不可能超过100%。血粉中磷的利用率这一数据的出现，说明了当日粮原料中所含的矿物质元素水平很低时，要准确地确定其（试验动物）体内该矿物质元素的可利用率是非常困难的。

因此，虽然淡水鱼类饲料配方中饲料原料的总磷含量为0.94%～1.28%，但如果按照淡水鱼类对来源于饲料原料中总磷的利用率为30%～40%来估算，实际利用量仅为0.3%～0.4%。如果淡水鱼类营养需要的磷为0.7%，饲料原料提供的磷仅为50%左右，还有50%左右的磷需要补充磷酸盐如磷酸二氢钙等来供给，否则就会出现饲料有效磷供给不足而严重影响养殖鱼类的生长性能。

四、水产动物对磷的需要量

目前关于水产动物对饲料磷的需要量的研究资料还非常有限，我国有近百种养殖鱼类，而进行过磷需要量研究的种类也就 10 余种。从现有资料来看，水产动物对饲料磷需要量的差异主要表现在以下几个方面。

①水产动物种类不同，对饲料磷的需要量有较大的差异，如表 10-9 所示，不同种类水产动物对饲料磷的需要量不同。②试验研究方法不统一，所得结果有一定的差异，如使用的饲料磷源有磷酸二氢钙、磷酸氢钙、磷酸二氢钠、磷酸二氢钾等，使用不同磷源饲料的试验虽然可以得到饲料总磷的需要量，但是，不同磷源饲料的生物利用率差异较大，对鱼体生长速度的影响差异很大，因此，根据生长速度和饲料效率所得到的鱼体对饲料总磷的需要量就有较大的差异，同时，也难以得到鱼体对饲料有效磷的需要量。③试验饲料有较大的差异，如用酪蛋白-明胶等的纯化饲料与使用鱼粉、豆粕等实用饲料作为试验饲料，饲料中磷源和利用效率就会有较大的差异，使得试验结果出现差异。④试验的鱼体生长阶段差异，一般使用鱼种阶段的鱼体进行试验，而对大规格鱼体对饲料磷的需要就只有进行推导，而不同生长阶段鱼体对饲料磷的需要是否有差异则不清楚。⑤鱼体对饲料磷需要量应该包括饲料总磷和有效磷或可利用磷的需要量，如果单纯以总磷作为需要量则随着磷源饲料的不同可能导致配合饲料中可利用磷量的差异，对实际饲料生产要么造成可利用磷不足，要么过量。因此，目前急需对试验研究方法进行规范。

表 10-9　部分鱼类对磷的需要量

鱼种类	试验鱼体重/g	磷源种类	需要量/%	资料来源
牙鲆（Paralichthys olivaceus）	1	磷酸氢钙	0.45~0.51	Uyan 等（2007）
翘嘴红鲌（Culter alburnus）	3.59~3.99	磷酸二氢钠	0.88（总磷）	陈建明等（2007）
大黄鱼（Pseudosciaena crocea）	1.86~1.90	磷酸氢钙	0.89~0.91（可利用磷 0.7）	Mai 等（2006），Yang 等（2006）
银鲫（Carassius auratus gibelio）	2.27	磷酸二氢钠	0.71	Shuenn-Der（2006），Yang 等（2006）
异育银鲫			0.92~1.22（总磷）	汤峥嵘等（1998）
花鲈（Lateolabrax japonicus）	6.18~6.38	磷酸二氢钠	0.86~0.90（可利用磷 0.68）	Zhang 等（2006）
齐口裂腹鱼（Schizothorax prenanti）	1.51~2.07	乳酸钙和磷酸二氢钾	1.48~4.99	段彪等（2005）

鱼种类	试验鱼体重/g	磷源种类	需要量/%	资料来源
军曹鱼(*Rachycentron canadum*)幼鱼	20.2～24.0	过磷酸钙	0.88	周萌等(2004)
黑鲈	10	磷酸二钙	0.65	Oliva 和 Pimentel (2004)
黑线鳕鱼(*Melanogrammus aeglefinus* L.)	4.19～4.21	过磷酸钙	0.72	Roy 和 Lall(2003)
欧洲白鲑	5.2	磷酸二氢钾和一水磷酸二氢钠	0.62	Vielma 等(2002)
金头鲷(*Sparus aurata* L.)	5	磷酸二钙	0.75	Rodrigues 等(2001)
遮目鱼(*Chanos chanos*)	2.5	磷酸二氢钾	0.85	Borlongan 和 Statoh (2001)
镜鲤(*Cyprinus carpio*)	18	磷酸二钙	0.67	Kim 等(1998)
红色奥利亚罗非鱼(*Oreochromis aureus*)	0.8	磷酸二氢钠	0.5	Robinson 等(1987)
白鲈(*Morone chrysops*)	2.61～2.71	磷酸二氢钾	0.54	Brown 等(1993)
鲶鱼	6	磷酸二氢钠	0.42～0.45	Wilson 等(1982)
大麻哈鱼(*Oncorhynchus keta*)	1.5	磷酸二氢钠	0.50～0.60	Watanabe 等(1980)
斑点叉尾鮰	1.8	磷酸二氢钠	0.45(可利用磷)	Lovell(1978)
虹鳟(*Oncorhynchus mykiss*)	1.2	磷酸二氢钠＋磷酸氢二钾	0.50～0.90	Ogino 和 Takeda(1978)
鲑鱼(*Salmo salar*)	6.5	磷酸氢钙	0.6	Ketola(1975)
草鱼			1.419～1.577(总磷)	王志忠等(2002)
草鱼	0.53	磷酸二氢钙	0.95～1.10(总磷)	游文章等(1978)
尼罗罗非鱼			0.46(可利用磷)	Haylor(1984)
青鱼			0.42～0.62(总磷)	汤峥嵘等(1998)
鲤鱼	50	磷酸二氢钙	0.55(可利用磷)	杨雨虹(2006)
花鰁(*Hemibarbus maculatus*)	7.97	磷酸二氢钾	0.91～1.17(总磷)	赵朝阳(2008)

五、不同磷源饲料对水产动物的养殖效果

不同来源、不同化学形态的磷酸盐对水产动物有不同的利用率，主要是溶解度的差异导致鱼体对饲料磷酸盐中磷的利用率不同。在一定的条件下，磷酸钙、磷酸氢钙与磷酸二氢钙在水中的溶解度依次增大。在 1atm 下，磷酸钙、磷酸氢钙在 25℃时的溶解度分别为 0.02g/L 和 0.136g/L，磷酸二氢钙在 30℃时的溶解度约为 18g/L（袁红霞，2001）。无胃鱼（鲤鱼）和有胃鱼（虹鳟）对磷酸二氢盐的利用率高达 94%，而对磷酸氢钙和磷酸钙的利用率，鲤鱼仅为 46% 和 13%，但虹鳟仍然可达到 71% 和 64%。溶解度的差异是不同无机磷酸盐之间利用率不同的主要原因。

而对不同鱼类而言，主要是消化道酸碱度的差异，如有胃鱼类可以分泌一定量胃酸而提高对不同磷酸盐中磷的利用率。鱼类按消化道结构不同，可以分为有胃鱼和无胃鱼。有胃鱼对溶解度较高的磷酸盐的消化利用率较好，而对溶解度低的磷酸盐消化吸收率差。对于无胃的鲤科鱼类，磷酸二氢钙是最为高效和经济的磷源。Yone 和 Toshima（1979）研究表明，鲤鱼几乎不能利用鱼粉中以磷酸三钙形式存在的不溶性磷。而 Ogino 等（1978）发现，有胃鱼虹鳟对磷酸三钙的利用率可高达 60%。Eya 和 Lovell（1997）报道了斑点叉尾鮰对无机盐的可利用率随溶解性能下降而递减。但有胃鱼和无胃鱼递减的程度不同。

六、纯化日粮中磷缺乏、过量对草鱼骨骼的影响

饲料磷对鱼体骨骼系统的生长和发育有重要的影响，但影响到什么程度呢？笔者采用纯化日粮可以很好地做到饲料总磷含量很低的水平，最后发现缺磷和磷过量都可能影响到骨骼系统的生长和发育。

笔者在以酪蛋白、豆油、淀粉、糊精和纤维素为原料的纯化饲料中分别添加磷酸二氢钙 0、13g/kg、29g/kg、45g/kg、61g/kg、77g/kg，选用初始均重为 22.29g±1.8g 的草鱼鱼种，在室内养殖系统中分别用上述 6 组饲料每组三个重复定量投喂，饲养时间为 75 天。试验饲料配方见表 10-10。

表 10-10 试验饲料组成及营养水平

原料/(g/kg)	组别					
	I	II	III	IV	V	VI
酪蛋白	280	280	280	280	280	280
明胶	40	40	40	40	40	40
糊精	140	140	140	140	140	140

原料/(g/kg)	组别					
	I	II	III	IV	V	VI
淀粉	300	300	300	300	300	300
豆油	55	55	55	55	55	55
羧甲基纤维素	50	50	50	50	50	50
微晶纤维素	51	44	35	26	17	8
膨润土	20	20	20	20	20	20
沸石粉	20	20	20	20	20	20
预混料[①]	10	10	10	10	10	10
氯化钙	34	28	21	14	7	0
磷酸二氢钙	0	13	29	45	61	77
饲料营养水平[②]						
粗蛋白/%	26.17	24.97	26.46	26.65	26.77	26.01
粗脂肪/%	4.76	4.53	4.93	5.03	5.14	4.86
灰分/%	10.56	10.82	11.43	11.42	11.96	12.30
钙/(g/kg)	12.03	12.13	12.53	14.03	16.10	16.63
磷/(g/kg)	1.43	4.87	8.07	11.63	14.57	15.70

① 预混料为每千克日粮提供：Cu 5mg；Fe 180mg；Mn 35mg；Zn 120mg；I 0.65mg；Se 0.5mg；Co 0.07mg；Mg 300mg；K 80mg；维生素 A 10mg；维生素 B_1 8mg；维生素 B_2 8mg；维生素 B_6 20mg；维生素 B_{12} 0.1mg；维生素 C 250mg；泛酸钙 20mg；烟酸 25mg；维生素 D_3 4mg；维生素 K_3 6mg；叶酸 5mg；肌醇 100mg。

② 实测值。

通过养殖试验结果表明：①饲料磷水平对草鱼的生长有显著的影响（$P<0.05$），当饲料中磷的添加水平为 7.13g/kg 时，草鱼的生长效果最好，磷含量过高或过低都不利于草鱼的生长，在本试验条件下，饲料中总磷的最适浓度为 7.13～11.06g/kg；②饲料磷水平对草鱼脊椎骨的畸形有显著的影响，在磷缺乏或磷不足时，会引起草鱼脂肪肝的发生和草鱼骨骼的畸形，鱼体脊椎骨畸形的判断可作为磷缺乏的一个标志。

1. 对草鱼畸形程度的影响

试验鱼在养殖过程中，没有出现诸如出血等体表受伤状况，养殖试验结束采样时，肉眼观察可发现部分鱼出现了畸形，畸形的主要部位在草鱼的尾柄。试验草鱼在 X 射线照射下身体的骨骼状况见图 10-1。

由 X 射线的结果可知，饲料中磷对六个试验组的草鱼头骨没有明显的影响，肉眼不能观察到头骨出现畸形的状况；对草鱼脊椎骨有明显的影响，主要表现为引

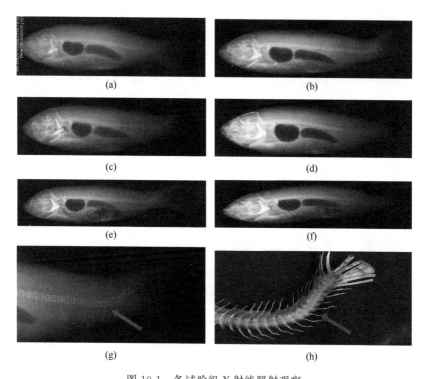

图 10-1　各试验组 X 射线照射观察

（a）Ⅰ试验组的草鱼；（b）Ⅱ试验组的草鱼；（c）Ⅲ试验组的草鱼；（d）Ⅳ试验组的草鱼；
（e）Ⅴ试验组的草鱼；（f）Ⅵ试验组的草鱼；（g）畸形的骨骼 X 射线观察；（h）畸形的脊椎骨形状

起了草鱼脊椎骨的变形，变形的主要部位在脊椎骨末端 1/5 处。X 射线图及采样时观察可知：Ⅰ试验组的草鱼脊椎骨在肉眼和 X 射线条件下观察都没有发现明显的畸形情况；Ⅱ、Ⅲ、Ⅳ试验组的草鱼在肉眼观察时基本没有发现明显的畸形情况，但是在 X 射线下观察时发现部分鱼的脊椎骨已经有了一定的畸形；Ⅴ和Ⅵ试验组肉眼观察能发现一些尾部上翘的草鱼，尤其Ⅵ试验组鱼尾部已经严重弯曲上翘，在 X 射线下观察尾部脊椎骨也有了畸形的情况。由此可以判断：Ⅰ试验组的草鱼没有出现畸形或者畸形的程度不严重，尚不足以引起表观现象的判别；Ⅱ、Ⅲ、Ⅳ试验组的草鱼已经开始出现畸形，因为畸形的程度不严重，所以只能在 X 射线条件下观察到脊椎骨的畸形而肉眼不能识别草鱼体形的不正常，畸形的程度只为轻度畸形或中度畸形；Ⅴ和Ⅵ试验组的草鱼出现的畸形情况比较严重，可为重度畸形，不只是其脊椎骨出现明显的畸形情况，而且鱼体的外表形态也发生明显的畸形变化，可轻易进行肉眼观察判断。

2. 鱼体骨骼畸形的判别标准

在已有的文献中研究的主要方向都是营养素对鱼类骨骼发育的影响，一系列营养素的缺乏或过量可能会引起骨骼系统的畸形，尤其是脊椎骨的畸形。但对于鱼体畸形的判定主要是通过肉眼的观察，看其与正常鱼体的形态特征是否有差别。在本试验中出现的肉眼观察鱼体体形正常，但在 X 射线条件下观察鱼体脊椎骨已经出现了一定程度的畸形现象。因此，对鱼体畸形情况的判定标准对科研试验的进行具有很大的指导意义。参考已有的研究成果和本试验的研究结果，把鱼类的骨骼畸形程度作以下的区别。

健康鱼体：通过肉眼观察鱼体体形正常，在 X 射线或其他方式条件下直接观察脊椎骨形态正常的鱼体为健康鱼体。

轻度畸形：通过肉眼观察鱼体体形正常，在 X 射线或其他方式条件下直接观察脊椎骨在某一点开始偏离脊椎骨主轴，与主轴之间形成一定的角度，当角度低于$20°$时，鱼体体形仍基本保持正常，认为该鱼体尾轻度畸形。如图 10-2（a）所示。

中度畸形：通过肉眼观察鱼体的尾柄已经出现一定程度的畸形，在 X 射线或其他方式条件下直接观察脊椎骨在某一点开始偏离脊椎骨主轴，并与主轴之间形成一定的角度，角度大小在$20°\sim45°$之间时，认为该尾鱼中度畸形。如图 10-2（b）所示。

重度畸形：通过肉眼观察鱼体体形已经出现严重的畸形，在 X 射线或其他方式条件下直接观察脊椎骨

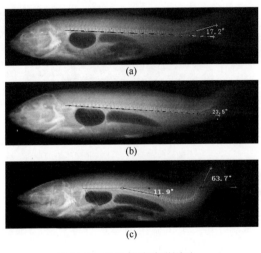

图 10-2　草鱼骨骼畸形图示
（a）轻度畸形；（b）中度畸形；（c）重度畸形

时，骨骼某点偏离主轴角度大于$45°$，或者出现不止一次偏离主轴，认为该尾鱼为重度畸形。如图 10-2（c）所示。

第四节　矿物质饲料

矿物质饲料是指直接在饲料配方中使用的、来源于天然矿产并经过加工处理的饲料原料。饲料原料目录中列举了允许在饲料中使用的十几种矿物质饲料原料。

矿物质饲料原料在水产饲料中的使用目标主要有以下几方面：①提供一定量的

矿物质元素，矿物质饲料中含有种类较多的矿物质元素，有些是可以溶解或在消化道内可以溶解的矿物质盐，可以补充养殖动物所需要的部分矿物质元素，尤其是一些微量或痕量的矿物质元素，满足动物的营养需要；②利用矿物质原料的吸附特性，作为吸附剂可以吸收饲料中的部分霉菌毒素等有毒有害物质，对于水产动物而言，饲料蛋白质水平很高，在动物消化道内如果消化不完全，可能产生氨氮、硫化氢等有害物质，则可以通过饲料中的矿物质饲料原料较好的吸附特性，将其吸附并排出体外；③利用矿物质原料的吸附特性，在消化道内作为微生物附着载体，有利于微生物的生长和发育，并通过肠道微生物的作用对消化道组织结构、消化生理产生重大影响，进而对养殖动物的肠道健康、生理健康产生影响；④作为饲料黏合剂或填充剂，例如膨润土、凹凸棒土等具有很好的黏合性能，可以起到对饲料的黏合作用，同时，膨润土、凹凸棒土、沸石粉等市场价格低，也成为饲料中的一类填充物；⑤对水产饲料和水产养殖的水质起调节作用，饲料中的沸石粉等进入水体后，对水质具有一定的调节作用。

当然，任何饲料原料都有作用好和不好两面性，矿物质饲料原料也是如此。潜在的危险因素主要是重金属种类和含量以及氟含量等。

一、膨润土及其在水产饲料中的应用

膨润土主要成分为蒙脱石的 2:1 型黏土矿物，是由两个硅氧四面体中间夹一铝氧八面体组成的具有特殊理化性质和空间结构的非金属矿物。其主要化学成分为钙质蒙脱石55％、方英石25％、石英5％、珍珠岩5％、长石1％等；物化性能为：吸蓝量83.0mmol/100g，胶质价55～33mL/15g，膨胀容积7.94mL/g，比表面积为70.8m^2/g，吸水率183（何万领，2003）。

膨润土在消化道内吸水膨胀，使食糜黏度增加，在消化道中存留时间延长，营养物质吸收增加；天然矿物质能吸附氨、硫化氢、消化道中其他有毒代谢产物、细菌毒素及病毒粒子等。同时，膨润土含有较为丰富的常量元素、微量元素及稀土元素，作为饲料添加剂可以起到补充这些元素的作用。因此，在畜禽饲料中适当添加天然矿物质可提高动物生产性能和成活率。

研究者通过体外试验研究了膨润土对蛋氨酸、赖氨酸、维生素 B_2、磷、氟、游离棉酚及黄曲霉毒素 B_1 的吸附特性以及对植酸与植酸酶活性的影响；通过急性动物试验研究了膨润土消除黄曲霉毒素 B_1 的急性毒性作用。膨润土对棉籽饼粕中的棉酚、菜籽饼粕中的硫苷和单宁以及被霉菌毒素污染的饲料中的毒素等有害物质有很强的吸附性，能减少动物对这些有毒有害物质的吸收并可催化其分解破坏。

在水产饲料中建议使用量为1％～3％，对于多数鱼类、虾类饲料保持2％的使用量是可行的。对于浮性膨化饲料则可以不使用膨润土而使用沸石粉，对于沉性膨化饲料则可以使用3%～4%的膨润土。

二、凹凸棒土及其在水产饲料中的应用

凹凸棒土，又称坡缕石，是一种含水、富镁铝硅酸盐矿物，其结构属2：1型黏土矿物；纯度55%～62%，95%通过80目筛，水分≤12%；主要化学成分（质量分数）为：SiO_2 55.10%～60.90%，Al_2O_3 9.50%～10.01%，Fe_2O_3 5.20%～6.70%，MgO 10.70%～12.10%，Na_2O 0.05%～0.11%，K_2O 0.96%～1.35%，CaO 0.42%～1.95%，TiO_2 0.32%～0.67%，MnO 0.01%～0.05%（王龙昌等，2008）。

凹凸棒土具有独特的分散、耐高温、抗盐碱等良好的胶体性质和较高的吸附脱色能力。

凹凸棒土粉作为混合饲料的添加剂，以其特有的物理性能，能促进动物机体的新陈代谢，提高饲料转化率，使动物食欲旺盛、皮毛丰润、增重快、出栏早，降低饲养成本；同时还具有优良的吸附性，能有效地吸附大肠杆菌、肠道毒素，起到防疫治病、除虫杀菌的作用，并提供牲畜生长必要的微量元素。作为颗粒饲料的黏结剂，其具有良好的黏结力，既降低了饲料生产成本，又可提高饲料的利用率。它能吸附鱼塘中的铵离子，防止水质污染，防腐臭。由于其密度小，沉降速度慢，可延长鱼的食用时间，饲料利用率高。预混合饲料的生产技术要求较高，在国外被称为饲料的核心，凹凸棒土作为预混合饲料的载体可节约大量粮食，还可保持维生素等不会失效、微量元素不散失。

凹凸棒土在水产饲料中的使用量参照膨润土执行。

三、沸石粉及其在水产饲料中的应用

沸石是一种硅酸盐，因沸石在加热至熔融时伴有沸腾现象而得名。沸石有独特的矿物结构，其结构为三维硅氧四面体和三维铝氧四面体，这些四面体按一定的规律排列成具有一定形状的晶体骨架。沸石的矿物骨架是开放性的，具有很多大小均一的通道和空腔。在这些孔穴和通道中吸附着金属阳离子和水分子，这些阳离子和水分子与阴离子骨架间的结合力较弱。沸石的这种特殊结构决定了它所特有的性能。沸石主要成分为斜发沸石，纯度55%～70%，100%通过60目筛（王龙昌等，2008）。

目前已知的沸石有50多种，应用于养殖业的天然沸石主要是斜发沸石和丝光沸石。它含有畜禽和水产动物生长发育所需的全部常量元素和大部分微量元素。这

些元素都以离子状态存在，能被畜禽及水产动物所利用。此外，沸石还具有独特的吸附性、催化性、离子交换性、离子的选择性、耐酸性、热稳定性、多成分性及很高的生物活性和抗毒性等。所以一经发现，沸石就被广泛应用于畜禽饲料、水产养殖、化工、兽药、饲料添加剂等领域。

沸石具备作添加剂预混物的载体和稀释剂的各种基本条件，沸石呈中性，pH在7~7.5之间，其含水量仅3.4%~3.9%，且不易受潮，与含有结晶水的无机盐微量成分混合能吸附其中的水分，增强饲料的流动性。沸石表面粗糙和具有的多孔结构，使其具有较强的携载能力，不但能使物料均匀地吸附在表面，而且能吸附到孔穴和通道内，提高了物料的可利用性，也大大改善了混合的均匀性，同时能适当延长微量成分的释放时间，更有利于动物吸收。另外，沸石可以按要求加工，一般可在30目到200目之间任意选择，这为不同物料选择载体和稀释剂的规格提供了极大方便。沸石耐酸，容重为1.2~1.4kg/L，不含油脂和粗纤维又无静电现象，这些特性都符合载体和稀释剂应具备的条件。因此应进一步研究开发利用。

沸石晶体内部的孔穴和通道的体积约占晶体总体积的一半以上，在孔穴和通道中存在许多沸石水，经加热水分可以逸失。失水后的沸石，形成了表面积很大的孔穴，这种多孔结构决定了它具有很强的吸附性，可吸附大量的有极性的分子（如氨、二氧化碳、硫化氢等），另外在动物消化过程中产生的有害微生物（如大肠杆菌、痢疾杆菌和沙门菌等）及有毒气体（如氨、硫化氢等）可随时被吸附，吸附的有害物质被排出体外，从而减弱有害物质对肠道的危害。这对维护畜禽和鱼虾肠道健康，提高肠道的消化吸收功能是十分有利的。

沸石粉的主要物理性质为水分<12%，相对密度2.1~2.3，吸氨量120~140mmol/100g；主要化学成分为 SiO_2 62.87%、Al_2O_3 13.46%、Fe_2O_3 1.35%、TiO_2 0.11%、CaO 2.71%、MgO 2.38%、K 2.78%、Ca 2.4%、P 0.06%，微量元素为 Fe 165.8mg/kg、Cu 2.0mg/kg、Mn 10.2mg/kg、Zn 2.1mg/kg、F<5mg/kg。

陈建明（1992）在2龄草鱼饲料中添加5.0%（150目）的斜发沸石粉，可使草鱼成活率提高14.0%，相对生长率提高10.8%，饲料系数降低0.28，草鱼肠道蛋白酶活性提高27.0%，而肝胰脏蛋白酶活性不受影响，对血液中尿素氮（BUN）、谷丙转氨酶（GPT）、肌酐（CR）、胆固醇（CH）和总甘油三酯（TG）等生化指标及草鱼骨肉品质无不良影响。

四、麦饭石及其在水产饲料中的应用

麦饭石属非金属矿，是以半风化的黑云母石英二长斑岩为主，具有多孔性，呈斑状或似斑状结构，这种特殊结构使其具有很强的吸附作用，能吸附对动物健康有害的重金属（Pb、Hg、As等）、细菌、氨、氰化物、硫化氢等。麦饭石的含水量和吸水率相对其他载体要低，并具有较好的流动性，而且以硅氧四面体结构为基础的 $KAlSi_3O_8$、$NaAlSi_3O_8$ 和 $FeAl_2Si_2O_8$ 等物质中 Si 占 60%，因而麦饭石具有良好的防潮、防结块性能。麦饭石的容重与预混料的容重相近，pH 值接近中性。

产地不同的麦饭石的化学组成含量有所差异，但主要化学成分为 SiO_2 和 Al_2O_3，两者占 70% 以上，其中 SiO_2 占 60% 以上，其他成分有 Fe_2O_3、FeO、TiO_2、MnO、MgO、CaO、Na_2O、K_2O、P_2O_3、H_2O 等，微量元素有 Sr、Ba、Cr、Pb、Se、Cd、Be、As、Hg、U、Th、Ra 等。

第五节　维生素与维生素预混料

维生素是维持动物机体正常生长、发育和繁殖所必需的微量小分子有机化合物。动物对维生素需要量很少，每日所需量仅以 mg 或 μg 计算，属于必需的微量营养素。其主要作用是作为辅酶参与物质代谢和能量代谢的调控、作为生理活性物质直接参与生理活动、作为生物体内的抗氧化剂保护细胞和器官组织的正常结构和生理功能，还有部分维生素作为细胞和组织的结构成分。对于多数维生素，动物本身没有全程合成的能力，或合成量不足以满足营养需要，主要依赖于食物的供给。在自然条件下维生素主要由微生物和植物体进行生物合成，动物肠道微生物可以合成部分维生素如生物素、维生素 B_{12} 和维生素 K_3 等。

一、维生素种类、性质和产品形式

维生素按照溶解性分为脂溶性和水溶性两大类。脂溶性维生素是可以溶于脂肪或脂质溶剂（如乙醚、氯仿、四氯化碳等）而不溶于水的维生素，包括维生素 A（视黄醇）、维生素 D（钙化醇）、维生素 E（生育酚）和维生素 K。水溶性维生素是能够溶解于水的维生素，对酸稳定，易被碱破坏，包括维生素 B_1（硫胺素）、维生素 B_2（核黄素）、泛酸（遍多酸）、烟酸（尼克酸）、烟酰胺（尼克酰胺）、维生素 B_6（吡哆素）、生物素（维生素 H）、叶酸、维生素 B_{12}（氰钴素）、维生素 C（抗坏血酸）等。

二、维生素的营养作用

在生物体内，维生素的主要作用是作为酶的辅酶或辅因子，对于维系酶蛋白的高级结构和生理活性发挥重要作用，生命的主要特征是新陈代谢，而新陈代谢的体现主要就是一些生物化学反应。几乎生物体内的所有化学反应都是在酶的控制下发生的，而维生素作为酶的一部分，参与生物体内生物化学反应的调节和控制。因此，维生素虽然含量很低、分子量小，但是它们对于生命的维持、生命活动的调节和控制则是不可缺少的物质。也因此，饲料中的维生素对于养殖动物生命活动的维持与调节控制具有重要作用，当维生素缺乏时，养殖动物体内的代谢活动难以正常进行，就会出现一系列的代谢不正常。可以认为，维生素对于养殖动物的营养作用是全面的，对于生理机能的影响也是全面性的。凡是需要鱼体正常生理功能维系的生长、发育、代谢活动都会受到饲料中维生素的影响。

应激是指动物机体对外界刺激或挑战（应激源）所产生的反应。在养殖条件下，应激源主要包括自然环境变化（水温、盐度、光照、pH 等）、养殖密度过高、水质恶化、溶解氧过低、病原侵袭、不善管理等因素。动物处于应激状态下的抗应激反应涉及神经系统、内分泌系统及免疫系统的一系列活动，这将使动物的代谢活动发生变化，并可能导致对功能系统的结构或功能性造成伤害。因此，水产动物长期或经常处于应激状态时机体对维生素的需要量可能会显著增加，在饲料中增加维生素供给总量或与应激直接相关的维生素（如维生素 C、维生素 E、维生素 A、核黄素等）供给量，可以有效消除或减弱由于应激造成的不良影响，增强抗应激的能力，有利于水产动物正常生理状态的维持，进而有利于其生长和发育。

对于营养免疫作用可以从两个方面理解，一方面，动物的营养状况是影响机体免疫系统发育和免疫功能发挥的重要物质基础，合理的营养有利于提高动物对应激和疾病的抵抗力，营养不良或过量均影响免疫系统的发育及免疫功能的发挥，降低其抵御疾病的能力；另一方面，动物免疫功能下降和健康状况不良，或疾病发生时可以改变营养代谢和营养需要模式，必须调整营养供给模式才能更有利于动物健康的恢复。在追求健康养殖和安全水产品的目标下，充分研究和利用营养免疫学原理有效控制疾病的发生、减少药物的使用意义更为重大。

维生素是重要的营养素，不仅仅从正常生长、发育角度满足养殖动物对维生素营养的需要，还应该从免疫学角度考虑维生素的营养作用。这种需要除了包含对维生素整体和总量的需要外，还应该包括个别维生素在免疫方面的营养作用和营养需要。常规维生素营养需要是动物健康生长、发育的重要保障，而个别维生素在机体免疫方面的营养需要则具有特殊的作用和意义。

三、鱼类对维生素的需要量

鱼类对维生素的需要量目前有一些研究报告，而饲料中维生素的补充量则与需要量之间有一定的差异。主要原因是，配合饲料中维生素的总量应该包括维生素预混料中的补充量、饲料原料中维生素量的总和，但同时要考虑饲料混合后其他饲料成分对维生素造成的损失、生产过程中维生素的损失量、饲料在保存和运输过程中的损失量，配方中维生素总量减去在不同环节中的损失量后才是鱼体可以吸收到的量。目前关于维生素在饲料混合后的损失量、在饲料制造过程中的损失量、在饲料运输存储过程中的损失量等基本没有系统的数据，尤其是挤压膨化饲料生产过程中的维生素损失量基本没有可参考的数据。因此，在维生素预混料配方编制时，只能尽可能地增加维生素的使用量，对于饲料原料中的量基本不考虑。

养殖水产动物维生素预混料配方示例见表 10-11，经过多年的使用，在硬颗粒饲料中取得很好的养殖效果，没有出现维生素缺乏症。对于挤压膨化饲料，维生素预混料的配方可在此基础上进一步增加。

表 10-11　养殖水产动物维生素预混料配方示例

项目	需要量 /(mg/kg 饲料)	价格 /(元/kg)	纯度/%	1%预混料的 化合物添加量/(kg/t)
维生素 B_1	5	135	78	0.64
维生素 B_2	10	115	80	1.25
维生素 B_6	10	135	82	1.22
泛酸钙	30	68	90	3.33
烟酸	50	48	99	5.05
维生素 B_{12}	0.02	340	1	0.20
维生素 A（50 万国际单位/g）	4500 国际单位/kg	110		0.000900
维生素 D_3（50 万国际单位/g）	4500 国际单位/kg	70		0.000900
叶酸	5	200	95	0.53
包膜 C	80	70	93	8.60
酯化 C	100	35	35	28.57
维生素 E	160	44	50	32.00
肌醇	180	45	98	18.37
生物素	0.2	120	2	1.00
维生素 K_3	10	82	50	2.00
鱼虾 4 号	100	170	50	20.00
抗氧化剂	0.3	3	100	0.03
脱脂米糠		0.3		877.21

如何防止饲料中维生素的损失是一个值得研究的问题，也是制约水产饲料产业

发展的关键性问题之一。最为理想的方法是在饲料制粒完成后，通过喷涂的方法将维生素喷涂在颗粒的表面，这需要在机械设备和生产工艺上做很大的改进。同时，维生素是以脂溶性还是水溶性液体状态进行喷涂也是值得研究的问题，这项技术还只处于研究和试点阶段，还没有推广应用。再一个技术方法是对维生素产品剂型进行改造，例如通过将维生素与其他化合物结合提高其稳定性，或者通过包被的方法提高维生素的稳定性。前者需要有化学合成和化工生产条件、生产工艺的发展，而后者在技术上需要保障维生素在包被后的稳定性更高，且颗粒细度很细以保障在饲料中混合均匀度很高等。

虽然有些维生素在饲料原料中含量很高，但由于以下一些原因未能被鱼类有效利用：①维生素在饲料中以某种不能被鱼、虾类利用的结合态存在，如谷物糠麸中的泛酸、烟酸含量虽很高，但由于它们以某种结合态存在，因而利用率较低；②维生素吸收障碍，饲料中含有适量的脂肪可促进脂溶性维生素的吸收，而维生素 B_{12} 的吸收则有赖于胃肠壁产生的一种小分子黏蛋白的存在，如果这些与维生素吸收有关的物质缺乏或不足，则会显著降低维生素的吸收率；③饲料中存在与维生素相拮抗的物质（抗维生素），从而削弱甚至抵消了维生素的生理功能，导致维生素缺乏症；④由于绝大多数维生素性质极不稳定，在饲料储藏和高温、高压等加工过程中往往会遭到不同程度的破坏，有时这种破坏是十分严重的。

维生素添加剂的规格要求见表 10-12。

表 10-12　维生素添加剂的规格要求

种类	外观	粒度 /(个/g)	含量	容重 /(g/mL)	水溶性	重金属 /(mg/kg)	砷盐 /(mg/kg)	水分/%
维生素 A 乙酸酯	淡黄到红褐色球状颗粒	10万~100万	50万国际单位/g	0.6~0.8	在温水中弥散	<50	<4	<5.0
维生素 D_3	奶油色细粉	10万~100万	10万~50万国际单位/g	0.4~0.7	可在温水中弥散	<50	<4	<7.0
维生素 E 乙酸酯	白色或淡黄色细粉或球状颗粒	100万	50%	0.4~0.5	吸附制剂,不能在水中弥散	<50	<4	<7.0
维生素 K_3 (MSB)	淡黄色粉末	100万	50%甲萘醌	0.55	溶于水	<20	<4	—
维生素 K_3 (MSBC)	白色粉末	100万	25%甲萘醌	0.65	可在温水中弥散	<20	<4	—

种类	外观	粒度 /(个/g)	含量	容重 /(g/mL)	水溶性	重金属 /(mg/kg)	砷盐 /(mg/kg)	水分/%
维生素 K_3（MPB）	灰色到浅褐色粉末	100 万	22.5%甲萘醌	0.45	溶于水的性能差	<20	<4	—
盐酸维生素 B_1	白色粉末	100 万	98%	0.35～0.4	易溶于水,有亲水性	<20	—	<1.0
硝酸维生素 B_1	白色粉末	100 万	98%	0.35～0.4	易溶于水,有亲水性	<20		
维生素 B_2	橘黄色到褐色细粉	100 万	96%	0.2	溶于水	—	—	<1.5
维生素 B_6	白色粉末	100 万	98%	0.6	溶于水	<30	—	<0.3
维生素 B_{12}	浅红色到浅黄色粉末	100 万	0.1%～1%	因载体不同而异	溶于水	—	—	—
泛酸钙	白色到浅黄色粉末	100 万	98%	0.6	易溶于水	—	—	<20mg/kg
叶酸	黄色到浅黄色粉末	100 万	97%	0.2	水溶性差	—	—	<8.5
烟酸	白色到浅黄色粉末	100 万	99%	0.5～0.7	水溶性差	<20	—	<0.5
生物素	白色到浅褐色粉末	100 万	2%	因载体不同而异	溶于水或在水中弥散	—	—	—
氯化胆碱（液态制剂）	无色液体	—	70%、75%、78%	含70%者为1.1	易溶于水	<20	—	—
氯化胆碱（固态制剂）	白色到褐色粉末	因载体不同而异	50%	因载体不同而异	氯化胆碱部分易溶于水	<20	—	<30
维生素 C	无色结晶,白色到淡黄色粉末	因粒度不同而异	99%	0.5～0.9	溶于水	—	—	—

注：引自周安国编，饲料学精品课程，1986。

第六节　维生素、微量元素预混料载体和稀释剂

维生素、微量元素在配合饲料中的添加量都很低，所以作为预混料的形式加入到饲料中。预混料是指由一种或多种的添加剂原料（或单体）与载体或稀释剂搅拌均匀的混合物，又称添加剂预混料或预混料，目的是有利于微量的原料均匀分散于大量的配合饲料中。维生素和微量元素可以分别作为不同的预混料生产，并同时加入到配合饲料中，也可以将维生素和微量元素一起作为预混料生产并加入到饲料中。但无论是维生素或微量元素分别或混合在一起作为预混料生产，都需要载体和稀释剂。至于预混在饲料中的添加量，一般情况下是维生素预混料按照0.1%、微量元素按照0.5%的各自添加量生产，或者是维生素与微量元素混合在一起按照1%的添加量生产。

一、载体、稀释剂和吸附剂

1. 载体

载体是一种能够承载或吸附微量活性添加成分的原料。微量成分被载体所承载后，其本身的若干物理特性发生改变或不再表现出来，而所得"混合物"的有关物理特性（如流动性、粒度等）基本取决于或表现为载体的特性。

常用的载体有两类，即有机载体与无机载体。有机载体又分为两种：一种指含粗纤维多的物质，如次粉、小麦粉、玉米粉、脱脂米糠粉、稻壳粉、玉米穗轴粉等，由于这种载体均来自于植物，所以含水量最好控制在8%以下；另一种为含粗纤维少的物料，如淀粉、乳糖等，这类载体多用于维生素添加剂或药物性添加剂。无机载体则为碳酸钙、磷酸钙、硅酸盐、二氧化硅、陶土、滑石、蛭石、沸石粉、海泡石粉等，这类载体多用于微量元素预混料的制作中。制作添加剂预混料可选用有机载体，或二者兼有之，具体视需要而定。

2. 稀释剂

所谓稀释剂是指混合于一组或多组微量活性组分中的物质。它可将活性微量组分的浓度降低，并把它们的颗粒彼此分开，减少活性成分之间的相互反应，以增加活性成分稳定性。稀释剂与微量活性成分之间的关系是简单的机械混合，它不会改变微量成分的有关物理性质。

稀释剂也可分为有机物与无机物两大类。有机物常用的有去胚的玉米粉、右旋

糖（葡萄糖）、蔗糖、豆粕粉、烘烤过的大豆粉、带有麸皮的粗小麦粉等，这类稀释剂要求在粉碎之前经干燥处理，含水量低于10%。无机物类主要指石粉、碳酸钙、贝壳粉、高岭土（白陶土）等，这类稀释剂要求在无水状态下使用。

3. 吸附剂

吸附剂也称吸收剂。这种物质可使活性成分附着在其颗粒表面，使液态微量化合物添加剂变为固态化合物，有利于实施均匀混合。其特性是吸附性强，化学性质稳定。

吸附剂一般也分为有机物和无机物两类。有机物类如小麦胚粉、脱脂的玉米胚粉、玉米芯碎片、粗麸皮、大豆细粉以及吸水性强的谷物类等。无机物类则包括二氧化硅、蛭石、硅酸钙等。

实际上载体、吸附剂、稀释剂大多是相互混用的，但从制作预混料工艺的角度出发来区别它们，对于正确选用载体、稀释剂和吸附剂是有必要的。

二、载体、稀释剂的质量要求

使用载体的目的是物理性承载精细磨粉的微量营养成分，同时在加工过程中保证各原料混合均匀。稀释剂用于扩大或稀释微量营养成分，作为一种流动剂，影响预混料的密度，同时还可作为预混料的填充物。预混料中常用的稀释剂有石粉、沸石粉等。载体和稀释剂的联合应用，可以获得期望的密度，达到最大的稳定性。

可作为载体和稀释剂的物料很多，性质各异。对添加剂预混料的载体和稀释剂的要求可参照表10-13。

表 10-13　对载体和稀释剂物料的要求

项目	含水量	粒度/目	容重	表面特性	吸湿结块	流动性	pH	静电
载体	<10%	30～80	接近承载或被稀释物料	粗糙，吸附性好	不易吸湿，防结块	差	接近中性	低
稀释剂		80～200		光滑，流动性好		好		

1. 粒度

载体和稀释剂的粒度是影响混合质量最重要的因素。对于微量元素预混料载体的选择，一般选择石粉、轻质碳酸钙、稻壳粉、沸石粉等，要求通过40～100目标准筛，稀释剂要求在80～200目之间，每批色泽应一致，以保证预混料成品外观颜色统一。稀释剂的粒度与被稀释剂的粒度最好相近。

2. 含水量

载体和稀释剂的含水量直接影响活性组分的稳定性和预混料的生产，无机类载体水分一般控制在 8% 以下，有机类在 10% 以下。若水分过大，极易使产品吸潮、结块，流动性降低，混合质量下降，且活性物质在有水作为介质的条件下，反应速度大大加快，使原料易发生霉变、结块，给加工带来困难，还腐蚀设备，缩短混合机的使用寿命，影响混合机的生产性能。有研究表明，胆碱本身对维生素没有直接的破坏作用，但它会强烈吸收空气中的水分和二氧化碳，为预混料内可能发生的一切破坏作用创造反应条件，特别是对维生素的破坏。因此，对含水量较高的载体和稀释剂必须进行烘干处理，以确保预混料的有效成分在有效期内。

3. 表面特性

物料不同其表面特性就不同，它们的承载能力也有所不同，载体必须具有粗糙的表面或表面有微孔、皱脊，如稻壳粉、小麦麸等。稻壳粉因其均匀性、形状、多孔性而能更好地稳定精细颗粒，是预混料中常用的载体，这样更有利于微量活性成分被吸附在载体表面而被承载。而稀释剂不具有承载性能，只起稀释作用，因此，它的表面要求光滑，更易于混合，流动性能要好，如石灰石粉、玉米粉、豆粕粉等。

4. 容重

载体和稀释剂的容重直接影响着预混料的混合均匀度，对动物的生产性能和均匀度也会产生直接的影响。因为只有载体和稀释剂的容重与微量成分的容重相接近才能保证活性成分在混合过程中分布均匀。若容重差异过大，在生产过程中难以混合均匀，在成品的运输过程中则会产生分级、偏析现象。一般使用无机物作为微量元素的载体和稀释剂，用有机物作为维生素的载体和稀释剂，因为它们彼此间的容重接近，不易产生分级现象。载体容重以 0.3～0.8g/L 为佳，表 10-14 列举了部分载体和稀释剂的容重，仅供参考。

表 10-14　部分载体和稀释剂的容重　　　　　　　　单位：g/L

原料	容重	原料	容重
稻壳粉	0.32～0.39	乳糖	0.73
杏仁壳粉	0.47	豆粉	0.59
玉米粉	0.66～0.76	玉米芯粉	0.4
糠饼粉	0.47	五水硫酸铜	2.29
七水硫酸锌	1.25～2.07	苜蓿粉	0.37
棉籽饼粉	0.73	亚硒酸钠	3.10
小麦麸	0.3～0.43	橄榄核粉	0.47
大豆饼粉	0.60	一水硫酸锰	2.95
食盐	1.08～1.10	鱼粉	0.64

原料	容重	原料	容重
大麦粗粉	0.56	碘化钾	3.31
石粉	1.30~1.55	贝壳粉	1.60
磷酸氢钙	1.20	氯化钙	3.36
碳酸钙	0.93~1.17	氧化钴	3.36
硫酸钴	3.71	维生素 D_3	0.65
七水硫酸亚铁	1.12~1.90	一水硫酸锌	1.06
L-赖氨酸盐	0.67	维生素 A	0.81

5. 流动性

流动性的好坏直接关系到载体和稀释剂与微量成分混合均匀的程度，不能过大，也不能过小，过大在运输过程中易产生分级、偏析现象，流动性太差又不容易混合均匀。

6. 油脂、粗纤维含量

由于载体和被承载的活性成分容重要基本相同，因此维生素的载体一般都选用有机载体。但麦麸和稻壳却不宜作维生素的载体，因为其含脂量高，易氧化酸败，使维生素受到破坏，特别是维生素 A、维生素 D_3、维生素 E。经研究发现，玉米芯是一种较好的载体，它吸附性高、离散度好、脂肪含量低、有接近中性的 pH 值。载体和稀释剂对脂肪和粗纤维的要求一般分别控制在 6%~8% 和 10%~16%。

7. pH 值

因为大多数维生素对酸碱敏感，所以选择载体时，应尽量选择 pH 值在 6~8；微量元素矿物质预混料 pH 值为 6.5。常见载体的 pH 值为：玉米芯粉 4.8、小麦细麸 6.4、稻壳粉 5.7、玉米面筋粉 4.0、大豆皮粉 6.2、干燥玉米酒糟 3.6、次小麦粉 6.5、石灰石粉 8.1。

第十一章

鱼类饲料配方

第一节　鱼类营养需要与饲料标准

　　饲料就是人给予养殖鱼类的食物，在自然环境条件下，鱼类是自己寻找适合的食物，例如肉食性鱼类捕食其他鱼类或动物、杂食性鱼类摄食植物性或动物性的食物、草食性鱼类摄食植物性食物等。在人工养殖条件下，鱼类主要摄食配合饲料作为食物，以满足生长、发育、繁殖、维持生命活动等所需要的物质和能量。因此，对于养殖动物而言，需要什么样的物质（包括能量）、需要多少？这就是鱼类营养需要标准。对于配合饲料而言，应该供给什么样的物质、供给多少？这就是饲料标准。理论上，人工供给的配合饲料中的物质种类、每种物质的数量、不同物质之间的比例，以及能量值的多少应该完全满足养殖鱼类所需要的物质种类、数量、比例，以及能量值。所以，养殖鱼类的营养需要就是饲料配制的基础，而依据养殖鱼类营养需要和饲料原料营养价值所确定的饲料物质种类、数量、比例和能量值就成为养殖鱼类的饲料标准。

一、鱼类的营养需要量

　　鱼类与其他动物一样，为了维持其生命的存在、维持其新陈代谢，为了满足其发育、生长、繁殖后代、抵抗自然环境条件的变化、抗御疾病等，都需要消耗物质和能量。所需要的物质种类、数量（以及内在的不同物质的比例关系）就是其营养需要量。在自然环境条件下，一方面在水域环境中可以主动地、选择性地捕获食物；另一方面，食物进入消化道后也一定程度地选择吸收食物成分，以获得所需要的营养物质。

鱼类需要什么种类的营养物质，需要多少量？这就是鱼类营养需要的主要内容。宏观上讲，鱼类需要的营养物质的种类包括蛋白质与氨基酸、脂肪与脂肪酸、碳水化合物、矿物质、维生素，以及能量。如何才能知道鱼类所需要的营养物质种类及其数量？基本的方法有三类：一是分析自然水域鱼类消化道中食物的种类、数量等，即利用生态学方法了解鱼类的食性和食物组成；二是分析鱼体的物质组成和生长速度，以鱼体的组成判别鱼类所需要的营养物质种类，再结合生长速度计算出鱼体每天所需要的、已经转化成鱼体组成的营养物质的数量；三是通过养殖试验的方法，分别设计某种营养物质不同浓度梯度的饲料，养殖一段时间之后测定鱼体的组成与生长速度，计算出鱼体所需要的营养物质的种类和数量，这是确定鱼类营养需要量的主要方法。

二、鱼类的摄食量

摄食量是指动物在一定时间内摄食的食物重量，可以用单位体重动物每天摄食的食物重量如 x g 食物（饲料）/（kg 体重·d）表示，也可以依据动物体重按照动物体重的百分比如体重的 x％表示，称为摄食率。

鱼类营养需要量转化为鱼类的饲料标准，摄食量就是一个关键性指标。鱼类的饲料标准是指配合饲料中营养物质的含量，如含蛋白质 32％、含脂肪 6％等，而营养需要量则是单位体重每天需要的营养物质的重量，两者之间的联系就是摄食量。例如草鱼每天、每千克体重鱼体需要 9g 蛋白质 [9g 蛋白质/（kg 体重·d）]，饲料中的蛋白质浓度应该设定为多少？就需要一个摄食量，假如摄食量为 30g 饲料/（kg 体重·d）（摄食率为 3％），则饲料中蛋白质浓度为 $9/30×100％＝30％$，这就是该条件下草鱼饲料中的蛋白质需要量；当草鱼的摄食量增加到 50g 饲料/（kg 体重·d）（摄食率为 5％）时，如果草鱼对蛋白质的需要量仍然是 9g 蛋白质 [9g 蛋白质/（kg 体重·d）]，则饲料中蛋白质浓度为 $9/50×100％＝18％$。反之，依据饲料中蛋白质浓度和摄食量，也可以计算出鱼体实际摄入的饲料蛋白质量。

要注意的是鱼类的摄食量或摄食率与饲料的投饲量或投饲率之间的关系。在养殖条件下，饲料的投饲量是否等于养殖鱼类的摄食量？只有在投喂的饲料完全被鱼体摄食时，饲料投喂量才等于鱼体摄食的饲料量。正常情况下，由于饲料在水体中的溶失、在饲料投喂过程中饲料的散失（如粉末状饲料随风被吹走）、投喂的饲料没有被鱼体摄食时，则饲料的投喂量大于鱼体实际的摄食量。然而，要保障投喂的饲料完全被养殖鱼体摄食，在实际生产中也是做不到的。所以，一般情况下是将饲料的投喂量简单地等同于养殖鱼类的摄食量。这也是水产养殖中难以实现饲料投喂科学化的主要原因之一。

实际养殖生产中，在同一个时期、同一条件下，如果投喂不同蛋白质浓度的饲料，并且鱼体蛋白质需要量相同，则应该实时调整饲料的投饲量（或投饲率）。例如，在同一个养殖池塘里，如果有30%和26%两个蛋白质浓度的饲料，并且草鱼的蛋白质需要量为9g蛋白质/（kg体重·d），当投喂30%蛋白质浓度的饲料时，饲料投饲量应该为（9/30%）=30g饲料/（kg体重·d），摄食率为3%；而投喂26%蛋白质浓度的饲料时，饲料投饲量应该为（9/26%）=34.6g饲料/（kg体重·d），摄食率为3.46%。当然，由于水质变化、鱼体生理状态变化、鱼体疾病条件的变化，其摄食量也是在变化的；即使摄食同一种饲料，由于摄食量的变化，其实际摄食到的营养物质的量也是变化的。所以，在实际养殖生产活动中，要根据饲料营养物质浓度的变化、养殖环境条件的变化、养殖鱼类条件的变化，实时调整饲料的投饲量或投饲率，这是精细化养殖的需要。

三、鱼类的饲料标准

饲料标准就是指配合饲料中不同营养物质的浓度值，设定饲料标准的依据就是养殖动物的营养需要量。如上所述，饲料标准与营养标准之间的换算需要一个饲料摄食率或投饲率。饲料标准是饲料配方编制的基本依据。

饲料标准的基本内容与营养标准的内容完全一致，只是通过摄食量的换算而已。饲料标准的表示方法一般以百分比表示，如蛋白质30%、脂肪6%等。例如，GB/T 22919.3—2008《水产配合饲料 第3部分：鲈鱼配合饲料》，其中设定的营养指标如表11-1所示。

表11-1　鲈鱼配合饲料中饲料营养指标　　　　　　　　　　单位：%

产品名称	营养指标						
	粗蛋白	粗脂肪	粗纤维	粗灰分	赖氨酸	钙	总磷
鱼苗饲料	≥40.0	≥5.0	≤3.0	≤15.0	≥2.20	≤4.00	≥1.00
幼鱼饲料	≥38.0	≥5.0	≤3.0	≤15.0	≥2.10	≤4.00	≥1.00
小鱼饲料	≥37.0	≥5.0	≤4.0	≤15.0	≥2.00	≤4.00	≥1.00
中成鱼饲料	≥36.0	≥5.0	≤5.0	≤15.0	≥1.80	≤4.00	≥1.00

表11-1中第一列"产品名称"，规定的是适应不同生长阶段的饲料名称，营养指标规定了饲料中粗蛋白、粗脂肪、总磷、赖氨酸含量的下限，而粗纤维、粗灰分、钙则规定了含量的上限。

需要理解的事项主要有：①鱼类需要的营养物质种类很多，在饲料标准、营养标准中不可能将每种营养物质的种类都制定出相应的标准，而只是设定了主要营养素如蛋白质、脂肪等，基本为一个较为宏观的营养素种类。②饲料中营养物质浓度设置有些指标设置的是下限（≥），即最低不能低于这个指标值，一般是将浓度增加后对养殖动物有利的营养素浓度设定下限；而有的设定的是上限（≤）指标值，即最大不能超过这个值，主要是因为这些营养素浓度过高对养殖动物会产生不利的影响。③任何一个饲料标准的编制都有其时效性，是在当时的科学技术水平下编制的，依据科学技术发展的进程是可以修改、完善的；同时，设定的营养素种类和浓度值一定是便于操作的。④目前水产动物饲料标准的内容较以前和较陆生养殖动物如猪、禽等有了一些变化，例如关于食盐在目前阶段的水产动物饲料标准中就不再作为一项强制要求内容，主要原因是水产动物可以从水域环境中获得足够的氯化钠满足其营养需要。

四、饲料原料营养价值表

配合饲料是一个典型的配方产品，配合饲料的组成需要将不同种类的饲料原料按照一定的比例（配方）配制为一个饲料产品。所以，在编制饲料配方之前，还需要有不同种类的饲料原料，以及每种饲料原料中营养物质的种类、含量，这就是饲料原料营养价值表。饲料企业应该建立自己的饲料原料营养价值数据库，这是饲料配方编制的基础。

五、饲料原料目录

饲料配方编制的实质就是将不同的饲料原料按照一定的比例进行组合。我国对可以使用的饲料原料种类和质量做了规定，详细的资料见"饲料原料目录"。所有的饲料原料种类必须是"饲料原料目录"中允许使用的原料种类。

第二节　饲料配方编制方法

饲料产品是配方产品，是针对具体的养殖对象、特定的养殖生长阶段、特定的养殖环境条件和特定的饲料配方成本所生产的饲料配方产品，而配方的编制就需要由不同的饲料原料、饲料添加剂组成。

一、配方编制的基本条件

一个饲料配方的编制需要一定的条件，并适用于特定的养殖对象和养殖条件。水产饲料配方编制的一般程序性步骤如图 11-1 所示。

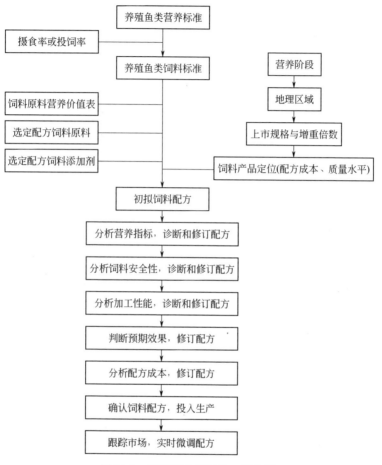

图 11-1　饲料配方编制的一般步骤

首先是需要养殖对象的营养标准。中国养殖水产动物的种类非常多，不同水产动物的营养标准有一定的差异。然而，中国水产动物营养研究与水产饲料工业的发展也仅仅只有 30 年左右的历史，多数水产动物还没有明确的国家层面的营养标准，但可以参考相近种类的营养标准设定饲料企业的企业标准。

其次是需要将营养标准按照一定的摄食率转化为相应的饲料标准，饲料标准是饲料配方编制的直接的参照标准。

饲料产品的定位是确认饲料配方编制的主要限制条件，直接的限制条件是饲料产品的配方成本,而配方成本的确定则需要依据饲料的使用对象的营养阶段即生长阶段、饲料产品使用的养殖地理区域、使用该饲料产品经过一定养殖周期后养殖动物需要达到的上市规格和生长速度(群体或个体增重倍数)。

饲料原料营养价值表、企业所具备的饲料原料和选定的饲料添加剂则是饲料配方编制的物质基础条件。饲料原料营养价值表除了可以参照通用性的营养价值表外,主要还是依据企业自己所选定、采购的饲料原料营养成分分析结果,因为不同产地、不同加工生产方式所生产的饲料原料质量是有差异的。关于饲料添加剂的选择则主要是依据饲料基本配方和饲料产品的基本定位来进行。例如,对于营养性的饲料添加剂如维生素、氨基酸、矿物质等,在拟定饲料配方之后依据配方中营养成分的不足进行适当补充;对于适用于饲料加工的饲料添加剂如磷脂、粘接剂等则是依据饲料企业自身的生产设备条件进行选择;对于功能性的饲料添加剂如保护肝胰脏、肠道健康的饲料添加剂则主要是依据饲料企业对于饲料产品的基本定位进行选择。

无论采用什么计算方法编制饲料配方,初步拟定出来的饲料配方都要经过一系列的修订后才能作为最后的生产用饲料配方,尤其是采用配方软件编制的饲料配方,因为计算机主要是依据饲料标准和饲料原料营养价值的化学测定结果进行计算和成本优化的。一般修订的主要参考因素如图 11-1 所示,需要针对实际的营养价值数据、饲料中有毒有害因素(饲料安全性)、饲料加工生产技术要求、饲料配方成本、饲料产品的质量定位等进行。

二、配方编制的饲料原料选择

如何选择进入饲料配方的饲料原料?是依据饲料企业现有的饲料原料来编制饲料配方,或是依据饲料产品的基本定位和饲料配方的要求来选择饲料原料?或者两者兼顾?

应该是依据饲料产品的基本定位和饲料配方的要求来进行饲料原料的选择,然而,在实际生产中,通常会出现前一种情况,尤其是对于小型饲料企业和自配料的企业。其实出现这种情况的主要原因是饲料原料的价格问题,同一种饲料原料可能有不同的采购价格。那么,又是依据什么原则来采购饲料原料呢?应该是饲料原料的质量,包括营养质量和安全性质量。对于营养质量及其性价比一般较为重视,而对于饲料原料的非营养质量,尤其是安全性质量则一般会成为被忽视的领域。也正是这种忽视可能使同种饲料原料具有不同的采购价格,且由于饲料原料中不安全因素随饲料原料在配合饲料中的潜伏,最终可能导致饲料产品的实际质量与设计的目标质量产生较大的差异,导致饲料产品的养殖效果不显著,甚至带来养殖事故。

决定一个饲料产品质量的关键因素除了配方外,重要的就是饲料原料的选择和饲料原料质量,饲料原料的质量对饲料产品质量具有决定性的作用。对于水产饲料产品质量而言,"饲料原料是基础,饲料配方是关键,饲料加工是保障,饲料投喂是饲料与养殖的链接,生长速度和饲料效率是养殖的效果,鱼体健康很重要,养殖单位重量鱼产品的饲料成本是最终结果"。因此,处于基础地位的饲料原料质量就非常值得关注。可以这样认识,饲料原料是水产饲料产业的质量基础、价值基础和经济效益基础,也是养殖鱼类的生长基础、健康基础,养殖动物产品的食用安全源头是饲料,而饲料安全的源头是饲料原料,所以也是水产品食用安全的基础。因此,水产饲料原料的基础地位可以体现为:饲料的质量基础、饲料的价值基础、养殖的效益基础、水产品的食用安全基础。

三、饲料配方编制的主要方法

饲料配方编制的方法有多种,主要还是利用 Microsoft Excel 计算和专用的配方软件计算的方法,前者主要是从事饲料配方编制的个人使用,而后者一般是大中型饲料企业、饲料企业集团的技术人员使用。

无论哪种计算方法,其计算的主要依据还是饲料原料的营养成分值与饲料标准中营养价值之间的关系,要通过饲料原料的组合,使饲料产品的营养价值达到饲料标准中的营养价值要求,再经过反复调试和反复计算,直到达到要求。

四、饲料的设计质量与设计质量的实现

应从两个方面来看待饲料产品的设计质量,一是设计的饲料产品质量与饲料标准(主要是企业标准)中主要营养素的数量吻合程度,这是饲料产品设计(配方编制)的基本准则,在饲料配方确定后,其饲料产品的质量就基本确定了,这就是饲料产品的设计质量;二是设计的饲料产品能够达到的实际养殖效果,或称为实际效价,因为即使饲料产品的化学营养指标达到饲料标准的要求,而实际养殖效果可能有很大的差异。

饲料设计质量的实现可以从"设计质量与饲料实际质量之间的关系"来理解。

如何看待饲料产品的设计质量与实际养殖效果的关系是一个值得探讨的问题。因为有多种因素、多个环节均可能影响到饲料产品设计质量的实现,这就是为什么相同的饲料配方具有不同的养殖效果的主要原因。如图11-2所示,可以沿着两条路径来分析饲料产品设计质量实现的基本过程,一条路径是饲料的制造过程及其对产品质量的影响,另一条是设计并生成的饲料产品被养殖鱼体利用效果(或利用率)的路径。即饲料制造过程中饲料物质的物理化学变化可能影响饲料的最终养殖效果,导致饲料的设计质量与实际养殖效果出现偏差;同时,饲料的设计质量如果是以饲料原

料的化学分析值为基础,而不是以不同养殖动物对饲料物质的消化吸收率、代谢利用率为基础,则可能导致饲料的设计质量在应用过程中出现偏差。

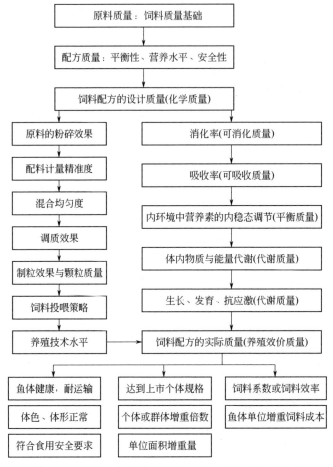

图 11-2 饲料配方设计质量的实现过程及其影响因素

对于饲料设计质量的实现也需要从两个方面来理解:一是饲料营养物质(营养质量)在饲料设计质量实现过程中会发生怎样的变化,这种变化包含好的方面如改善消化性能,也包含不好的变化如加工过程中对热敏感物质(维生素、酶、有效赖氨酸等)的破坏造成的损失;二是饲料中潜在的有毒有害物质在饲料设计质量实现过程中的变化、迁移路径等。

饲料在制造过程中的产品质量受到多种因素的影响,做配方其实质就是选择适宜的饲料原料和优化饲料原料的组合效应。而饲料原料的质量也应该从原料营养物质的营养质量(好的、对动物有用的方面)、非营养物质(不起营养作用,但对饲料组成、制造等有用,如纤维素)质量、抗营养因子和有毒有害物质(主要是指对养殖动物具副作用和有毒有害作用)质量三个方面来考虑。尤其是抗营养因子和有毒有害物质伴随饲料原料将在饲料中潜伏,对养殖动物的生长速度、饲料效率、生理代谢、鱼体和内脏器官组织的健康等产生不良作用,干扰饲料设计质量的实现效果,可导致饲料实际质量显著低于设计质量的结果。饲料在配制、粉碎、混合、调制、制粒、投喂等多个环节,其质量状态将发生一定程度的变化,结果就是饲料最终达到的实际质量偏离其设计质量。为了避免实际质量与设计质量发生严重偏离,就要在配方设计时充分考虑到饲料制造过程的不同环境条件对产品质量的影响,在营养指标设置、原料选择等方面考虑一定的变异系数,留有质量变异的余地,这是配方设计时必须要考虑的因素。

如果从饲料被养殖动物利用历程途径分析,一个饲料产品在被摄食进入消化道后就开始了被消化、吸收、代谢、合成、转化等基本生物过程。每种饲料原料、每个饲料产品在消化道中都有一个被消化的过程,其消化产物被动物所吸收、转运。饲料物质被水解成为可以被吸收的物质的过程称为消化,而可吸收物质与消化前物质在数量上的比例就称为消化率。是否所有的消化产物都能够被消化道100%吸收?这是一个值得探讨的问题。笔者曾经测定过不同蛋白质水平的饲料被草鱼摄食消化后产生的粪便中游离氨基酸的总量,结果发现在低蛋白水平下草鱼粪便中游离氨基酸为0,表明肠道食糜中的氨基酸被完全吸收了;而高蛋白饲料形成的粪便中检测到氨基酸,说明没有完全被吸收。现在一般测定的消化率实际上是消化吸收率。

被动物吸收后的营养物质进入血液中,由于动物内稳态生理机制的作用,会通过对代谢机制的调节作用,防止血液、组织液中某种营养物质(如氨基酸)浓度过高或过低,如果饲料中营养素不平衡就可能导致过多的营养物质作为能量物质或转化为其他物质,以保持内环境的生理稳定。

饲料产品实际质量的体现要通过养殖效果进行评价,而养殖效果主要从饲料转化与利用效率(包括饲料系数、单位鱼体增重所消耗的饲料成本)、养殖鱼体生长速度(如鱼体经过养殖达到的上市规格、个体或群体增重倍数、单位养殖面积增重量)、养殖鱼产品健康和食用安全等不同方面进行评价。

第三节　饲料添加剂

一、饲料添加剂与饲料添加剂目录

我国目前对饲料添加剂的管理执行的是目录制,只有进入目录的饲料添加剂才允许在饲料中使用。具体的饲料添加剂种类见原农业部不定期发布的"饲料添加剂品种目录"。

饲料添加剂按照其作用主要包含以下类型：

营养型的饲料添加剂，主要用于补充饲料中营养物质种类和数量不足的饲料添加剂，包括氨基酸、维生素、微量元素等。

对饲料具有改善作用的饲料添加剂，包括对饲料风味、颜色、粘接性能、防止霉菌毒素、防止油脂氧化等方面具有改善作用的饲料添加剂。

对养殖动物生长、生理和代谢产生作用的饲料添加剂，主要作用于养殖动物，对养殖动物的生长速度、饲料利用效率、生理代谢和健康等具有重要作用。

二、饲料添加剂的选择与使用原则

首先要明确饲料添加剂在饲料中的作用，总结起来包括"补充、平衡、改善和提高"等方面的作用。从饲料添加剂的主要作用类型也可以知道不同添加剂的作用，主要原则就是饲料中缺乏什么营养物质就补充什么营养物质，缺多少就补充多少。使用饲料添加剂的作用之一就是调整饲料营养素的平衡，以及鱼体对饲料中营养素利用的平衡，例如在饲料中设计了利用饲料油脂节约饲料蛋白质的营养方案，就应该在饲料中添加能够促进饲料油脂吸收、转运和作为能量代谢的添加剂。对于饲料的风味、颜色等需要改善的也应该选择相应的饲料添加剂。提高包括对饲料利用效率的提高、对养殖动物生长速度的提高，以及对于养殖动物生理健康、免疫防御能力的提高等。

其次，在饲料添加剂使用过程中要特别注意以下几点：

① 重视生物学效价。以微生物类产品为例，在制粒或膨化过程中，高温、高压、蒸汽明显影响微生物的活性，制粒过程可使 $10\% \sim 30\%$ 孢子失活，90% 的肠杆菌损失。在 $60℃$ 或更高温度下，乳酸杆菌几乎全部被杀死；酵母菌在 $70℃$ 的制粒过程中活细胞损失达 90% 以上。选择添加剂时还应关注其的可利用性，选生物效价好的添加剂。

② 确定适宜的添加量。饲料添加剂不可滥用，否则会造成严重后果，尤其是有些物质如超量，可导致动物死亡，造成经济损失。正确选用添加剂、确定合理的添加量十分重要。如在不缺硒地区，就不要选用加硒的添加剂。一般在添加剂生产中，为方便配方设计，便于产品的商业流通，往往不考虑各种配合饲料各组分中含有的物质量，如没有考虑饲料原料中硒的含量，可能出现添加的硒与饲料原料中硒含量叠加的问题，并导致出现饲料中硒含量超过饲料卫生标准的情况。

③ 注意理化特性，防止配伍拮抗。应用添加剂时，应注意各种物质的理化特性，

防止各种活性物质、化合物之间、元素之间的相互拮抗。例如对于矿物质要注意常量元素与微量元素之间的拮抗作用、微量元素之间的拮抗作用等。益生素的生物学活性受到 pH 值、抗生素、磺胺类药物、不饱和脂肪酸、矿物质等因素的影响。

第四节　饲料产品质量的定位

一、饲料产品的基本定位方法

目前,在鱼类饲料方面存在的主要问题之一就是饲料产品定位不准确,由此造成饲料质量、饲料价格要么过高、要么过低,并由此影响到养殖鱼类所消耗的饲料成本过高,养殖户出现养殖亏损,饲料厂也没有生产利润;同时出现养殖鱼类体质差、发病率高、死亡率高等情况。

鱼类饲料产品如何进行定位?

饲料产品需要定位的主要内容包括饲料价格定位、产品质量定位(营养水平)、饲料产品的养殖效果定位、饲料安全性定位等,其中以饲料价格定位为基础,它决定了饲料产品质量、养殖效果和安全性。饲料价格包括饲料配方成本价格、饲料生产与销售价格、饲料市场价格(养殖客户终端价格)等。

那么,饲料产品采用什么方法进行定位? 或主要考虑什么因素来进行定位?

一个饲料产品进入市场主要包括饲料生产、饲料经销(销售)、饲料消费(养殖)三个基本环节,从经济利益方面分析,饲料企业、饲料经销商、养殖户组成了一个利益共同体,在这个利益共同体中,三个环节均要有利润、有利益获得是最为基本的条件。而养殖户是饲料产品价值实现的终端,只有其实现了养殖利益的价值才可能保障饲料经销商、饲料企业利润的实现。因此,首先要保障养殖户有利润就成为饲料产业链实现利润的基本条件。如果养殖户不能获得利润保障,就难以实现产业链的利润,也难以维护和扩大饲料产品的市场空间。

因此,饲料产品质量定位和饲料产品市场价格定位的基本顺序是:"饲料产品质量(营养质量、加工质量、卫生质量)←饲料配方成本←养殖鱼产品的品质和市场价格←鱼产品的市场供求关系"。这就是按照水产品市场终端利益保障为基础的饲料质量与价格的反向定位方法。

二、水产饲料质量和价格的反向定位方法

养殖水产品市场需求和市场价格已经成为左右水产饲料价格的主要因素,按照

市场价值分配的合理性分析,首先要保障水产养殖户的养殖效益获得。以草鱼养殖为例,如果按照我国草鱼养殖池塘销售价格 9 元/kg 计算,养殖户的利润、养殖成本等按照表 11-2 计算得到养殖的饲料成本为 5.67 元/kg 草鱼。如果按照我国多数饲料的转化效率以饲料系数 1.8 计算,依据表 11-2 计算得到草鱼饲料的配方成本单价为 2488.5 元/t。配方师就可以按照此配方成本确定饲料产品的营养方案和饲料原料模块方案。

表 11-2　养殖饲料成本和饲料配方成本定位分析

按照草鱼池塘售价 9 元/kg 计算				草鱼饲料单价 3150 元/t		
项目	比率/%	价值/(元/kg)		项目	比率/%	价值/(元/t)
养殖户利润	14	1.26	按照饲料系数 1.8 计算,养殖 1kg 草鱼需要饲料 1.8kg,则饲料单价为 5.67÷1.8＝3.15(元/kg)	饲料经销商毛利	8	252.00
养殖非饲料成本	23	2.07		饲料生产成本5%＋毛利8%	13	409.5
饲料成本	63	5.67		配方成本	79	2488.50

三、水产饲料价格反向定位的依据

如何从饲料方面保障养殖户的利润实现?关键是控制养殖消耗的饲料成本。在使用饲料养殖的生产行为中,饲料成为养殖鱼类成本的主要构成,养殖消耗的饲料成本占鱼类养殖成本的 80% 以上。不同鱼类的市场价格不同,不同鱼类的营养需求不同,养殖条件也有一定的差异。因此,养殖单位鱼产品所消耗的饲料成本也不同。那么,养殖一种特定鱼类所消耗的饲料成本到底控制在多少才是最适宜的?这是随鱼产品市场价格波动而变化的,由养殖鱼种类、当时的鱼产品市场价格和供求量所决定。就普通养殖鱼类如草鱼、武昌鱼、鲤鱼等,根据近年的市场价格变化分析,如果养殖所消耗的饲料成本能够控制在 6 元/kg 左右,养殖户是可以获得养殖利润的,这个养殖成本价格可以作为饲料产品定位的一个上限,超过这个上限,养殖普通鱼类在养殖户这个环节就可能出现养殖利润下降或亏损,而养殖饲料成本低于这个上限时,养殖户获得养殖利润的概率就增大,降低幅度越大获得养殖利润的概率就越大、利润也越高。

如果依据养殖消耗的饲料成本控制上限(6 元/kg),如何确定饲料配方成本和饲料销售价格?结合饲料系数,"养殖 1kg 鱼的饲料成本＝饲料价格(元/kg)×饲料系数"。饲料销售价格、饲料系数、养殖饲料成本三者之间的关系见表 11-3。如果以养殖 1kg 鱼的饲料成本为 6 元作为上限,由表 11-3 可以知道,不同饲料销售价格所需要实现的饲料系数要求不同，例如饲料销售价格为 2500 元/t，要保证养殖鱼的饲料成本在 6 元/kg 以下，饲料系数就必须在 2.4 以下；如果饲料销售价格在 3000 元/t，饲料系数必须在 2.0 以下；如果饲料销售价格在 4000 元/t，饲料系数必须在 1.5 以下。

表 11-3　养殖 1kg 鱼饲料成本（元/kg）与饲料系数、饲料价格的关系

饲料价格/(元/t)	饲料系数										
	1.5	1.6	1.7	1.8	1.9	2.0	2.1	2.2	2.3	2.4	2.5
2500	3.75	4	4.25	4.5	4.75	5	5.25	5.5	5.75	6	6.25
2600	3.9	4.16	4.42	4.68	4.94	5.2	5.46	5.72	5.98	6.24	6.5
2700	4.05	4.32	4.59	4.86	5.13	5.4	5.67	5.94	6.21	6.48	6.75
2800	4.2	4.48	4.76	5.04	5.32	5.6	5.88	6.16	6.44	6.72	7
2900	4.35	4.64	4.93	5.22	5.51	5.8	6.09	6.38	6.67	6.96	7.25
3000	4.5	4.8	5.1	5.4	5.7	6	6.3	6.6	6.9	7.2	7.5
3100	4.65	4.96	5.27	5.58	5.89	6.2	6.51	6.82	7.13	7.44	7.75
3200	4.8	5.12	5.44	5.76	6.08	6.4	6.72	7.04	7.36	7.68	8
3300	4.95	5.28	5.61	5.94	6.27	6.6	6.93	7.26	7.59	7.92	8.25
3400	5.1	5.44	5.78	6.12	6.46	6.8	7.14	7.48	7.82	8.16	8.5
3500	5.25	5.6	5.95	6.3	6.65	7	7.35	7.7	8.05	8.4	8.75
3600	5.4	5.76	6.12	6.48	6.84	7.2	7.56	7.92	8.28	8.64	9
3700	5.55	5.92	6.29	6.66	7.03	7.4	7.77	8.14	8.51	8.88	9.25
3800	5.7	6.08	6.46	6.84	7.22	7.6	7.98	8.36	8.74	9.12	9.5
3900	5.85	6.24	6.63	7.02	7.41	7.8	8.19	8.58	8.97	9.36	9.75
4000	6	6.4	6.8	7.2	7.6	8	8.4	8.8	9.2	9.6	10

注：表格中间的数据为养殖 1kg 鱼所需要的饲料成本，单位为元/kg。

问题的关键是，饲料销售价格在 2500 元/t，养殖的饲料系数能否控制在 2.4 以下？饲料销售价格在 3000 元/t，饲料系数能否控制在 2.0 以下？饲料销售价格在 4000 元/t，饲料系数能否控制在 1.5 以下？这必须要分析当时、当地的饲料原料的价格、饲料配方成本、饲料销售费用等参数。这就是饲料配方定位的关键性技术问题，不同鱼类、不同地区、不同饲料企业要实现上述目标的能力有较大的差异，要依据自己的情况来进行分析。

商品饲料的成本构成为：饲料销售价格＝饲料配方成本＋加工费＋销售费＋运输费＋经销费＋资金利息＋折旧费＋饲料厂利润。根据国内一般情况，"加工费＋销售费＋运输费＋经销费＋资金利息＋折旧费＋饲料厂利润"的大致费用为 750 元/t

左右，因此，饲料销售价格一般为"饲料配方成本＋750"，或者"饲料销售价格－750"，这个值基本上就是饲料配方成本价格。如果饲料销售价格为 2500 元/t，则饲料配方成本价格为 1750 元/t；饲料销售价格为 3000 元/t，则饲料配方成本价格为 2250 元/t；饲料销售价格为 4000 元/t，则饲料配方成本价格为 3250 元/t。那么，在饲料配方成本价格分别为 1750 元/t、2250 元/t、3250 元/t 的条件下，养殖普通鱼类如草鱼、武昌鱼的饲料系数能否控制在 2.4、2.0、1.5 呢？这就必须根据饲料原料的价格、养殖鱼类的营养需求、配合饲料的养殖效果等进行分析。

根据 2009 年我国华东地区饲料原料的价格，草鱼、武昌鱼的基本营养需求，配合饲料的养殖效果，提出了参考配方，见表 11-4。使用此参考配方养殖草鱼、武昌鱼，可以基本实现养殖饲料系数在 2.0 以下。在饲料参考配方中，粗蛋白水平为 22%～30%，赖氨酸/蛋氨酸为 2.69%～2.85%，粗脂肪为 3.33%～4.45%，蛋白质/脂肪为 6.44%～6.98%，消化能为 2.29～2.64MJ/kg，总磷为 1.23%～1.40%，计算的有效磷为 0.70% 左右，粗纤维在 7% 以下。对于鱼种可以选择粗蛋白水平为 28%～30% 的配方方案，而初始体重在 1kg 以下的鱼可以选择饲料粗蛋白水平为 26%～28% 的配方，初始体重大于 1kg 的则可以选择饲料粗蛋白水平在 22%～26% 的配方。

结合表 11-4 的参考配方和养殖效果分析，在前面的分析中，以 2500 元/t 的饲料销售价格、1750 元/t 的饲料配方成本价格要实现养殖草鱼、武昌鱼的饲料系数在 2.4 以下几乎是不可能的。因为棉粕、菜粕的平均价格在 1900 元/t，甚至更高，1750 元/t 的饲料配方成本价格已经低于菜粕或棉粕的价格。草鱼、武昌鱼是我国养殖的淡水鱼类中营养需求较低、饲料价格较低的种类，它们都难以实现上述目标，其他鱼类更难实现。那么，要实现养殖的饲料系数低于 2.5，草鱼、武昌鱼饲料配方成本价格最低应该达到多少呢？以下提出以棉粕、菜粕平均价格作为草鱼、武昌鱼饲料配方成本价格定位基础的推算方法。

根据表 11-4，可以知道参考配方中，棉粕、菜粕占配方的比例达到 40%～46.5%，是饲料配方的主要组成，也是饲料配方成本的主要构成，因此，饲料原料中棉粕、菜粕的价格可以作为草鱼、武昌鱼饲料最低价格的一个参考。在 20 世纪 80 年代有单独用菜粕养殖草鱼的事例，饲料系数一般在 3.5 左右，表 11-4 配方使用了鱼粉、小麦、油脂、磷酸二氢钙等优质原料，在我国华东地区使用上述参考配方，养殖的饲料系数可以保持在 2.5 以下，可以基本实现养殖 1kg 草鱼或武昌鱼的饲料成本在 6 元/kg 以下的目标。以粗蛋白 22% 的参考配方为例，饲料配方的价格在 2066 元/t，棉粕、菜粕平均价格为 1900 元/t，"2066－1900＝166（元/t），计整数为 170"。因此，可以将"棉粕、菜粕的平均价格＋170（元/t）"作为草鱼、武昌鱼配合饲料最低配方价格。

表 11-4　草鱼、武昌鱼参考配方

配方		粗蛋白含量/%								
		30	29	28	27	26	25	24	23	22
原料/g	次粉(1.5 元/kg)	47	39	34	42	45	47	75	78	88
	细米糠(1.50 元/kg)	110	110	120	120	125	130	130	130	130
	豆粕(3.20 元/kg)	70	65	60	55	35	30	20		
	菜粕(1.90 元/kg)	220	230	220	220	220	220	210	210	200
	棉粕(2.00 元/kg)	230	235	235	230	230	230	220	210	200
	进口鱼粉(7.50 元/kg)	70	60	50	45	40	35	35	35	35
	肉骨粉(4.50 元/kg)	10								
	磷酸二氢钙(3.3 元/kg)	19	20	21	21	21	21	21	22	22
	沸石粉(0.30 元/kg)	14	13	12	12	17	17	16	15	15
	膨润土(0.26 元/kg)	20	20	20	20	20	20	20	20	20
	豆油(7.50 元/kg)	15	15	13	10	10	10	8	5	5
	小麦(1.90 元/kg)	165	165	165	165	165	165	165	165	165
	米糠粕(1.30 元/kg)		18	40	50	62	65	70	100	110
	预混料(12.00 元/kg)	10	10	10	10	10	10	10	10	10
	合计	1000	1000	1000	1000	1000	1000	1000	1000	1000
成本/(元/t)		2526	2433	2347	2286	2214	2175	2137	2077	2066
饲料成分	粗蛋白/%	29.54	28.61	27.44	26.81	25.47	24.76	23.70	22.48	21.86
	消化能/(MJ/kg)	2.64	2.58	2.51	2.47	2.42	2.41	2.41	2.30	2.29
	Ca/%	1.52	1.35	1.28	1.26	1.41	1.37	1.30	1.27	1.26
	Lys/%	1.35	1.29	1.22	1.18	1.09	1.04	0.98	0.92	0.90
	Met/%	0.48	0.46	0.43	0.42	0.39	0.38	0.36	0.34	0.33
	粗纤维/%	6.34	6.42	6.32	6.27	6.21	6.23	6.05	5.86	5.67
	粗脂肪/%	4.45	4.30	4.15	3.84	3.83	3.85	3.66	3.33	3.33
	Lys/Met	2.85	2.82	2.82	2.81	2.77	2.76	2.74	2.68	2.69
	原料磷含量/%	1.00	0.92	0.89	0.87	0.84	0.82	0.79	0.77	0.76
	总磷/%	1.40	1.35	1.34	1.32	1.29	1.27	1.24	1.24	1.23
	磷酸二氢钙磷/%	0.40	0.42	0.45	0.45	0.45	0.45	0.45	0.47	0.47
	有效磷/%	0.70	0.70	0.71	0.71	0.70	0.69	0.69	0.70	0.70

　　按照前面关于饲料销售价格构成的分析，草鱼、武昌鱼的饲料销售价格应该为 2070＋750＝2820（元/t），其他鱼类由于营养需求高于草鱼，其饲料配方价格、饲

料销售价格应该高于草鱼的配方价格。

四、饲料价格变化与养殖饲料成本变化的关系分析

依据笔者的分析和实际生产情况，笔者认为低于"养殖鱼类饲料配方成本最低保障价格"的市场竞争只会使养殖饲料成本增加，同时损害养殖户和饲料企业、饲料经销商的利益，是不符合发展趋势、不符合客观事实的恶性竞争对策；而维持养殖鱼类饲料最低保障价格的市场竞争可以保障养殖户的利益，也保障饲料企业、饲料经销商的利益。其原因在于饲料价格影响饲料质量，饲料质量影响饲料系数，饲料系数和饲料价格共同影响养殖饲料成本；在养殖鱼类饲料最低保障价格基础上，饲料系数变化对于养殖饲料成本的影响程度远大于饲料价格变化的影响。

养殖单位重量的鱼产品的饲料成本计算公式为"饲料单价（元/kg）×饲料系数"（饲料系数＝消耗的饲料量/鱼增加重量）。

根据计算公式，首先分析饲料系数变化对养殖饲料成本的影响。如果饲料系数增加 0.1，则养殖饲料成本增加值为"饲料单价×0.1"，以饲料单价为 2.8 元/kg为例，饲料系数增加 0.1 则养殖鱼产品饲料成本的增加值为 0.28 元/kg。相反，如果饲料系数降低 0.1，则养殖鱼饲料成本下降值为 0.28 元/kg。

其次，分析饲料价格变化对养殖饲料成本的影响。如果饲料配方成本或饲料销售价格增加 200 元/t，则养殖单位重量鱼产品饲料成本增加值为"0.2（元/kg）×饲料系数"，以饲料系数 2.5 为例，饲料价格增加 200 元/t，则养殖鱼饲料成本增加值为 0.5 元/kg。

值得注意的是，饲料配方成本增加 200 元/t，如果完全用于提高饲料质量（如用于增加鱼粉的使用量），则饲料的养殖效果得到改善，饲料系数将降低。按照饲料配方成本增加 200 元/t 计算，遵照表 11-4 的配方体系，实际可以在饲料配方中增加2.6％的进口鱼粉（鱼粉价格按照 7.5 元/kg 计算）使用量，这时可以使养殖的饲料系数降低 0.2。如果以饲料价格 2800 元/t、饲料系数 2.5 为基础计算，养殖单位重量鱼产品（1kg）的饲料成本变化值为：饲料系数降低 0.2，减少养殖饲料成本 0.56 元/kg；饲料销售价格增加 200 元/t 使养殖 1kg 鱼的饲料成本增加值为 0.5 元/kg，最后，养殖 1kg 鱼的饲料成本实际增加值为－0.56＋0.5＝－0.06（元/kg），即养殖销售的饲料成本实际下降 0.06 元/kg，养殖户可以获得更多的养殖利润。

但是，如果在饲料价格 2800 元/t 的基础下，饲料销售价格下降 200 元/t，如果此下降的 200 元/t 全部由饲料配方成本下降（如减少鱼粉、豆粕等使用量）来消化，则可以使养殖的饲料系数增加 0.2，按照前面的计算方法计算，养殖 1kg 鱼的饲料成本实际增加值为 0.56＋（－0.5）＝0.06（元/kg），即养殖销售的饲料成本

实际增加 0.06 元/kg。

从以上分析可以知道，在保障养殖鱼类基本营养需求的情况下，适当增加饲料价格可以降低饲料系数，养殖单位鱼产品消耗的饲料成本可以更低；而过分降低饲料价格将难以保障饲料质量，反而增加养殖的饲料成本，使养殖消耗的饲料成本更高。从保障"饲料企业、饲料经销商、养殖户利益共同体"的目标分析，提高饲料价格比降低饲料价格是更为合理的市场竞争对策。相反，如果以降价作为饲料竞争对策，实际只能使养殖鱼的饲料成本增加而不是降低。饲料低价竞争是不符合客观规律的。

为什么说饲料的低价竞争只能增加养殖的饲料成本？还可以通过以下分析得到验证。以草鱼为例，如果饲料价格低于正常保障水平，如为 2500 元/t，饲料配方成本只能为 1750 元/t，这在 2009 年已经低于菜粕或棉粕的价格，养殖草鱼的饲料系数即使能够维持在 3.0，那么养殖 1kg 草鱼的饲料成本为 7.5 元/kg；如果提高饲料价格，同时提高饲料品质，使饲料价格达到 2800 元/t，饲料系数 2.5，养殖 1kg 草鱼的饲料成本为 6.25 元/kg，养殖户可以保障养殖利润，或获得更多的养殖利益，同时饲料企业也可以保障市场份额，并逐年扩大市场占有率。

出现上述情况有一个基本事实，就是饲料销售价格不能低于养殖鱼类营养所需要的最低饲料保障价格。在保障养殖鱼类最低生长要求的前提下，尽量降低饲料成本、控制饲料价格是有效的，而单纯降低饲料价格、降低饲料品质只能使养殖的饲料成本增加，损害"饲料企业、饲料经销商、养殖户利益共同体"的共同利益，在获得短暂利益的情况下，失去饲料的市场占有率，失去饲料企业的发展空间，损害长期利益。饲料价格竞争会严重影响饲料产品质量，最终影响到养殖效益和饲料企业的经济效益。

关于草鱼饲料的实证案例，2009 年在江苏的实际饲料生产和养殖中，如果饲料终端价格在 2800 元/t，饲料系数 2.1，养殖饲料成本 5.88 元/kg。如果按照小麦 16%、大麦 4%、小麦麸 5.5%、细米糠 12%、棉籽粕 22%、菜籽粕 21%、鱼粉（蛋白质 64.5%）3%、白酒糟 6%、油菜籽 3%、磷酸二氢钙 2%、膨润土 2%、沸石粉 2%、预混料 1%、鱼虾 4 号 0.002% 的饲料配方生产饲料，饲料终端价格达到 3000 元/t，实际得到的养殖饲料系数 1.7，养殖草鱼的实际饲料成本 5.1 元/kg。价格增加 200 元/t 时，养殖的饲料成本显著下降，饲料产品具有更好的市场竞争优势。

因此，一个饲料产品的合理定位是非常重要的，定位的核心应该是养殖 1kg 鱼产品的实际饲料成本。过低的饲料价格定位将导致饲料厂、饲料经销商、养殖户三输的局面，相反，则形成三赢的局面。

五、武昌鱼饲料配方设计实例

武昌鱼在全国都有养殖，但是，不同地区的武昌鱼市场价格差异较大，所以饲料的设计也有差异。

目前关于配方设计的几个主要问题，以武昌鱼饲料配方设计进行分析和说明。

1. 饲料粗蛋白是不是越高越好

笔者的主张是以优质饲料蛋白质原料为基础，尽量降低饲料蛋白质水平，一方面可以节约饲料蛋白质资源，同时也减少饲料蛋白质对水体的污染量；另一方面，可以有效控制饲料配方成本，控制配合饲料质量。武昌鱼饲料在江苏地区，饲料蛋白质水平从 27.5%到 32%的都有，但是饲料的销售价格则差异不大，最大差异在150 元/t 左右，因此，饲料的出厂价基本一致。

2. 武昌鱼的体色、黏液等健康质量如何通过饲料进行控制

养殖武昌鱼出现体色变化、体表黏液减少、抗应激能力下降等症状，主要还是鱼体生理健康受到影响所造成的。在实际生产中，要求在 8 月、9 月的高温季节捕捞和销售武昌鱼，且不出现体色变化、体表黏液减少，也就是所谓的"皮毛"和光洁度要好。笔者提出的观点是以优质的饲料原料保障饲料安全质量，以饲料安全质量保障养殖鱼体健康，以鱼体健康获得最佳生长速度和饲料效率。这是主动性鱼体健康维持的营养和饲料方案。因此，需要选用优质的饲料原料如鱼粉、豆粕、菜粕、棉粕、小麦、豆油等，尽量避免使用消化率低、油脂氧化、含霉菌毒素量大的饲料原料如磷脂粉、蚕蛹、玉米 DDGS、鱼油等。而优质的饲料原料需要较高的价格，所以，饲料配方成本相对较高，这可以通过降低饲料蛋白质水平，并与高蛋白质饲料价格保持一致来实现。

3. 按照养殖鱼类市场价格倒推饲料配方成本的定位方法

按照实际养殖效果，武昌鱼养殖饲料系数 1.8，养殖饲料成本控制在 6.6 元/kg。这样的话，倒推客户的饲料价格为 3670 元/t，减去生产费用、运输费用和销售费用等合计为 800 元/t，则饲料配方成本为 2870 元/t。

武昌鱼饲料配方示例见表 11-5。

表 11-5　武昌鱼饲料配方示例

配方		配方 1	配方 2	配方 3
		粗蛋白 30%	粗蛋白 30%	粗蛋白 28%
原料/g	细米糠(2.20 元/kg)	120	120	150
	米糠粕(2.00 元/kg)			39
	豆粕(3.60 元/kg)	67	105	70
	油菜籽(4.90 元/kg)	30.00	30.00	30.00
	菜粕(2.30 元/kg)	190	170	170

配方		配方 1	配方 2	配方 3
		粗蛋白 30%	粗蛋白 30%	粗蛋白 28%
原料/g	棉粕(2.40 元/kg)	240	220	180
	白酒糟(1.10 元/kg)	50	40	50
	血细胞粉(7.50 元/kg)	26		
	进口鱼粉(9.00 元/kg)	10	35	35
	肉粉(6.50 元/kg)	20	30	30
	磷酸二氢钙(3.40 元/kg)	20	20	20
	沸石粉(0.30 元/kg)	20	20	20
	膨润土(0.26 元/kg)	20	20	20
	豆油(9.00 元/kg)	19	16	11
	小麦(2.15 元/kg)	158	164	165
	预混料(15.00 元/kg)	10	10	10
	合计	1000	1000	1000
成本/(元/t)		2875	2988	2878
配合饲料营养指标(计算结果)/%				
粗蛋白		30.02	30.04	28.04
消化能/(MJ/kg)		2.63	2.65	2.63
总磷		1.28	1.36	1.42
赖氨酸		1.41	1.42	1.31
蛋氨酸		0.46	0.48	0.46
粗灰分		11.48	11.90	12.04
粗纤维		6.99	6.69	6.66
粗脂肪		6.17	6.12	6.11

如果以表 11-5 配方 3 作为目标配方（连续多年的实际养殖的饲料系数在 1.8 左右），饲料粗蛋白 28.04%、粗脂肪 6.11% 等为设计要求，其中对生长效果影响较大的原料主要为进口鱼粉 3.5%、肉粉 3.0%、小麦 16.5%、磷酸二氢钙 2.0%、油菜籽 3.0% 等。配方 3 的饲料配方成本为 2878 元/t，经过几年的实际生产结果，可以实现养殖饲料系数 1.8 的技术要求，且可以在高温季节的 8 月、9 月捕捞和销售，鱼体不出现体色变化、不出血、体表黏液正常、鳞片紧、耐运输等。

表 11-5 中配方 1 是饲料粗蛋白水平 30%，而饲料配方成本与配方 3 保持一致，即在相同配方成本下，饲料粗蛋白水平多 2 个百分点，其养殖效果不是提高而是下降，配方 1 增加 2 个百分点饲料粗蛋白无意义。在配方模式大致接近的情况下，

如何做到饲料粗蛋白水平增加2个百分点？就只能在动物蛋白质模块和植物蛋白质模块中调整配方，配方1使用了血细胞粉来增加饲料蛋白质，其动物蛋白质模块（总量5.6%）原料比例为血细胞粉2.6%、进口鱼粉1.0%、肉粉2.0%，仅仅此模块与配方3中的（总量6.5%）进口鱼粉3.5%、肉粉3.0%相比较，所生产的饲料的实际养殖效果应该是配方3优于配方1。同时，配方1养殖的武昌鱼在抗应激、体色等方面的效果也不如配方3。其主要原因是配合饲料需要增加2个百分点蛋白质而饲料配方成本不能增加，就只能选用价格较低、实际养殖效果较差的蛋白质原料如血细胞粉，如果配方中等量的血细胞粉和鱼粉比较，血细胞粉的养殖效果要差一些。配方1和配方3在实际生产中均有饲料企业采用，实际使用结果也是配方1的养殖效果低于配方3。从这个例子可以知道，在满足养殖鱼类蛋白质水平的前提下，再增加饲料蛋白质是无意义的。

如果要与配方3中的主要原料用量、实际养殖效果保持一致，而增加2个百分点的饲料蛋白质，可以见配方2。配方2和配方3的养殖效果基本一致，但配方成本增加110元/t，也无意义。

从上述分析可以发现，配方3是最有市场竞争能力的饲料配方设计，饲料蛋白质含量低于配方1和配方2，在蛋白质原料资源利用方面也有优势，并对养殖水体的氮排放也是最小的。由于选用的都是优质、安全的饲料原料，对于武昌鱼体表颜色、体表黏液、抗应激和耐运输等方面可以达到市场的要求。实际应用效果也实现了上述设计目标。

第五节　水产动物营养与饲料配方动态化

饲料配方要适时地进行动态化调整，这是水产动物饲料配方的一个显著特点。需要认识的是为什么水产饲料配方要动态化，以及如何进行动态化调整。营养需要是饲料配方编制需要实现的目标，而水产动物的营养需要是动态变化的，所以相应的饲料配方就要进行动态化调整。

一、生长阶段与营养需要的变化

养殖动物的目的是规模化地获得动物产品，养殖水产动物从受精卵发育开始，经历苗种、鱼种、育成鱼到商品鱼的过程，其组织器官不断地分化、发育、成熟，并完成从幼鱼到商品鱼的生长历程，这个过程称为水产动物的生活史。水产动物在不同的发育、生长阶段所需要的营养素种类，尤其是数量具有显著性差异，即营养需要量具有显著性差异。这就是为什么营养需要量具有生长阶段性的主要原因。

　　鱼类的生活史中有鱼苗发育期、性成熟前期、性成熟后期和衰老期四个阶段。在绝大多数鱼类的鱼苗发育期均有一个食性转化的过程，即在胚胎发育过程中，在仔鱼的消化道还没有完全形成、肛门没有开口之前，胚胎发育所需要的营养物质完全依赖于卵黄提供；在肛门开口后、卵黄还没有完全消失的时候就可以摄食外界的食物了，此时既利用卵黄又摄食外界食物，称为混合营养阶段；在卵黄完全消失后则完全依赖于外界营养。绝大多数鱼类在开口摄食的时候，摄食的食物一般为浮游植物，几天之后则转变为摄食浮游动物，再往后就按照其食性有选择地摄取食物。到稚鱼的器官发育完全后就进入幼鱼阶段，在器官发育完全以后到性成熟之前的阶段均称为幼鱼。在性成熟前期鱼体生长主要表现为体长的生长，而鱼体重量的增长表现不是很明显，该阶段鱼体重量与体长的关系曲线率变化较大；性成熟期鱼体生长主要表现为鱼体重量的增长，而鱼体体长的变化较小；性成熟后期鱼体生长主要为生殖生长，鱼体重量和体长的变化不明显。

　　根据鱼体生长的阶段分析来看，鱼体生理和营养需求变化较大的阶段主要在鱼苗期、性成熟前的幼鱼期、性成熟期和性成熟后期。鱼苗期主要为开口饲料，由于对原料的粉碎细度要求很高，颗粒又要很小，在饲料加工上难度很大，饲料需求量也不大，所以一般很少生产水产动物的开口饲料，在实际生产中多用天然饵料或卤虫卵。在性成熟前的幼鱼也是配合饲料主要的应用对象。性成熟期和性成熟后期由于生长速度很慢，养殖者也不多。而鲫鱼养殖一般经过一年已经性成熟了，是在性成熟后期进行养殖。

　　到目前为止，一个特定养殖鱼类的生长阶段应该如何划分？每一个阶段对营养需要的差异到底有多大？诸如此类一系列的问题还没有准确的答案，这是淡水鱼类研究的一个重要缺陷，这将在一定时期内还是一个难以解决的问题。不同的饲料企业根据自己的实际情况有不同的划分标准和方法，还没有一个统一的标准。对于性成熟前期的鱼可以设置 3 个阶段，至于是否是其生长发育的阶段则没有准确的理论基础。整体上，从鱼苗到成鱼，饲料中营养物质浓度是逐渐降低的，但是，每个阶段降低多少目前还没有研究结论。一般情况下，在实际生产中，每个阶段的蛋白质含量一般设置相差 2 个百分点即可，如鲫鱼 50g/尾以前设置为 34%，50～500g/尾设置为 32%，500g/尾以后设置为 30%。同一养殖种类在不同生长阶段对蛋白质需要量有一定的差异，这既是鱼体自身代谢需要的差异，也是其对饲料蛋白质消化能力、对饲料中有毒副作用物质的耐受能力差异所致。养殖动物的阶段营养研究和饲料配制是非常必要的，既是对养殖生理需要的适应，也是对饲料物质的节约。

二、水产动物生长特性与营养需要的变化

水产动物的生长特性主要有以下几种，而在不同生长方式、生长阶段具有不同的营养需要，这也是水产动物营养需要量动态变化的主要原因之一，基本原则是针对不同生长阶段，营养与饲料技术方案采取"适应生长阶段的分段指导"的原则，不同水产养殖动物营养的差异化、不同生长阶段的差异化是关注的重点。

(1) 生长的不确定性　是指鱼种个体生长的差异很大，主要表现在：如果环境条件适宜，鱼体可以在整个生命周期均表现为生长状态，只是生长速度随着年龄增长而下降。即使来自同一繁殖群体的后代，在相同条件下生长速度也具有一定的差异，这称为鱼类生长的离散性。所以，在同一个养殖池塘中，同时出塘的商品鱼有的个体较大，有的个体较小。如果在饲料投喂时兼顾小个体鱼摄食（使用小颗粒粒径的饲料），则可以有效减少生长的个体差异性。

(2) 生长的可变性　同种鱼类在不同的环境条件下表现为不同的生长速度，而且达到性成熟的年龄可能不同。如在不同的水系条件下同种鱼类可表现不同的生长速度，鲢、鳙、草鱼在长江、珠江和黑龙江的生长速度有逐渐下降的趋势。在实际生产中，利用不同水系亲鱼鱼种可以获得更好的生长速度、饲料效率；同时，达到商品规格的个体大小也有一定的差异。

(3) 生长的阶段性　鱼类的生活史中有性成熟前期、性成熟后期和衰老期三个阶段，三个阶段的生长速度有较大的差异。在性成熟前期鱼体生长主要表现为体长的生长，而鱼体重量的增长表现不是很明显，该阶段鱼体重量与体长的关系曲线率变化较大；性成熟期鱼体生长主要表现为鱼体重量的增长，而鱼体体长的变化较小；性成熟后期鱼体生长主要为生殖生长，鱼体重量和体长的变化不明显。因此，养殖生产的鱼主要为性成熟前期，仅有罗非鱼、鲫鱼在性成熟后期也进行养殖生产。

(4) 生长的季节性差异　鱼类在一年中生长的速度随着季节的变化有较大的差异。在春季、夏季体重和体长的增加较大；而在冬季体重和体长的增加很小，但是鱼体干物质的积累较多。鱼体生长试验主要应该在春季和夏季进行。

(5) 生长的性别差异　许多鱼类雌雄个体的生长速度、个体大小和性成熟的年龄大小有较大的差异，多数表现为雌性个体强于雄性个体，而罗非鱼则是雄性个体强于雌性个体。关于鱼体生长的性别差异的利用已开始用于生产，目前的主要工作是对单性化育种方法的研究和应用，在营养学研究中主要是对单性个体生长速度的测定和相应的营养需要的研究。

(6) 甲壳动物的阶梯式生长　甲壳动物的生长是阶梯式的生长方式，其重量的

增长在蜕壳后较短的一段时间内完成，此时增加的重量主要为水分的重量。在壳硬化后（24h 内）重量就不再增加了。在虾一次蜕壳之前，甲壳动物摄取食物用于合成体蛋白质、脂肪等，由这些营养物质将水分置换出来，总重量、总体积不会出现大的变化。等待下一次蜕壳时体重、体积再进行增长。

三、季节变化与鱼类营养需要特点

水产动物是变温动物，变温动物的基本特点是没有恒定的体温，其体温随着水域环境温度的变化而适时变化。

变温动物的营养需要量特点，一是不需要消耗物质和能量来维持其体温的恒定，在维持营养、维持能量方面的需要量相对陆生恒温动物低；二是由于其体温变化引起动物体生理代谢强度的相应变化，这也导致其营养需要量的变化，基本原则是依据养殖季节的变化，在营养与饲料对策上采取分季节指导的原则。在一个生长周期，可以考虑 3 个生长阶段：6 月以前、7～9 月、10 月及以后。在 6 月以前水温较低，养殖鱼类如果要达到快速生长的目的，就必须增加蛋白质量、油脂的量和矿物质的量；7～9 月水温较高，可以适当增加蛋白质量；10 月，水温已经开始下降，鱼类准备越冬，要积累脂肪和增加肥度，因此可以适当降低饲料油脂量，增加淀粉含量以依赖于鱼体自身转化脂肪的能力，储存鱼体自身需要的脂肪、增加其肥满度。

水域环境温度是影响养殖水产动物体温的主要因素，而水域环境温度的变化则是随着季节、地理区域而发生显著性变化的，因此，水产动物的营养需要也是随着养殖季节、养殖地理区域而变化的。这就是水产动物的生长速度、养殖产量等具有"靠天吃饭"的特点，水产养殖生产依然是一种依赖自然水域条件的粗放式生产方式。

鱼类的体温一般较环境水温高 1℃左右。水温的变化会影响到鱼类新陈代谢的强度，因而也影响到鱼类的生长速度、饲料利用效率等。依温水性鱼类在不同水温下的生长状况，可将鱼类生长期分为三个阶段：①弱度生长期，水温在 10～15℃，鱼类体重仅有缓慢生长；②一般生长期，水温在 15～24℃，鱼类体长、体重增加速度保持正常；③最适生长期，水温 24～30℃，鱼类体长、体重增长速度最快。

表 11-6   主要养殖鱼类适温能力

单位：℃

种类	生长最低温	适应低温	最适温	适应高温	最高温
鲤鱼	8	15	22～26	30	34
草鱼	10	15	24～28	32	35
青鱼	10	15	24～28	32	35
罗非鱼	14	20	25～30	35	38
虹鳟	3	8	10～18	20	25

不同种类的鱼对温度要求和适应范围有一定差异（表11-6）。鲤、鲫鱼的生长起点水温为8~9℃；而青鱼、草鱼、鲢、鳙、鲂等大多数鱼类在15℃以上才进入明显的生长期；罗非鱼、淡水白鲳在18℃以上开始明显的摄食生长，28~35℃为适宜生长期；虹鳟鱼在6℃以上开始明显摄食，10~20℃为适宜生长期，25℃以上就会因水温过高而死亡。

水温是影响养殖鱼类生长发育、代谢强度的关键性环境因素。在水温低时要满足快速生长就必须增加配合饲料的蛋白质含量，并保障蛋白质的质量，即要增加鱼粉等优质蛋白质原料的使用比例；当水温较高时，可以适当降低配合饲料中蛋白质的质量，即可以适当增加菜粕、棉粕的使用比例。但是，具体在何种水温、哪个季节该用多少蛋白质含量、何种程度的蛋白质质量进行匹配的问题还难以准确界定，这也是饲料配制技术的一大难点。

根据目前的情况看，淡水鱼类在13~14℃以下时，鱼体利用氨基酸作为能量代谢的能力大大下降，在代谢适应方面则转为以脂肪作为能量为主。同时，在此水温下鱼体的摄食率也大大下降，因此，要么就不投喂饲料，要么就必须增加配合饲料中油脂的含量，如虹鳟等冷水性鱼类配合饲料中油脂的比例高达10%以上，高的达到20%左右。

在水温18℃以下时，鱼体代谢也不是很活跃，此时的配合饲料蛋白质用量、蛋白质质量及油脂的用量均应较高才能保障鱼体快速生长的需要。鱼类快速生长的最佳水温是在24~26℃，当水温超过30℃时鱼体的应激反应很强，生长也会下降。

在实际生产中要注意两个水温或季节的变化时期，一是由低温向高温转化的时期，一般是在春季或东北地区的春夏之交时期；二是由高温向低温转化时期，一般是在秋季或秋冬之交时期。对于前一个时期，由于鱼类经历越冬期后，消耗了较多的体内营养物质和能量，需要进行物质和能量的补充。然而，由于水温较低，其摄食量也有限，所以可以提高饲料中营养物质的浓度水平；同时，由于其代谢特点，在这一时期对脂类作为能量物质的选择较蛋白质更为有效，所以饲料中要适当增加油脂的使用量。这一时期营养的特点是高蛋白质、高脂肪、优质蛋白质原料（如鱼粉的使用量较大）。需要注意的是，即使按照这个营养方案，由于水温较低，其生长速度也不会有显著改善，较夏季的生长速度而言，依然处于低生长速度阶段，但是，对于鱼体生理机能的恢复、奠定以后时期鱼体生长的生理基础和物质基础等是有决定性作用的。

对于秋季或秋冬之交时期，水温逐渐下降到10℃左右或以下，鱼类生理代谢上要做越冬准备，主要是要积累较多的脂肪作为能量物质。在体组成上，也是水分含量逐渐下降、蛋白质和脂肪含量逐渐增加的过程。在代谢上，利用碳水化合物合成脂肪的能力增强，所以，一是可以增加饲料中碳水化合物的含量，以保障鱼体利用饲料中碳水化合物合成脂肪，采用增加饲料中碳水化合物（如玉米、小麦）和脂肪（如豆油）的含量以达到鱼体育肥的目的是很有效的技术方法；二是要注意饲料中控制脂肪酸的氧化酸败和控制油脂的熔点。脂肪酸氧化酸败产物对鱼体是有毒副作用的，在这一时期饲料中如果有较多的脂肪酸氧化酸败产物就会导致鱼体肝胰脏、肠道损伤加重，并影响到越冬成活率。关于越冬前期饲料中油脂熔点问题，由于在越冬期，尤其是在东北和西北地区，越冬期较长，池塘水温仅 3～4℃，此时鱼体温度仅 2～3℃，如果鱼体内积累有较多脂肪，尤其是肝胰脏中积累有较多的脂肪，同时如果积累的脂肪熔点过低，就会出现脂肪硬化的现象，并导致肝胰脏、内脏团整体硬化，使鱼体生理机能受到极大的限制和影响，会导致开春后鱼不摄食、大量死亡等情况。

四、地理区域差异与营养需要的适应性变化

中国生态环境多样化，在水产养殖业中所依赖的水域生态环境也是多样化的，并由此导致不同地理区域的养殖周期、养殖方式、池塘养殖模式等的显著性差异，在相应的营养需要与饲料对策上也显示出显著差异。如何将中国渔业区域进行有效区分，以建立水产动物营养与饲料对策的分区指导原则还是一项长期而艰巨的任务。

温度是决定陆地地表大尺度差异的主要因素，它对生态地理区域综合体的一切过程都有影响。划分温度带的主要指标是日平均气温≥10℃期间的日数和积温、最冷月平均气温、极端最低气温的多年平均值以及最暖月平均气温等。在农业上，≥10℃是重要的农业界限温度，其起止日期与霜期的起止日期大体相近，可以把≥10℃的日数视为生长期。

水温一般较气温稍微低一些，所以，当气温在 10℃时，水温也应该在 8～9℃，而这个温度下，在由低温向高温变化时（春季）也是主要温水鱼类开始摄食的温度，而在由高温向低温变化时（秋季）养殖鱼类也逐渐停食。在没有全国水温分布图借鉴的情况下，借用生态学与农业领域的≥10℃气温分布图也是可行的，可以粗略地将≥10℃的天数作为水产养殖周期（天数）。

中国一年之中≥10℃的天数从 100 天到 365 天，差异非常大。如果将≥10℃的天数作为水产养殖周期（天数），我国东北三省、新疆南部、西南部分地区的养殖周期为 100～175 天，华北地区为 200～225 天，华中地区为 200～250 天，华东地区为 225～250 天，华南地区为 275～365 天。

对于同一种养殖鱼类的商品规格在全国基本相同，如草鱼 2kg/尾、鲤鱼 1～2kg/尾、鲫鱼 250～600g/尾，但是养殖周期在全国不同地区差异非常大。因此，

在营养与饲料对策上就有很大的差异，在养殖周期短的地区（如东北、西南、西北地区），只有提高饲料中营养物质浓度、提高饲料质量才能够在较短的时期内使养殖鱼类达到上市规格；而在养殖周期较长的地区（如广东、广西、海南等地区），则可以适当降低饲料中营养水平，在低营养水平下依赖养殖周期的延长而获得养殖动物的生长能力和上市规格。按照上述分析，我国从北向南，水产动物饲料的营养水平是逐渐降低的，而要制定出较为精细的"水产动物营养分区指导"对策是发展目标。例如，南美白对虾的养殖，在海南可以养殖三季，而在广东可以养殖两季，在华东和华北则一般养殖一季，同时，在不同地区的饲料营养水平差异也是很大的。

五、混养条件下水产动物的营养方案

池塘养殖是中国渔业的主要生产类型，也是中国历史最为悠久的渔业生产方式。而多种鱼类在同一个池塘中混合养殖也是中国池塘渔业的一大特色，将不同水层的鱼类混养可以充分利用池塘水体空间；将不同食性的鱼类（如杂食性鱼类、草食性鱼类、滤食性鱼类）混养可以充分利用池塘环境中的物质和能量；将不同个体大小的鱼类混养可以有效延长商品鱼上市时间段并充分利用池塘水体的载鱼量。

除了不同鱼类进行混养外，目前还有虾鱼混养、鱼蟹混养、鱼鳖混养等多种混养模式。除了在池塘养殖系统中进行不同种类混养外，在广西等地区的网箱养殖中，也出现草鱼、罗非鱼混养形式。

在不同种类、同种类不同生长阶段等混养条件下，水产饲料的营养方案如何制定则是一个较为复杂的问题。在不同的混养模式下，养殖者对养殖鱼类生长速度、商品鱼种类的需求是有差异的，这就导致相应的饲料对策上的差异，这在饲料标准制定方面就增加了技术难度。一般是按照主要养殖目标鱼类的营养需求进行营养和饲料方案的制定，而在不同地区、不同时期内，混养条件下对主要目标种类的需求是在不断发生变化的。所以，针对混养条件下的营养和饲料方案也应该动态化地实施，基本原则是针对不同混养模式，在营养与饲料对策上采取"分类指导的原则"，以满足实际养殖生产的需要。

对于池塘混养条件下的营养与饲料方案制定较为困难，但是在养殖生产过程中，结合不同养殖种类、不同营养水平饲料的组合方案是可行的，在实际养殖生产中也取得很好的效果。以一个实证案例来分析养殖生产过程中的饲料组合方案。

在江苏地区，有将鲫鱼、武昌鱼和草鱼等鱼类混养的。一个基本的放养模式是：放养25g/尾的鲫鱼1200尾/亩、20g/尾的武昌鱼800尾/亩、500g/尾的草鱼300尾/亩，另外鲢鱼、鳙鱼50~100尾/亩。由于鲫鱼和武昌鱼的市场价格好，养殖户希望鲫鱼和武昌鱼生长速度快，所以就选择了市场价格为 4100 元/t、饲料蛋白质 30%、饲料脂肪 7% 的饲料，饲料颗粒规格 2.0mm。养殖到 7 月中旬，鲫鱼已经到 280g/尾、武昌鱼达到 300g/尾，取得很好的养殖效果。但是草鱼则只有 900g/尾左右，生长很不理想。为什么会出现这种情况？如何解决这个问题？

首先分析原因。在这种混养模式下使用的饲料营养水平和饲料质量的定位是按照鲫鱼和武昌鱼进行设计的，饲料质量适合鲫鱼和武昌鱼，所以鲫鱼和武昌鱼的生长效果非常好，说明饲料配方设计是正确的、适宜的。但是，草鱼为什么没有生长好？有两种可能的原因，一是草鱼是否吃到足够的饲料？草鱼的个体是最大的（500g/尾），按照个体大小而言草鱼应该吃到饲料。然而，饲料颗粒大小主要适应鲫鱼和武昌鱼，颗粒直径为 2.0mm，500g/尾规格的草鱼应该摄食 4.0mm 直径的饲料，所以有可能因为饲料颗粒太小，草鱼没有摄食到足够的饲料。第二种可能性是饲料营养水平对草鱼形成营养过剩，草鱼生长并不好。这种可能性是存在的，在经历多年、经历不同饲料企业产品针对这种混养模式下都出现这种情况，可以为此提供佐证。

其次，针对这种混养模式下的饲料对策。既要保障草鱼能够摄食到饲料，又要保障摄食到的是适合草鱼营养的饲料，这是解决此问题的关键。原先使用的饲料是适合鲫鱼和武昌鱼的，应该继续保持。要同时增加投喂一种适合于草鱼的饲料。在同一个池塘里，如何投喂两种饲料，且要让不同的鱼体摄食到自己需要的饲料？在原有饲料的基础上，选用了一种草鱼饲料，蛋白质 28%、脂肪 6%、饲料市场价格 3400 元/t，把草鱼饲料直径做成 4.0mm，在每次投喂饲料的时候，先投喂草鱼饲料，这个规格的饲料鲫鱼和武昌鱼摄食较为困难，主要是让草鱼吃饱；之后，再投喂 2.0mm 直径的鲫鱼和武昌鱼混养饲料。这个饲料方案很好地解决了混养条件下三种鱼类的摄食和生长问题。

从这个案例可以看出，在多种鱼类混养条件下，使用一种饲料要解决多种鱼类的营养需要和摄食问题是有难度的，但是，通过不同饲料的组合（又称为饲料"套餐"），以及饲料投喂方式的组合与改变则可以很好地解决这类问题。

六、不同养殖密度下的营养变化

鱼类对环境的依赖性更强，随着密度的增加，种群内个体对资源、空间的竞争加剧，引起动物摄食生长、能量代谢、行为、生理以及免疫功能的一系列变化，最终可能使动物的生存能力降低（郝玉江等，2003）。

密度增加对鱼类的个体生长具有明显的抑制作用。高密度作为一种胁迫因子必然引起机体额外的能量需求，并通过改变机体的能量代谢过程，分解消耗体内的能源物质来满足这种需求。种群密度对鱼类的物质及能量代谢产生影响的同时，也改变了营养物质和能量在其体内的积累过程，造成其机体生化组成的变化。大多数鱼类疾病可能不是由环境胁迫直接造成的，但胁迫作用可能是一个诱因，造成动物神经内分泌活动变化，进而引起动物更深刻的生理功能的障碍，使其免疫功能受到抑制，对环境变化敏感性升高，对病原的易感性增加，为病原的侵入创造了条件。养殖密度增加后，鱼体个体数量增加，对水体中氧气的消耗量显著增加，鱼体会受到氧气供给的环境胁迫。同时，鱼体排泄的废物增加，鱼体受到氨氮等胁迫也会增加。

因此，养殖密度增加，鱼体抗应激反应增强，所需要的增强鱼体抗应激的营养因素也要增加，能量也增加。这样的话，饲料中维生素总量需要增加以增强鱼体抗应激能力。而能量的增加是选择增加饲料蛋白质水平、质量，还是选择增加饲料油脂总量和质量？为了控制环境氨氮的增加，最适宜的方案是依然控制饲料蛋白质水平，保持低蛋白质水平，而是增加饲料蛋白质质量，主要是增加饲料中动物蛋白质模块的使用量，同时增加饲料油脂水平和油脂安全质量（氧化酸败程度低的油脂）来适应高密度下水产养殖动物对营养的需求差异化。

第六节　饲料配方的模式化

一、水产饲料配方模式化处理的意义

由于我国水产养殖种类多、水域环境条件多样化、变温动物营养代谢多变等特点，以及我国水产动物营养与饲料研究历史较短，所以导致目前的研究基础难以满足实际生产的需要。从饲料企业生产成本控制、饲料生产过程控制和规范化生产的要求出发，可以将鱼类饲料配方进行模式化处理，在营养需求、饲料技术要求差异不大的种类，可以采用通用型饲料配方生产通用型饲料产品，主要设计不同蛋白质、不同饲料配方成本梯度差异的系列配方。即将饲料配方模式化处理，其实质就是配方的主要饲料原料、不同类型饲料原料的模块基本一致，只是质量水平（如蛋白质含量）显示差异化，以及不同饲料配方成本的差异。模式化饲料配方、模式化饲料配方产品的主要用途如下：①生物特性相近的种类可以选择相同营养水平、相同价格水平的饲料配方，生产相同的饲料产品；②同一养殖种类的不同生产阶段可以选用不同蛋白质水平的饲料配方和饲料产品，但是配方的基本要素（原料种类、配方模块等）基本一致；③同一种类在不同地理区域可以选用不同蛋白质水平的饲料配方；④同一种类在养殖产品不同市场价格驱动下，可以选用高一个蛋白质水平的饲料配方；⑤对于不同养殖种类，除了其特殊营养、饲料要求外，其基础营养水平、饲料原料模块基本一致，如黄颡鱼除了由于体色的要求需要在饲料中补充色素外，其基础饲料可以选用38％～42％蛋白质水平的饲料配方。

二、饲料配方模式化的基本思路

模式化配方必须是饲料原料的规范化，其基本思路是：以饲料原料质量的稳定性和安全性保障配合饲料质量的稳定性和安全性；以配合饲料质量的稳定性和安全性保障养殖鱼类的生产性能良好、稳定，同时保障养殖鱼类的生理健康；以养殖鱼类的生理健康保障鱼体生长速度，保障养殖鱼类对各类应激因素和病害的抵抗力、免疫防御力，减少病害的发生，同时保障养殖产品的食用安全性。

饲料原料规范化的主要技术手段包括以下几个方面：①在饲料原料种类、主要类别（模块）的选择上具有共同性；②注重饲料原料的资源量和质量的相对稳定性；③注重饲料原料对养殖鱼类的安全性，尽量避免含氧化脂肪高、含有毒有害成分的原料，避免使用质量不稳定、资源量少的原料；④在主要饲料原料如鱼粉、豆粕、油脂市场价格发生重大波动时应该有替代方案。

关于模式化饲料配方的主要营养指标与饲料配方成本的协调问题。如何理解这个问题？假定在一个相同的饲料配方成本下，是选择把饲料蛋白质水平做高好，还是把饲料蛋白质水平做低一些好？由于配方成本是相同的，如果要将饲料蛋白质水平做高，就只能使用低价格、低质量的饲料原料来组成饲料配方；而低蛋白质水平的配方就可以选择优质的、价格高的饲料原料来组成饲料配方，两种配方产品的养殖效果哪一个会更好？通过实验性数据证实，以及实际饲料生产和养殖生产结果证实，如果饲料配方成本相同，低蛋白质水平的饲料反而取得较高蛋白质水平饲料更好的养殖效果。所以，选择适宜水平的营养指标（主要是蛋白质水平）和合适的饲料配方成本是较为合理的、科学的技术方案。

在模式化饲料配方中，对鱼类生产性能产生重大影响的营养指标包括粗蛋白质量及其有效性、氨基酸的平衡性、蛋白质脂肪比、脂肪含量及脂肪氧化酸败程度、有效磷含量、可利用淀粉含量等。蛋白质是饲料配方成本的主要构成部分，饲料粗蛋白含量与配方成本的协调性主要依据不同蛋白质水平配合饲料的单位蛋白质含量（％）所需要的成本进行调整。氨基酸平衡性主要依据养殖鱼类肌肉氨基酸组成模式与饲料氨基酸组成模式的相关性，计算两者的相关系数。笔者计算了模式化配方中不同饲料配方对鲤鱼、草鱼、鲫鱼、斑点叉尾鮰、罗非鱼等的氨基酸相关系数均在0.82～0.90；赖氨酸/蛋氨酸维持在2.69～2.99；粗脂肪基本维持在4.79～6.64；蛋白质/脂肪维持在4.37～6.44；有效磷对于特种养殖种类、苗种阶段鱼类的饲料供给量维持在 0.75％，而对于一般种类和生产阶段鱼类的饲料供给量维持在 0.70％。根据笔者的经验，这些参数条件下我国主要淡水养殖鱼类可以获得较好的生产性能。

三、淡水鱼类模式化饲料配方

表 11-7 列举了饲料蛋白质在 22％～42％的模式化饲料配方，可以依据不同的条件进行选择使用。

1. 蛋白质水平与适应的养殖对象

38％、40％、42％三个蛋白质水平的饲料主要适用于乌鳢、黄鳝、黄颡鱼、翘嘴红鲌等对蛋白质需求量高的特种养殖对象。34％、36％蛋白质水平的饲料主要作为一般养殖鱼类如鲫鱼、鲤鱼的鱼种饲料，或北方地区高蛋白质水平的鲫鱼饲料。29％～34％蛋白质水平的饲料主要作为鲤鱼、鲫鱼、斑点叉尾鮰、罗非鱼、青鱼等的饲料。28％以下蛋白质水平的饲料主要用于草鱼、武昌鱼等草食性鱼类的饲料。

2. 鱼粉

鱼粉作为保障生长速度、饲料效率、鱼体生理机能的重要饲料因素考虑，在不同蛋白质水平的用量主要根据实际养殖效果和饲料配方的成本确定，其饲料系数一般能够达到 1.4～1.8 的水平。鱼粉种类和质量可参考 GB/T 19164—2021《饲料原料 鱼粉》。

3. 植物蛋白

豆粕根据不同蛋白质水平其使用量有变化，但与以前的饲料配方相比较，豆粕的使用量明显减少。棉粕、菜粕按照接近于 1∶1 的比例配合使用。同时，单种饲料原料的使用量以不超过 30％作为一个基本原则而确定棉粕、菜粕的量。在 26％蛋白质水平以上的饲料中使用膨化大豆的目的一是提高饲料脂肪含量，二是提供饲料磷脂来源。

4. 淀粉类原料

以小麦为主要原料，其基本使用量为 14％～16.5％，主要是基于碳水化合物能量、颗粒粘接性能的保障要求。如果生产膨化饲料，则小麦的用量需在 18％～22％。次粉（或麦麸）和米糠粕是作为饲料填充物、单种原料控制在 10％以下为基本原则使用。

5. 油脂水平与油脂原料

以豆油为模式化配方原料，主要是基于养殖效果、油脂氧化酸败的安全性、原料供给保障等因素。油脂水平一般保持在 4％以上。

表 11-7　水产饲料模式化配方

配方	22	23	24	25	26	27	28	29	30	31	32	33	34	36	38	40	42
	粗蛋白含量/%																
原料/g																	
次粉(1.80元/kg)	98	93	90	57	57	67	45	35	42			95	85	60			
细米糠(1.90元/kg)	130	130	130	130	125	120	120	110	100	100	100	30	40	50	30	25	
膨化大豆(5.00元/kg)				50	30	30	30	30							50	50	50
豆粕(3.20元/kg)							50	60	60	60	70	100	110	130	150	150	150
菜粕(1.90元/kg)	200	210	210	210	210	210	205	200	195	190	190	165	160	140	130	110	110
棉粕43(2.00元/kg)	200	215	210	210	210	210	205	200	195	190	190	165	160	140	130	110	100
进口鱼粉(8.40元/kg)	25	25	30	40	45	50	60	80	90	110	130	160	190	230	265	320	360
肉骨粉(5.00元/kg)							20	20	30	40	30	25					
磷酸二氢钙(3.40元/kg)	22	22	22	22	22	22	20	20	19	19	19	20	22	20	19	15	14
沸石粉(0.30元/kg)	20	20	20	20	20	20	20	20	14	14	16	20	23	20	16	30	16
膨润土(0.26元/kg)	20	20	20	20	20	20	20	20	20	20	20	20		20	20		10
豆油(8.50元/kg)	20	20	22	26	26	26	30	30	30	30	30	30	30	30	30	30	30
小麦(2.10元/kg)	165	165	165	165	165	165	165	165	165	165	165	160	150	150	150	150	150
米糠粕(1.70元/kg)	90	70	71	40	20												
预混料(11.00元/kg)	10	10	10	10	10	10	10	10	10	10	10	10	10	10	10	10	10
合计	1000	1000	1000	1000	1000	1000	1000	1000	1000	1000	1000	1000	1000	1000	1000	1000	1000
配方成本/(元/t)	2279	2285	2330	2496	2613	2661	2813	2957	3060	3221	3333	3543	3700	4017	4275	4635	4898
饲料成分																	
粗蛋白/%	22.12	23.01	23.10	25.45	26.42	27.25	28.23	29.32	30.06	31.00	32.17	33.15	34.05	36.07	38.08	40.12	42.02
蛋白质成本(以一个百分点计)/元	10.30	9.93	10.09	9.81	9.89	9.76	9.97	10.08	10.18	10.39	10.36	10.69	10.87	11.14	11.23	11.55	11.66
消化能(猪)/(MJ/kg)	2.42	2.46	2.47	2.58	2.67	2.74	2.75	2.76	2.78	2.78	2.77	2.79	2.81	2.86	2.89	2.94	2.97
赖氨酸/%	0.92	0.95	0.97	1.12	1.18	1.23	1.30	1.39	1.44	1.52	1.61	1.74	1.85	2.03	2.20	2.39	2.55
蛋氨酸/%	0.34	0.35	0.36	0.40	0.42	0.43	0.45	0.48	0.49	0.52	0.55	0.59	0.63	0.68	0.73	0.80	0.86
赖氨酸/蛋氨酸	2.69	2.70	2.69	2.80	2.84	2.85	2.89	2.90	2.92	2.94	2.93	2.96	2.96	2.98	2.99	2.99	2.98
粗纤维/%	5.66	5.91	5.85	6.02	6.07	6.12	6.01	5.88	5.76	5.55	5.61	5.19	5.05	4.64	4.37	3.94	3.72
粗脂肪/%	4.79	4.80	5.01	5.48	5.90	5.90	6.45	6.42	6.43	6.58	6.57	6.62	6.59	6.63	6.44	6.64	6.52
蛋白质/脂肪	4.62	4.79	4.61	4.65	4.48	4.62	4.37	4.57	4.68	4.71	4.89	5.01	5.17	5.44	5.91	6.04	6.44
总钙/%	1.48	1.49	1.51	1.56	1.58	1.60	1.82	1.90	1.79	1.97	2.02	2.25	2.25	2.24	2.20	2.89	2.47
有效磷(原料总磷×30%+磷酸二氢钙磷)/%	0.71	0.72	0.72	0.74	0.73	0.72	0.79	0.81	0.80	0.80	0.78	0.78	0.80	0.79	0.79	0.79	0.80

6. 有效磷

主要还是使用磷酸二氢钙提供无机磷，饲料原料中的磷以 30％的利用率计算有效磷，两者之和为饲料的有效磷。对多数鱼类需要的有效磷以保持在 0.7％以上作为基准。

四、淡水鱼饲料不同配方模式的比较和分析

我国水产饲料工业是在 20 世纪 70 年代末起步的，发展到现在大约 40 多年的时间，目前水产饲料占全国饲料总量的 10％、配合饲料占全国配合饲料总量的 15％左右，其发展速度是非常快的。从水产饲料配方技术的发展分析，早期的水产饲料基本上是以鱼粉、豆粕、次粉、米糠为主；后来一些非常规饲料原料如肉渣、蚕蛹、血粉等进入水产饲料配方中，对饲料配方技术的发展起到一定的促进作用；棉粕和菜粕是我国资源量非常大的植物蛋白质资源，在它们进入水产饲料配方后，对水产饲料配方技术的发展起到了更大的推动作用；玉米和小麦作为粮食性的饲料原料，目前已经进入水产饲料配方，对饲料配方技术的发展又是一个重要的改进。

推动水产饲料配方技术发展的主要力量包括以下几个方面：①水产养殖业的发展是最主要的推动力量，水产品总量能够达到 5000 万吨以上是拉动水产饲料工业发展的决定性力量；②饲料原料市场的价格剧烈波动是推动水产饲料配方技术发展的另一个重要力量，尤其是鱼粉、豆粕、油脂的市场价格波动在很大程度上迫使新的饲料原料、各类替代原料等进入水产饲料配方，客观上促进了水产饲料配方技术的发展；③喹乙醇、抗生素等饲料添加剂的限制使用在较大程度上促进了水产饲料配方技术的发展，改变了对饲料添加剂作用的认识，使饲料配方的观念和技术转向于依赖饲料原料、营养素的平衡等来改善饲料的生产性能、提高和保障养殖动物的健康及食用安全性，使饲料配方技术向更科学、精细的方向发展；④水产饲料工业、水产饲料配方技术、水产动物营养与饲料研究的发展是一个典型的自主创新、自力更生发展模式，国家为水产动物营养与饲料研究、水产饲料工业发展投入的资金有限，基本是在畜牧、家禽类基础研究资金投入、饲料行业发展的边沿地带发展起来的，也因此形成了水产动物营养和饲料研究机构与水产饲料行业具有良好的互动合作关系、水产饲料企业自身具有较强的自主创新能力的现状。

综合分析，可以将我国水产饲料配方模式分为以下几种类型：①鱼粉、豆粕模式；②低或无鱼粉模式；③鱼粉、棉粕、菜粕模式；④鱼粉、棉粕、菜粕、小麦或玉米模式。不同的饲料配方模式具有不同的针对性，如鱼粉、豆粕模式可以在鱼粉、豆粕市场价格较低，养殖的水产品市场价格很好并需要养殖鱼类提前达到上市规格的情况下使用；如果鱼粉的市场价格超过饲料配方成本能够接受的范围时，就只能采用低或无鱼粉模式；如果豆粕的市场价格过高，则只能采用棉粕、菜粕配方模式。

如果按照饲料粗蛋白含量32%、鱼粉用量基本保持一致的条件，依据现行的饲料原料价格，设计4种配方模式的饲料配方方案见表11-8。可以从以下几个方面进行比较和分析。

表11-8　水产饲料配方模式的比较

配　　方	①鱼粉、豆粕模式(CP32%)	②低或无鱼粉模式(CP32%)	③鱼粉、棉粕、菜粕模式(CP32%)	④鱼粉、棉粕、菜粕、小麦或玉米模式(CP32%)
原料/g 麸皮(1.40元/kg)	70.00	60.00	35.00	
次粉(1.55元/kg)	180.00	155.00	140.00	
细米糠(1.50元/kg)	100.00	100.00	100.00	100.00
豆粕(3.00元/kg)	335.00	310.00	70.00	70.00
菜粕(1.80元/kg)	60.00	80.00	220.00	230.00
棉粕(1.80元/kg)	50.00		230.00	230.00
花生粕(2.60元/kg)		80.00		
血粉(6.00元/kg)		35.00		
进口鱼粉(8.00元/kg)	120.00		120.00	120.00
肉骨粉(4.50元/kg)		95.00		
磷酸二氢钙(3.20元/kg)	20.00	20.00	20.00	20.00
沸石粉(0.30元/kg)	15.00	15.00	15.00	15.00
膨润土(0.30元/kg)	20.00	20.00	20.00	20.00
豆油(7.50元/kg)	20.00	20.00	20.00	20.00
小麦(1.80元/kg)				135.00
米糠粕(1.20元/kg)				30.00
预混料(12.00元/kg)	10.00	10.00	10.00	10.00
合计	1000.00	1000.00	1000.00	1000.00
成本/(元/t)	3034.50	2738.25	2740.50	2771.50
饲料成分 粗蛋白/%	32	32	32	32
钙/%	1.60	2.19	1.66	1.66
磷/%	1.40	1.60	1.52	1.48
赖氨酸/%	1.77	1.59	1.57	1.53
蛋氨酸/%	0.55	0.42	0.55	0.54
粗纤维/%	4.65	4.76	6.52	6.20
粗脂肪/%	5.35	5.46	4.97	4.84
赖氨酸/蛋氨酸	3.23	3.74	2.87	2.84

1. 营养指标

如果从配方的基本营养指标方面分析，配方模式①的赖氨酸含量达到 1.77%，是最高的，模式①和模式②的粗脂肪含量、赖氨酸/蛋氨酸均较高。在其他指标方面差异不大。

2. 配方成本

由于豆粕的市场价格高于棉粕、菜粕 1000 元/t 以上，所以配方模式①的成本明显高于其他模式，因此，这种模式只有在豆粕价格较低，尤其是与棉粕、菜粕价格差异不大的时候才具有比较优势。其他 3 个配方模式的差异不大。

3. 预期的养殖效果分析

影响养殖鱼类生长速度和饲料效率的关键饲料因素主要有鱼粉、油脂、玉米或小麦、磷酸二氢钙（或有效磷）等的使用量，以及各类营养素的平衡效果、饲料原料的有效利用率，这些因素是预测饲料养殖效果的关键性因素。

按照上述因素分析，配方模式①应该可以取得良好的养殖鱼类生长速度，但是配方成本价格高于其他 3 种模式 300 元/t 左右，如果生长速度、饲料利用效率的优势不能冲抵掉增加的饲料成本，则将失去与其他 3 种配方模式的比较优势，只有在豆粕价格低，豆粕与棉粕、菜粕价格差异不大的时候才具有比较优势。

影响配方模式②的关键因素是使用血粉、肉骨粉等蛋白源替代了鱼粉的使用，其原料质量的安全性、原料蛋白质的消化利用率、氨基酸的平衡性等就成为影响饲料养殖效果的关键性因素。由于其配方成本与配方模式③和④没有差异，而后 2 种模式有 12% 的鱼粉，模式②的养殖效果应该是最差的，没有比较优势。但是，如果鱼粉的价格过高时，使用部分鱼粉、部分肉骨粉则具有一定的使用价值。

配方模式③与配方模式④的差异在于是否使用小麦或玉米，由于鱼粉的使用量、磷酸二氢钙（或有效磷）的使用量、油脂总量与配方模式①差异不大，最终的预期养殖在这 3 个模式之间不会有太大的差异，但饲料成本方面则是配方模式③与配方模式④更具有比较优势。相对而言，配方模式④的预期养殖效果、养殖消耗的饲料成本等综合比较效益可能是最佳的。

第七节　饲料原料的模块化

一、化学配方与效价配方

这里讲的化学配方是以饲料标准为目标，以饲料原料营养价值的化学测定结果为基本依据，采用不同的饲料配方计算方法而编制的饲料配方。这种配方计算的主要是营养素的化学测定结果，没有完全考虑饲料的实际利用效果。

效价配方是指以饲料标准为基本目标，以饲料原料的实际养殖效价为基本依据，在已经编制的化学配方的基础上，对饲料原料的组合进行适当修正，得到更接近于实际养殖效果的饲料配方。

如果直接以饲料原料的可消化、可利用的营养素价值为基础编制饲料配方，其实就是效价配方。但是，一是不同水产养殖动物对不同饲料的实际可消化、可利用率的数据还没有研究结果，目前还只有化学分析结果；二是现有的饲料标准也是基于饲料营养素的化学测定结果制定的。

化学配方与效价配方的实际养殖效果会有多大的差异？就如前面分析的，饲料设计质量实现过程需要经历多个环节，多种因素会干扰饲料设计质量的实现，其结果是饲料的实际效果通常会偏离设计质量。如何使设计质量更接近于实际养殖效果？重要的就是依据饲料原料的实际养殖效果对化学配方进行适当修正，其中，将饲料原料模块化处理就是最有效的技术方法之一。

二、水产饲料配方模块化技术分析

饲料配方编制本来应该参照饲料标准和饲料原料的营养价值进行，但是，饲料标准也只是一个主要营养素的框架，饲料标准不等于饲料的内在质量水平。饲料内在质量主要还是依赖饲料原料的质量和配方的技术水平。

由于我国还没有完整体系的饲料营养指标，也缺乏完整体系的饲料原料营养价值和可利用营养价值的数据库，所以难以实现配方编制的标准化技术。

为此，可以首先进行水产饲料配方编制的模式化和饲料原料的模块化处理。饲料配方模式化处理的目的是给我国主要养殖的淡水鱼类饲料配方技术提供一个较为通用的参考模式，即设计不同质量水平（如蛋白质含量）、饲料配方成本梯度差异的系列配方，不同养殖种类、同种类不同生长阶段、不同地区的饲料企业可以根据具体条件选择不同营养水平、不同配方成本的饲料配方模式。而对于有特殊需要的种类在通用模式下进行个别处理。因此，水产饲料配方的模式化主要强调水产饲料配方的通识性和共性，这在拥有100多种水产养殖种类的现实下，进行水产饲料的生产是非常必要的，可以有效控制水产饲料品种数量、有效控制饲料加工的成本，将有限的饲料成本应用于饲料质量的保障中。

饲料原料的模块化处理首先是将饲料原料进行模块分类，其次是将不同模块按照一定的比例配制成饲料，再次就是在同一模块内的饲料原料可以按照一定的比例进行相互替换。这就是饲料原料模块化的主要技术内容，即：①饲料原料模块主要设计为动物蛋白质原料、植物蛋白质原料、淀粉类原料、油脂类原料、矿物质类原料等模块；②在饲料配方中必须包含这几大模块，每种模块中有几种主要的饲料原料及其使用量；③同一模块内的饲料原料可以进行一定比例的替换，如动物蛋白质模块中，鱼粉可以被肉粉或肉骨粉等按照一定的条件进行替换；在植物蛋白质模块中，菜粕与棉粕按照一定的比例配合使用，且两者配合使用后可以替换部分豆粕的使用，这类替换关系在应对某种饲料原料涨价时保持饲料配方成本不变特别有用。

饲料原料模块化处理的意义在于："饲料配方编制更加注重饲料原料的组合，而不单纯关注营养指标类型和指标值是否满足营养需要"。以草鱼饲料为例，食用鱼阶段的饲料标准是蛋白质 25％、赖氨酸 1.25％，在实际配方编制时由于饲料成本的限制，25％蛋白质水平的饲料中赖氨酸可能难以达到 1.25％，配方师可能就会补充部分单体赖氨酸。而鱼类对于没有包被处理的单体氨基酸利用效率很低，即使配方的营养指标已经达到标准，而实际效果并不理想。如果采用饲料原料模块化处理，在饲料配方中几大模块都能够得到保障，尤其是动物蛋白质原料模块得到保障，且各模块之间的比例协调，此时可能生产的饲料蛋白质水平、赖氨酸水平都没有达到饲料标准的要求，但实际养殖效果却很好，其饲料产品反而具有很好的市场竞争能力。

饲料原料模块化处理只是一种饲料原料优化组合的处理方式，其基本着眼点在于更加关注优质饲料原料的组合效果，将饲料质量建立在优质饲料原料的组合上，而不单纯关注饲料中营养指标是否达到饲料标准的要求。这为以后按照饲料标准设置营养标准"上限"积累了经验和基础资料，可以改变目前设置营养指标"下限"的现状。营养标准设置上限的意义在于，对饲料产品质量控制是以市场调节来进行的；在规定的营养指标"上限"以下，各饲料企业可以根据不同地区市场的需要设置自己的饲料标准，不同饲料产品的设计更加重视饲料产品的内在质量，提高饲料产品适应市场的能力；其饲料产品对养殖环境的压力也会减小。而目前的营养指标"下限"设置的弊端就在于，对饲料产品质量控制是以营养指标来进行的，为了达到指标值，饲料企业可以使用低质原料，甚至加入非蛋白氮，其结果是营养指标达到了，而饲料内在质量较差，饲料产品的市场竞争能力弱，甚至出现水产品质量安全事故。

三、水产饲料原料的模块分析

1. 动物蛋白质原料模块

动物蛋白质原料模块的主要种类包括鱼粉类、血细胞粉、肉骨粉、肉粉等。由于动物蛋白质原料的氨基酸平衡性好、可消化利用率高等特点，通常具有很好的养殖效果，这也是决定配合饲料内在质量的核心因素，所以在配合饲料中要保持一定种类和数量的动物蛋白质原料。

不同养殖对象饲料中适宜的动物蛋白质原料的使用量有差异，例如对于草鱼、武昌鱼等草食性鱼类，一般保持3%～10%的动物蛋白质原料；而长吻鮠、乌鳢、黄颡鱼、鲈鱼等肉食性鱼类需要20%～40%的动物蛋白质原料，鲫鱼、鲤鱼等杂食性鱼类需要5%～20%的动物蛋白质原料。

在不同动物蛋白质原料中，从动物蛋白质原料自身的营养价值和对鱼类的养殖效果综合评价，鱼粉是最好的动物蛋白质原料，鱼粉的使用原则是"在饲料配方成本可以接受的范围内最大限度地使用鱼粉"。

然而，鱼粉属于资源性产品，其价格也是受自然资源和市场供求关系影响经常出现较大变动。在水产动物营养与饲料的基础研究、应用技术研究中，鱼粉的替代问题是永恒的课题。在实际饲料配制时，从蛋白质原料内在质量方面考虑，用什么原料对鱼粉进行替代？不同养殖动物对鱼粉的刚性需求是多少？可以用不同的替代原料替代多少比例的鱼粉？替代鱼粉后会出现哪些质量问题及其如何避免？从经济价值体系角度考虑，鱼粉的价格达到多少时应该寻求替代原料？不同原料对鱼粉的性价比如何计算？如何利用性价比确认对鱼粉的替代时机和替代比例？这些问题需要长期的、多角度的研究和分析。

就鱼粉作为优质动物蛋白质原料的质量优势分析，主要表现在氨基酸平衡性好、消化利用率高、油脂中含有丰富的高不饱和脂肪酸（鱼粉原料中的高不饱和脂肪酸较鱼油中的高不饱和脂肪酸稳定）、含有丰富的微量元素和常量元素（磷主要以羟基磷灰石存在，其利用率低）、对养殖动物适口性好且有一定的诱食作用、对养殖动物的健康有良好的维护作用、含有未知促生长因子等。在减少鱼粉使用量、使用替代原料部分替代鱼粉后，上述问题都是需要考虑的问题。可以这样认为，对于鱼粉的替代难题要进行多角度的系统性研究，并采用多角度、不同方面、系统性的综合替代方案。鱼粉是综合养殖效果最好的动物蛋白质原料，单一原料、单一方面的替代均难以达到理想的效果。

由于动物同源性感染问题，肉粉、肉骨粉等在陆生养殖动物饲料中的使用受到一定的限制，因而成为水生动物饲料的重要动物蛋白质饲料原料资源。来源于澳大利亚、南美洲的肉骨粉、肉粉其营养质量、资源量、价格等相对较为稳定，可以在水产饲料中作为除鱼粉外的主要动物蛋白质原料使用。血细胞蛋白粉在国内的资源量较大，在以破壁处理提高消化率的技术方面也取得较大的进展，也逐步成为重要的动物蛋白质原料使用。

关于肉骨粉与鱼粉的替代关系分析，以肉骨粉为例，仅仅就蛋白质质量、价值比等方面探讨对鱼粉的替代关系，主要分析肉骨粉对鱼粉替代的性价比、鱼粉价格变动上限等，详见表11-9。而关于脂肪酸、微量元素、生长因子等需要从饲料配制方案中综合考虑。

依据进口肉骨粉蛋白质含量50%、进口鱼粉蛋白质含量65%，计算得到等蛋白质条件下肉骨粉与鱼粉原料的比例为1.3∶1。那么用多大比例的肉骨粉可以与鱼粉进行等价（养殖效果相等）替代呢？如果肉骨粉蛋白质与鱼粉蛋白质能够完全等价，则肉骨粉与鱼粉的等价比例为1.3∶1，肉骨粉蛋白质对鱼类的养殖效果是难以与鱼粉蛋白质对等的，所以只能提高肉骨粉蛋白质数量来与鱼粉形成等价关系。如果提高20%肉骨粉蛋白质与鱼粉蛋白质形成等价，由表11-9可知，肉骨粉与鱼粉的等价比为1.56∶1，其含义是指：①为了保障动物蛋白质有效性并与鱼粉蛋白质形成等价关系，需要用1.56%的肉骨粉替代1%的鱼粉；②假定肉骨粉的价格为5000元/t时，可以接受的鱼粉最高价格为5000×1.56＝7800（元/t），如果鱼粉超过7800元/t、鱼粉与肉骨粉的单价比超过1.56时，就应该启动替代方案，可以按照1.56∶1的比例用肉骨粉对鱼粉进行替代，低于这个价格就用鱼粉而不宜进行替代。

表11-9　肉骨粉对鱼粉替代价值分析

项目					备注
鱼粉蛋白质含量/%	65				
肉骨粉蛋白质含量/%	50				替代原料的蛋白质含量
等蛋白质时肉骨粉与鱼粉的原料比	1.3				1÷(替代原料蛋白质含量÷鱼粉蛋白质含量)
蛋白质效价比对原料性价比、可接受鱼粉最高单价的影响					
设定肉骨粉与鱼粉的蛋白质效价比	1.2	1.3	1.4	1.5	增加替代原料的蛋白质量与鱼粉蛋白质形成等效价的比值
肉骨粉与鱼粉的性价比	1.56	1.69	1.82	1.95	蛋白质效价比×等蛋白原料比,蛋白质效价比成为影响性价比的关键性因素
肉骨粉的单价/(元/t)	5000	5000	5000	5000	替代原料的单价/(元/t)
可接受的鱼粉最高单价/(元/t)	7800	8450	9100	9750	按照替代原料与鱼粉性价比计算的鱼粉价格:替代原料单价×性价比,此价格下用鱼粉,超过此价格用替代方案
鱼粉方案 全用100kg鱼粉的价值/(元/t饲料)	780	845	910	975	饲料中按照10%的比例使用鱼粉

项目					备注
替代方案	60kg 鱼粉价值/（元/t 饲料）	468	507	546	585	使用60%鱼粉的价值
	需要替代的鱼粉量/kg	40	40	40	40	需要替代40%的鱼粉
	需要肉骨粉的量/kg	62.4	67.6	72.8	78	替代40%的鱼粉需要替代原料的量：需要替代的鱼粉量×等蛋白时替代原料与鱼粉的原料比
	肉骨粉的价值/（元/t 饲料）	312	338	364	390	替代40%的鱼粉需要替代原料的价值
	替代方案价值/（元/t 饲料）	780	845	910	975	达到替代原料与鱼粉性价比时：替代方案价值＝鱼粉方案价值，超过性价比或鱼粉单价超过最高价时应该使用替代方案

从表 11-9 中的计算方法和计算结果可以发现，决定是否启动对鱼粉的替代方案、决定肉骨粉对鱼粉替代比例的关键参数是"肉骨粉与鱼粉的性价比"，而决定"肉骨粉与鱼粉的性价比"的关键因素是"肉骨粉与鱼粉的蛋白质效价比"。当"肉骨粉与鱼粉的蛋白质效价比"增加时，"肉骨粉与鱼粉的性价比"随之增加，其含义是指需要更多的肉骨粉蛋白质才能与鱼粉蛋白质形成等价关系，需要更多量的肉骨粉才能与鱼粉形成等价关系，相应地可以接受的鱼粉价格（或成为鱼粉替代的预警价格）也提高。因此，研究肉骨粉或其他动物蛋白质原料与鱼粉的蛋白质效价比就是一个关键性的技术问题，不同的动物蛋白质原料对鱼粉具有不同的蛋白质效价比；同种蛋白质原料在质量变化时也具有对鱼粉不同的蛋白质效价比。

根据笔者所了解的水产饲料实际情况，关于鱼粉在水产饲料中的使用应考虑以下两个问题：

① 在多数情况下，当鱼粉价格超过 8500 元/t 时，就应该考虑使用血细胞蛋白粉、肉骨粉与适量鱼粉的组合方案。考虑多数淡水鱼类对动物蛋白质的需要量、饲料营养素平衡的需要、饲料产品加工质量和色泽等的需要，一般情况下，血细胞蛋白粉的使用量最好控制在 3% 以下、肉骨粉的使用量控制在 5%～7%。在保持有鱼粉使用的情况下，根据配方和市场的需要就可以确定适宜的血细胞蛋白粉、肉骨粉的使用量。

② 适当控制豆粕的使用量，为鱼粉的使用提供适当的成本空间。在 20 世纪 90 年代，我国使用高鱼粉、高豆粕的饲料方案，豆粕虽然在植物蛋白质中是营养水

平、营养素平衡方面最好的，但也是价格最高的；在使用棉粕、菜粕组合实现营养素互补的情况下，可以将豆粕的使用量控制在 10% 以下，增加棉粕、菜粕的使用量，腾出饲料配方成本空间，使用一定量的鱼粉，使用鱼粉＋高菜粕、高棉粕的饲料配方方案。两种饲料配方方案对淡水鱼类的养殖效果可能没有太多的差异，但有鱼粉的方案养殖鱼类的健康状态要好很多，由此带来的生产性能要好一些。

2. 植物蛋白质原料模块

植物蛋白质原料模块是水产饲料的主要模块，其使用量占配合饲料总量的比例达到 50% 左右。所以，植物蛋白质原料的质量是决定饲料质量的主要因素。

植物蛋白质原料主要包括豆粕、菜粕、棉粕，这是使用量最大、资源量最大的三种植物蛋白质原料；其次是葵仁粕、花生粕、芝麻粕等，资源量相对较少；还有亚麻籽粕、棕榈粕、椰子粕等，资源量较小，在品质方面有一定的局限性。

豆粕是植物蛋白质原料中品质最好的原料之一，但近期的研究发现在鱼类饲料中过量使用豆粕对肠道黏膜具有损伤作用，包括对肠道黏膜的结构性和功能性损伤。由于肠道与肝胰脏之间有生理性"肠-肝轴"的存在，当肠道过度损伤后，肠道的生理性和结构性屏障破坏，肠道的通透性显著增加，肠道产生细胞因子和炎症介质如肿瘤坏死因子（TNF-α）和白介素（IL-1、IL-6）等显著增加并进入血液，肠道细菌和内毒素易位，这些因素会导致养殖鱼类肝胰脏和其他器官组织的损伤，最终影响到养殖效果。所以，关于豆粕在水产饲料中的使用一定要注意量的控制，在有效使用量下豆粕具有良好的生长和养殖效果。至于对于不同养殖种类豆粕使用量的上限目前还缺乏研究，依据现有的研究结果，一般控制在 20% 以下使用可以取得较好的养殖效果。

由于豆粕也是市场价格经常变动的植物蛋白质原料，其原料的价值相对于菜粕、棉粕要高，所以，可以在水产饲料中适当控制豆粕的使用量，增加菜粕和棉粕的使用量，将节省的配方成本空间用于增加动物蛋白质原料的使用量。这样的方案可以取得较好的养殖效果，且可以控制配方成本。应用多种植物蛋白质组合、控制豆粕的使用在我国淡水鱼类饲料中应用有较为成熟的技术，也取得了很好的养殖效果。

菜粕、棉粕具有氨基酸互补效果，配合使用在淡水鱼类饲料中可以取得比单独使用更好的养殖效果。菜粕、棉粕的配合比例可以在 1∶1 或 2∶1。至于在淡水鱼类饲料中的最大使用量，菜粕、棉粕总量可以控制在 50% 以下。

菜粕、棉粕的质量受菜籽和棉花种类、种植地区以及油脂加工工艺的影响较大。例如菜粕，有来源于加拿大的双低菜籽加工的菜粕，有来源于印度的菜粕，有双低与普通菜籽混合的国产菜粕，还有将菜籽直接进行挤压加工的带绿色的低温挤压菜饼。棉粕也有蛋白质含量在40%左右的普通棉粕，有来源于新疆地区的、除去部分棉绒和棉籽壳的蛋白质含量在46%～50%的棉粕，还有经过脱酚处理的蛋白质含量在50%～52%的棉籽蛋白。笔者在23%、34%两个使用量下比较了上述菜粕、棉粕对草鱼的养殖效果，结果表明低温挤压的菜饼取得很好的养殖效果，印度菜粕的养殖效果也不低于国产菜粕，而来源于新疆的蛋白质含量在46%～50%的棉粕养殖效果较好。同时，笔者也进行了来源于新疆的蛋白质含量在48%的葵仁粕的养殖试验，取得了很好的养殖效果。

根据已经进行的试验结果分析，主要有：①低温浸提加工或低温挤压的菜粕、棉粕、葵仁粕的有效赖氨酸含量相对较高，可以取得更好的养殖效果；②脱去部分种子壳或棉绒的高蛋白棉粕的养殖效果较好。

伍代勇（2009）分别以27%豆粕、24%花生粕、24%棉粕、31%菜粕单一原料配制30%鱼粉，选用商品3号虾料为对照组，饲养凡纳滨对虾8周，结果见表11-10。豆粕、花生粕和棉粕单一原料（配制30%鱼粉）在凡纳滨对虾饲料中使用一定量可以保障较好的养殖效果，而菜粕相对较差；与进口鱼粉相比较，分别使用27%豆粕、24%花生粕（均配制30%鱼粉）与46%鱼粉的配合饲料对凡纳滨对虾的养殖效果无显著差异，是养殖效果较好的植物蛋白质原料，而棉粕、菜粕的效果与鱼粉的养殖效果有显著差异。

表 11-10　5 种试验饲料饲养凡纳滨对虾的生长性能和饲料利用效率

项目	对照组（3 号虾料）	试验处理组				
		46%鱼粉	鱼粉 30%＋27%豆粕组	鱼粉 30%＋24%花生粕组	鱼粉 30%＋24%棉粕组	鱼粉 30%＋31%菜粕组
初体重/g	18.41±0.09	18.38±0.03	18.40±0.03	18.40±0.01	18.43±0.05	18.42±0.04
末体重/g	362.39±7.12[ab]	378.92±17.61[a]	371.12±4.71[ab]	369.39±7.91[ab]	358.91±7.09[b]	320.90±11.76[c]
增重率（WG）/%	18.69±0.30[ab]	19.62±0.96[a]	19.17±0.29[ab]	19.08±0.43[ab]	18.48±0.40[b]	16.42±0.64[c]
特定生长率（SGR）/(%/d)	5.32±0.03[ab]	5.40±0.08[a]	5.36±0.03[ab]	5.36±0.04[ab]	5.30±0.04[b]	5.10±0.07[c]
饲料系数（FCR）	1.86±0.04[a]	1.78±0.09[a]	1.81±0.02[a]	1.82±0.04[a]	1.88±0.04[a]	2.12±0.08[b]
蛋白质效率（PER）/%	1.26±0.03[abc]	1.31±0.06[a]	1.27±0.02[ab]	1.20±0.03[c]	1.20±0.03[bc]	1.06±0.04[d]
成活率/%	97.78±1.92	98.89±1.92	97.78±1.92	100.00±0.00	97.78±1.92	96.67±0.00

注：数值为平均值±标准差（$n=3$）；同一行中具有不同上标字母者表示差异显著（$P<0.05$）。

3. 淀粉类原料模块

淀粉类原料在水产配合饲料中的作用除了作为淀粉类多糖提供糖类营养、能量营养外，还有就是在颗粒粘接、颗粒膨化方面起重要作用，所以饲料中必须保持一定的使用量。淀粉类原料模块在水产饲料中的使用比例根据饲料加工类型的需要有一定的差异，对于一般的颗粒饲料为10%～20%，对于膨化饲料、虾蟹类饲料为18%～25%。

淀粉类原料主要有玉米、小麦、次粉、面粉、木薯等。由于玉米和小麦在资源量、品质稳定性、营养价值等多方面的优势，已经成为主要的饲料原料，在保障养殖鱼类生长速度和鱼体健康等方面具有比其他淀粉类原料更好的优势。

在膨化饲料中一般使用面粉作为膨化原料，但面粉的价格较小麦高，且质量保障、品质稳定等方面不如小麦。根据已经有的研究和实际使用效果，使用18%～24%的小麦可以取得很好的饲料膨化效果。

以前认为玉米不宜直接在水产饲料中使用，而根据笔者对草鱼的试验结果分析，使用16%以下的玉米可以取得很好的养殖效果，且将膨化玉米和生玉米进行同等条件下的比较，发现生玉米的效果更好。实际上，即使在饲料配制时使用的是生玉米，而水产饲料加工的温度一般在80～95℃，依然会对玉米淀粉产生一定的糊化作用。

张俊（2010）分别研究了小麦、玉米在草鱼饲料中的使用效果。小麦的膨化加工和添加水平对草鱼成活率、特定生长率、饲料系数和蛋白质效率都没有产生显著影响（$P>0.05$）。但小麦膨化加工后草鱼特定生长率有降低的趋势，表现为16%和32%的添加水平下草鱼特定生长率分别降低5.95%、3.42%（$P>0.05$）；同时，当生小麦和膨化小麦添加水平由16%提高到32%时，草鱼特定生长率也有降低的趋势，分别降低3.31%和0.70%（$P>0.05$）。建议小麦的使用量在16%左右为宜。

玉米的膨化加工和添加水平对草鱼成活率、特定生长率、饲料系数和蛋白质效率都没有产生显著影响（$P>0.05$）；但生玉米用量由16%提高到32%时，草鱼生长速度下降，饲料系数提高，蛋白质效率降低。玉米的膨化加工和添加水平对草鱼饲料系数存在交互影响。玉米可以不膨化而直接在饲料中使用，使用量在16%以下。

伊小静（2010）在相同条件下比较了玉米、小麦和木薯三种淀粉原料对草鱼的养殖效果。其结果表明：①玉米与小麦养殖效果差异不显著，在较低的添加水平下（15%）均优于木薯，玉米有利于鱼体脂肪沉积，小麦更有利于蛋白质沉积；②30%水平与15%水平相比，草鱼的特定生长率显著降低（$P<0.05$），这说明高

糖饲料不利于草鱼生长，草鱼还是存在对饲料糖类物质耐受能力有一定限度的问题。木薯 20％水平与 15％水平相比，草鱼生长速度有所提高，但无显著差异，说明木薯添加量为 20％不影响生长。

4. 油脂类原料模块

油脂是水产配合饲料中重要的也是必需的营养物质，水产配合饲料中必须含有适量的油脂。饲料中油脂的来源包括：①直接添加油脂原料，包括豆油、鱼油、菜籽油等；②来源于含油脂量较高的常规饲料原料，如鱼粉、米糠、玉米 DDGS 等；③植物油籽原料，除了油料作物种子如大豆、菜籽、油葵、花生等外，还有含油较多的植物种子如苹果籽、南瓜籽、花椒籽、葡萄籽、番茄籽、橘子籽等，这是新型的油脂来源。

水产饲料中油脂类原料模块的使用量一般是根据配合饲料中总油脂水平来确定。适宜的油脂水平对养殖鱼类是非常必要的，可以取得很好的养殖效果。饲料油脂的使用要注意：①不同鱼类饲料中油脂水平有一定的差异，如草鱼、武昌鱼等草食性鱼类饲料中应该保持 3％～6％的油脂，鲤鱼、罗非鱼等鱼类饲料中保持 4％～7％的油脂，鲫鱼饲料中油脂水平为 4％～9％，而乌鳢、鲈鱼等肉食性鱼类饲料中油脂水平为 6％～12％；②提高饲料中油脂水平可以节约蛋白质，例如在 2010 年上半年，由于蛋白质原料价格较高，配合饲料中蛋白质的最低价格也在 9 元/kg 以上，而豆油的价格为 7.8 元/kg，适当控制饲料总蛋白质水平而增加油脂水平，可以保障较好的养殖效果而控制饲料总成本的增加；③在低水温期（低于 15℃），淡水鱼类利用脂肪的能力显著增强，而利用氨基酸产生能量的能力下降，因此，在低温季节增加饲料中油脂水平可以取得较增加蛋白质水平更好的养殖效果。

高油脂饲料带来的副作用也是难以避免的，主要措施有：①油脂氧化的中间产物、终产物对鱼类具有较强的毒副作用，一定要控制油脂的新鲜度；②高油脂饲料可能导致鱼体脂肪积累增加，可能出现脂肪性肝病等，在高油脂饲料中要同时使用肉碱、胆汁酸等促进脂肪代谢的添加剂，以及预防和修复肠道损伤、肝胰脏损伤的饲料添加剂；③高油脂饲料可能引起饲料调制温度难以达到 90℃、颗粒粉化率高的问题，主要是油脂在饲料颗粒表面形成油脂层阻止了水蒸气进入饲料颗粒内，也阻止了对淀粉的糊化作用，可以适当增加具有两性介质作用的磷脂的用量；④使用米糠、大豆、菜籽等含油高的原料可以避免高油脂对水产饲料加工的不利影响，且可以更好地保持油脂的稳定性。

但是，油脂的一个基本特性是其中的不饱和脂肪酸容易发生氧化、酸败，饲料中添加的油脂或来源于饲料原料中的油脂几乎都不可避免地有一定程度的氧化、酸败。因此，饲料中只要有油脂就难以避免有氧化油脂成分的存在。公认的事实是氧化油脂对人、对动物都是有毒、有害的，对养殖鱼类也不例外。因此，有效预防和治疗饲料氧化油脂对养殖鱼体所产生的毒副作用，已经成为影响水产饲料技术进步、产业升级的关键性因素之一。

对于直接的油脂原料，笔者进行过较多的研究，在淡水鱼类，养殖效果最好的是新鲜的猪油，其次是豆油、菜籽油，而鱼油在淡水鱼类饲料中的使用效果并不理想，主要可能还是容易氧化造成的。但是，对于动物油脂如猪油、鸡油、牛油等，由于其熔点较低，在低温下容易硬化。养殖鱼类一般都有一定程度的脂肪肝，因此在低水温季节由于动物油脂的硬化而导致养殖鱼类肝胰脏的硬化，出现冬季、春季养殖鱼类死亡率、发病率增加。所以，对于我国北方地区，一般在进入冬季前的8月中下旬开始停止使用动物油脂，而改为使用豆油等植物油脂。

使用含油脂高的饲料原料提供饲料中油脂，既可以保持油脂的稳定性、避免油脂氧化，又可以适当避免高油脂对饲料加工的不利影响，同时，也可以有效控制饲料配方成本。

米糠由于其氨基酸平衡性好、维生素丰富、油脂含有量高等特点，是一种重要的油脂饲料原料。但由于米糠中含有高活性的脂肪酶，在稻谷加工后促进了米糠脂肪的氧化分解，所以米糠新鲜度成为米糠品质鉴定的关键性指标，米糠也不宜仓储，应及时使用。在比较了不同的米糠保鲜技术后，对新鲜米糠采用挤压膨化处理破坏脂肪酶的活性、增加油脂与其他物质的结合，可以延长米糠的保质期，使米糠成为一类可以仓储的饲料原料。但是要注意，采用挤压膨化处理米糠最好在米厂进行，米糠出来后及时灭活脂肪酶才有效，饲料厂进米糠后再膨化虽然有一定的效果，但是米糠生产出来几分钟内脂肪酶就开始起作用，到饲料厂时已经有部分油脂发生氧化了。当米糠在生产过程中通过挤压膨化灭活脂肪酶以后，米糠中含油量较高，且脂肪酸组成中含有较多的不饱和脂肪酸，依然可以在空气中继续发生氧化酸败，只是氧化的速度、程度要低一些。

诸葛燕（2009）比较了菜油、豆油、花生油、猪油、油菜籽对花鲭生长的影响，结果见表11-11，由此得出：①豆油、花生油、猪油都可作为很好的脂肪源，其养殖效果显著优于菜油；②添加猪油、花生油可以改善鱼体的品质；③在等蛋白质水平下，在花鲭饲料中使用油菜籽可以比使用菜油获得更好的生长效果。

表 11-11　菜油、豆油、花生油、猪油、油菜籽对花鲭生长的影响

项目	特定生长率 (SGR)/(%/d)	饲料系数 (FCR)	蛋白质效率 (PER)/%	蛋白质沉积率 /%	脂肪沉积率 /%	能量保留率 (ERR)/%
3% 菜油	6.41±0.91[a]	3.92±0.70[a]	0.70±0.11[a]	14.68±2.34[a]	0.79±0.06[ab]	14.52±4.16[a]

项目	特定生长率 (SGR)/(%/d)	饲料系数 (FCR)	蛋白质效率 (PER)/%	蛋白质沉积率 /%	脂肪沉积率 /%	能量保留率 (ERR)/%
3% 豆油	9.80 ± 0.12^b	2.64 ± 0.02^{bc}	1.09 ± 0.15^{bc}	20.14 ± 3.16^{bc}	1.01 ± 0.01^b	22.32 ± 3.64^b
3%花 生油	9.44 ± 0.05^b	2.74 ± 0.06^{bc}	1.11 ± 0.04^c	21.45 ± 0.82^{bc}	0.75 ± 0.03^a	20.09 ± 1.60^{ab}
3% 猪油	9.77 ± 0.05^b	2.62 ± 0.01^c	1.12 ± 0.07^c	21.76 ± 1.41^c	0.79 ± 0.12^{ab}	20.73 ± 1.76^b
4.7% 油菜籽	8.01 ± 0.07^c	3.36 ± 0.03^b	0.92 ± 0.01^b	17.62 ± 1.20^{ab}	0.94 ± 0.13^{ab}	18.94 ± 3.47^{ab}

注：同一列中具不同上标字母者表示差异显著（$P < 0.05$）。

李婧（2009年苏州大学硕士学位论文）研究了大豆、油菜籽、带壳花生和带壳油葵对武昌鱼生长的影响。在等蛋白质和等油脂水平下，大豆组、花生组和油葵组较豆油对照组养殖效果好，其特定生长率在豆油对照组1.04%/d的基础上分别提高了11.54%、14.42%和11.54%；饲料系数在豆油对照组2.77的基础上分别降低了11.19%、12.64%和6.86%；蛋白质效率在豆油对照组1.30%的基础上分别提高了7.69%、12.31%和10.00%。这三种油籽可以作为武昌鱼饲料新的油脂原料使用。

5. 矿物质类原料模块

矿物质类原料模块包括膨润土或凹凸棒土、沸石粉和磷酸二氢钙。建议将膨润土或凹凸棒土、沸石粉按照1:1比例组合，在水产饲料中总体使用量达到2%～4%。

由于我国淡水鱼类饲料中的粗灰分含量基本都在16%以下，所以不会出现由于膨润土或凹凸棒土、沸石粉的加入导致因灰分过高影响养殖鱼类对饲料消化率下降的问题，相反，膨润土或凹凸棒土、沸石粉成为水产饲料中常规使用的饲料原料，对养殖鱼类的健康和生长具有良好的作用。除了可以提供部分微量元素外，还可以有效吸附鱼类肠道中过多的氨氮、硫化氢和饲料中的霉菌毒素等，同时也可为肠道微生物的生长提供有效载体。有实验结果表明，在鱼类饲料中加入膨润土或凹凸棒土、沸石粉后对养殖鱼类的生长速度具有显著的促进作用。

凹凸棒土是一种具有很好吸附作用的黏土，主要产于江苏的淮安地区，笔者在对锦鲤促进生长和增加体色的实验中发现，其作用效果优于沸石粉。

磷酸二氢钙在淡水鱼类饲料中的使用量要保持在1.8%～2.5%。饲料中有效磷在饲料中的作用和地位已经成为继饲料蛋白质、油脂之后的第三类重要营养素。

第十二章

主要养殖鱼类的饲料

第一节　养殖渔业的主要生产方式

中国的水产养殖总量达到 3900 多万吨，占全球养殖总量的 70％ 左右。中国水域生态环境多样，利用水域资源进行的渔业生产方式也是多种多样，可以认为，只要有水体的地方都有养殖渔业的存在。

池塘养殖是中国历史最为悠久的渔业生产方式，也是我国淡水渔业的主要生产方式。利用不同水域资源的集约化养殖也是形式多样，例如适合于江河干支流的船体式网箱养鱼，适合于一般溪流的渠道金属网箱养鱼和简易网箱养鱼等。我国主要的渔业生产方式见表 12-1。

表 12-1　我国渔业主要生产方式与特点

养殖类型	养殖方式	主要养殖种类	饲料使用
池塘养殖	池塘精养	几乎所有的淡水鱼类、虾、蟹、蛙和海水鱼类、海参等	硬颗粒或膨化饲料、粉状饲料、团块状饲料等
	池塘粗养	四大家鱼、鲤鱼、武昌鱼、鲫鱼等	青草、肥料培育浮游生物，部分使用配合饲料
	池塘＋小网箱养殖	池塘养殖常规淡水鱼类、小网箱养殖吃饲料鱼类如黄鳝等	硬颗粒或膨化配合饲料
	池塘循环水养殖	虾、蟹与常规淡水鱼类	虾、蟹饲料和鱼饲料
	猪、鸭与池塘立体养殖	常规淡水鱼类	肥水(浮游生物)、配合饲料

养殖类型	养殖方式	主要养殖种类	饲料使用
流水养鱼	普通流水养鱼	淡水鱼类	配合饲料
	循环流水养鱼	淡水和海水鱼类	配合饲料
海水网箱养鱼	普通海水网箱养鱼	海水鱼类	膨化饲料
	抗风浪网箱养鱼	海水鱼类	膨化饲料
	深水网箱养鱼	海水鱼类	膨化饲料
淡水网箱养鱼	静水网箱养鱼	淡水鱼类	配合饲料
	渠道金属网栏养鱼	淡水鱼类	配合饲料
	江河船体网箱养鱼	淡水鱼类	配合饲料
工厂化养鱼	流水工厂化养鱼	淡水鱼类和海水鱼类	配合饲料
	循环水工厂化养鱼	淡水鱼类和海水鱼类	配合饲料
围网养殖	湖泊围网养殖	淡水鱼类、蟹	配合饲料
稻田养鱼	水稻田、水生蔬菜田养鱼	淡水鱼类、蟹、虾、蛙等	配合饲料

在不同渔业生产方式中，除了池塘粗养和大水面养殖不用或少用饲料外，其他渔业生产方式都要使用饲料进行养殖，只是饲料的形态有差异，分别适应不同的渔业水域环境和养殖鱼类的摄食方式。

第二节　淡水养殖鱼类饲料

本节主要介绍不同养殖鱼类饲料配方设计，一些主要的共性问题包括以下几点，在具体种类饲料配方设计时将不再进行说明。

首先是关于地理区域差异问题，如何划分我国不同养殖区域？水产养殖的地理区域差异内容很多，如水温、养殖种类、养殖模式、生长期、水质条件等，但其中最为关键的还是水温的差异，这是作为大尺度地显示不同区域差异的主要因素。水温的差异可以是在不同地区，显示为满足养殖鱼类生长需要的养殖天数和季节变化两个方面。如果以水温高于10℃作为养殖鱼类的有效生长期（有效生长天数），则可以显示出我国东北和新疆、宁夏等地区的有效生长天数大致在100～150天，而华中、西部、华东等地区则在150～250天，华南地区如海南、广东、广西等为250～365天。关于季节变化，依然以水温作为依据，可以划分为10～18℃、18～28℃和高于28℃，不同地区对应的时间点可能有差异，但是上述三个温度范围作为依据比以月份作为依据更为合适。

　　其次，关于饲料营养水平的动态变化，也主要是以温度和有效生长期为依据进行差异化设置的。水温低，相应的蛋白质水平、蛋白质内在质量、油脂水平等设置就较高，当温度升高后，就相应地降低营养指标。至于养殖密度与饲料营养水平的差异化问题，由于不同地区的养殖密度差异缺少规律性，难以统计和分类设置，建议在实际工作中，当密度较高时适当选择较高营养水平的饲料配方即可。同时，由于各地鱼种放养模式差异较大，也难以分类指导，所以也以某种鱼类精养模式来设计饲料营养水平和饲料配方。对于混养模式，可以参照单一种类精养模式进行选择。

　　第三，饲料配方设计的饲料原料选择，是按照饲料原料模块化进行选择和设计的，原料的替代、组合也是以模块内原料之间相互组合、替代来进行操作。例如关于动物蛋白质原料模块，以鱼粉、肉粉、肉骨粉、血细胞蛋白粉作为主要原料，在不同地区差异和季节差异中，对鱼粉、肉粉等的比例有变化。肉粉、肉骨粉在蛋白质含量、油脂含量方面有较大的差异，在原料互换时要注意对饲料配方中蛋白质和油脂的调整。血细胞蛋白粉的消化利用率较好，在鱼粉价格较高的时候可以利用血细胞蛋白粉、肉粉、肉骨粉进行部分替代。在一些蛋白质水平较高的饲料中，也可以使用部分血细胞蛋白粉，尤其是对于肉食性鱼类如鲶鱼、加州鲈等，血细胞蛋白粉具有一定的诱食效果，可以使用3%的血细胞蛋白粉。血细胞蛋白粉的使用不仅提高饲料蛋白质水平，赖氨酸、蛋氨酸含量也较高，同时也使颗粒饲料的粘接度提高，而饲料的颜色可能加深，要引起注意。在植物蛋白质原料模块，常规使用原料为豆粕、菜籽粕和棉粕。豆粕由于价格原因和配方中高含量豆粕对肠道可能造成的损伤作用，配方中豆粕的使用除了肉食性鱼类的膨化饲料中的量较高外，其他淡水鱼类饲料中的使用量一般不超过20%。而且，如果豆粕的市场价格增高后，豆粕就可以用葵仁粕进行等量替代，花生粕也可以替代部分豆粕。菜籽饼和菜粕之间进行组合，菜籽饼主要是低温、绿色菜籽饼，菜籽饼的用量以不超过10%为界限。菜籽粕与棉粕的相互比例以两者的氨基酸互补性为依据，一般保持在2∶1或1∶1。对于油菜籽、大豆、米糠、玉米DDGS等原料，既是蛋白质原料，也是油脂原料，东北地区可以使用大豆或膨化大豆而不使用油菜籽，其他地区可以使用3%的油菜籽，这是性价比很好的油脂原料，也是油脂中脂肪酸更为稳定的油脂原料。米糠和玉米DDGS可以部分替换，例如广东地区采购新鲜米糠难度较大，就可以使用玉米DDGS，其他地区，尤其是东北地区就使用米糠。对于油脂量要达到6%以上的饲料，就只有使用部分油菜籽、大豆、肉粉、菜籽饼、米糠、玉米DDGS等高含油的饲料原料，提供部分原料油脂，使添加的单纯油脂量不超过3.5%。否则，在饲料调质、制粒和颗粒的稳定性方面就会有较大的难题。磷酸二氢钙、沸石粉、膨润土均按照各2%的比例加入饲料中，只是膨化饲料担心对模具的损伤、对饲料颗粒密度的影响而不使用膨润土，但可以使用沸石粉。对于淀粉类原料模块，玉米和小麦可以部分互换，如东北地区可以使用10％～12％的玉米，不足部分用小麦，主要依据是小麦和玉米的价格，以低价选择为主。在养殖效果上，玉米和小麦差异不显著，玉米的使用主要是考虑霉菌毒素问题，以及高玉米含量带来鱼体脂肪沉积量增加，尤其是肝胰脏脂肪沉积量增加带来的副作用。次粉、米糠粕、白酒糟主要作为填充料和纤维原料来使用，如果有麦芽根的地区，也可以使用部分麦芽根。白酒糟以不超过6％为限度，要注意白酒糟的霉菌毒素含量问题。

第四，不同种类营养水平和饲料配方设计的基本依据是以饲料系数为准进行界定的，如鲤鱼、草鱼、武昌鱼以饲料系数平均1.8，鲫鱼、黄颡鱼、乌鳢等以饲料系数不超过1.4，草鱼、武昌鱼、鲤鱼等的膨化饲料以饲料系数不超过1.6为依据设计。

第五，对于膨化饲料中的膨化原料，可以使用面粉，也可以使用小麦。

一、鳙鱼饲料

鳙鱼又名花鲢、胖头鱼等，属鲤形目、鲤科、鲢亚科。鳙鱼头大，为全长的三分之一；体侧具黄黑色斑点；鳃耙较细密（较白鲢为疏），耙间隙40～80μm；主要摄食浮游植物、浮游动物和有机碎屑；肠长为体长的3.5倍左右，为滤食性的中上层鱼类。

鳙鱼是我国主要淡水鱼类。鳙鱼头的市场消费习惯也是带动鳙鱼养殖的主要市场因素。鳙鱼可以加工成鱼糜，鱼糜可以作为多种食品的动物蛋白质。鳙鱼养殖成本低、适应性强。鳙鱼头具有很好的食用价值，广东地区利用在鱼苗期加强光照使鳙鱼形成头大、身体小的"畸形"鳙鱼，俗称"缩骨鱼"，其市场价格可以达到普通鳙鱼的2倍左右。

正常情况下，鳙鱼以滤取水中浮游动物为食，其生长速度较快，习性较为温和。鳙鱼的商品鱼养殖一般是以池塘混养为主，其产量也与养殖水体中浮游动物的丰富程度、放养鱼体规格和密度直接相关。在一般粗养池塘，鳙鱼主要以摄食浮游动物为主，生长速度和产量相对较低。而在投喂饲料，尤其是颗粒饲料的池塘，因为鳙鱼摄食部分饲料，其生长速度和产量也相对较高。一般情况下，养殖达到1.5～2.0kg/尾规格的商品鳙鱼需要2年的养殖时间，而3.0kg/尾以上规格的则需要3年左右的养殖时间。鳙鱼在人工投喂饲料池塘中的生长速度比仅进行施肥的池塘快57％。鳙鱼在投喂人工饲料网箱中的生长速度比无人工投喂的网箱快53％。

为了提高鳙鱼的养殖产量和生长速度，在我国部分地区已经开始使用配合饲料进行养殖。可以在网箱或池塘精养的生产方式下，使用配合饲料养殖鳙鱼。使用饲料养殖鳙鱼的主要技术要点有：①鱼种规格相对较大，一般在年初放养200g/尾以上规格的鳙鱼作为鱼种；②驯食成为养殖成功的一个关键点，池塘精养鳙鱼的驯食要先放鳙鱼，使用饲料驯食成功之后再放养其他鱼种；③饲料的加工质量是驯食的关键点，由于鳙鱼是以滤食的方式摄食饲料，所以饲料的颗粒规格要求适应其滤食的要求，即颗粒规格的大小与鱼体鳃耙的滤过能力相适应，过大、过小的饲料颗粒均不能被鳙鱼有效摄食，另外，由于鳙鱼是中上层鱼类，饲料颗粒的密度应该相对要小，在水体中沉降速度要慢；④饲料的营养水平问题，目前没有鳙鱼的营养标准，根据其食性与生长速度，可以参照草鱼鱼种的营养标准设置鳙鱼的饲料营养参数；⑤饲料的投喂方式，池塘养殖可以采用投饲机投喂，饲料投喂次数也可以参照草鱼等一般淡水鱼类的技术要求进行。

鳙鱼对饲料的摄食方式是通过鳃耙过滤食物的方式，饲料颗粒规格要与其鳃耙的滤食能力相适应。有研究资料表明，鳙鱼滤食浮游植物、浮游动物和碎屑大小范围为 $17\sim3000\mu m$，大部分浮游植物为 $50\sim100\mu m$。

鳃耙是一种滤食器官，着生在鳃弓的内侧，分内外两行，其形状与食性有密切关系。以小型食物为食的鱼类，鳃耙多细长、致密，用以滤取小型食物；吃大型食物的鱼类，鳃耙粗短、稀疏，表面粗糙不平，有协助抓牢食物并逐渐将其送入食道的作用；还有一系列处在二者之间的中间类型。董双林和李德尚（1995）比较鲢鱼和鳙鱼（体重分别为 $7.4g\pm4.9g$ 和 $13.4g\pm1.9g$）的滤食能力，鲢鱼对小于 $60\mu m$ 的食粒的滤除率大于鳙鱼，而鳙鱼对无节幼体和轮虫的滤除率大于鲢鱼。统计分析表明，它们对直径约 $70\mu m$ 的食粒的滤除率几乎相等。也就是说，鲢鱼对浮游植物的摄食能力较强，鳙鱼对浮游动物的摄食能力较强，对直径约 $70\mu m$ 的食粒的摄食能力两者相当。

关于鳙鱼的饲料形态，建议不要使用粉状饲料投喂，因为饲料中的水溶性维生素、磷酸二氢钙等在进入养殖水体后即刻溶解而损失。最好的饲料形态为微粒饲料或破碎饲料，饲料的直径依据养殖鱼体大小可以控制在 $150\sim1000\mu m$，颗粒不宜太大。硬颗粒饲料密度控制在 $1.0\sim1.2g/cm^3$。饲料配方可以采用草鱼鱼种饲料的营养指标进行。

二、草鱼饲料

草鱼是我国主要淡水养殖鱼类之一，就单个种类养殖产量而言，草鱼的养殖产量位居首位，达到20%以上（鲢鱼、鳙鱼总量占30%以上）。草鱼在我国所有养殖地区都有养殖，所以，草鱼的饲料也要适应我国多样化的水域生态环境。

草鱼饲料需要考虑的因素包括：①地理区域水域环境的差异，从我国的东北到海南，养殖的适宜生长天数为$100\sim365$天，水温成为主要限制因素，而饲料营养水平的设置与养殖水温具有一定的负相关关系；②养殖密度在不同地区差异很大，相应的饲料营养水平与养殖密度具有较强的正相关关系；③草鱼为草食性鱼类，在饲料中需要一定量的纤维素以适应肠道生理的需要（不一定是营养的需要），尤其是在越冬前期需要适当增加饲料中纤维素含量；④草鱼的养殖规格大小与营养需要量水平具有一定的负相关关系，过量的营养水平对草鱼生长是不利的，尤其是对大规格草鱼（上市规格达到$4kg/$尾以上）的养殖实践中发现，过高营养水平的饲料反而不利于草鱼的体重增长；⑤草鱼养殖中一个重要难点就是病害发生概率较高，除了通过注射疫苗、调控水质之外，在饲料中应该注意保护肠道和肝胰脏健康，在饲料中也不宜设置过量的脂肪（经验数据是控制饲料总脂肪在7%以下）；⑥在一些硬颗粒饲料营养水平和饲料价格较低的地区，如广东、海南、广西和浙江地区，可以提高饲料营养水平，并采用膨化饲料，可以取得很好的养殖效果；⑦脆肉鲩是草鱼养殖的一种特殊营养方式，一般以$2kg/$尾的草鱼作为鱼种，使用蚕豆养殖$2\sim$3个月，可以使草鱼肌肉脆化，可以尝试在大规格草鱼饲料中使用部分蚕豆为原料养殖具有一定肌肉脆化的草鱼。

依据我国草鱼养殖情况，可以参照表12-2设置草鱼饲料营养水平和饲料配方。

表12-2　草鱼饲料参考配方　　　　单位：g/kg

原料	单价/(元/kg)	有效生长天数									膨化饲料	
		100~150d			150~250d			250~365d				
		水温										
		<18℃	≥18℃，<28℃	≥28℃	<18℃	≥18℃，<28℃	≥28℃	<18℃	≥18℃，<28℃	≥28℃		
		粗蛋白含量										
		30%	29%	28%	29%	28%	28%	28%	28%	26%	28%	26%
次粉	2.00		30	65		66	65	30	14	30		80
细米糠	2.25	140	140	130	145	110	110	90		90	120	120
米糠粕	2.00									50		
豆粕	3.40	110	100	90	90	70	60	40	50	40	110	80
菜粕37	2.30	200	200	190	130	130	120	260	240	210	280	240
菜饼35	2.15				98	80	90					
棉粕43	2.35	210	190	170	190	200	220	190	190	160	90	90
白酒糟	1.10	25	35	55	45	55	55	60	70	80		

原料	单价/(元/kg)	有效生长天数									膨化饲料	
		100～150d			150～250d			250～365d				
		水温										
		<18℃	≥18℃,<28℃	≥28℃	<18℃	≥18℃,<28℃	≥28℃	<18℃	≥18℃,<28℃	≥28℃		
		粗蛋白含量										
		30%	29%	28%	29%	28%	28%	28%	28%	26%	28%	26%
进口鱼粉	9.00	35	30	25	25	15	10	10			30	25
肉骨粉	5.00							25	35	20	40	40
肉粉	6.00	30	30	35	30	30	30					
磷酸二氢钙	3.40	20	20	20	20	20	20	20	20	20	20	20
沸石粉	0.30	20	20	20	20	20	20	20	25	25	20	
膨润土	0.26	20	20	20	20	20	20	20	25	25		
豆油	9.00	20	15	10								
小麦	2.15	160	160	160	160	160	160	150	150	140	200	200
玉米DDGS	2.00							60	75	100	60	60
预混料	13.00	10	10	10	10	10	10	10	10	10	10	10
猪油	7.00				17	14	10	15	6		20	15
合计		1000	1000	1000	1000	1000	1000	1000	1000	1000	1000	1000
成本/(元/t)		2898	2798	2704	2715	2585	2522	2481	2378	2259	2864	2750
粗蛋白/%		30.03	29.07	28.25	29.04	28.04	28.11	28.09	28.03	26.18	28.81	26.84
总钙/%		1.74	1.72	1.74	1.72	1.67	1.65	1.74	2.00	1.83	1.97	1.93
总磷/%		1.37	1.35	1.34	1.36	1.30	1.29	1.32	1.34	1.29	1.46	1.42
赖氨酸/%		1.41	1.35	1.29	1.30	1.21	1.19	1.12	1.08	1.02	1.25	1.12
蛋氨酸/%		0.47	0.46	0.45	0.46	0.44	0.44	0.45	0.45	0.43	0.47	0.44
粗灰分/%		12.07	11.89	11.71	11.99	11.53	11.53	11.93	13.15	12.71	10.73	10.31
粗纤维/%		6.65	6.59	6.52	6.93	6.83	6.97	7.77	7.91	8.02	6.79	6.38
粗脂肪/%		5.69	5.25	4.77	6.00	5.16	4.78	5.10	4.44	4.13	6.08	5.61

考虑到我国北方尤其是东北地区以及华东与华中地区的饲料资源情况，在草鱼饲料（以及后面的其他鱼类饲料）配方中，动物蛋白质原料模块除了鱼粉外，肉粉

较为容易获得，可以选择肉粉作为鱼粉的组合物或部分替代原料。而广东地区获得肉粉的难度较大，但进口的肉骨粉是可以获得的，所以在南方地区可以选择肉骨粉。在植物蛋白质原料模块里，同样考虑了不同地区的资源情况，例如在南方，尤其是广东地区有较多的花生粕资源，所以可以用花生粕代替豆粕。而华东、华中地区则有较多的菜籽饼，尤其是低温挤压的菜籽饼（又称为冷生榨菜籽饼），所以可以与菜籽粕混合使用。在华南地区，因为多数为进口的加拿大菜籽粕，质量较好，而低温菜籽饼较难获得，所以主要使用菜籽粕和棉籽粕为植物蛋白质原料。关于葵仁粕，粗蛋白可以达到46%，经过养殖试验和生产性试验证明，在鱼类饲料中可以等量替代豆粕使用，且诱食效果和养殖鱼类的生长效果均优于豆粕。因此，凡是可以采购到葵仁粕的均可以替代豆粕的使用量。关于淀粉类原料模块，在东北地区有很好的玉米，可以用于替代小麦的使用，而其他地区则依然使用小麦。对于油脂类原料模块，由于我国北方地区，尤其是东北和西北地区有较长的冬季，且结冰期较长，所以不能使用猪油等凝固点较高的油脂，只能使用豆油。华南、华东和华中地区则可以选择猪油、鸡油等动物油脂。至于鱼油，由于容易氧化，其养殖效果不如猪油、豆油等油脂，所以一般不选择鱼油作为油脂原料。在东北地区有大豆资源，可以使用部分膨化大豆。而华中、华东和西部地区则可以选择使用油菜籽作为油脂原料之一，只是油菜籽的使用量要控制在3%以下才是安全的，不要超过这个量。

三、武昌鱼、鳊鱼类饲料

鳊鱼、武昌鱼也是我国主要淡水养殖鱼类，其中以武昌鱼养殖量较大。鳊鱼、武昌鱼在我国多数地区都有养殖，而各地区的市场价格差异较大，例如在华东、华中地区，武昌鱼养殖量较大，池塘出塘价格一般在10元/kg左右。而在东北、西北、华北、西南等地区，养殖量较小，其池塘出塘价格在12～20元/kg。

鳊鱼、武昌鱼的食性为草食性，偏向于杂食性。其饲料营养水平的设置，依据地区差异，蛋白质水平在28%～30%即可，不宜设置过高的饲料蛋白质水平。饲料油脂水平则以不超过7.5%较为适宜，主要还是考虑到预防脂肪肝的形成。

鳊鱼、武昌鱼养殖与饲料之间的问题，重点要考虑鱼体体色变化和黏液量，以保障其抗应激、耐运输的要求。鳊鱼、武昌鱼为典型的侧扁体形淡水鱼类，即体高较高，而鱼体两侧厚度较小。养殖的侧扁体形鱼类在抗应激、耐运输方面的能力相对较差，体现在体色容易变化，体表黏液量容易变化，鱼体鳞片容易松动、脱落、肝胰脏容易积累脂肪发展为脂肪肝等。因此，饲料营养水平设置不宜过高，尤其是脂肪水平要进行控制，在上市之前的养殖时期饲料脂肪水平以不超过6%为好。饲料原料则以消化利用率高的为主，在油脂原料选择上要特别注意油脂的氧化酸败问题，不宜使用容易氧化的油脂和高油脂的饲料原料，例如米糠油、磷脂油、玉米油、鱼油等尽量避免在饲料中使用，玉米 DDGS、蚕蛹等也要尽量避免使用。同时，应该适当增加饲料中维生素使用量，一般可以按照在草鱼、鲤鱼饲料维生素预混料的基础上增加 30％左右较为适宜，尤其是在 7 月、8 月高温期要出塘的鳊鱼、武昌鱼，其饲料中维生素含量要适当增加，以提高抗应激能力和免疫防御能力。在饲料添加剂选择方面，可以使用提高脂肪转化（如肉碱、鱼虾 4 号等）、保护肝胰脏的饲料添加剂。

　　鳊鱼、武昌鱼的营养水平设置和饲料配方设置可以参照表 12-3 进行。饲料中，动物蛋白质原料模块为鱼粉、肉粉。植物蛋白质原料模块以豆粕、菜粕、低温菜籽饼、棉粕为主，低温菜籽饼的使用量控制在 10％以下。豆粕可以使用葵仁粕、花生粕等部分或完全替代。东北地区可以使用膨化大豆提供油脂和蛋白质，其他地区则可以使用 3％的油菜籽提供油脂和蛋白质。油脂类原料模块中，东北、西北等冬季结冰期较长的地区使用豆油，而其他没有明显结冰期的地区则可以选择使用猪油。

表 12-3　武昌鱼饲料参考配方　　　　　单位：g/kg

原料	单价/(元/kg)	有效生长天数									武昌鱼膨化饲料	
		100～150d			150～250d			250～365d				
		水温										
		<18℃	≥18℃,<28℃	≥28℃	<18℃	≥18℃,<28℃	≥28℃	<18℃	≥18℃,<28℃	≥28℃		
		粗蛋白含量										
		30%	29%	28%	29%	28%	28%	28%	28%	28%	30%	28%
次粉	2.00		20	65		45	45	25	25	20		60
细米糠	2.25	133	133	130	135	130	130	100	100	100	90	100
米糠粕	2.00							35	40	45		
膨化大豆	5.00	30	30	30								
豆粕	3.40	95	70	70	90	70	70	80	70	70	110	110
菜籽	4.90				30	30	30	30	30	30	30	30
菜粕37	2.30	215	210	200	120	110	110	120	120	130	185	150
菜饼35	2.15				100	100	100	100	100	100	100	100
棉粕43	2.35	180	180	165	190	180	180	170	175	180	130	105
白酒糟	1.10	20	40	40	35	40	45	40	50	50		

原料	单价/(元/kg)	有效生长天数									武昌鱼膨化饲料	
		100~150d			150~250d			250~365d				
		水温										
		<18℃	≥18℃,<28℃	≥28℃	<18℃	≥18℃,<28℃	≥28℃	<18℃	≥18℃,<28℃	≥28℃		
		粗蛋白含量										
		30%	29%	28%	29%	28%	28%	28%	28%	28%	30%	28%
进口鱼粉	9.00	30	25	20	25	20	20	20	15	10	35	25
肉粉	6.00	45	45	40	30	35	35	35	35	30	40	40
磷酸二氢钙	3.40	20	20	20	20	20	20	20	20	20	20	20
沸石粉	0.30	20	20	20	20	20	20	20	20	20	20	20
膨润土	0.26	20	20	20	20	20	20		20	20		
豆油	9.00	22	17	15								
小麦	2.15	160	160	155	160	160	160	160	160	160	210	210
预混料	15.00	10	10	10	10	10	10	10	10	10	10	10
猪油	7.00				15	10	5	15	10	5	20	20
合计		1000	1000	1000	1000	1000	1000	1000	1000	1000	1000	1000
成本/(元/t)		3023	2898	2820	2816	2736	2706	2767	2685	2610	3040	2953
粗蛋白/%		30.21	29.39	28.24	29.12	28.15	28.27	28.37	28.15	28.09	30.38	28.33
总钙/%		1.84	1.82	1.76	1.73	1.74	1.74	1.75	1.73	1.68	1.87	1.81
总磷/%		1.40	1.38	1.34	1.36	1.35	1.36	1.37	1.37	1.36	1.39	1.35
赖氨酸/%		1.43	1.35	1.29	1.33	1.26	1.27	1.28	1.25	1.23	1.43	1.32
蛋氨酸/%		0.47	0.46	0.44	0.47	0.45	0.46	0.46	0.45	0.45	0.49	0.46
粗灰分/%		12.17	12.03	11.72	11.90	11.72	11.74	11.84	11.83	11.79	10.07	9.67
粗纤维/%		6.46	6.58	6.40	6.86	6.69	6.76	6.79	6.96	7.14	6.48	6.04
粗脂肪/%		6.40	5.97	5.70	6.68	6.20	5.73	6.30	5.82	5.26	6.67	6.82

四、鲤鱼饲料

鲤鱼的养殖区域主要在我国的东北、华北、华中、西南和西北地区，是我国主要淡水养殖鱼类之一，产量占淡水鱼类养殖产量的 14% 左右。养殖品种以建鲤为主，养殖产量为 400~1500kg/亩。

鲤鱼营养与饲料技术相对较为成熟，除了河南地区养殖鲤鱼饲料系数要求在1.4以下外，其他地区一般在1.6～2.0，从养殖饲料投入效益分析，以饲料系数1.6左右是较为适宜的。鲤鱼饲料营养指标设置和饲料配方设计见表12-4。

鲤鱼饲料中，动物蛋白质原料模块还是以鱼粉、肉粉为主，血细胞蛋白粉可以在鱼粉价格较高的时候作为备选原料，即适当降低鱼粉使用量，而使用3%以下比例的血细胞蛋白粉。植物蛋白质原料模块在华北、东北、西北地区主要还是使用豆粕、菜粕、棉粕，而其他地区可以采购部分低温菜籽粕，使用低温菜籽粕还可以提供部分油脂。豆粕的使用量相对较低，可保持在10%左右。油脂类原料模块依然是东北、华北、西北地区由于冬季结冰期较长，只能使用豆油，对于没有结冰期的地区则可以使用猪油、鸡油等油脂。油脂原料可以使用3%的油菜籽，提供1%左右的油脂。华南地区如果米糠采购有困难，则可以使用10%以下的玉米DDGS。

表 12-4　鲤鱼饲料参考配方　　　　　　　　　　单位：g/kg

原料	单价/(元/kg)	有效生长天数					
		100～150d			150～250d		
		水温					
		<18℃	≥18℃，<28℃	≥28℃	<18℃	≥18℃，<28℃	≥28℃
		粗蛋白含量					
		32%	30%	30%	30%	30%	29%
次粉	2.00			10		15	15
细米糠	2.25	120	130	130	120	120	120
豆粕	3.40	100	100	100	100	80	80
菜籽	4.90	30	30	30	30	30	30
菜粕37	2.30	230	220	220	140	140	140
菜饼35	2.15				100	100	100
棉粕43	2.35	200	190	190	200	200	200
进口鱼粉	9.00	55	30	25	25	25	20
肉粉	6.00	50	50	50	40	50	50
磷酸二氢钙	3.40	20	20	20	20	20	20
沸石粉	0.30	20	20	20	20	20	20
膨润土	0.26	20	20	20	20	20	20
豆油	9.00	25	20	15			

原料	单价/(元/kg)	有效生长天数					
		100～150d			150～250d		
		水温					
		<18℃	≥18℃，<28℃	≥28℃	<18℃	≥18℃，<28℃	≥28℃
		粗蛋白含量					
		32%	30%	30%	30%	30%	29%
小麦	2.15	120	160	160	150	150	160
预混料	13.00	10	10	10	10	10	10
猪油	7.00				25	20	15
合计		1000	1000	1000	1000	1000	1000
成本/（元/t）		3243	3035	2965	2936	2923	2864
粗蛋白/%		32.21	30.47	30.36	30.20	30.20	30.01
总钙/%		1.99	1.89	1.87	1.81	1.88	1.86
总磷/%		1.50	1.44	1.43	1.40	1.43	1.42
赖氨酸/%		1.58	1.45	1.43	1.40	1.38	1.36
蛋氨酸/%		0.52	0.48	0.48	0.48	0.48	0.47
粗灰分/%		12.61	12.25	12.20	12.09	12.20	12.14
粗纤维/%		6.54	6.45	6.49	6.69	6.63	6.64
粗脂肪/%		7.14	6.69	6.30	7.42	7.03	6.53

五、鲫鱼饲料

鲫鱼也是我国主要淡水养殖鱼类之一，养殖产量占全国淡水鱼类养殖总量的12%左右。

鲫鱼养殖种类在不同地区差异较大，我国东北地区、北方地区以彭泽鲫为主，华东地区、华南地区以异育银鲫为主，华中地区、西南地区、西北地区则有异育银鲫和湘云鲫。在华南地区除了异育银鲫外，还有黄金鲫等种类。鲫鱼的养殖在北方地区、东北地区和华东地区以精养为主，部分为套养。而其他地区则多以鲫鱼、鲤鱼、草鱼等混养为主，精养的比例不高。

在实际养殖中要注意的问题是鲫鱼种质退化的问题，鲤鱼、鲫鱼是养殖种类中品种混杂、种质退化较为严重的种类。种质退化的主要表现是生长速度减慢、饲料效率降低、病害发生率增加。鲫鱼种质退化的重要表现之一就是雌雄性别比例的变化，自然水域环境中，普通鲫鱼的雌雄性别比例一般为 9：1；而在实际养殖生产中，养殖的异育银鲫、彭泽鲫等的雌雄性别比例达到 6：4。鲫鱼种质退化严重影响到饲料效率。

鲫鱼饲料是常规淡水鱼类饲料中营养水平设置最高的，主要原因还是实际生产中适应市场需要而形成的。鲫鱼在自然水域环境中，经历两个年度（二冬龄）、17 个月左右生长，个体重量可以达到 200g/尾；而养殖生产中则需要达到 400g/尾以上，其生长速度和个体重量为自然水域条件下的 2 倍多，这就需要更多的营养物质。鲫鱼的池塘精养是指每亩鱼种的放养量在 1800 尾以上，而养殖的上市规格达到 450g/尾以上。

为了使养殖鲫鱼经过 17 个月左右的养殖周期达到 450g/尾上市规格，其饲料中的蛋白质质量和油脂质量均较其他常规淡水鱼类高。依据实际养殖效果，在我国华东地区、北方地区和东北地区的鲫鱼饲料中，需要有 12％以上的动物蛋白质原料，包括鱼粉、肉粉和血细胞蛋白粉等。鲫鱼对血细胞蛋白粉具有较好的利用效果，加之鲫鱼饲料蛋白质水平达到 30％以上，所以，在鲫鱼饲料中可以使用 3％以下的血细胞蛋白粉。对于饲料油脂水平，一般要保持在 7％以上，而达到 8％的水平后，硬颗粒饲料在调质、制粒方面有困难，需要注意。

鲫鱼饲料参考配方见表 12-5。鲫鱼饲料配方中饲料原料的选择，动物蛋白质原料模块依然是鱼粉和肉粉作为主要原料，为了保障养殖饲料系数在 1.4 左右，动物蛋白质原料模块的用量需要在 12％以上。鲫鱼饲料营养水平设置与鱼种放养密度有很大的关系，尤其是与动物蛋白质原料和油脂水平的设置关系紧密。依据我国华东和东北地区、华北地区鲫鱼养殖实际情况，当鲫鱼鱼种放养密度达到 1800 尾/亩以上时，饲料中动物蛋白质原料比例可以达到 13％～15％、油脂水平达到 8％左右；当鲫鱼鱼种放养密度在 1200～1800 尾/亩时，饲料动物蛋白质原料比例可以在 12％～13％、油脂水平 7％左右；当鲫鱼鱼种放养密度为 800～1200 尾/亩时，饲料中动物蛋白质原料比例可设置为 8％～10％、油脂水平 6％～7％；当鲫鱼鱼种放养密度在 500 尾/亩及其以下时，即混养鲫鱼的养殖下，饲料中动物蛋白质原料比例设置为 5％左右、油脂水平 6％左右即可。

对于饲料中油脂类原料模块，因为饲料总油脂水平要达到 7％～8％，必须采用饲料原料油脂与直接添加油脂相结合的方法。饲料原料油脂则主要选用新鲜米糠、肉粉、鱼粉和油菜籽，其中油菜籽的使用量要控制在 3％以下。华南地区由于米糠资源有限，则可以使用玉米 DDGS 作为油脂原料，但使用量应控制在 10％以下，主要还是考虑到玉米 DDGS 中玉米油氧化问题。华北和东北地区的油脂依然使用豆油，而其他地区则可以使用猪油、鸡油等。

表 12-5　鲫鱼饲料参考配方　　　　　　　　单位：g/kg

原料	单价/(元/kg)	有效生长天数									鲫鱼膨化饲料	
		100~150d			150~250d			250~365d				
		水温										
		<18℃	≥18℃,<28℃	≥28℃	<18℃	≥18℃,<28℃	≥28℃	<18℃	≥18℃,<28℃	≥28℃		
		粗蛋白含量										
		33%	32%	31%	32%	32%	31%	31%	30%	30%	32%	30%
次粉	2.00			15			25	15	30	30		60
细米糠	2.25	110	120	130	130	130	130	100	100	100	110	100
豆粕	3.40	100	100	90	90	90	90	100	90	80	110	100
油菜籽	4.90	30	30	30	30	30	30	30	30	30	30	30
菜粕37	2.30	220	200	200	120	110	110	110	110	120	160	135
菜饼35	2.15				100	100	100	100	100	100	100	100
棉粕43	2.35	180	180	165	165	180	155	160	160	160	80	70
鱼粉	9.00	80	65	65	70	60	55	50	40	35	80	70
肉粉	6.00	60	65	60	70	70	70	60	60	60	70	70
磷酸二氢钙	3.40	20	20	20	20	20	20	20	20	20	20	20
沸石粉	0.30	20	20	20	20	20	20	20	20	20		20
膨润土	0.26	10	10	10	10	10	10		10	10		
豆油	9.00	35	30	25								
小麦或玉米	2.15	125	150	160	140	150	160	160	160	160	210	200
玉米DDGS	2.00							35	45	55		
预混料	15.00	10	10	10	10	10	10	10	10	10	10	10
猪油	7.00				25	20	15	20	15	10	30	25
合计		1000	1000	1000	1000	1000	1000	1000	1000	1000	1010	1010
成本/(元/t)		3554	3434	3364	3377	3286	3218	3177	3068	2997	3524	3367
粗蛋白/%		33.20	32.29	31.36	32.39	32.16	31.24	31.29	30.68	30.56	32.12	30.27
总钙/%		2.15	2.12	2.08	2.19	2.15	2.12	2.04	2.00	1.99	1.43	2.16
总磷/%		1.57	1.55	1.53	1.59	1.57	1.55	1.47	1.45	1.45	1.57	1.52
赖氨酸/%		1.68	1.60	1.56	1.59	1.56	1.51	1.49	1.43	1.40	1.61	1.50

原料	单价/(元/kg)	有效生长天数									鲫鱼膨化饲料	
		100~150d			150~250d			250~365d				
		水温										
		<18℃	≥18℃,<28℃	≥28℃	<18℃	≥18℃,<28℃	≥28℃	<18℃	≥18℃,<28℃	≥28℃		
		粗蛋白含量										
		33%	32%	31%	32%	32%	31%	31%	30%	30%	32%	30%
蛋氨酸/%		0.55	0.53	0.52	0.54	0.53	0.51	0.51	0.50	0.50	0.55	0.51
粗灰分/%		11.92	11.78	11.64	11.99	11.89	11.71	11.42	11.28	11.25	8.90	10.42
粗纤维/%		6.20	6.08	5.97	6.14	6.19	6.02	6.38	6.50	6.68	5.79	5.43
粗脂肪/%		8.23	7.87	7.49	8.11	7.57	7.09	7.44	7.03	6.63	8.43	7.78

六、鲫鱼、鲤鱼、草鱼混养饲料

在我国多数地区，有将鲫鱼与草鱼混养、鲤鱼与草鱼混养的养殖模式，并套养部分鲢鱼、鳙鱼。表 12-6 设计了这类混养饲料的饲料配方和营养水平，供参考。

表 12-6 设置的混养鱼料营养水平较高，主要是考虑到鲫鱼、鲤鱼等的营养需求量相对较高，对其中的草鱼可能有营养过剩的情况，在实际生产中可以通过调整饲料投喂量进行调控。

表 12-6　鲫鱼、鲤鱼与草鱼混养饲料参考配方　　　　单位：g/kg

原料	单价/(元/kg)	有效生长天数						混养膨化饲料	
		100~150d			150~250d				
		水温							
		<18℃	≥18℃,<28℃	≥28℃	<18℃	≥18℃,<28℃	≥28℃		
		粗蛋白含量							
		30%	29%	29%	29%	28%	28%	30%	28%
次粉	2.00	20	45	40	30	80	90		70
细米糠	2.25	140	140	140	130	130	130	90	95
豆粕	3.40	90	80	80	90	75	75	100	100
菜籽	4.90	30	30	30	30	30	30	30	30
菜粕 37	2.30	210	210	220	120	110	90	185	150
菜饼 35	2.15				100	100	100	100	100

原料	单价/(元/kg)	有效生长天数						混养膨化饲料	
		100～150d			150～250d				
		水温							
		<18℃	≥18℃,<28℃	≥28℃	<18℃	≥18℃,<28℃	≥28℃		
		粗蛋白含量							
		30%	29%	29%	29%	28%	28%	30%	28%
棉粕43	2.35	185	170	170	190	170	190	110	85
进口鱼粉	9.00	30	30	20	25	20	20	45	35
肉粉	6.00	55	50	55	40	45	40	50	50
磷酸二氢钙	3.40	20	20	20	20	20	20	20	20
沸石粉	0.30	20	20	20	20	20	20	20	20
膨润土	0.26	20	20	20	20	20	20		
豆油	9.00	20	15	15					
小麦	2.15	150	160	160	160	160	160	210	210
预混料	15.00	10	10	10	10	10	10	10	10
猪油	7.00				15	10	5	30	25
合计		1000	1000	1000	1000	1000	1000	1000	1000
成本/(元/t)		3057	2985	2938	2886	2815	2771	3179	3066
粗蛋白/%		30.06	29.14	29.12	29.29	28.11	28.05	30.39	28.41
总钙/%		1.92	1.88	1.89	1.80	1.80	1.76	1.97	1.91
总磷/%		1.46	1.43	1.43	1.39	1.39	1.37	1.43	1.39
赖氨酸/%		1.43	1.38	1.36	1.35	1.28	1.27	1.44	1.34
蛋氨酸/%		0.47	0.46	0.46	0.47	0.45	0.44	0.50	0.46
粗灰分/%		12.27	12.07	12.09	11.96	11.77	11.67	10.23	9.81
粗纤维/%		6.32	6.19	6.29	6.46	6.19	6.19	6.23	5.79
粗脂肪/%		6.89	6.38	6.38	6.60	6.19	5.64	7.80	7.40

多种鱼类，尤其是多种摄食性鱼类混养是中国池塘养殖的一大特色。混养的优势首先在于可以充分、立体地利用池塘的水体空间，如上层、中层和底层鱼类分别适应不同的水层，增加单位水体的养殖容量。其次是利用水产动物的社会性原理，在生态位上的互补性、在对抗病原生物的感染、在食物的循环利用等方面形成协同和互补作用。例如，将摄食能力弱或驯食较差的鱼类与摄食能力强、摄食驯化很好

的鱼类混养，可以促进这些鱼类的摄食量；草鱼单独养殖病害较难控制，而与鲤鱼、武昌鱼、鲫鱼等混养后，可以有效防御疾病的发生；南美白对虾在精养情况下病害容易发生，与鱼类混养下鱼类可以及时将病死虾吃掉，使病害发生的概率减小等。第三，在混养条件下，一次可以养殖产出多种鱼类，这对于适应养殖水产品市场价格、提高养殖的经济效益方面，也显示出很好的优势，不同市场价格鱼类同时产出，可以保障养殖池塘单位面积的养殖效益。

然而，多种摄食性鱼类混养给营养学和饲料技术带来较大的困难。比如将草鱼、鲫鱼、鲤鱼等混养，饲料营养水平的设置是按照哪种鱼类的营养需要进行设计？理论上是按照主要鱼类、主要养殖目标进行设置。而实际上，对于养殖户而言，是希望一个池塘中所有的养殖鱼类都能够获得足够的营养、获得足够的生长效果。因此，提出的饲料技术对策方法建议为：首先考虑以不同鱼类的营养共性为基础，采用模式化饲料配方方法，以生产通用型配合饲料为饲料技术对策，即在实际生产中的混养型饲料，按照营养水平和饲料价格，可以设置为混养饲料1号、2号等层次，分别适应不同的混养模式；其次，在饲料投喂技术上采用不同饲料组合的技术方案，在实际养殖生产中称为"饲料套餐"。

"饲料套餐"的主要技术方案包括以下几方面的内容：

① 不同饲料的组合套餐，即将不同营养水平的饲料进行组合使用。例如，鲫鱼、鲤鱼、草鱼进行混合养殖，鲫鱼、鲤鱼的营养需求显著高于草鱼，使用适合鲫鱼、鲤鱼的饲料养殖，草鱼可能存在饲料营养过剩而不利于生长的情况，这时就可以将适合鲫鱼、鲤鱼的混养饲料与适合草鱼的饲料组合使用，通过饲料颗粒规格的差异、饲料投喂时间的差异、饲料投喂地点的差异等方法，在同一个池塘中分别使用两种不同营养水平的饲料，分别适应不同养殖鱼类的营养需要，实现所有养殖鱼类获得足够营养、获得足够生长性能的目标。再如鱼虾混养，是两种完全不同的水产动物混合养殖，如何保障鱼类摄食鱼饲料、虾类摄食虾饲料？也可以采用鱼饲料和虾饲料组合使用的套餐方案。在广东地区出现了一种适应方案：用网目直径达5cm左右的渔网将池塘水体分为60%和40%两个区域，将鱼类放养在60%的水域区域里，由于个体较大而不能通过渔网进入40%的水域区域里；将虾放养于40%的水域里，但虾可以通过渔网而在整个池塘水体活动。在饲料投喂的时候，在60%水域里投喂的是鱼类饲料，满足养殖鱼类的生长需要；而在40%水域里只投喂虾饲料，只有虾可以摄食到。这样就可以实现鱼虾混养而摄食不同的饲料。

② 通过饲料颗粒规格进行组合的套餐方案。在一个池塘中混养不同种类、不同个体规格的鱼类，为了使所有的养殖鱼类都能够有效摄食，可在不同的饲料种类采用不同的饲料规格，也可以将同种鱼类的不同生长阶段的饲料规格进行组合。例

如，鲫鱼、鲤鱼、草鱼混养，草鱼个体规格大，希望使用草鱼饲料，则可以将草鱼饲料颗粒规格设置在颗粒直径 4.0mm 以上，鲫鱼和鲤鱼鱼种小就吃不到了，而将适合鲫鱼、鲤鱼鱼种的饲料颗粒直径设置为 2.0mm，则可以保障它们摄食。再如，在一个池塘中有 50g/尾、500g/尾和 1000g/尾三种规格的草鱼混养，三个阶段的营养需要是有差异的，如何保障不同阶段的草鱼摄食其对应的饲料？可以将大规格草鱼的饲料颗粒直径设置最大，如直径 5.0～6.0mm；而将中等规格草鱼饲料颗粒直径设置为中等，如直径 3.0～4.0mm；而小规格鱼种饲料颗粒直径设置为小规格，如直径 1.0～2.0mm。即使同时进行投喂，也只有不同规格的草鱼摄食到不同的饲料。

③ 饲料投喂时间的组合套餐，即将不同鱼类或不同规格的饲料按照先后顺序进行投喂。以鲫鱼、鲤鱼、草鱼混养为例，草鱼规格大，可以先投喂草鱼，让其摄食好之后，再投喂鲫鱼、鲤鱼混养饲料。

④ 不同饲料投喂地点的组合套餐。从一开始就是将不同饲料、不同规格的饲料分别使用 2 个饲料投饲机在 2 个不同的地点进行投喂，经过一定时期后，养殖鱼类通过地点、饲料进入水体中的声音、饲料的风味等进行选择，适应在不同地点摄食不同的饲料。

七、斑点叉尾鮰、云斑鮰饲料

鮰鱼是从国外引进的养殖种类，其食性虽然为杂食性，但是从消化道结构和一些消化生理指标分析，依然显示出肉食性鱼类的特征。因此，其饲料营养水平的设置和饲料配方的编制可以偏向于肉食性鱼类。

养殖种类的品种质量依然是鮰鱼类养殖的一个重要问题。由于是引进种类，在原种引进方面的工作就尤为重要，而在我国部分鱼种场站，一般很难坚持直接引进原种，就只好用国内养殖种类进行人工繁殖。

鮰鱼也是一种适应鱼片加工的种类，鮰鱼鱼片加工产业的发展在很大程度上促进了我国鮰鱼养殖业的发展。在鮰鱼养殖实际生产中出现的与饲料有关的重要问题是鱼体体色和肉色变化问题。鮰鱼的体色变化在前面关于鱼体体色与饲料的关系时已经谈到过，主要还是鱼体整体生理健康，尤其是肠道和肝胰脏健康受到损伤后的外在表现形式。而肉色的变化也是基于同样的原理所引起，同时导致脂肪在肌肉沉积量增大，饲料色素随着脂肪一起沉积所产生的表现形式。因此，鮰鱼类饲料配方编制就要特别注意饲料的质量安全问题，在主要的动物蛋白质原料、油脂原料选择时加以注意。

鮰鱼饲料参考配方见表 12-7。在动物蛋白质原料模块中，依然是以鱼粉和肉粉为主，考虑到肉粉中脂肪酸对肉品风味的影响，尽量减少肉粉在饲料中的比例。鲴鱼类对血细胞蛋白粉具有较好的利用效果和适应性，可以选择性地使用2%左右的血细胞蛋白粉，血细胞蛋白粉的使用对鱼体颜色也有一定的好处，可以使鱼体背部颜色更深。植物蛋白质原料模块中，相对于其他淡水鱼类，适当增加了豆粕的使用量，菜粕、棉粕的量也相对较低一些。油脂类原料模块则选择豆油作为原料，其理由主要还是考虑到油脂对养殖鲴鱼肉品风味的影响，而不选择猪油等动物油脂。鱼油考虑到氧化酸败对鱼体生理健康的影响而不被选用。饲料油脂水平的设置较草鱼、鳊鱼等高，一是鲴鱼类对脂肪需求量相对较高，二是其肌肉中脂肪含量也相对较高。

表 12-7　鲴鱼饲料参考配方　　　　　　单位：g/kg

原料	单价/(元/kg)	有效生长天数									鲴鱼膨化饲料	
		100～150d			150～250d			250～365d				
		水温										
		<18℃	≥18℃，<28℃	≥28℃	<18℃	≥18℃，<28℃	≥28℃	<18℃	≥18℃，<28℃	≥28℃		
		粗蛋白含量										
		32%	31%	31%	31%	30%	30%	31%	30%	30%	32%	31%
次粉	2.00		15	20		30	40					20
细米糠	2.25	110	135	130	130	130	130	100	100	100	100	100
米糠粕	2.00							40	65	70		
膨化大豆	5.00	50	50	50	50	50	50	50	50	50	50	50
豆粕	3.40	140	140	150	130	130	140	160	155	160	190	180
菜粕37	2.30	170	170	165	100	100	100	90	100	100	125	125
菜饼35	2.15				80	80	80	80	80	80	100	100
棉粕43	2.35	140	130	140	140	130	125	135	125	125	50	50
血细胞蛋白粉	7.00	20	15	15	15	15	15	15	15	15	15	15
鱼粉	9.00	80	70	60	65	55	50	50	40	35	70	60
肉粉	6.00	30	20	20	30	30	25	30	25	25	30	30
磷酸二氢钙	3.40	20	20	20	20	20	20	20	20	20	20	20
沸石粉	0.30	20	20	20	20	20	20	20	20	20		

原料	单价/(元/kg)	有效生长天数									鲴鱼膨化饲料	
		100~150d			150~250d			250~365d				
		水温										
		<18℃	≥18℃,<28℃	≥28℃	<18℃	≥18℃,<28℃	≥28℃	<18℃	≥18℃,<28℃	≥28℃		
		粗蛋白含量										
		32%	31%	31%	31%	30%	30%	31%	30%	30%	32%	31%
膨润土	0.26	20	20	20	20	20	20	20	20	20		
豆油	9.00	30	25	20	25	20	15	20	15	10	25	20
小麦	2.15	160	160	160	165	160	160	160	160	160	215	220
预混料	15.00	10	10	10	10	10	10	10	10	10	10	10
合计		1000	1000	1000	1000	1000	1000	1000	1000	1000	1000	1000
成本/(元/t)		3577	3409	3319	3394	3285	3207	3283	3151	3088	3561	3443
粗蛋白/%		32.65	31.04	31.07	31.37	30.64	30.35	31.24	30.37	30.33	32.34	31.61
总钙/%		1.90	1.78	1.75	1.85	1.81	1.75	1.79	1.73	1.71	1.10	1.06
总磷/%		1.40	1.36	1.34	1.39	1.36	1.34	1.38	1.38	1.37	1.38	1.36
赖氨酸/%		1.75	1.65	1.63	1.62	1.57	1.56	1.61	1.55	1.54	1.71	1.65
蛋氨酸/%		0.53	0.50	0.50	0.51	0.49	0.48	0.49	0.48	0.47	0.53	0.51
粗灰分/%		12.21	11.99	11.90	12.14	11.96	11.83	12.11	12.05	12.05	8.19	8.02
粗纤维/%		5.49	5.55	5.64	5.66	5.63	5.65	5.79	5.94	6.01	5.52	5.52
粗脂肪/%		7.22	6.94	6.34	7.34	6.83	6.29	6.42	5.85	5.34	7.22	6.70

八、黄颡鱼、黄鳝等黄色体色肉食性鱼类饲料

黄颡鱼、黄鳝等的食性为肉食性,其营养水平的设置和饲料配方的编制依据肉食性鱼类进行。但在体色方面具有特殊要求,鱼体体表需要沉积较多的叶黄素、类胡萝卜素等黄色色素。如何通过饲料保障色素供给,并且保障鱼体生理健康就成为一个需要重点考虑的问题。

由于鱼体自身不能合成叶黄素、类胡萝卜素等色素,就只有通过饲料进行供给。饲料中含有叶黄素、类胡萝卜素的原料主要有玉米、棉粕等,由于其色素数量不足,还得使用色素添加剂。饲料原料中色素、添加的色素需要经历在消化道

内消化、吸收，在鱼体体内运输及其在鱼体的沉积等复杂过程。由于这类色素是脂溶性色素，所以饲料中油脂、磷脂的含量就是一个主要的影响因素。胆固醇、脂蛋白等也是影响色素在体内运输、沉积的主要因素。玉米蛋白粉是叶黄素、类胡萝卜素含量较高的饲料原料，可以在饲料中使用。由于玉米蛋白粉的质量稳定性在不同生产厂家、不同生产方式下变异较大，所以在饲料中的使用量不宜过大，依据实际使用效果和试验研究结果表明，在饲料中保持6％的玉米蛋白粉（蛋白质含量60％）即可。对于黄颡鱼等黄色体色鱼类，饲料中保持30～40mg/kg的叶黄素量就可保持正常体色，如果添加3kg/t的叶黄素（含2％来自于万寿菊提取的叶黄素），饲料中就有60mg/kg的叶黄素含量，加上玉米蛋白粉中的叶黄素可以达到80mg/kg以上。在膨化饲料生产中，色素会有较大的损失，如果损失率达到50％左右，也还有40mg/kg左右的叶黄素含量，可以保持黄颡鱼等鱼体的黄色体色。

　　饲料参考配方见表12-8。在饲料原料模块中，动物蛋白质原料模块使用了鱼粉、肉粉和血细胞蛋白粉三种原料，因为饲料蛋白质水平较高，直接使用部分血细胞蛋白粉。考虑到养殖鱼类肉品风味和油脂氧化问题，肉粉的使用量相对较低。因为肉食性鱼类肌肉脂肪含量较高，肉粉中脂肪沉积对肉品风味的影响程度相对增加。为了使膨化饲料添加油脂的量在3.3％以下，所以必须使用部分高含油量的饲料原料，因为饲料蛋白质较高的原因，这类饲料可以选择大豆或膨化大豆作为主要的高含油量油脂原料。如果直接使用大豆，可以将大豆的用量控制在10％以下。因为这类饲料主要为膨化饲料，在饲料中直接使用大豆是完全可行的，大豆经过粉碎、混合后，再经过90℃左右的调质、130℃左右的挤压膨化，大豆中的抗营养因子被破坏而失去作用。直接使用大豆可以在原料质量控制、饲料配方成本控制等方面具有优势，同时，油脂的新鲜度也大大提高。这类饲料配方编制中，更重要的是如何预防饲料油脂的氧化酸败问题，在饲料原料、油脂原料选择时就要采取主动预防的方法，以选择豆油作为主要的油脂原料，而米糠的新鲜度、鱼粉和肉粉的新鲜度等也是要考虑的。玉米DDGS由于玉米油氧化的风险较大，在这类鱼饲料中就不要使用了。在饲料添加剂选择方面，由于油脂水平较高，而养殖的黄颡鱼等对氧化油脂的敏感性较强，所以在饲料中建议使用鱼虾4号、肉碱、胆汁酸等产品，促进饲料脂肪作为能量物质的利用效率，同时保护肝胰脏、预防脂肪肝的形成。

　　黄颡鱼、黄鳝饲料目前基本为挤压膨化饲料，所以饲料中需要有20％以上比例的小麦或面粉。如果生产硬颗粒饲料，则可以将小麦用量减少到16％左右，其余部分使用次粉或脱脂米糠使配方达到100％。

表 12-8　黄颡鱼、黄鳝等黄色体色肉食性鱼类饲料参考配方　单位：g/kg

原料	单价/(元/kg)	有效生长天数								
		100～150d			150～250d			250～365d		
		水温								
		<18℃	≥18℃，<28℃	≥28℃	<18℃	≥18℃，<28℃	≥28℃	<18℃	≥18℃，<28℃	≥28℃
		粗蛋白含量								
		42%	41%	40%	41%	40%	40%	41%	40%	40%
面粉	2.40	222	225	225	220	220	220	220	220	225
细米糠	2.25		32	52	37	62	77	37	67	67
膨化大豆	5.00	80	70	70	60	60	60	60	60	60
豆粕	3.40	150	150	150	150	150	150	160	150	160
玉米蛋白粉	5.00	60	60	60	60	60	60	60	60	60
血细胞蛋白粉	7.00	20	20	15	20	15	15	20	20	20
鱼粉	9.00	350	340	330	340	330	320	330	320	310
肉粉	6.00	30	20	20	25	25	25	30	25	25
磷酸二氢钙	3.40	20	20	20	20	20	20	20	20	20
沸石粉	0.30	20	20	20	20	20	20	20	20	20
豆油	9.00	35	30	25	35	25	20	30	25	20
叶黄素	80.00	3	3	3	3	3	3	3	3	3
预混料	18.00	10	10	10	10	10	10	10	10	10
合计		1000	1000	1000	1000	1000	1000	1000	1000	1000
成本/(元/t)		6022	5856	5731	5880	5722	5620	5809	5678	5589
粗蛋白/%		42.72	41.51	40.71	41.45	40.71	40.26	41.55	40.54	40.39
总钙/%		2.79	2.68	2.64	2.71	2.68	2.64	2.72	2.64	2.61
总磷/%		1.80	1.77	1.77	1.79	1.80	1.79	1.79	1.78	1.76
赖氨酸/%		2.70	2.62	2.55	2.61	2.55	2.51	2.60	2.54	2.52
蛋氨酸/%		0.87	0.84	0.83	0.84	0.83	0.82	0.84	0.82	0.81
粗灰分/%		11.63	11.48	11.46	11.56	11.58	11.55	11.57	11.49	11.40
粗纤维/%		2.22	2.34	2.45	2.32	2.46	2.54	2.38	2.48	2.55
粗脂肪/%		8.41	8.04	7.79	8.49	7.81	7.48	8.01	7.83	7.30

九、乌鳢、土鲶、沟鲶、鲈鱼等淡水肉食性鱼类饲料

这类淡水肉食性鱼类与黄颡鱼、黄鳝等在营养和饲料方面最大的差异在于饲料中色素不再是必须补充的物质，主要考虑养殖鱼类的生长、生理健康、肉品风味即可。

在营养需求方面，主要还是对以动物蛋白质为主的高蛋白、高脂肪的营养需求，所以饲料形态也以挤压膨化饲料为主，硬颗粒饲料则较少采用。所以，饲料配方也是以膨化饲料加工需要进行编制。

饲料参考配方见表12-9，各原料模块除了不再添加叶黄素和使用玉米蛋白粉外，其他原料与黄颡鱼、黄鳝等没有太大的差异。

表 12-9　乌鳢、土鲶、沟鲶、鲈鱼等淡水肉食性鱼类饲料参考配方

单位：g/kg

原料	单价/(元/kg)	有效生长天数								
		100～150d			150～250d			250～365d		
		水温								
		<18℃	≥18℃，<28℃	≥28℃	<18℃	≥18℃，<28℃	≥28℃	<18℃	≥18℃，<28℃	≥28℃
		粗蛋白含量								
		42%	41%	41%	41%	40%	40%	41%	40%	40%
面粉	2.40	225	220	220	230	220	220	220	220	225
细米糠	2.25		40	40		30	35	20	40	35
膨化大豆	5.00	70	70	70	70	70	70	70	70	70
豆粕	3.40	190	180	200	215	210	220	220	220	240
血细胞蛋白粉	7.00	30	25	20	20	20	20	25	20	20
鱼粉	9.00	350	340	330	340	330	320	320	310	300
肉粉	6.00	50	45	45	40	40	40	40	40	35
磷酸二氢钙	3.40	20	20	20	20	20	20	20	20	20
沸石粉	0.30	20	20	20	20	20	20	20	20	20
豆油	9.00	35	30	25	35	30	25	35	30	25
预混料	18.00	10.00	10.00	10.00	10.00	10.00	10.00	10.00	10.00	10.00
合计		1000	1000	1000	1000	1000	1000	1000	1000	1000
成本/(元/t)		5765	5609	5507	5642	5534	5444	5535	5410	5314
粗蛋白/%		42.63	41.26	41.06	41.66	41.04	40.88	41.10	40.30	40.19

原料	单价/(元/kg)	有效生长天数								
		100~150d			150~250d			250~365d		
		水温								
		<18℃	≥18℃,<28℃	≥28℃	<18℃	≥18℃,<28℃	≥28℃	<18℃	≥18℃,<28℃	≥28℃
		粗蛋白含量								
		42%	41%	41%	41%	40%	40%	41%	40%	40%
总钙/%		2.95	2.88	2.84	2.85	2.81	2.77	2.77	2.74	2.67
总磷/%		1.87	1.87	1.85	1.82	1.83	1.81	1.79	1.79	1.75
赖氨酸/%		2.85	2.76	2.73	2.78	2.73	2.71	2.74	2.67	2.66
蛋氨酸/%		0.84	0.82	0.81	0.82	0.81	0.80	0.80	0.78	0.78
粗灰分/%		12.14	12.11	12.06	11.91	11.94	11.89	11.80	11.78	11.62
粗纤维/%		2.32	2.46	2.57	2.46	2.57	2.65	2.57	2.68	2.77
粗脂肪/%		8.24	8.19	7.67	8.11	7.97	7.51	8.28	8.02	7.38

乌鳢类鱼类有较多种类如乌鳢、白甲乌鳢、月鳢等，而使用膨化饲料养殖的主要为乌鳢与月鳢杂交获得的杂交品种，可以全程使用膨化饲料养殖。根据实际养殖情况，野生的乌鳢鱼苗进行人工养殖，摄食饲料的养殖效果不如杂交的乌鳢。沟鲶是一种以大口鲶和土鲶杂交获得的杂交品种，可以全程使用膨化饲料进行养殖，目前的养殖区域主要在四川、重庆地区，也可以在全国推广养殖。鲈鱼类种类较多，淡水养殖的主要还是加州鲈，加州鲈饲料养殖可以取得较好的养殖效果，饲料诱食性方面则主要是饲料中可以使用部分血细胞蛋白粉，并在外喷的油脂中使用部分鱼油。为了保持一定的诱食性效果，可以按照豆油：鱼油＝2：1的比例混合后喷涂。单纯使用鱼油的主要问题还是氧化酸败问题。也由于饲料油脂含量较高，所以建议饲料中使用一些促进脂肪能量转化和保护肝胰脏、预防脂肪肝的饲料添加剂。

十、大口鲶、长吻鮠、河豚粉状饲料

大口鲶是较为特殊的肉食性淡水鱼类，其特殊性主要是在摄食方面而不是营养水平。大口鲶本来是较为凶猛的鱼食性鱼类，在自然水域中主要是捕食其他鱼类，口裂上有上下颌齿可以防止被捕食的鱼类逃脱。在研究和实际生产中发现，大口鲶的活动能力不是很强，在摄食上也是间歇式摄食鱼类，即一次摄食可以摄食较大个体的其他鱼类，但摄食完成后就很少再活动，而是处于休息状态，只是在捕食的瞬间有强力的捕食活动。因此，如果使用一般的颗粒饲料养殖，就需要不停地摄食饲料颗粒，大口鲶则难以适应。如果使用类似鳗鱼、甲鱼饲料那样，制成粉状饲料，在使用时再做成团块状的饲料，让大口鲶一次摄食足够量的饲料之后就休息，直到下次摄食，这样就可以适应大口鲶的摄食习性了。实际生产证实了这种推测，也取得了很好的效果。至于诱食性方面，依然是饲料中使用一定量的血细胞蛋白粉，并在油脂中使用部分鱼油。因此，大口鲶的饲料配方可以参照乌鳢、鲈鱼类的饲料配方设计，只是作为粉状饲料生产，在使用时制作成团块状饲料即可。饲料团块的大小则可以依据鱼体口裂大小而定。也可以参照甲鱼饲料投喂方式进行饲料投喂。

长吻鲩也是一种淡水肉食性鱼类，活动能力也相对较弱。因此，也可以参照大口鲶饲料的生产和投喂方式进行。目前使用粉状饲料的还有河豚和甲鱼。饲料参考配方见表12-10。

表 12-10　大口鲶、长吻鲩、河豚饲料参考配方　　　单位：g/kg

原料	单价/(元/kg)	有效生长天数								
		100～150d			150～250d			250～365d		
		水温								
		<18℃	≥18℃，<28℃	≥28℃	<18℃	≥18℃，<28℃	≥28℃	<18℃	≥18℃，<28℃	≥28℃
		粗蛋白含量								
		42%	41%	41%	42%	41%	40%	41%	40%	40%
高筋面粉	2.40	238	233	220	220	220	220	220	220	225
细米糠	2.25		25	43	15	50	65	43	58	63
膨化大豆	5.00	80	70	70	70	70	70	70	70	70
豆粕	3.40	135	150	160	163	143	153	160	160	160
玉米蛋白粉	5.00	40	40	40	40	40	40	50	50	50
血细胞蛋白粉	7.00	30	20	20	15	15	15	15	15	15
鱼粉	9.00	360	350	340	360	350	330	330	320	310
肉粉	6.00	30	30	30	30	30	30	30	30	30
磷酸二氢钙	3.40	20	20	20	20	20	20	20	20	20
沸石粉	0.30	20	20	20	20	20	20	20	20	20
豆油、鱼油混合	9.00	35	30	25	35	30	25	30	25	25
叶黄素	80.00	2	2	2	2	2	2	2	2	2
预混料	18.00	10	10	10	10	10	10	10	10	10
合计		1000	1000	1000	1000	1000	1000	1000	1000	1000
成本/(元/t)		5989	5829	5738	5920	5796	5638	5708	5607	5540

原料	单价/(元/kg)	有效生长天数								
		100~150d			150~250d			250~365d		
		水温								
		<18℃	≥18℃,<28℃	≥28℃	<18℃	≥18℃,<28℃	≥28℃	<18℃	≥18℃,<28℃	≥28℃
		粗蛋白含量								
		42%	41%	41%	42%	41%	40%	41%	40%	40%
粗蛋白/%		42.59	41.64	41.45	42.11	41.05	40.38	40.99	40.54	40.03
总钙/%		2.83	2.79	2.76	2.83	2.79	2.72	2.72	2.68	2.64
总磷/%		1.82	1.82	1.82	1.84	1.85	1.82	1.80	1.79	1.77
赖氨酸/%		2.76	2.68	2.66	2.71	2.64	2.58	2.59	2.55	2.51
蛋氨酸/%		0.86	0.85	0.84	0.86	0.84	0.82	0.83	0.82	0.80
粗灰分/%		11.70	11.75	11.77	11.86	11.86	11.73	11.63	11.59	11.48
粗纤维/%		2.14	2.30	2.42	2.29	2.37	2.50	2.44	2.52	2.56
粗脂肪/%		8.37	8.03	7.74	8.43	8.36	7.99	8.22	7.89	7.92

十一、中华鳖饲料

中华鳖饲料一般是制成粉状饲料，在养殖场再制作成软颗粒饲料进行投喂。中华鳖饲料参考配方见表12-11。

表 12-11　中华鳖饲料参考配方　　　　单位：g/kg

原料	单价/(元/kg)	有效生长天数								
		100~150d			150~250d			250~365d		
		水温								
		<18℃	≥18℃,<28℃	≥28℃	<18℃	≥18℃,<28℃	≥28℃	<18℃	≥18℃,<28℃	≥28℃
		粗蛋白含量								
		46%	44%	44%	45%	43%	43%	44%	43%	43%
高筋面粉	2.40	225	225	225	225	225	225	225	225	225
细米糠	2.25		40	40		45	55	35	50	60
膨化大豆	5.00	70	70	70	70	70	70	70	70	70
豆粕	3.40	30	45	50	60	50	50	50	50	50
玉米蛋白粉	5.00	30	30	40	30	30	40	30	40	40

原料	单价/(元/kg)	有效生长天数								
		100~150d			150~250d			250~365d		
		水温								
		<18℃	≥18℃，<28℃	≥28℃	<18℃	≥18℃，<28℃	≥28℃	<18℃	≥18℃，<28℃	≥28℃
		粗蛋白含量								
		46%	44%	44%	45%	43%	43%	44%	43%	43%
鱼粉	9.00	500	450	430	470	440	420	450	420	410
肉粉	6.00	70	70	80	70	70	70	70	80	80
磷酸二氢钙	3.40	20	20	20	20	20	20	20	20	20
沸石粉	0.30	10	10	10	10	10	10	10	10	10
豆油、鱼油混合	9.00	35	30	25	35	30	30	30	25	25
预混料	18.00	10	10	10	10	10	10	10	10	10
合计		1000	1000	1000	1000	1000	1000	1000	1000	1000
成本/(元/t)		6628	6274	6176	6460	6212	6105	6280	6109	6041
粗蛋白/%		46.14	44.06	44.22	45.48	43.69	43.12	44.21	43.70	43.18
总钙/%		3.22	3.04	3.04	3.12	3.00	2.93	3.04	3.00	2.97
总磷/%		2.27	2.20	2.19	2.21	2.18	2.14	2.20	2.17	2.16
赖氨酸/%		3.04	2.87	2.82	2.98	2.84	2.76	2.88	2.78	2.74
蛋氨酸/%		1.02	0.96	0.95	0.99	0.94	0.92	0.96	0.93	0.92
粗灰分/%		12.79	12.43	12.38	12.52	12.35	12.15	12.43	12.31	12.23
粗纤维/%		1.54	1.83	1.89	1.70	1.88	1.95	1.83	1.94	1.99
粗脂肪/%		9.22	9.06	8.62	9.10	9.08	9.16	8.99	8.71	8.80

软颗粒饲料和面团状饲料在养鳖生产中使用都比较普遍。软颗粒饲料是在面团状饲料基础上加工而成的，其加工方法如下：将粉状配合饲料按料水比1∶1.1或1∶1.2比例调配，搅拌均匀制成柔软且富弹性的面团状饲料，然后用软颗粒机或绞肉机造粒，制成软颗粒饲料。软颗粒饲料还可以在自然条件下晾干或在烘干机内低温烘干（含水率10%以下）制成干燥颗粒饲料来投喂，但适口性差。关于鳖用配合饲料的粒度要求还没有一个统一的标准，一般要求稚鳖料，80%过100目分析筛；幼鳖料，80%过80目分析筛；成鳖或亲鳖料，80%过60目分析筛。

第三节　海水养殖鱼类饲料

　　海水鱼类是鱼类种质资源数量最大的类型，但是作为养殖种类的还不是很多。同时，海水虽然水域辽阔，但真正适合进行人工养殖的区域面积还是很有限。相对于淡水养殖，海水养殖的设施投入和养殖风险要大很多。因此，海水养殖的总量占全国养殖总量的比例还很小，据不完全统计，仅仅为2%左右。然而，海水鱼类的市场价格相对于淡水鱼类要高很多，养殖效益的驱动使海水养殖得以快速发展。

一、海水养殖的主要种类

　　现在，我国已试养的海水鱼类品种累计达80多种（包括部分引进种），其中达规模化产量的约60余种，而达到一定规模产量的只有30多种。养殖品种有石首鱼科、石鲈科、鲷科、鲈科等几十个品种。2004年主要海水养殖鱼类中，产量最高的是鲈鱼，其次为大黄鱼、鲆类、美国红鱼、石斑鱼、军曹鱼、河鲀、鰤鱼、鲽类等。

　　我国海水主要养殖种类有鲆（大菱鲆、牙鲆）、鲽、鲈、鲷、鲀、美国红鱼、大黄鱼、石斑鱼、军曹鱼、鰤等，其中北方沿海以养鲆、鲽、鲷、鲀等为主，南方沿海以养大黄鱼、美国红鱼、石斑鱼、军曹鱼和鰤等为主。例如，不同地区的主要养殖种类，在山东有牙鲆、大菱鲆、鲈鱼、六线鱼等，浙江有大黄鱼、鲈鱼，福建有大黄鱼、鲷科鱼类、鲈鱼、石斑鱼，广东、海南以及广西有金鲳、石斑鱼、军曹鱼、美国红鱼等种类。

二、海水鱼类养殖的主要模式

　　我国的海水鱼类养殖，在原有的池塘单养、鱼虾混养和近海岸网围养殖的基础上，逐渐发展了工厂化养殖、离岸抗风浪网箱养殖、深水网箱养殖等集约化养殖方式。

1. 工厂化养殖

　　利用建造的室内环境条件，引流自然海水，在室内进行海水商品鱼类的养殖与苗种养殖。目前主要在鲆（大菱鲆、牙鲆）、鲽类养殖中取得了很好的养殖效果。

　　依据引流的海水的利用方式，工厂化养殖包括流水开放式养殖、半封闭式养殖和封闭循环式养殖三种主要模式。流水开放式养殖可以获得新鲜的海水用于室内养殖生产，养殖鱼类生长速度较快、饲料利用效率较高，同时，残余的饲料和鱼体排出的粪便可以及时从养殖系统中排出。但需要大量的海水，消耗较多的电力，同时，养殖工厂的建设也必须是靠近海岸以便于进排海水，养殖场地受到较大的限制。封闭循环式养殖则是将养殖系统流出的海水经过沉淀、过滤、生物处理、杀菌、控温、增氧之后，再流入养殖系统，最大的优点是海水使用量大大减少，可以选择离海岸相对较远的地区建设养殖工厂。但是，最大的不足是养殖水体处理的工序较多，水处理消耗的成本显著增加，使养殖成本显著增加。半封闭式养殖是介于流水开放式养殖和封闭循环式养殖之间的一种改进型流水养殖方式，养殖海水部分流出、部分经过处理后再利用。

2. 网箱养殖

在辽阔的海洋环境中，网箱养殖是较为适宜的养殖方式。但是，涉及风浪大小、海水深度与海流速度、离岸距离等因素的影响较大。海水网箱包括了近岸网箱、离岸网箱和深水网箱等方式。

海水网箱养殖范围不断扩大，从近岸到离岸；网箱框架材料不断升级换代，采用高强度塑料、塑钢橡胶、不锈钢、合金钢、钢铁等材料；网衣材料由传统的合成纤维向高强度尼龙纤维、加钛金属合成纤维的方向发展；网箱形状除传统的长方形、正方形、圆形外，还开发了蝶形、多角形等形状。网箱养殖形式由固定浮式发展到浮动式、升降式、沉下式等；网箱容积由几十立方米增加到几千立方米甚至上万立方米；网箱年单产鱼类由几百千克增加到近百吨；养殖品种扩大到几十种，几乎涉及市场需要量大、经济价值高的所有品种。

① 近岸网箱养殖（又称为鱼排）　近岸网箱养殖是目前我国海水鱼类养殖主要模式之一。其具有资金投入较小、离岸距离近、运输成本相对较低以及养殖的鱼产品品质高于池塘养殖等优点，所以是最早发展的海水网箱养殖方式。但是，也受到近岸距离、风浪大小、交通运输等环节条件限制，发展的规模也是有限的。

② 抗风浪网箱养殖　抗风浪网箱在网箱支架、浮力材料与结构、网衣材料等方面有了很大的提高，网箱设置的水域位置也可以离海岸较远，海水质量得到较大的改善，抗风浪能力得到加强。但相应的网箱成本和养殖成本也增加。

③ 深水网箱　深水网箱养殖按其工作方式可分为浮式、升降式、沉下式三种。由于其在网箱结构和材料等方面较一般抗风浪网箱得到进一步的加强，所以可以在离海岸更远一点的水域设置网箱。养殖海区也可以选择 20～25m 等深线以内的半开放海区（至少有两处自然屏障物），泥沙质底较平坦海区，潮流通畅、流速在 50～100cm/s、表层水温 8～28℃、透明度 0.3m 以上的海域。

3. 池塘养殖

池塘海水养殖依然是目前我国海水鱼类养殖的主要模式之一。海水池塘养殖与淡水池塘养殖没有显著的差别，主要是水源的差异。池塘海水养殖的种类也较多，除了大型海水鱼类如军曹鱼、溶解氧需要量大的如大黄鱼等外，多数种类均适合于池塘养殖。目前池塘养殖产量较大的有鲈鱼、卵形鲳鲹、青石斑鱼等种类。

三、海水鱼类养殖的饲料

海水鱼类养殖的总产量还是处于较低的水平，2010 年我国水产品总量 5400 万吨，养殖产量 3900 万吨，海水鱼仅占养殖产量的 2%。但是，所使用的饲料营养水平和质量则是养殖鱼类中最高的。在养殖的初期，海水养殖鱼类主要使用冰鲜鱼作为食物，水产配合饲料的普及率目前还很低，不到 30%，据估计，我国每年大约有 300 万吨鲜杂鱼被直接用于海水鱼养殖。这也预示着，海水鱼类饲料的发展前景很广。

目前开发的海水养殖鱼类主要还是肉食性鱼类，同时，在使用冰鲜鱼养殖的基础上，还要使用配合饲料进行养殖，一般就与冰鲜鱼的养殖效果作对比，所以海水鱼类的饲料是鱼类饲料中营养水平最高的，饲料价格也是最高的。因此，海水鱼类饲料也以鱼粉为主，饲料蛋白质水平在 38%～45%，达到了水产饲料蛋白质水平的最高点；饲料油脂水平也很高，达到 7%～12%，几乎与冷水鱼类油脂水平接近。饲料原料组成也相对简单，主要为鱼粉、豆粕、花生粕、面粉、油脂等。使用冰鲜鱼养殖海水鱼类的料比达到 6（鲜冻鱼）：1 左右，而使用饲料养殖的料比一般为 1.5：1，使用饲料养殖具有明显的优势。

我国目前池塘养殖的海水鱼类主要有鲈鱼、卵形鲳鲹、青石斑鱼，其饲料技术相对较为成熟，养殖规模也较大，所以饲料的营养水平也相对于海水网箱养殖低，其饲料蛋白质水平可以在 38%～42%，而海水网箱养殖鱼类的饲料蛋白质水平则达到 40%～45%。不同海水养殖鱼类饲料中饲料原料的种类差异不大，因为过高的蛋白质水平和油脂水平，以及作为膨化饲料的生产方式决定了饲料的配方空间极为有限，只能使用较大量的面粉、鱼粉、油脂等原料。鉴于此，海水鱼类饲料配方设计就主要依据饲料蛋白质水平做模式化设计，不同养殖鱼类选择相应蛋白质水平的饲料即可。

海水鱼类饲料形态均为挤压膨化饲料，由于油脂含量达到 8%～9%，所以面粉的用量达到 23%，同时使用少量血细胞蛋白粉，既有粘接作用，也提高了饲料蛋白质水平，还有一定的诱食作用（血腥味）。由于饲料蛋白质水平很高，如果消化不良会导致肠道氨氮含量过高，所以，饲料配方中使用 1%～2% 的沸石粉。

在动物蛋白质原料模块中，主要以鱼粉为主，适当使用血细胞蛋白粉和肉粉。依据饲料蛋白质水平和饲料配方成本，在 42% 蛋白质水平下，分别设置了相同蛋白质水平而不同配方成本的 2 个模式化配方。在植物蛋白质原料模块中，设置了 8% 的膨化大豆，由于是膨化饲料，也可以直接使用大豆，主要考虑提供油脂和大豆蛋白质，同时也作为磷脂的主要来源，不再使用磷脂油，因为磷脂油会有不同程度的氧化和酸败。另外使用了豆粕和菜籽粕作为植物蛋白质原料。豆粕可以使用花生粕、葵仁粕等进行替代，主要还是依据实际生产中饲料蛋白质水平和饲料配方成本而进行植物蛋白质原料的组合和替代性选择。对于金鲳等需要体色带有黄色的海水鱼类，则可以适当选择 60% 蛋白质含量的玉米蛋白粉提供一定量的叶黄素，或在饲料中添加一定量的叶黄素添加剂。磷酸二氢钙的使用量调整到 1.5%，主要是考虑鱼粉的用量已经很高，饲料总磷较高。重点关注的还是油脂，使用 4% 的油脂在后喷涂时会有一定的困难，使用 23% 的面粉也是希望饲料膨胀度高一些，以便于吸收油脂。考虑到鱼油的氧化酸败问题，建议使用豆油∶鱼油＝2∶1 的比例，既保障有高不饱和脂肪酸和鱼腥味，同时也尽量避免高不饱和脂肪酸氧化产物产生的毒副作用。在预混料中，设计了 1.5% 的添加量，主要考虑是除了维生素和微量元素的补充外，需要使用促进脂肪能量代谢、保护肠道和肝胰脏的饲料添加剂。

在表 12-12 的参考配方中，没有使用鱿鱼膏等传统的诱食性原料，主要是考虑鱿鱼膏质量稳定性和其中重金属含量，避免饲料中重金属含量超标而导致饲料产品不合格。至于胆固醇的补充则依赖鱼粉中的含量，或在预混料中适当补充。

表 12-12　海水鱼类饲料参考配方　　　　　　　　单位：g/kg

原料	单价/(元/kg)	粗蛋白含量										
		45%	44%	43%	42%	42%	41%	41%	40%	40%	39%	39%
面粉	2.40	230	230	230	230	230	230	230	230	230	230	230
膨化大豆	5.00	80	80	80	80	80	80	80	80	80	80	80
豆粕	3.40	50	90	110	80	75	90	90	90	95	85	70
菜粕37	2.30			20	65	70	90	100	120	125	150	170
血细胞蛋白粉	7.00	10	10	10	15	25	20	25	20	20		
鱼粉	9.00	550	510	470	440	430	400	385	370	340	320	300
肉粉	7.00									20	45	60
磷酸二氢钙	3.40	15	15	15	15	15	15	15	15	15	15	15
沸石粉	0.30	10	10	10	10	20	20	20	20	20	20	20
豆油	9.00	40	40	40	40	40	40	40	40	40	40	40

原料	单价 /(元/kg)	粗蛋白含量										
		45%	44%	43%	42%	42%	41%	41%	40%	40%	39%	39%
预混料	18.00	15	15	15	15	15	15	15	15	15	15	15
合计		1000	1000	1000	1000	1000	1000	1000	1000	1000	1000	1000
成本/(元/t)		6826	6602	6356	6126	6100	5892	5815	5691	5590	5468	5388
粗蛋白/%		45.17	44.29	43.29	42.13	42.27	41.29	41.10	40.45	40.20	39.38	39.15
总钙/%		2.81	2.67	2.53	2.84	2.80	2.71	2.66	2.61	2.66	2.78	2.82
总磷/%		2.05	1.96	1.88	1.82	1.80	1.75	1.72	1.69	1.69	1.74	1.76
赖氨酸/%		3.19	3.10	3.00	2.88	2.89	2.79	2.76	2.69	2.63	2.49	2.43
蛋氨酸/%		1.04	0.99	0.95	0.92	0.91	0.88	0.86	0.85	0.82	0.80	0.79
粗灰分/%		11.79	11.43	11.09	11.80	11.69	11.46	11.32	11.22	11.24	11.50	11.55
粗纤维/%		1.58	1.80	2.12	2.45	2.47	2.77	2.88	3.10	3.20	3.45	3.60
粗脂肪/%		9.24	9.08	8.90	8.73	8.67	8.55	8.47	8.41	8.49	8.67	8.73

第十三章

鱼类饲料技术与饲料产品的发展

　　水产饲料技术进步较为活跃的领域是饲料原料处理技术和新的饲料资源开发，尤其是饲料原料的发酵技术和酶解技术，这些技术的应用改善了饲料原料的质量，提升了作为功能性饲料原料的使用价值。对于鱼类饲料，从亲鱼饲料、苗种饲料到鱼种、育成鱼饲料的全过程饲料也是需要重点关注的领域，尤其是亲鱼饲料、鱼苗开口饲料的发展需要补齐短板。针对饲料资源，尤其是一些特殊功能饲料原料的开发利用值得重视，如利用工业尾气（钢厂尾气的 CO 作为碳源、甲烷气体作为碳源）作为碳源，同时添加氨水作为氮源，采用微生物气体发酵技术生产单细胞蛋白质原料。另外，在 ω-3 类高不饱和脂肪酸资源短缺、容易氧化酸败等现实中，开发藻类（如裂壶藻）资源也是值得重视的领域。低蛋白、高脂肪、高淀粉饲料（草食性和杂食性动物）是水产饲料的发展方向，但一些基础性问题和饲料技术问题需要深入、系统研究。

第一节　发酵饲料原料与发酵饲料

一、发酵的目标

　　发酵（fermentation）为微生物在有氧或无氧条件下的生长、繁殖过程。发酵的目标主要有：①获取微生物菌体。一般采用一些废弃的原料或气体等作为微生物的营养物质，通过微生物的增殖、生长获取相应的菌体。微生物菌体蛋白质含量较高，通常又称为菌体蛋白质原料或单细胞蛋白原料。例如，利用钢厂尾气中的CO作为碳源、氨水为氮源，以乙醇梭菌的菌株作为培养菌，可以获得工业用乙醇，同时得到乙醇梭菌作为单细胞菌体蛋白质原料。单细胞蛋白、"人造肉"等菌体蛋白就是依赖单细胞的微生物作为目标菌体，给予合适的碳源和氮源，依赖这些菌体增殖、生长获得相应的菌体蛋白。②依赖微生物的增殖和生长过程中所产生的胞外酶等对原料进行酶解作用，改善原料的性质。发酵豆粕主要就是这个目标，利用微生物的发酵对豆粕蛋白质、抗营养因子等进行分解，尤其对抗原性蛋白、抗营养因子等进行分解，改善豆粕作为饲料原料的性质。③以利用微生物发酵产生的次级代谢产物为目标。抗生素的生产就是这个目标，通过微生物发酵过程，微生物产生的抗生素被分离、纯化之后作为药物使用。酶制剂的生产也是利用微生物产生的胞外酶，对发酵液中的酶进行分离、纯化得到相应的酶制剂产品。

在饲料原料、配合饲料发酵过程中，也是利用微生物产生的次级代谢产物如维生素、有机酸等，改善饲料原料、饲料的风味，增加动物对饲料的采食量。同时，微生物的次级代谢产物既可以通过促进黏膜细胞增殖来维护胃肠道黏膜的结构与功能完整性，也可能干预肠道微生物的微生态结构，维护水产动物胃肠道微生态的动态平衡。

二、发酵的方式

由于选择的菌种、工艺不同，所以有不同的发酵方式。根据选用的微生物种类不同，发酵分为厌氧发酵和好氧发酵，如乳酸菌属于厌氧发酵、芽孢杆菌属于好氧发酵。根据培养基的不同，发酵分为固体发酵和液体发酵，现在大部分发酵饲料属于固体发酵。根据设备不同，发酵分为敞口发酵、密闭（袋装）发酵、浅盘发酵和深层发酵。

发酵饲料原料与在配合饲料中直接添加微生态制剂有很大的不同。发酵饲料原料提供的不仅仅是经过发酵增殖的相应微生物；同时经过复合菌种发酵，饲料原料的营养价值发生了变化，产生了各种消化酶、氨基酸、维生素、乳酸、乙酸、乳酸菌素等对动物生长有利的初级和次级代谢产物，降解饲料原料中部分粗纤维，提高饲料原料利用价值。而在饲料中添加微生态制剂，属于引入外源性微生物到饲料中，并进入消化道，本质上是微生物菌种的引入。

发酵饲料原料现在一般采用固体发酵。固体发酵设备投入小，操作方便，发酵过程的控制不是太严格。而液体发酵设备投入大，包括发酵系统、空气系统、蒸汽系统、动力系统等，要求严格杜绝杂菌污染，运营成本高。液体发酵多采用精确的培养基和发酵条件控制，最终获得单一微生物种群和最大生物量。

对于复合菌种的发酵，鉴于菌种各自的生长特性，当几种菌种同时生长于同一营养环境下，其生物学状态如下：当环境中有一定量的氧气时，芽孢杆菌和酵母（好氧）开始繁殖生长，并消耗环境中的氧，这为后面乳酸杆菌的生长提供了充分条件。此时的无氧环境不适合芽孢杆菌的生长，其细胞数量呈稳定趋势；而乳酸杆菌和酵母（厌氧型）在厌氧环境下开始大量繁殖，并进行无氧代谢，环境 pH 值下降。在微生物总量趋于稳定，环境 pH 值降至 5.0 以下，但尚未对细菌生长构成影响时，发酵中止，获得发酵的原料。

三、发酵饲料原料和发酵配合饲料的菌种

根据农业部颁布的《饲料添加剂品种目录（2013）》，我国允许在饲料及饲料添加剂中使用的微生物菌种包括：地衣芽孢杆菌、枯草芽孢杆菌、两歧双歧杆菌、粪肠球菌、屎肠球菌、乳酸肠球菌、嗜酸乳杆菌、干酪乳杆菌、德式乳杆菌乳酸亚种（原名：乳酸乳杆菌）、植物乳杆菌、乳酸片球菌、戊糖片球菌、产朊假丝酵母、酿酒酵母、沼泽红假单胞菌、婴儿双歧杆菌、长双歧杆菌、短双歧杆菌、青春双歧杆菌、嗜热链球菌、罗伊乳杆菌、动物双歧杆菌、黑曲霉、米曲霉、迟缓芽孢杆菌、短小芽孢杆菌、纤维二糖乳杆菌、发酵乳杆菌、德氏乳杆菌保加利亚亚种（原名：保加利亚乳杆菌）等。

虽然发酵饲料的生产菌种很多，但目前用于饲料发酵的菌种主要包括：乳酸菌、芽孢杆菌、酵母、霉菌（如米曲霉、黑曲霉）等类型。发酵饲料菌种的选择原则是，首先依据菌种各自的生物学特性，在组合的发酵体系中有独特的互生关系；其次根据养殖动物营养与生长的需求。

选择作为生产菌种必须符合以下条件：菌种本身不产生有毒有害物质；不会危及环境固有的生态平衡；菌种本身具有很好的生长代谢能力，能有效降解大分子物质和抗营养因子，合成有机酸、小肽等活性物质；能保护和维持动物微生物区系的正平衡。

四、发酵饲料原料

对一些饲料原料的发酵属于饲料原料的前处理技术，通过发酵可以改善原有的原料的性质以及饲料利用的价值。

(1) 粗饲料的发酵 选用玉米秸秆、酒糟、木薯渣、果渣、米糠等农副产品进行发酵，通过发酵降低原料的粗纤维含量，产生一定的酸香味，合成有机酸等活性物质。选用廉价的蛋白质原料，通过发酵，改善原料品质，提高原料的利用率，这是现代发酵饲料发展最重要的方向之一。这些原料发酵主要用于反刍动物饲料。

(2) 饼粕类的发酵 选用豆粕、菜粕、棉粕、棕榈粕等饼粕类原料进行发酵，

通过发酵，改善原料的适口性；大大降低原料中棉酚、单宁、植酸、霉菌毒素等有毒有害物质的含量；降解部分大分子物质；生成有机酸、小肽等活性物质；提高原料的蛋白质溶解度。这是目前采用较多的饲料原料发酵类别。

(3) 动物下脚料的发酵 动物下脚料包括动物屠宰下脚料、水产品加工下脚料、蚕蛹、家蝇等可作饲料的动物资源。将这些动物原料与辅料混合发酵，可去除原料本身的腥味、臭味，提高适口性；生成大量可消化的氨基酸、小肽，提高消化吸收率。动物下脚料发酵，对菌种的选择以及工艺处理方面更复杂，技术还不够成熟，有待进一步探索，尤其是对有害菌的控制方面。

五、饲料原料发酵工艺

以"微多香"（无锡三智生物科技有限公司生产的发酵饲料专用菌种套装产品）作为组合菌种发酵饲料原料、以获得微生物次级代谢产物作为主要目标的工艺为例。饲料原料发酵后能改善饲料适口性，增加动物采食量，提高饲料转化率，具有有机酸、小肽、多糖等活性物质，维持肠道微生物平衡，增强动物免疫力，减少养殖动物发病概率。发酵饲料将是饲料工业发展的一个重要方向。

1. 菌种组合

菌种包括了枯草芽孢杆菌、地衣芽孢杆菌、酿酒酵母、乳酸菌。目标是发酵饲料原料后会产生一些醇类、芳香烃、多糖等物质，具有各种香味、甜味。发酵后可以产生各种酶，能降解部分蛋白质、脂肪、淀粉等大分子物质，有利于动物的吸收。

2. 发酵原料与菌种使用

(1) 混合发酵原料 以获得微生物次级代谢产物为目标，可以将发酵原料添加到水产饲料中（2%～5%），也可以作为调水产品用于水质调控。发酵原料的配方组成为：菜粕 10%～15%，米糠 10%～15%，酒糟 10%～15%，麸皮 25%～30%，玉米皮 40%～45%。取配方所需物料 1000kg 混均。按物料重量的 50% 添加自来水，同时每 1000 kg 物料取菌种 A（芽孢杆菌、酵母菌）1000g 和菌种 B（乳酸菌）5L，用水稀释溶解。稀释后的水与物料充分混匀。将充分混匀后的物料分装在不透气的塑料薄膜袋或单向透气的呼吸袋中，并扎紧袋口（薄膜袋大小可根据生产需要自行定制）。包装好的发酵塑料袋放置在阴凉干燥处 2～3 天（室温 25℃以上），发酵料产生酸香味即可使用。如果温度为 20～25℃ 发酵需要 2～3 天，温度为 15～20℃ 发酵需要 10～15 天，温度低于 15℃ 发酵基本停止。

(2) 菜籽饼发酵 菜籽饼使用微多香发酵后，其营养指标发生了多项变化。发酵后具有酸香味，菜籽饼的蛋白质、脂肪含量提高，蛋白质溶解度显著提高 30%

以上，总酸（以乳酸计）2.2%，乳酸菌40亿/g。

（3）棕榈粕发酵 棕榈粕使用微多香发酵后，发酵前略带巧克力的浓郁气味消失，变成了略带酸味的味道，显著改善了气味，粗纤维显著下降，pH值4.38，总酸（以乳酸计）0.77%，乳酸菌7.4亿/g，有利于在动物饲料中使用。同时发酵后，棕榈粕的蛋白质溶解度明显提高123.0%。

（4）白酒糟发酵 白酒糟通过发酵后，酸香味更浓，酸度变大，pH值2.7左右，总酸（以乳酸计）3.54%，乳酸菌含量2.5亿/g。

3. 发酵效果评价

发酵成功的评判标准主要包含：发酵后产生比较愉快的气味，以酸香味为主，如果发酵时间较长则带有酒香味；饲料pH在5以下，一般为4.5～5，这是结束发酵的主要判定标志；饲料质地更为松软、不结块。

在草鱼饲料中添加5%的发酵原料（水分含量在40%左右），鱼抢食、摄食明显增加，肠炎、出血病的发病概率大大下降。解剖取出肠道可发现：肠壁厚度增加，肠道有韧劲。在南美白对虾养殖过程中与全价饲料配合使用，替代配合饲料的量为5%～20%，可明显降低对虾的发病率，体表发亮，提高虾体免疫力。将发酵饲料直接泼洒于虾塘中（4kg/亩），可显著降低虾塘的氨氮含量。

发酵的饲料原料含水量为36%～40%，在饲料中的添加量可以维持在2%～6%的比例。也可以在饲料投喂时，与常规饲料混合后进行投喂，这种方式称之为"拌料投喂"，发酵料占常规饲料投喂总量的比例约为10%，这样可以增加养殖鱼群的采食量、维护肠道健康。如果与膨化饲料一起拌料投喂，则可以增加鲢鳙鱼的采食量，有利于鲢鳙鱼的生长，避免了膨化饲料使用过程中鲢鳙鱼生长不足的问题。同时，拌料投喂对水质具有良好的改善作用，尤其是在控制蓝藻生长方面显示出很好的效果。养殖水体中如果蓝藻过度繁殖、蓝藻在藻类种类数比例超过20%，可能导致养殖鱼体带有"土腥味"。

六、关于配合饲料的发酵

饲料原料的发酵取得了很好的效果，也有以配合饲料作为原料进行发酵的尝试，包括成品虾料再发酵和成品鱼料再发酵。从使用的效果看，成品饲料发酵后可以增加饲料的适口性和诱食性，同时对胃肠道黏膜健康的维护也是有利的。尤其是虾料发酵后可以提高虾的成活率。

但是，成品饲料发酵后的使用遇到一个大问题，就是发酵饲料投喂过多对鱼类生长性能是不利的，可能导致饲料系数增加。

笔者团队在对酵母类产品使用的过程中也发现类似的问题，就是在饲料中添加酵母类产品有一个最适宜剂量问题,过量添加反而使鱼体生长速度下降、饲料系数增加。直接发酵得到的酵母类产品在鱼类饲料中适宜的添加量在 $2\sim5kg/t$。是什么原因导致酵母类产品过量添加出现生长速度下降、饲料系数增加?目前还没有合理的解释。有一种解释是过量添加酵母类产品可能导致鱼体出现免疫抑制并影响鱼体生长速度。然而,笔者团队对比了在武昌鱼、草鱼中长期使用添加了适宜剂量酵母产品的饲料与间隔 3 周使用含酵母的饲料,其生长性能最好的依然是长期使用添加酵母产品的饲料,没有显示出免疫抑制对动物生长性能的影响。

因此,配合饲料发酵后的使用量控制就是一个重要的技术问题。有企业进行了养殖试验,常规鲤鱼、草鱼、斑点叉尾鮰饲料与成品发酵后的发酵配合饲料组合使用,在每日饲料投喂量中,如果成品发酵饲料投喂量为常规配合饲料的 $5\%\sim8\%$,即如果以每日投喂 100kg 常规饲料为例,组合使用的比例为 $92\sim95kg$ 常规饲料 + $5\sim8kg$ 成品发酵饲料,养殖鱼群摄食效果很好,鱼体也健康,生长速度和饲料效率有所提高。当成品发酵饲料比例超过 10% 的时候,鱼群摄食状态很好,但生长速度有所下降、饲料系数有所增加,饲料系数可能增加 0.1 左右。使用成品发酵的饲料投喂时,一定要控制发酵饲料的投喂量。

综合上述分析,在水产饲料中可以进行饲料原料的发酵,在虾饲料中可以使用成品发酵饲料,而鱼类饲料则不宜进行成品饲料的发酵。与成品饲料发酵不同,发酵的饲料原料在进入配方和饲料生产过程中,因为发酵原料含水量为 $36\%\sim40\%$,在调质器中饲料原料水分是有限的,如硬颗粒饲料生产过程中,调质器内物料水分含量为 $15\%\sim16\%$,此时发酵原料因为含水量高只能使用 $3\%\sim5\%$。在膨化饲料中,发酵原料也是因为含水量高只能使用低于 10% 的添加量。这样的结果就是发酵原料在配合饲料中的使用量受到限制,正好控制了发酵原料在饲料中的添加量在适宜的范围内,可以实现良好的养殖效果。而成品饲料发酵后,养殖户可能出现过多使用成品发酵饲料的问题,其结果反而导致养殖鱼类生长速度下降、饲料系数增加、养殖的饲料成本增加的问题。

同时,饲料原料的发酵过程是在饲料厂内进行,发酵原料的添加量也是由饲料厂控制的,这样就有效地控制了发酵的时间、发酵原料的添加量。而对于成品饲料的发酵,一般是在饲料厂添加发酵菌种(液体添加,发酵成品饲料的水分在 38% 左右)后封袋,之后就将含水量在 38% 左右的、带有发酵菌种的成品饲料发送给养殖户。这种发酵饲料在运输过程中以及在养殖户拿到这类发酵饲料后,微生物一直在进行生长、繁殖,即进行发酵中。这样就会带来一定的风险:①如果在运输、养殖场存储过程中出现发酵袋破损的情况,就可能导致杂菌污染,最担心的是有害菌的污染。被污染的发酵饲料如何处理就是一个难题。②发酵时间难以控制:每次这类发酵配合饲料运输、销售数量可能较大,养殖户一次购买这类发酵饲料可能较多，难以在有效发酵期内使用完毕，就可能导致过度发酵的问题。如发酵适宜的时间内，发酵配合饲料为酸香味，发酵过度（温度高、时间长）就成为酒香味，发酵时间再延长或被污染可能就会产生臭味，甚至带有有害菌及其产物。其结果就是适得其反，可能导致养殖事故发生。

第二节　酶解饲料原料及其在水产饲料中的应用

酶解饲料原料属于饲料原料的前处理技术，即采用酶解技术，将一些蛋白质原料经过酶解后作为一类酶解原料直接使用，且酶解产品不再经过烘干，以水分含量为 42%～50% 的浆状原料直接使用。

一、酶解的目标

无论是以动物蛋白质原料还是植物蛋白质原料作为酶解的原料，都是依赖外源性酶的作用，其主要目标包括：①增加原料的功能性物质，如增加功能肽、游离氨基酸等的含量，提升原料的饲料使用价值；②改善原料的饲料利用效率，如菜籽饼、95 型菜粕酶解后提高酸溶蛋白质含量等；③改善原料的风味，增加养殖动物的采食量。

酶解反应过程是利用酶对蛋白质肽链的水解过程，实现对大分子蛋白质的降解，其特征之一是对大分子蛋白质、非水溶性蛋白质的酶解，并提高其溶解度。蛋白质的肽链包含着功能结构域，自然状态下，这些区域的肽段不会暴露出来，没有生物活性。合理地选择特异性蛋白酶对肽链进行剪切，活性肽片段暴露出来，增加了酶解产品的功能活性物质种类和含量。需要注意的是，酶解也可能将存在于蛋白质肽链中的苦味肽等释放出来，导致酶解产品产生苦味、麻味，这就需要选择适宜的蛋白酶，同时控制水解条件如酶解时间、酶解温度、酶解液 pH 值等。活性肽对水产动物健康、生长和生理调节有着重要的促进作用；水溶性的蛋白质进入动物消化道后更容易被吸收利用，提高了难溶解饲料蛋白质的消化率。尤其是小肽、游离氨基酸含量增加，在饲料中使用酶解原料后，饲料进入胃肠道后很容易被胃肠道黏膜吸收、利用，作为胃肠道黏膜细胞的营养显示出特殊的作用，这对于维护胃肠道黏膜屏障结构与功能完整性是有利的。酶解的海洋动物产品、酶解大豆、酶解豆粕、酶解的鸡浆、酶解的肠黏膜蛋白等都有这类作用效果。

二、酶的主要类型

酶制剂按来源分为三类：动物蛋白酶（胃蛋白酶、胰蛋白酶、胰凝乳蛋白酶等）、植物蛋白酶（木瓜蛋白酶、菠萝蛋白酶、无花果蛋白酶等）和微生物蛋白酶（微生物蛋白酶来源较多，为方便起见，常根据反应条件分为酸性、中性和碱性蛋白酶），常用的酶见表13-1。

表 13-1 酶解饲料原料常用蛋白酶

酶	来源	氨基酸水解位点	最适 pH	最适温度/℃
胃蛋白酶	胃	酪氨酸、苯丙氨酸、色氨酸、蛋氨酸（Tyr、Phe、Trp、Met）	1～5	30～50
胰蛋白酶	胰脏	精氨酸、赖氨酸（Arg、Lys）	8～9	35～60
胰凝乳蛋白酶	胰脏	色氨酸、苯丙氨酸、酪氨酸（Trp、Phe、Tyr）	7.5～9.0	45～55
木瓜蛋白酶	木瓜果实	亮氨酸、精氨酸、赖氨酸、甘氨酸（Leu、Arg、Lys、Gly）	6～7	55～65
菠萝蛋白酶	菠萝果实	无特异性	5～8	50～60
无花果蛋白酶	无花果树或果实乳胶	无特异性	5～10	40～50
酸性蛋白酶	黑曲霉、芽孢杆菌等	无特异性	2～5	30～50
中性蛋白酶	枯草芽孢杆菌等	无特异性	7	50～60
碱性蛋白酶	芽孢杆菌、枯草杆菌等	无特异性	9～11	40～60

三、酶解工艺流程

以鱼溶浆、鱼浆的酶解为例，酶解鱼蛋白质的一般工艺流程如图13-1所示。根据所选蛋白质原料的特点，采用热或酸处理使原料的蛋白质变性（自溶酶水解时不进行变性处理）。根据水解需求，合理选择蛋白酶，控制反应条件，以期获得高含量的活性肽产物。

关于酶解条件：①pH、温度、底物-酶浓度比例、反应时间是控制酶解条件的重要参数。可以由试验确定 pH、温度、酶-底物浓度比例和酶解反应时间等参数的最适值，确定蛋白酶的最佳水解工艺条件。②pH对酶活力的影响较大，一般初始 pH 设置为酶的最适 pH。随反应过程的进行，酶解液 pH 会降低，可以通过加碱或缓冲液以调节反应液的 pH。反应过程中加碱调节 pH 值，会导致产物的盐分增加，不利于降低生产成本和提高产品纯度。③在酶的适宜温度范围内，反应液的水解速度先随反应温度上升而增大，当温度超过一定范围，水解速度会迅速减小，因为酶在高温条件下会迅速失活。底物-酶浓度比对水解作用的影响是相对的，酶用量低时是酶限制反应速度，而酶用量高时是底物控制反应速度。

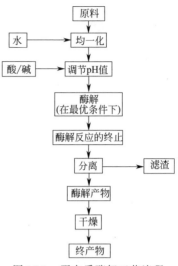

图 13-1　蛋白质酶解工艺流程

研究表明，蛋白质的酶解程度会影响其水解产物的功能特性。在最适反应条件下，酶解液的水解度随反应时间延长而增大，但水解过度会影响到蛋白质的功能性，因为过度水解会产生大量游离氨基酸。随着反应的进行，小肽、游离氨基酸含量增加，底物变少，酶活力下降，水解速度降低。水解时间应控制在 3～5 h 内更有利于肽的生成。

四、酶解程度判定指标

1. 蛋白质水解质

蛋白质水解度（degree of hydrolysis，DH）即蛋白质水解的程度，是指水解过程中断裂的肽键数与蛋白质总肽键数的百分比。完整的蛋白质 DH 为 0，全部水解为游离氨基酸时 DH 为 100%。水解度低，意味着大分子蛋白质没有被很好地水解，水解程度不够会导致小肽的一些功能特性如溶解性、功能性不容易表现出来。水解度过大，蛋白质被过分水解，产物主要为游离氨基酸。因此，在水解过程中，必须要对水解度进行检测和控制。

蛋白质每断裂一个肽键就会生成一个游离氨基和一个游离羧基，在蛋白质水解度测定中，通过甲醛滴定方法、茚三酮方法等测定水解后产生的游离氨基或羧基的数量就可以求得 DH。

$$DH = (h - h_0)/h_{tot} \times 100\%$$

式中，h 为酶解产物游离氨基或羧基的含量，mmol/g；h_0 为水解前原料游离氨基或羧基的含量，mmol/g；h_{tot} 为原料完全水解时游离氨基或羧基的含量，mmol/g。

2. 酸溶蛋白质

酸溶蛋白质即分子量较低的蛋白质水解物，包括肽和游离氨基酸，主要是可以溶于酸性（15％三氯乙酸）溶液的蛋白质，故又名三氯乙酸可溶蛋白质。分子量较大的蛋白质会沉淀，分子量小的蛋白质可溶于三氯乙酸。因此，酸溶蛋白质主要就是分子量小于 10000Da 的小肽、游离氨基酸和水溶性的非蛋白氮（如氨氮）。

酸溶蛋白质的测定原理是：利用大分子蛋白质（分子量大于 10000Da）在 15％三氯乙酸（TCA）溶液中沉淀，除去酸不溶蛋白质，然后测定酸溶蛋白质含量，即将酸溶蛋白质与硫酸和催化剂一起加热消解，使蛋白质分解，其他步骤和内容与粗蛋白测定的步骤和内容相同。具体操作如下。

称取 2g 样品（精确至 0.001g），加入 10mL 15％三氯乙酸溶液，混合均匀，静置 10min。将样品溶液在 4000r/min 离心 10min，取全部上清液，以凯氏定氮法测定（GB/T 5009.5）含氮量，蛋白质换算系数 6.25，计算样品中酸溶蛋白质含量，以干重表示。

3. 小肽

蛋白质的分子量一般大于 10 kDa。蛋白质初步水解，得到蛋白胨，分子量为 2～5kDa。多肽的分子量一般为 500～1000Da，二肽分子量为 200～500Da，游离氨基酸的分子量为 100～200Da。分子量在 1000 Da 以下的肽被称作小肽，或称之为寡肽、低聚肽。小肽一般是指由 2～10 个氨基酸组成的寡肽。蛋白质在消化道中的消化终产物往往大部分是小肽而非游离氨基酸，小肽能完整地被吸收并以二、三肽形式进入血液循环，小肽在蛋白质营养中有着重要的作用。

酶解产品中小肽含量的测定可以参照 GB/T 22492—2008《大豆肽粉》中附录 B 的方法，其原理是：分子量大于 1000 Da 的肽在 15％三氯乙酸溶液中被沉淀，酸溶液中的肽即为小肽。测定酸溶液中游离氨基酸含量，以酸溶蛋白质含量减去游离氨基酸的含量即为小肽含量。需要注意的是，酶解液中还含有氨氮等非蛋白氮在测定酶解液中肽含量时，GB/T 22492—2008 中附录 B 的计算公式可以修改为：

小肽含量＝酸溶蛋白质含量－游离氨基酸含量－非氨基酸氮含量

GB/T 22492—2008 附录 B 是采用氨基酸自动分析仪测定酸溶液中氨基酸总和，即为游离氨基酸的总量；而酸溶蛋白含量是基于 15％三氯乙酸沉淀蛋白质后的滤液并采用凯氏定氮方法测定的粗蛋白含量。需要注意的是：酶解液中还含有水溶性的氨氮、核苷酸氮等非蛋白氮（非游离氨基酸的氮）成分，如果按照"小肽含量＝酸溶蛋白质含量－游离氨基酸含量"公式计算小肽含量，则把水溶性非蛋白氮成分的量算为了小肽含量。在实际工作中，可以采用甲醛滴定方法测定酶解液中的游离氨基酸、氨氮含量，该方法则是将游离氨基酸含量、氨氮等（含氨基的成分）

含量一起计算了，可以直接使用上述修改后的公式计算小肽含量。

五、酶解产品及其应用

目前的酶解产品较多，肠膜蛋白粉其实也是一类酶解蛋白质原料。猪肠膜蛋白是利用猪小肠黏膜或小肠黏膜萃取肝素后的副产物，经过特定的酶处理，浓缩，经高温灭菌干燥等过程得到的产品。有研究表明，在断奶仔猪日粮中添加肠膜蛋白粉3%～6%效果较好，平均日采食量、平均日增重提高。添加肠膜蛋白粉3.5%组别的仔猪肠绒毛长且轮廓清晰。

以鱼溶浆、鱼浆、虾浆等为原料，经过酶解、水分浓缩可以得到酶解鱼溶浆、酶解鱼浆、酶解虾浆等产品。这类产品在水产饲料中得到广泛应用。

笔者以黄颡鱼为试验对象，进行了几年的试验研究，试验黄颡鱼的生长速度（SGR）结果见表13-2。

表 13-2　添加酶解产品与鱼粉对照组的黄颡鱼生长速度

酶解产品	鱼粉	酶解鱼浆	酶解鱼浆粉	鱼粉	酶解鱼溶浆	酶解鱼浆	鱼粉	酶解鱼溶浆
	2017 年			2018 年			2019 年	
饲料中添加量[①]/%	30	7.8	6.7	28	8.5	8.2	28	9.2
黄颡鱼的 SGR/%	1.88± 0.03	1.75± 0.03	1.75± 0.05	1.82± 0.04	1.81± 0.02	1.79± 0.04	2.38± 0.10	2.26± 0.14

① 原料含水量按10%计算。

一个重要的结果是，在黄颡鱼饲料中，8%～9%的酶解鱼浆（粉）和酶解鱼溶浆可以取得与28%～30%鱼粉相同的生长效果，相当于1/4的酶解鱼浆、酶解鱼浆粉和酶解鱼溶浆取得了与28%～30%添加量的鱼粉相同的生长效果，主要是因为酶解鱼浆、酶解鱼浆粉和酶解鱼溶浆相对鱼粉具有更多的游离氨基酸以及小肽等营养活性物质，以及酶解后产生的具有功能活性的小分子物质。酶解鱼浆和酶解鱼浆粉相对于黄颡鱼的养殖效果比酶解虾浆好，因为鱼浆酶解后产生的这种功能活性物质比虾浆酶解产生的功能活性物质更适合黄颡鱼的生长；酶解鱼溶浆相对于黄颡鱼的养殖效果比鱼溶浆好，是因为鱼溶浆经过酶解后游离氨基酸含量和小分子肽含量显著增加，营养价值显著提高，酶解可能产生一些具有生物活性的肽类物质，这些生物活性物质对水产动物健康、生长和生理调节有重要的影响；酶解海洋蛋白添加过低和过高都不利于黄颡鱼生长，因为过低添加量的酶解海洋蛋白不足以满足黄颡鱼对游离氨基酸、小肽以及酶解后产生的生物活性物质的需求。而过量添加则会导致游离氨基酸过量，过量游离氨基酸具有饱食作用，降低摄食。同时，游离氨基酸在运输机制上存在竞争，游离氨基酸吸收过早导致氨基酸不平衡。添加过量的酶解海洋蛋白还会导致腐胺、尸胺和酸价的升高，对黄颡鱼的生长造成不利影响。

第三节　亲鱼饲料和鱼苗开口饲料

　　水产动物种质质量决定了亲鱼质量；亲鱼的质量会影响到卵子、精子的质量，以及亲鱼的繁殖能力；卵子和精子的质量决定了受精卵的质量（受精率）；受精卵的质量决定了孵化效果（孵化率）和鱼苗质量（成活率）；鱼苗质量决定了鱼种质量；鱼种的质量对商品鱼的养殖具有重要的作用。这就是水产养殖过程中关于鱼种种质质量的逻辑关系，饲料作为养殖鱼类主要的物质和能量来源，对鱼种种质质量具有重要的影响。

一、亲鱼的营养与饲料

　　用于水产动物繁殖的亲鱼来源有两个方面，一是从自然水域的野生群体中选育，例如从江河、湖泊中选育繁殖亲本；二是从养殖群体中选育亲本。无论哪种来源的亲本，都要在人工养殖环境中生长、发育一段时间，都要使用饲料进行养殖，当然也有肉食性鱼类使用天然食物如冰鲜鱼等进行养殖的，但数量很少。

　　关于水产动物亲本的营养需求和饲料供给，在水产动物营养的基础研究和应用技术是缺位的，其结果就是直接使用商品鱼饲料进行亲本养殖，将导致卵子、精子的质量受到严重影响。加上在亲鱼繁育技术上过分追求亲鱼的怀卵量，出现苗种质量下降，尤其是适应环境、抗应激能力的下降。这在青、草、鲢、鳙等家鱼上有较为明显的表现，但因为其繁殖数量大、鱼苗价格低，也没有引起关注。近年来，加州鲈、乌鳢、黄颡鱼等市场价格较高的淡水种类，以及市场价格高的海水鱼类，一尾苗种的价格在2～3元，因此，亲鱼质量、苗种质量与营养、饲料的关系逐渐受到重视。

　　繁殖亲本在营养需求上与商品鱼有很大差别，过高的营养素水平会导致繁殖能力下降和后代生长质量、适应环境能力的下降，这在畜禽动物上也有研究和实际的结果，水产动物也不例外，如过高的饲料营养水平（蛋白质和脂肪含量）会影响到卵子受精孔的发育，导致受精率下降。繁殖用亲本的营养需要更多的是用于生殖细胞的生长和发育，过高、过低的营养素浓度如蛋白质、脂肪和糖类都是不适宜的；整体上，亲本鱼类饲料的营养水平相对不高，但对其中的蛋白质质量、脂肪质量要求较高。对于不同种类繁殖亲本的营养需要量，其研究结果非常缺乏。目前研究较为明确的是繁殖用亲本鱼对高不饱和脂肪酸（如 EPA、DHA）具有特殊的营养需求，而对其他营养素以及特殊营养需要等缺乏相应的研究，例如对于矿物质研究，生殖细胞是在体外受精、体外发育，对水域环境渗透压的控制是非常重要的，这需要一些矿物质和调节渗透压的有机物，且这些物质需要沉积在卵细胞中，再通过卵细胞传递到受精卵。

关于亲鱼饲料中高不饱和脂肪酸（HUFA）的研究，在黄鳍棘鲷亲鱼饲料中添加不同脂肪源（鱼油、鱼油和葵花籽油混合物、葵花籽油）饲养 132 天，结果显示，添加富含 ω-3 HUFA（高度不饱和脂肪酸）的鱼油组相对产卵量显著高于富含 ω-6 PUFA（多不饱和脂肪酸）的葵花籽油组。Li 等（2005）研究表明，花尾胡椒鲷的相对产卵量随着饲料中 ω-3 系高度不饱和脂肪酸含量的增加而增加，ω-3 HUFA 含量由 1.12％增加至 3.70％，其相对产卵量由 168.02 g/kg 体重增加至 302.54 g/kg 体重。研究表明 ω-3 HUFA 应该维持在一定浓度范围，并非含量越高对亲鱼产卵越有利。

亲鱼饲料质量的判定是依据亲鱼的怀卵量、卵粒直径大小、受精率、受精卵的孵化率、鱼苗成活率等指标来进行的。笔者曾经按照表 13-3 中亲鱼饲料的设计方案产生了黄颡鱼的亲鱼饲料，在 10 月份开始使用这种黄颡鱼亲鱼饲料，到次年 4 月份黄颡鱼繁殖时，通过解剖雌鱼并测量鱼卵直径，统计单一亲鱼繁殖的苗种数量，发现母体黄颡鱼的卵粒直径显著增加了，但怀卵数量则下降了。卵粒直径增加是因为卵黄沉积量增多的结果，孵化的鱼苗个体大小增加、成活率增加。

二、苗种的营养与饲料

苗种的开口饲料一直是饲料产品短板和技术短板，这个短板在一些高价值鱼类的苗种饲料中显得更为突出，而进口的开口饲料市场价格达到 100 元/kg 以上，这在我国水产养殖、水产饲料数量位于全球第一的背景下，苗种饲料缺乏就显得格外突出。

目前，我们有能力解决水产动物苗种营养和饲料的技术难题。从营养素浓度、易消化性、营养平衡等视角分析，近年来发展起来的酶解鱼溶浆（粉）、酶解肉浆（粉）、酶解虾浆（粉）、酶解并脱盐的乌贼粉等产品，可以满足营养及其原料的需求，为解决苗种开口饲料的优质原料难题奠定了基础。开口饲料的技术难点主要是制造技术和设备方面。

从发育角度看，受精卵发育过程中，在消化道贯通，即从口到肛门的消化道形成之时，卵黄囊还没有完全消失之时，鱼苗就能够主动摄食外界食物，这个时期称为内源性营养（卵黄）和外源性营养（饵料或饲料）的混合营养阶段。待卵黄囊完全消失之后，只依赖摄食外界食物的时期就进入外源性营养阶段。

鱼苗可以摄食的食物粒径要小于口裂宽度（口径），一般为口裂自然宽度的25％～50％。不同水产动物其鱼苗口裂宽度差异较大，但基本都是摄食到微米级别而不是毫米级别的食物颗粒。如何在微米级别的饲料中包含全部的原料（营养素）且还要在水体中不溶失就是一个重要的技术难点。如何做到一个微粒子的开口饲料包含全部的营养素、包含全部的饲料原料颗粒呢？做一个简单的技术推演：如果鱼苗可以摄食一颗直径为 $100\mu m$ 的颗粒饲料，那么组成颗粒饲料的原料的粒径应该控制到多少呢？按照筛孔目数与筛孔直径的关系，超微粉碎机用 200 目筛（这也是目前超微粉碎的最大筛网目数），其筛孔直径为 $75\ \mu m$，最多 2 颗这样粒径的原料颗粒就超过 $100\mu m$ 了，因此目前的超微粉碎机是达不到要求的。如果饲料原料的粒径要控制在 $25\ \mu m$，相应筛的目数为 500 目；按照原料细胞破壁粉碎的筛达到800 目，其筛孔直径为 $18\ \mu m$，1000 目筛的筛孔直径为 $13\ \mu m$。如果按照原料粒径 $25\ \mu m$ 计算，4 个颗粒直线排列就是 $100\ \mu m$，那么一个 $100\ \mu m$ 的球形颗粒可以排下多少种饲料原料颗粒呢？理论上可以有大约 10 个直径为 $25\ \mu m$ 的颗粒，最多也就 10 种原料（每种原料一个颗粒）。现有的粉碎设备很难实现 500 目筛的粉碎要求，不同鱼苗的开口饲料粒径要求从 $20\sim100\ \mu m$ 的粒径开始，后期逐渐增加饲料颗粒的粒径。

值得注意的是，细胞级、微米级别的粉碎在天然植物（或中草药）如灵芝孢子粉的粉碎上已经可以实现，只是一次生产的批量较小。期待有更大批量的细胞级粉碎设备出现，以满足水产苗种饲料原料的粉碎要求。

微粒子颗粒饲料还要满足进入水体后的溶失以及进入消化道后的快速分散、利于消化的技术难题。即使饲料原料粉碎后粒径达到 $25\ \mu m$ 以下，所有的饲料原料还要加工成颗粒饲料，还要求饲料颗粒进入水体之后不要大量溶失。如果黏结过度满足了溶失的要求，但可能又会影响鱼苗对饲料的消化和吸收，这是技术难点。依赖淀粉饲料原料实现微粒子饲料的黏结性能是可行的，这需要系列研究结果。

三、亲鱼饲料和鱼苗饲料的设计方案

以表 13-3 的一个示例配方进行说明肉食性鱼类亲鱼饲料、苗种饲料配合设计的理念及其比例。在亲鱼和苗种饲料配方设计中，主要考虑了以下问题。

① 高蛋白、低脂肪的营养素设计。对于多数肉食性鱼类的亲鱼、苗种饲料而言，饲料蛋白质含量可以设计为 45％～50％，饲料脂肪设计为 6％～8％，本方案中饲料蛋白质设计为 46.3％、粗脂肪为 6.8％。

② 饲料蛋白质质量保障的设计。以鱼粉的比例、动物蛋白的比例来保障，本

方案中，鱼粉比例为24%、金枪鱼鱼排粉为10%、酶解鱼浆粉为50%、酶解乌贼粉为3%、酶解虾粉或南极磷虾粉为5%、美国鸡肉粉（宠物级）为5%，合计为52%，足以满足肉食性鱼类亲鱼、鱼苗对蛋白质质量的需求。

③ 高不饱和脂肪酸的需要量和EPA、DHA含量的保障。饲料中以鱼油的比例保障高不饱和脂肪酸的含量，以不同的海洋动物产品保障EPA和DHA的比例。以鳀鱼为原料鱼生产的鱼粉中含油6%~10%左右，24%的鱼粉可以提供1.5%~2.4%的鳀鱼鱼油，同时还补充了1%的精炼鱼油，再加上金枪鱼鱼排粉、酶解鱼浆粉、酶解乌贼粉中的油脂，饲料中鱼油的量将超过3%。而不同种类的鱼油其脂肪酸组成有较大的差异，在配方中选择使用10%金枪鱼鱼排粉的原因也是因为金枪鱼鱼油中DHA含量很高，可以保障饲料中EPA和DHA的数量及其比例。

④ 饲料蛋白质易消化性的保障。选择酶解的鱼浆粉、乌贼粉、大豆粉等保障了原料的易消化性，同时，鱼粉等动物蛋白质原料的比例达到52%，既保障了饲料的蛋白质质量，也保障了饲料蛋白质的易消化性。

⑤ 诱食性的保障。除了鱼粉等海洋动物蛋白质原料本身具有很好的诱食效果外，特别添加了酶解鱼浆粉、酶解乌贼、酶解虾粉或南极磷虾粉、海带粉等产品，对肉食性鱼类具有很好的诱食和促进摄食的效果。

⑥ 抗氧化损伤及其氧化损伤的修复作用。饲料中补充了天然植物瑞安泰0.1%，这是以甘草、葛根、绞股蓝等为原料组成的，以自由基清除为主要目标的抗氧化损伤和细胞氧化损伤修复作用的产品，可以防止高蛋白质日粮对亲鱼、鱼苗的氧化损伤作用，即使对胃肠道黏膜和肝细胞有一定的氧化损伤也能得到修复。同时，饲料色素具有一定的抗氧化作用，海带粉、南极磷虾粉等也具有抗氧化和免疫增强作用；玉米蛋白粉也提供一定量的玉米黄素，对饲料的色泽也有良好的作用。酵母蛋白质原料对肠道黏膜也具有很好的保护作用。

⑦ 满足饲料加工的需要，尤其是鱼苗饲料的粒径会小于100μm，对饲料加工质量有很高的要求。其中20%的面粉、3.2%的海带粉可以满足加工的需求。同时，豆油与磷脂油混合油脂中的磷脂油也是为了满足饲料调质和制粒的要求。

表13-3　亲鱼、苗种饲料原料组成与配方示例

原料	配方组成/%	设计理由
鱼粉	24	鱼蛋白、鱼油、矿物质
金枪鱼鱼排粉	10	鱼蛋白、鱼油(DHA)、矿物质
酶解鱼浆粉	5	易消化鱼蛋白、功能肽、游离氨基酸
酶解乌贼粉	3	易消化蛋白质、诱食性
酶解虾粉或南极磷虾粉	5	虾蛋白、虾青素、矿物质

原料	配方组成/%	设计理由
美国鸡肉粉(宠物级)	5	动物蛋白
酶解大豆或豆粕	6	易消化植物蛋白、植物肽
酵母蛋白	4.5	胃肠道黏膜健康维护
玉米蛋白粉	3	玉米色素(玉米黄质)
豆粕46%去皮	11	植物蛋白、纤维
海带粉	3.2	颗粒黏结性、免疫功能
磷酸二氢钙	2.2	有效磷
面粉	20	颗粒加工需要
豆油∶磷脂油(3∶1)	3	油脂、磷脂油
精炼鱼油	1	高不饱和脂肪酸
天然植物瑞安泰	0.1	抗氧化损伤、自由基清除
预混料	1	多维、多矿的补充
合计	100.0	
蛋白质/%	46.3	
脂肪/%	6.8	
磷/%	1.6	

第四节　水产食品产业链发展对饲料质量的要求

　　我国水产养殖业在经历了由数量型快速增长并达到养殖总量高位时期后，必然要进行以水产食品市场需求为导向的产业调整，即以产业链末端的水产品加工与消费端为核心，引导全产业链转向质量型产业发展之路。水产饲料产业作为养殖业的重要配套产业，要适应水产食品全产业链质量发展模式的需求，需要进行产业转型、质量发展的探索。水产食品产业链快速发展态势的转变和产业的质量升级，无论是对水产养殖业还是水产饲料业的发展都是机遇和挑战。

一、水产食品全产业链的发展促进饲料产业转型发展

　　以"火锅""酸菜鱼""烤鱼""鲢鱼头"等为特色的水产食品消费端市场得到快速发展，并快速地拉动水产食品产业链发展态势的转变和产业的质量升级。

　　消费市场对水产食品的质量需求就是产业发展的方向和动力。对于养殖渔产品

而言，传统的渔产品是以鲜活鱼为主的产品形态和市场形态。然而，随着社会和经济发展进入新时期，人们对方便、快捷的水产速食产品（如鱼片）、加工产品（如鱼丸）的需求显著增加，这不仅仅体现在家庭消费的需求方面，更有餐饮尤其是连锁餐饮，以及大中型食堂、中央厨房、各类食材配送中心等的需求，直接引导渔产品以鲜活鱼转向了加工、分割产品；二是质量消费成为主流，对渔产品消费质量提出了更高的要求，包括鲜活的、加工的渔产品具有很好的新鲜度、更好的感官质量、更高的食用质量、更高的安全质量等，可以总结为对渔产品提出了全方位的质量需求。

二、淡水鱼及其加工产品类型

首先是"鲜活鱼"产品，这是我国养殖渔产品消费的传统、主要产品形态，且还将长期存在，这类鲜活鱼消费的数量将大幅度减少。然而，对鲜活鱼市场消费的质量要求有了新的变化，对鲜活渔产品（鱼、虾、蟹）的感官质量要求更高。例如鱼体的体型好，要求长条形，"瘦身"鱼是基本的要求；体色、肉色好看，一般以自然水域"野生"渔产品的体色和肉色作为基本要求，"变色鱼"不能适应市场需求；体态好，包括鱼体鳞片完整度好、鱼体黏液正常、鳍条基部不发红等，这是以鱼体或虾蟹抗应激能力作为基础的感官指标。要实现这些目标，养殖水产动物的抗应激能力是关键，受到饲料质量、水域环境质量、发病因素等的直接影响。

依据养殖渔产品消费需求的质量要求，笔者总结的养殖淡水鱼的质量要求如图13-2所示。将满足市场质量需求的鱼称为"好鱼"，"好鱼"包括了好看的鱼、好吃的鱼、吃得营养的鱼、吃得安全的鱼，而这四项要求中对鱼体表观形态、肌肉风味与质量等有相应的要求，同时通过饲料途径保障养殖渔产品的食用质量和食用安全也是水产动物营养与饲料发展的方向。

其次是"鱼糜（鱼浆）"类产品，以整鱼去除内脏后的鱼体为原料，经过加工得到的鱼糜产品类似于食品中的面粉，可以生产种类很多的含鱼肉制品，如鱼丸、鱼面条、蟹棒、鱼饺子等。这类产品是"火锅"消费、家庭消费和食堂消费的主要产品。不同种类的水产动物其肌肉结构和性质差异很大，而肌肉的结构和性质是影响鱼糜的决定性因素，鱼糜（鱼浆）的肌肉性质、风味对以鱼糜为原料的加工产品（鱼糜制品）质量、风味有直接关系，例如白肉鱼与红肉鱼、海水鱼与淡水鱼所得鱼糜质量差异很大。体现在鱼糜的黏弹性、咀嚼性能、风味等质量要求上。淡水养殖种类的鱼糜加工种类和数量均在增加，且原料鱼来源相对稳定、数量较大，逐渐成为鱼糜的主要原料鱼。

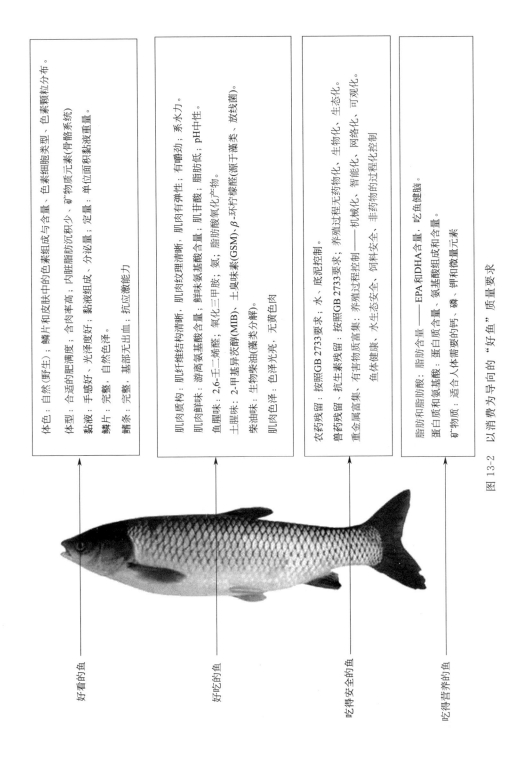

图 13-2　以消费为导向的"好鱼"质量要求

再就是"分割加工的产品",即整鱼分割得到的产品和再加工产品。以鱼片、鱼柳、开背鱼、鱼嘴、鱼尾、鱼骨等分割产品为主,以餐饮消费、食材配送中心、大中型食堂、网络消费等作为主要市场。整体上是产品形态多,几乎包括了一条鱼所有的分割部位并形成速食产品,且以生鲜产品(食材)为主,并配送相应的调味包。涉及的鱼种类则以草鱼、斑点叉尾鮰、罗非鱼、加州鲈、鲈鱼、乌鳢、青鱼等为主。这类加工产品以养殖种类为主要原料鱼,而养殖过程和饲料质量、水体质量对养殖渔产品质量具有决定性的影响,主要包括鱼体质量、鱼肉质量、风味质量、卫生和安全质量等内容。

养殖渔产品加工和消费端发展面临的重大问题包括以下两个方面:一是适合于分割加工的原料鱼供给有限。不是所有养殖的草鱼、斑点叉尾鮰、罗非鱼、鲈鱼、乌鳢等均适合于分割加工、鱼糜加工,鱼体大小、出肉率、供给量的季节平衡性、肌肉质构、肌肉风味等成为主要制约因素。二是安全质量成为最大的风险,从事渔产品加工的企业、餐饮连锁企业、食材配送中心、大中型食堂等消费市场均面临安全质量的风险,其中最为关键的是药物残留、重金属残留的问题,其次是风味异常如土腥味的问题。

三、水产动物营养与饲料质量需求的变化

满足日益增长的社会需求,尤其是质量需求是每个产业发展的目标。中国的水产养殖业发展方向要与中国社会和经济整体发展趋势协调,那就是在数量增长达到顶峰之后,向质量转变的方向发展。水产食品全产业链发展成为大趋势,而在全产业链增长方式下,基于水产食品质量消费的养殖渔产品质量与安全,对养殖渔产品的消费质量、加工质量和食用质量、安全质量等提出了全面的质量要求。因此,水产动物营养与饲料的基础研究、技术研究必须适应这个全面的质量要求,保障水产全产业链的健康、可持续发展。纵观我国水产动物营养与饲料的发展历程,可以从以下三个阶段性目标进行分析。

(1)**以生长速度快、养殖产量高为目标的发展阶段,其特征是饲料营养素浓度高、饲料系数低** 这个阶段可以视为水产养殖和水产饲料发展的第一阶段。水产养殖以增加养殖产量为目标,水产动物营养与饲料质量以提高生长速度、降低饲料系数为目标。其结果是单位水体养殖产量高,池塘养殖单产达到了较高的水平。例如,以鲤鱼、草鱼为主,配套鲢鳙鱼的池塘养殖单产达到 3000kg/亩以上,精养乌鳢池塘单产超过 5000 kg/亩,精养海鲈池塘单产超过 12000 kg/亩以上。相应的水产饲料的特点是满足高密度、高单产的养殖(以池塘养殖为主)需求,饲料营养素浓度很高,甚至超过水产动物自身的营养素需求量,以高浓度的营养素换取高速度

的生长性能。例如，东北、河南等地区杂食性的鲤鱼饲料蛋白质含量达到36%以上、粗脂肪含量达到8%以上，以高蛋白、高能量饲料作为主要商品饲料，饲料系数要求低于1.3；全国大多数地区，肉食性的乌鳢、鲈鱼等种类的饲料蛋白质含量超过48%、粗脂肪含量超过10%，且其中鱼粉等动物蛋白质原料在配方中的用量超过50%，饲料系数要求低于1.0；即使草食性的草鱼，饲料蛋白质含量也超过了30%，饲料系数要求低于1.8。饲料中过高的营养素浓度造成了养殖水产动物过度生长、鱼体主要器官组织损伤（如肝胰脏和胃肠道黏膜损伤）等，鱼体整体的抗应激能力低、免疫防御能力低、发病率高、养殖渔产品的食用质量下降、养殖的渔产品不适应加工的需求等后果。这种养殖和饲料营养模式对养殖渔产品质量造成的主要问题是：养殖的渔产品食用质量较差，例如过于肥胖（内脏比例高）、肉品风味差（肌肉纤维质量差、肌肉中脂肪含量高、土腥味重等）；同时，过高的营养素浪费在池塘水体中，养殖尾水有机质浓度高，养殖水体的水质差，养殖鱼体病害多等。这种模式必然面临饲料资源浪费的现实、病害发生与养殖渔产品药物残留的安全风险以及养殖尾水排放的环保压力等。

（2）以养殖鱼体生理健康、免疫防御能力和抗应激能力维护为目标，饲料功能强化与功能饲料发展阶段 在养殖水产动物病害控制、养殖渔产品食用安全质量控制需求下，以维护养殖水产动物生理健康、通过饲料途径控制水产动物病害发生率为目标，禁止抗生素等药物在饲料中的使用，强化了饲料的功能作用、强化了饲料原料的功能作用，典型的是不同作用目标的功能饲料得到快速发展。在水产饲料技术方面，寻求降低饲料原料的抗营养因子、提升消化利用效率，通过酶解或发酵技术对饲料原料进行前处理等方式，同时使用以抗氧化损伤、保障鱼体肝胰脏和胃肠道黏膜损伤修复、增强水产动物免疫防御能力等为目标的饲料添加剂，逐渐降低饲料中蛋白质含量、总磷含量。例如在水产饲料产品标准中设置了蛋白质、总磷的上限（设定为范围值），增强了饲料功能性物质的使用、强化了饲料和饲料添加剂的生理功能作用。其后果是养殖的渔产品更接近其在自然水域的野生状态（形体、色泽等），通过饲料途径对养殖水产动物的病害进行控制，结合养殖技术的进步，在养殖过程中的药物使用逐步得到控制，养殖尾水逐渐达标排放等。

（3）以养殖渔产品（活体）和肉品消费质量、加工质量为目标，探讨饲料与养殖渔产品肉品质量关系的发展阶段 养殖动物肌肉质量与肌纤维类型、肌纤维结构有直接的关系。根据肌球蛋白ATP酶在不同酸碱环境中活性的差异，可将骨骼肌肌纤维分为Ⅰ、Ⅱa、Ⅱb三种类型，不同类型的肌纤维具有不同的肌肉质量状态，肌纤维类型可以在一定程度上转变，而肌纤维类型的转变会引起肌肉质构和质量的显著变化。骨骼肌纤维在一定条件下，几种类型的肌纤维可以相互转化，即Ⅰ型 ⇌ Ⅱa型 ⇌ Ⅱb型的变化方式。肌纤维类型与肌肉的品质有直接关系。对于猪等哺乳动物而言，一旦发育完成，其肌肉中肌纤维数量保持不变，肌肉的增长是依赖于肌纤维直径和体积的增长（称为肌肉的限定性增长方式），但肌纤维类型是可以适度调整的，尤其是通过运动或饲料途径改变肌纤维类型、调整肌肉品质满足人类的需要成为主要技术对策。对于水产动物，其肌肉生长方式是非限定性生长，即肌肉细胞数量是可以增长的、肌纤维直径和体积也是可以增长的。因此，既可以增殖肌纤维数量，也可以借鉴猪肉肌纤维类型改变的方法来调整水产动物肌肉的品质。例如，通过运动的方式、饲料组成改变等可以改变肌纤维的类型，在流水池、流水槽养殖的鱼类或虾类，水产动物的活动能量增强、运动量加大，适应流水环境的需要可以促进肌纤维类型的改变，其结果是肌肉质构的改变，增加肌纤维的密度和肌纤维的嚼劲，增加肌纤维的持水力、控制肌纤维的滴水度，并改变肌纤维的色泽等，实现提升肌肉食用品质的目标，这是值得研究和实施的重要方向。例如，饲料脂肪对养殖动物肌肉风味有直接的影响。肌肉中脂肪主要存在于肌细胞的脂肪滴和结缔组织脂肪细胞中，饲料脂肪酸组成与脂肪滴、脂肪细胞中的脂肪酸组成有直接关系，因此，饲料脂肪酸组成与肌肉脂肪酸组成有直接关系。例如，棕榈酸形成的脂肪在烧烤时具有良好的香气，可以通过探讨饲料棕榈油对养殖鱼类肌肉风味的影响，养殖得到适合烧烤的整鱼、开背鱼等；通过饲料脂肪改变肌肉纤维结构，增加肌肉的嫩度、黏弹性，养殖出适合"酸菜鱼""火锅鱼"的鲜活鱼或分割的"鱼片""鱼柳"等。

第五节　水产动物疾病防控的饲料责任

水产动物疾病的发生和发展，尤其是流行性疾病的发生与饲料质量是否有关系？在养殖动物病害防控过程中，饲料可以做哪些工作来预防疾病的发生和发展？或者通过饲料途径如何来减少病害的发生、降低发病鱼的死亡率？这些问题值得研究，对产业的发展具有重要的意义。

现代渔业发展的重要方向是提升养殖渔产品的质量，包括营养质量、卫生与安全质量、食用质量等。养殖渔产品的质量受到养殖动物种类（不同种类所具有的营养质量有差异）、病害与药物的使用（药物残留）、水域环境（风味、安全质量）、饲料质量（风味、安全质量）等的直接影响。其中，养殖水产动物的病害防控成为重要节点。如果养殖水产动物健康、具有很好的抗病防病能力，在实际养殖生产过程中，既可减少对水体、对池塘、对水产动物消毒、杀菌、杀虫等的药物的使用，且由于病害的减少，也可减少养殖过程中水产动物防病、治病的药物使用，其结果是养殖的渔产品中药物残留、有害物质残留等得到有效控制，可以有效保障养殖渔产品的食用安全。同时，也可以显著提升养殖的水产动物的成活率和生产性能，获得更多的养殖渔产品，从而取得更好的养殖经济效益。

一、"养重于防"是水产动物病害防控理念的进步

对于水产养殖动物病害防控，"防重于治"的理念被广泛地接受和实施，在养殖生产过程中，做好重大疫病、主要疾病的预防，包括对种苗及其养殖过程中水产动物的病害检测、池塘的消毒、水体消毒、定期预防等技术手段得到广泛应用，也取得重要效果。但是，在"防重于治"理念下对重大疫病、主要疾病的防控技术手段，主要还是采用药物，包括消毒药物、杀菌药物、杀虫药物、杀藻类和水生植物的药物等，以杀灭病原体为主要目标。同时，在疾病的治疗过程中，基本上也是采用药物、立足于杀死或抑制病原生物的技术对策和技术方案。其重要后果是：一方面，药物对水产养殖动物自身的生理健康造成较大的伤害，包括动物组织结构的损伤和功能性的损伤，造成水产动物在一定时期内自身免疫防御能力的显著性下降，严重的可能造成二次感染、再次发病；另一方面，养殖过程中使用的药物依然残留于水体环境中，并且残留或富集于养殖的渔产品中，造成养殖渔产品食用安全质量的下降以及食用质量的下降。

"养重于防"中的"养"是指"养殖过程"，包括养殖动物的种苗质量、养殖环境如池塘和水体质量、养殖动物摄食的食物或饲料的质量、养殖过程的生产管理技术等，即强调"养殖过程"的非药物的、基于水产动物自身生物学属性的、基于养殖水产动物生活环境的自然化过程，包括过程中的投入品、过程系统化的管理技术等。因此，"养重于防"的基本理念是：基于养殖动物自身生物学属性的、基于养殖动物自然化的生活环境的"养殖过程"和"养殖过程的系统化的管理技术"。

"养重于防"对于水产动物疫病防控的基本理念是：养殖的种苗具有良好的种质质量，基于养殖动物自身的生理和生长过程保持一定的生长速度，获得营养全面且安全的饲料物质，生活于适合养殖动物生存和生长的水域环境中，依赖自身的生理健康（主要器官组织结构完整性和功能完整性）和免疫防御能力（免疫防御系统的结构与功能完整性）抵御病害的发生、发展，依赖自身生理健康修复因外界因素受到的组织结构损伤以及自我调整生理代谢功能的失调等。其主要原则是尊重养殖动物自身的生物学属性、维护水产动物自身主要器官组织结构和功能完整性、提供合适的生活环境，尽量控制对养殖动物受到过度的应激压力、控制强刺激性或剧毒性的药物对水产动物的伤害等，依赖水产动物自身而不是药物实现对病害的防御和治疗。也就是一个尊重生物、尊重自然水域环境的养殖过程及其过程管理，而不是

药物的、违反自然的养殖过程和过程控制技术。

这样条件下获得的养殖渔产品食用安全性、食用价值得到有效保障，较以前生产方式获得的养殖渔产品，其安全质量、食用质量得到显著提升。

二、饲料质量对养殖鱼类健康和免疫防御能力有重要影响

首先是饲料安全质量，饲料中潜在的不安全物质会对鱼体器官组织有损伤作用。饲料中始终会存在不安全物质，例如饲料中不能没有油脂，有油脂就会有氧化，油脂氧化产物就会对水产动物造成器质性和功能性损伤。笔者以草鱼为试验对象，连续多年研究了饲料氧化油脂对草鱼的损伤作用，详细的研究内容可以参考《氧化油脂对草鱼生长和健康的损伤作用》。蛋白质腐败产物对水产动物也是有害的，主要包括组胺、肌胃糜烂素等有害物质。这可能是劣质鱼粉等蛋白质原料造成水产动物损伤的主要物质。霉菌毒素随着玉米类原料、棉粕等原料在饲料中可能存在，这也是一类风险物质。

饲料是养殖水产动物主要的物质和能量来源，而饲料中始终存在的一些有害物质对养殖水产动物会造成生理健康的损伤作用，这是客观事实。在水产动物病害发生、发展过程中，其生理健康的损伤导致代谢动态平衡的不稳定，鱼体重要的器官组织发生器质性和功能性的损伤，致使鱼体免疫防御系统损伤或破坏，导致水产动物成为疾病的易感动物，容易感染病原生物、出现抗应激能力的显著下降，这需要人们给予重视。

其次，饲料营养质量对鱼类生理健康和免疫防御能力有重要影响。

在养殖环境下，水产动物的生理健康、免疫防御系统结构与功能完整性与饲料质量有较为直接的关系，在我国饲料市场竞争方式方面，企业普遍采用价格竞争的方式，采用低价的方式抢夺饲料客户和市场。当饲料市场价格过低的时候，就可能导致饲料质量不能满足水产动物的最低营养需求，成为低价、低值饲料。前面也介绍了饲料中以鱼粉为代表的海洋生物蛋白质原料对鱼体健康和免疫防御能力的影响，在饲料价格过低的情况下，饲料中可能就会缺乏鱼粉等海洋生物蛋白质原料。这样的饲料对水产动物的生长、生理健康和免疫防御能力均会产生严重影响，甚至导致鱼体器质性和功能性的损伤。一旦遭遇气候、水域环境异常的情况，水产动物的发病率、死亡率就会显著增加，甚至出现整塘鱼全部死亡，并出现大面积、大范围的流行性疾病，由此造成的损失是巨大的。笔者总结了几次全国性的水产动物大面积流行性疾病、大量死鱼的情况，大部分都与前期水产饲料市场价格的低价、低值竞争有关。

也正因为有这类情况的发生，笔者在前文中提出了水产动物饲料中鱼粉等海洋

生物蛋白质原料的最低使用量问题。无论是集团性水产饲料企业，还是本土化的水产饲料企业，都要保持每种养殖鱼类对饲料质量要求的底线。

三、病毒性疾病的防控与饲料质量的关系

这里以病毒性疾病鲫鱼鲤疱疹 II 病毒（CyHV-2）病为例，依据笔者的研究结果介绍病毒性疾病的防控与饲料质量的关系。

相较于细菌、寄生虫性病原生物而言，病毒最大的特征就是不能独立存活，需要寄生在活的细胞中才能存活和增殖。对于细菌、寄生虫类病原生物的控制是以选择能够杀死或抑制细菌、寄生虫为主要目标的防控对策和技术方案，但对于病毒性疾病的防控则不同，这是因为：①无论是人药，还是兽药，都缺乏可以直接杀死病毒的药物，没有药物可以直接杀灭水产动物的病毒。②病毒寄生在活的细胞中，缺少可以进入水产动物体内细胞中去杀灭病毒的药物和技术方法，即使单克隆抗体可以选择性杀灭病毒但其成本也相对很高，难以在水产动物病毒性疾病防控中发挥作用。③水产动物对病毒性疾病的防御、对病毒的杀灭或控制，不是依赖药物，而是依赖水产动物自身的免疫防御能力，包括体内的吞噬细胞、血清中的补体、抗体等。水产动物自身的生理健康、自身的免疫防御系统与饲料营养和饲料投喂有很大的关系。

(1) 患病鲫鱼器官组织中的 CyHV-2 病毒　采用电镜技术，笔者观察到了患病鲫鱼肝胰脏、肾脏等器官组织中的不同成熟期的 CyHV-2（鲤疱疹病毒 2 型）病毒颗粒，如图 13-3 所示。CyHV-2 病毒基因组是线性双链 DNA 分子。在感染早期，CyHV-2 在细胞核内形成直径为 $65\sim90nm$ 的 DNA 双链，构成病毒内核，同时在核内形成直径为 $90\sim180nm$ 空衣壳，此时病毒 DNA 还未进入衣壳内部。当病毒 DNA 进入空衣壳后变为实心病毒粒子。随着感染的进程，实心核衣壳通过核膜以芽生的方式进行包被形成包膜而进入到细胞质中，并在细胞质中形成包裹在病毒粒子外表的包膜层。图 13-3 显示了病毒的复制、转移基本过程是：CyHV-2 病毒 DNA 在细胞核内复制、衣壳蛋白在细胞核内组装，病毒 DNA 与空衣壳组装为含 DNA 的实心衣壳病毒粒子也是在细胞核内完成组装，这样在细胞核内可以同时观察到 DNA 内核、空衣壳、实心衣壳共 3 种形态病毒粒子。

(2) 患病鲫鱼血液病理变化　当宿主和 CyHV-2 病毒相互作用时，宿主血液成分和血清的生理生化均会产生相应的变化来应对病毒对宿主的干扰，以维持宿主内环境的相对稳定，因此这些指标是病原感染与疾病发生早期的重要特征。通过对正常鱼（H 组）、亚健康鱼（IH 组）、患病鱼（I 组）进行血成分、血清生化指标的测定，结果见表 13-4。与正常组 H 组比较，IH 组、I 组血液中，红细胞数量、

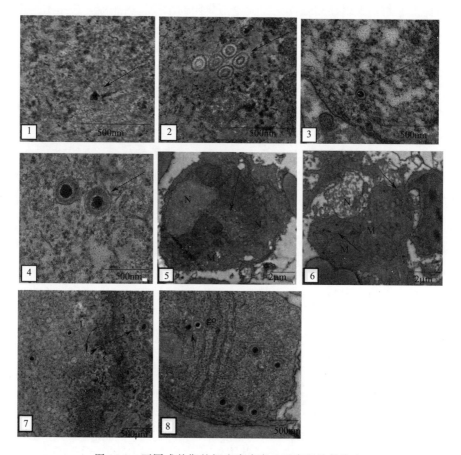

图 13-3　不同成熟期的鲤疱疹病毒 2 型病毒及其发生

1—DNA 内核，电子密度较高（☑）；2—空衣壳，电子密度较低（☑）；3—实心核衣壳（☑）；

4—包膜 CyHV-2 病毒（☑）5—脾脏免疫细胞中的病毒。在细胞核未发生破裂时，

核内存在大量 DNA 内核和空衣壳（☑）；N—细胞核，M—线粒体；6—脾脏免疫细胞中的病毒。

在细胞核发生破裂后，细胞质存在大量成熟 CyHV-2 病毒（☑），N—核；M—线粒体；

7—细胞中可以观察到内核、空衣壳、实心核衣壳、含包膜的成熟病毒粒子四种不成熟时期的病毒粒子

（↑1，↑2，↑3）；8—小泡包围病毒颗粒，go—高尔基体

血红蛋白含量均显著下降，可导致血液载氧能力的下降和运载 CO_2 能力的变化；血栓细胞计数、血栓细胞压积的显著下降可能引起血液凝血能力的显著下降；淋巴细胞百分比、单核细胞百分比、中性粒细胞百分比的变化表明出现明显的炎症反应。相比 H 组，在 IH、I 组红细胞形态上均出现了不同程度的损伤，这会造成红细胞容易破裂，CyHV-2 的增值可导致红细胞的损伤，表现为患病异育银鲫的血液易发生溶血的现象。

表 13-4　患疱疹病毒病异育银鲫血成分的变化

项目	试验组 1（正常组 H）	试验组 2（IH 病变组）	试验组 3（I 发病组）
淋巴细胞百分比/%	2.075 ± 1.473^a	5.2 ± 4.175^a	52.8 ± 38.178^b
与正常组比较的比例/%		150	2444
中性粒细胞百分比/%	20.96 ± 7.959^b	22.18 ± 8.233^b	9.578 ± 9.081^a
与正常组比较的比例/%		6	−54
单核细胞百分比/%	1.66 ± 1.195^b	0.467 ± 0.207^a	0.68 ± 1.057^{ab}
与正常组比较的比例/%		−72	−59
红细胞计数/(10^{12} 个/L)	0.482 ± 0.126^b	0.207 ± 0.113^a	0.188 ± 0.101^a
与正常组比较的比例/%		−57	−61
血红蛋白/(g/L)	47.2 ± 8.871^b	16 ± 5.715^a	15.625 ± 5.854^a
与正常组比较的比例/%		−66	−67
血栓计数/(10^9 个/L)	440.667 ± 157.672^b	73.6 ± 82.518^a	183.5 ± 46.522^a
与正常组比较的比例/%		−83	−59
血栓压积/(L/L)	0.823 ± 0.927^b	0.103 ± 0.114^a	0.189 ± 0.137^a
与正常组比较的比例/%		−87	−77

注：同行数据上角标的不同小写字母表示差异显著（$P<0.05$）。

（3）饲料途径对鲫鱼 CyHV-2 的防控作用　对病毒性疾病防控的难点在于没有专用的药物杀灭病毒，而 CyHV-2 病毒的潜伏位点在神经系统，也没有可以进入神经系统的药物。当 CyHV-2 转移、增殖后可以快速地在鱼体器官组织中进一步增殖，对细胞造成结构性严重损伤。因此，只能依赖鱼体自身的免疫防御系统来抵御 CyHV-2 病毒的转移、增殖和扩散。饲料途径的预防成为重要技术对策之一，但也是有限的，因为一旦疾病爆发鱼体不摄食了，饲料途径就难以实现增加免疫防御能力的预期目标。依据研究结果，总结了以下几点对策。

首先，对于病毒性疾病的防控不能采用毒性高、刺激性强的药物进行消毒、杀菌，这类药物可能导致水产动物生理健康受到影响，也可能导致水产动物主要器官组织损伤，并导致水产动物免疫防御能力下降。可以采用刺激性小的一些药物且以控制细菌性并发症为主要目标，而不是以杀死病毒为主要目标。

其次，饲料营养质量很关键，要强化饲料的可消化性和营养素的平衡性。同时，增加饲料中可以修复水产动物主要器官组织损伤的物质、增加提高或维护水产动物免疫防御能力的物质等，依赖水产动物自身的生理健康和免疫防御能力抵御病毒性疾病的发生和发展。如果饲料质量低于养殖鱼类的营养需求，则可能导致病毒性疾病发生率增加、死亡率增加。这也是为什么要保障水产动物饲料质量底线的原因。

第三，在发病期控制饲料的投喂量。病毒性疾病一旦发病，病情的发展速度很快，传播的速度也很快，并且一旦病毒性疾病暴发，对水产动物体内细胞的损伤和破坏作用也很强，包括对肠道、肝胰脏、肾脏等器官组织的损伤作用很大。一旦爆发病毒性疾病，可以停止投喂饲料、停止换水、停止用药等，只是加强水体增氧。等待 7～10 天左右后，增殖的病毒、损坏的细胞等会刺激水产动物自身的免疫防御系统产生抗体、增加白细胞数量等，等待鱼体"自愈"。该方法虽然不能控制养殖鱼类病毒性疾病的发生，但可以有效控制发病鱼的死亡率，在实际生产中也被证明是有效的方法。

经过试验研究，除了保障饲料营养质量、维持营养平衡等对策外，可以在疾病常规发病前 30～60 天的时期，在饲料中适当添加天然植物、酵母类微生物发酵产品、胆汁酸等产品，可以增加鱼体的免疫防御能力，增强鱼体抗 CyHV-2 病毒。

例如，笔者团队在饲料中添加 0.05％ 天然植物复合物（商品名为瑞安泰，以板蓝根、葛根、甘草、黄芩等原料经细胞级粉碎后的复合产品）在池塘网箱养殖异育银鲫 70 天后，试验组鲫鱼血清免疫球蛋白含量显著增加、抗氧化能力增加、血液中血栓细胞数量显著增加。重要的是攻毒试验结果，对试验组异育银鲫注射 0.3mL/尾剂量的 CyHV-2 病毒液后，于第 3 天开始鲫鱼有发病死亡，统计到第 7 天时的累积死亡率和相对免疫保护率结果显示，与对照组相比，试验组异育银鲫累积死亡率显著降低，相对免疫保护率为 66.7％，体现出良好的免疫保护作用。进一步的分析结果显示，在注射 CyHV-2 后，与对照组比较，添加 0.05％ 复合物天然植物的饲料主要通过降低氧化应激损伤、刺激免疫细胞增殖、促进溶菌酶产生和降低肝脏通透性等作用，对攻毒后的异育银鲫表现出良好的免疫保护作用。类似的试验研究结果表明，在饲料中添加 300 mg/kg 的肉碱和胆汁酸复合产品或 2～10kg/t 的酵母培养物或 2％～5％ 的菜粕发酵原料也能提高异育银鲫抵抗 CyHV-2 病毒的能力，攻毒试验结果显示可以是免疫保护率提高 30％～60％。

四、保障饲料质量底线是鱼体健康维护、疾病防控的基础

每种动物对饲料物质种类、营养素的水平都有其最为基本的需要量，只有在这个基本的需要量基础之上养殖动物才能获得良好的生产性能、良好的生理健康和免疫防御基础能力。然而，在实际生产中通常会出现两个极端，一是过高的营养素问题，造成一定的浪费和对养殖水域环境的污染；二是由于饲料市场价格竞争，尤其是低价格竞争导致饲料营养水平低于其最低需要量，其结果是导致养殖渔产品生产性能下降、抗应激能力下降，并可能导致疾病的发生率增加以及流行性疾病的爆发。

过高营养素水平的问题主要出现在东北、河南、四川等地区的淡水鱼类饲料

中，例如鲤鱼饲料要求饲料系数低于1.3，饲料蛋白质水平超过36%、脂肪水平超过8%，而鲤鱼作为一种杂食性鱼类并不需要这么高的营养水平。对于这种情况，在水产动物饲料标准制定、修订时，设置饲料蛋白质水平的范围，即设置了蛋白质水平的下限和上限，超过这个范围的饲料可以判定为不合格产品。

对于低于养殖动物基本营养需要的情况也较为普遍。在饲料中没有使用鱼粉、肉粉等优质蛋白质原料，而是使用了植物蛋白质原料尤其是一些利用率低、蛋白质水平高的原料如羽毛粉等低质量原料，它们可以满足饲料蛋白质水平的下限，但饲料质量其实很差。其结果是导致养殖鱼类生长速度慢、饲料系数高，重要的是造成鱼体生理健康损伤、免疫防御系统的结构损伤等。在实际生产过程中，对于部分淡水鱼类（以草食性、杂食性鱼类为主）的饲料质量与其市场价格的平衡关系，有一个粗略的质量判定方法：如果一个淡水鱼类饲料的配方成本与菜粕的市场价格接近甚至低于菜粕的市场价格时，这类饲料受配方成本限制，难以使用优质的蛋白质原料如鱼粉、肉粉等，只能使用植物蛋白质原料、酱油渣、DDGS（玉米干酒糟及其可溶物）等原料，饲料化学营养素指标可以满足饲料标准的要求，但其内在质量非常低。当大范围出现这类情况时，如果遭遇天气异常，通常就会出现养殖动物的发病率高、流行性疾病暴发的情况。当淡水鱼类饲料配方成本与豆粕的市场价格接近时，对于草食性、杂食性鱼类饲料的质量水平基本可以满足其最低需要量，鱼体健康状态可以保持较好的水平。对于肉食性鱼类，当饲料配方成本接近鱼粉的市场价格、最低达到鱼粉市场价格80%以上的时候，其饲料质量水平基本可以满足其营养需要量。一些有经验的养殖户可以依据这个大致的方法来判定部分鱼类的饲料质量，而不是一味地寻求低价格的水产饲料。

参 考 文 献

[1] 李爱杰. 水产动物营养与饲料学. 北京：中国农业出版社，1996.

[2] 林浩然. 鱼类生理学. 广州：广东高等教育出版社，1999.

[3] 刘德芳. 配合饲料学. 北京：中国农业大学出版社，1998.

[4] 李德发. 现代饲料生产. 北京：中国农业大学出版社，1997.

[5] 中国饲料工业学会. 中国饲料工业年鉴. 2008.

[6] 周安国. 四川农业大学2005年国家级精品课程. 成都：四川农业大学，2005.

[7] 叶元土，陈昌齐. 水产集约化健康养殖技术. 北京：中国农业出版社，2007.

[8] 叶元土，吴萍，蔡春芳. 水产饲料原料与质量控制. 北京：化学工业出版社，2020.

[9] 叶元土，蔡春芳，吴萍. 氧化油脂对草鱼生长和健康的损伤作用. 北京：中国农业出版社，2015.

[10] Barbara A B，Robert M R. 现代营养学. 荫士安，汪之顼，王茵，主译. 北京：人民卫生出版社，2008.

[11] NRC（National Research Council）. Nutrient requirements of fish and shrimp. National Academic Press，Washington D C. USA，2011.